Progress in Mathematics
Volume 119

First
European Congress of Mathematics

Paris, July 6–10, 1992

Volume I
Invited Lectures (Part 1)

A. Joseph
F. Mignot
F. Murat
B. Prum
R. Rentschler
Editors

Birkhäuser Verlag
Basel · Boston · Berlin

Editors:
Anthony Joseph
Laboratoire de Mathématiques
Fondamentales
Université Pierre et Marie Curie
4, place Jussieu
75252 Paris Cedex 05, France
and
The Weizmann Institute of Science
Rehovot 76100, Israel

Fulbert Mignot
Mathématiques
Bâtiment 425
Université de Paris-Sud
91405 Orsay Cedex, France

François Murat
Laboratoire d'Analyse Numérique
Université Pierre et Marie Curie
4, place Jussieu
75252 Paris Cedex 05, France

Bernard Prum
Laboratoire de Statistique Médicale
Université Paris V
45, rue des Saints Pères
75270 Paris Cedex 06, France

Rudolf Rentschler
Laboratoire de Mathématiques
Fondamentales
Université Pierre et Marie Curie
4, place Jussieu
75252 Paris Cedex 05, France

A CIP catalogue record for this book is available from the Library of Congress, Washington D.C., USA

Deutsche Bibliothek Cataloging-in-Publication Data

European Congress of Mathematics <1, 1992, Paris>:
First European Congress of Mathematics : Paris, July 6–10, 1992 / A. Joseph ... ed. – Basel ; Boston ; Berlin : Birkhäuser.
NE: Joseph, Anthony [Hrsg.]; HST
Vol. 1. Invited lectures. – Pt. 1.
(Progress in mathematics ; Vol. 119)
ISBN 3-7643-2798-7 (Basel ...)
ISBN 0-8176-2798-7 (Boston)
NE: GT

Printed on acid-free paper produced of chlorine-free pulp
Layout, design, typesetting by TEXniques, Inc.
Printed in Germany

ISBN 3-7643-2798-7 (Vol. I/PM 119)
ISBN 3-7643-2799-5 (Vol. II/PM 120)
ISBN 3-7643-2800-2 (Vol. III/PM 121)
ISBN 3-7643-2801-0 (Set)

ISBN 0-8176-2798-7 (Vol. I/PM 119)
ISBN 0-8176-2799-5 (Vol. II/PM 120)
ISBN 0-8176-2800-2 (Vol. III/PM 121)
ISBN 0-8176-2801-0 (Set)

9 8 7 6 5 4 3 2 1

Table of Contents of Volume I

Invited Lectures (Part 1)

Parallel Lectures

Table of Contents of Volume II

Invited Lectures (Part 2)

Parallel Lectures (continued)

Table of Contents of Volume III

Round Tables

Round Table O: Mathématiques et chimie

Round Table P: Mathematics in Medicine and Biology

Preface

The first European Congress of Mathematics was held in Paris from July 6 to July 10, 1992, at the Sorbonne and Panthéon-Sorbonne universities. It was hoped that the Congress would constitute a symbol of the development of the community of European nations. More than 1,300 persons attended the Congress.

The purpose of the Congress was twofold. On the one hand, there was a scientific facet which consisted of forty-nine invited mathematical lectures that were intended to establish the state of the art in the various branches of pure and applied mathematics. This scientific facet also included poster sessions where participants had the opportunity of presenting their work. Furthermore, twenty-four specialized meetings were held before and after the Congress.

The second facet of the Congress was more original. It consisted of sixteen round tables whose aim was to review the prospects for the interactions of mathematics, not only with other sciences, but also with society and in particular with education, European policy and industry.

In connection with this second goal, the Congress also succeeded in bringing mathematics to a broader public. In addition to the round tables specifically devoted to this question, there was a mini-festival of mathematical films and two mathematical exhibits. Moreover, a Junior Mathematical Congress was organized, in parallel with the Congress, which brought together two hundred high school students.

The present Proceedings of the first European Congress of Mathematics consist of three volumes. The first two volumes contain articles corresponding to the presentations by invited speakers. The third volume contains reports from the round tables. The first volume also includes the addresses delivered during the ceremonies and the lists of sponsors and committees of the Congress. All three volumes are illustrated with photographs taken during the Congress, which hopefully capture something of its convivial atmosphere.

It is a great pleasure for me to conclude this preface by thanking all the persons who contributed to the organization of the Congress. In particular, I would like to thank the speakers, the organizers and participants of the round tables, the members of the committees and the technical staff. This list is by no means exhaustive and many other persons contributed to the success of the Congress, which could not have been organized without the dedication of all.

I would also like to thank the sponsors who provided generous financial support. The long list of these sponsors is given in the following pages. Our sincere thanks to each of them!

Finally, I would like to thank the management and staff of Birkhäuser Verlag for publishing these Proceedings in their widely distributed series, *Progress in Mathematics*, as well as for their excellent work.

Paris, July 10, 1993
F. Mignot
Chairman of the Organizing Committee

Lists of Committees

Founder: M. Karoubi

Steering Committee

Chairman: H. Cartan

Members: J.-P. Bourguignon, A. Connes, F. Hirzebruch, A. Jami, J.-M. Lemaire, P.-L. Lions, P. Malliavin, B. Prum

Scientific Committee

Chairman: H. Föllmer

Members: M. Atiyah, J.M. Ball, M. Castellet, C. Cercignani, Z. Ciesielski, A. Connes, I. Daubechies, F. Hirzebruch, L. Hörmander, F. Kirwan, H. Lenstra, L. Lovasz, Y. Manin, J. Moser, C. Procesi, J. Tits

Organizing Committee

Chairman: F. Mignot

Treasurer: F. Murat

Head of Round Tables: B. Prum

Members: G. Allaire, D. Bernardi, M. Briane, P.B. Cohen, P. Barrat, E. Bayer, J.-M. Bonnisseau, M. Chaleyat-Maurel, M. Chaperon, F. Comets, B. Cornet, M. Cottrell, J.-M. Deshouillers, L. Doustaing, N. El Karoui, G. Francfort, D. Gabay, G. Geymonat, V. Girault, X. Guyon, A. Joseph, J.-P. Kahane, J.-M. Kantor, A. Lahtinen, R. Langevin, H. Le Dret, Lê D.T., Y. Maday, M. Martin-Deschamps, S. Mas-Gallic, J.-F. Mestre, P. Nicolas, C. Perrichon, R. Rentschler, J.-J. Risler, P. Schapira, G. Tronel, M. Zisman

List of Sponsors

The Organizing Committee wishes to thank the following institutions and companies for their financial support:

Ministère de l'Éducation Nationale (MEN),
Direction de la Recherche et des Études Doctorales (DRED)

Ministère de la Recherche et de l'Espace (MRE),
Comité des Grands Colloques de Prospective

Commission of the European Communities,
Directorate General for Science, Research and Development (DG XII)

Centre National de la Recherche Scientifique (CNRS),
Département Sciences Physiques et Mathématiques

Ministère des Affaires Étrangères (MAE),
Direction de la Coopération Scientifique et Technique

Consiglio Nazionale delle Ricerche (CNR)

Mission Interministérielle pour l'Europe Centrale et Orientale

North Atlantic Treaty Organization (NATO),

Comité Français des Bourses de Recherche

Mairie de Paris

Elf Aquitaine

France Telecom, Direction Générale

Commission of the European Communities,
Directorate General Employment, Industrial Relations
and Social Affairs (DG 5), Equal Opportunities Unit

Robert Bosch Stiftung

Ministère de la Défense,
Direction des Recherches, Études et Techniques (DRET)

Université Paris 7, Présidence and Conseil Scientifique

France Telecom,
Centre National d'Études des Télécommunications (CNET)

International Mathematical Union (IMU)

Commissariat à l'Énergie Atomique (CEA),
Direction des Applications Militaires (DAM)

Électricité de France (EDF),
Direction des Études et Recherches (DER)

Société d'Applications Générales d'Électricité
et de Mécanique (SAGEM)

Centre National d'Études Spatiales (CNES)

Ministère de l'Éducation Nationale (MEN),
Direction des Affaires Générales, Internationales
et de la Coopération (DAGIC)

Société Marseillaise de Crédit (SMC)

École Polytechnique, Centre de Mathématiques Appliquées

Université Pierre et Marie Curie (Paris VI),
UFR Sciences du Calcul et Ingénierie Mathématique

Conseil de l'Europe,
Direction de l'Enseignement, de la Culture et du Sport

Société Mathématique de France (SMF)

Société de Mathématiques Appliquées et Industrielles (SMAI)

London Mathematical Society (LMS)

Association pour la Recherche Technologique
et Mécanique de l'Intégrité des Structures (ARTEMIS)

International Business Machines (IBM) France

Deutsche Mathematiker-Vereinigung (DMV)

United Nations Educational, Scientific
and Cultural Organization (UNESCO)

Carl Friedrich von Siemens Stiftung

Pechiney

L'Oréal

Comité National Français des Mathématiciens (CNFM)

Stiftungsfond IBM Deutschland

Siemens

Université Paris Dauphine (Paris IX),
Centre de Recherche de Mathématiques de la Décision (CEREMADE)

Institut National de Recherche en Informatique et Automatique (INRIA)

Centre National de la Recherche Scientifique (CNRS),
Département Sciences Chimiques

Rhône-Poulenc

Solvay

Unione Matematica Italiana (UMI)

Dansk Matematisk Forening

Société Mathématique Suisse

Wiskundig Genootschap

Sociedade Portuguesa de Matematica

Edinburgh Mathematical Society

Finnish Mathematical Society

Institute of Mathematics and its Applications (IMA)

Irish Mathematical Society

The Organizing Committee also wishes to thank the following institutions and companies for their aid:

Collège de France, Chaires de Mathématiques

Université Panthéon-Sorbonne (Paris I),
Présidence and Division Construction Équipement Maintenance (CEM)

Université Paris 7, Théories Géométriques (URA 212), Paris

Mathematisches Forschungsinstitut Oberwolfach

Université Pierre et Marie Curie (Paris VI),
Laboratoire de Mathématiques Fondamentales

Palais de la Découverte

Cité des Sciences et de l'Industrie

Yamaha Musique France

Université Paris Sud (Paris XI), Département de Mathématiques
and Service Commun Audio-Visuel d'Orsay (SCAVO)

Université Pierre et Marie Curie (Paris VI),
Laboratoire d'Analyse Numérique

Lists of Lectures and Round Tables

List of Plenary Lectures

V.I. Arnold	Vassiliev's theory of discriminants and knots
L. Babai	Transparent proofs
C. De Concini	Representations of quantum groups at roots of 1
S. K. Donaldson	Gauge theory and four-manifold topology
B. Engquist	Numerical approximations of nonlinear hyperbolic conservation laws
P.-L. Lions	On some recent methods in nonlinear partial differential equations
W. Müller	Geometry and spectral theory
D. Mumford	Computer vision from a mathematical perspective
A.-S. Sznitman	Brownian motion and obstacles
M. Vergne	Cohomologie équivariante et formules de caractères

List of Parallel Lectures

Z. Adamowicz	The power of exponentiation in arithmetic
R. Azencott	Shape recognition and synchronous neural nets
A. Beilinson	Mixed motives
M. Berry	Quantum conditions and the Riemann zeros
A. Björner	Subspace arrangements
B. Bojanov	Optimal recovery of functions and integrals
J.-M. Bony	Existence globale et diffusion pour les modèles discrets de la cinétique des gaz
R.E. Borcherds	Conformal field theory and sporadic groups
J. Bourgain	Exponential sums and nonlinear analysis
F. Catanese	Old and new results in the theory of algebraic surfaces
C. Deninger	Evidence for a cohomological approach to analytic number theory
D. Salamon	Instanton homology and symplectic geometry

D. Duffie	Martingales and arbitrage
J. Fröhlich	Gauge invariance and current algebra in non-relativistic quantum theory
J. Gärtner	Parabolic problems in random media and intermittency
M. Giaquinta	Analytic and geometric aspects of variational problems for vector valued mappings
U. Hamenstädt	Foliations, second order partial differential equations and rigidity for compact negatively curved manifolds
M. Kontsevich	Feynman diagrams and low-dimensional topology
S.B. Kuksin	On regular behavior of spatially one-dimensional conservative systems
M. Laczkovich	Recent results in the theory of decomposition of sets (paradoxical decompositions)
J.-F. Le Gall	A new class of random processes and its connections with partial differential equations
E.J.N. Looijenga	L_2-cohomology and partial compactifications
I. Madsen	The cyclotomic trace in algebraic K-theory
A.S. Merkurjev	Algebraic K-theory and Galois cohomology
J. Nekovář	p-adic methods in arithmetic
Y. Neretin	Mantles, trains and representations of infinite dimensional groups
M.A. Nowak	The evolutionary dynamics of HIV infections and the development of AIDS: a mathematical theory of viral pathogenesis
R. Piene	On the enumeration of algebraic curves
A. Quarteroni	Mathematical aspects of domain decomposition for the numerical solution of partial differential equations
A. Schrijver	Topological methods in graph theory and computer science
A. Shamir	Cryptography and cryptanalysis
B. Silverman	Function estimation and functional data analysis
V. Strassen	Algebra and complexity
P. Tukia	Generalizations of Fuchsian and Kleinian groups
C. Viterbo	A partial survey of symplectic topology
D. Voiculescu	Alternative entropies in operator algebras
M. Wodzicki	Algebraic K-theory and functional analysis
J.-C. Yoccoz	Germs and holomorphic diffeomorphisms of the complex plane and analytic diffeomorphisms of the circle
D. Zagier	Values of zeta functions and their applications

List of Round Tables

A. Mathematics and the general public
Organizer: J.-P. Kahane

B. Women and mathematics
Organizer: E. Bayer

C. Role of mathematics in educational policies
Organizer: J. Camus

D. Let's cultivate mathematics!
Organizers: Y. Chevallard, A. Rouchier

E. Mathematical Europe, myth or historical reality?
Organizers: C. Goldstein, J. Ritter

F. Philosophy of mathematics: why and how?
Organizer: H. Sinaceur

G. Mathematics in social sciences
Organizers: P.-A. Chiappori, R. Guesnerie

H. Mathematics and industry
Organizers: J. Hunt, H. Neunzert

I. Degrees harmonization and student exchange programmes
Organizers: H. Munkholm, I. Netuka, V. Souček

J. European science policy for mathematics
Organizer: D. Gabay

K. Collaboration with developing countries
Organizer: P. Bérard

L. Mathematical libraries in Europe
Organizers: P. Barrat, G. Sureau, L. Zweig

M. Mathematics and economics
Organizer: B. Cornet

N. Mathematics and computer science
Organizer: P. Flajolet

O. Mathematics and chemistry
Organizer: E. Soulié

P. Mathematics, biology and medicine
Organizers: R. Hiorns, B. Prum

Opening Ceremony

Discours de Fulbert Mignot
Président du Comité d'Organisation

Mesdames, Messieurs,

Le Comité d'Organisation est heureux, un peu inquiet aussi, de vous accueillir en Sorbonne pour ce premier Congrès Européen de Mathématiques.

Beaucoup d'entre vous ont participé ces derniers jours aux colloques spécialisés. Il y en a eu plus de vingt, organisés et financés par différentes universités françaises qui ont ainsi voulu accompagner le Congrès, et je les en remercie.

Ce Congrès a été conçu en 1989 sur le modèle du Congrès "Mathématiques à Venir" organisé en 1987 par la SMF et la SMAI. Il se place aussi dans le cadre des Grands Colloques de Prospective du Ministère de la Recherche. Il comprend une présentation de l'état de l'art en mathématiques par des conférenciers éminents choisis par le Comité Scientifique. Il vous invite aussi, dans une série de tables rondes, à analyser la place et l'avenir des mathématiques dans les sciences, l'économie, la culture et la société. Un avenir que l'on ne voudrait pas voir décrit seulement comme une extrapolation linéaire du passé mais où l'on pressente les points d'inflexion et les zones de rupture.

C'est en juin 1991 que l'équipe que je représente ici a été chargée par le Haut Comité de l'organisation logistique du Congrès. Cela a été souvent difficile et parfois même ingrat. Aujourd'hui, ces péripéties me semblent naturelles. Il était dans l'ordre des choses que les instabilités globales qui, depuis 1989, ont modifié profondément le paysage européen, induisent par une sorte de renormalisation quelque effet papillon au niveau microlocal de la préparation du Congrès.

Je vous remercie.

Discours d'Henri Cartan

Président du Haut Comité

Monsieur le Ministre,
Mesdames, Messieurs, Chers Collègues,

Le privilège de l'âge me vaut de prendre la parole à cette cérémonie d'ouverture du premier Congrès Européen de Mathématiques. Ce congrès est à mes yeux un événement de grande importance, car il est le signe d'une prise de conscience par les mathématiciens de la solidarité qui unit désormais les peuples de nos pays d'Europe, pays certes divers dans leurs particularités, mais riches d'un patrimoine commun et voués à un même destin. Cette prise de conscience s'était déjà manifestée lors de la création, voici bientôt deux ans, de la Société Mathématique Européenne, dont je suis heureux de saluer le Président Friedrich Hirzebruch. C'est la Société Mathématique Européenne qui a pris la décision de tenir tous les quatre ans un Congrès Européen de Mathématiques. Que le premier de ces congrès ait lieu à Paris, nous le devons à l'initiative de Max Karoubi, homme de conviction, qui a mis toute son énergie à imposer cette décision. Qu'il en soit remercié. Que soient aussi remerciés les nombreux membres du Comité d'Organisation de ce congrès, qui n'ont ménagé ni leur temps ni leurs efforts, et tout particulièrement son président Fulbert Mignot et son trésorier François Murat. Il m'est aussi agréable d'exprimer mes remerciements aux membres du Comité Scientifique qui a assumé la charge du choix des conférenciers et dont je salue le Président Hans Föllmer.

Outre les conférences plénières destinées à un large public, et les conférences plus spécialisées, ce congrès verra se dérouler seize tables rondes. Elles donneront à ce congrès une physionomie différente de celle des autres congrès internationaux. Ces tables rondes devront nous permettre de réfléchir aux implications des mathématiques dans la vie en société. La préparation de chacune d'elle a été confiée à un mathématicien, ou à une mathématicienne ; nos remerciements vont à chacun d'eux, ainsi qu'à Bernard Prum qui a assuré la coordination de l'ensemble.

Avant de céder la parole au Président Friedrich Hirzebruch, qu'il me soit permis de dire combien je suis heureux que ce congrès réunisse les mathématiciens des deux moitiés d'une Europe trop longtemps divisée. C'est avec joie que nous accueillons aujourd'hui nos collègues de l'Est de l'Europe. Je suis sûr qu'ils sont, autant que nous, conscients de la solidarité qui nous unit tous.

Address of Friedrich Hirzebruch
President of the European Mathematical Society

Monsieur le Ministre,
Lieber Herr Cartan,
Ladies and Gentlemen,

As President of the European Mathematical Society, it gives me great pleasure to welcome you on behalf of the Society, its Council and its Executive Committee to this first European Congress organized under the auspices of the Society. We are fortunate to meet here in these superb and historic surroundings, reminding us of the second International Congress of Mathematicians which was held here in 1900 when David Hilbert formulated his famous list of problems. France has always been and is today one of the leading nations for Mathematics in the world and Paris is an oustanding center of mathematical research. In this wonderful atmosphere we look forward to participating in and enjoying a varied and stimulating programme of events.

At this time it is perhaps appropriate to recall the origins of our Society and of the Congress. As many will know, the European Mathematical Society, after much preparatory work by Sir Michael Atiyah, was founded in Poland in October 1990 by some thirty mathematical societies from all parts of Europe, both East and West. Our Society aims to promote the development of mathematics in the countries of Europe, concentrating on activities transcending national frontiers. In the European context the Society promotes mathematical research, assists and advises on problems of mathematical education, concerns itself with the broader relation of mathematics to Society, fosters the interaction between mathematicians of different countries, establishes a sense of identity amongst European mathematicians and represents the mathematical community in supra-national institutions. The Society has corporate and individual members. In the long run, the role of the corporate members should decrease, but the role of the individual members should increase. I am happy to report that, at this moment, we have approximately eleven hundred individual members. I congratulate the French Mathematical Societies on having persuaded so many of their members to join the European Mathematical Society, thereby setting an excellent example for other corporate members. Every mathematician present here should help me to fulfill my goal to bring up the individual membership to 3000 during my presidency. Please, join today or tomorrow. But, of course, the corporate members right now give us the basic strength and it is also gratifying to report that the Council accepted additional corporate members into the Society at its meeting here in Paris. In the spirit of meaningful communication and collaboration amongst all members of the Society, we are pleased that a quarterly newsletter has already been successfully launched.

After these brief remarks on the European Mathematical Society, I want to speak on the origins of this first European Congress. Long before the foundation of the Society, Professor Max Karoubi and a group of mathematicians around him developed the idea of this congress, its novel structure consisting of mathematical lectures (plenary and parallel, all meant for a large mathematical audience, not giving the latest lemma of one's own research, but a survey of the field), and, in addition to this more traditional part of the programme the new feature of Round Tables. All mathematicians know how difficult it is to explain the relevance of our current research to non-mathematicians. For us a theorem is relevant if it is deep and interesting, which means new insight, perhaps a solution of an old problem, perhaps unexpected relations to other fields of mathematics. Mathematics is part of our culture reaching back six thousand years. It is an art worth of support independently of applications, but it is also the basis for the natural sciences, technology and computer science. In this context I would like to mention the Round Tables "Mathematics and Economics"; "Mathematics and Chemistry"; "Mathematics and Industry"; "Mathematics, Biology and Medicine". The Round Tables will also deal with typically European issues. Thanks are due to the founder of the Congress, Max Karoubi, for giving the Congress this twofold nature and to him and others for negotiating with the European Community and French ministries for the necessary support. We have to thank here these institutions for their generous support. Other donors, of whom there are many, and to whom thanks are due, are listed explicitly in the Congress documents you all have, and will be listed in the Proceedings of the Congress.

At its inception in Poland in 1990, the newly-formed European Mathematical Society took its first important decision. Acting on a proposal of Max Karoubi, whose imagination and industry was fully recognized, the planned Paris Congress was put under the auspices of the Society. It was agreed that there should be, every four years, a European Mathematical Congress and that the Paris Congress should be the first one. Some of the Round Tables of the Paris Congress were put into close cooperation with corresponding committees of the Society. The example set by this first Congress will be of fundamental importance for all succeeding ones. We owe considerable thanks to the many devoted members of the two French Societies, the Société Mathématique de France and the Société de Mathématiques Appliquées et Industrielles, who have worked tirelessly to ensure the success of this venture. In particular, we acknowledge the work of Professors Fulbert Mignot and François Murat, Chairman and Treasurer of the Organizing Committee, and of the members of this Committee which had to overcome unexpected difficulties. Indeed, they took over the task under complicated circumstances and have worked energetically to achieve the obvious success that we can see around us. To the Scientific Committee under Professor Hans Föllmer we owe thanks for the excellence of the programme and to Professor Bernard Prum we owe thanks for coodinating the Round Tables, the new feature of the Congress to which we look forward with great anticipation. Last, but not least, we thank Professor Henri Cartan and his Steering Committee which had to consider basic issues during the preparation of the Congress.

Henri Cartan has been a supporter of European cooperation for a very long time. Already in 1946 he went to Germany to re-establish scientific ties. He was a good friend of my late teacher Heinrich Behnke, the father of the school of Complex Analysis in Münster. Around 1960, more than thirty years ago, Henri Cartan chaired a committee which prepared a European student's record, the "Livret Européen de l'Étudiant". This booklet contained a syllabus for basic courses designed to be used as a reference. Professors could give attestations and write them into the booklet. They were intended for the information of other teachers in other universities to make it easier for the student to move from one country to another. Unfortunately, the booklet was not used very much. We shall have a round table "Degrees harmonization and student exchange programmes" which may take advantage of this old idea. From the German side my teacher Heinrich Behnke, Emil Artin and myself were members of Henri Cartan's committee.

At the beginning of my speech I mentioned that the European Mathematical Society should represent the mathematical community in supranational institutions. Indeed, we established relations to the European Community and to the European Science Foundation and we have a committee for this purpose under the Chairmanship of Professor Alessandro Figà-Talamanca, Vice-President of the European Mathematical Society. We are trying, for example, to spread information about the new programme "Human Capital and Mobility" of the European Community. I hope that mathematicians from many countries will apply to the European Community for participation in this programme. The programme has the following activities: Research training fellowships; scientific networks; Euroconferences. The research training fellowships are intended preliminary for the benefit of young European researchers at postdoctoral level. Unfortunately the programme is limited to countries which are members of the European Community. Other countries may be associated, but will not benefit financially. This leads me to point out the special problems concerning Eastern European countries. During the many years leading up to the founding of the European Mathematical Society it was envisaged that there would be a special office in Eastern Europe to help mathematicians in Eastern European countries to get permission to travel from East to West. This is not necessary anymore; walls and iron curtains have disappeared. There is now, however, the curtain of finance. For example, transportation between Moscow and Paris costs the equivalent of the salary of a mathematician for many months. Many people from Eastern European countries who had planned to attend this Congress were prevented by this financial wall. Of course, the fellowships which the Organizing Committee could provide were very helpful, but not sufficient. We must try to overcome this financial wall. We can do this by establishing programmes in Western European countries, programmes for short visits, for longer research stays of Eastern European mathematicians -for example, for several months, every year, for five years. I know that some countries have such programmes or plan to have them. A week ago the Volkswagen foundation in Germany accepted a proposal for such a programme, to give an example. The support should include travel money, at least for several years to come, in contrast to the prevailing system that the sending country pays for the travel. But activity of this kind must also be carried out at the European Community level. I am very glad that such a European Community programme has been initiated, but, unfortunately, it excludes the Republics of the former Soviet Union, except the Baltic States. I understand, however, from discussions with some of the officials of the European Community that an additional programme for these Republics is on the way. In any case in the years to come our efforts have to be in this direction. We have to ensure that the financial wall between us disappears. The West gains already and will gain from the high standing of Mathematics in Russia and other countries in Eastern Europe.

Young mathematicians represent the future of our science. There are ten prizes offered by the Mairie de Paris for the encouragement of young people. We thank Monsieur Jacques Chirac, Maire de Paris, and hope that this example will be followed by other cities hosting the European Congress in the future. Many thanks go to the Prize Committee for its work in selecting ten winners out of a large number of very worthy candidates. Congratulations to the winners! And many thanks again to Monsieur Chirac who will present the prizes next Thursday.

It is a very special pleasure for me to announce the place of the second European Congress of Mathematics. The council of the Society decided yesterday to accept an invitation of the Janos Bolyai Mathematical Society of Hungary to have the next Congress in Budapest in 1996.

I would like to close my address by saying that I am very honoured to he been President of the European Mathematical Society since its inception and that I am very pleased in this role to have had the opportunity to address you on this auspicious occasion. It only remains for me to thank you, Monsieur le Ministre and honoured guests, for the much appreciated interest you have shown by your presence here at the opening, and to assure you that this Congress will be fully memorable and worthy of the Country and City in which it has the good fortune to take place.

Thank you all very much.

Discours de Vincent Courtillot
Directeur de la Recherche et des Études Doctorales
au Ministère de l'Éducation Nationale et de la Culture

Monsieur le Ministre de la Recherche et de l'Espace,
Monsieur le Président de la Société Mathématique Européenne,
Monsieur le Président du Haut Comité,
Monsieur le Président du Comité Scientifique,
Messieurs les représentants du Comité d'Organisation, qui avez tant travaillé pour que cette occasion exceptionnelle se produise,
Mesdames, Mesdemoiselles, Messieurs, Mes chers Collègues,

Au nom de Jack Lang, Ministre d'État, Ministre de l'Éducation Nationale et de la Culture, je souhaite la bienvenue aux très nombreux mathématiciens venus de toute l'Europe et aussi, comme il se doit, de bien d'autres pays amis. Je remercie la Société Mathématique Européenne d'avoir choisi Paris, comme cela a été souligné par tous les orateurs précédents, pour ce premier Congrès. Je remercie le Président de l'Université Paris I et Madame le Recteur qui nous hébergent et ont mis ces lieux chargés d'histoire à la disposition de nos invités. Je salue particulièrement les représentants des trente sociétés mathématiques qui se sont unies pour créer, il y a maintenant presque deux ans, la Société Mathématique Européenne.

Par son action récente, le Ministère de l'Éducation Nationale a manifesté clairement l'importance qu'il attache à la discipline que vous êtes nombreux ici ce matin à pratiquer avec passion, avec talent, et parfois même avec un incomparable éclat. C'est ainsi qu'à l'Éducation Nationale les crédits de la recherche universitaire et de la formation doctorale consacrés aux mathématiques ont bien plus que doublé en quatre ans. Sachez que c'est avec la même conviction que nous soutiendrons vos efforts pour promouvoir la collaboration universitaire à l'échelle de l'Europe, par quoi j'entends toute l'Europe, au sens le plus large qui soit, telle qu'elle est représentée ici. C'est avec la même détermination que nous contribuerons à multiplier les échanges de professeurs, de chercheurs et d'étudiants à l'intérieur de ce vaste espace européen.

Face aux difficultés considérables que rencontrent actuellement nos collègues de certains pays, notre politique est de les aider à maintenir vivante chez eux une science qu'ils ont contribué à faire briller du plus vif éclat. C'est un devoir de solidarité, mais c'est aussi un devoir en-vers l'humanité que de ne pas laisser flétrir cette magnifique moisson d'intelligence et de connaissance que ces peuples amis ont su et sauront encore faire mûrir. Des initiatives tout à fait concrètes ont été prises que nous avons lancées ou auxquelles nous nous sommes associés. Je pense en particulier au tout nouveau système des professeurs associés à mi-temps dans les universités françaises qui va permettre à ces universités de recruter, dès la rentrée prochaine et pour plusieurs années, de nombreux collègues de ces pays sans les couper de leur pays d'origine. D'autres initiatives sont sur le point d'aboutir, que nous encouragerons.

Dear Colleagues,

You have come to this Congress to do mathematics and exchange ideas. You have also come to prepare the future by participating in round tables organized on both scientific subjects and general academic policy. Because I personally have to live through it every single week, I know your impatience to be again with your colleagues to talk about your science. This is why I will finish this very brief welcoming speech by telling you how much your work is worthwile to us. I pledge to support your endeavors and express wishes on behalf on the State Minister Jack Lang, Minister of National Education and Culture, for a full success of this first European Congress of Mathematics.

Discours d'Hubert Curien
Ministre de la Recherche et de l'Espace

Mesdames, Messieurs, Mes chers Collègues,

Je suis heureux d'être avec vous ce matin pour prononcer ce cinquième discours. Je vais tout de suite vous rassurer, il ne sera pas long. Mais je pense qu'il était de mon devoir de remercier très chaleureusement tous ceux qui ont contribué à l'organisation de ce congrès. Ils ont déjà été cités par les orateurs qui se sont succédés à ce pupitre, et nous avons salué Monsieur Karoubi, Monsieur Mignot, Monsieur Cartan et Monsieur Hirzebruch. Nous avons aussi dit notre reconnaissance aux Sociétés Mathématiques (la Société Mathématique de France et la Société de Mathématiques Appliquées et Industrielles) qui ont très largement contribué à l'organisation de ce congrès.

Ce congrès est évidemment une réunion de mathématiques, mais vous avez bien voulu accepter qu'elle entre dans le cycle plus large de ces grandes réunions scientifiques que sont les Grands Colloques de Prospective. En effet nous avons souhaité et vous avez accepté que ce congrès qui comporte des exposés scientifiques soit aussi l'occasion d'une rencontre de prospective. À l'issue de cette rencontre nous serons heureux de recueillir vos avis et vos conseils pour la définition d'une politique de soutien des mathématiques efficace et ambitieuse pour les années qui viennent.

Les jeunes sont associés aussi à cette manifestation et nous nous réjouissons que les diverses sociétés de mathématiques pures ou appliquées, nationales ou internationales, soient de plus en plus attentives à impliquer les jeunes dans leur démarche. C'est ainsi que les professeurs du second degré de mathématiques tiendront cet automne un congrès à Strasbourg sur les nouveautés qu'ils peuvent introduire dans leurs enseignements, et que des élèves ont l'occasion de se retrouver lors du Congrès Mathématique Junior qui se tient actuellement à Paris à la Cité des Sciences et de l'Industrie à La Villette.

Une politique pour les mathématiques, Monsieur Courtillot en a dit quelques mots à l'instant au nom du Ministre de l'Éducation Nationale. Cette politique doit être à la fois nationale dans chacun de nos pays mais aussi, et de plus en plus, internationale. Nationale, dans chacun de nos pays : nous devons nous attacher à créer des centres de rencontres, des centres d'attraction pour les mathématiciens du monde entier. C'est ainsi qu'au cours de ces dernières années nous avons développé le Centre International de Rencontres Mathématiques (CIRM) à Marseille Luminy. C'est ainsi que l'Institut Henri Poincaré qui depuis 1930 a acquis une réputation de centre très actif en mathématiques, va retrouver sa définition première et va pouvoir de nouveau jouer le rôle qui lui est dévolu.

Au niveau international, je salue tout particulièrement la présence parmi nous de Monsieur Jacques-Louis Lions, le président de l'Union Mathématique Internationale et le responsable à ce titre de la préparation de l'Année Mathématique Mondiale 2000. Tout à l'heure, Monsieur Hirzebruch faisait allusion au grand Congrès International des Mathématiciens de 1900 où avait été dressée une liste des problèmes les plus urgents à résoudre. On a plaisir à constater qu'un certain nombre, disons même un bon nombre d'entre eux, ont déjà reçu une solution. Je pense qu'une nouvelle liste de ce type serait maintenant la bienvenue. Voilà de la prospective au meilleur sens du terme.

Plusieurs d'entre vous se sont réjouis de ce que l'Europe soit maintenant plus large que naguère, du fait que le prochain Congrès Européen de Mathématiques se tiendra en Hongrie et du fait que nous avons maintenant l'occasion de nouer des relations beaucoup plus nombreuses et beaucoup plus profondes avec nos amis et collègues des pays de l'Europe Centrale et Orientale. Chacun d'entre nous doit faire tout ce qu'il peut pour aider ces collègues à voyager et à acquérir la littérature scientifique internationale. C'est ainsi que la semaine dernière nous avons mis sur pied une association européenne qui regroupe pour l'instant les efforts de la Communauté Européenne, de l'Allemagne et de la France, et qui est ouverte à toutes les participations. Cette association est déjà dotée d'une somme relativement honnête. Je dis relativement honnête parce que j'espérais qu'elle serait quatre fois plus forte ! Mais une multiplication par quatre n'est pas au-delà de nos possibilités de persuasion et je pense qu'elle pourra être atteinte dans un avenir proche. Cette association nous permettra de continuer ou plutôt d'amplifier tout ce réseau de relations de couplages et d'invitations que nous avons déjà ébauché avec nos collègues des pays de l'Europe Centrale et Orientale.

Ce congrès est donc un colloque à double détente, un colloque Janus. D'une part, un colloque qui s'appuie sur des séances spécialisées, d'autre part, un colloque qui s'élargit sur la prospective. Dans cette perspective, je pense qu'il n'est pas inutile que je dise un mot de la nécessité absolue pour les scientifiques que nous sommes de nous rapprocher de la société. Un certain nombre de circonstances récentes ont montré qu'il y avait des fissures (des fissures qui ne vont pas jusqu'à la fracture mais qui méritent tout de même d'être rapidement colmatées) entre des scientifiques qui ont foi dans leurs vérités et une société qui ne demande pas mieux que d'adhérer au discours scientifique mais aimerait que ce discours scientifique soit plus accessible et s'adresse à un plus large auditoire. Nous devons nous soucier de cette nécessaire communication des scientifiques avec la société, et si quelques réflexions pouvaient venir des mathématiciens qui sont volontiers plus philosophes que d'autres scientifiques, et je m'en réjouis, nous en serions tous très satisfaits.

Et pour terminer, je voudrais m'adresser tout particulièrement au Professeur Hirzebruch :

Dear Professor Hirzebruch,

You called for new adhesions to the Society coming from individual members. I am quite ready to send you an application if you are ready to admit non-mathematicians!

Closing Ceremony

Address of Fulbert Mignot
Chairman of the Organizing Committee

Ladies and Gentlemen,

During this Congress there were:

— those who solved old problems,

— those who proposed open problems,

— those who laid down the scientific directions of the Congress,

— those who thought about the role of mathematics in society,

— the builders of the town of Thebes dear to the heart of Bertold Brecht,

— those virtual participants whose presence was felt, although they could not attend for economic or political reasons.

I believe that everyone connected with the Congress worked in the spirit of Mies Von Der Rohe's maxim: "God is in the detail". I thank them all most warmly, as well as all of you who came.

All of us know the poem: "An air for the guitar is made from tears". I hope that you will leave carrying in your memory some of these chords that make up the concert which is a congress, and that these chords will help us work towards a friendlier mathematical Europe.

Address of Friedrich Hirzebruch
President of the European Mathematical Society

We had and still have a wonderful congress. As in my opening speech I thank the Founder, the Prize Committee, the Scientific Committee and last but not least the Organizing Committee under the Chaimanship of Professor Mignot for all their efforts. We appreciate their hard work. Until the very last moment, as it is in all congresses, the Chairman of the Organizing Committee has to deal with unexpected difficulties, for example with the fact that the champagne may get warm.

But now at the end we must congratulate him and all other members for their efforts which were really worthwhile. This congress has brought the European mathematicians closer together. I just received a press declaration of a Member of the European Parliament and I can only read here, because of the shortage of time, the last paragraph which says: "I see with admiration that mathematicians have been able within a very short time to achieve in their domain the united Europe as a whole. The politicians should now follow rapidly first in the scientific and cultural sector and then in a further step on the economic sector".

I know that many of the participants were never able to attend such a scientifically intense Congress before. Excellent lectures, poster sessions, round tables, films, exhibitions, satellite conferences, meetings with the Junior Congress, etc.: All these programmes were well accepted and attended. There were many spontaneous discussions, a typical scene can be seen over there: "Un groupe absorbé par la recherche d'un problème". As the desert of the rich mathematical menu we shall have later the seminars with lectures of the prize winners. Around the scientific programme we had many attractions, I mention for example the musical interludes. Many thanks to the excellent musicians. The whole congress took place in a very agreeable and friendly and also informal atmosphere.

Let me end by saying that my work as President of the European Mathematical Society would have been only half as interesting without this congress. I am sure that during the following champagne interlude we shall all wish to drink on the health and happiness of those whom we owe this wonderful week.

Prizes Ceremony

Discours de Jacques Chirac

Maire de Paris

Messieurs les Présidents,
Mesdames, Messieurs les Professeurs,
Mesdames, Messieurs,

Je suis très heureux de vous accueillir dans ces salons de l'Hôtel de Ville où je vous souhaite, très sincèrement, la plus chaleureuse et la plus amicale des bienvenues à l'occasion d'une cérémonie à laquelle je tiens beaucoup, la remise des Prix de Mathématiques que la Ville de Paris attribue aujourd'hui pour la première fois.

Cette cérémonie a lieu au moment où se déroule, dans notre capitale, un événement exceptionnel. C'est la première fois en effet que s'y trouve organisée une manifestation aussi importante et d'un niveau aussi exigeant que votre premier Congrès Européen de Mathématiques. Pendant cinq jours, mille trois cents mathématiciens venus de l'Europe de l'Ouest et de l'Europe de l'Est sont réunis à la Sorbonne, sous les auspices de la Société Mathématique Européenne fondée, il y a deux ans maintenant, par les différentes sociétés nationales de mathématiques. À cette entreprise qui témoigne de la vitalité et de l'excellence de la recherche européenne dans votre discipline, la Société Mathématique de France et la Société de Mathématiques Appliquées et Industrielles ont apporté leur soutien. J'en suis heureux, car cela vaut à Paris le privilège de vous accueillir.

Ainsi, dans notre capitale, les chercheurs européens les plus brillants vont faire le point sur les développements récents des mathématiques pures et appliquées, mais aussi, et c'est l'une des originalités de ce congrès, explorer le rôle futur des mathématiques et leur relation avec l'industrie, la société et les autres sciences. Vos travaux vont souligner l'utilité des mathématiques dans les défis auxquels l'Europe doit faire face, leur rôle de formation, leur valeur dans notre environnement culturel, ainsi que leur valeur intrinsèque, si vous me permettez de la qualifier ainsi.

Les mathématiques sont une source stratégique pour le progrès dans une grande partie des sciences et techniques. Il suffit par exemple de penser à l'avionique, où les souffleries numériques jouent un rôle essentiel. Celles-ci reposent sur les supercalculateurs, que ni la France ni l'Europe ne construisent, ceci bien que l'informatique soit fille de l'électronique et de la logique, branche des mathématiques où l'Europe a toujours excellé.

Ce type de rapport avec les autres sciences et l'industrie fait l'objet dans votre congrès de plusieurs tables rondes. C'est une initiative dont je tiens à souligner l'intérêt et la nouveauté : les mathématiciens dépassent ainsi le réflexe traditionnel de se constituer en lobby, ils se pensent comme élément d'un réseau, analysent les interactions avec d'autres disciplines et envisagent leur avenir comme une composante, parmi d'autres, de l'avenir du corps scientifique et économique tout entier.

Il y a un deuxième rôle des mathématiques auquel les Français sont particulièrement sensibles : celui d'instrument de formation et de sélection. Les comparaisons entre les systèmes d'éducation européens et les places respectives qu'y tiennent les mathématiques et les autres sciences permettront un premier diagnostic. Au niveau universitaire, vous qui avez à la mémoire la *peregrinatio academica* des étudiants et des professeurs de la fin du Moyen-Âge, peut-être proposerez-vous des mesures pour que les différents États de la Communauté Européenne donnent leur pleine mesure à ces remarquables initiatives que sont les programmes Tempus et Erasmus. Il serait tout à fait souhaitable qu'une part substantielle des étudiants des années futures puissent, par des séjours dans les universités de plusieurs pays, acquérir en mathématiques et aussi dans les autres sciences une culture commune ; au niveau des doctorats et de la recherche, les échanges et les collaborations devraient aussi être développés. De façon plus générale, et pour dépasser un point de vue européen, les mathématiques sont, ou plutôt devraient être, une composante universelle de toute culture ; elles sont en effet, par excellence, le champ d'exercice de la logique, le champ, enfin, où les mots ont la même signification pour tous. Dans ce domaine de la formation, qui est essentiel, chacun en a bien conscience, la tâche à effectuer est immense. Aussi vos propositions seront-elles précieuses.

Je viens d'évoquer quelques aspects de l'insertion des mathématiques dans la société. Bien que cela soit plus difficile à formuler, je voudrais mentionner aussi ce qui, dans cette science qui rêve de ne se référer qu'à elle-même et qui au cours de ce siècle a fait preuve d'une incroyable vitalité, reste irréductible à ses fonctions utilitaires et culturelles. On peut lui appliquer à juste titre la réflexion de Jacques Monod : "Le seul but, la valeur suprême, le souverain bien dans l'éthique de la connaissance, ce n'est pas, avouons-le, le bonheur de l'humanité, moins encore sa puissance temporelle ou son confort, ni même le "Connais-toi toi-même" socratique, c'est la connaissance objective elle-même". Les conférences scientifiques de votre congrès sont un témoignage impressionnant de cette ambition et du foisonnement de votre discipline.

Il y a trois ans, ce premier Congrès Européen de Mathématiques devait, dans l'esprit de son initiateur, le Professeur Max Karoubi, comme dans l'esprit de ceux qui ont soutenu ce projet, marquer, au niveau de votre discipline, la mise en œuvre de l'Acte Unique et développer les contacts entre mathématiciens de l'Ouest et de l'Est malgré les entraves à la liberté que connaissent ces pays. L'effondrement du système communiste de l'Europe de l'Est a modifié radicalement l'environnement de ce premier Congrès Européen de Mathématiques. Et dans cette période où les incertitudes ont remplacé les contraintes, je souhaite de tout cœur avec vous que cette réunion aide à la survie des écoles nationales là où leur existence est menacée, développe les réseaux mathématiques existants, et mette en chantier la construction d'un espace mathématique européen efficient pour la recherche, la formation et le développement. Je ne doute pas que ces efforts seront relayés dans la durée par la toute jeune Société Mathématique Européenne à laquelle j'adresse mes félicitations et mes encouragements les plus vifs.

Je tiens aussi à saluer tout particulièrement son président, le Professeur Friedrich Hirzebruch, qui est aussi le président du Max-Planck-Institut de Bonn et qui a apporté son soutien à ce projet. C'est pour moi un honneur de vous recevoir, Monsieur le Président, dans cet Hôtel de Ville, puisqu'il me permet de rendre hommage à votre action en vous remettant une des plus hautes distinctions que la Municipalité décerne aux personnalités qu'elle souhaite honorer, la médaille de vermeil de la Ville de Paris. Je vous prie de bien vouloir l'accepter en témoignage de la profonde estime et de toute la considération que nous portons au brillant mathématicien que vous êtes.

Ce moment est aussi pour moi un instant privilégié, car il m'offre une rare occasion de rencontrer d'éminents chercheurs pour les travaux desquels j'éprouve du respect et de l'admiration. Je voudrais donc remercier et féliciter chaleureusement les différents organisateurs de ce Congrès, le Professeur Fulbert Mignot, qui en préside le Comité d'Organisation, ainsi que le Professeur Max Karoubi, qui est à l'origine de cette rencontre européenne, dont il a été le premier organisateur et qui préside le Comité des Prix. C'est donc à vous, Monsieur le Professeur, que je vais demander maintenant de nous présenter les dix lauréats des Prix de Mathématiques que la Ville de Paris a créés à cette occasion. Je souhaite que ces récompenses que je suis heureux de leur remettre encouragent ces jeunes et brillants chercheurs auxquels j'adresse mes très sincères et très vives félicitations.

Discours de Max Karoubi
Président du Comité des Prix

Monsieur le Maire,
Mesdames, Messieurs,
Mes chers Collègues,

Le Comité des Prix que je préside est formé de professeurs et chercheurs de diverses universités européennes. Il a été investi de la tâche redoutable de choisir les dix meilleurs mathématiciens parmi les jeunes et nombreux candidats qui lui ont été présentés. Notre choix a été difficile car ils étaient excellents. Nous nous sommes attachés, autant que possible, à respecter un certain équilibre entre les spécialités mathématiques et les pays. Nous espérons, Monsieur le Maire, que le palmarès que nous vous présentons vous convienne. Voici donc les heureux lauréats que le Comité des Prix vous propose :

Richard Borcherds, du Département de Mathématiques de Cambridge (Grande-Bretagne), a notamment prouvé une conjecture difficile de Conway et Norton dite du "clair de lune" ("moonshine" en anglais). Vous voyez, Monsieur le Maire, que nos mathématiques ne sont pas exemptes de poésie...

Jens Franke, professeur à l'Université de Bonn, mais originaire de l'Est de l'Allemagne, s'est distingué par la démonstration d'une conjecture difficile d'Armand Borel sur la cohomologie des groupes arithmétiques

Alexander Goncharov, professeur à l'Université de Moscou, a démontré une conjecture du professeur Don Zagier exprimant la valeur au nombre 3 de la fonction zêta de Riemann en termes de polylogarithmes

Maxim Kontsevich, professeur lui aussi à l'Université de Moscou, s'est distingué par sa démonstration élégante d'une conjecture de Witten sur l'espace des modules de courbes algébriques

François Labourie, chercheur CNRS au laboratoire de l'École Polytechnique (France), est l'auteur de nombreux travaux en géométrie différentielle, concernant notamment les structures complexes sur les surfaces

Tomasz Luczak, professeur à l'Université de Cracovie, a effectué maintes études remarquables des structures aléatoires sur les graphes

Stefan Müller, de l'Université de Bonn, est déjà connu pour ses travaux en mathématiques appliquées, mécanique des solides notamment

Vladimir Šverák, professeur à l'Université Charles de Prague, est aussi un mathématicien proche des applications. Il s'est fait connaître par sa récente découverte d'un contre-exemple à une conjecture de C.B. Morrey, laissée longtemps ouverte

Gabor Tardos, chercheur à l'Université de Budapest, s'est déjà distingué, bien que très jeune, par des travaux couvrant un large spectre des mathématiques : algorithmes, algèbres universelles, groupes libres

Claire Voisin, chercheur CNRS à l'Université de Paris Sud-Orsay, s'intéresse à la géométrie algébrique et a notamment obtenu des résultats importants sur le groupe de Picard de surfaces algébriques

Permettez-moi, Monsieur le Maire, au nom du Comité des Prix et de la communauté des mathématiciens, de vous remercier pour votre geste généreux et hautement symbolique en faveur de notre Congrès Européen.

Geste symbolique au nom de l'Europe d'abord, cette grande Europe qui continue à se chercher au niveau politique. Nous espérons tous qu'elle trouvera une formule d'union compatible avec sa diversité et la coopération indispensable à la réalisation de projets d'intérêts communs.

Geste symbolique au nom de la science ensuite. Pour les mathématiciens, il est clair que la coopération internationale est indispensable aux progrès de notre discipline. Certes, notre pays joue un rôle de premier plan dans la recherche mathématique. Cependant, cette recherche ne pourrait se développer en marge du courant d'idées qui transcende nos frontières et nous amène à tisser des liens plus étroits entre notre science et la société environnante.

Dans ce courant d'idées précisément, l'espace européen joue un rôle privilégié, par sa cohérence géographique bien sûr, mais aussi par l'environnement culturel, porté par l'histoire. Les échanges de toutes sortes avec nos voisins immédiats se sont considérablement accrus ces dernières années. Il ne peuvent que s'amplifier dans l'espace de liberté ouvert à l'Est.

Geste symbolique enfin par l'encouragement à la recherche que représentent ces prix que vous avez bien voulu attribuer aux jeunes espoirs de notre Communauté. Il s'est trouvé que, parmi les dix lauréats que vous venez de féliciter, six sont issus d'Europe de l'Est. Cette constatation et le fait que le prochain Congrès Européen ait lieu à Budapest portent en eux l'espoir d'une coopération mathématique élargie.

Prizes Awarded by the City of Paris

On the occasion of the first European Congress of Mathematics, the City of Paris is awarding ten prizes to young mathematicians in recognition of their exceptional talent as well as to encourage them in their research. The variety of their countries of origin and areas of mathematical interests is characteristic of the diversity that is the main asset and richness of the new Europe on the eve of the third millenary. These mathematicians have been selected by an international Prize Committee chaired by Max Karoubi, Professor at the University of Paris 7. The City of Paris would like to congratulate again the prize winners and to extend its best wishes of success to the Congress, which constitutes an example of successful European cooperation.

Richard Borcherds

Richard Borcherds was born in 1959 in South Africa, but moved to England in 1960 and was educated there. He studied at Trinity College in Cambridge, and wrote his Ph.D. dissertation in 1985 under J.H. Conway. In his dissertation, he classified the 25-dimensional unimodular lattices and proved a conjecture of Conway and Sloane about the automorphism group of Lorentzian lattices. His next work was to develop the theory of vertex algebras, which is a mathematical formalization of a part of the conformal quantum field theory. This led him to discover a new class of infinite dimensional Lie algebras whose character theory generalizes that for Kac-Moody algebras. The formula provides a large supply of unexpected algebraic identities, one of which is a remarkable factorization of the classical modular function as an infinite product. From this R. Borcherds derived a proof of the "moonshine" conjectures of Conway and Norton relating the classical modular function to the representations of the monster simple group. He has recently found a new family of identities involving Siegel modular forms.

Jens Franke

Jens Franke was born in 1964 in Gera, ex-East Germany. From 1983 to 1985 he studied mathematics at the Friedrich-Schiller-Universität in Jena. He wrote his dissertation in analysis under Triebel. Then, he visited Moscow from 1986 to 1988, where he studied number theory and algebraic geometry. From 1988 to 1989, he held a position at the Karl-Weierstrass-Institut in Berlin. Later, he visited Princeton, the Max-Planck-Institut in

Bonn and the Universities of Bielefeld and Eichstätt. He recently accepted a position as Professor at the University of Bonn. His mathematical interests cover a wide range of areas: algebraic geometry, number theory, automorphic forms, K-theory and homotopy theory. One of his greatest achievements is the proof of A. Borel's conjecture about the cohomology of arithmetic groups. In this proof he combines deep analytical tools with sophisticated methods from homological algebra.

Alexander Goncharov

Alexander Goncharov was born in 1960 in Nocopol, Ukraine. He attended I.M. Gelfand's seminar in Moscow, then Yu.I. Manin's seminar. He started his research by introducing the notion of self-dual quaternionic manifold and worked until 1988 on integral geometry. Since 1988, A. Goncharov has essentially worked on algebraic K-theory, polylogarithms and regulators. With Beilinson, Schechtman and Varchenko, he studied a presentation of algebraic K-theory groups in terms of generators and relations and has done research on a "motivic" cohomology. In 1989 A. Goncharov discovered the functional equation of the trilogarithm, in relation with the configurations of six points in the projective plane. This enabled him to compute explicitly A. Borel's regulator and to prove D. Zagier's conjecture on $\zeta(3)$. Later he discovered motivic versions of Chern's first classes. Finally A. Goncharov has also studied the mathematical aspects of tomography and of electronic microscopy of biomolecules.

Maxim Kontsevich

Maxim Kontsevich was born in 1964 near Moscow. He studied mathematics at Moscow University from 1980 to 1985 and attended more especially I.M. Gelfand's, Yu.I. Manin's and V.I. Arnold's seminars. In 1989 he simultaneously discovered a "uniformization" of the moduli space of algebraic curves by Virasoro's algebra (a question raised by Yu.I. Manin), the axioms of conformal quantum field theory and a way of defining invariants for 3-dimensional manifolds using rational correlation functions. M. Kontsevich's most spectacular work was the solution of Witten's conjecture in 1990: the intersection of divisors on the moduli space of algebraic curves can be computed by means of a solution of a nonlinear Korteweg-de-Vries equation. In this method he uses Feynman's diagrams and matrix integrals that are new in physics. More recently M. Kontsevich has discovered unthought-of relations between string theory and Chern-Simon's theory thanks to explicit integral representations of knot invariants recently introduced by V. Vassiliev.

François Labourie

François Labourie was born in 1960. He studied at the École Normale Supérieure in Paris and works now at the Centre National de la Recherche Scientifique at the École Polytechnique. F. Labourie has investigated various important fields of geometry (convex hypersurfaces, pseudo-holomorphic curves, Anosov's flows, and so on). Using methods based on differential geometry, he made in-depth contributions to the study of complex projective structures on surfaces and of their relation with 3-dimensional hyperbolic geometry, a classical field of research going back to Schwarz, Klein and Poincaré, which was renewed by Thurston's work. In a series of papers in collaboration with Y. Benoist and P. Foulon, he solved a famous conjecture on Anosov's flows in compact contact manifolds, proving that the regularity of the stable and unstable foliations implies that, after reparametrization, the model is the geodesic flow of a locally symmetric space. His work, influenced at the beginning by M. Gromov's ideas, shows an outstanding association of technical virtuosity and geometrical ideas.

Tomasz Luczak

Tomasz Luczak was born in 1963 in Poznan. He studied at the Adam Mickiewicz University where he now holds a professorship position. In 1991 he obtained the Kuratowski Prize awarded by the Polish Society for Mathematics. Most of his research is linked to the theory of random discrete structures. In particular, he studied chromatic numbers in random graphs, the phase transformation phenomena of random discrete structures and the 0-1 laws of such structures.

Stefan Müller

Stefan Müller was born in 1962 in Wuppertal. He obtained his Ph.D. at Heriot-Watt University in Edinburgh. He currently holds a postdoctoral position at the University of Bonn. He has a number of highly original and powerful contributions to applied analysis and solid mechanics. His work in solid mechanics has covered many aspects of the subject, including the existence of solutions in nonlinear elasticity, composite materials, cavitation, and the discovery of striking effects on crystal microstructures induced by the competition between bulk and interfacial energy. His research in elasticity theory has revealed important properties of the Jacobians of mappings. For example, he proved the very surprising following theorem: If $\Omega \subset \mathbb{R}^n$ is open, $y : \Omega \to \mathbb{R}^n$, $\int_\Omega |Dy|^n dx < \infty$, and $\det Dy \geq 0$, then for any compact subset K of Ω, we have $\int_K \det Dy \log(1 + \det Dy) dx < \infty$. This result led to a number of important advances in partial differential equations and harmonic analysis. He also showed that a natural definition of det Dy as a distribution is equivalent to the usual pointwise definition provided the distribution defines a function in $L^1(\Omega)$.

Vladimir Šverák

Vladimir Šverák was born in 1959. He obtained his first degree and doctorate from Charles University in Prague, where he holds a professorship position. He is currently a Research Associate Professor at Heriot-Watt University, Edinburgh. He has outstanding contributions to the calculus of variations. In particular, he recently produced a counterexample to the long-standing open question of whether rank-one convexity implies quasiconvexity, a question first posed by C.B. Morrey in 1950. Morrey's quasiconvexity condition on the integrand f of a variational integral $I(u) = \int_\Omega f(x, u, Du)dx$, where $u : \Omega \to \mathbb{R}^n$ and $\Omega \subset \mathbb{R}^n$ is bounded and open, plays a central role in the theory of the existence and regularity of minimizers, while rank-one convexity of f is equivalent to the well-known Legendre-Hadamard (or strong ellipticity) condition. Šverák's counterexample in the case $n = 2$, $m = 3$ consists of a subtly chosen quartic polynomial. V. Šverák is also well known for several other key results illuminating the meaning of quasiconvexity and characterized by penetrating and elegant proofs, as well as for a definitive analysis of the invertibility of mappings $u \in W^{1,n}(\Omega; \mathbb{R}^n)$. These results have important applications to elasticity theory and other fields in which systems of nonlinear partial differential equations arise.

Gabor Tardos

Gabor Tardos was born in 1964. He studied and obtained his Ph.D. at the Eötvös University. He now holds a position as Research Scientist at the Mathematical Institute of the Hungarian Academy of Sciences. He held visiting positions at Chicago and Rutgers Universities. His exceptional talent in mathematics was recognized very early and he won numerous contests in Hungary and abroad, such as the Schweizer contest of the Janos Bolyai Mathematical Society which he won four times, an achievement only equalled by I. Csiszar, L. Lovasz and I.Z. Ruzsa. Gabor Tardos has a broad range of mathematical interests. His main research areas are focused on computer science, combinatorics and algebra. In his papers, he deals with a wide variety of problems, from algorithms to universal algebra, from sequences to free groups. He has introduced important new notions and has solved problems that were open for a long time.

Claire Voisin

Claire Voisin was born in 1962 at Saint-Leu-la-Forêt. She studied at the École Normale Supérieure in Paris and is now working at the

Centre National de la Recherche Scientifique, in the algebraic geometry team at Orsay. Her dissertation, which she defended in 1986, was directed by A. Beauville. She proved Torelli's theorem for cubic hypersurfaces of dimension 4. An important part of her later work was inspired by P. Griffith's ideas on variations of Hodge structures. The leading principle is based on the use of the algebraic information contained in the infinitesimal variation of Hodge structures in order to study such geometrical objects as period maps, Abel-Jacobi maps and Hodge's classes. For instance, she obtained important information on the Picard group of surfaces in the complex projective space of dimension 3 by giving precise estimates on the codimension of the module of surfaces that have a non-generic Picard group. In the same spirit she found an independent and considerably simplified proof of H. Clemens' theorem, according to which the group of cycles homologically equivalent to 0 modulo algebraic equivalence is of infinite rank for quintic hypersurfaces of dimension 3. Her method enabled her to partly extend this result to all sufficiently general Calabi-Yau manifolds of dimension 3. For all these problems, she went straight to the point and gave final answers.

The Prize Committee wishes to pay a particular tribute to **Andreas Floer** who died in 1991 under tragic circumstances.

Andreas Floer was born in Duisburg in 1956. He studied at Bochum University, where he held a position as Professor of analysis and geometry at the time of his death. Andreas Floer was an extremely brilliant mathematician who worked in several areas: dynamical systems, symplectic geometry, Yang-Mills theory, manifolds of low dimension. Motivated by ideas of Conley, Gromov and Witten, he defined a new homological theory, now called "Floer homology". Floer homology is based on the combinatorial study of solutions of certain partial differential equations on manifolds. The most well-known example is Floer's homology of 3-spheres which is a refinement of Casson's invariant. The simultaneous use of Floer's homology and of the "Ekeland-Hofer capacity" led to new invariants for symplectic manifolds. Andreas Floer's point of view in the field of variational theory and symplectic geometry will certainly deeply influence further developments in these areas. In his most recent research, he applied himself to defining Yang-Mills type invariants of knots and manifolds of dimension 3. The work and methods introduced by Andreas Floer had a deep impact on the development of mathematics and led to the solution of problems that were considered as inaccessible so far.

Acknowledgments

The preparation of the three volumes of the First European Congress of Mathematics was made by Elizabeth Hyman and Ann Kostant. The editors would like to thank them for their dedication and the high quality of their work.

The Sorbonne Chapel

H. Cartan, President of the Steering Committee
addressing participants at the opening ceremony

J.-L. Lions, President of the International Mathematical Union
and H. Curien, French Minister of Research and Technology

F. Mignot, Chairman of the Organizing Committee

Officials in the audience at Opening Ceremony

R. Rentschler, J. Giraud, C. Basdevant, V. Courtillot

Rear: E. Benlolo, J.-C. Risset just before giving his musical presentation
Front: G. Francfort, A. Joseph, M. Vergne

Björn Engquist, Anders Björner, László Babai, Jürgen Gärtner, Borislav Bojanov
Seated: Yurii Neretin, David Mumford

Rear: Alain-Sol Sznitman, Michael Berry, Jürg Fröhlich
Front: Fabrizio Catanese, Corrado De Concini, Michèle Vergne, Mariano Giaquinta

Ursula Hamenstädt

Alexander S. Merkurjev

Fabrizio Catanese

Björn Engquist

Claude Viterbo

Jean-Michel Bony

David Mumford

Dietmar A. Salamon

Alexander Beilinson

Simon K. Donaldson

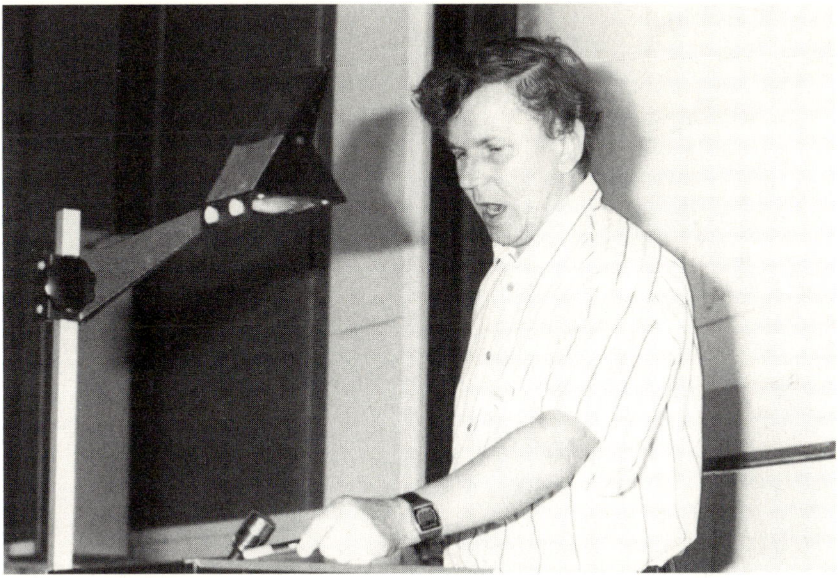

Jürgen Gärtner

Alfio Quarteroni

B. Prum, Head of Round Tables

Organizing Committee at work:
F. Mignot, F. Murat, P. Schapira, S. Mas-Gallic, G. Allaire, P. B. Cohen

H. Kraft

Y. Kannai

G. Tronel

X. Guyon

Richard E. Borcherds, lecture chaired by J. Tits (standing)

László Babai (left)

Robert Azencott

Michèle Vergne

Eduard J.N. Looijenga

Michael Berry

Jürg Fröhlich

Mariano Giaquinta

D. Singmaster, ensnaring L. Moser-Jauslin and
J. Moser during the luncheon break

Mathematical puzzles

D. and A. Joseph, F. Hirzebruch

R. Rentschler and the Birkhäuser staff:
T. Hintermann, K. Shergill, R. Rentschler, J. Kindler

Plenary Lectures

The Vassiliev Theory of Discriminants and Knots

V. I. Arnold

In these times, the angel of topology and the devil of abstract algebra fight for the soul of each individual mathematical domain

H. Weyl*

The study of the discriminant variety in a functional space of smooth mappings is a traditional and fundamental part of the theory of singularities. The discriminant variety is the set of those points of the functional space which represent the mappings having nongeneric singularities. The topological, homotopical and even homological invariants of the complement to the discriminant variety (that is, of the space of generic mappings) are important for many applications. However, progress in these difficult global problems of singularity theory was rather slow until Vassiliev [1] over the last few years has demonstrated the new perspectives opened up by the singularity theory approach in knot theory.

A *knot* is a connected component in the space of smooth embeddings of a circle into 3-space. Hence, we start with the functional space $\mathcal{F}$ of all smooth mappings of S^1 into $\mathbb{R}^3$ and we define the *discriminant variety* Σ as the set of mappings, which are not embeddings (that is, those that have either self-intersections or singularities (see Figure 1).

The discriminant variety is a *hypersurface* in the space $\mathcal{F}$ of all mappings since the self-intersections occur in generic one-parameter families of mappings of a curve in 3-space. This hypersurface subdivides the complement into connected domains which are the knots.

We wish to study the topological properties of the knot space $\mathcal{F} - \Sigma$. For instance, the elements of its 0-dimensional cohomology group are locally constant functions, that is knot invariants. Such functions can be multiplied, forming a ring:

$$H^{\circ}(\mathcal{F} - \Sigma) = \text{knot invariants ring.}$$

---

* *Invariants,* Duke Math. J., **5** (1939). This description seems to be an allusion to a painting by Uccello (at the Urbino castle) "l'hostie profannée," representing an event that happened in Paris in 1290. The event is also represented in a series of pictures in the church Saint-Jean-Saint François in Paris.

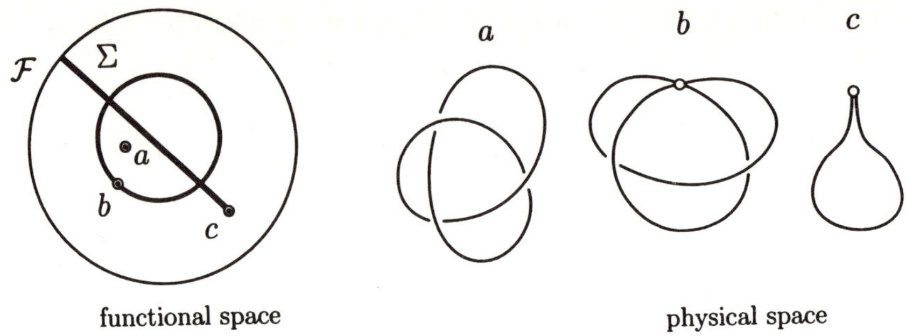

Figure 1. Generic mappings and the discriminant variety in the space $\mathcal{F}$ of mappings $S^1 \to \mathbb{R}^3$

The space $\mathcal{F}$ is linear and hence contractible. The study of the cohomology of the space of knots is therefore reducible to that of the discriminant (modulo ∞), by the Alexander duality. The difficulties of the infinite dimensionality of $\mathcal{F}$ can be overcome by the standard finite dimensional approximation technique of singularity theory (see e.g., [2]–[10]). For instance, one can replace $\mathcal{F}$ by the space $\mathcal{F}_N$ of trigonometric polynomials of degree at most N. Then each homology group $H^i(\mathcal{F}_N - \Sigma)$ stabilizes for $N \to \infty$:

$$H^i(\mathcal{F}_N - \Sigma) \approx H^i(\mathcal{F} - \Sigma) \text{ for } N \gg i.$$

Thus the Alexander duality is essentially used only in finite dimensional cases.

The advantage of the discriminant variety (over its complementary knot space which is our main object of study) is that this variety is naturally stratified according to the hierarchy of the singularities (while the knot space is smooth). Thus, to study homology, we need to cut the knot spaces into pieces, while for the discriminant variety, the pieces are provided by the strata of the stratification. This stratification induces an additional structure in the homology of the discriminant which survives also in the cohomology of the knot space, for instance, in the ring of its zero-dimensional cohomology. This talk is an introduction to the study of the Vassiliev structure in the ring of knot invariants.

The works of J. Birman, X.S. Lin, D. Bar-Natan, and M. Kontsevich ([11]–[15]) have shown that this Vassiliev structure is a fundamental general combinatorial mathematical object, related to the Jacobi identity, Yang-Baxter and Knizhnik-Zamolodchikov equations, the hierarchy of Feynman integrals of perturbative theory in the Chern-Simons action, the D. Zagier ζ-functions of several variables, and to the cohomology of the Lie algebra of Hamiltonian vector fields on infinite dimensional spaces.

1. Vassiliev invariants

These invariants form an increasing sequence of finite dimensional subspaces in the ring of knot invariants, similar to the sequence of spaces of polynomials of increasing degree in the ring of power series. Together these finite dimensional subspaces form the subring V of the Vassiliev invariants:

$$H^0(\mathcal{F}\backslash\Sigma) \supset V \supset \ldots \supset V_n \supset \ldots \supset V_1 \supset V_0.$$

The subspace V_n (or the subgroup, if we consider cohomology with integer coefficients) is called *the space (group) of Vassiliev's invariants of order n.* The product of invariants of orders m and n will be an invariant of order $m+n$.

The polynomials of degree at most n are defined by the condition $d^{n+1}p = 0$. The Vassiliev invariants of order n are defined by a similar condition

$$\nabla^{n+1} i = 0, \quad i \in H^0(\mathcal{F} - \Sigma),$$

with the *jump operator* ∇ replacing the derivative (and which we shall see is also similar to the residue) is defined by the following construction.

Lemma. *The discriminant hypersurface in $\mathcal{F}$ has a natural coorientation* (Figure 2).

Indeed, fix the orientations on the circle and in 3-space. A generic (nonsingular) point of the discriminant hypersurface is represented in the physical space by an immersed curve γ with one point of transversal self-intersection. A small displacement of the point from the discriminant hypersurface in a direction, transversal to it, transforms the curve γ into an embedded curve γ^+ or γ^-. The self-intersection point is represented on each of these embedded curves by two points 1 and 2. The velocity vectors of the embedding at points 1 and 2, together with vector 12, form a frame in 3-space. Its orientation is positive in one case (γ^+) and negative in the other (the result does not depend on the choice of points 1 and 2, for instance, not on their ordering). □

Definition. The *jump* of an invariant i at a point of the discriminant hypersurface is the difference of the values of the invariant, evaluated at

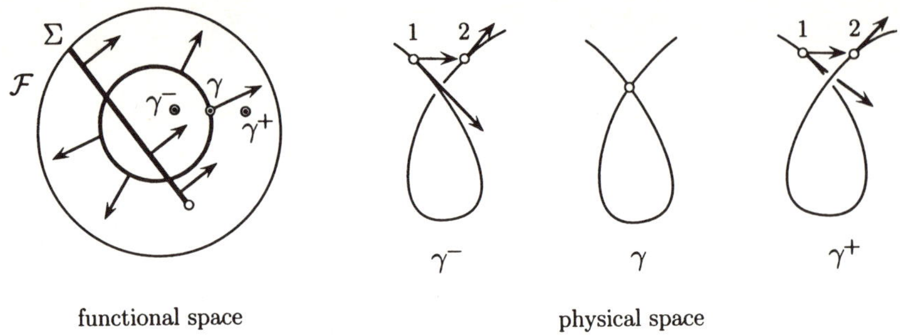

Figure 2. Coorientation of the discriminant variety

both sides of the hypersurface:

$$(\nabla i)\gamma = i(\gamma^+) - i(\gamma^-), \quad i \in H^0(\mathcal{F} - \Sigma).$$

Thus, ∇i is a locally constant function on the set of nonsingular points of the discriminant.

Iterating this construction, one defines the n-th jump, $\nabla^n i$, which is a locally constant function on the set of immersions whose images have n double points.

Example. The second jump of an invariant is defined at the self-intersection points of the discriminant hypersurface as the jump of the first jump of the invariant at the first branch of the discriminant hypersurface (Figure 3). Its value does *not* depend on the choice of the branch of the discriminant hypersurface which was called above the first one. Similarly, the higher jumps are well defined.

Definition. A *Vassiliev invariant of order n* is a knot invariant whose $n+1$-th jump vanishes identically.

Theorem. *The Vassiliev invariants form a subring of the ring of all knot invariants. Indeed, the following version of the Leibniz formula holds:*

$$\nabla(ij) = i^+j^+ - i^-j^- = i^+j^+ - i^+j^- + i^+j^- - i^-j^- = (i^+)\nabla j + (j^-)\nabla i.$$

Hence the product of Vassiliev invariants of orders m and n is a Vassiliev invariant of order at most $m+n$.

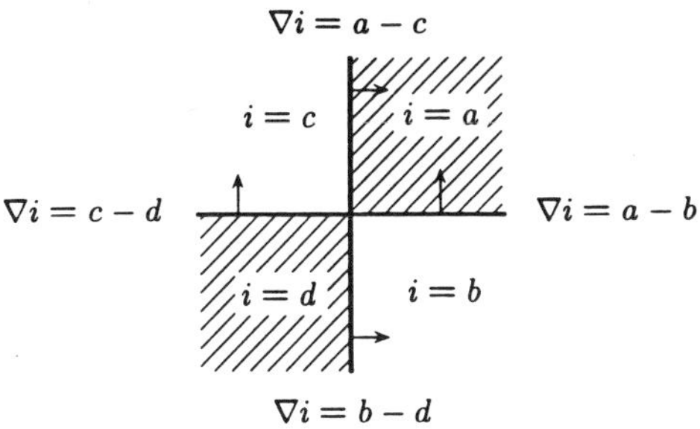

$$
\begin{aligned}
(\nabla^2 i) &= (a-b)-(c-d) \\
&= (a-c)-(b-d)
\end{aligned}
$$

Figure 3. The independence of the second jump of an invariant on the ordering of the branches of the discriminant variety

Before we start to calculate the ring of Vassiliev invariants, let us discuss the motivations behind its definition.

The standard technique of topological work with discriminant varieties is the following *resolvent* construction. Replace each self-intersection point by two copies of it (one at each branch) and add a segment so that these are joined points. Then replace all the triple points by triads of points and glue a closed 2-simplex to each such triad. Glue 3-simplices to the resolved quadruple points, and so on (Figure 4).

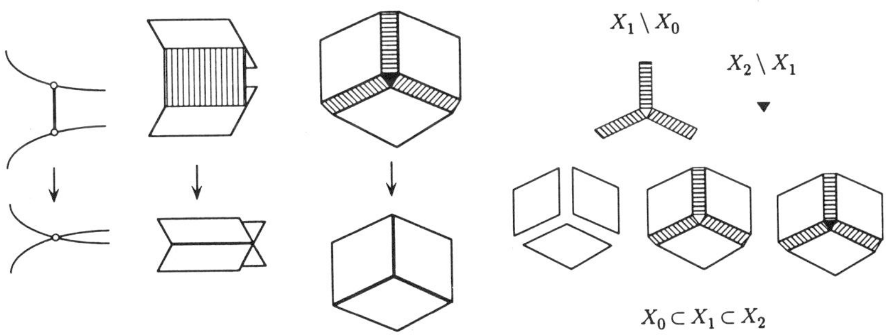

Figure 4. The resolution of self-intersections

The resulting topological space is homotopy equivalent to the initial one. It has an increasing filtration $X_0 \subset X_1 \subset X_2 \subset \ldots$, where $X - X_i$ replaces the self-intersections of multiplicity greater than i. The difference $X_i - X_{i-1}$ is the closure of the space of the fibration into open i-simplices over the set of self-intersection points of multiplicity i. The space X_0 is the closure of the set of those points of the initial (discriminant) variety, which are not self-intersection points.

Now one considers the spectral sequence associated to this filtration. Vassiliev's iterated jumps occur naturally in the study of the first differential of this spectral sequence (see [1]). If this sequence converges to the cohomology of the knots space, then the Vassiliev invariants distinguish all knots. This way of thinking, so natural from the singularity theory point of view, was rather unusual for the knot theorists. Vassiliev theory had not been noticed by the knot theory community until I explained it to Joan Birman, and posed the problem of whether Vassiliev invariants distinguish more knots than do the one variable Jones polynomials (a question which she and X. S. Lin ssubsequently settled affirmatively).

Kontsevich stated in his Bonn lectures in March 1992 that the Vassiliev spectral sequence degenerates at the first term (at least when tensored with $\mathbb{C}$).

Remark 1. Vassiliev has conjectured that his invariants distinguish any two knots. This conjecture has been neither proved nor disproved. In any case, the Vassiliev invariants distinguish at least as many knots as all other known invariants. For instance, if one substitutes e^t for the variable in the Jones polynomial and develops the resulting function in a Taylor series, then the coefficient of the term containing t^n will be a Vassiliev invariant of order n (Birman and Lin [11]). Hence all knots, distinguished by the Jones polynomials, are distinguished also by Vassiliev invariants. Similar results hold for all other known polynomial invariants.

Remark 2. The Vassiliev ring has not yet been computed explicitly. However Bar-Natan and Kontsevich announced that the corresponding graded ring (tensored with $\mathbb{C}$) is isomorphic to the graded ring of polynomials in an infinite set of indeterminates whose degrees are such that the number $\#(n)$ of indeterminates of any fixed degree n is finite:

n	1	2	3	4	5	6	7	8	9
$\#\, n$	0	1	1	2	3	5	8	12	?

One thus finds the dimensions of thc spaces of Vassiliev invariants of small order n to be:

n	0	1	2	3	4	5	6	7	8	9
$\dim V_n$	1	1	2	3	6	10	19	33	60	?

For $n < 5$, these dimensions and spaces had been calculated by Vassiliev [1] and for higher n they have been calculated by Bar-Natan (using many hours of Cray computations).

2. Calculation of the Vassiliev invariants

The dual of the free finitely generated abelian group V_n/V_{n-1} admits an explicit combinatorial description: it is generated by the Feynman diagrams of a special form (Vassiliev diagrams), and their relations are described below. These relations, while rather complicated, are as fundamental as the relations in braid groups, the Jacobi identity, the Yang-Baxter and Knizhnik-Zamolodchikov equations mentioned above (which are closely related to the combinatorics of the relations between the Vassiliev diagrams).

To understand the nature of these relations, we shall start to calculate the Vassiliev invariants of small order n. It is technically convenient to represent the knots by embeddings $\mathbb{R} \to \mathbb{R}^3$ with boundary conditions at infinity (the corresponding functional space of mappings $\mathcal{F}$ is an affine space).

2.1 Invariants of order 0

The defining relation $\nabla i = 0$ means that the invariant i is constant globally. Hence *the space of zero order Vassiliev invariants is the space of constants.*

$$V_0 = \mathbb{Z}$$

(similar to the space of polynomials of degree zero)

2.2 Invariants of order 1

The defining equation $\nabla^2 i = 0$ means that *the first jump of the invariant i is constant on all the immersions with just one point of transversal self-intersection* (Figure 5).

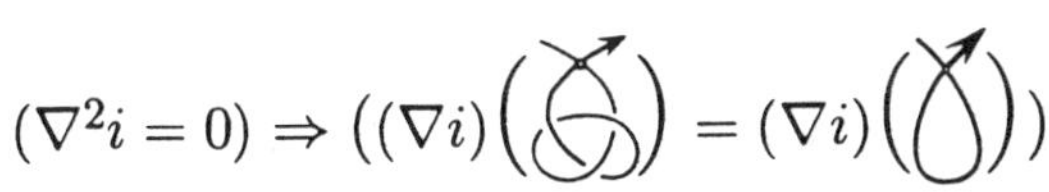

Figure 5. The constancy of the jump of an invariant of order 1

Indeed, each pair of immersions of this class is joined by a finite chain of surgeries ("perestroikas") during which one branch of the curve moves through the other (introducing at that moment one new double point of transversal self-intersection of the immersed curve). The jump of the first jump at any such surgery vanishes, since $\nabla^2 i = 0$. Hence the value of the jump is the same as for the standard plane curve γ (Figure 6)

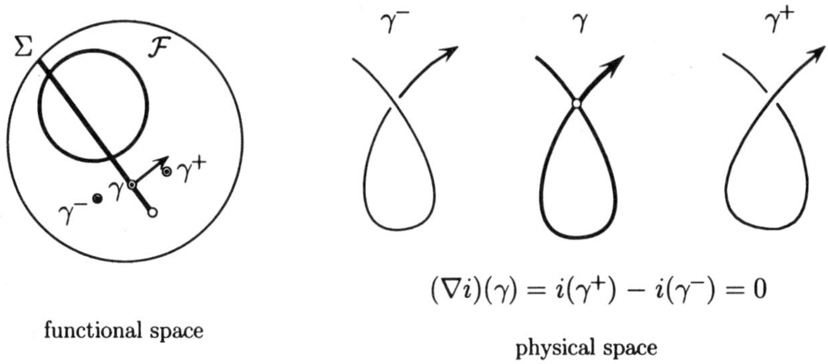

Figure 6. The calculation of the jump of an invariant of order 1

For the standard plane curve γ with one self-intersection point the discriminant is surrounded by the same component of the complement from both sides (the curves γ^- and γ^+ are regularly isotopic). Hence $(\nabla i)\gamma = 0$, and thus *any first order invariant is a zero order invariant*:

$$V_1 = V_0 = \mathbb{Z}.$$

Remark. In terms of the functional space $\mathcal{F}$, the preceding result expresses the following information on the discriminant hypersurface:

(1) the strata, corresponding to more complicated singularities of the discriminant hypersurface, as well as the transversal self-intersection of two branches, *do not divide* the discriminant hypersurface.

(2) the stratum (of codimension 2) in $\mathcal{F}$, formed by the simplest (cusped) singular curves in $\mathbb{R}^3$, is *the boundary* of the discriminant hypersurface.

The mini-versal deformation of a semi cubical cusp is two-parametrical, and the discriminant hypersurface intersects the plane of the parameters along a ray, ending at the point representing the cusped curve. (Figure 6 is thus rather realistic).

It is clear that the points of the plane at both sides of a ray belong to the same component of the complement to that ray. That explains the existence of a regular isotopy between the embeddings γ^+ and γ^-.

The calculations of the higher order invariants are similar to what we have done; only the simplest information on the stratification of the discriminant hypersurface, corresponding to the hierarchy of singularities, is used. This information is provided by the versal deformations of some few very simple singularities. The next step, where the relevant singularity is the triple point, is crucial for the whole theory.

2.3 Invariants of order 2

The defining equation $\nabla^3 i = 0$ means that the second jump of the invariant i does not change under surgery of an immersion whose image has two points of transversal self-intersection, which introduces for a moment a third self-intersection point

Unlike the immersions whose image has one self-intersection point, *the immersions with two such points cannot in general be connected by a finite chain of surgeries each of which introduces momentarily one more self-intersection point.*

Indeed consider the preimages of the double points on the oriented line by examining their mappings in 3-space. There are 4 preimages and they form two pairs (the two points of a pair have the same images in 3-space).

It is convenient to describe a decomposition of the set $\{1, 2, \ldots, 2n\}$ into n pairs by a system of arcs in the upper halfplane (connecting the i-th point with the j-th one iff (i, j) is a pair). I shall call any such system of n arcs *a Vassiliev diagram* of order n (Figure 7).

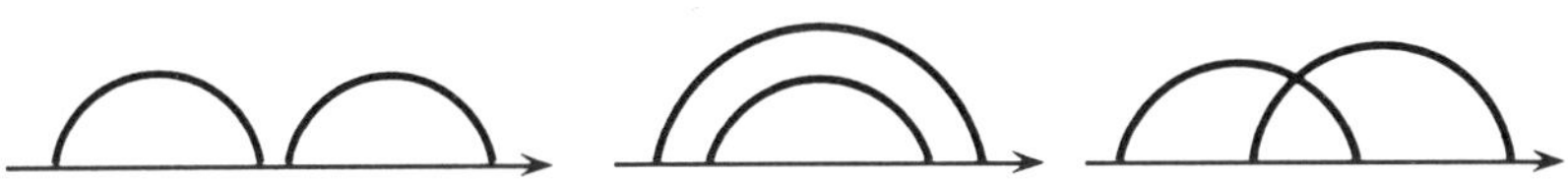

Figure 7. The Vassiliev diagrams of order 2

Of course, many people have previously studied these diagrams, which, for instance, describe the classes of complete flags in a linear symplectic space of dimension $2n$. The components of the knot space are the orbits of the coadjoint representation of $S\,\mathrm{Diff}\,\mathbb{R}^3$, which may be more than just a coincidence.

There exist exactly 3 Vassiliev diagrams of order 2 (Figure 7).

The Vassiliev diagram of an immersion with n double points does not change under a surgery, which introduces momentarily one more double point of the immersed curve. Hence *there exist at least three immersions of a line with 2 double points which cannot be reduced to one another by a chain of such surgeries* (Figure 8).

Any immersion with two self-intersection points on the immersed curve can be reduced to one of these three standard curves by a finite chain of standard surgeries, which introduces a third self-intersection point.

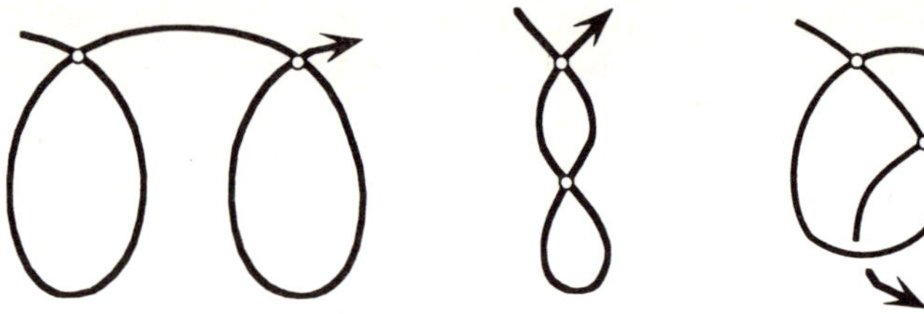

Figure 8. The three standard immersed curves with 2 double points

Therefore, any Vassiliev invariant of order 2 is determined (up to an additive constant) by the values of its second jump on the three standard curves of Figure 8.

The values of the second jump of any invariant on the first two standard curves of Figure 8 vanish. This follows from the fact that both resolutions of one of the self-intersections produce equivalent (smoothly isotopical) immersed curves with one transversal self-intersection. (Figure 9).

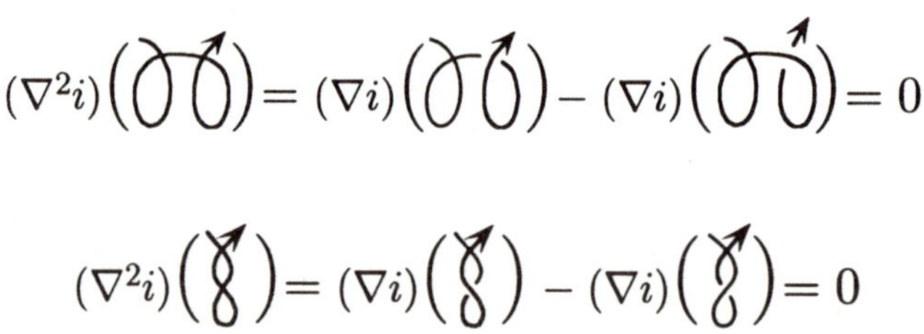

Figure 9. Evaluation of the second jump

Thus, the second jump of an invariant of the second order is unambiguously defined by its value on the third curve. If this value does not vanish (i.e., if the invariant is genuinely of second and not of the first order) then we can multiply it by a constant in such a way that the value on the third curve of Figure 8 will be equal to 1.

A second order Vassiliev invariant with these properties exists and is unique (up to an additive constant). Thus, $V_2 \approx \mathbb{Z}^2$. We can eliminate the constant, choosing the value of the invariant on an unknot to be zero. The calculation of this invariant for the trefoil knot is presented in Figure 10 (where, for simplicity, the signs are neglected):

$$1 = (\nabla^2 i)(K) = (\nabla i)(K^+) - (\nabla i)(K^-), \quad (\nabla i)(K^-) = 0;$$
$$1 = (\nabla i)(K^+) = i(K^{++}) - i(K^{+-}), i(K^{+-}) = 0;$$
$$1 = i(K^{++}) = \text{ the value of the invariant evaluated at a trefoil knot.}$$

The existence of this invariant is proved in [1].

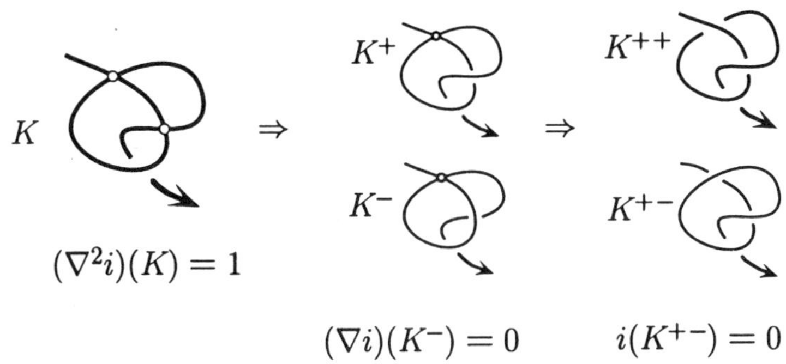

Figure 10. Calculation of the Vassiliev invariant of order 2

This invariant is nontrivial. But it can be reduced to the known ones (it is equal to the x^2 coefficient in the Conway version of the Alexander polynomial). In this case Vassiliev's approach gives an algorithm for calculation of an old invariant. In more complicated cases it generates invariants automatically, by standard combinatorial calculations similar to the preceding ones.

3. The group of diagrams

The calculation of the Vassiliev invariants of order n is similar to the calculations of those of order 2. The defining equation $\nabla^{n+1} i = 0$ means that the n-th jump of the invariant i is a locally constant function on the space of immersions, whose images have n self-intersection points, which does not change under the surgeries, which introduces momentarily one more double point. It follows that *the* n-th *jump,* $\nabla^n i$, *depends only on Vassiliev diagram of the immersion with* n *double points.* □

The number of Vassiliev diagrams formed by n arcs is equal to

$$(2n-1)!! = 1 \cdot 3 \cdot 5 \cdot \ldots \cdot (2n-1).$$

An invariant of order n is defined by the values of its n-th jump on those diagrams up to the addition of an invariant of a smaller order. Hence we obtain the inequality

$$\dim V_n/V_{n-1} \leq (2n-1)!!$$

showing that *the space of Vassiliev invariants of any given order is finite-dimensional.*

To describe explicitly the space V_n/V_{n-1}, it is convenient to start from the free abelian group $\mathbb{Z}^{(2n-1)!!}$, whose generators are the diagrams of order n. The n-th jump of an invariant of order n is a linear function on the additive group, generated by the diagrams. However, as we have seen above for $n = 2$, some of these linear functions are not equal to the n-th jump of any n-th order Vassiliev invariant. For example, for $n = 2$ the values of this function on the first two diagrams of Figure 7 must vanish.

In the general case of arbitrary n, the admissible linear functions are those which vanish on some special diagrams or linear combinations of diagrams. We shall describe below these diagrams and combinations. It is convenient to introduce the following.

Definition. The group of diagrams of order n is the abelian group A_n whose generators are the Vassiliev diagrams consisting of n arcs and whose relations subgroup (in the free abelian group generated by the diagrams) is generated by the two types of relations, as described below:

$$A_n = \frac{\mathbb{Z}^{2n-1!!}}{(\text{relations 1 and 2})}.$$

Relation 1. (The *easy relations*). Each diagram, containing an arc joining two neighboring points belongs to the relations subgroup (Figure 11).

Relation 2. (The *4-term relations).* The combination of four diagrams

$$S_1 - S_2 + S_3 - S_4$$

belongs to the relations subgroup. Here S_i are the diagrams consisting of n arcs, which are described in (Figure 13) below.

The 4-term relation is a fundamental combinatorial relation whose role in Vassiliev invariants theory is similar to that of the Jacobi identity in Lie algebra theory.

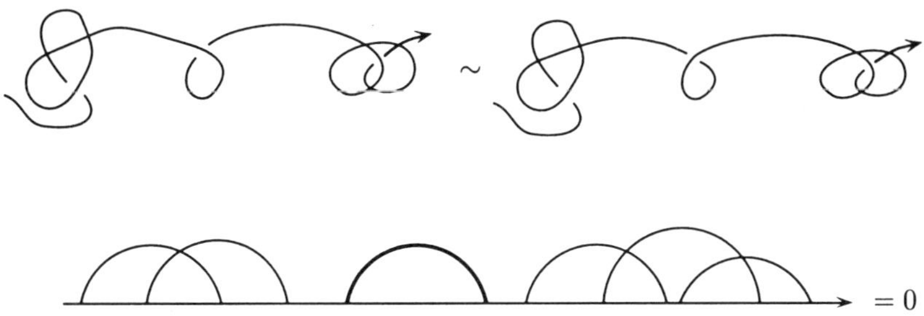

Figure 11. An easy relation and its motivation

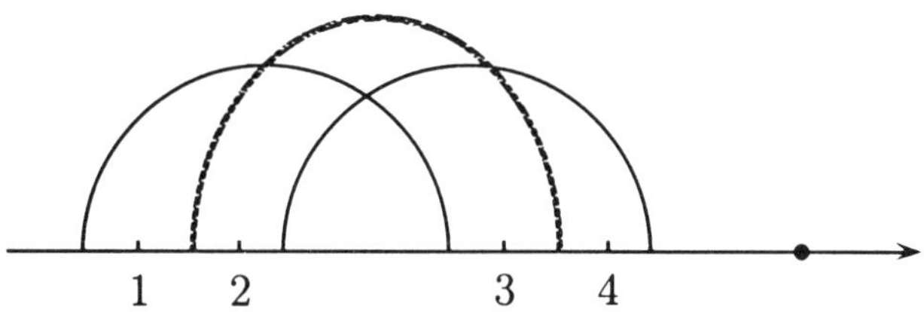

Figure 12. The construction of a 4-term relation

To write the Jacobi identity as a system of relations between the structure constants we have to fix the value of four indices (i, j, k, l) and then add the corresponding products of the structure constants with those indices. Thus the Jacobi identity is in fact a family of numerical equations, parameterized by the choice of indices.

The parameter of the 4-term relations of the group A_n consists of the following data:

(1) a Vassiliev diagram of order $n-2$ (shown in Figure 12 by the ordinary lines);
(2) one more distinguished arc in the upper halfplane (shown in Figure 12 by a wavy line);
(3) one more distinguished point on the border line (0 in Figure 12).

Thus the total number of points at the border line is $2n-1$. These points divide the line into parts. Let us consider the 4 parts adjacent to the endpoints of the distinguished arc (some of these parts may coincide). We denote them by the numbers $(1, 2, 3, 4)$ in the order defined by the orientation of the border line.

The diagram S_i is the union of the $n-1$ arcs defined by the above data and of one more arc joining the distinguished point to a point of the part i. A 4-term relation, corresponding to the data in Figure 12, is represented in Figure 13.

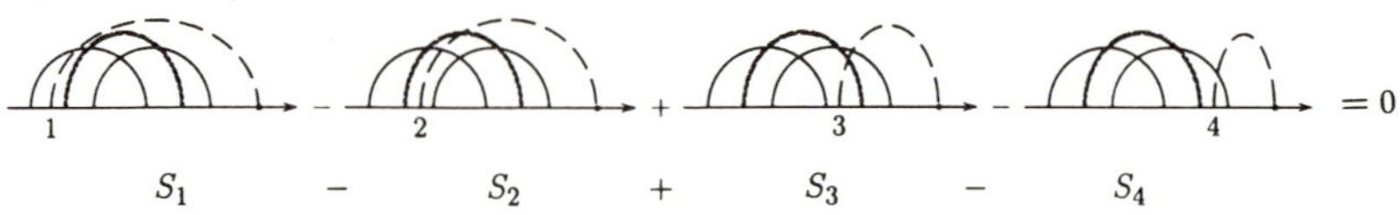

Figure 13. A 4-term relation

Remark. The 4-term relations, which were implicit in Vassiliev's initial work [1], have been written in the form described above by Birman and Lin [11].

The number of independent relations among the relations 1 and 2 is at present known only for small n. According to the computations of Vassiliev ($n < 5$) and Bar-Natan, the ranks of the free abelian groups A_n are given by the following table:

n	0	1	2	3	4	5	6	7	8	9
$\dim A_n$	0	0	1	1	3	4	9	14	27	?

Any function on the set of diagrams with n arcs defines a linear function on the free abelian group generated by the diagrams.

Theorem. *The value of the n-th jump of any Vassiliev invariant of order n on each relation of the diagram group A_n vanishes.*

Proof. Fix an easy relation, that is, a diagram containing a short arc. Consider an immersed curve with n double points whose diagram has a short arc. Introducing one more double point at the moment of the surgeries, we can transform this immersion into an immersion for which the short arc is represented by a standard short simple loop in a ball of 3-space containing no other parts of the curve (Figure 14).

The value of the n-th jump of any invariant on such a curve is equal to the difference of the values of the preceding jump on two regularly isotopical immersed curves with $n-1$ double points; hence it vanishes. □

Figure 14. Evaluation of the n-th jump on an easy relation

The 4-term relation appears naturally in the study of the generic triple points of immersions (where the tangents of the three branches are 3 linearly independent lines). Such points occur unavoidably in generic 3-parameter families of mappings of a curve in 3-space. The mappings with a triple point form a variety of codimension 3 in the space of mappings. Its transversal 3-space intersects the discriminant hypersurface along three surfaces, intersecting each other transversally (Figure 15). The first surface corresponds to the first return to a point visited by the immersion. The second and third surfaces correspond to the subsequent return to one of the two intersecting branches of the immersed curve (visited at the first and at the second instances).

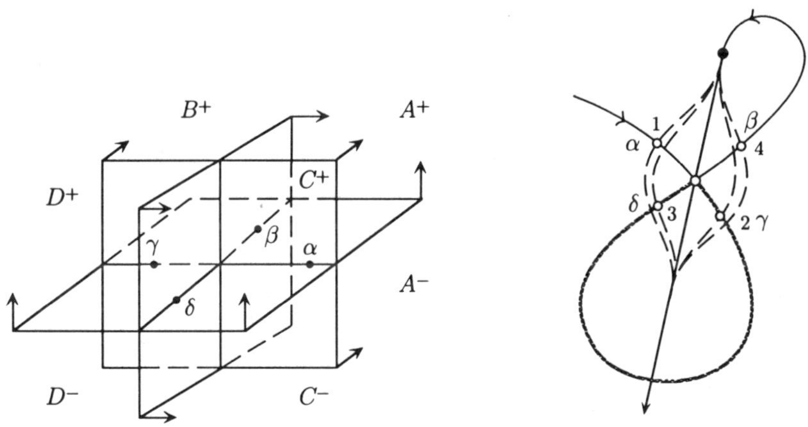

functional space physical space

Figure 15. The origin of the 4-term relations: deformations of a triple point

Deform slightly the immersion near the third visit in such a way that the intersection with the initial part of the immersed curve at the triple point is replaced by the intersection with one of the 4 rays of the cross formed at the initial self-intersection. The four deformed immersions are shown in Figure 15 by the broken lines.

These four deformed immersed curves are represented in the functional space (and in the versal deformation 3-space, shown in Figure 15) by 4 points $(\alpha, \beta, \gamma, \delta)$ belonging to the codimension 2 strata of the discriminant hypersurface (namely, to its simple self-intersection strata). All these four points belong to one of the branches of the discriminant hypersurface (represented in Figure 15 by a horizontal plane).

Calculate the second jumps of an invariant at these points and denote them as the points themselves.

Lemma. $\alpha - \beta - \gamma + \delta = 0$

Proof. By definition

$$\begin{aligned}\alpha &= A^+ + C^- - A^- - C^+,\\ \beta &= A^+ + B^- - A^- - B^+,\\ \gamma &= B^+ + D^- - B^- - D^+,\\ \delta &= C^+ + D^- - C^- - D^+. \qquad \square\end{aligned}$$

The relation between the values of the n-th jump of a Vassiliev invariant of order n on the 4 diagrams S_i (Figure 13) follows from the same arguments, applied to the four deformations of an immersion having one triple point, and $n-2$ double points. The value of the n-th jump of an invariant on the deformed immersion with n double points can be considered as the second jump of the $n-2$-th jump (as of a locally constant function on the space of mappings with $n-2$ double points.)

The parameters of the corresponding 4-term relation have the following meaning. The $n-2$ arcs form the diagram of an immersion in which the triple point disappears completely. The distinguished arc corresponds to the first return to the triple point (preserved under all the four deformations). The distinguished point describes the place of the last return among the moments of the other visits of the double points. $\square$

The theorem that we have proved implies that *any (rational) Vassiliev invariant of order n defines a homomorphism $A_n \to \mathbb{Q}$ and is defined by this homomorphism up to an addition of an invariant of a smaller order.*

Kontsevich has stated that any homomorphism $A_n \to \mathbb{Q}$ is the n-th jump of some (rational ?) Vassiliev invariant of order n. In other words, all the relations between the values of the n-jumps follow from relations 1 and 2 above:

$$(V_n/V_{n-1}) \otimes \mathbb{Q} \approx \text{ Hom } (A_n,\ \mathbb{Q}).$$

Kontsevich's proof based on complete integration is sketched in Section 4 below. In the original approach of Vassiliev [1], the existence of his invariants was proved by purely combinatorial methods.

Remark 1. (cyclic invariance) The element of the group of diagrams, corresponding to an immersed closed curve with n double points, is well defined: *it does not depend on the place where we cut the circle to obtain a line* (which we have used in the construction of the diagram).

Indeed, consider any diagram and replace the leftmost point by a new point at the extreme right (connecting it by a new arc to the right end of the destroyed leftmost arc, see Figure 16).

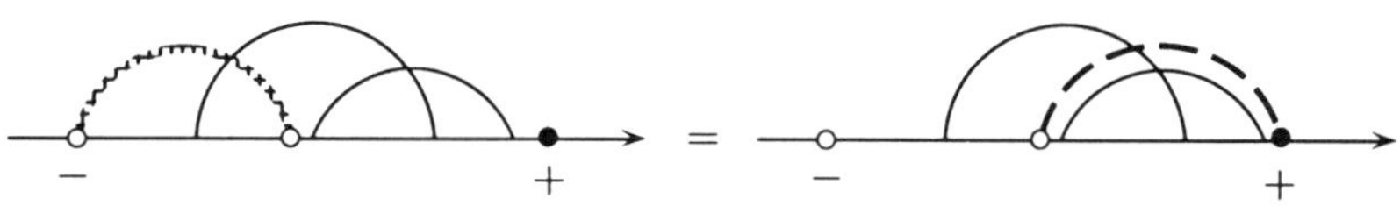

Figure 16. The cyclical invariance of a diagram's class in A_n

Lemma. *The new diagram defines the same element of the group of diagrams as the old one.*

Proof. Destroy the leftmost arc and sum the four-term relations, corresponding to all the choices of the distinguished arc among the remaining $n-1$ arcs, the distinguished point being at the right end of the left arc. □

Remark 2. The same reasoning proves that *any diagram containing an arc which does not intersect any other arc is equal to zero in the group of diagrams.* Indeed, one can transport the left end of this arc towards its right end, jumping over the intermediate arcs using the same operation as in the above proof (Figure 17).

Remark 3. One can combine the diagram groups into the *diagram ring* $A = \oplus A_n$, defining the product $A_n \otimes A_n \to A_{m+n}$ as the concatenation of corresponding diagrams (Figure 18).

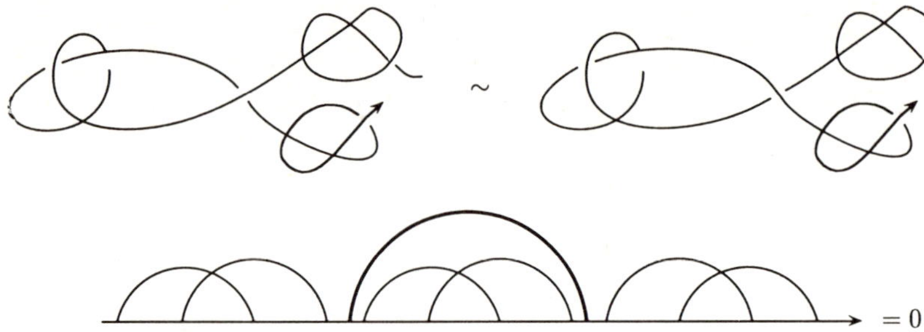

Figure 17. A corollary of relations 1 and 2

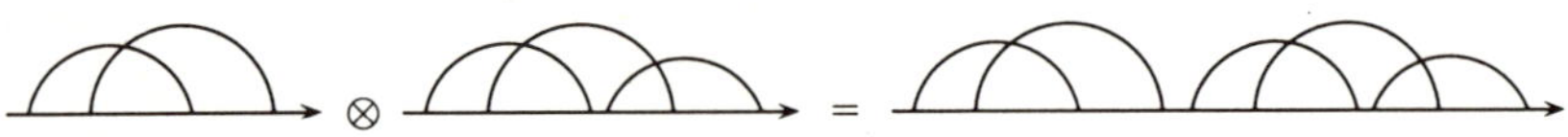

Figure 18. Multiplication of diagrams

This ring is commutative (by cyclical invariance (proved above in Remark 1).

In fact A has also a structure of a commutative and cocommutative Hopf algebra (the comultiplication is dual to the multiplication of the Vassiliev invariants). The elements of the ring A (or rather of its completion) may be viewed as models of knots—the Vassiliev invariants defining linear functions on it.

According to a general algebra theorem, the graded algebra A is isomorphic to the algebra of polynomials. It would be interesting to represent the multiplicative generators by linear combinations of special knots. The arithmetical properties of the coefficients of these combinations are also interesting.

4. Kontsevich integrals for Vassiliev invariants

Recently M. Kontsevich has presented some explicit formulas for the Vassiliev invariants of order n in a form of n-dimensional integrals, similar to the Gauss integral for the linking number.

Represent $\mathbb{R}^3$ as the product of the *horizontal plane* of a complex coordinate z and of the *vertical axis* of a real coordinate t. Represent a knot K as a "*very nice Morse embedding*" $S^1 \to \mathbb{R}^3$, for which all the critical points of the restriction of t to the knot curve are Morse nondegenerate and all the critical values are different.

The construction starts from the iterated integrals defining *Morse knot invariants*, which are constant along the components of the set of embeddings having only Morse critical points.

Choose n noncritical values $t_1 < \ldots < t_n$. Choose two different points (z_i, z_i') among the points of intersection of the knot with the horizontal plane $t = t_i$ (Figure 19).

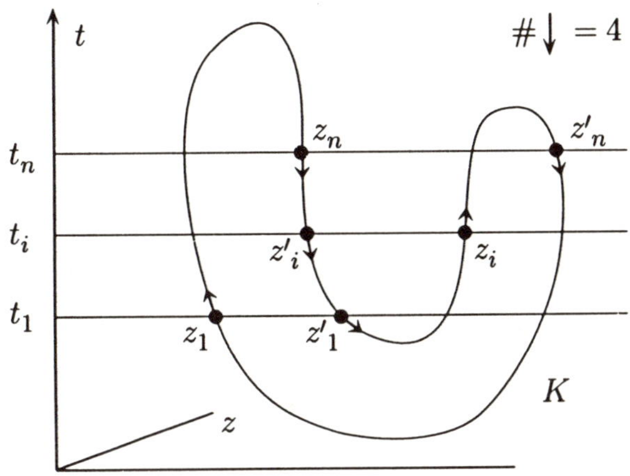

Figure 19. The construction of the Kontsevich integral

The knot branches define locally the smooth functions $z_i(t), z_i'(t)$. The n-times iterated *Kontsevich integral* is the integral with values in $A_n \otimes \mathbb{C}$,

$$\tilde{I}(K) = \int \!\! \ldots \!\! \int_{t_1 < \ldots < t_n} \sum_{\{z_i, z_i'\}} [w \bigwedge_{i=1}^{n} \frac{dz_i - dz_i'}{z_i - z_i'} (-1)^{\#\downarrow}],$$

where the *weight* $w \in A_n$ represents the Vassiliev diagram, formed by n arcs connecting (z_i, z_i') on the oriented circle K, and where $\#\downarrow$ is the number of *descending points* among $\{(z_i, z_i')\}$ (points where the orientation of K is opposite to that defined by dt). The summation is over all choices of the points z_i and z_i' for all i.

Remark . The integral is absolutely convergent. Indeed, the weight w vanishes at a neighborhood of a zero of the denominator (according to the easy relation 1 in A_n, see Section 3).

Thus *the integral depends on the Morse embedding K continuously.*

The crucial property of the Kontsevich integral is its *constancy along the deformations of the embedding K in the class of the Morse knots.* This property depends on the following, elementary but strange

Lemma. $\dfrac{dz_1 - dz_2}{z - z_2} \wedge \dfrac{dz_2 - dz_3}{z - z_2} +$ *cyclic permutations* $\equiv 0.$

Proof. Compute. □

Remark . This identity first appeared in [16] as the generator of the identities in the exterior algebra of the differential forms in the configuration space $\mathbb{C}^n$−diag, generated (over $\mathbb{C}$) by the standard forms $\omega_{i,j} = d\ell n(z_i - z_j)$. This subalgebra is isomorphic to the cohomology algebra of $\mathbb{C}^n - \cup(\text{diag})$.

The above identity is closely related to the Knizhnik-Zamolodchikov equation [17].

The Kontsevich construction depends on the choice of a closed complex $n-1$-form ω on $\mathbb{R}^n_1 \times \mathbb{R}^n_2$−diag, verifying 3 conditions:

(1) the cohomology class $[\omega]$ is nonzero;

(2) ω is antisymmetric, that is $\sigma^*\omega = (-1)^n\omega$, where σ is the involution exchanging the factors;

(3) let $\omega_{i,j}$ be the form in $\mathbb{R}^n_1 \times \mathbb{R}^n_2 \times \mathbb{R}^n_3 - \cup(\text{diag})$, induced from ω on $\mathbb{R}^n_i \times \mathbb{R}^n_j$−diag under the natural projection (where $i, j \in \{1, 2, 3\}$); then

$$\omega_{1,2} \wedge \omega_{2,3} + \text{ cyclical permutations } \equiv 0.$$

For $n = 2$ such a form is given by the above lemma:

$$\omega = d\ell n(z - z').$$

For $n > 2$ no smooth form verifying the conditions 1–3 is known. The Kontsevich integrals correspond to a generalized solution in the class of currents. One represents $\mathbb{R}^n$ in the form $\mathbb{C} \times \mathbb{R}^{n-2}$ with coordinates $(z, t_1, \dots, t_{n-2})$. The solution used by Kontsevich is the current

$$\omega = d\ell n(z - z') \wedge d\theta(t_1 - t_1') \wedge \dots \wedge d\theta(t_{n-2} - t_{n-2}'),$$

where $(\theta)(t)$ is equal to 1 for positive t and to zero for negative t.

To prove the deformation invariance of a Kontsevich integral, one writes its variation as an integral of some differential form along K. *This form vanishes identically according to the preceding lemma.* (We leave the details to the interested reader. It is here that the four-term relations will be needed).

The deformation invariance implies the second crucial property of the Kontsevich integral; it can be considered as a "Vassiliev invariant of Morse knots with values in $A_n \otimes \mathbb{C}$". Kontsevich has stated that the n-th *jump of the integral $\tilde{I}_n$, evaluated at a Morse immersion K* with n double points, is equal to *the product of $(2\pi i)^n$ with the diagram of this immersion* (considered as an element of the diagram group A_n). The idea is to deform K near the singular points, as shown in Figure 20 for $n = 1$. It could follow from the Kontsevich iterated jump formula that *the $n+1$-th jump vanishes identically.* Thus $\tilde{I}_n$ may be considered as a generalized vector-valued Vassiliev invariant of Morse knots.

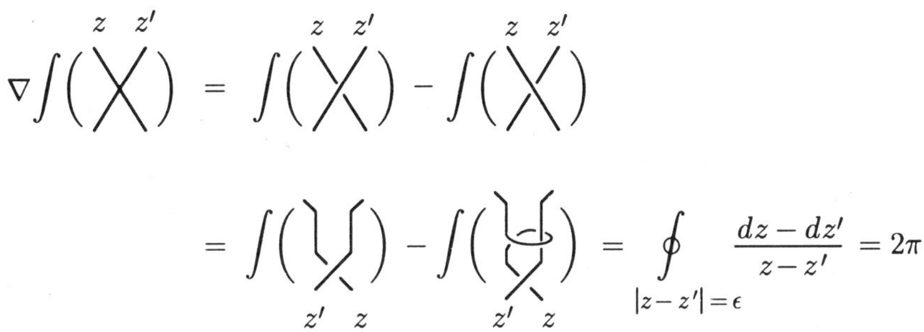

Figure 20. The residue as the jump of a Kontsevich integral

It would follow also, that *any element of $A^* Hom(A_n \mathbb{C})$ is equal to the n-th jump of some complex-valued Vassiliev invariant*:

$$V_n \otimes \mathbb{C} \approx (A_0 \oplus \ldots \oplus A_n)^* \otimes \mathbb{C}.$$

To write Kontsevich's formulas for the ordinary knots (providing invariants which do not depend on the choice of the Morse knot, representing a given knot class), introduce the *total integral* with values in the completion of the algebra $A \otimes \mathbb{C}$,

$$\tilde{I}(K) = \oplus \tilde{I}_n(K).$$

Consider an unknotted closed curve K_0 with two Morse maxima and two minima of t (to calculate the integrals, we may replace K_0 by the nonclosed plane curve $t = x^3 - x + i0$, since the integrals are deformation-invariant).

To make the Kontsevich integral invariant under the deformations which change the number m of maxima of the function t, Kontsevich had suggested to twist it in the following way:

$$I(K) := \tilde{I}(K)/\tilde{I}(K_0)^m.$$

The division here is understood in the sense of the completion of the algebra $A \otimes \mathbb{C}:\ \tilde{I}_0(K_0) = 1$ and $(1-a)^{-1} = 1 + a + a^2 + \ldots$, if the order of a in A is positive.

Example. The only number-valued Vassiliev invariant of order 2 (normed by the conditions that it vanishes on the unknot and takes value 1 on the trefoil knot) is equal to

$$\Phi(K) = \frac{1}{4\pi^2} \iint_{t_1<t_2} \sum_{\{z,z'\} \frac{dz_1 - dz_1'}{z_1 - z_1'} \wedge \frac{dz_2 - dz_2'}{z_2 - z_2'} (-1)^{\#\downarrow} + \frac{m-1}{6}}$$

where K is a Morse embedding of a circle with $2m$ critical points of t on it and where the summation is over all the choices of the four points $(t_i, z_i), (t_i, z_i')(i = 1, 2)$, such that the points of the first pair $(i = 1)$ alternate with those of the second along the closed curve K.

The Kontsevich integrals would equip the ring $V \otimes \mathbb{C}$ with a $\mathbb{Z}^+-$ grading (generated by that of A). However the arithmetical properties of this transcendental grading are not clear. Conjecturally the values of $I_n(K)$ belong to $(2\pi i\mathbb{Q})^n \otimes A_n$.

This arithmetic reflects the arithmetical nature of the constants involved in the formulas for the integer-valued invariants (like $4\pi^2$ and $1/6$ in the preceding formula). These constants depend on the values of the D. Zagier *ζ-functions of several variables* at the positive integer points,

$$\zeta(a_1, \ldots, a_n) := \sum k_1^{-a_1} \ldots k_n^{-a_n}$$

(the summation over the integer points in the Weyl chamber $0 < k_1 < k_2 < \ldots < k_n$).

The integer linear combinations of the numbers $\zeta(a)$ form a ring Z. Kontesevich has stated that his integrals values on any knot, $\tilde{I}_n(K)$ and $\tilde{I}(K)$, belong to $A_n \otimes Z$.

To understand how the ζ-function enters in the formulas, it suffices to consider the simplest case of the double Kontsevich integral

$$i_2(K_0) = 1 + \frac{1}{4} + \frac{1}{9} + \ldots = \frac{\pi^2}{6}$$

for the plane curve $K_0 : t = x^3 - x,\ z = x + i0$ (Figure 22).

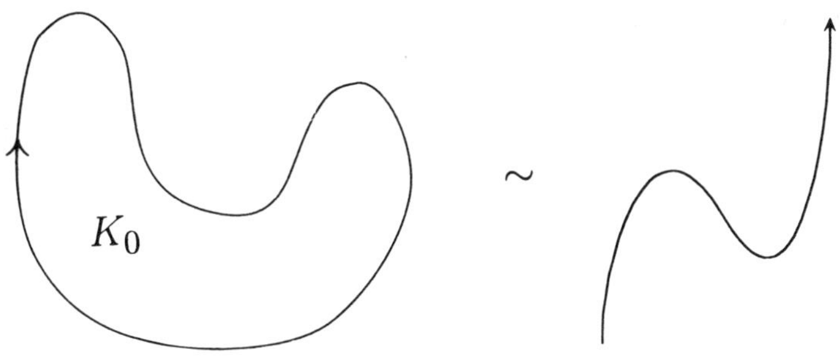

Figure 21. The standard curve K_0

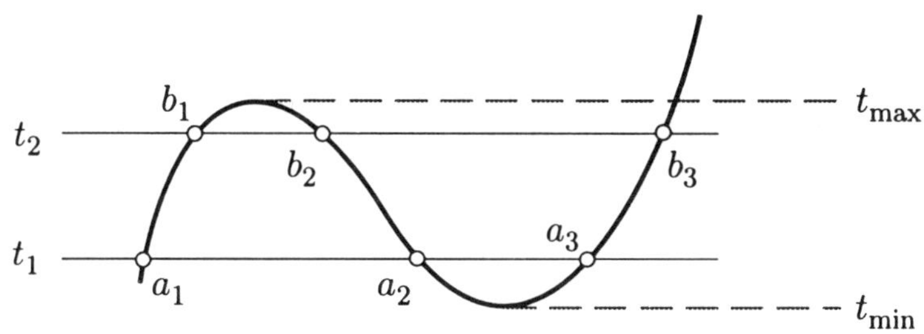

Figure 22. $\frac{\pi^2}{6}$ as a Kontsevich's integral

Below consider the points in any pair $\{z_i, z_i'\}$ as being unordered (otherwise one has to multiply the 2^n).

The choices containing a pair $\{z_1, z_1'\} = \{a_2, a_3\}$ or $\{z_2, z_2'\} = \{b_1, b_2\}$ are not admissible, since the corresponding quadruples cannot alternate. The remaining 4 possibilities of the choices provide 4 terms in the integrand, of the form

$$d\ell n a_{1,2} \wedge d\ell n b_{1,3}(-1) + \dots$$

where $a_{1,2} = a_1 - a_2$, and so on. Taking the signs into account, one can reduce the integrand to the form

$$d\ell n(a_{1,2}/a_{1,3}) \wedge d\ell n(b_{2,3}/b_{1,3}).$$

This expression explains the rather mysterious *invariance of the integral under the deformations of K_0 in the class of Morse embeddings.* Indeed, the integration domain is the triangle

$$t_{\min} < t_1 < t_2 < t_{\max}.$$

The ratios $u = a_{1,2}/a_{1,3}$, $v = b_{2,3}/b_{1,3}$ send the boundary of this triangle onto the boundary of the standard triangle $u+v \geq 1,\ u \leq 1, v \leq 1$ which is invariant under the deformations in the class of Morse embeddings. Thus the integral is reduced to the standard integral along the standard triangle,

$$\iint d\ell n u \wedge d\ell n v = \int_0^1 \ell n(1-u)\frac{du}{u}.$$

Taylorizing the logarithm, one obtains the value

$$i_2(K_0) = \sum_{k=1}^{\infty} \int_0^1 \frac{u^k}{k}\frac{du}{u} = \sum_{k=1}^{\infty} \frac{1}{k^2} = \frac{\pi^2}{6} = \zeta(2).$$

Similar wonderful cancellations are responsible for the independence of other Kontsevich integrals on the choice of the Morse representative in a knot class. The *standard integrals* occurring in these calculations always have the form

$$\iint_{0<t_1<\ldots<t_N<1} \frac{dt_1}{1-t_1}\frac{dt_2}{t_2}\cdots\frac{dt_{a_1}}{t_{a_1}}\frac{dt_{a_1+1}}{1-t_{a_1+1}}\cdots\frac{dt_N}{t_N}$$

(n groups similar to the first product of a_1 forms.) *This number is the value of $\zeta(a_1,\ldots,a_n)$.*

It is clear that the theories described above will be soon developed in many directions.

Vassiliev has started from the stabilization problem ([2]–[4]) of the cohomology rings of the complements to the discriminants and to the caustics in the complex versal deformation spaces of critical points of holomorphic functions of n complex variables ([5]–[8]). These stable rings are isomorphic respectively to the rings

$$H^*(\Omega^{2n}S^{2n+1}),\ H^*(\Omega^{2n}\Sigma^{2n}U(n)/O(n)).$$

generalizing the May-Segal ([18],[19]) result for the braid groups cohomology ($n=1$) and providing a homological version of the Gromov h-principle while its homotopical version fails there.

Then, applying his methods to the real functions of one variable with restricted singularities (see [9],[10]) Vassiliev has realized that these also work for the vector functions, for instance, for the knots.

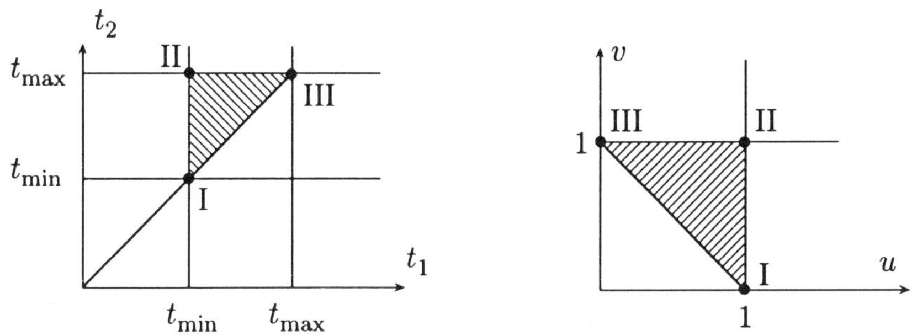

Figure 23. Integration domains for the Kontsevich integral equal to $\zeta^{(2)}$

Vassiliev has also discussed the applications of his theory to the higher dimensional embeddings. Bar-Natan, Lin and Kontsevich have defined Feynman diagram groups, starting from more general Feynman diagrams than those of Vassiliev, and using more relations (inspired by the Jacobi identity in Lie algebras).

The resulting diagram groups are isomorphic to those of Vassiliev. Birman, Lin, Bar-Nathan and Kontsevich have used these constructions to associate a Vassiliev invariant to any representation of a simple Lie algebra; Kontsevich has promised applications to the topology of 3- and 4-manifolds, to the cohomology of infinite-dimensional Lie algebras and to associative algebras.

The success of the singularity technique in knot theory should not obscure the fact that many fundamental problems of the topology of the functional spaces of mappings with restricted singularities are still open both in the real and in the complex domain, even for the functions of one variable (see [3], [4], [9], [10], [20], [21], [22]). Other probable domains of application include symplectic and contact geometry and the theories of immersed plane curves and of evolution of wave fronts.

References

[1] V.A. Vassiliev, Cohomology of knot spaces, in: *Theory of Singularities and its Applications*, V.I. Arnold (ed.), Advances in Soviet Mathematics, AMS **1** (1990), 23–70.

[2] V.I. Arnold, On some topological invariants of algebraic functions, *Trans. Moscow Math. Soc.* **21** (1970), 27–46.

[3] V.I. Arnold, Some open problems in the theory of singularities, *Proc. S. L. Sobolev Seminar* **1** (1976), Novosibirsk, 5–15. Translated in *Singularities, Proc. Symp. Pure Math.* **40** AMS, 1983, 57–69.

[4] V.I. Arnold, "On some problems in singularity theory", in: *Geometry and Analysis, papers dedicated to the memory of V. K. Patodi*, M. F. Atiyah (ed)., Bangalore (1980). Reproduced in the *Proceedings of the Indian Acad. Sci. Math Sci.* **90** (1981), 1–9.

[5] V.A. Vassiliev, Stable cohomology of the complements to the discriminants of the singularities of smooth functions, *Itogi Nauki and Techn. VINITI, Prob. Math., Noveishie Dostijenia* **33** (1988), 3–29, Moscow. English translation: *J. of Sov. Math.* (1990).

[6] V.I. Arnold, V.A. Vassiliev, V.V. Gorjumov, O.V. Ljashko, Singularities–1, *Itogi Nauki and Techn. VINITI, Sovzem. Probl. Math. Fund Napr.* **6** (1988), English translation: *Encycl. of Math. Sci.* **6**, 1992, Springer.

[7] V.I. Arnold, V.A. Vassiliev, V.V. Gorjunov, O.V. Ljashko, Singularities–2, *Itogi Nauki and Techn. VINITI, Sovzem, Probl. Math. Fund. Napr.* **39** (1989), English translation: *Encycl. of Math. Sci.* **39**, 1993, Springer.

[8] V.A. Vassiliev, "Topology of complements to discriminants and loop spaces", in: *Theory of Singularities and its Applications*, V.I. Arnold (ed)., Advances in Soviet Mathematics 1, AMS, 1990, 9–21.

[9] V.I. Arnold, Spaces of functions with mild singularities, *Funct. Anal. Appl.* **23**(3) (1989), 1–10.

[10] V.A. Vassiliev, Topology of the spaces of functions without complicated singularities, *Funct. Anal. Appl.* **23** (1989), 24–36.

[11] J.S. Birman, X.-S. Lin, *Knots polynomials and Vassiliev invariants*, preprint, Columbia University, **19** (1991), 39–56.

[12] X.-S. Lin, *Vertex Models. Quantum Groups and Vassiliev knot invariants*, preprint, Columbia University **19** (1991).

[13] D. Bar-Natan, *Perturbative aspects of the Chern-Simons topological quantum-field theory,* Ph.D. Thesis, Princeton University, 1991.

[14] D. Bar-Natan, *Coefficients of Feynman diagrams and Vassiliev knot invariants*, preprint, Princeton University, 1991.

[15] M. Kontsevich, *Integrals representing Vassiliev's knot invariants*, Lectures at Bonn MPI, February–March 1991.

[16] V.I. Arnold, The cohomology ring of dyed braids, *Mat. Zametki (Math. Notes)* **5** (1969), 227–231.

[17] V.G. Knizhnik, A.B. Zamolodchikov, Current algebra and Wess-Zumino models in two dimensions, *Nucl. Phys.* **B247** (1984), 83–103.

[18] J.P. May, The geometry of iterated loop spaces, *Lecture Notes in Math.* **268** (1972), Springer-Verlag, New York.

[19] G.B. Segal, Configuration spaces and iterated loop spaces, *Invent. Math.* **21** (1973), 213–221.

[20] V.I. Arnold, Bernoulli-Euler updown numbers associated with functions singularities, their combinatorics and arithmetics, *Duke Math. J.* **63** (1991), 537–555.

[21] V.I. Arnold, Springer numbers and morsifications spaces, *J. Alg. Geom.* **1** (1991).

[22] V.I. Arnold, Calculus of snakes and combinatorics of Bernoulli. Euler and Springer numbers of Coxeter groups, *Russ. Math. Surveys* **47** (1992), 1–45.

Added December 1992: meanwhile new expositions of Vassiliev's theory and of its generalizations have appeared, namely,

[23] V.A. Vassiliev, *Lagrange and Legendre Characteristic Classes*, Gordon and Breach, 1988, 268 pp.

[24] D. Bar-Natan, *On the Vassiliev knot invariants*, preprint, Harvard University, Oct. 1992, 60 pp.

[25] D. Bar-Natan, *Vassiliev homotopy string link invariants*, preprint, Harvard University, Dec. 1992, 20pp.

[26] J. Birman, New Points of View in Knot Theory, preprint, Columbia University, 1992, 40 pp, to appear in *Bull. Amer. Math. Soc.*

[27] S. Piunikhin, *Weights of Feynman diagrams, link polynomials, and Vassiliev knot invariants*, preprint, Moscow State University, 1992, 23 pp.

[28] T. Stanford, *Finite type invariants of knots, links and graphs*, preprint, Columbia University, 1992, 26 pp.

[29] V. A. Vassiliev, *Complements of discriminants of smooth maps.* Topology and Applications. AMS, Providence, Translations of Mathematical Monographs, **18** (1992), 210 pp.

Steklov Mathematical Institute
Moscow, Russia

Received July 8, 1992
Revised December 18, 1992

Transparent Proofs and Limits to Approximation

*László Babai**

A good proof is one which makes us wiser.
Yu. I. Manin

Abstract

We survey a major collective accomplishment of the theoretical computer science community on efficiently verifiable proofs.

Informally, a formal proof is *transparent* (or *holographic*) if it can be verified with large confidence by a small number of spot-checks.

Recent work by a large group of researchers has shown that this seemingly paradoxical concept can be formalized and is feasible in a remarkably strong sense; *every* formal proof in ZF, say, can be rewritten in transparent format (proving the same theorem in a different proof system) without increasing the length of the proof by too much.

This result in turn has surprising implications for the *intractability of approximate solutions* of a wide range of *discrete optimization problems*, extending the pessimistic predictions of the P-NP theory to approximate solvability.

We discuss the main results on transparent proofs and their implications to discrete optimization. We give an account of several links between the two subjects as well as a table of known limits to approximating the solution to over two dozen optimization problems. We review the conceptual foundations, including the elements of complexity theory and interactive proofs, the immediate precursors of transparent proofs.

Table of Contents

* Partially supported by NSF Grant CCR-9014562

1. Introduction

It is the dream of journal editors and referees to be able to verify a long mathematical proof without reading it all, or without even reading much of it. While this is unlikely ever to happen with proofs written in human language, recent results show that at least in theory, this *is* a possibility in the realm of *formal proofs* (in ZF, say): the Verifier (the "editor") can now demand that the Prover (the "author") present the proof in *"transparent"*[1] form. While this will not add significantly to the burden of the Prover, it will trivialize the job of the Verifier. Verification will consist of a small number of "spot-checks" on the proof (queries for a few proof-bits, selected in a randomized manner) and simple consistency tests on the results of the queries.

Randomization being involved in the selection of the spot-check locations, the outcome will not be 100% sure but the margin of error can realistically be reduced to say $\varepsilon = 2^{-500}$. Correct proofs will always be accepted (completeness); and any attempt at a proof of a false theorem will have no more than ε chance of acceptance (soundness).

Independent k-fold repetition of the test amplifies its reliability: it reduces the probability of false acceptance from ε to ε^k.

There appears to be a tradeoff between the length of the transparent proof and the number of proof-bits checked. For a proof[2] of length N, the number is $(\log N)^{O(1)}$ for transparent proofs that are not much longer than the original formal proof; and if the Prover is willing to work somewhat harder ($O(N^C)$ time for some constant C) to create the transparent proof, the number of queries goes down to an *absolute constant!* For $\varepsilon = 1/2$, a mere 36 queries suffice.

---

[1] We use the informal terms "transparent proofs" and "holographic proofs" as synonyms. Both terms were coined by L. Levin. The first one was first used (in a technical sense) in [BFLS]. The second term alludes to a remarkable property of holograms: even a small fragment of a hologram still encodes, if somewhat fuzzily, the entire 3D picture. Very small fragments of a holographic proof hold enough information to judge the correctness of the entire proof.

[2] More precisely, N should refer to the *combined lengths* of the proof-candidate and the theorem-candidate. In our context, theorem-candidates will tend to be very long: they will have to incorporate the definitions, basic concepts, notation, and assumptions of the given mathematical area (e.g., a few volumes of Bourbaki), furthermore, they should include general axiom schemes of mathematics (say, ZF), the axioms and inference rules of logic, parsing procedures to implement logic, etc.

Even this rough description hints for a connection to coding theory: transparent proofs are strings of symbols with large pairwise Hamming distances; in other words, they are codewords in an *error-correcting code* with special algorithmic properties. We should warn the reader that we have *very long* codes in mind: a transparent proof of the 4-Color-Theorem would be a single codeword.

The extremely low information requirement for verification of transparent proofs has been exploited to link the subject to the complexity of a wide range of *approximate optimization* problems. This link will be discussed in Section 4. The general form of the results is this: unless $P = NP$, it is impossible to obtain in polynomial time certain degree of approximation to the optimum in question. (On the other hand if $P = NP$ then even the exact solution can be computed in polynomial time.)

Below we discuss the central concepts and results of this rapidly emerging area. We include a crash-course on the requisite complexity theory and provide pointers to the literature. D. S. Johnson's survey [Jo2] of the same subject gives a different angle and includes additional references.

For the most part, only an informal concept of algorithms and computation is required for the reading. For further background in the theory of computing we refer to the classic book of Garey and Johnson [GaJ] which offers much more than is suggested by its title. Random access machines (RAM's) are treated e.g., in [AHU]. Since graph theoretic concepts play a role in several parts of this survey (especially in Section 4), browsing through the introductory paragraphs of the relevant chapters of [BoM] may be helpful.

1.1 Cost of reliability reduced

Long formal proofs occur as machine-generated proofs or proofs generated by machine + human interaction. They constitute parts of proofs of genuine mathematical interest, such as the 4-Color Theorem [ApH] and the nonexistence of projective planes of order 10 [LTS]. More significantly, they occur as proofs of assertions that computer programs work according to their formal specifications [Bar], [BrH], [Coh], [Mac]. (Whether those formal specifications adequately describe human intentions is of course another matter.)

Although the correctness of a program cannot be verified in general (even the simplest questions regarding the performance of a program are undecidable), it may now be possible to verify each *instance* of the computations by the program. Indeed, suppose a program is claimed to perform according to formal specifications given in the form of a polynomial-time computable predicate $\mathcal{P}(x, y)$ where x represents the input and y the corresponding output. The history of the computation of $\mathcal{P}(x, y)$ (given in a high-level language, independent of, say memory allocations, and other functions of the operating system) represents a mathematical proof of correctness of that instance.

Now we may ask the programmer (Prover) to perform the additional job of turning this proof into a *transparent* proof, verifiable by a much smaller[3] machine. We stress that the transformation from proof to transparent proof does not need to be performed by a reliable machine; only the tiny Verifier needs to be reliable. This opens the theoretical possibility of a considerable reduction of the cost of the *reliability* of computation.

This, admittedly remote, possibility of practical implications has been advertised in the popular science press ([NYT], [SIAM], [SCI], [NS], [DI]).

1.2 Prehistory in a nutshell

The formalization of the notion of *effective computability* (in a finite number of steps) by K. Gödel, A. Turing, A. Church, A. A. Markov, E. Post, S. Kleene in the mid-thirties led to spectacular success in proving negative results: the (algorithmic) undecidability of a host of interesting classes of mathematical questions. An example is *tiling:* given a finite set of tiles (colored unit squares), is it possible to fill the entire plane with their copies such that adjacent edges have corresponding color patterns? Perhaps the most fundamental undecidable question is Hilbert's *Entscheidungsproblem:* given a reasonable formal system, such as Peano arithmetic, does a given statement have a proof?

The positive side of the theory was much less satisfactory: finite combinatorial problems, such as the tiling problem restricted to a finite portion of the plane, or the existence of a proof of a given length for a statement in a given formal system, were deemed "effectively decidable," the number of cases being finite. The combinatorial explosion, rendering exhaustive search unfeasible, came into focus only much later.

A theory of *efficient computability* emerged in the early sixties, with the notion of *polynomial time computation*[4], as a theoretical benchmark

---

[3] The Verifier's job is much more trivial than the restriction to polynomial time would suggest. In fact, if the theorem-candidate is preprocessed by a standard error-correcting encoder, then the Verifier can be made to work in a mere *polylogarithmic time*, a truly *tiny* machine (see Section 5.8).

[4] A recently discovered letter written in March 1956 by Gödel to the terminally ill von Neumann shows that already then, Gödel had a clear understanding of the significance of "polynomial time" vs. brute force search. He defines the problem of *short proofs* (does a given formula have a proof of length $\leq n$?) and asks if this question can be answered by a machine in $O(n)$, or "even only" in $O(n^2)$ time. If so, "this would have consequences

of efficiency, crystallizing in combinatorial optimization theory, especially in Edmonds's work [Ed], as well as in the Soviet school of "mathematical cybernetics" (cf. [Tr]).

By no means should one interpret a "polynomial time algorithm" as a necessarily efficient one in a practical sense. Nevertheless, the positive side of this theory turned out to be quite successful: by outlawing exhaustive search, the design of polynomial time algorithms often guided the search for structural insights which in turn led to fast algorithms with practical significance.

Although the success on the negative side was no less spectacular than its classical analogue, it remains conditional even to-date. We still don't have a proof that the two basic finite questions stated (tiling of a finite region, existence of a short proof) cannot be answered in polynomial time. What we know, following the milestone papers by Cook, Levin, and Karp in the early 70s, is that these two questions, and a myriad of other problems of combinatorial optimization and other fields, are equally hard w.r. to polynomial-time computation ("NP-complete"). Moreover, all these problems are at least as hard as some formidable algorithmic problems of number theory to which Fermat and Gauss would have loved to have an efficient solution (factoring integers, discrete logarithm, cf. [Kr]). Therefore, none of these is expected to be solvable in polynomial time. This is the P $\neq$ NP conjecture[5], which transformed the theory of computing in the past twenty years. We review the formal definition of NP in Section 3.1.3.

The theory branched off in many directions, several of which are reviewed in Section 3.

The notion of efficient algorithms was extended to include polynomial time *Monte Carlo* algorithms (randomization). A great deal of effort went into reducing the need for random bits (derandomization). Derandomization efforts were led by G. A. Margulis (1973) who gave the first explicit construction of highly connected yet sparse networks called "expanders," invoking an impressive mathematical arsenal.

---

of greatest magnitude. That is to say, it would clearly indicate that, despite the unsolvability of the Entscheidungsproblem, the mental effort of the mathematician in the case of yes-or-no questions could be completely (Gödel's footnote: apart from the postulation of axioms) replaced by machines. One would indeed have to simply select n so large that, if the machine yields no result, there would then also be no reason to think further about the problem."

[5] Gödel may not have agreed. In his letter to von Neumann quoted in the preceding footnote he says in effect that P = NP is "totally within the realm of possibilities."

First used for algorithm design in a paper by Ajtai, Komlós, Szemerédi (1983) on asymptotically optimal parallel sorting networks [AKS1], explicit expanders turned out to be quite generic derandomization tools (Cohen, Wigderson (1989), Impagliazzo, Zuckerman (1989); cf. Section 3.3.2).

At the same time, complexity assumptions led to a startling transformation of *cryptography.* Cracking the newly invented number theoretic ciphers were shown to require major mathematical breakthroughs in an unlikely direction, such as factoring integers efficiently (Rivest, Shamir, Adleman 1978). Subsequent papers by Goldwasser, Micali (1982/84) and Yao (1982_1) signaled the new era in cryptographic protocol design. These developments shed an entirely new light on *pseudorandom number generators,* making polynomial time unpredictability the central concept (Blum, Micali 1982/84, Yao 1982_2). We refer to the books [Kr] and [We] for an exposition of "new cryptography," a field that had decisive conceptual influence on the subject of this survey.

More about the history of the P vs. NP question can be found in M. Sipser's survey [Si] which also reproduces Gödel's letter in full.

1.3 Brief history, credits

In this section we briefly mention the developments contributing directly to the main results surveyed. Given the large number of authors and the often technical increments along the way to definitive results, it will not be possible to give a detailed account of the specific contribution of each paper. While I made every effort to be fair, I have to apologize to those colleagues whose work may not receive its proper share of credit here.

Partly motivated by cryptographic considerations, the notion of *interactive proofs*, introduced in 1985 (Goldwasser, Micali, Rackoff [GMR], and Babai [Ba1]) extended the notion of efficient verifiability by combining the notion of short proofs with randomization and interaction between the Prover and the Verifier. This, initially seemingly small step turned out to be a huge leap, developed in a breathtaking sequence of e-mail exchanges[6] at the end of 1989 (Lund, Fortnow, Karloff, Nisan [LFKN], and Shamir [Sh]). The final result, "IP = PSPACE," asserts, informally, that via an interactive proof (with an infinitely powerful prover), one can verify in polynomial time any theorem admitting an exponentially long formal proof (in ZF, say) as long as the proof could (in principle) be presented on a "polynomial size blackboard" (with no appeals made to statements previously erased). Meanwhile, a further extension, *multi-prover interactive proofs* were invented (Ben-Or, Goldwasser, Kilian, Wigderson [BGKW]).

[6] Read the informal parts of [Ba2] to get a sense of the excitement that surrounded this discovery.

In this model, the final result, "MIP = NEXP," asserts that with two infinitely powerful, securely separated provers, one can verify in polynomial time any theorem admitting an exponentially long formal proof (Babai, Fortnow, Lund [BFL]).

A separate line of work, directly related to interactive proofs, introduced the concept of "self-testing" and "self-correcting" programs (Blum, Kannan, Luby, Rubinfeld ([Bl], [BlK], [BLR]). "Self-testing" means that a program claimed to compute a certain function f can itself be used either to verify an instance of the computation or to reject the program. "Self-correction" assumes we have a program which works correctly on a large fraction of the input space; we then use this program to find the correct value everywhere. As noticed by Beaver, Feigenbaum [BeF] and Lipton [Lip], self-correction is a feature typically displayed by polynomials (self-correction is done by interpolation from random samples). This led to a link with classical error-correcting codes (cf. Sudan [Su1]). The recognition [Lip] that self-correction in particular applies to the permanent of an $n \times n$ matrix, a notoriously hard-to-compute polynomial [Va], motivated the new ideas eventually leading to the IP = PSPACE theorem.

The class NP formalizes the notion of *efficient verifiability*: a short formal proof, or a correct tiling of the chessboard, can be verified efficiently. Using randomization, *transparent proofs* push this notion to an extreme: no matter what the question, if a short formal proof exists, then another fairly short proof can be found, which is verifiable through a constant number of randomized spot-checks.

This result was the culmination of a sequence of highly technical developments (1991-92) on the MIP = NEXP theorem [BFL] by Babai, Fortnow, Levin, Szegedy [BFLS], Feige, Goldwasser, Lovász, Safra, Szegedy [FGLSS], Arora, Safra [ArS], Arora, Lund, Motwani, Sudan, Szegedy [ALMSS]. The best current constant (36 queries) appears in Bellare, Goldwasser, Lund, Russell [BGLR].

Meanwhile, in a more practical line of work, combinatorial optimizers were trying to see what could be salvaged from the NP-completeness disaster. Virtually any discrete optimization problem one would need to solve in practice (including job-scheduling problems with even a minimal set of constraints and preferences) turned out to be NP-hard and therefore conjecturally intractable. Of course in practice, precise optima are seldom required, good approximations usually suffice. By the mid 80s it became apparent, however, that apart from a few precious cases, even approximations are hard to come by. This feeling was formalized in the definition of a class of optimization problems called MAX-SNP (Papadimitriou and Yannakakis, 1988). The definition is motivated by a syntactic characterization of NP in terms of finite models of certain second-order formulas (Fagin, 1974). A large number of *complete* problems for this class have been found, and all of these optima are either equally hard or equally easy to approximate.

"Equally easy" is now out of question. Anne Condon [Con] was the first to demonstrate how interactive proofs can be used to prove the hardness of approximation to an NP-complete optimization problem, thereby forging a surprising link and establishing the first instance of what soon turned out to be a far reaching and profound connection.

Within eight months of Condon's regrettably overlooked paper, [FGLSS] discovered a link between multi-prover interactive proofs and the hardness of approximating the size of the largest clique in a graph. Neither Condon's "max word problem," nor the clique problem belong to MAX-SNP (unless P = NP), so these seemed like isolated cases until [ALMSS] established a link between transparent proofs and MAX-SNP, proving that good approximations to this large class of problems cannot be found, unless P = NP. Further links between the two subjects followed in rapid succession.

In the [ALMSS] paper (which borrows heavily from [ArS]), it seems that all the diverging threads of the theory enumerated above have come to a synthesis. Almost every piece of technical or conceptual development mentioned is built into the proofs of its main conclusions on *transparent proofs and the limits to approximation.*

2. Proof systems

We formalize some of the concepts discussed in the Introduction.

2.1 Randomizing oracle machines

We are interested in efficient verification of proofs. Verification is computation, so we have to discuss the model of computation first.

The term "effective" refers to the classical model of computability (in finite time), on any universal model of computation, e.g., multitape Turing machines. The term "efficient" refers variably to polynomial time and to nearly linear time. For polynomial time computations, the Turing machine model is still appropriate, but for *nearly linear time*, we should use a Random Access Machine (RAM) (cf. [AHU]). A RAM can verify a ZF proof in nearly linear time[7]. A function $f : \mathbb{Z}^+ \to \mathbb{Z}^+$ is called *nearly linear* if

[7] More generally, the *Kolmogorov–Uspenskiĭ thesis* ([Ko], [KoU]) asserts that the RAM is the strongest model within nearly linear time, that is,

$f(n) \leq n(\log n)^C$ for some constant C and all sufficiently large n. A nearly linear time computation takes just a little more time than it takes to read the input.

The last step takes us to *sublinear time*: there is not enough time to read the data. We need a model of computation based on randomized queries. We need two modifications to the model: we have to accommodate random choice; and allow random access[8] to a database. (We shall use the term *database* to indicate a long string most of which we do not intend to read; in contrast to an *input* string which is meant to be read fully).

A *randomizing machine* has access to a string of "random bits" (written on one of its tapes). The bits are assumed to represent independent unbiased coin tosses. A *randomized algorithm* is an algorithm that can be executed on a randomizing machine.

An *oracle Turing machine* has random access to a (finite or infinite) string P, called the "oracle."

The machine has a special *query tape*. When the machine gets into a *query state*, the contents of the query tape is interpreted as a single positive integer, say i, and the entry $P[i]$ appears (magically) in a designated cell.

The output of the machine M on input x, with access to the random string ρ and with random access to the oracle P is denoted $M^P(x, \rho)$. When the symbol ρ is suppressed, $M^P(x)$ indicates a random variable over the probability space of the strings ρ. (The strings ρ are usually assumed to be uniformly distributed over $\{0,1\}^r$ for some r.)

Randomizing oracle machines model the verification of *properties of a database* (the oracle) by way of *spot-checks*. Every oracle in this paper will

---

every conceivable deterministic sequential model of computation, including proof verification in reasonable formal proof systems, can be simulated in nearly linear time on a RAM. Actually, the Kolmogorov-Uspenskiĭ thesis is stronger in that it operates with the cleaner model of *pointer machines* and asserts *linear time* simulations of any machine model on pointer-machines (cf. [BFLS]). Pointer-machines can in turn be simulated by RAMs in nearly linear time. – Of course, the Kolmogorov-Uspenskiĭ thesis is not a mathematical statement; its validity rests on the intellectual honesty of its authors and those who tried but did not succeed in constructing a plausibly arguable counterexample.

[8] The two distinct meanings of the term "random" represent an unfortunate source of confusion in English terminology. (Other languages don't seem to be afflicted with this problem.) Random choice refers to a probability distribution (almost always the uniform distribution) over a finite set; random access would better be called direct access (to an arbitrary location in a given domain).

be a *finite string*, most often representing a transparent proof.

When we say that a machine has *random access* to a string P it is tacitly assumed that we are considering the oracle machine model and P is the oracle.

2.2 Efficient verification

For the purposes of this paper, a *general proof system* is a predicate $\mathcal{A}(T, P)$ where T and P are finite strings called "theorem candidate" and "proof-candidate", respectively. A string P is a *proof* of T if $\mathcal{A}(T, P)$ holds. A string T is a *theorem* if it has a proof.

An *effectively verifiable proof system* is a computable predicate $\mathcal{A}$; an *efficiently verifiable proof system* is a predicate $\mathcal{A}$ computable in *polynomial time* (as a function of the *combined lengths* of T and P).

Henceforth we omit the adjective "efficiently verifiable" and reserve the term "proof system" for efficiently verifiable ones.

We say that two proof systems are *equivalent* if they have the same theorems (but not necessarily the same proofs). A *reduction* of a proof system to an equivalent one consists of a mapping f such that for each proof P of theorem T in the first system, $f(T, P)$ is a proof of T in the second system. The *cost* of the reduction is the complexity of the function f with respect to some complexity measure such as *time* or *space* in a given model of computation.

Comments. This approach to proof systems is purely syntactic: we look at theorems and proofs as formal objects (strings of symbols) and are not concerned with the possibility of their interpretation on mathematical models. This allows great generality in treating the issue of verification and represents the appropriate level of abstraction in our context. We should stress that the efficiency of proof verification is defined in terms of the combined lengths of T and P. Hence, the efficiency requirement is in no contradiction with the fact that the set of theorems in any sufficiently general proof system is undecidable.

Concerning our definition of proof systems, we briefly argue three points.

1. The definition is broad enough: it encompasses the formal proof systems believed to model the formalized versions of proofs of the working mathematician and computer scientist. Formal proofs are usually viewed as chains of deductions according to a small set of formal rules, from a set of axioms ([Man], [HC]). Formal first order proofs in usual axiom systems such as ZF or Peano-arithmetic (cf. [Man]) are clearly polynomial time verifiable. Our convention, however, is not restricted to such systems. In particular, it does not take sides in the Hilbert–Brouwer dispute (formalism vs. intuitionism): proofs in any reasonable deductive system[9] are verifiable in polynomial time. Our definition does exclude exotic systems such as deductions from an undecidable set of axioms. While such systems may constitute intellectually rewarding objects of mathematical study, they are not likely to appear as the model of a working system.

2. The definition models the class of traditionally accepted mathematical proofs. The definition above does include proof systems which do not fit a narrow definition of a "deductive system" and are therefore not customarily studied in Logics (but have been considered to be natural objects of study in the Theory of Computing for decades, cf. [Coo]). Here is a simple example. Let $\mathcal{A}(T, P)$ hold if T is a positive integer and P is a nontrivial divisor of T. Clearly, the theorems in this system will be the composite numbers[10].

Presumably, any mathematical journal will accept the mere statement of a non-trivial divisor as proof of compositeness without requiring the author to attach the verification of divisibility ("tedious but straightforward details are left to the reader"). Similarly, exhibiting a solution to a system of equations would be accepted as proof of feasibility of that system. Thus, mathematical proofs (in practice) must provide enough information to enable the reader to verify the validity of the theorem, but need not supply all details. Replacing the mathematically trained but unimaginative reader by a polynomial time bounded Turing machine, we arrive at our definition of proof systems.

3. The definition can still be interpreted as referring to deductive systems (in a broader sense). An ID (instantaneous description) of a state of a Turing machine comprises the contents of each of its tapes, the positions of the read/write heads, and the internal state of the finite control. The sequence of ID's progresses just as a system of formal deductions, according to a finite set of mechanical rules. For proof verification we consider nondeterministic Turing machines (at each step, there is a choice of possible next internal states); the choice is guided by the "proof."

2.3 Transparent (holographic) proofs: the main results

Definition 2.1 A *randomizing verifier* for the proof system $\mathcal{A}$ is a randomizing oracle machine V such that for every T,

---

[9] MacKenzie [Mac] notes that "formalist, constructive, and modal logics, as well as many particular specialized logics, have all been used in proofs of computer system correctness."

[10] A simple system of unconventional deductions in which the theorems are the prime numbers, is given by Pratt [Pr].

(i) if $\mathcal{A}(T, P)$ holds for some P then $V^P(T, |P|) = 1$ (the verifier accepts, regardless of the random string ρ);

(ii) if T is not a theorem in $\mathcal{A}$ then $\text{Prob}_\rho(V^P(T, |P|) = 1) \leq 1/2$.

Note that the input of the verifier consists of the theorem-candidate T and the *length* of the proof-candidate.

We call a proof *transparent* (or *holographic*) if it can be verified by a randomizing verifier within *reasonable* time t and through queries for a *small* number q of proof bits only, while using a *small* number r of random bits.

We also need to consider the cost ℓ of reducing a given proof to another one (for an equivalent proof system). Note that this is not part of the verifier's expense: the proofs have to be written (and transformed) by a *prover*, a presumably more powerful (but less reliable) machine.

Informally, the main results state that *every proof can be transformed at a reasonable cost into a transparent proof* (for an equivalent proof system).

We state two versions of this result. In both theorems, N denotes the combined lengths of the theorem-candidate T and the proof-candidate P for the original proof system $\mathcal{A}$. The "cost of reducing a proof system $\mathcal{A}$ to an equivalent proof system $\mathcal{A}'$" refers to the complexity of constructing the $\mathcal{A}'$-proof P' from (T, P), as a function of $N := |T| + |P|$.

Theorem 2.2. (Slightly superlinear transparent proofs [BFLS]) *Given $\varepsilon > 0$, any nearly linear time verifiable proof system $\mathcal{A}$ can be reduced at a slightly superlinear cost $\ell = O(N^{1+\varepsilon})$ to an equivalent proof system $\mathcal{A}'$ admitting randomized polynomial time verification with polylogarithmic cost parameters $r, q \leq s$ where $s = (\log N)^{2/\varepsilon + O(1)}$.*

In particular, the length of the transparent proofs obtained is $O(N^{1+\varepsilon})$.

As observed in [FGLSS], one can reduce r to $O(\log N)$ by a simple trick (pairwise independent sampling, cf. Section 3.3.1). This reduction has important implications; see Section 5.6.

Theorem 2.3. (Transparent proofs with bounded spot-checks [ALMSS], [ArS][11]) *Any polynomial time verifiable proof system $\mathcal{A}$ can be reduced at a polynomially bounded cost $\ell = N^{O(1)}$ to an equivalent proof system $\mathcal{A}'$ admitting randomized polynomial time verification with the following cost parameters: $r = O(\log N)$ random bits used, $q = O(1)$ proof-bits queried.*

These two results are not comparable. It is an important open problem to combine their advantages (short proofs and few queries, respectively)

[11] This result appears in [ALMSS]; its proof builds heavily on [ArS], its immediate precursor. It seems fair to attribute the theorem to the combination of these papers.

The proof of Theorem 2.3 is quite intricate and builds on an arsenal of recent techniques. A detailed proof, including proofs of most results used, can be found in a single volume in Madhu Sudan's thesis [Su1]. The forthcoming journal version of [ALMSS] (available from the authors) also contains most details.

Stronger versions of these results, justifying the claim that the *verifier is tiny* even if the theorem is enormously long, will be indicated in Section 5.8.

3. Complexity classes

Before we go one step further in formalizing the central result, Theorem 2.3 (see Theorem 3.10), we briefly review the basic concepts of graph theory, complexity theory, and interactive proofs.

For an introduction to complexity classes and especially to the class NP, we refer the reader to the classic book by Garey and Johnson [GaJ].

3.1 Fundamentals

3.1.1 Graphs

A graph $G = (V, E)$ consists of a set V of *vertices* and a set E of unordered pairs of vertices called *edges*. The two vertices belonging to an edge are called *adjacent*; adjacent vertices are *neighbors*. The number of neighbors of a vertex is its *degree*. G is *k-valent* if each of its vertices has degree 3. A *walk* of length k is a sequence of vertices $x_0, \ldots, x_k$ such that x_{i-1} and x_i are adjacent. A *closed walk* has $x_0 = x_k$. A *path* is a walk without repeated vertices. A *cycle* is a closed walk without repeated vertices (except for $x_0 = x_k$). A *Hamilton cycle* is a cycle passing through all vertices. G is *Hamiltonian* if it has a Hamilton cycle. – A *forest* is a graph without cycles. A graph is *connected* if there is a path between every pair of vertices. A *tree* is a connected forest.

An *independent set* is a set of pairwise non-adjacent vertices; a *clique* is a set of pairwise adjacent vertices. A set $S \subseteq V$ is a *vertex-cover* if $V \setminus S$ is an independent set. A *legal coloring* of G assigns labels ("colors") to each vertex such that adjacent vertices receive different colors. Note that each color-class is an independent set. A graph is *k-colorable* if k colors suffice for a legal coloring. 2-colorable graphs are called *bipartite*.

A *subgraph* $H = (W, F)$ of $G = (V, E)$ has $W \subseteq V$ and $F \subseteq E$. If F contains all the edges of G which connect pairs of vertices in W then H is an *induced subgraph*. The subgraph $H = (W, F)$ *spans* the subset $S \subseteq V$ if $S \subseteq W$. If H spans V then H is a *spanning subgraph*. Note that G has a spanning tree exactly if G is connected.

For further concepts of graph theory we refer to [BoM] and [GaJ].

3.1.2 Languages. Polynomial and quasipolynomial time

We fix a finite set Σ, called the *alphabet* ($|\Sigma| \geq 2$). Usually, $\Sigma = \{0,1\}$. All finite strings (words) composed of elements of Σ constitute the countable set Σ^*. The *length* of a string $x \in \Sigma^*$ is denoted by $|x|$. A *language* over the alphabet Σ is any subset $L \subseteq \Sigma$. Typically, we consider decision problems of the type "does the string x belong to the language L?" (membership problem). For instance, if $L = \text{COMP}$ is the set of strings over $\Sigma = \{0,1\}$ representing the *composite numbers* in binary, the membership problem amounts to testing an integer for compositeness. Another related language of great interest is FACT , the set of those pairs (r,s) of positive integers for which r has a nontrivial divisor $\leq s$. Observe that if we had an efficient algorithm to test membership in FACT then a binary search using $\log r$ calls to the FACT algorithm would find a prime divisor of r, thereby *factoring* r.

A machine M (Turing machine, RAM) is said to *recognize* a language L if M solves the membership problem for L: on any input string $x \in \Sigma^*$, the machine prints 1 (accepts) if $x \in L$ and prints 0 (rejects) if $x \notin L$.

Complexity measures (time, space, etc.) are given in terms of the length of the input, usually denoted by $n = |x|$. For a function $t(n)$, a machine M is said to be $t(n)$-time-bounded if on input $x \in \Sigma^*$, the machine halts in $O(t(|x|))$ steps. The set of languages recognized by $t(n)$-time-bounded Turing machines is denoted by DTIME$(t(n))$. We set $\text{P} = \bigcup_{k>0} \text{DTIME}(n^k)$ *(polynomial time)* and $\text{EXP} = \bigcup_{k>0} \text{DTIME}(2^{n^k})$ *(exponential time)*. Another time class we shall frequently refer to is $\text{QP} = \bigcup_{k>0} \text{DTIME}(\exp((\log n)^k)$ *(quasipolynomial time)*. (To be precise, we should have added a constant to the time bounds in these expressions and similar expressions below to cover the cases of inputs of length $n \leq 3$.)

Space bounds refer to the number of memory cells used; analogous definitions yield the corresponding space-bounded complexity classes. In particular, PSPACE *(polynomial space)* is the class of languages recognized by n^k-space-bounded Turing machines ($k > 0$).

3.1.3 Nondeterminism: short proofs

NP ("nondeterministic polynomial time") is the class of those languages L for which membership has *proofs of polynomially bounded length* (in some [polynomial-time verifiable] proof system). In other words, $L \in \text{NP}$ exactly if $(\exists c > 0)(\exists L_1 \in \text{P})$ such that

$$(\forall x \in \Sigma^*)\,(x \in L \Leftrightarrow (\exists y)(|y| \leq |x|^c \quad \text{and} \quad (x,y) \in L_1))\,. \tag{1}$$

In this formula, x is the input (the theorem-candidate), and y is the *witness* (proof-candidate, also called a *membership certificate*). For instance, in the case L = COMP, a non-trivial divisor of x could play the role of y, so COMP $\in$ NP; similarly, FACT $\in$ NP. A generic-looking language in NP is SHORTPROOF: the set of pairs $(T, 1^n)$ where T is a formal mathematical statement, 1^n is a string of 1's of length n, and T admits a proof of length $\leq n$ in a given formal system, say ZF. The short proof is the witness. (The "padding" of the input with the string 1^n is a trick to ensure that the witness sought is not long compared to the input.)

Note that P $\subseteq$ NP: a polynomial time accepting computation constitutes a witness. Informally, the P $\neq$ NP conjecture says that *it is harder to prove theorems than to verify the proofs*, assuming both statements involve the same limit on the length of the proofs considered. Section 4 will exhibit surprising results conditioned on this hypothesis.

Not only is it believed that most NP languages are not recognizable in polynomial time; they actually seem to require exponential time. It is therefore strongly believed that NP $\not\subseteq$ QP. Although this conjecture is stronger than P $\neq$ NP, it is based on the same supporting evidence. Some of the results of Section 4 will be conditioned on this stronger hypothesis.

Other nondeterministic complexity classes are defined as follows. Let $t(n)$ be a function, $t(n) \geq n$. Then the complexity class NTIME$(t(n))$ comprises those languages L that have witnesses of membership verifiable (deterministically) in time $O(t(n))$. W.l.o.g. one may assume that the length of such a witness is $O(t(n))$ (otherwise, only an initial segment of this length will be examined by the Verifier). In this terminology, NP $= \bigcup_{k>0}$ NTIME(n^k). The class NEXP (nondeterministic *exponential time*) is defined as NEXP $= \bigcup_{k>0}$ NTIME(2^{n^k}).

3.1.4 Reductions, NP-hardness, NP-completeness

A function $g : \Sigma^* \to \Psi^*$ may be no easier to compute than another function f. This may be evidenced by the efficient reducibility of the computation of f to that of g. We say that f is *polynomial-time reducible* to g if f can be computed in polynomial time, relying on queries to values of g. (So g acts as an infinite oracle to the machine computing f. This is the only case in this paper where an oracle is allowed to be infinite.) In this model we assume that the cost of a query to g is the cost of writing down the question (an input for g). So if f is polynomial time reducible to g and g is computable in polynomial time, then so is f, using the program for g as a subroutine. Decision problems (recognizing a language) fit in this context when viewed as computation of the characteristic function of the language.

For example, it is easy to see that the computation of the list of prime factors of an integer is polynomial time reducible to the language FACT.

We say that a function f (or a language L) is NP-*hard* if all languages in NP are polynomial time reducible to f (or L, respectively).

Next we describe a more restrictive reduction concept, applicable to decision problems only, and particularly well suited to handling nondeterministic complexity classes.

Definition 3.1. A *Karp-reduction* of a language $K \subseteq \Sigma_1^*$ to a language $L \subseteq \Sigma_2^*$ is a polynomial-time computable function $f : \Sigma_1^* \to \Sigma_2^*$ such that

$$(\forall x \in \Sigma_1^*)(x \in K \Leftrightarrow f(x) \in L).$$

If such a reduction exists, we write $K \prec L$. A language L is NP-*complete*[12] if $L \in$ NP and $K \prec L$ holds for all languages $K \in$ NP. If L is an NP-complete language then the statement $L \notin$ P is equivalent to the P $\neq$ NP conjecture.

Examples of NP-complete languages include SAT: the set of satisfiable Boolean formulas; 3COL: the set of 3-colorable graphs; METRIC-TRAVELING-SALESMAN: finite metric spaces with rational distances, admitting a circle tour of all vertices of total length ≤ 1. Perhaps the most obviously discouraging one is SHORTPROOF (does Riemann's hypothesis have a proof that fits on 100 pages?). [GaJ] lists hundreds of further examples.

A language $L \subseteq \Sigma^*$ is said to belong to the class coNP if its complement $\Sigma^* \setminus L$ belongs to NP. Note the asymmetry in the definition of NP: while testing membership and non-membership are the same problem, the existence of short witnesses of membership is not believed to imply short witnesses for non-membership. This is the NP $\neq$ coNP conjecture, a strengthening of the P $\neq$ NP conjecture since clearly P $\subseteq$ NP $\cap$ coNP. – No NP-complete language belongs to coNP unless NP = coNP.

We remark that while COMP and FACT trivially belong to NP, they also happen to belong to coNP: primality and therefore prime factorization can be certified [Pr].

---

[12] Levin [Le] defined NP-completeness via a stronger notion of reduction: he postulated two additional polynomial time computable functions, $w' = g(x, w)$ and $w = h(x', w')$, transforming the witnesses in both directions. It is not known whether or not all NP-complete languages are complete in Levin's sense, but this is certainly true in all *known* cases. It is Levin's notion of NP-completeness which we shall refer to in the construction of transparent proofs (Section 5.3).

3.2 Randomized algorithms: Monte Carlo and Las Vegas

The term "Monte Carlo algorithm" is used as a synonym for "randomized algorithm," an algorithm executed by a randomizing machine.

In addition to its input string x, a randomizing machine has access to a string ρ of random bits. Such a machine M is said to recognize the language L with one-sided error ε if for all strings $x \in \Sigma^*$,

(i) if $x \notin L$ then M rejects regardless of ρ;

(ii) if $x \in L$ then Prob(M accepts) $\geq 1 - \varepsilon$.

RP denotes the class of languages recognized by polynomial-time bounded randomizing machines (Monte Carlo algorithms) with one-sided error 1/2. (The time bound is in terms of $|x|$; we may think of ρ as being an infinite string, of which only a polynomially bounded number of entries are actually used.) Clearly RP $\subseteq$ NP: the relevant part of ρ which causes acceptance is a witness. (The error probability 1/2 can be reduced to 2^{-t} by t-fold repetition.)

We illustrate this concept on the *primality test* of Solovay and Strassen [SoS], a Monte Carlo algorithm which puts COMP into RP.

`Algorithm` **Compositeness-test** [SoS]

> Let $x \geq 3$ be an n-digit positive odd integer. Pick an integer ρ uniformly at random from the interval $1 \leq \rho \leq x - 1$. If g.c.d.$(x, \rho) \neq 1$, accept. Otherwise compute the Jacobi symbol (ρ/x) (this computation is almost identical to computing the g.c.d.). If $\rho^{(x-1)/2} \not\equiv (\rho/x) \pmod{x}$ then accept. Else reject.

Clearly, no ρ will cause a prime number to be accepted. On the other hand, [SoS] prove that for composite x, those values of ρ which are relatively prime to x and satisfy $\rho^{(x-1)/2} \equiv (\rho/x) \pmod{x}$ form a proper subgroup of the multiplicative group $\mathbb{Z}_x^{\times}$. It follows that at least half of the choices of ρ lead to acceptance.

Another intriguing example, and one of immediate interest to transparent proofs, is the problem of *polynomial identities.* The language NONZERO consists of all explicitly given multivariate polynomials which are not identically (formally) zero. Only arithmetic operations are permitted in the explicit expression, no powering.

No polynomial time algorithm is known to decide membership in NONZERO. (Simply expanding the terms will not work: the partial results may be exponentially long before everything cancels out.) A polynomial time Monte Carlo test is based on the following important observation, made by J. T. Schwartz and R. E. Zippel.

Lemma 3.2. ([Schw], [Zi]) *Let $f(x_1, \ldots, x_m)$ be a nonzero polynomial of (total) degree d over the field F. Let $H \subseteq F$ be a finite subset, $h = |H|$. Pick $\alpha \in H^m$ uniformly at random. Then*

$$\text{Prob}(f(\alpha) \neq 0) \geq 1 - d/h.$$

Proof. Induction on m. □

Corollary 3.3. NONZERO $\in$ RP.

Proof. First infer an upper bound d_1 on the total degree of the polynomial $f(x_1, \ldots, x_m)$ from its explicit expression. Note that d_1 is not greater than the length of the expression for f. Then select a subset H of F, the field of definition of f; let $|H| = 2d_1$. (If F is too small for this, extend F). Finally, choose $\alpha \in H^m$ at random. If $f(\alpha) \neq 0$, accept, else reject. □

Las Vegas algorithms are a subclass of Monte Carlo algorithms: a Las Vegas algorithm never produces an erroneous output, but instead, sometimes honestly reports failure. The probability of failure should be less than say 1/2; as before, this can then be reduced to 2^{-t} by t-fold repetition. The class of languages L recognized by *polynomial time Las Vegas algorithms* is denoted by ZPP. It should be clear that ZPP = RP $\cap$ coRP.

Berlekamp's celebrated algorithm for *factoring polynomials over finite fields* is of the Las Vegas variety [Ber]. Berlekamp uses randomization to discover divisors of a polynomial, eventually reaching the irreducible factors with large probability. Then the factors are certified by a deterministic irreducibility test. If at this stage a factor turns out to be reducible, the algorithm reports failure; otherwise the factorization into irreducibles is certified correct. While factoring is not a decision problem (therefore technically it is not a member of ZPP), it is clear that decisions based on the factors (e.g., deciding whether or not the polynomial has a root in the interval $\{a, a+1, \ldots, b\} \subseteq \mathbb{Z}_p$) belongs to ZPP as a consequence of Berlekamp's algorithm.

It should be clear that P $\subseteq$ ZPP $\subseteq$ RP $\subseteq$ NP.

Not only is it conjectured that NP-complete languages cannot be recognized in polynomial time (NP $\neq$ P); neither are polynomial time Monte Carlo algorithms expected to do the trick (NP $\neq$ RP).

3.3 Conservation of random bits

Statistical tests require random choice; and more random bits help reduce the margin of error.

Imagine now that we are short on random bits. Coin flipping is cumbersome, Geiger counters are slow, computer generated "random numbers" are not random at all. Above all the pseudo-practical or philosophical concerns, however, we emphasize the theoretical merits of saving on random bits. Some of the main results of our subject critically depend on randomness saving tricks (see Sections 3.5, 4.2, 5.6). "Derandomization" has been one of the most active areas in the Theory of Computing in recent years.

In the two subsections to follow, we present two "derandomization" techniques. In both cases, out of a short, truly random *seed,* a long *pseudrandom sequence* with useful properties is constructed.

3.3.1 Pairwise independence

Suppose we receive a large quantity of computer chips. The supplier promises that none of the N chips is faulty; if we find otherwise, we return the entire shipment *(harsh verification).* Our own testing methods destroy the chips; yet we wish to be 90% certain that less than an ε fraction is faulty. We test k randomly selected chips; if none is faulty, we accept.

What degree of confidence do we gain from this procedure? If the proportion of faulty chips were $\geq \varepsilon$, we would have $> 1-(1-\varepsilon)^k \approx 1-e^{-k\varepsilon}$ chance of catching one. Choosing $k \approx 2.3/\varepsilon$ will make this chance $> .9$.

We need $k \log_2 N \approx 2.3 \log_2 N/\varepsilon$ random bits to select the sample to be tested. For small ε, this may be too many. Unfortunately, the our analysis depended on the fully independent choice of the chips to be tested; and this cannot be accomplished with fewer random bits.

Let us then perform a different analysis. The procedure is the same: we select k chips at random. Let ξ_i denote the indicator variable of the event that the ith chip selected is faulty $(1 \leq i \leq k)$. Then we find $\eta = \sum_{i=1}^k \xi_i$ faulty chips. Set $\varepsilon_1 := \mathbf{E}(\xi_i)$; this is the actual proportion of faulty chips. Then the standard deviation of ξ_i is $\mathbf{D}(\xi_i)\sqrt{\varepsilon}_1$. We infer $\mathbf{E}(\eta) = k\varepsilon_1$, $\mathbf{D}(\eta) = \sqrt{\sum \mathbf{D}^2(\xi_i)} < \sqrt{k\varepsilon_1}$ and therefore by Chebyshev's inequality, $\text{Prob}(\eta = 0) \leq \mathbf{D}^2(\eta)/\mathbf{E}^2(\eta) < 1/(k\varepsilon_1)$. Setting $k \approx 10/\varepsilon$ will guarantee the required 90% chance of $\eta \neq 0$ if $\varepsilon_1 \geq \varepsilon$.

What do we gain in return for using nearly $4\frac{1}{2}$-times more chips for testing? Observe that the second analysis requires only *pairwise independence* of the ξ_i. The savings in random bits will be considerable when ε is small.

Proposition 3.4. ([La]) *Assume $|S|$ is a prime power. Then, from a pair of independent random elements*[13] *of S, we can generate $|S|$ pairwise*

[13] By *random elements* of a finite set S we mean elements, *uniformly distributed* over S.

independent random elements of S.

Note that this requires only $2\log_2|S|$ random bits.[14]

Proof. We may identify S with a finite field F. For $u \in F$, let us set $\zeta_u(\alpha, \beta) = \alpha u + \beta$ where $\alpha, \beta \in F$ are independent random elements. Clearly, each random variable ζ_u is uniformly distributed over F; and it is easy to verify that for $u \neq v \in F$, the variables ζ_u and ζ_v are independent. line □

We shall see a "real" application of this method to transparent proofs in Section 5.6.

As a token application, let us consider the MAX-2SAT problem. The input is a set of m 2-clauses over a set B of n Boolean variables. (The clauses are expressions of the form $x \vee y$ where x, y are elements of B or their negations.) The objective is to assign truth-values to the variables so as to maximize the number of simultaneously satisfied clauses.

Assigning random truth-values to the variables, the expected number of satisfied clauses will be $3m/4$. Can we deterministically find an assigment attaining this bound?

Observe that pairwise independent assignment of the truth values suffices to guarantee the $3m/4$ expected number. One can infer from Proposition 3.4 that n pairwise independent bits can be generated from a seed of $2\log_2 n$ fully independent bits (actually $1 + \log_2 n$ bits suffice). There are only n^2 choices for the seed, so we can try all the sequences and pick the best one in polynomial time. This was an instance of *complete derandomization.* □

Generalizations to higher degrees of independence also exist (Joffe [Jof], cf. [ABI], [CGHFRS]). A similar argument with triplewise independence finds a truth-value assigment that satisfies $\geq 7m/8$ of a given set of m 3-clauses. A notion of k-wise *near-independence,* a particularly useful derandomization tool, was introduced in [NaN].

3.3.2 Isoperimetry, expanders, recycling random bits

Suppose we have a randomized algorithm $\mathcal{A}$ with one-sided error ε on input x. We can reduce the error probability bound to ε^t by repeating $\mathcal{A}$ t times, using independent random bits. We accept if at least one of the runs of $\mathcal{A}$ accepts (exhibits a witness).

---

[14] Even if S is not a prime power, $2(\ell + \log_2|S|)$ random bits will suffice if we are willing to relax the uniformity condition to requiring that every element be chosen with probability $(1 \pm 2^{-\ell})/|S|$.

Let r denote the number of random bits used by $\mathcal{A}$. Then this amplified-confidence version requires rt random bits.

Surprising generic savings can be achieved over this estimate. We include this result here partly because it is an ingredient of the strong inapproximability result for *maximum clique* (Theorem 4.1). The depth of the underlying mathematics adds to the appeal of the method.

Theorem 3.5. (Recycling random bits, [CoW], [ImZ]) *From a seed of $O(r+t)$ fully independent random bits, one can generate a string of $O(rt)$ pseudorandom bits which when used in $O(t)$ repetitions of an ε-error Monte Carlo algorithm (one segment of length r in each round), reduce the error probability to ε^t.*

The proof depends on *explicit linear expanders.* We explain these terms.

For $\delta > 0$, a *δ-expander* is a graph $G = (V, E)$ with *isoperimetric ratio* $\geq \delta$ for every subset $W \subset V$ of size $|W| \leq |V|/2$. The isoperimetric ratio of W is the quotient $|\partial W|/|W|$, where ∂W, the *boundary* of W, consists of those vertices in $V \setminus W$ adjacent to at least one vertex in W.

An infinite family of finite graphs is a *family of expanders* if for some constant $\delta > 0$, each graph in the family is a δ-expander. The family is *linear* if the density $|E|/|V|$ is bounded over the entire family.

It is not difficult to show that certain random trivalent graphs (each vertex has degree 3) are likely to be expanders, hence a linear family of expanders exists. Such a randomized construction, however, could not be used to save on random bits; what one needs is an explicit construction.

The first explicit construction was given by G. A. Margulis, using the representation theory of Lie groups [Mar1]. A simplified and improved version, requiring "only" (commutative) Fourier analysis, was given in [GaG]. The last word has come in simultaneous and nearly identical work by Margulis [Mar2] and Lubotzky, Phillips, Sarnak [LPS], greatly improving the isoperimetric ratio. Their bound is obtained through an eigenvalue estimate (linked to isoperimetry by [AlM]), which rests on the theory of arithmetic and algebraic groups, including results on the Ramanujan conjecture on the number of representations of integers by certain quadratic forms.

Finally we *sketch the pseudorandom sequences of* [CoW] and [ImZ]. The idea, originating from [AKS2], is to take a random walk on an explicit expander with 2^r vertices and constant degree, say $d = 7$. The starting vertex v_0 is picked uniformly at random. Now use the names of the first ct vertices visited by the random walk as the strings ρ_i (of length r each) to be fed successively to our randomizing machine M (c is a suitable constant). $\square$

3.4 Interactive proofs

The theory of transparent proofs is rooted in the theory of *interactive proofs;* especially in recent developments regarding "multi-prover interactive proofs" [BFL] (Section 3.4.3). For an introduction to the subject, embedded in a fable about Merlin and King Arthur, see [Ba2].

3.4.1 Single prover

In an *interactive proof* [GMR], [Ba1], [BaM], a super-intelligent Prover P tries to convince a moderately intelligent, skeptical Verifier that $x \in L$ (regardless of the truth of this statement). (In the fable, Merlin is the Prover and Arthur the Verifier.)

P is an (arbitrarily complex) function (mapping strings to strings); V is a randomizing polynomial-time Turing machine. On input x, the Verifier prints the string $w_1 = V(x, \rho)$ where ρ is a random string. The Prover's "response" is the string $w_2 = P(x, w_1)$. Then come $w_3 = V(x, w_1, w_2, \rho)$, $w_4 = P(x, w_1, w_2, w_3)$, etc. After a specific polynomial number, say $t = 2|x|^k + 1$ rounds, the game terminates with a Boolean decision $w_t \in \{0, 1\}$ printed by the Verifier (0=reject, 1=accept).

The Verifier V *recognizes* the language L if for every $x \in \Sigma^*$,

(i) if $x \in L$ then $(\exists P)(\forall \rho)$ (V accepts) *(completeness);*

(ii) if $x \notin L$ then $\forall P$, $\text{Prob}_\rho(V \text{ accepts}) \leq 1/2$ *(soundness).*

(By t-fold repetition, the probability of false acceptance is reduced to 2^{-t}.) Such a language L is said to admit an "interactive proof of membership." The class of these languages is denoted by IP. Clearly IP $\supseteq$ NP. The gap in this inclusion turned out to be surprisingly large; IP = PSPACE [LFKN], [Sh]. PSPACE is a *huge* class, which includes NP, coNP, the decision problems reducible to #P, and much more. Strategies of combinatorial games (tell the winning move) are the typical complete problems in PSPACE (cf. [GaJ]). Note, however, that even the P $\neq$ PSPACE conjecture is open.

3.4.2. Sum-check: a powerful interactive proof

Recall that many languages in coNP are not expected to have polynomial length membership proofs. (In particular, none of the languages whose complements are NP-complete. This statement is equivalent to the NP $\neq$ coNP conjecture.) Thus the result "IP $\supseteq$ coNP" came as a surprise [LFKN].

We illustrate the power of interactive proofs on a simple example which proves this inclusion. The "LFKN protocol" (adapted from [LFKN]) will also provide a *key ingredients of transparent proof verification.* Here we give an interactive proof that a graph is *not* 3-colorable (a coNP-complete predicate).

Let $g(x)$ be a univariate polynomial of degree 5 over $\mathbb{Q}$ such that $g(0) = 0$ and $g(t) = 1$ for $t = \pm 1$ and $t = \pm 2$. Let $V = \{1, \ldots, \nu\}$ be the set of vertices. Consider the polynomial $f(x_1, \ldots, x_\nu) = \prod_E g(x_i - x_j)$ where the product extends over all edges $\{i, j\} \in E$. Colors will be represented by the integers $0, 1, 2$. Observe that a coloring $(\gamma_1, \ldots, \gamma_\nu)$ $(\gamma_i \in \{0, 1, 2\})$ is legal precisely if $f(\gamma_1, \ldots, \gamma_\nu) = 1$; otherwise $f(\gamma_1, \ldots, \gamma_\nu) = 0$. We note that f is a polynomial of total degree $d = 5|E|$, linear in the input size.

We conclude that the number of legal 3-colorings of G is

$$h_0 = \sum_{x_1=0}^{2} \cdots \sum_{x_\nu=0}^{2} f(x_1, \ldots, x_\nu). \tag{2}$$

The Prover states a value p_0, claiming that $h_0 = p_0$. The Verifier uses the LFKN protocol to cross-examine this claim. We shall need the partial sums of h_0 for the cross-examination. Let

$$h_j(x_1, \ldots, x_j) = \sum_{x_{j+1}=0}^{2} \cdots \sum_{x_\nu=0}^{2} f(x_1, \ldots, x_\nu). \tag{3}$$

We shall also have to specify a finite set H of integers, $|H| = N$. The Verifier asks the Prover to state the coefficients of the polynomial $h_1(x_1)$. The Prover provides a polynomial $p_1(x_1)$ (of degree $\leq d$). The next step is a *consistency check:* the Verifier checks that $p_1(0) + p_1(1) + p_1(2) = p_0$. If this is not the case, the Verifier rejects, otherwise continues by picking a random integer $\rho_1 \in H$.

Before continuing, let's see how the Prover is faring so far. If $p_0 = h_0$ (P is "honest"), there can be no problem. But if $p_0 \neq h_0$ (P is "trying to cheat") and the polynomial p_1 still passes the consistency check, then the polynomial p_1 must differ (in at least one place) from h_1. Consequently, $p_1 - h_1$ has at most d zeros, and the chance that ρ_1 was one of them is at most d/N. Therefore the Prover's implicit claim $p_1(\rho_1) = h_1(\rho_1)$ is likely to be false.

But the verification of this claim is just the same type of problem as the verification of $p_0 = h_0$, except that now we only have $\nu - 1$ variables left (henceforth $x_1 = \rho_1$). So the protocol continues the same way: the Verifier asks the Prover to state coefficients of the univariate polynomial $h_2(\rho_1, x_2)$. The Prover provides a polynomial $p_2(x_2)$. The Verifier checks consistency: $p_2(0) + p_2(1) + p_2(2) = p_1(\rho_1)$, and (if passed) selects the next random number $\rho_2 \in H$. Again, if the starting statement of this round, $p_1(\rho_1) = h_1(\rho_1)$, was false, then the Prover's new implicit claim $p_2(\rho_2) = h_2(\rho_1, \rho_2)$, is likely to be false (true with probability $\leq d/N$).

Continuing in a similar fashion, the Prover ends up claiming $p_\nu(\rho_\nu) = h_\nu(\rho_1, \ldots, \rho_\nu)$. But $h_\nu = f$ is explicitly given, so the Verifier can directly check the truth of this statement. On the other hand, if the initial statement $p_0 = h_0$ was false, then the Prover had no more than $d\nu/N$ chance of making this last claim correct (assuming it passed all consistency checks).

By selecting N to be large we can make the Prover's chances of getting away with a false statement exponentially small (and still do the verification in polynomial time). □

Note that this protocol achieves much more than just showing that a graph is not 3-colorable: it allows the *verification of the exact number* of legal 3-colorings. This problem is complete for the class #P of counting functions associated with definitions of NP languages [Va]. A typical function f in #P will take an input x to the NP-definition (1) (Sec. 3.1.3) and rather than asking the existence of a witness, it asks the number $f(x)$ of witnesses. (How many 100-page proofs does Riemann's hypothesis have?) We thus proved the result that *all #P-functions admit interactive proofs* [LFKN], the immediate precursor of the IP = PSPACE theorem [Sh].

3.4.3 Multi-prover interactive proofs

A variant of the notion of interactive proofs, involving several provers, was introduced in [BGKW]. The Verifier simultaneously queries the provers much in the way a police detective would interrogate suspects sharing a common alibi. The provers (the suspects) are completely isolated and cannot eavesdrop on the communication between the Verifier and the other provers. The formal definition follows the lines of the single prover case; the important feature is that in each round, the "response" of prover P_i is a function of the information available to P_i, i.e., of the input x and the sequence of previous strings sent by the Verifier *to* P_i.

The class of languages admitting polynomial time "multi-prover interactive proofs" of membership is denoted by MIP. It turns out that any (polynomial) number of provers can be replaced by only two provers: MIP = MIP_2 [BGKW]; or by a single exponentially long string which we shall refer to as an "affidavit" (unalterable written statement) (Fortnow, Rompel, Sipser [FRS]). In the latter model, the Verifier will make a polynomial number of spot-checks to the affidavit. An affidavit therefore constitutes a *transparent proof* of membership.

The result which triggered the developments discussed in this survey is that the MIP model has *extremely large language recognition power:*

Theorem 3.6. ([BFL]) MIP = NEXP.

It was subsequently observed that this result can be scaled down, replacing n by $\log n$, to yield transparent proofs of quasipolynomial length for membership in NP languages [BFLS], [FGLSS]. With a little extra effort, the length went down to polynomial [BFLS]. (Warning: scaling down is not automatic: one cannot "scale down" the length of the input (theorem-candidate).)

3.4.4 Few provers, single round

In a different direction, a major step was to reduce the MIP protocols to a *single round:* the Verifier rolls the dice, computes all questions and sends them simultaneously to the respective provers. Then, upon receipt of the answers, the Verifier decides whether or not to accept.

It is easy to achieve this with polynomially many provers, but we wish to retain the advantage of having few provers only. Here is a natural idea how to accomplish this with just two provers [FRS]. Let us take a language $L \in$ MIP; then membership in L has (exponentially long) transparent proofs (the "affidavits") which one can check by a polynomial ($q = n^c$) number of queries.

Let us ask the Provers to generate this affidavit (mentally). Now the Verifier should pose all the q queries as questions to Prover P_1; and, to corroborate the evidence, pose a randomly chosen one of them to Prover P_2. Reject if P_2 contradicts P_1; and reject if the set of answers of P_1 would be rejected by the checker of the transparent proof.

Assume now that the provers attempt to prove a false statement. Since P_2 receives only one question, we may assume P_2 has one answer to each possible question. Let us view this collection of answers as an affidavit. Now answers taken from this (or any) affidavit have $\leq 1/2$ chance of passing. This will therefore be the case if P_1 answers according to the affidavit. But if it does not, then with probability $\geq n^{-c}$, the two provers will contradict one another. So in any case, the chance of the provers being caught is at least n^{-c}.

Repeating this one-round protocol n^{c+1} times using independent coin-tosses, the probability that the provers will not be caught is reduced to $(1 - n^{-c})^{n^{c+1}} \approx e^{-n}$.

However, we are back again to polynomially many rounds. Why not do all rounds in parallel?

Unfortunately, if played in parallel, the provers could prevent the probabilities of acceptance from being multiplied [Fo1] (cf. the journal version of [FRS]). It is an *open question* whether or not the t-fold *parallel repetition* will still reduce the probability of acceptance exponentially (as a function of t).

The same difficulty arises when we want to amplify the confidence of an MIP protocol say from constant to exponential without increasing the number of rounds. (Again, sequential repetition would easily achieve this. Parallel repetition works in the single prover case.)

Nevertheless, the positive answer to the original question is now known. A *single round with exponentially small margin of error* was achieved with 4 provers by Lapidot and Shamir [LaS] and subsequently with just two provers by Feige and Lovász [FeL]. Denoting by $\mathrm{MIP}_{k,1}$ the class of languages accepted with exponentially small margin of error by k-prover, one-round interactive proof systems, we have:

Theorem 3.7. ([FeL]) $\mathrm{MIP}_{2,1} = \mathrm{NEXP}$.

The reader should note that this is quite an astounding result. What is a one-round interactive proof with k provers? Let us fix the input string x. Since each prover receives one question only, we may think of the provers as functions $f_1, \dots, f_k$, mapping polynomial length strings to polynomial length strings. (These functions may have arbitrary complexity.)

The k-tuple of provers (functions $f_1, \dots, f_k$) constitutes a special kind of *transparent proof* (of membership $x \in L$). Think of this set of k functions as a $k \times N$ array (where N is exponentially large compared to the input x). A *transversal* of this array is a k-tuple of cells, one from each row. (There are N^k transversals.) Out of a certain family $\mathcal{T}$ of transversals, the Verifier picks one at random and checks whether or not the contents of this transversal belongs to certain set $\mathcal{A}$ of *acceptable* k-tuples.

The pair $(\mathcal{T}, \mathcal{A})$ defines the proof-checking process. This lucid combinatorial structure underlies the applications of single-round few-prover interactive proofs to be discussed in Section 4.5.

3.5 New characterizations of NP

Definition 3.8 ([ArS]) Let $q(n)$ and $r(n)$ be positive functions. A language L is said to belong to the class $\mathrm{PCP}(r(n), q(n))$ if it has transparent membership proofs with the following parameters of the (randomizing) verifier: polynomial time $t = n^{O(1)}$, $q = O(q(n))$ queries, $r = O(r(n))$ random bits.

The term "transparent membership proofs" refers to a proof system for which L is the set of theorems. The variable n is the length of the *input string* x (the *theorem-candidate*). We write $\mathrm{PCP}(s(n))$ for $\mathrm{PCP}(s(n), s(n))$.

The distinct roles played by the parameters q and r, to be demonstrated in Section 4, was recognized in [FGLSS]. The PCP-notation was introduced in [ArS]. The letters stand for Probabilistically Checkable Proofs.

It is easy to see that $\mathrm{NP} = \mathrm{PCP}(0, n^{O(1)})$ and $\mathrm{coRP} = \mathrm{PCP}(n^{O(1)}, 0)$. The following inclusion is immediate.

Proposition 3.9. $\mathrm{PCP}(r(n), q(n)) \subseteq \mathrm{NTIME}(n^{O(1)} + 2^{O(r(n))})$.

Proof. Let us fix $x \in L$, $|x| = n$. Let P be the corresponding transparent proof of membership. There are 2^r possible strings ρ, each of which determines q queries, so at most $q \cdot 2^r$ bits of P will ever be queried. Let S denote the set of these addresses, so $|S| \le q \cdot 2^r$. Note that $S \subseteq \{0, \ldots, 2^t - 1\}$ since the Verifier needs to write down the address of each query within time t. It follows that $\log_2(\prod_{i,j \in S, i<j}(j - i)) < tq^2 2^{2r}$ and therefore there exists a prime p such that $\log_2 p \le 2tq^2 2^{2r}$ and no two elements of S are congruent $\bmod p$. Let now P' be a string of length $2tq^2 2^{2r}$ defined as follows: if $i < 2tq^2 2^{2r}$ and $i \equiv i_1 \pmod p$ for some $i_1 \in S$, set $P'[i] := P[i_1]$; else set $P'[i] = 0$. Let the pair (p, P') be a witness of $x \in L$. (We assume there is no comma in the alphabet of P.)

Let $t = t(n) < n^c$ for some integer $c > 0$. On input x and witness w, the Verifer V' proceeds as follows. First, V' calculates the number r by simulating the PCP-verifier V on a dummy proof (all zeros). Next, it checks that w has the form $w = (p, P')$ where p is a positive integer and the length of p (number of digits) is $\le K := 2n^{2c}2^{2r}$. Finally, V' simulates V for all possible strings $\rho \in \{0,1\}^r$ in the natural way: whenever a query location i_1 is generated, V' feeds the response $P'[i]$ to V, where $i = i_1 \bmod p$. V' accepts if V accepts for all ρ. It is clear that V runs in time $n^{O(1)} \cdot 2^{2r}$.

Clearly, if $x \in L$ and P is a transparent proof of this membership then (p, P'), as constructed above, will be accepted by V'. On the other hand, if some string of the form (p, P') is accepted by V' then define P by setting $P[i] := P'[i \bmod p]$ for all $i < 2^{n^c}$. Now, P is accepted by V for every ρ, hence $x \in L$. □

In particular, we have

$$\mathrm{PCP}(\log n, n^{O(1)}) = \mathrm{NP}. \tag{4}$$

The "affidavit" model of MIP shows that MIP $= \mathrm{PCP}(n^{O(1)})$. (It then follows from Prop. 3.9 that MIP $\subseteq$ NEXP.) The [BFL] result can now be restated as NEXP $= \mathrm{PCP}(n^{O(1)})$.

The next step was to scale this theorem down from exponential to polynomial time. The result: NP $\subseteq \mathrm{PCP}((\log n)^{O(1)})$ [BFLS]. A series of improvements ([FGLSS], [ArS]) led to the definitive result:

Theorem 3.10. ([ALMSS]) NP $= \mathrm{PCP}(\log n, 1)$.

It is implicit in [ALMSS], [ArS] (and explicit in [BFLS]) that an input string plus its NP-witness of membership can be transformed in polynomial time into a transparent membership-proof. To indicate the connection to "proof systems," we deduce Theorem 2.3 from this result. (Actually, the two are equivalent.)

Proof of Theorem 2.3. Let $\mathcal{A}$ be a polynomial time verifiable proof system. Let us consider the corresponding "SHORTPROOF"-language $L_{\mathcal{A}} = \{(T, 1^n) : (\exists P)(|P| \leq n \;\&\; \mathcal{A}(T,P)\}$. Set $L_1 = \{(T, 1^n, P) : (|P| \leq n \;\&\; \mathcal{A}(T,P)\}$. Clearly, $L_1 \in$ P; therefore $L_{\mathcal{A}} \in$ NP, with P being a witness of the membership $(T, 1^n) \in L_{\mathcal{A}}$ when $\mathcal{A}(T,P)$ holds and $|P| \leq n$.

By Theorem 3.10 it follows that $L_{\mathcal{A}} \in \mathrm{PCP}(\log n, 1)$. In other words, there exists a proof system $\mathcal{B}$ such that $L_{\mathcal{A}}$ is the set of theorems in $\mathcal{B}$ and the proofs in $\mathcal{B}$ are transparent with parameters $r = O(\log n)$, $q = O(1)$. We may assume that for some fixed positive integer k, the transparent proofs (w.r. to $\mathcal{B}$) of the membership $(T, 1^n) \in L_{\mathcal{A}}$ have length $(|T| + n)^k$.

Let us now define the proof system $\mathcal{A}'$ as follows: set $\mathcal{A}'(T, P')$ whenever P' is a transparent proof of the membership $(T, 1^n) \in L_{\mathcal{A}}$ where $(|T| + n)^k = |P'|$. It is clear that $\mathcal{A}$ and $\mathcal{A}'$ are equivalent (they have the same theorems). Moreover, P' is a transparent proof of T in $\mathcal{A}'$ with the stated cost parameters.

The constructive aspect of Theorem 2.3 follows from the remark after Theorem 3.10: a transparent proof P' can be computed from (T, P) in time, polynomial in the length of the input $(T, 1^{|P|})$, which is $N = |T| + |P|$. $\square$

To formulate the scaled-down results corresponding to *single round multi-prover interactive proofs*, let us define $\mathrm{MIP}_{k,1}(r(n), a(n), \varepsilon(n))$ to be the class of those languages L which admit "k-prover 1-round transparent proofs" in the sense discussed at the end of Section 3.4.4. Such a proof consists of a $k \times N$ array of strings of length $O(a(n))$ (for some N); $a(n)$ stands for the length of the provers' answers. Checking is performed by selecting a transversal of the array (one cell from each of the k rows) using $O(r(n))$ random bits and subsequently performing a polynomial time "consistency check" on the k-tuple of entries found. Correct proofs must always be accepted; attempted proofs of false theorems must have $\leq \varepsilon(n)$ chance of passing. We note that without loss of generality, the length of such a proof is $\leq a(n) \cdot 2^{O(r(n))}$.

Scaling the $\mathrm{MIP}_{2,1} = \mathrm{NEXP}$ result down (replacing n by $\log n$), one obtains that

$$\mathrm{NP} \subseteq \mathrm{MIP}_{2,1}(r(n), a(n), \varepsilon(n)), \tag{5}$$

where $r(n) = a(n) = -\log(\varepsilon(n)) = (\log n)^{O(1)}$.

This result has a separate set of applications of its own to discrete optimization (Lund, Yannakakis [LuY2], Arora, Babai, Stern, Sweedyk [ABSS]). These applications are conditioned on the hypothesis NP $\not\subseteq$ QP.

For applications more aesthetically conditioned on NP $\neq$ P, it is paramount to reduce the length of the transparent proof to polynomial and the number of random bits to logarithmic. This has been achieved by [BGLR] at the cost of going back to 4 provers.

Theorem 3.11. ([BGLR]) *For any constant* $\varepsilon > 0$,

$$\mathrm{NP} = \mathrm{MIP}_{4,1}(\log n, (\log\log n)^{O(1)}, \varepsilon).$$

In addition to a host of applications to discrete optimization, this result is the basis of the proofs of effective constants such as the bound 36 on the number of spot-checks required for a transparent proof [BGLR].

4. Intractability of approximate optimization

In this section we discuss four separate links between interactive/transparent proofs and the hardness of approximate optimization. We begin with a definition of the *degree of approximation.*

Let f, h be functions assigning positive real values to strings. Assume $h(x) \geq 1$ for every string x. We think of $f(x)$ as the "optimum" value of some quantity associated with x (such as the size of the largest clique of the graph encoded by the string x). If f is a *maximum* then we say that a function g *approximates* f within a factor of h if

$$f(x)/h(x) \leq g(x) \leq f(x)$$

holds for every sufficiently long string x. If f is a *minimum* then we say that g *approximates* f within a factor of h if

$$f(x) \leq g(x) \leq f(x) \cdot h(x).$$

We say that an algorithm (approximately) computes f within a factor of h if it computes a function $g > 0$ which approximates f within h.

4.1 Inapproximability via interactive proofs

Perhaps the most significant discovery in this theory was the linking of the two, seemingly remote areas in the title. This connection was first established by Anne Condon [Con].

She defines a class of single prover interactive proofs with additional constraints on the verifier. First, the verifier has logarithmic memory only; second, it has one-way access to the "proof" (cannot ask the prover to repeat its previous statements). Condon calls the resulting language class oneway-IP(log,poly) ("poly" refers to polynomial time). She demonstrates oneway-IP(log,poly) = NP (the first characterization of NP in terms of interactive proofs). Moreover, she shows that on any input, the probability that the prover succeeds in convincing the verifier is the optimum of an instance of the "max word problem." Since this probability is either 1 or $\leq \varepsilon$, it suffices to know this probability within a factor of $1/\varepsilon$. In other words, approximating "max word" within any constant is NP-hard.

The "max word" problem takes a set of $n \times n$ rational matrices and two rational vectors u, v as well as an integer k as inputs; k is given in unary (as a string of k 1's). The question is the maximum of $u^T A_1 \cdots A_k v$ over all possible choices of the A_i from the given set of matrices. One can show that the probability of acceptance against optimal prover can be described this way. The result gives the simplest known link between the two areas.

4.2 Maximum clique

Recall that a *clique* of a graph is a set of pairwise adjacent vertices. With connections ranging from commutative algebra [LiL] to integer programming [Schr] and multivariate statistics [VRy], the *maximum clique size* $\omega(G)$ is one of the fundamental parameters of the graph G.

It has been known for 20 years that determining $\omega(G)$ is NP-hard (Karp [Kar], cf. [GaJ]). While this result rendered the computation of the exact value of $\omega(G)$ hopeless, it did not explain why even attempts at estimating $\omega(G)$ failed badly ([BoH] find approximations within $\nu/\log^2\nu$!).

The explanation came with the simple yet striking discovery of a link between the MIP = NEXP result and the complexity of approximating the maximum clique size [FGLSS]. Combined with stronger results on transparent proofs ([ArS], [ALMSS]) and the "random bit recycling" technique of [CoW], [ImZ], the [FGLSS] reduction led to the following definitive conclusion.

Theorem 4.1. *There exists a constant $c > 0$ such that if some polynomial time algorithm is guaranteed to compute the maximum clique size $\omega(G)$ within a factor of ν^c then* P = NP.

(ν denotes the number of vertices of the graph G.)

The initially microscopic constant c has by now grown to a decent value (probably greater than 0.01). The difficulty of evaluating it is related to the question of the expansion rate of the graphs used for pseudorandom amplification as indicated in Section 3.3.2. A trick invented by Zuckerman [Zu1] allows one to bypass this difficulty at the cost of slightly strengthening the assumption NP $\neq$ P to NP $\neq$ ZPP (NP-complete problems cannot be solved by polynomial time *Las Vegas* algorithms, cf. Section 3.2). [BGLR] and [Zu1] show that the clique inapproximability result holds with $c = 1/30$ under this assumption.

The link between transparent proofs and clique approximation is provided by the following result. Let $\mathrm{PCP}(r(n), q(n), \varepsilon(n))$ denote the variant of PCP where we require the probability of false acceptance to be $\leq \varepsilon(n)$.

Theorem 4.2. ([FGLSS]) *If $\omega(G)$ can be approximated in polynomial time within a factor of $K(n)$ then*

$$\mathrm{PCP}(r(n), q(n), 1/K(2^{r(n)+q(n)})) \subseteq \mathrm{DTIME}(n^{O(1)} \cdot 2^{O(r(n)+q(n))}).$$

Proof. Let $L \in \mathrm{PCP}(r(n), q(n), \varepsilon(n))$ and x an input of length n.

If $x \in L$ then, by definition, this fact has a *transparent proof* of the type $\mathrm{PCP}(r(n), q(n))$ with probability $\leq 1/K(n)$ of false acceptance. Let $r = O(r(n))$ and $q = O(q(n))$ denote the number of random bits and queries needed for a given n.

Let us follow the operation of the Verifier. Given x, from each string $\rho \in \{0,1\}^r$ of random bits the Verifier constructs a query list $Q_V(x, \rho) = (w_1, \ldots, w_q)$ (the list of spot-check locations). If the string P is a purported transparent proof, the Verifier will check the entries $P[w_i]$ and compute a decision $V(x, \rho, P[w_1], \ldots, P[w_q])$ (accept or reject).

For fixed x, the Verifier's operation is therefore described by the functions $Q_V : \{0,1\}^r \to \{0,1\}^q$ and $V : \{0,1\}^{r+q} \to \{0,1\}$. Let us call the pairs $\sigma = (\rho, \theta) \in \{0,1\}^{r+q}$ "spot-check lists" ($|\rho| = r$, $|\theta| = q$). An *accepting* spot-check list is a $\sigma \in \{0,1\}^{r+q}$ with $V(\sigma) = 1$. If P is a purported transparent proof and $\rho \in \{0,1\}^r$, we say that (ρ, θ_P) is the *corresponding* spot-check list, where $\theta_P = (P[w_1], \ldots, P[w_q])$ is the string constructed in the preceding paragraph.

We say that two spot-check lists σ_1 and σ_2 *contradict* one another if they assert a different proof-bit in the same position. Formally this means that, setting $\sigma_k = (\rho_k, \beta_{1k}, \ldots, \beta_{qk})$ ($k = 1, 2$, $\rho_k \in \{0,1\}^r$, $\beta_{ik} \in \{0,1\}$), and $Q_V(\rho_k) = (w_{1k}, \ldots, w_{qk})$, there exist i, j such that $w_{i1} = w_{j2}$ while $\beta_{i1} \neq \beta_{j2}$.

Now we turn to the actual proof. Assume a machine M computes $\omega(G)$ within a factor of $K(|G|)$ in polynomial time (where $|G|$ refers to the bit-size of G). We show how to use M to decide membership of x in L in time $t(n) = n^{O(1)} \cdot 2^{O(r(n)+q(n))}$.

To this end, we construct a graph G from the input x. Let the vertices of G correspond to the accepting spot-check lists, so the number of vertices is $\leq 2^{r+q}$. We join a pair of vertices if they don't contradict one another.

No clique has size greater than 2^r in G. Indeed, otherwise two of the vertices $\sigma_k = (\rho_k, \theta_k)$ $(k = 1, 2)$ would have $\rho_1 = \rho_2$ but $\theta_1 \neq \theta_2$, hence they would contradict one another.

If $x \in L$ and P is a transparent proof of this membership then the spot-check lists corresponding to P form a clique of size exactly 2^r.

On the other hand, if $x \notin L$, then no clique of size greater than $2^r/K(2^{r+q})$ can exist. Indeed, from any clique of size Δ, a transparent-proof-candidate with probability $\geq \Delta/2^r$ of acceptance can be pieced together as follows. Assume that for some vertex $(\rho, \beta_1, \dots, \beta_q)$ of this clique, we have $Q_V(\rho) = (w_1, \dots, w_q)$. Then, set $P[w_i] = \beta_i$ $(i = 1, \dots, q)$. This definition is correct because the vertices of the clique don't contradict one another. If for some location w the entry $P[w]$ is left undefined by this rule, let us set $P[w] = 0$. Now with probability $\Delta/2^r$, the string ρ generated by the Verifier will correspond to some vertex of the clique; the corresponding queries then result in an accepting spot-check list corresponding to P.

Let us now use the machine M to compute $\omega(G)$ within a factor of $K(|G|)$. This is clearly sufficient to decide between the alternatives given, therefore it will decide whether or not $x \in L$ in time, polynomial in n and the size of G, which is $2^{O(r(n)+q(n))}$. □

Setting $r(n) = \log n$, $q(n) = 1$, and $K(n) = 2$ in Theorem 4.2 we obtain by Theorem 3.10 that $\omega(G)$ cannot be approximated within a factor of 2 in polynomial time, unless NP = P. Trivial amplification (by repetition of the verification) yields the same for any constant $K = K(n)$.

In order to obtain the stronger separation stated in Theorem 4.1, we need to reduce the probability of error further, to n^{-C} for some constant $C > 0$. This would seem to require $r = C' \log^2 n$ random bits, and Theorem 4.2 would yield quasipolynomial algorithms for NP. However, by the result of [CoW], [ImZ] stated in Section 3.3.2, $r(n) = O(\log n)$ random bits still suffice. Therefore Theorem 4.2 implies the full force of Theorem 4.1. □

Using a clever reduction from the clique problem, Lund and Yannakakis [LuY1] show that Theorem 4.1 remains valid with another fundamental parameter of the graph, the *chromatic number* in place of the clique number. A simplified reduction and generalizations appear in Khanna, Linial, Safra [KLS]. Other interesting consequences can be found in [LuY2].

Zuckerman [Zu2] presents a list of 21 optimization problems which are not approximable within n^c unless P = NP (where n is the input size). Some of these are listed in Section 4.6. The proofs go via a string of reductions starting from MAX-CLIQUE.

Zuckerman's list includes an *operations research* problem: CONSTRAINED-MAX-JOB-SEQUENCING. In this problem, n jobs have to be arranged in linear order for a single processor. Each job has a given execution time, deadline, and penalty for missing the deadline. A set of "priority jobs" is also specified. Furthermore, a number k is given and a schedule achieving penalty $\leq k$. The task is to maximize the number of priority jobs completed by their respective deadlines while not exceeding penalty k.

4.3 MAX-3SAT

Recall the definition: the input is a set of 3-clauses (Boolean formulas of the form $x \vee y \vee z$ where x, y, z are members of a given list of variables and or their negations); we want to find an assignment of truth-values to the variables so as to maximize the number of simultaneously satisfied clauses.

The situation with this problem cannot be as bad as with MAX-CLIQUE: an approximation within a constant factor (8/7) is easy to obtain in polynomial time.[15]

In such a case, one would wish to obtain approximations within $1+\varepsilon$, for smaller values $\varepsilon > 0$. If for every fixed $\varepsilon > 0$ such an approximation can be found in polynomial time, we say that the problem admits a *polynomial time approximation scheme* (PTAS).

Theorem 4.3. ([ALMSS]) MAX-3SAT *does not admit a PTAS, unless* P = NP.

In other words, there exists a constant $c > 0$ such that MAX-3SAT cannot be approximated within $1+c$ in polynomial time unless P = NP. The best constant currently known is $c = 1/112$ [BGLR].

The proof of Theorem 4.3 again follows from Theorem 3.10 through a fairly simple reduction.

We illustrate the idea on MAX-k-SAT (k literals per clause), for some k. Let k be the number of bits spot-checked by the Verifier of a PCP$(\log n, 1)$-type transparent membership proof for an NP-complete language. (By [BGLR] we may take $k = 36$.) The basic idea, going back to Cook [Coo], is to represent the Verifier's computation by a Boolean formula.

Let $L \in \text{NP} = \text{PCP}(\log n, 1)$ and suppose we want to decide membership of the string x in L. If $x \in L$, this fact has a transparent proof P with parameters $(\log n, 1)$. As in the preceding section, the Verifier generates the random string ρ of length r, computes the k spot-check locations

---

15 A truth-assigment satisfying at least 7/8 of the clauses can be found efficiently, using a "greedy" strategy [Jo1]. Cf. also Sec. 3.3.1. If, as is more customary, we define a MAX-3SAT instance as a list of clauses with *at most* (rather than exactly) 3 literals per clause, the best known approximation rate is 4/3 [Yan2].

$w_1, \ldots, w_k$, receives the entries $P[w_1], \ldots, P[w_k]$, and computes a Boolean function B_ρ of these k variables representing acceptance/rejection.

The number of functions B_ρ is $2^r = n^{O(1)}$. If $x \in L$, all these functions are satisfied simultaneously by the entries of a correct transparent membership-proof. On the other hand, if a δ fraction of the B_ρ are simultaneously satisfiable then the corresponding values u_i form a proof-candidate with δ chance of acceptance. We conclude that if $x \notin L$ then $\delta \leq 1/2$.

Now, each B_ρ can be written in conjunctive normal form as the conjunction of $\leq 2^k$ clauses B^i_ρ, $1 \leq i \leq 2^k$. Consider the collection of these 2^{r+k} clauses. If $x \in L$, all of them are simultaneously satisfiable. If $x \notin L$, then at most a $1 - 2^{-k-1}$ fraction of them can be satisfied simultaneously, or else more than $1/2$ of the B_ρ would be satisfied.

We conclude that if a polynomial time algorithm solves MAX-k-SAT within a factor of $1 + 2^{-k-1}$ then we can decide membership in L in polynomial time. Since L was any language from NP, it follows that P = NP. □

In order to move from MAX-k-SAT to MAX-3SAT, we apply a further reduction similar to the final step of the NP-completeness proof of 3-SAT (cf. [GaJ]).

4.4 Polynomial-time approximation schemes and the class MAX-SNP

The inapproximability of MAX-3SAT in turn propagates to the large class of "MAX-SNP-hard" optimization problems.

The class MAX-SNP was introduced by Papadimitriou and Yannakakis [PaY1]. Their definition is motivated by Fagin's syntactic definition of NP in terms of restricted second-order logic [Fa]: NP consists of all predicates on structures G which can be expressed in the form $(\exists S)\phi(G, S)$ where S is a structure (and thus $\exists S$ is a second-order quantifier) and ϕ is first order.

A subclass of NP, called SNP ("strict" NP), consists of those structures where ϕ in the above expression can be taken to have the form $\phi(G, S) = (\forall x)\psi(x, G, S)$ where ψ is quantifier free (Kolaitis, Vardi [KoV]). The maximization problems arise by replacing the $\forall x$ statement by asking to maximize the number of those x which satisfy ψ.

Definition 4.4. MAX-SNP is the class of functions of the form

$$f(G) = \max_S |\{x : \psi(x, G, S)\}|$$

where G and S are structures and ψ is a quantifier free formula.

As an example we show that the MAX-CUT problem for graphs belongs to MAX-SNP. The input to this problem is a graph $G = (V, E)$; and we want to maximize the number of edges leaving a subset of the vertices. The expression is

$$\max_{S\subseteq V} |\{(x,y)\in E : (x\in S \;\&\; y\notin S)\}|.$$

Other problems in MAX-SNP include MAX-3SAT, MAX-2SAT, INDEPENDENT-SET(B) (maximum independent set of vertices in a graph where all vertices have degree $\le B$) [PaY1].

[PaY1] define a reduction concept called "L-reductions" (L stands for "linear") between optimization (maximization or minimization) problems which preserves approximations within a constant factor. With some abuse of notation, a minimization problem is defined to belong to MAX-SNP if it is L-reducible to a maximization problem in MAX-SNP. For instance, VERTEX-COVER(B) (minimum size of a subset of the vertex set hitting every edge in a degree-bounded graph) becomes a member of MAX-SNP since it immediately L-reduces to INDEPENDENT-SET(B): vertex-covers are precisely the complements of independent sets; and in a graph of degree $\le B$, both the maximum independent set and the minimum vertex cover have size $\ge \nu/(B+1)$, therefore (for fixed B), their deviations from their respective optima are within a constant factor of one another.

Definition 4.5. An *L-reduction* of an optimization (maximization or minimization) problem Π to another, Π', is a pair (g,h) of polynomial time computable functions such that there exist positive constants α and β satisfying (i) for an instance G of Π, $G' = f(G)$ is an instance of Π' such that the respective optima satisfy $\mathrm{OPT}(G') \le \alpha \cdot \mathrm{OPT}(G)$; and (ii) given any solution S' for G' with cost c', $S = g(G', S')$ is a solution for G with cost c where $|c - \mathrm{OPT}(G)| \le \beta \cdot |c' - \mathrm{OPT}(G')|$.

An optimization problem Π is MAX-SNP-*hard* if all problems in MAX-SNP L-reduce to Π. If in addition Π belongs to MAX-SNP then Π is MAX-SNP-*complete*.

Following the proof of the NP-completeness of 3SAT, one can show that MAX-3SAT is MAX-SNP-complete. Via L-reductions from MAX-3SAT one can prove that all MAX-SNP problems mentioned so far are in fact MAX-SNP-complete, and many more are MAX-SNP-hard [PaY1], [BJLTY], [BeP]. The latter include the SHORTEST-SUPERSTRING and the METRIC-TRAVELING-SALESMAN problems.

Since MAX-3SAT can be approximated in polynomial time *within a constant factor*, it follows via the generic L-reduction that *all problems in* MAX-SNP share this property. (The constant factor varies between the problems.)

On the other hand it is clear from the definition that if Π is L-reducible to Π' and Π' admits a PTAS then so does Π. Combining this with Theorem 4.3 we obtain:

Corollary 4.6. ([ALMSS]) *If an optimization problem* Π *is* MAX-SNP-*hard then* Π *does not admit a PTAS, unless* P = NP.

The class of known MAX-SNP-hard problems is large and growing. The dissertation of Viggo Kann [Kan] contains a Garey & Johnson-style enumeration of the known problems in this class. Nine such problems are listed in our Table (Section 4.6): MAX-3SAT and the subsequent 7 problems reduced from it; and further down, MAX-EQ-SAT. (We excluded MAX-CLIQUE and its relatives from this statement because their much stronger inapproximability is not related to their MAX-SNP-hardness.)

The LONGEST-PATH problem (for graphs) is special in that it has the following *self-amplification* property (proved by a graph product construction): if one can compute (for every graph), in polynomial time, the length of the longest path within some constant C, then one can compute it in polynomial time within *any* constant $c > 1$. In other words, a PTAS exists. However, the LONGEST-PATH problem is MAX-SNP-hard. Putting this all together, it follows that the longest path cannot be approximated in polynomial time *within any constant*, unless P = NP [ALMSS], [KMR].

A similar but even more powerful self-amplification holds for the MAX-EQ-SAT problem. The input is a system of linear equations with rational coefficients; the question is the maximum number of simultaneously satisfiable equations. Via an L-reduction from MAX-2SAT one can show that the problem is MAX-SNP-hard and therefore has an absolute limit of approximability (unless P = NP); and then one uses an amplification trick to demonstrate inapproximability within n^c for some constant $c > 0$ where n is the length of the input (Amaldi, Kann [AmK]).

4.5 Applications of few-prover single-round protocols

One-round, few-prover interactive proof systems provide particularly powerful tools for inapproximability results.

SET-COVER emerged as a master problem here with a number of derivatives, but it is not the only link. Other potential master problems independently linked to few-prover single-round protocols include a classical problem from the "geometry of numbers" (SHORTEST-VECTOR) and a *continuous optimization* problem: QUADRATIC-PROGRAMMING. (For the definitions, see the end of Section 4.6.)

Even more than in other cases, special features of the constructions play a critical role in the reductions. Both the [FeL] construction with two provers and polylog random bits, and the [BGLR] construction with four provers and logarithmic number of random bits exhibit the feature of having a "Master Prover"; the other prover(s) only corroborate the Master's response. More precisely, *given the random string ρ and the response by the Master Prover to the Verifier's question generated from ρ, there is at most one acceptable answer from the other prover(s).*

Most reductions rely on this functional dependence.

The hard-to-approximate cases of SET-COVER [LuY1], [BGLR] also display a specific, very useful additional feature, which we state next.

Theorem 4.7. ([BGLR], [LuY1]) *Let $L \subseteq \Sigma^*$ be an* NP*-language. Then for every $C > 1$, one can transform any $x \in \Sigma^*$ in polynomial time into a pair (w, k) where w is an instance of* SET-COVER *and k is a positive integer such that*

(i) if $x \in L$ then there exists an exact cover (disjoint union) of size k;

(ii) if $x \notin L$ then no set cover has size $\leq Ck$.

It is an immediate consequence that SET-COVER is NP-hard to approximate within any constant factor, but this fact alone does not suffice for some important reductions. As an example we describe the reduction to NEAREST-CODEWORD [ABSS].

Let $\mathcal{S} = \{S_1, \ldots, S_m\}$ be a family of subsets of the universe U with the properties described in Theorem 4.7. Set $n = |U|$. Let N be an integer $\geq Ck$. Set $\ell = Nn + m$ and $V = GF(2)^\ell$. We construct a code $W \leq V$ and a vector $v \in V$. Let $v = (1, 1, \ldots, 1, 0, 0, \ldots, 0)$ where the first Nn coordinates are 1's, the last m are 0's. With each set S_i we associate a vector $b_i \in V$ of weight $N|S_i| + 1$ as follows. We think of the first Nn coordinates as consisting of n blocks of N elements each; the blocks are labeled by elements of U. Now b_i has 1's in the blocks corresponding to elements of S_i and 0's everywhere else except for a 1 in position $Nn + i$. Let W be the subspace generated by the b_i.

The task is to estimate the Hamming distance of v to W. In case (i) of Theorem 4.7, let v_0 denote the sum of those b_i corresponding to an exact cover of size k. The Hamming distance of v and v_0 is $\leq k$. On the other hand, one can show that in case (ii), the Hamming distance of v to W is $\geq Ck$.

This shows that *approximating the minimum Hamming distance within any constant is* NP*-hard.* □

We close this section with an outline of the reduction of $\text{MIP}_{2,1}$ to QUADRATIC-PROGRAMMING [FeL].

The Verifier's strategy can be described by a matrix A (known to the provers), the provers' strategies by a pair of $(0, 1)$-vectors x, y. The rows correspond to question-answer pairs for the first prover, the columns for the second. The probability of the provers' success (in causing the Verifier to accept) is expressed by the quadratic form $x^t Ay$. The provers' strategies satisfies linear constraints; and the continuous optimum of the corresponding quadratic program can be shown to be attained for a $(0, 1)$-solution, corresponding to actual strategies. Therefore this optimum is either 1 or close to 0, depending on the answer to the NP-question the protocol is about. Therefore it is no easier to approximate the optimum than to answer any NP-question. □

Notably, this reduction does not work with more than two provers; 4 provers are good for quartic programming. For other problems like SET-COVER, 2 vs. 4 provers make only a marginal difference [BGLR].

4.6 Inapproximability — table of results

In this section, we give a partial list of recent results on the inapproximability status of optimization problems.

The table contains only results that depend on transparent proof/MIP theory. We should emphasize that nontrivial inapproximability results existed before the advent of transparent proofs. Some of the early theory is surveyed in [GaJ]. More recently, very powerful results were obtained by M. Yannakakis [Yan1] via direct reduction from 3SAT. Here is one example:

Theorem 4.8. ([Yan1]) *For every $\varepsilon > 0$, no polynomial-time algorithm can approximate within a factor of $\nu^{1-\varepsilon}$ the minimum number of vertices of a graph G whose deletion results in a connected planar graph.*

This is the "node deletion problem" for connected planar graphs. The complementary problem of estimating the size of the *largest induced connected planar subgraph* is equally hard (announced in [LuY2]). This result again does not depend on transparent proofs.

A glance at the table shows that none of the inapproximability results deduced from transparent proofs has as yet yielded a gap anywhere near Yannakakis's (a factor of $\nu^{1-\varepsilon}$). The strength of the transparent proof approach seems to be in its breadth. The power of the combination of the two methodologies is demonstrated in [LuY2].

Explanation of the Table

The *definition* of each problem is given after the table. QP stands for *quasi-polynomial time*, i.e., time $\exp((\log n)^{O(1)})$.

The *first column* of the table contains the name Π of the problem. Our three master problems (CLQ, M3S, SC) are set in boldface.

The *second column* states a function $h(n)$ such that Π cannot be approximated in polynomial time within $h(n)$ unless the complexity theoretic consequence stated in the *third column* holds. Here n always refers to the bit-length of the input; c, C, and ε are constants. The implicit *quantifiers* are as follows: $(\exists c > 0)$; $(\forall C)$; $(\forall \varepsilon > 0)$.

For instance, $\exists c > 0$ such that SHORTEST-SUPERSTRING cannot be approximated (in polynomial time) within $1 + c$ *unless* NP = P. On the other hand, $\forall \varepsilon > 0$, NEAREST-VECTOR cannot be approximated within $2^{\log^{0.5-\varepsilon} n}$ *unless* NP $\subseteq$ QP. Similarly, $\forall C$, SET-COVER cannot be approximated within C unless NP = P. The *fourth column* indicates the proof which is always either via reduction from another optimization problem (e.g., MAX-3SAT) (possibly combined with an amplification step, like in the case of LONGEST-PATH), or directly from a transparent proof result. PCP refers to Theorem 3.10: NP = PCP($\log n$, 1). $\text{MIP}_{2,1}$ refers to the result of Feige and Lovász: $\text{MIP}_{2,1}$ = NEXP (Theorem 3.7, equation (5)). $\text{MIP}_{4,1}$ refers to Theorem 3.11, characterizing NP in terms of $\text{MIP}_{4,1}$.

The *last column* gives a pointer to the literature.

Problem	Not approx within	unless	Reduced from	Reference
MAX-CLIQUE (CLQ)	n^c	NP = P	PCP	[FGLSS], [ALMSS]
CHROMATIC-NUMBER	n^c	NP = P	CLQ	[LuY1]
MAX-PLANAR-SUBGR	n^c	NP = P	CLQ	[LuY2]
MAX-BIPARTITE-SUBGR	n^c	NP = P	CLQ	[LuY2]
MAX-π^*-SUBGR	n^c	NP = P	CLQ	[LuY2]
MAX-π-SUBGR	$2^{\log^c n}$	$NP \subseteq QP$	$MIP_{2,1}$	[LuY2]
MAX-0-1-IP	n^c	NP = P	CLQ	[Zu2]
MAX-SET-PACKING	n^c	NP = P	CLQ	[Zu2]
CONSTR-MAX-HAMILTON	n^c	NP = P	CLQ	[Zu2]
CONSTR-MAX-JOB-SEQ	n^c	NP = P	CLQ	[Zu2]
MAX-3SAT (M3S)	$1 + c$	NP = P	PCP	[ALMSS]
VERTEX-COVER(5)	$1 + c$	NP = P	M3S	[PaY1]
MAX-CUT	$1 + c$	NP = P	M3S	[PaY1]
MAX-2SAT (M2S)	$1 + c$	NP = P	M3S	[PaY1]
METRIC-TSP(1,2)	$1 + c$	NP = P	M3S	[PaY2]
STEINER-TREE	$1 + c$	NP = P	M3S	[BeP]
SHORTEST-SUPSTRING	$1 + c$	NP = P	M3S	[BJLTY]
LONGEST PATH	$2^{\log^{1-\varepsilon} n}$	$NP \subseteq QP$	M3S	[KMR]
	any C	NP = P	M3S	[KMR]
SET-COVER (SC)	$c \log n$	$NP \subseteq QP$	$MIP_{2,1}$	[LuY1]
	any C	NP = P	$MIP_{4,1}$	[BGLR]
DOMINATING-SET	$c \log n$	$NP \subseteq QP$	SC	[LuY1]
	any C	NP = P	SC	[BGLR]
MIN-SIZE-COVER	$c \log n$	$NP \subseteq QP$	SC	[LuY1]
	any C	NP = P	SC	[BGLR]
NEAREST-CODEWORD	$2^{\log^{0.5-\varepsilon} n}$	$NP \subseteq QP$	$MIP_{2,1}$	[ABSS]
	any C	NP = P	SC	[ABSS]
NEAREST-VECTOR	$2^{\log^{0.5-\varepsilon} n}$	$NP \subseteq QP$	$MIP_{2,1}$	[ABSS]
	any C	NP = P	SC	[ABSS]
SHORTEST-VECTOR$_\infty$	$2^{\log^{0.5-\varepsilon} n}$	$NP \subseteq QP$	$MIP_{2,1}$	[ABSS]
MAX-EQ-SAT	n^c	NP = P	M2S	[AmK]
MIN-EQ-UNSAT	$2^{\log^{0.5-\varepsilon} n}$	$NP \subseteq QP$	$MIP_{2,1}$	[ABSS]
	any C	NP = P	SC	[ABSS]
QUADRATIC-PROG	$2^{\log^c n}$	$NP \subseteq QP$	$MIP_{2,1}$	[BeR],[FeL]

See explanation on the previous page. *Quantifiers:* $(\exists c)$, $(\forall C)$, $(\forall \varepsilon)$

Definitions

MAX-CLIQUE
Input: graph G
Max: number of pairwise adjacent vertices

CHROMATIC-NUMBER
Input: graph $G = (V, E)$
Min: number of colors required for legal coloring of V (adjacent vertices receive different colors)

MAX-PLANAR-SUBGRAPH
Input: graph G
Max: number of vertices of induced planar subgraph of G

MAX-BIPARTITE
Input: graph G
Max: number of vertices of induced bipartite subgraph of G

MAX-π^*-SUBGRAPH
Input: graph G
Max: number of vertices of induced subgraph with property π, where π is any non-trivial hereditary graph-property which fails for some clique

MAX-π-SUBGRAPH
Input: graph G
Max: number of vertices of induced subgraph with property π, where π is any non-trivial hereditary graph-property

MAX-0-1-IP
Input: integer matrix A and integer vector b
Max: number of 1's in a 0-1 vector x s.t. $Ax \geq b$.

MAX-SET-PACKING
Input: family $\mathcal{S}$ of sets
Max: number of mutually disjoint sets in $\mathcal{S}$

CONSTRAINED-MAX-HAMILTON-CYCLE
Input: graph $G = (V, E)$, $S \subseteq E$, a Hamilton cycle
Max: number of edges from S in a Hamilton cycle

CONSTRAINED-MAX-JOB-SEQUENCING

Input: "execution time vector" $(T_1, \ldots, T_n)$
"deadline vector" $(D_1, \ldots, D_n)$
"penalty vector" $(P_1, \ldots, P_n)$
"priority jobs" $S \subseteq \{1, \ldots, n\}$
schedule (permutation) π with penalty $\leq k$:
$\sum_j [\text{ if } T_{\pi(1)} + \cdots + T_{\pi(j)} > D_{\pi(j)} \text{ then } P_{\pi(j)} \text{ else } 0] \leq k$.

Max: number of priority jobs completed by the deadline in a schedule with penalty $\leq k$.

MAX-3SAT

Input: list of conjunctive 3-clauses

Max: number of simultaneously satisfiable clauses

VERTEX-COVER(B)

Input: graph G s. t. each vertex has $\leq B$ neighbors

Min: number of vertices which hit every edge (complement of an independent set)

MAX-CUT

Input: graph

Max: number of edges leaving a subset of the vertex set

MAX-2SAT

Input: list of conjunctive 2-clauses

Max: number of simultaneously satisfiable clauses

METRIC-TSP(1,2) (Traveling Salesman Problem)

Input: finite metric space with distances 1 and 2 only

Min: total length of tour through all points

STEINER-TREE

Input: graph G, a subset S of vertices

Min: number of edges in connected subgraph which spans S

SHORTEST-SUPERSTRING

Input: set S of strings

Min: length of string w s.t. $(\forall s \in S)(\exists w_1, w_2)(w = w_1 s w_2)$ $(w_1, w_2$ are strings)

LONGESTS-PATH

Input: graph G

Max: length of a path in G

SET-COVER
Input: family $\mathcal{S}$ of subsets of U
Min: number of members of $\mathcal{S}$ whose union is U

DOMINATING-SET
Input: graph $G = (V, E)$
Min: $|S|$ s.t. $S \subseteq V$ and all vertices in $V \setminus S$ are adjacent to some vertex in S

MIN-SIZE-COVER
Input: family $\mathcal{S}$ of subsets of U
Min: $\sum_{S \in \mathcal{S}'} |S|$, $\mathcal{S}' \subseteq \mathcal{S}$, such that $\bigcup \mathcal{S}' = U$

NEAREST-CODEWORD
Input: binary linear code (subspace $W \le GF(2)^n$), vector $x \in GF(2)^n$
Min: Hamming distance of x from a codeword in W

NEAREST-VECTOR
Input: a basis $b_1, \ldots, b_n$ of $\mathbb{Q}^n$ and a vector $v \in \mathbb{Q}^n$
Min: distance of v from lattice points $\sum \alpha_i b_i$, $\alpha_i \in \mathbb{Z}$.
(Hardness result applies under any norm.)

SHORTEST-VECTOR$_\infty$
Input: a basis $b_1, \ldots, b_n$ of $\mathbb{Q}^n$ and a vector $v \in \mathbb{Q}^n$
Min: ℓ_∞-norm of nonzero lattice vector $\sum \alpha_i b_i$, $\alpha_i \in \mathbb{Z}$.

MAX-EQ-SAT
Input: a system of linear equations over $\mathbb{Q}$
Max: feasible subset of equations

MIN-EQ-UNSAT
Input: a system of linear equations over $\mathbb{Q}$
Min: set of equations whose removal makes the system feasible

QUADRATIC-PROGRAMMING[16]
Input: quadratic form $f(x)$, linear constraints $Ax \le b$
Max: $f(x)$ subject to $Ax \le b$ ($x \in \mathbb{R}^n$)

---

[16] For quadratic programming, we measure the quality of approximation by the quotient $|f_{\max} - g|/(f_{\max} - f_{\min})$, where g is the approximate optimum, and $f_{\max}$, $f_{\min}$ are the extrema of f. This measure is affine invariant, hence it avoids the trivial obstacle to approximation obtained by adding a constant to the objective function.

5. Transparent proofs: technical details

5.1 Low-degree tests

Consider the space $\Omega = \Omega(m, H)$ of m-variate functions $f : H^m \to F$ where F is a field and $H \subseteq F$ a finite subset. We define the *distance* of $f, g \in \Omega$ by $\Delta(f, g) = |H|^{-m}|\{\alpha \in H^m : f(\alpha \neq g(\alpha)\}|$ (normalized Hamming distance). Two types of subspaces of Ω will be of particular interest: the space $\mathcal{P}_{\max}(d, m, H)$ of polynomials of maximum-degree $\leq d$ and the space $\mathcal{P}_{\text{total}}(d, m, H)$ of polynomials of total-degree $\leq d$. We refer to these types of subspaces as "maximum-degree codes" and "total-degree codes," respectively. Together, they constitute the class of "polynomial codes." These codes are related to the classical Reed-Muller codes (cf. [MaS]).

Clearly $\mathcal{P}_{\text{total}}(d, m, H) \subseteq \mathcal{P}_{\max}(d, m, H) \subseteq \mathcal{P}_{\text{total}}(dm, m, H)$. The minimum distance of these codes can be estimated by the Schwartz–Zippel lemma (Lemma 3.2).

Let $\mathcal{P} \subseteq \Omega$ denote one of these codes. Our concern is to ensure that a function $f \in \Omega$ is in $\mathcal{P}$, or at least close to it.

Definition 5.1. Let $\mathcal{P} \subseteq \Omega$ be a polynomial code. A threshold-δ tester for $\mathcal{P}$ is a randomized oracle machine M such that for any $f \in \Omega$

— if $f \in \mathcal{P}$ then M^f accepts (regardless of the random string ρ);

— if $\Delta(f, \mathcal{P}) \geq \delta$ then $\text{Prob}_\rho(M^f \text{ accepts}) \leq 1/2$.

Corresponding to the two kinds of polynomial codes, we have maximum-degree testers and total-degree testers.

The first low-degree test was a *maximum-degree test* [BFL]. We describe a variant of that test with an improved analysis. It is critical for the application to Theorem 2.2 that the smallest allowable domain size $|H|$ is linear in the degree d.

Theorem 5.2. *Let $\delta > 0$. For the max-degree code $\mathcal{P}_{\max}(d, m, H) \subseteq \Omega(m, H)$ over a domain of size $|H| \geq 4dm + 2$ there exists a threshold-δ maximum-degree test which makes $O(|H|m(d + 1/\delta))$ queries.*

The test is very simple. Let Λ denote the set of $m|H|^{m-1}$ aligned (axis-parallel) lines in H^m. Given $f \in \Omega$, we call a line $\lambda \in \Lambda$ *wrong* if the restriction of f to λ (as a function of the single variable not fixed along λ) is not a polynomial of degree $\leq d$. Note that this is reason for immediate rejection.

`Algorithm` **Maximum-degree-test** (f, d, δ)

> Set $s = m \cdot \ln 2 \cdot \max\{4(d+1), 1/\delta\}$. Select s lines from Λ uniformly at random. If any of them is wrong, reject. Else, accept.

The proof of correctness of this algorithm is non-trivial. The result appears in [BaF], [FHS]. The proof follows the ideas of [FGLSS, Lemma 10] and is based on a *combinatorial isoperimetric inequality* for the m-dimensional grid [BaS].

Total-degree tests are the winners in terms of the number of queries. Query-efficient total degree tests are required for the proof of Theorem 2.3. The known total-degree tests require $H = F$ (in particular, the field must be finite).

Theorem 5.3. ([ArS], [RuS], [ALMSS]) *Let $\delta > 0$. For the total-degree code $\mathcal{P}_{\text{total}}(d, m, F) \subseteq \Omega(m, F)$ over a prime field of order $|F| \geq Cd^2$ there exists a threshold-δ total-degree test which makes $O(d/\delta)$ queries.*

The mathematics behind this algorithmic result is summarized in the following result which evolved from results of [GLRSW], [RuS], [ArS], [ALMSS] (cf. [Su1,Theorem 3.7]).

By *lines* in F^m we mean affine lines, i.e. sets of the form $\lambda = \lambda(\alpha, \beta) := \{\alpha + t\beta : t \in F\}$, where $\alpha, \beta \in F^m$, $\beta \neq 0$. Let $f \in \Omega(m, F)$ and suppose that for each line λ in F^m, a function $g_\lambda : \lambda \to F$ is given such that g_λ, as a univariate function of the parameter of λ, is a polynomial of degree $\leq d$.

Theorem 5.4. *Given a function $f : F^m \to F$ and a univariate polynomial $g_\lambda : \lambda \to F$ of degree $\leq d$ for each line λ in F^m, let ω denote the probability that for a randomly chosen incident point-line pair $\alpha \in \lambda$ we have $f(\alpha) \neq g_\lambda(\alpha)$. There exist absolute constants $c, C > 0$ such that if $\omega < c$ then $\Delta(f, \mathcal{P}_{\text{total}}(d, m, F)) \leq 2\omega$, assuming $|F| > Cd^2$.*

5.2 Transparent proofs: an outline

Assume we are given a theorem-proof pair in a (polynomial time verifiable) proof system. We begin the construction of a transparent proof with a *combinatorial* (or *Boolean) encoding* of this pair; then an *arithmetization* step follows (replacing truth-value operations by arithmetic operations). Finally, we arrange the arithmetically encoded proof in a multidimensional array of numbers and *extrapolate* it to a *low-degree multivariate polynomial* over a larger domain. This is an *error-correcting encoding* with special verification features.

In essence, the codeword obtained (the table of the low-degree polynomial) constitutes a transparent proof. This ends *Phase One* and suffices for the equation NP $=$ PCP$(\log n, (\log n)^{O(1)})$ (polynomial size transparent proofs with polylogarithmic verification). Combined with a much more careful combinatorial encoding, Phase One yields Theorem 2.2.

Several layers of further encoding, including a recursive application of Phase One encoding constitute *Phase Two* which results in constant query verification (Theorem 2.3).

The verification of the Phase One transparent proofs has two major components: the *low-degree test* and the *sum-check*. The low-degree test serves to verify (via spot-checks) that the purported transparent proof is close to a codeword, i.e., to a low-degree polynomial ("syntactic correctness"). If the proof-candidate has a good chance of passing this test then the sum-check protocol will be able to verify (again, via spot-checks) the arithmetic relations corresponding to the correctness of the original proof ("semantic correctness"). In order to reduce the random-bit consumption of the verification to logarithmic, the low-degree test is performed using pairwise independent choice (cf. Section 5.6).

Phase Two, in essence, encodes each run of the Phase One verification scheme (corresponding to all choices of the random bit string), and verifies the correctness of the verification. Here it is crucial that the Phase One verifier needed $O(\log n)$ random bits only; this guarantees that the number of random strings to consider is $n^{O(1)}$.

The proof of the MIP = NEXP theorem [BFL] contains the first versions of most of the main components of transparent proofs. These include low-degree encoding as required for the sum check; as well as the requisite low-degree test. A modest refinement of these ideas yielded the transparent proofs of [BFLS] and [FGLSS] (Phase One). Phase Two began with [ArS] and was rapidly followed by [ALMSS], completing Phase Two.

Below we briefly outline some of the main ideas.

5.3 Combinatorial (Boolean) encoding

Given a proof system $\mathcal{A}$, the question of whether a theorem-candidate T admits a proof of length $\leq N$ (under $\mathcal{A}$), can be transformed (in time, polynomial in $|T|+N$) into the question whether or not a given graph $X(T,N)$ is 3-colorable. This is accomplished by the standard NP-completeness proofs ([Coo], [Le], [GaJ]) via the language $L_{\mathcal{A}} \in$ NP defined in the proof of Theorem 3.10 from Theorem 3.10 in Section 3.5. If a proof P of T exists, it can be transformed into a legal coloring of $X(T,N)$ within the same time bound. (Instead of 3-colorability, any other language, NP-complete in Levin's sense would work (cf. the footnote to Definition 3.1). We have chosen 3-colorability for the convenience of the next section.)

5.4 Arithmetization, low-degree encoding

We may now assume that T is a given graph (representing the statement that T is 3-colorable) and P is a purported 3-coloring of the vertices (proof of 3-colorability). Let V denote the set of vertices of T.

We use $0, 1, 2$ for the colors. We assume the graph T is represented by its adjacency matrix $T[i, j]$ ($T[i, j] = 1$ if vertices i and j are adjacent; $T[i, j] = 0$ otherwise). P (the coloring) is represented by a string of integers $P[i]$ $(i \in V)$.

The condition that $0, 1, 2$ are the only values allowed for the $P[i]$ is expressed by the equations

$$f(P[i]) = 0 \quad (i \in V), \tag{6}$$

where $f(x) = x(x-1)(x-2)$. The legality of the coloring can be stated as

$$T[i, j] \cdot g(P[i], P[j]) = 0 \quad (i, j \in V), \tag{7}$$

where $g(x, y) = ((x-y)^2 - 1)((x-y)^2 - 4)$.

It will be important to note that f and g are polynomials of low degree. We wish to regard $P[i]$ and $T[i, j]$ as low-degree polynomials as well. The following trick will achieve this.

We arrange V in an m-dimensional array; assume $|V| = (d+1)^m$ for some integer d. This means that every $i \in V$ is represented by an m-tuple $(i_1, \ldots, i_m)$, where each i_j ranges through the interval $E = \{0, 1, \ldots, d\}$. Correspondingly, $T[i, j]$ will be a function of $2m$ variables over E.

The next step is to take an appropriate field F and extend the functions $P : E^m \to F$, (uniquely) to a polynomial $P^* : F^m \to F$ of degree $\leq d$ in each variable such that $P^*|E^m = P$. The same observation yields a polynomial T^* in $2m$ variables with degree $\leq d$ in each variable.

Further, we select an integer h, somewhat larger than d, and consider T^* and P^* over the domain H^{2m} and H^m, respectively, where $H = \{0, 1, \ldots, h-1\}$. The tables of these functions will make up the biggest part of the transparent proof.

5.5 Sum-check revisited

We have to verify that all equations (6) and (7) hold. Working over the integers, we can equivalently verify that the *sum of the squares* of the left hand sides vanishes.

This can be done interactively using the LFKN sum-check protocol, described in Section 3.4.2. The Prover of the LFKN protocol is now replaced by a database, containing an answer to all conceivable questions of the Verifier. The database contains the tables of the functions T^* and P^* discussed in the previous section, as well as the tables of the partial sums required by the LFKN protocol. This collection of tables constitutes the transparent proof.

Recall that the verification requires the assumption that the database represents a low-degree polynomial (perhaps with a small fraction of error). This is achieved by the *maximum-degree-test* of Theorem 5.2.

If we wish to use the convenience of finite fields, the "sum of squares" trick does not work. Section 7.2 of [BFL] indicates three methods of reducing the simultaneous vanishing problem to the vanishing of certain sums.

5.6 Using pairwise independence to characterize NP

We indicate how the techniques described so far yield the first PCP-characterization of NP, turning the inclusion (4) of Section 3.5 into equality:

$$\mathrm{NP} = \mathrm{PCP}(\log n, (\log n)^{O(1)}). \tag{8}$$

What we need to achive is a reduction of the number of random bits used from $(\log n)^{O(1)}$ to $O(\log n)$.

The bottleneck is the maximum-degree test given in Theorem 5.2. As stated, it requires $(\log n)^C$ random bits.

Recall that the test picks aligned lines λ from the space H^m and checks the function P along them: λ is *wrong* if $P|\lambda$ is not a polynomial of degree $\leq d$. The Verifier needs to gain confidence that the proportion of wrong lines is less than δ.

This problem is directly modeled by the chip testing problem discussed in Section 3.3.1. Just as in that section, it suffices to choose the lines λ *pairwise independently*. This way, at the cost (in terms of random bits used) of selecting two lines at random, we can obtain a large number of pairwise independent ones (exponentially more than what we need). The selection of two random lines (or two independent random items from any collection of objects) requires only a logarithmic number of random bits.

5.7 Constant number of queries

We do not have room to indicate the wealth of ideas leading to constant query transparent proofs [ALMSS]. But some of the chief ingredients have already been described; most notably the ultra-efficient *total-degree test* of Theorem 5.3.

Here we give a very rough outline of the overall strategy. We start with the result of Phase One: we assume that we already have a method of turning a proof P into a polynomial length transparent proof P^0, verifiable with a polylogarithmic number of spot-checks, generated by the Verifier using a logarithmic number of random bits.

First, P^0 is transformed into a proof P^1, consisting of blocks which we shall call "lemmas." Each lemma has polylogarithmic length (the lemmas are related to what the verifier V^0 of P^0 was supposed to look at). P^1

has the property that if more than half of the lemmas are correct then the theorem-candidate is a valid theorem. (We note that the lemmas are not completely independent statements; they intertwine by referring to a shared database, which is essentially P^0.)

To gain say 90% confidence in the validity of the theorem-candidate, the verifier V^1 of P^1 just picks a constant number of lemmas and verifies them.

Note that the verification of a lemma is a proof of the lemma, so we can use the $P \mapsto P^0$ transformation to encode this process. Now each lemma has a transparent proof of polylog length, so its verification requires $(\log \log n)^{O(1)}$ queries only. We obtain a transparent proof P^2 composed of groups of sublemmas (each group corresponding to a lemma of P^1), such that if half of the sublemmas in half of the groups is correct, then the theorem-candidate is valid. The length of the sublemmas is $(\log \log n)^{O(1)}$. Clearly, only a constant number of sublemmas need to be checked.

Continuing in this fashion, one could reduce the number of queries to arbitrary many times iterated logarithm, but all this is still not a constant. However, [ALMSS] introduce a shortcut here. They construct a separate $P \mapsto P^*$ transformation yielding transparent proofs P^* of *exponential length*, yet verifiable by a constant number of queries!

Now the proof of each sublemma is transformed into a P^*-transparent proof. These sublemmas are already so short, that expanding them exponentially will not noticeably lengthen the overall proof. Now, an overall constant number of queries suffices.

The ultra-efficient total-degree test plays a critical role throughout this reduction process.

5.8 Tiny verifiers: encoded theorems

The Verifiers of the transparent proofs of Theorems 2.2 and 2.3 were allowed to do a polynomial amount of work as a function of $|T|$, the length of the theorem-candidate. This is not a satisfactory state of affairs, since, as indicated in Footnote 2, T may be enormously long; often indeed longer than the proof-candidate.

There is a remedy, however. Suppose we have a device which on input T, produces a string $E(T)$ which is a codeword in an error-correcting code capable of correcting say 10% error. Note that networks with very simple, highly parallel structure (essentially butterfly networks for Fast Fourier Transform, [CLR, Section 32.3]) achieve this in logarithmic time with a nearly linear number of processors; $|E(T)| = O(|T|)$; and T can be easily recovered from $E(T)$ (e.g., T may be required to be an initial segment of T).

Now we can upgrade the main results, allowing a truly *tiny* Verifier.

Definition 5.5. A *randomizing verifier* for the proof system $\mathcal{A}$ with *E-encoded theorems* is a randomizing oracle machine V which has random access to the strings G and P and receives as input their combined length $N = |G| + |P|$, such that

(i) if $\mathcal{A}(T, P)$ holds for some T, P then $V^{G,P}(N) = 1$ where $G = E(T)$ (the verifier accepts, regardless of the random string ρ);

(ii) if the string G is not within 4% of $E(T)$ for some theorem T in $\mathcal{A}$ then for any P, $\text{Prob}_\rho(V^{G,P}(N) = 1) \leq 1/2$.

Theorem 5.6. *In the "encoded theorems" model, Theorems 2.2 and 2.3 remain valid with a Verfier whose total work takes* $t = (\log N)^{2/\varepsilon + O(1)}$ *time in Theorem 2.2 and* $t = (\log N)^{O(1)}$ *time in Theorem 2.3.*

Note that the Verifier in this result will not read even the theorem-candidate; the parameter q now bounds the *total number of queries*, inlcuding the queries to the (encoded) theorem-candidate.

Details of this upgrade are given in [BFLS] and [BaF]. It should be mentioned that the "encoded theorems" model plays a role even in the theory of ordinary transparent proofs: in the recursive proof of Theorem 2.3 outlined in Section 5.7, the Verifier has no time to read the "lemmas"; it has to be content with mere spot-checks not only to the proofs, but to the lemmas themselves.

6. Conclusions and open problems

It is well established now that there is a profound and wide ranging connection between transparent proofs and the hardness of finding approximate optima. Any progress in the former area seems to open up the way for new applications in the latter.

It may be dangerous to state open problems in such a feverishly advancing field. Nonetheless, let me mention some. Recall that "nearly linear in n" means bounded by $n(\log n)^{O(1)}$.

Problem 6.1. Construct nearly linear size transparent proofs with constant-query verification.

Recall that a *total-degree test* (Definition 5.1) tries to determine, via a small number of spot-checks, whether a given function $f : F_p^m \to F_p$ is close (in Hamming distance) to a polynomial of total degree $\leq d$. Theorem 5.3 asserts that this can be accomplished by $O(d)$ spot-checks, assuming $p > Cd^2$.

Problem 6.2. Construct a total-degree test which requires $O(d)$ spot-checks and works for primes $p > Cd$.

The next problem would enable us to replace the condition NP $\not\subseteq$ QP by the more appealing NP $\neq$ P in the inapproximability result for quadratic programming and possibly other problems (cf. the end of Section 4.5).

Problem 6.3. Construct two-prover, single-round interactive proofs for NP, verified using $O(\log n)$ random bits and $O(\log n)$ length answers (by the provers), with arbitrarily small (fixed) error probability.

Problem 6.4. Prove stronger inapproximability results (under any reasonable complexity theoretic assumption); such as inapproximability within $n^{1-\varepsilon}$ for MAX-CLIQUE, within n^c for LONGEST-PATH, same for NEAREST-VECTOR.

Problem 6.5. [ArS] Can the new characterizations of NP be used to prove separation conjectures such as NP $\neq$ EXP?

Acknowledgments. I am grateful to my coauthors Sanjeev Arora, Lance Fortnow, Leonid Levin, Carsten Lund, and Mario Szegedy for an exciting collaboration on this subject, and to them as well as to Mihir Bellare, Manuel Blum, Uri Feige, Kati Friedl, Shafi Goldwasser, Zsolt Hátsági, Lajos Rónyai, Ronitt Rubinfeld, Muli Safra, Madhu Sudan, Gábor Tardos, David Zuckerman, and many others for helpful comments and discussions. My special thanks are due to Kati Friedl whose insights and profound knowledge of the subject helped broaden the scope of this survey.

I owe particular gratitude to Professor R. Rentschler, an editor of this volume, for his infinite patience, constant encouragement, and his energetic efforts to make this paper more readable. His and the anonymous referees' criticisms helped a great deal to improve the presentation.

A short preliminary version of this paper appeared in [Ba3].

Added in proof

Major progress has been reported shortly after completion of this writing (November 1993). As a result, several of the problems stated above are now out of date.

Polishchuk and Spielman [PoS] announced a result which combines short transparent proofs with constant-query verifiability. From formal proofs of length N, they construct transparent proofs of length $N^{1+\varepsilon}$, checkable by $(1/\varepsilon)^{\text{const}}$ queries, considerably improving the [BFLS]-tradeoff (Theorem 2.2) and subsuming both main results stated in Section 2.3. This result goes a long way toward Problem 6.1, although it doesn't quite solve it.

Polishchuk and Spielman base this result on their complete solution of Problem 6.2 [PoS].

Feige and Kilian announced powerful new results on two-prover one-round protocols [FeK]. Their result eliminates Problem 6.3; in fact, they reduce the answer size to constant. This is more than enough to show, via the [FeL]-reduction, that unless P = NP, it is impossible to approximate quadratic programming in polynomial time within any constant factor. A host of other improvements follows, including a further reduction of the number of queries needed to verify transparent proofs (the expected number of queries is ≤ 24, down from 30 of [BGLR]).

References

[Al] N. Alon, Eigenvalues and Expanders, *Combinatorica* **6** (1986), 83–96.

[AlM] N. Alon, V.D. Milman, λ_1, Isoperimetric Inequalities for Graphs, and Superconcentrators, *J. Combinat. Theory B* **38** (1985), 73–88.

[AmK] E. Amaldi, V. Kann, The Complexity and Approximability of Finding Maximum Feasible Subsystems of Linear Relations, manuscript, Royal Inst. Techn., Stockholm (1993).

[ApH] K. Appel, W. Haken, Every Planar Map is Four-Colorable, *Bull. A.M.S.* **82** (1976), 711–712.

[ArS] S. Arora, S. Safra, Probabilistic Checking of Proofs, in: *Proc. 33rd FOCS*, IEEE (1992), 2–13.

[ABI] N. Alon, L. Babai, A. Itai, A Fast and Simple Randomized Parallel Algorithm for the Maximal Independent Set Problem, *J. of Algorithms* **7** (1986), 567–583.

[ABSS] S. Arora, L. Babai, J. Stern, Z. Sweedyk, The Hardness of Approximate Optima in Lattices, Codes, and Systems of Linear Equations, in: *Proc. 34th FOCS*,[17] IEEE (1993).

[AHU] A.V. Aho, J.E. Hopcroft, J.D. Ullman, *The Design and Analysis of Computer Algorithms*, Addison–Wesley, Reading MA (1974).

[AKS1] M. Ajtai, J. Komlós, E. Szemerédi, Sorting in $c \log n$ Parallel Steps, *Combinatorica* **3** (1983), 1–19.

[AKS2] M. Ajtai, J. Komlós, E, Szemerédi, Deterministic Simulation in LOGSPACE, in: *Proc. 19th STOC*, ACM (1987), 132–140.

[17] FOCS = Annual IEEE Symposium on Foundations of Computer Science

[ALMSS] S. Arora, C. Lund, R. Motwani, M. Sudan, M. Szegedy, Proof Verification and Hardness of Approximation Problems, in: *Proc. 33rd FOCS*, IEEE (1992), 14–23.

[AMS] Barry Cipra, New Computer Insights from "Transparent" Proofs, in: *What's Happening in the Mathematical Sciences*, vol. 1, A.M.S. (1993), 7–11.

[ASE] N. Alon, J.H. Spencer, P. Erdős, *The Probabilistic Method*, Wiley (1992).

[Ba1] L. Babai, Trading Group Theory for Randomness, *Proc. 17th STOC*,[18] ACM (1985), 421–429.

[Ba2] L. Babai, E-mail and the Unexpected Power of Interaction, in: *Proc. 5th IEEE Symp. on Structure in Complexity Theory*, Barcelona (1990), 30–44.

[Ba3] L. Babai, Transparent (Holographic) Proofs, in: *Proc. 10th Ann. Symp. on Theoret. Aspects of Comp. Sci. (STACS'93)*, Würzburg (Germany) (1993), Springer Lecture Notes in Comp. Sci. **665** (1993), 525–534.

[Bar] J. Barwise, Mathematical Proofs of Computer System Correctness, *Notices of the A.M.S.* **36/7** (Sep. 1989), 844–851.

[BaF] L. Babai, K. Friedl, On Slightly Superlinear Transparent Proofs, *Univ. Chicago Tech. Report* CS-93-13 (1993).

[BaM] L. Babai, S. Moran, Arthur–Merlin Games: A Randomized Proof System, and a Hierarchy of Complexity Classes, *J. Computer and Sys. Sci.* **36** (1988), 254–276.

[BaS] L. Babai, M. Szegedy, Local Expansion of Symmetrical Graphs, *Combinatorics, Probability and Computing* **1**, 1–11.

[Bel] M. Bellare, Interactive Proofs and Approximation: Reductions from Two Provers in One Round, in: *Proc. 2nd Israel Symp. on Theory and Computing Sys. STCS'93*, Natanya, Israel 1993, IEEE Comp. Soc. Press (1993), 266–274.

[Ber] E.R. Berlekamp, Factoring Polynomials over Large Finite Fields, *Math. of Computation*, **24** (1970), 713–735.

[BeF] D. Beaver, J. Feigenbaum, Hiding Instances in Multioracle Queries, in: *Proc. 7th Symp. on Theoretical Aspects of Comp. Sci.*, Springer LNCS **415** (1990), 37–48.

[BeP] M. Bern, P. Plassman, The Steiner Problem with Edge Length 1 and 2, *Inf. Proc. Letters* **32** (1989), 171–176.

[BeR] M. Bellare, P. Rogaway, The Complexity of Approximating a Nonlinear Program, in: *Complexity in Numerical Optimization*, P. Pardalos (ed.), World Scientific, Singapore (1993).

[18] STOC = Annual ACM Symposium on Theory of Computing

[BeS] P. Berman, G. Schnitger, On the Complexity of Approximating the Independent Set Problem, *Information and Computation* **96** (1992), 77–94.

[BeW] E.R. Berlekamp, L. Welch, Error Correction of Algebraic Block Codes, *US Patent* Number 4,633,470 (filed: 1986).

[Bl] M. Blum, Program Checking, in: *Proc. FST&TCS*, Springer L.N.C.S. **560**, 1–9.

[BlK] M. Blum, S. Kannan, Designing Programs that Check Their Work, in: *Proc. 21*[st] *STOC*, ACM (1989), 86–97.

[BlM] M. Blum, S. Micali, How to Generate Cryptographically Strong Sequences of Pseudo Random Bits, *SIAM J. Comp.* **13** (1984), 850–864; preliminary version in: *23rd FOCS* (1982), 112–117.

[BoH] R.B. Boppana, M.M. Haldórsson, Approximating Maximum Independent Sets by Excluding Subgraphs, in: *Proc. 2nd Scandinavian Workshop on Algorithmic Theory*, Springer, LNCS **447** (1990), 13–25.

[BoM] J.A. Bondy, U.S.R. Murty, *Graph Theory with Applications*, North-Holland, New York (1979).

[BrH] B. Brock, W.A. Hunt, Jr, *Report on the Formal Specification and Partial Verification of the VIPER Microprocessor*, Computational Logic, Inc., Austin, Texas, (Jan. 1990), (Tech. Rep. no. 46).

[BFL] L. Babai, L. Fortnow, C. Lund, : Nondeterministic Exponential Time has Two-Prover Interactive Protocols, *Computational Complexity* **1** (1991), 3–40.

[BFLS] L. Babai, L. Fortnow, L.A. Levin, M. Szegedy, Checking Computations in Polylogarithmic Time, in: *Proc. 23rd STOC*, ACM (1991), 21–31.

[BGKW] M. Ben-Or, S. Goldwasser, J. Kilian, A. Wigderson, Multi-Prover Interactive Proofs: How to Remove the Intractability Assumptions, in: *Proc. 20th STOC*, ACM (1988), 113–131.

[BGLR] M. Bellare, S. Goldwasser, C. Lund, A. Russell, Efficient Probabilistically Checkable Proofs: Applications to Approximation, in: *Proc. 25th STOC*, ACM (1993), 294–304.

[BJLTY] A. Blum, T. Jiang, M. Li, J. Tromp, M. Yannakakis, Linear Approximation of Shortest Superstrings, in: *Proc. 23rd STOC*, ACM (1991), 328–336.

[BLR] M. Blum, M. Luby, R. Rubinfeld, Self-Testing/Correcting with Applications to Numerical Problems, in: *Proc. 22nd STOC*, ACM (1990), 73–83.

[Coh] A. Cohn, The Notion of Proof in Hardware Verification, *J. Aut. Reasoning* **5** (1989), 127–139.

[Con] A. Condon, The complexity of the Max Word Problem and the Power of One-Way Interactive Proof Systems, *Comput. Complexity* **3** (1993), 292–305; preliminary version in: *Proc. 8th Symp. Theoret. Aspects of Comp. Sci.*, Springer L.N.C.S. (1991), 456–465.

[Coo] S.A. Cook, The Complexity of Theorem Proving Procedures, *Proc. 3rd ACM Symp. on Theory of Computing* (1971), 151-158.

[CoW] A. Cohen, A. Wigderson, Dispersers, Deterministic Amplification, and Weak Random Sources, in: *Proc. 30th FOCS*, IEEE (1989), 14–19.

[CFLS] A. Condon, J. Feigenbaum, C. Lund, P. Shor, Probabilistically Checkable Debate Systems and Approximation Algorithms for PSPACE-Hard Functions, in: *Proc. 25th STOC*, ACM (1993), 305–314.

[CGHFRS] B. Chor, O. Goldreich, J. Hastad, J. Friedman, S. Rudich, R. Smolensky, t-Resilient Functions, in: *Proc. 26th FOCS*, IEEE (1985), 396–407.

[CLR] T.H. Cormen, C.E. Leiserson, R.L. Rivest, *Introduction to Algorithms*, MIT Press–McGraw Hill (1990).

[DI] Larry Gonick, Proof Positive? *Discover Magazine*, "Science classics" section (August 1992), 26–27.

[Ed] J. Edmonds, Path, Trees, and Flowers, *Canadian J. of Math.* **17** (1965), 449–467.

[Fa] R. Fagin, Generalized First-Order Spectra and Polynomial-Time Recognizable Sets, in: *Complexity in Computer Computations*, R.M. Karp (ed.), A.M.S., Providence R.I. (1974), 43–73.

[FeK] U. Feige, J. Kilian, Two Prover Protocols — Low Error at Affordable Rates, in: *Proc. 26th STOC*, ACM (1994), to appear.

[FeL] U. Feige, L. Lovász, Two-Prover One-Round Proof Systems: Their Power and Their Problems, in: *Proc. 24th STOC*, ACM (1992) 733–744.

[Fo1] L. Fortnow, *Complexity-Theoretic Aspects of Interactive Proof Systems*, Ph.D. Thesis, M.I.T./LCS TR-447, 1989.

[Fo2] L. Fortnow, private communication, 1992.

[Fr] K. Friedl, private communication, 1993

[FGLSS] U. Feige, S. Goldwasser, L. Lovász, S. Safra, M. Szegedy, Approximating Clique is Almost NP-Complete, in: *Proc. 32nd FOCS*, IEEE (1991), 2–12.

[FHS] K. Friedl, Zs. Hátsági, A. Shen', Low-Degree Tests, in: *Proc. 5th Symp. on Discrete Algorithms*, SIAM–ACM (1994), 57–64.

[FRS] L. Fortnow, J. Rompel, M. Sipser, On the Power of Multi-Prover Interactive Protocols, in: *Proc. 3rd Structure in Complexity Theory Conf.*, IEEE (1988), 156–161; journal version: *Theoretical Computer Science*, to appear.

[GaG] O. Gabber, Z. Galil, Explicit Construction of Linear Sized Superconcentrators, *J. Comp. Sys. Sci.* **22** (1981), 407–420.

[GaJ] M.R. Garey, D.S. Johnson, *Computers and Intractability, A Guide to the Theory of NP-Completeness*, Freeman, New York (1979).

[GeS] P. Gemmell, M. Sudan, Highly Resilient Correctors for Polynomials, *Info. Proc. Letters* **43** (1992), 169–174.

[GoM] S. Goldwasser, S. Micali, Probabilistic Encryption, *J. Comput. Sys. Sci.* **28** (1984), 270–299; preliminary version in: *14th STOC* (1982), 365–377.

[GrL] P.M. Gruber, C.G. Lekkerkerker, *Geometry of Numbers*, North-Holland, Amsterdam–New York (1987).

[GLRSW] P. Gemmell, R. Lipton, R. Rubinfeld, M. Sudan, A. Wigderson, Self-Testing/Correcting for Polynomials and for Approximate Functions, in: *Proc. 23rd STOC*, ACM (1991) 32–42.

[GLS] M. Grötschel, L. Lovász, A. Schriver, Geometric Methods in Combinatorial Optimization, in: *Prog. in Comb. Opt.*, W. Pulleyblank (ed.), Academic Press (1984).

[GMR] S. Goldwasser, S. Micali, C. Rackoff, The Knowledge Complexity of Interactive Proof-Systems, *SIAM J. Comp.* **18** (1989), 186–208; preliminary version in: *Proc. 17th STOC*, ACM (1985), 291–304.

[HC] G.E. Hughes, M.J. Cresswell, *An Introduction to Modal Logic*, Methuen & Co, Ltd., London (1968).

[ImZ] R. Impagliazzo, D. Zuckerman, How to Recycle Random Bits, in: *Proc. 30th FOCS*, IEEE (1989), 248–253.

[Jo1] D.S. Johnson, Approximation Algorithms for Combinatorial Problems, *J. Computer and Systems Sci.* **9** (1974), 256–278.

[Jo2] D.S. Johnson, The NP-Completeness Column: An Ongoing Guide, *J. of Algorithms* **13** (1992), 502–524.

[Jof] A. Joffe, On a Set of Almost Deterministic k-Independent Random Variables, *Annals of Prob.* **2** (1974), 161–162.

[Kan] Viggo Kann, On the Approximability of NP-Complete Optimization Problems, Ph.D. Thesis, Royal Institute of Technology, Stockholm, Sweden, May 1992.

[Kar] R.M. Karp, Reducibility Among Combinatorial Problems, in: *Complexity in Computer Computations*, R. E. Miller and J. W. Thatcher (eds.), Plenum Press, New York (1972), 85–103.

[Ko] A.N. Kolmogorov, O Poniatii Algoritma (On the Concept of an Algorithm), *Uspekhi Mat. Nauk* **8(4)** (1953), 175–176 (in Russian).

[KoU] A.N. Kolmogorov, V.A. Uspenskiĭ, On the Definition of an Algorithm, *Uspekhi Mat. Nauk* **13(4)** (1958), 3–28 (Russian); *A.M.S. Translation* 2nd ser. **29** (1963), 217–245.

[KoV] P. Kolaitis, M. Vardi, The Decision Problem for the Probabilities of Higher-Order Properties, in: *Proc. 19th STOC*, ACM (1987), 425–435.

[Kr] E. Kranakis, *Primality and Cryptography*, Teubner, Stuttgart, Wiley, New York (1986).

[KLS] S. Khanna, N. Linial, S. Safra, On the Hardness of Approximating the Chromatic Number, in: *Proc. 2nd Israel Symp. on Theory and Computing Sys. ISTCS'93*, Natanya, Israel 1993, IEEE Comp. Soc. Press (1993), 250–260.

[KMR] D. Karger, R. Motwani, G.D.S. Ramkumar, On Approximating the Longest Path in a Graph, manuscript (1992); to appear in: *Proc. WADS'93*, (Workshop on Discr. Algorithms and Structures, Montreal, 1993), Springer Lect. Notes in Comp. Sci.

[La] H.O. Lancaster, Pairwise Statistical Independence, *Ann. Math. Stat.* **36** (1965), 1313–1317.

[LaS] D. Lapidot, A. Shamir, Fully Parallelized Multi Prover Protocols for $NEXPTIME$, in: *Proc. 32nd FOCS*, IEEE (1991), 13–18.

[Le] L. Levin, Universal'nyĭe Perebornyĭe Zadachi (Universal Search Problems: in Russian), *Problemy Peredachi Informatsii* **9:3** (1972), 265–266; a correct English translation appears in [Tr].

[Lip] R.J. Lipton, New Directions in Testing, in: *Distributed Computing and Cryptography*, J. Feigenbaum, M. Merritt (eds.), DIMACS Series in Discr. Math. and Theor. Comp. Sci. vol. 2, A.M.S. (1991), 191–202.

[LiL] S.-Y.R. Li, W.-C.W. Li, Independence Numbers of Graphs and Generators of Ideals, *Combinatorica* **1** (1981), 55–61.

[LuY1] C. Lund, M. Yannakakis, On the Hardness of Approximating Minimization Problems, in: *Proc. 25th STOC*, ACM (1993), 286–293.

[LuY2] C. Lund, M. Yannakakis, The Approximation of Maximum Subgraph Problems, in: *Proc. ICALP'93* (Internat. Conf. on Algorithms, Languages, and Programming) (1993), 40–51.

[LFKN] C. Lund, L. Fortnow, H. Karloff, N. Nisan, Algebraic Methods for Interactive Proof Systems, *J. ACM*, **39** (1992), 859–868; preliminary version in: *Proc. 31th FOCS*, IEEE (1990), 2–10.

[LLL] A.K. Lenstra, H.W. Lenstra, L. Lovász, Factoring Polynomials with Rational Coefficients, *Math. Ann.* **261** (1982), 513–534.

[LPS] A. Lubotzky, R. Phillips, P. Sarnak, Ramanujan graphs, *Combinatorica* **8** (1988), 261–277.

[LTS] C.W.H. Lam, L.H. Thiel, S. Swiercz, The Non-Existence of Finite Projective Planes of Order 10, *Canad. J. Math.* **XVI** (1989), 1117–1123.

[Mac] D. MacKenzie, Computers, Formal Proofs, and the Law Courts, *Notices of the A.M.S.* **39/9** (1992), 1066–1069.

[Man] Yu.I. Manin, *A Course in Mathematical Logic*, Springer–Verlag, GTM 53 (1977).

[Mar1] G.A. Margulis, Explicit Construction of Expanders, *Probl. Peredachi Informatsii* **9/4** (1973), 71–80 (in Russian).

[Mar2] G.A. Margulis, Explicit Group-Theoretical Constructions of Combinatorial Schemes and Their Application to the Design of Expanders and Concentrators, *Problemy Peredachi Informatsii (Problems of Information Transmission)* **24/1** (1988), 51–60 (in Russian); English translation 39–46.

[MaS] F.J. MacWilliams, N.J.A. Sloane, *The Theory of Error-Correcting Codes*, North-Holland, Amsterdam (1977).

[MAA1] L. Babai, Transparent Proofs, *FOCUS* (MAA Newsletter) **12/3** (June 1992), 1–2.

[MAA2] L. Babai, Combinatorial Optimization is Hard, *FOCUS* (MAA Newsletter) **12/4** (Sep. 1992), 3/6/18.

[NaN] J. Naor, M. Naor, Small-Bias Probability Spaces: Efficient Constructions and Applications, *SIAM J. Computing* **22** (1993), 838–856.

[NS] Arturo Sangalli, The Easy Way to Check Hard Maths, *New Scientist*, (8 May 1993), 24–28.

[NYT] Gina Kolata, New Short Cut Found for Long Math Proofs, *The New York Times*, April 7, 1992, Science Times section, B5.

[PaY1] C. Papadimitriou, M. Yannakakis, Optimization, Approximation, and Complexity Classes, *J. Computer and Systems Sci.* **43** (1991), 425–440; preliminary version in: *Proc. 20th STOC*, ACM (1988), 510–513.

[PaY2] C. Papadimitriou, M. Yannakakis, The Traveling Salesman Problem with Distances One and Two, *Math. of Operations Research* **18** (1993), 1–11.

[PhS] S. Phillips, S. Safra, *PCP* and Tighter Bounds for Approximating MAX-SNP, manuscript, Stanford University, April 1992.

[PoS] A. Polishchuk, D. Spielman, Nearly-Linear Holographic Proofs, in: *Proc. 26th STOC*, ACM (1994), to appear.

[Pr] V. Pratt, Every Prime has a Succinct Certificate, *SIAM J. Computing* **4** (1975), 214–220.

[PPST] W.J. Paul, N. Pippenger, E. Szemerédi, W.T. Trotter, On Determinism Versus Nondeterminism and Related Problems, in: *Proc. 24th FOCS*, IEEE (1983), 429–438.

[Ru] R. Rubinfeld, A Mathematical Theory of Self-Checking, Self-Testing and Self-Correcting Programs, Ph.D. Thesis, Computer Science Dept., U.C. Berkeley (1990).

[RuS] R. Rubinfeld, M. Sudan, Testing Polynomial Functions Efficiently and Over Rational Domains, in: *Proc. 3rd Symp. on Discrete Algorithms*, ACM–SIAM (1992), 23–32.

[RSA] R.L. Rivest, A. Shamir, L. Adleman, A method for Obtaining Digital Signatures and Public Key Cryptosystems, *Comm. ACM* **21** (1978), 120–126.

[Schr] A. Schrijver, *Theory of Linear and Integer Programming*, Wiley (1986).

[Schw] J.T. Schwartz, Fast Probabilistic Algorithms for Verification of Polynomial Identities, *J. ACM* **27** (1980), 701–717.

[Sh] A. Shamir, IP=PSPACE, *J. ACM*, **39** (1992), 869–877, preliminary version in: *Proc. 31th IEEE FOCS* (1990), 11–15.

[Si] M. Sipser, The History and Status of the P Versus NP Question, in: *Proc. 24th STOC*, ACM (1992), 603–618.

[SoS] R. Solovay, V. Strassen, A Fast Monte-Carlo Test for Primality, *SIAM J. Comput.* **6** (1977), 84–85.

[Su1] Madhu Sudan, Efficient Checking of Polynomials and Proofs and the Hardness of Approximation Problems, Ph.D. Thesis, U.C. Berkeley, October 1992.

[Su2] M. Sudan, private communication, 1993.

[SCI] Ivars Peterson, Holographic Proofs: Keeping Computers and Mathematicians Honest, *Science News*, vol. 141 (1992), 382–383.

[SIAM] Barry A. Cipra, Theoretical Computer Scientists Develop Transparent Proof Technique, *SIAM News*, vol. 25, no. 3, (May 1992).

[Tak] G. Takeuti, *Proof Theory*, North-Holland (1975).

[Tar] G. Tardos, Three-Prover Proof System for NP, in: *Proc. 9th Structure in Complexity Theory Conf.*, IEEE (1994), to appear.

[Tr] B.A. Trakhtenbrot, A Survey of Russian Approaches to *Perebor* (Brute-Force Search) Algorithms, *Annals of the History of Computing* **6** (1984), 384–400.

[Va] L.G. Valiant, The Complexity of Computing the Permanent, *Theor. Comp. Sci.* **8** (1979), 189–201.

[vEB] P. van Emde Boas, Another NP-Complete Problem and the Complexity of Computing Short Vectors in a Lattice, *Rep. 81-04*, Math. Inst. Univ. Amsterdam (1981).

[VRy] J. Van Ryzin (ed.), *Classification and Clustering*, Academic Press, New York (1977).

[We] D. Welsh, *Codes and Cryptography*, Clarendon Press, Oxford (1988).

[Yan1] M. Yannakakis, The Effect of a Connectivity Requirement on the Complexity of Maximum Subgraph Problems, *J. ACM* **26** (1979), 618–630.

[Yan2] M. Yannakakis, On the Approximation of Maximum Satisfiability, in: *Proc. 3rd Symp. on Discrete Algorithms*, ACM–SIAM (1992), 1–9.

[Yao1] A.C.-C. Yao, Protocols for Secure Computations, in: *Proc. 23rd FOCS*, IEEE (1982), 160–164.

[Yao2] A.C.-C. Yao, Theory and Applications of Trapdoor Functions, in: *Proc. 23rd FOCS*, IEEE (1982), 80–91.

[Zi] R.E. Zippel, Probabilistic Algorithms for Sparse Polynomials, in: *Proc. EUROSAM 79*, Lect. Notes in Comp. Sci. 72, Springer (1979), 216–226.

[Zu1] D. Zuckerman, Simulating BPP Using a General Weak Random Source, in: *Proc. 32nd FOCS*, IEEE (1991), 79–89.

[Zu2] D. Zuckerman, NP-Complete Problems Have a Version That's Hard to Approximate, in: *Proc. 8th Structure in Complexity Theory Conf.*, IEEE (1993), 305–312.

Eötvös University
Budapest, Hungary H-1088
and
The University of Chicago
Chicago, IL 60637-1504, USA

Received August 23, 1993
Revised November 15, 1993

Poisson Algebraic Groups and Representations of Quantum Groups at Roots of 1

Corrado De Concini

0. Introduction

This paper is an expanded version of the talk I gave at the first ECM held in Paris in July 92. Quantum groups, or better quantized enveloping algebras have been defined around 1985 by Drinfeld and Jimbo, [D], [J], as neither commutative nor cocommutative Hopf algebras obtained by suitably deforming the defining relations of the enveloping algebra of a semisimple group. This new theory has already had spectacular applications to a variety of fields such as the theory of exactly solvable systems (R-matrices) in which Quantum groups were originally introduced, low dimensional topology and Lie theory.

In this paper we shall report on some work developed in collaboration with V. Kac and C. Procesi about unrestricted representations of Quantum groups at roots of unity. The starting point for this research, [DK1] has been to develop this theory in analogy with the representation theory of a semisimple Lie algebra $\mathfrak{g}$, in positive characteristic p. When one studies this problem, see for example [WK], one discovers that in the center of the enveloping algebra $U(\mathfrak{g})$ one finds a copy of the symmetric algebra $\mathrm{Symm}(\mathfrak{g})$, and that $U(\mathfrak{g})$ is a finite free module over this symmetric algebra. This implies that $\mathfrak{g}^*$ is, at least roughly a parameter space for the irreducible representations of $\mathfrak{g}$ and furthermore one notices that the set of representations corresponding to points in the same coadjoint orbit are essentially the same. We tried to understand a similar picture in the case of quantized enveloping algebras U_ε of $\mathfrak{g}$ at a primitive l-th root of unity, ε, with some restrictions on l which shall be explained later. And indeed we found many remarkable similarities (I believe that the fact that quantum groups at roots of unity are *good liftings* of enveloping algebras in positive characteristic is due to G. Lusztig).

Again one finds a large commutative algebra which we call Z_0, in the center so that U_ε is a free finite module over Z_0 of rank equal to $l^{\dim \mathfrak{g}}$, so that $\mathrm{Spec}(Z_0)$ is a rough parameter space for the set of irreducible U_ε-modules. At this point one observes that Z_0 is a Hopf subalgebra of U_ε and is closed under the canonical Poisson bracket defined on the center of U_ε. That is Z_0 is the coordinate ring of a Poisson group H, which is in fact well known and does not depend on l. From this one then sees that the role played in the positive characteristic situation by coadjoint orbits is played here by symplectic leaves in H. Indeed one discovers that everything we stated, choosing carefully generators for the quantized enveloping algebra even works when l *equals 1*, i.e. the deformation parameter is set equal to 1. In this case one obtains the strange fact that the quantized enveloping algebra is also a deformation of the coordinate ring of H, a commutative Hopf algebra. This point of view is quite familiar if one studies suitably defined Hopf algebras dual to quantized enveloping algebras, the so called quantum coordinate rings (see for example [S], [LS1]) and holds also for the quantized enveloping algebras themselves as suggested, in a formal setting, in Section 7 of [D] (V. Kac has informed me that our Theorem 3.1. has also been remarked by N. Reshetikhin). Indeed, if one remarks that the enveloping algebra of a Lie algebra $\mathfrak{g}$, is itself a deformation of a Poisson group, namely $\mathfrak{g}^*$ with the usual Kirillov–Kostant Poisson bracket, this observation is not so surprising.

An interesting problem is then of course to understand how general these facts are. Whether and how, for example, we could have started from an arbitrary Poisson group and construct a corresponding Hopf algebra deformation. N. Reshetikhin has recently given a positive answer to this questions at the infinitesimal level. To carry out a program like the one outlined above one needs however more global results (see our definition of a quantum deformation given in Section 2). We propose as a problem to show that any Poisson structure on an algebraic group arising from an algebraic Manin triple (see Section 1 for the definition) admits a quantum deformation in our sense. Here we content ourselves with giving a few more examples other than the one explained above.

Let us review the contents of this paper. In Section 1 we recall the basic definitions and facts about Poisson groups and Manin triples. The only difference with the usual treatments (for example [D], [LW] or [Se]), is that we choose to work in the algebraic category. We also define symplectic leaves and we analyze them in our situation. In Section 2 we define what we mean by a quantum deformation of a Poisson group. Section 3 is essentially devoted to a rather long sketch of the proof that a suitable Hopf algebra over $k[q, q^{-1}]$ contained in the quantized enveloping algebra is a quantum deformation of one of the Poisson groups introduced in Section 1. Section 4 reviews the results to representations at roots of unity. In Section 5 results on the center of quantized enveloping algebras are reviewed, both in the generic case and at roots of unity. Finally Section 6 treats a few more examples, such as the case of the *quantum coordinate ring*. One word about proofs. This paper contains essentially no proofs except for the sketch of the proof of Theorem 3.1. We have included this since it is the only result which does not appear in one way or another in the literature.

1. Poisson algebraic groups

1.1 All the groups considered in this section will be connected affine algebraic groups defined over an algebraically closed field k of characteristic zero.

Let H be such a group, $k[H]$ its coordinate ring. We know that $k[H]$ is a Hopf algebra with

$$\begin{aligned} \text{comultiplication } \Delta : k[H] &\to k[H] \otimes k[H] = k[H \times H], \\ \text{antipode } S : k[H] &\to k[H], \\ \text{counit } \varepsilon : k[H] &\to k \end{aligned}$$

given respectively by $(\Delta f)(h_1, h_2) = f(h_1 h_2), \forall h_1, h_2 \in H$, $(Sf)(h) = f(h^{-1}), \forall h \in H$, $\varepsilon(f) = f(e)$, where e $\in H$ is the identity element.

Definition 1.1. *H is a Poisson algebraic group if $k[H]$ has a Lie product*

$$\{-,-\} : k[H] \otimes k[H] \longrightarrow k[H]$$

satisfying the following properties

$$\textit{i) (Leibniz rule)}\ \{f_1 f_2, f_3\} = f_1\{f_2, f_3\} + f_2\{f_1, f_3\}. \tag{1.1}$$

$$\textit{ii)}\ \Delta\{f_1, f_2\} = \{\Delta f_1, \Delta f_2\}. \tag{1.2}$$

where by definition $\{f_1 \otimes f_2, f_3 \otimes f_4\} = f_1 f_3 \otimes \{f_2, f_4\} + \{f_1, f_3\} \otimes f_2 f_4$. This means that on $k[H] \otimes k[H]$ we put the unique Poisson bracket such that, if we denote, for $i = 1, 2$ by $p_i : G \times G \to G$ the projection on the i-th factor, we have that $p_1^* k[H]$ and $p_2^* k[H]$ commute while $p_i^*\{f_1, f_2\} = \{p_i^* f_1, p_i^* f_2\}, \forall f_1, f_2 \in k[H], i = 1, 2$.

1.2 Before giving a few examples we shall explain a general technique to produce Poisson groups. Let G be an algebraic group, $H, K \subset G$ two closed subgroups. Set $\mathfrak{g}$=Lie$G$ (resp. $\mathfrak{h}$=Lie$H$, $\mathfrak{k}$=Lie$K$).

Definition 1.2. The triple (G, H, K) is called an algebraic Manin triple if the triple of Lie algebras $(\mathfrak{g}, \mathfrak{h}, \mathfrak{k})$ satisfies:

i) $\mathfrak{g} = \mathfrak{h} \oplus \mathfrak{k}$;

ii) there is a non degenerate invariant symmetric bilinear form (,) on $\mathfrak{g}$ with respect to which both $\mathfrak{h}$ and $\mathfrak{k}$ are maximal isotropic subspaces.

Let us see how we can associate to an algebraic Manin triple, a structure of Poisson algebraic group on H (and symmetrically on K).

First we notice that the definition immediately implies that there is a natural isomorphism between $\mathfrak{h}^*$ and $\mathfrak{k}$.

Let us now denote by $\pi : \mathfrak{g} \to \mathfrak{h}$ the projection with kernel $\mathfrak{k}$. For any $h \in H$, we set $\pi^h = adh^{-1} \circ \pi \circ adh$. Notice that also π^h maps $\mathfrak{g}$ to $\mathfrak{h}$. We can now define the bilinear form $< \, , \, >_h$ on $\mathfrak{k} \cong \mathfrak{h}^*$ by

$$< x, y >_h = (\pi^h x, y), \quad \forall x, y \in \mathfrak{k}. \tag{1.3}$$

Since the bilinear form $(\, , \,)$ is invariant and the two subalgebras are maximal isotropic, we get

$$\begin{aligned} < x, y >_h = (\pi^h x, y) = (x, adh^{-1} \circ (1 - \pi) \circ adhy) = \\ -(x, adh^{-1} \circ \pi \circ adhy) = - < y, x >_h . \end{aligned}$$

Thus $< \, , \, >_h$ is antisymmetric $\forall h \in H$. Consider the map $l_h : H \to H$ given by left translation by h, i.e. $l_h(g) = hg, \forall g \in H$. l_h induces an isomorphism dl_h^* between the cotangent space to H in h and the cotangent space $\mathfrak{h}^*$ to H in the identity element e.

Take $f_1, f_2 \in k[H]$, we set

$$\{f_1, f_2\}(h) =< dl_h^*(df_1(h)), dl_h^*(df_2(h)) >_h, \quad \forall h \in H. \tag{1.4}$$

Then one has,

Proposition 1.1. *The bracket $\{ \, , \}$ defined above, provides H with the structure of a Poisson algebraic group.*

1.3 The construction that we have just described allows us to give various examples of Poisson algebraic groups.

Example 1. The first such example is given by the so called Kostant–Kirillov structure on the coadjoint representation of a group K. In this case $H = \mathfrak{k}^*$ with the additive structure and G is the semidirect product $K \times \mathfrak{k}^*$, K acting on $\mathfrak{k}^*$ via the coadjoint action. So as a vector space $\mathfrak{g} = \mathfrak{k} \oplus \mathfrak{k}^*$ and has a canonical symmetric bilinear form. We leave to the reader the easy verification that the triple (G, H, K) is an algebraic Manin triple and that the corresponding Poisson structure on H is the usual Kostant–Kirillov structure i.e. $\forall f_1, f_2 \in k[H], h \in H$,

$$\{f_1, f_2\}(h) = [df_1(h), df_2(h)](h).$$

It is also clear that dually the Poisson structure one gets on K is trivial.

Example 2. The second class of examples are the ones we shall be mostly interested in this paper. Let K be a semisimple group. Fix a maximal torus $T \in K$ and a Borel subgroup $B^+ \supset T$, let B^- be the unique Borel subgroup such that $T = B^+ \cap B^-$. Set $G = K \times K$. Denote by $\mu_\pm : B^\pm \to T$ the canonical projection homomorphisms, and consider the homomorphism $\phi : B^- \times B^+ \to T$ defined by $\phi(b_-, b+) = \mu_-(b_-)\mu_+(b_+)$. Then $H = Ker\phi$, while K is embedded in G as the diagonal subgroup. Thus, we have a triple (G, H, K) and in order to see that it is an algebraic Manin triple we need to define a non degenerate symmetric invariant bilinear form on $\mathfrak{g}$ satisfying the various properties in the definition. This is defined as the difference of the Killing form on the first and second factor of $\mathfrak{g} = \mathfrak{k} \oplus \mathfrak{k}$, i.e. as the unique form on $\mathfrak{g}$ coinciding with the Killing form (resp. minus the Killing form) on $\mathfrak{k} \oplus \{0\}$ (resp. $\{0\} \oplus \mathfrak{k}$), and such that $\mathfrak{k} \oplus \{0\}$ and $\{0\} \oplus \mathfrak{k}$) are mutually orthogonal. It is then trivial to verify all the required properties.

This example, of course, appears in the Belavin, Drinfeld classification of classical r-matrices.

Example 3. The third class of examples we shall give are sort of degenerations (in a sense which can be made quite precise) of the above. We take G and K and the form as before, but instead of taking the diagonally embedded K we substitute it with the following subgroup $K' \subset B^+ \times B^-$ defined as the kernel of the homomorphism $\phi' : B^+ \times B^- \to T$ given by $\phi'(b_+, b_-) = \mu_+(b_+)^{-1}\mu_-(b_-)$

1.4 A very interesting feature of algebraic Manin triples is the fact that the so called symplectic leaves in H are open sets in algebraic subvarieties and can be quite explicitly described. Let us see how, starting with their Definition.

Definition 1.3. Let H be a Poisson algebraic group, then a maximal symplectic connected submanifold $\mathcal{O} \in H$ is called a symplectic leaf.

Notice that our definition implies that if $\mathcal{O}$ is a symplectic leaf and $h \in \mathcal{O}$, the tangent space to $\mathcal{O}$ at h is spanned by the vector fields $\{f, -\}, f \in k[H]$ evaluated at h.

Let us now consider an algebraic Manin triple (G, H, K). Let $p : H \to K\backslash G$ denote the restriction to H of the quotient map from G to $K\backslash G$. Then

Proposition 1.2. *The symplectic leaves in H coincide with the preimages under p of the K orbits in $K\backslash G$.*

Proof. First notice that the map p is ètale onto its image so that it induces an isomorphism between the tangent space TH_h and the tangent space $TK\backslash G_{p(h)}$ for each $h \in H$. Furthermore the right action of K on $K\backslash G$ induces a map of $\mathfrak{k}$ to $TK\backslash G_{p(h)}$ whose image clearly coincides with the tangent space to the K orbit through $p(h)$. Hence, composing with the above isomorphism we obtain a map $\phi : \mathfrak{k} \to TH_h$ whose image coincides with the tangent space to our candidate to be the symplectic leaf through h. If we now identify TH_h with $\mathfrak{h}$ using left translation we finally obtain a map $\phi_h : \mathfrak{k} \to \mathfrak{h}$ and a simple computation, which we leave to the reader shows that

$$\phi_h = \pi^h.$$

Thus the vector fields $\{f, -\}, f \in k[H]$ span at h the tangent space to $p^{-1}(p(h)K)$ and our claim follows. □

The above proposition allows us to determine the symplectic leaves in each of our examples. In the case of the Kostant–Kirillov structure on $\mathfrak{k}^*$ they are of course the coadjoint orbits.

Let us examine more closely our second class of examples. In that case $K\backslash G$ can be identified with K itself via the map $\mu : K\backslash G \to K$ given by $\mu((k_1, k_2)) = k_1^{-1}k_2$. Furthermore under this identification the action of K on $K\backslash G$ is identified with the conjugation action of K on K itself. Again using this identification consider the map $p : H \to K$, then $p((h_1, h_2)) = h_1^{-1}h_2$ so that p is a 2^r to 1 ($r = rkK$) covering of the big Bruhat cell B^-B^+. It can be shown,[DKP1], that in this case, unless a conjugacy class in K consists of a single central element, its preimage in H is connected so gives a symplectic leaf in H.

2. Quantum deformations

2.1 Let q be an indeterminate, set $R = k[q, q^{-1}]$. Suppose we have an algebra A with the property that $A/(q-1)$ is a commutative algebra. We set, $\forall x, y \in A/(q-1)$,

$$\{x, y\} = \frac{[a, b]}{q - q^{-1}}\Big|_{q=1}, \tag{2.1}$$

where a and b are representatives for x and y in A. It is immediate to see that $\{x, y\}$ is independent from the choice of the representatives a and b and in this way one defines a Poisson bracket on $A/(q-1)$.

Let us now return to a Poisson algebraic group H.

Definition 2.1. A Hopf algebra A over R is called a quantum deformation of $k[H]$ if

i) A is flat over R.

ii) there is a isomorphism $j : A/(q-1) \to k[H]$ of Hopf algebras such that

$$j(\{x, y\}) = \{j(x), j(y)\},$$

the Poisson bracket on the commutative algebra $A/(q-1)$ being the one defined above.

Notice that one can give a more local definition of a quantum deformation using as base algebra the algebra $k[[h]]$ instead of the algebra R (see [Ku] where various aspects and problems on quantum deformations are discussed). In this case Reshetikhin [Re], extending work of Drinfeld has recently shown that any Lie bialgebra admits a quantum deformation (see [Re], for the definitions). I do not know whether one can obtain similar results in this more global situation.

We end this section showing that in our first example, the Kirillov–Kostant structure on $\mathfrak{k}^*$, a quantum deformation is indeed the universal enveloping algebra $U(\mathfrak{k})$. Indeed, if one sets A equal to the R algebra generated by $\mathfrak{k}$ with relations

$$xy - yx = (q-1)[x, y], \quad \forall x, y \in \mathfrak{k},$$

with comultiplication

$$\Delta(x) = x \otimes 1 + 1 \otimes x, \quad \forall x \in \mathfrak{k},$$

antipode

$$S(x) = -x, \quad \forall x \in \mathfrak{k},$$

counit

$$\varepsilon(x) = 0, \quad \forall x \in \mathfrak{k},$$

one easily sees that A is a quantum deformation of the coordinate ring of $\mathfrak{k}^*$ with the Kirillov–Kostant structure.

Our other examples will be discussed in the next section.

3. Quantum groups

3.1 In this section we shall show how quantum groups provide a quantum deformation for Example 2 in Section 1.3.

Let us first recall the definition of Jimbo and Drinfeld of a Quantum group. Take K to be a semisimple algebraic group with a chosen maximal torus $T \subset K$ and a Borel subgroup $B \supset T$. Denote by Λ the character group of T. Λ contains the root lattice Q which has as basis the set of simple roots $(\alpha_1, \ldots, \alpha_r)$. Denote by $\mathcal{A} = (a_{i,j})_{i,j=1}^r$ the Cartan matrix of K. Let us recall that there exist relatively prime positive integers $d_1, \ldots, d_r$, such that, setting

$$\underline{d} = \begin{pmatrix} d_1 & 0 & \ldots & 0 \\ 0 & d_2 & \ldots & 0 \\ \vdots & \vdots & \ddots & \vdots \\ 0 & \ldots & \ldots & d_r \end{pmatrix}$$

one has that $B = \underline{d}\mathcal{A}$ is a positive symmetric matrix.We use B to define a scalar product on the vector space $\Lambda \otimes_Z Q$ by setting $(\alpha_i, \alpha_i) = d_i a_{i,j}$.

Definition 3.1. The quantized algebra $U_{q,\lambda}$ is the algebra over the field $k(q)$ generated by the elements $E_1, \ldots, E_r; F_1, \ldots, F_r; K_\lambda, \lambda \in \Lambda$, with relations

$$\begin{aligned} K_\lambda K_\mu &= K_{\lambda+\mu}; \\ [E_i, F_j] &= \delta_{i,j} \frac{K_{\alpha_i} - K_{\alpha_i}^{-1}}{q^{(\alpha_i,\alpha_i)/2} - q^{-(\alpha_i,\alpha_i)/2}}; \quad \forall i = 1, \ldots, r; \\ K_\lambda E_i K_\lambda^{-1} &= q^{(\lambda,\alpha_i)} E_i; \quad \forall i = 1, \ldots, r; \lambda \in \Lambda; \\ K_\lambda F_i K_\lambda^{-1} &= q^{-(\lambda,\alpha_i)} F_i; \quad \forall i = 1, \ldots, r; \lambda \in \Lambda. \end{aligned} \tag{3.1}$$

And the generalized Serre relations

$$\begin{aligned} &\sum_{h=0}^{-a_{i,j}+1} (-1)^h E_i^{(-a_{i,j}+1-h)} E_j E_i^{(h)} = 0; \quad \forall i, j = 1, \ldots, r, i \neq j; \\ &\sum_{h=0}^{-a_{i,j}+1} (-1)^h F_i^{(-a_{i,j}+1-h)} F_j F_i^{(h)} = 0; \quad \forall i, j = 1, \ldots, r, i \neq j. \end{aligned} \tag{3.2}$$

where, if we set $[n]_i = \frac{q^{n(\alpha_i,\alpha_i)/2} - q^{-n(\alpha_i,\alpha_i)/2}}{q^{(\alpha_i,\alpha_i)/2} - q^{-(\alpha_i,\alpha_i)/2}}$ and define $[n]_i! = \prod_{h=1}^n [h]_i$, $E_i^{(n)} = E_i^n/[n]_i!$ and $F_i^{(n)} = F_i^n/[n]_i!$

It is worth noticing that these relations are clever q-analogues of the usual relations defining the enveloping algebra $U(\mathfrak{k})$. It is however important to notice that $U_{q,\lambda}$ really depends on Λ and hence on K's (indeed the algebra that is usually defined as the quantized enveloping algebra is for us the algebra associated to the adjoint K's).

The first remarkable fact about $U_{q,\Lambda}$ is that it is a Hopf algebra. Indeed we can define the comultiplication $\Delta : U_{q,\Lambda} \to U_{q,\Lambda} \otimes U_{q,\Lambda}$ by

$$\begin{aligned}\Delta(E_i) &= E_i \otimes 1 + K_{\alpha_i} \otimes E_i;\\ \Delta(F_i) &= F_i \otimes K_{\alpha_i}^{-1} + 1 \otimes F_i;\\ \Delta(K_{\alpha_i}) &= K_{\alpha_i} \otimes K_{\alpha_i};\end{aligned}$$

the antipode $S : U_{q,\Lambda} \to U_{q,\Lambda}$ by

$$\begin{aligned}S(E_i) &= -K_{\alpha_i}^{-1} E_i;\\ S(F_i) &= -F_i K_{\alpha_i};\\ S(K_{\alpha_i}) &= K_{\alpha_i}^{-1};\end{aligned}$$

the counit $\varepsilon : U_{q,\Lambda} \to Q(q)$ by

$$\begin{aligned}\varepsilon(E_i) &= \varepsilon(F_i) = 0;\\ \varepsilon(K_{\alpha_i}) &= 1.\end{aligned}$$

3.2 We want now to define a remarkable R subalgebra of $U_{q,\Lambda}$ which will be the quantum deformation of the Poisson algebraic group of Example 2 in Section 1.

In order to do so we have to define the action of the generalized Braid group $\mathcal{B}$ associated to the Cartan matrix $\mathcal{A}$ on $U_{q,\Lambda}$.

Let us recall that $\mathcal{B}$ is generated by the elements $T_1, \ldots, T_r$ subject to the relations

$$\begin{aligned}T_iT_j &= T_jT_i, & a_{i,j}a_{j,i} &= 0,\\ T_iT_jT_i &= T_jT_iT_j & a_{i,j}a_{j,i} &= 1,\\ (T_iT_j)^{a_{i,j}a_{j,i}} &= (T_jT_i)^{a_{i,j}a_{j,i}} & a_{i,j}a_{j,i} &> 1.\end{aligned} \tag{3.3}$$

Recall that the Weyl group $W = N(T)/T$ is a quotient of $\mathcal{B}$ modulo the further relations $T_i^2 = e, \forall i = 1, \ldots, r$, with the T_i's mapping to the simple reflections s_i. Lusztig ([L1] (see also [LS2], [LS3]) has defined an action of

$\mathcal{B}$ on $U_{q,\Lambda}$ by

$$
\begin{aligned}
T_i K_\lambda &= K_{s_i\lambda}, \\
T_i E_i &= -F_i K_{\alpha_i}, \\
T_i F_i &= -K_{\alpha_i}^{-1} E_i, \\
T_i E_j &= (-adE_i^{(-a_{i,j})})(E_j), \\
T_i F_j &= (-\tilde{ad}F_i^{(-a_{i,j})})(F_j),
\end{aligned}
\tag{3.4}
$$

where if $\Delta(x) = \sum x_j \otimes y_j$, $ad(x)(y) = \sum x_j y S(y_j)$ and $\tilde{ad}(x)(y) = \sum S(x_j) y y_j$. We now define A to be the smallest $\mathcal{B}$ stable R subalgebra in $U_{q,\Lambda}$ containing the elements $(q^{(\alpha_i,\alpha_i)/2} - q^{-(\alpha_i,\alpha_i)/2})E_i$; $(q^{(\alpha_i,\alpha_i)/2} - q^{-(\alpha_i,\alpha_i)/2})F_i$ for $i = 1, \ldots, r$ and the K_λ's. Recall that in Example 2 of Section 1 we have defined the Manin triple $(K \times K, H, K)$, H being the kernel of the homomorphism $\phi : B^- \times B^+ \to T$ defined by $\phi(b_-, b+) = \mu_-(b_-)\mu_+(b_+)$, where $\mu_\pm : B^\pm \to T$ is the canonical projection homomorphism. So H gets a structure of Poisson algebraic group.

Theorem 3.1. *The algebra A is a quantum deformation of $k[H]$.*

(the reader should compare this with Section 7 in [D]).

3.3 The proof of this theorem is quite long, here we shall give a sketch of it. First we need some information on the structure of $U_{q,\Lambda}$.

Let us now take a reduced expression $w_0 = s_{i_1} \cdots s_{i_N}$ for the longest element w_0 in the Weyl group. Setting $\beta_t = s_{i_1} \cdots s_{i_{t-1}}(\alpha_{i_t})$ we get a total ordering on the set $\{\beta_1, \ldots, \beta_N\}$ of positive roots.

We define the elements $E_{\beta_1}, \ldots, E_{\beta_N}$ by $E_{\beta_i} = T_{i_1} \cdots T_{i_{t-1}}(E_{\alpha_{i_t}})$. Similarly the elements $F_{\beta_1}, \ldots, F_{\beta_N}$ by $F_{\beta_i} = T_{i_1} \cdots T_{i_{t-1}}(F_{\alpha_{i_t}})$. These elements depend on the choice of the reduced expression.

Theorem 3.2. ([L1],[LS1]). *i) Let U^+ (resp.U^-)) be the algebra generated by the E_i (resp.F_i). Then $E_{\beta_t} \in U^+, \forall t = 1, \ldots, N$ (resp. $F_{\beta_t} \in U^-, \forall t = 1, \ldots, N$).*

ii) The monomials $E_{\beta_1}^{k_1} \cdots E_{\beta_N}^{k_N}$ (resp. $F_{\beta_N}^{k_N} \cdots F_{\beta_1}^{k_1}$) are a $k(q)$ basis of U^+ (resp. U^-).

iii) The monomials

$$
E_{\beta_1}^{k_1} \cdots E_{\beta_N}^{k_N} K_\lambda F_{\beta_N}^{h_N} \cdots F_{\beta_1}^{h_1}
\tag{3.5}
$$

are a $k(q)$ basis of $U_{q,\Lambda}$.

iv) [LS1] For $i < j$ one has:

$$E_{\beta_j}E_{\beta_i} - q^{-(\beta_i|\beta_j)}E_{\beta_i}E_{\beta_j} = \sum_{k\in Z_+^N} c_k E^k, \tag{3.6}$$

where $c_k \in k[q, q^{-1}]$ and $c_k \neq 0$ only when $k = (k_1, \ldots, k_N)$ is such that $k_s = 0$ for $s \leq i$ and $s \geq j$ and $E^k = E_{\beta_1}^{k_1} \cdots E_{\beta_N}^{k_N}$.

$$F_{\beta_i}F_{\beta_j} - q^{-(\beta_j|\beta_i)}F_{\beta_i}F_{\beta_j} = \sum_{k\in Z_+^N} c_k F^k, \tag{3.7}$$

where $c_k \in k[q, q^{-1}]$ and $c_k \neq 0$ only when $k = (k_N, \ldots, k_1)$ is such that $k_s = 0$ for $s \leq i$ and $s \geq j$ and $F^k = F_{\beta_N}^{k_N} \cdots F_{\beta_1}^{k_1}$.

3.4 Set $\overline{E}_{\beta_t} = (q^{(\beta_t,\beta_t)/2} - q^{-(\beta_t,\beta_t)/2})E_{\beta_t}$, $\overline{F}_{\beta_t} = (q^{(\beta_t,\beta_t)/2} - q^{-(\beta_t,\beta_t)/2})F_{\beta_t}$. The first step in the proof of Theorem 3.1 is

Lemma 3.1. *The monomials*

$$\overline{E}^k K_\lambda \overline{F}^t \tag{3.8}$$

with $\overline{E}^k = \overline{E}_{\beta_1}^{k_1} \cdots \overline{E}_{\beta_N}^{k_N}$, $\overline{F}^t = \overline{F}_{\beta_N}^{t_N} \cdots \overline{F}_{\beta_1}^{t_1}$ are a R basis of A.

Proof. (sketch) The fact that the monomials (3.8) lie in A and that are linearly independent, follows immediately from the definitions and Theorem 3.2.

One has to see that the product of two monomials is a R linear combination of monomials and that their R span is a $\mathcal{B}$ stable.

We set A' equal to the R span of the monomials (3.8), A^+ equal to the span of those among these monomials of the form $\overline{E}_{\beta_1}^{k_1} \cdots \overline{E}_{\beta_N}^{k_N}$, A^- the span of those of the form $\overline{F}_{\beta_N}^{t_N} \cdots \overline{F}_{\beta_1}^{t_1}$, A^0 equal to the span of the K_λ's.

Then one first shows that A^+ and A^- and hence A are independent from the choice of the reduced expression for w_0. This is done using the fact that one can pass from one reduced expression to another for an element $w \in W$, by applying a finite sequence of the Braid relations (3.3). So we are reduced to the rank two case, where the verification can be done explicitly (see the relations in [L1]).

Using this is then not hard to see that A' is stable under the action of $\mathcal{B}$.

Finally the stability under $\mathcal{B}$ implies that in order to show that A' is closed under product it suffices to show that A' is stable under right and left multiplication by the $\overline{E}_i$'s, $\overline{F}_i$'s and K_λ's. The claim is trivial for the K_λ's. As for the right multiplication by $\overline{E}_i$'s and left multiplication by the $\overline{F}_i$'s one notices that the reduced expression for w_0 can be chosen in such a way that in the corresponding ordering on positive roots the last root is any preassigned simple root α_i. So everything follows from the definition of the monomials spanning A'. The only fact which remains to be proven is the invariance under right multiplication by the $\overline{E}_i$'s, and left multiplication by the $\overline{F}_i$'s. Let us show it for the $\overline{E}_i$'s (the proof for the $\overline{F}_i$'s is analogous). Let $a \in A'$, write $a = T_i^{-1}(b)$, so $a\overline{E}_i = T_i^{-1}(-bK_{\alpha_i}^{-1}\overline{F}_i)$, so everything follows from the invariance under right multiplication by K_{α_i} and $\overline{F}_i$). □

3.5 To continue, the crucial result which is again proven reducing to the rank two case, is

Lemma 3.2. $adE_i(A^+) \subset A^+$; $\tilde{ad}F_i(A^-) \subset A^-$.

Using this is then easy to see

Proposition 3.1. *The algebra $A/(q-1)$ is commutative.*

Proof. Since the action of $\mathcal{B}$ on A induces an action on $A/(q-1)$, it suffices to see that the classes of the elements $\overline{E}_i$ and K_λ modulo $q-1$ lie in the center. For the K_λ this is clear from the definitions. As for the $\overline{E}_i$ notice that since $\overline{E}_i = (q^{(\alpha_i,\alpha_i)/2} - q^{-(\alpha_i,\alpha_i)/2})E_i$, by the preceding lemma $ad\overline{E}_i(x) \in (q-1)A$ for all $x \in A$. Since

$$ad\overline{E}_i(x) = \overline{E}_i x - K_{\alpha_i} x K_{\alpha_i}^{-1}\overline{E}_i,$$

we immediately get our claim from the fact that the elements K_{α_i} lie in the center modulo $q-1$. □

3.6 What one has seen up to now deals with the multiplicative structure of A; the next step of the proof, which as the ones above is obtained by reducing to the rank two case and then performing explicit computations, is

Lemma 3.3. $\Delta(A) \subset A \otimes A$, $S(A) \subset A$, $\varepsilon(A) \subset R$ *so that A is a Hopf R algebra.*

It follows from what we have seen up to now that the k algebra $B = A/(q-1)$ is a finitely generated Hopf algebra with a Poisson structure satisfying the properties of Definition 1.1, so Spec$B$ has the structure of a Poisson algebraic group. Also A being free over R is clearly flat. So A is a quantum deformation of the Poisson group Spec$B$. What one has to do next is

3.7.

Proposition 3.2. *There is an isomorphism of Poisson groups between* Spec$B$ *and the Poisson group* H.

Proof. (sketch) We notice that both B and the coordinate ring $k[H]$ of H are polynomial rings on $h = \dim H$ generators with r elements inverted. So they are isomorphic as algebras. We need to give an isomorphism which is also compatible with the Hopf and Poisson structures.

For this let us recall that the Braid group (or better a finite quotient of it) acts on the Lie algebra $\mathfrak{k}$ of K. Given $T \in \mathcal{B}$ we shall denote by t the corresponding operator in $End(\mathfrak{k})$. Let $e_1, \ldots, e_r$, $f_1, \ldots, f_r$, $h_1, \ldots, h_r$ be Serre generators for $\mathfrak{k}$. If we fix the usual reduced expression $w_0 = s_{i_1} \cdots s_{i_N}$, the elements $e_{\beta_m} = t_{i_1} \cdots t_{i_{m-1}} e_{i_m}$, $f_{\beta_m} = t_{i_1} \cdots t_{i_{m-1}} f_{i_m}$, for $m = 1, \ldots, N$ and $h_1, \ldots, h_r$, form a basis of $\mathfrak{k}$. Also the subalgebra $\mathfrak{b}_+ = \mathcal{L}ieB_+$ (resp. $\mathfrak{b}_- = \mathcal{L}ieB_-$) has as basis the elements e_{β_m} and $h_1, \ldots, h_r$ (resp. f_{β_m} and $h_1, \ldots, h_r$). It follows from this, that any element in B_+ can be uniquely represented as

$$\prod_{j=1}^{N} \exp(x_{\beta_j} e_{\beta_j}) t,$$

the x_{β_j}'s take arbitrary values in k and $t \in T$, while any element in B_- can be uniquely represented as

$$t \prod_{i=N}^{1} \exp(y_{\beta j} f_{\beta j}),$$

the $y_{\beta j}$'s take arbitrary values in k and $t \in T$.

Thus an element in H is a pair

$$(t^{-1} \prod_{i=N}^{1} \exp(y_{\beta j} f_{\beta j}), \prod_{i=1}^{N} \exp(x_{\beta j} e_{\beta j}) t)$$

and, by abuse of notation we shall consider the $x_{\beta j}$'s and $y_{\beta j}$'s as functions on H, so we can identify $k[H]$ with $k[x_{\beta_1}, \ldots, x_{\beta_N}, y_{\beta_1}, \ldots, y_{\beta_N}] \otimes k[T]$.

Going back to $B = A/(q-1)$, set $\overline{x}_{\beta j}$ (resp. $\overline{y}_{\beta j}$) equal to the classes of $\overline{E}_{\beta_j}$ (resp. $\overline{F}_{\beta_j}$) modulo $(q-1)$ relative to the chosen reduced expression for w_0, and identify the subring $B^0 = A^0/(q-1)$ with $k[T]$.

Using this we can give an isomorphism

$$\phi : B \longrightarrow k[H]$$

setting $\phi(\overline{x}_{\beta_j}) = x_{\beta_j}$ and $\phi(\overline{y}_{\beta_j}) = y_{\beta_j}$. This gives the desired isomorphism of Poisson algebraic groups. The proof here since it is completely analogous to a similar proof given in [DKP1]. One first notices that B is Poisson generated by the elements $\overline{x}_{\alpha j}$, $\overline{y}_{\alpha j}$ and K_λ, α_j being a simple root. This means that any element in B can be expressed as a polynomial in those elements and their iterated Poisson brackets. Once this has been shown, using the compatibility (1.2) between comultiplication and Poisson brackets everything follows from the following □

Lemma 3.4. *Let a be any of the above Poisson generators of B then*

1) $\Delta(\phi(a)) = \phi \otimes \phi(\Delta(a))$,

2) For any $b \in B$, $\phi(\{a, b\}) = \{\phi(a), \phi(b)\}$.

4. Representations at roots of 1

4.1 By analogy with the orbit method, the fact that A is a quantum deformation of $k[H]$ suggests that there should be a relation between the representation theory of quantum groups and the symplectic leaves in H, which we have seen to coincide, at least when they are not reduced to points, with preimages of conjugacy classes in K under the map

$$H \longrightarrow G$$
$$(b_-, b_+) \longrightarrow b_-^{-1} b_+.$$

So in a way there should be an orbit method also in this case. We shall show presently that at least to a certain extent this is the case for specializations at roots of 1.

Fix $l > 1$, l odd and prime with three if in K there are components of type G_2, let ε be a primitive l-th root of 1. We set $U_\varepsilon = A/(q - \varepsilon)$. Notice that this algebra clearly coincides with the algebra generated by the E_i's, F_i's and K_λ's with relations (3.1) and (3.2) with q specialized to ε.

Lemma 4.1. *The elements* E_i^l, F_i^l *and* K_λ^l *lie in the center of* U_ε.

From this lemma it follows that since the braid group $\mathcal{B}$ acts on U_ε by algebra automorphisms, also the elements E_β^l and F_β^l for any root β and any reduced expression for w_0 lie in the center Z of U_ε. So they generate a subalgebra $Z_0 \subset Z$.

Fix now a reduced expression for w_0 and let $E_{\beta_1}, \dots, E_{\beta_N}$ and $F_{\beta_1}, \dots, F_{\beta_N}$, be the corresponding elements in U_ε.

Proposition 4.1. *The elements*

$$F_{\beta_N}^{lm_N} \cdots F_{\beta_1}^{ln_1} K_\lambda^l E_{\beta_1}^{ln_1} \cdots E_{\beta_N}^{ln_N}$$

are a linear basis of Z_0.

It follows immediately from this proposition that U_ε is a free module of rank $k = dimK$ on Z_0, in particular U_ε is a finite module over Z, and Z is a finite module over Z_0 since Z_0 is a finitely generated algebra, so the morphism $\nu : \mathrm{Spec}(Z) \to \mathrm{Spec}(Z_0)$ is finite and surjective.

4.2 We want now to apply the theory of algebras which are finite over their centers to our situation. First we need to know a little bit more on the structure of U_ε

Proposition 4.2. *i) The algebra* U_ε *has no zero divisors.*

ii) If we consider the division algebra $D = U_\varepsilon \otimes_Z Q(Z)$, $Q(Z)$ *being the quotient field of* Z, *then* U_ε *is a maximal order in* D.

It follows from this that the algebra $U_\varepsilon \otimes_Z \overline{Q(Z)}$ is a matrix algebra over $\overline{Q(Z)}$ of $d \times d$ matrices, where d is called the degree of U_ε. Furthermore the trace map $tr : U_\varepsilon \otimes_Z \overline{Q(Z)} \to \overline{Q(Z)}$ maps U_ε into Z.

We shall denote by $\widehat{U_\varepsilon}$ the set of irreducible U_ε-modules. One has

Theorem 4.1. *i)* $d = l^N$.

ii) All irreducible representations of U_ε *are finite dimensional.*

iii) $\mathrm{Spec}(Z)$ *parametrizes the set of* d *dimensional semisimple* U_ε*-modules which are compatible with trace, so we shall identify* $\mathrm{Spec}(Z)$ *with this set.*

iv) The natural map

$$\pi : \widehat{U_\varepsilon} \longrightarrow \mathrm{Spec}(Z) \tag{4.1}$$

given by central character is surjective and is such that if $\rho \in \mathrm{Spec}(Z)$, $\pi^{-1}(\rho)$ *is the set of irreducible components of* ρ.

v) There is a non empty Zariski open set $\mathcal{V} \subset \mathrm{Spec}(Z)$, *such that if* $\rho \in \mathcal{V}$, ρ *is irreducible.*

All the above statements except the first which is proven in [DK1], are general facts holding for maximal orders in division algebras of finite degree. Notice that our statements clearly imply that every representation of U_ε has dimension at most equal to l^N. Also they suggest the following strategy to study $\widehat{U_\varepsilon}$, first we should study Spec(Z) and then for any $\rho \in Spec(Z)$ determine its decompositions into irreducible components with relative multiplicity.

4.3 In the study of Z we first remark that given $a, b \in Z$, if we take $\tilde{a}$ and $\tilde{b}$ representatives for a and b in A we can define

$$\{a, b\} = \frac{[\tilde{a}, \tilde{b}]}{l(q^l - q^{-l})}\Big|_{q=\varepsilon}. \tag{4.2}$$

It is not hard to see that $\{a, b\}$ does not depend on the representatives and defines a Poisson bracket on Z.

Let us now go back for a moment to the algebra $B = A/(q-1)$ and let us set $\overline{z}_\lambda$ equal to the class of K_λ in B. Define the algebra isomorphism

$$\psi : B \longrightarrow Z_0 \tag{4.3}$$

by $\psi(\overline{x}_\beta) = (q^l - q^{-l})E^l_\beta$, $\psi(\overline{y}_\beta) = (q^l - q^{-l})F^l_\beta$, $\psi(\overline{z}_\lambda) = K^l_\lambda$. It turns out that this is more than an isomorphism of algebras. Indeed one verifies that $\{Z_0, Z_0\} \subset Z_0$, so that Z_0 is closed under Poisson bracket. Also Z_0 is an Hopf subalgebra of U_ε and the compatibility condition (1.2) is verified, so that Spec(Z_0) is a Poisson algebraic group. Thus not so surprisingly one has

Theorem 4.2. *The isomorphism ψ induces an isomorphism of Poisson algebraic groups between* Spec(B) *and* Spec(Z_0).

Using the results of Section 3 we shall identify, from now on Spec(Z_0) with the Poisson group H we have considered before. Composing π with the finite surjective morphism induced by the inclusion Spec$(Z_0) \subset$ Spec(Z) we thus get a surjective map $\pi' : \widehat{U_\varepsilon} \to H$. It is then not hard to show

Proposition 4.3. *Let $p_1, p_2 \in H$ let $m_1, m_2 \subset Z_0$ be their maximal ideals, then the algebras $U_\varepsilon/m_1U_\varepsilon$ and $U_\varepsilon/m_2U_\varepsilon$ are isomorphic.*

Notice that this proposition tells us that the representations "lying" over p_1 and those lying over p_2 being representations of isomorphic algebras, are essentially the same.

Let us recall that in H a symplectic leaf unless it consists of a single point is the preimage of a conjugacy class in K under the map $p : H \to K$ defined by $p((h_1, h_2)) = h_1^{-1}h_2$. The following result tells us that the representations are very well behaved over symplectic leaves mapping to regular conjugacy classes, i.e. classes having dimension equal to $2N$.

Theorem 4.3. *Any representation $\rho \in \widehat{U_\varepsilon}$ such that $p \circ \pi'(\rho)$ lie in a regular class has dimension exactly l^N, i.e. is a representation of maximal dimension.*

It should be noted that for non regular semisimple classes the proof of this Theorem is rather complicated and uses a rather indirect deformation argument (see [DKP2]). It is a rather interesting problem to give a direct construction of these "regular" representations.

More generally one expects the following conjecture to hold

Conjecture. *Let $\rho \in \widehat{U_\varepsilon}$ be such that $p(\rho)$ lies in a symplectic leaf of dimension $2m$, then* $\dim\rho$ *is divisible by l^m.*

At the moment, except in some examples, not much is known about this conjecture. However there are some partial results.

i) [DK2] It would suffice to verify the conjecture for conjugacy classes $\mathcal{O} \subset K$ with the property that if $k \in \mathcal{O}$ and $k = xu$ is the Jordan-Chevalley decomposition of k, with x semisimple and u unipotent, the centralizer of x in K is semisimple.

ii) If ρ is a representation whose corresponding orbit is non trivial, *dim*ρ is divisible by l^r. Furthermore [CP] there are representations of dimension exactly l^r lying on non trivial orbits if and only if the corresponding orbit has dimension l^{2r}.

Remarks. 1) The representations of dimension l^r have extensively been used in [DJMM] in relation with the generalized chiral Potts model.

2) The algebra U_ε/J, J being the ideal generated by $K_{\alpha_i}^l - 1$, E_β^l's, F_β^l's, that is the algebra lying above the identity element in H, has been introduced by Lusztig and its representations, the so called restricted representations, are the most interesting to be studied. One can consult [KL] and [AJS] for recent deep results on these modules which give connections with the representation theory of affine Lie algebras and modular representations.

5. The center of U_ε

5.1 Up to now we have discussed the structure of the subalgebra Z_0 of the center Z of U_ε. We shall now try to describe Z itself. To simplify our analysis we shall, unless otherwise stated, assume that the lattice Λ equals the weight lattice P, so we shall work with the so called *simply connected quantum group*. To begin let us say something on the center of

$U_{q,P}$. Set U^0 equal to the span in $U_{q,P}$ of the K_λ. Theorem 3.2 implies that $U_{q,P} = U^0 \oplus (U^- U_{q,P} + U_{q,P} U^+)$. We shall denote by h' the projection onto U^0.

The group $Q_2 = Q/2Q$, which one can identify with the subgroup of order two elements in the torus T, acts on U^0 by $\delta(K_\lambda) = (-1)^{(\lambda,\delta)} K_\lambda$, for any $\delta \in Q_2$,so we get an action of the semidirect product $\tilde{W} = W \rtimes Q_2$ on U^0. We denote by U^{0Q_2} the ring of invariants under Q_2 and by $U^{0\tilde{W}}$, that under $\tilde{W}$. We then have an automorphism of U^{0Q_2} defined by $\gamma(K_{2\lambda}) = q^{(2\lambda,\rho)} K_{2\lambda}$, ρ being the half sum of the positive roots. One then has the following Harish-Chandra isomorphism result,

Theorem 5.1. *The restriction of h' to Z is a ring homomorphism and maps Z isomorphically onto $\gamma(U^{0\tilde{W}})$.*

Remarks. 1) The existence of a Harish-Chandra isomorphism has been established in various forms by various authors in [R1], [T], [JL], [DK1].

2) If one wants to deal with the case of a general lattice Λ one remarks that P/Λ naturally acts on $U_{q,P}$ having $U_{q,\Lambda}$ as ring of invariants, so the center of $U_{q,\Lambda}$ is just the subring in Z invariant under the action of P/Λ. An equivalent but maybe more explicit description of this can be found in [DKP1].

5.2 If we now consider the R-algebra A we clearly have that its center Z_A equals $Z \cap A$. Furthermore we have

Proposition 5.1. $h'(Z_A) = \gamma(A^{0\tilde{W}})$.

This proposition implies that the central elements which we have obtained at q generic can be reduced at roots of unity, so that we get a subring Z_1 in the center of U_ε by taking the image of Z_A modulo $q - \varepsilon$. Since A^0 specializes to U^0_ε and also h', γ specialize, we get an isomorphism of Z_1 with $\gamma(U_\varepsilon^{0\tilde{W}})$. The following result then gives a complete description of the center Z_ε of U_ε.

Theorem 5.2. *i) $Z_0 \cap Z_1$ coincides with the center of the Poisson structure on Z_0, i.e. with the subring of elements $z \in Z_0$ such that the vector field $\{z, -\}$ is identically zero.*

ii) $h'(Z_0 \cap Z_1)$ equals $\gamma(U_\varepsilon^{0\tilde{W}_l})$, where $W_l = W \rtimes Q_{2l}$, Q_{2l} being $Q/2lQ$.

iii) $Z_\varepsilon = Z_0 \otimes_{Z_0 \cap Z_1} Z_1$.

The above Theorem holds verbatim also for $q = 1$, of course as we have seen, in this case Z_0 coincides with $A/(q-1)$.

Let us now give a more geometric reformulation of our result. Consider the map $p : H \to K$ given by $p(h_1, h_2) = h_1^{-1}h_2$ which we have already considered in Section 4. Let $\pi : K \to K/\!/K$ be the geometric quotient modulo the adjoint action. Recall that $K/\!/K \cong T/W$. Consider now the map $l : T \to T$ defined by $l(t) = t^l$, $\forall t \in T$. Clearly l commutes with the W action and so it induces a self map which we shall denote with the same letter on T/W. We then have the following cartesian square

$$\begin{array}{ccc} \mathrm{Spec}(Z_\varepsilon) = H \times_{T/W} T/W & \longrightarrow & T/W \\ \downarrow & & \downarrow l \\ \mathrm{Spec}(Z_0) & \xrightarrow{\pi \circ p} & T/W \end{array} \tag{5.1}$$

This tells us that in a way the center of U_ε is obtained from $k[H]$ by taking the *l-th root* of the center of the Poisson bracket. It is an interesting problem to understand in the same spirit how the all U_ε can be obtained from $k[H]$.

6. Other examples

6.1 Up to now we have seen how a certain given Poisson algebraic group can be *quantized* using the theory of Quantum groups. In this last section we shall briefly discuss a few more examples suggesting that some general theory might exist.

The first such example arises from the same example 2 in Section 1 we have considered before, the difference being that we shall now consider as Poisson group the semisimple group K instead of its dual H. We shall also assume for simplicity that K is simply connected.

Let us start with the algebra $U_{q,Q}$, *the adjoint Quantum group.* We define $F_q[K]$ as the space of $k(q)$ valued linear functions on $U_{q,Q}$ such that, if $\phi \in F_q[K]$, there is a finite codimensional two sided ideal $J \subset Ker\phi$ with the property that for some positive integers $n_{i,j}$, with $i = 1, \ldots, r$, $j = 1, \ldots, t_i$, $\prod_{j=1}^{t_i}(K_{\alpha_i} - q^{n_{i,j}}) \in J$.

One can easily show that the Hopf algebra structure on $U_{q,Q}$ induces by duality an Hopf algebra structure on $F_q[K]$. Of course this algebra especially in the case of classical groups has been the subject of many investigations. We just mention [S] were many informations on its representation theory are obtained.

In order to obtain a quantum deformation of K we need to define an R-subalgebra of $F_q[K]$. To do this, following Lusztig, let us define in $U_{q,Q}$

the subalgebra of divided powers, $\hat{U}_{q,Q}$. This is the R-algebra generated by the elements $E_i^{(n)} = E_i^n/[n]_i!$ and $F_i^{(n)} = F_i^n/[n]_i!$, K_{α_i}, and

$$\begin{pmatrix} K_{\alpha_i}; & 0 \\ & b \end{pmatrix} = \prod_{j=1}^{b} \frac{K_{\alpha_i} - q^{(j-1)(\alpha_i,\alpha_i)/2}}{q^{j(\alpha_i,\alpha_i)/2} - 1} \tag{6.1}$$

Notice that our definition is slightly different from that of Lusztig. It is not hard to see that $\hat{U}_{q,Q}$ is a Hopf algebra over R. We now define

$$R_q[K] = \{\phi \in F_q[K] | \quad \phi(\hat{U}_{q,Q}) \subset R\}. \tag{6.2}$$

For the algebra $R_q[K]$ one has

Theorem 6.1. *$R_q[K]$ is a quantum deformation of the coordinate ring $k[K]$ with the Poisson structure defined above.*

Once this result has been obtained let us specialize q to a primitive l-th root of unity with l satisfying the restrictions of the preceding sections and set $F_\varepsilon[K] = R_q[K]/(q - \varepsilon)$, notice that we can also think $F_\varepsilon[K]$ as those linear maps $\phi : U_\varepsilon \to k$ such that there is a $\tilde{\phi} \in R_q[K]$ making the diagram

$$\begin{array}{ccc} \hat{U}_{q,Q} & \xrightarrow{\tilde{\phi}} & R \\ \downarrow & & \downarrow \\ \hat{U}_{q,Q}/(q-\varepsilon) & \xrightarrow{\phi} & k \end{array}$$

whose vertical arrows are reductions $\mathrm{mod}(q - \varepsilon)$, commute.

As we have done before we can define a Poisson bracket on the center $\mathcal{Z}_\varepsilon$ of $F_\varepsilon[K]$. Consider now the ideal $I \subset \hat{U}_{q,Q}/(q - \varepsilon)$ generated by E_i, F_i and $K_{\alpha_i} - 1$. Set

$$\mathcal{Z}_0 = \{\phi \in F_\varepsilon[K] | \quad \phi(I) = 0\}.$$

Then, in a completely parallel way to the case of U_ε one has,

Theorem 6.2. ([DL], [E1]). *i) $\mathcal{Z}_0$ is contained in $\mathcal{Z}_\varepsilon$.*

ii) $\mathcal{Z}_0$ is a Hopf subalgebra in $F_\varepsilon[K]$, closed under Poisson bracket, and satisfies the compatibility conditions (1.2), so it is the coordinate ring of a Poisson algebraic group.

iii) There is a natural isomorphism of Poisson algebraic groups between $\mathrm{Spec}(\mathcal{Z}_0)$ *and K.*

iv) As a $\mathcal{Z}_0$ module $F_\varepsilon[K]$ is finite projective of rank $l^{\dim K}$. In particular $F_\varepsilon[K]$ is finite over its center.

v) $F_\varepsilon[K]$ has no zero divisors and it is a maximal order in its quotient division algebra.

6.2 In view of this result all the general considerations made in Section 4 for U_ε hold for $F_\varepsilon[K]$. In particular Theorem 4.1. holds verbatim except for the determination of the degree which has to be done directly. It turns out that the result is exactly the same

Proposition 6.1. *The degree of $F_\varepsilon[K]$ equals l^N.*

Let us pass now to the connection between symplectic leaves and representation theory. Again Proposition 4.3. is completely general and holds also in this case, so we get that the set of irreducible representations of $F_\varepsilon[K]$ "lying" on two points in K, which from now on we shall identify with $\mathrm{Spec}(\mathcal{Z}_0)$, belonging to the same symplectic leaves is essentially the same. To proceed let us get some information on the symplectic leaves in K. In Section 1 we have given a recipe to determine them in general, let us apply it in the present situation. We have to determine the H orbits in $H\backslash K \times K$. To do this, notice that $H \subset B^- \times B^+$, so we get a map $\zeta : H\backslash K \times K \to B^- \times B^+\backslash K \times K$. Now H orbits in $B^- \times B^+\backslash K \times K = B^-\backslash K \times B^+\backslash K$ are of the form $C^-_{w_1} \times C^+_{w_2}$ for any $w_1, w_2 \in W$, $C^-_{w_1}$ being the Schubert cell corresponding to w_1 relative to B^-, $C^+_{w_2}$ that corresponding to w_2 associated to B^+. Thus to any H orbit in $H\backslash K \times K$ we can associate a pair of elements in W. It is then easy to show,

Proposition 6.2. *Let $\mathcal{O}$ be an orbit in $H\backslash K \times K$ such that $\zeta(\mathcal{O}) = C^-_{w_1} \times C^+_{w_2}$, then*

$$\zeta\big|_{\mathcal{O}} : \mathcal{O} \longrightarrow C^-_{w_1} \times C^+_{w_2}$$

is a principal bundle with structure group $T/T^{w_1^{-1}w_2}$, $T^{w_1^{-1}w_2}$ being the subgroup of elements fixed by $w_1^{-1}w_2$. In particular $\dim\mathcal{O} = l(w_1)+l(w_2)+rk(w_1-w_2)$, where the rank is taken on the reflection representation (notice that this number is always even).

Of course the above formula also gives the dimension of any symplectic leaf mapping to $\mathcal{O}$ under the map $\eta : K \to H\backslash K \times K$. Notice now that $(\zeta\circ\eta)^{-1}(C^-_{w_1}\times C^+_{w_2}) = B^-w_1B^-\cap B^+w_2B^+$. The first part of the following Proposition is an improvement of the analogue of Proposition 4.3

Proposition 6.3 [DL]. *i) Let $k_1, k_2 \in B^-w_1B^- \cap B^+w_2B^+ \subset K$, for some $w_1, w_2 \in W$. Set m_1, m_2 equal to their maximal ideals in $\mathcal{Z}_0$. Then the algebras $F_\varepsilon[K]/m_1F_\varepsilon[K]$ and $F_\varepsilon[K]/m_2F_\varepsilon[K]$ are isomorphic.*

ii) If $k \in B^-w_1B^- \cap B^+w_2B^+$, for some $(w_1, w_2) \in W \times W$ and m is its maximal ideal in $\mathcal{Z}_0$, any irreducible representation of the algebra $F_\varepsilon[K]/mF_\varepsilon[K]$ has dimension divisible by $l^{(l(w_1)+l(w_2)+rk(w_1-w_2))/2}$.

Of course the second part of the proposition tells us that the analogue of the conjecture made for the representations of U_ε holds for $F_\varepsilon[K]$. In fact in this case it is highly probable that actually any irreducible representation of $F_\varepsilon[K]/mF_\varepsilon[K]$ has dimension exactly equal to $l^{(l(w_1)+l(w_2)+rk(w_1-w_2))/2}$ (this was verified in collaboration with Soibelman for some low rank groups and for the pair (e, e) and of course holds for general reasons for the pair (w_0, w_0)). In any case the above proposition tells us that we have to deal with a finite number of cases in each type.

Remarks. i) The relation between symplectic leaves and representations already appears in [S] in the study of representations of the so called compact quantum groups at generic q.

ii) Inspired by the above mentioned work [S], one can give an explicit construction of irreducible modules for $F_\varepsilon[K]$ relative to diagonal pairs $(w, w) \in W \times W$.

iii) A natural question is to determine the full center of $F_\varepsilon[K]$. A complete answer to this question has been given in [E2] (in that paper the restriction that l is a prime power is made, but in view of the results recalled above, one can easily see that Enriquez arguments go through for arbitrary l).

6.3 We now very briefly mention our last example, that on one hand gives a degeneration of U_ε, and on the other is crucial, as we shall see in a moment, in the understanding of $F_\varepsilon[K]$.

We start with Example 3 in Section 1, that is from the Manin triple $(K \times K, H, H')$ where K is, as above, a semisimple group, H is the kernel of the homomorphism $\phi : B^- \times B^+ \to T$ defined by $\phi(b_-, b+) = \mu_-(b_-)\mu_+(b_+)$ and H' that of the homomorphism $\phi' : B^+ \times B^- \to T$ defined by $\phi'(b_+, b-) = \mu_+(b_+)^{-1}\mu_-(b_-)$.

Consider now the algebras $A^{\geq 0} = A^0A+$ and $A^{\leq 0} = A^0A^-$ (here we use the notations of Section 3). We now define two subalgebras in $A^{\geq 0} \otimes_R A^{\leq 0}$, $\mathcal{S}$ and $\mathcal{S}'$. $\mathcal{S}$ is the algebra generated by $A^{\geq 0} \otimes_R R$, $R \otimes_R A^{\leq 0}$ and by $K_\lambda \otimes K_\lambda$, while $\mathcal{S}'$ is generated by $A^{\geq 0} \otimes_R R$, $R \otimes_R A^{\leq 0}$ and by $K_\lambda \otimes K_\lambda^{-1}$. Notice that $\mathcal{S} \otimes_R k(q)$, has the same generators and relations as

$U_{q,\Lambda}$ except that the relation $[E_i, F_j] = \delta_{i,j} \frac{K_{\alpha_i} - K_{\alpha_i}^{-1}}{q^{(\alpha_i,\alpha_i)/2} - q^{-(\alpha_i,\alpha_i)/2}}$ is replaced by $[E_i, F_j] = 0$, while $\mathcal{S}' \otimes_R k(q)$ also has the same generators and relations except that again $[E_i, F_j] = 0$ and also the relation $K_\lambda F_i K_\lambda^{-1} = q^{-(\lambda,\alpha_i)} F_i$ is replaced by $K_\lambda F_i K_\lambda^{-1} = q^{(\lambda,\alpha_i)} F_i$. From this is not hard to see, using the results of Section 3 that both $\mathcal{S}$ and $\mathcal{S}'$ are Hopf algebras.

As expected one has

Theorem 6.3. *i) The algebra $\mathcal{S}$ is a quantum deformation of $k[H]$.*

ii) The algebra $\mathcal{S}'$ is a quantum deformation of $k[H']$.

At this point, exactly as one has done before, one takes the algebras $\mathcal{S}_\varepsilon = \mathcal{S}/(q-\varepsilon)$ and $\mathcal{S}'_\varepsilon = \mathcal{S}'/(q-\varepsilon)$, ε being a primitive l-root of unity with l satisfying the usual restrictions, and remarks that the elements E_β^l, F_β^l, $K_\lambda^l \otimes K_\lambda^l$ (resp. E_β^l, F_β^l, $K_\lambda^l \otimes K_\lambda^{-l}$) generate a subalgebra $\mathcal{Z}_0$ (resp. $\mathcal{Z}_0'$) which is a central Hopf subalgebra, closed under Poisson bracket in $\mathcal{S}_\varepsilon$ (resp. $\mathcal{S}'_\varepsilon$). Also as a $\mathcal{Z}_0$ (resp. $\mathcal{Z}_0'$) module $\mathcal{S}_\varepsilon$ (resp. $\mathcal{S}'_\varepsilon$) is free of rank $l^{\dim K}$.

Furthermore also the properties of being without zero divisors and being a maximal order, hold verbatim for our algebras $\mathcal{S}_\varepsilon$ and $\mathcal{S}'_\varepsilon$ (and in fact the proofs are identical to those given for U_ε , cf. [DK1]), and so does our general discussion about irreducible representations and the relations with symplectic leaves, except of course for the computation of the degree that has to be done case by case.

The way this is done has some interest by itself since it could deal to some general theory of *solvable quantum groups.* Let us review it briefly.

6.4 Let $\mathcal{A}$ be an algebra over k, σ an automorphism of $\mathcal{A}$. A linear map $D : \mathcal{A} \to \mathcal{A}$ is called a σ-derivation if $D(ab) = D(a)b + \sigma(a)D(b)$, $\forall a, b \in \mathcal{A}$. Given a pair (σ, D), we can define a new algebra $\mathcal{A}_{\sigma,D}[x]$ which is just $\mathcal{A} \otimes_k k[x]$ with multiplication defined by

$$xa = \sigma(a)x + D(a), \quad \forall a \in \mathcal{A}$$

We call $\mathcal{A}_{\sigma,D}[x]$ a twisted polynomial algebra.

Let now C be a prime algebra over k, i.e. an algebra such that if $aCb = 0$ for some $a, b \in C$ then $a = 0$ or $b = 0$, let $x_1, \dots, x_n$, and possibly some of their inverses, be a set of generators of C and let Z_0 be a central subalgebra of C. For each $i = 1, \dots, k$, denote by C^i the subalgebra of C generated by $x_1, \dots, x_i$, and let $Z_0^i = Z_0 \cap C^i$. We assume that the following three conditions hold for each $i = 1, \dots, k$:

(a) $x_i x_j = b_{ij} x_j x_i + P_{ij}$ if $i < j$, where $b_{ij} \in k$, $P_{ij} \in C^{i-1}$.

(b) C^i is a finite module over Z_0^i.

(c) Formulas $\sigma_i(x_j) = b_{ij}x_j$ for $j > i$ define an automorphism of C^{i-1} which is the identity on Z_0^{i-1}.

Note that letting $D_i(x_j) = P_{ij}$ for $j > i$, we obtain $C^i = C^{i-1}_{\sigma_i,D_i}[x_i]$, so that C is an iterated twisted polynomial algebra.

We may consider the twisted polynomial algebras $\overline{C}^i$ with zero derivations, so that the relations are $x_ix_j = b_{ij}x_jx_i$ for $j > i$. We call this the *associated quasipolynomial algebra.*

We then have ([DKP3]),

Theorem 6.4. *Under the above assumptions, the degree of C is equal to the degree of the associated quasipolynomial algebra $\overline{C}$.*

If furthermore one has

(d) For some primitive l-root of unity ε, $b_{ij} = \varepsilon^{m_{ij}}$ for all $j < i$ with $m_{ij} \in \mathbb{Z}$, then setting $m_{ij} = -m_{ji}$ for $i < j$ and $m_{ii} = 0$ for all i, the degree of $\overline{C}$ depends only on the antisymmetric matrix $M = (m_{ij})$ in the following way,

Proposition 6.4. *Consider M as a linear transformation of $\mathbb{Z}/l\mathbb{Z}$, reducing modulo l, then*

$$\deg\overline{C} = \sqrt{|ImM|}.$$

In particular if all the elementary divisors of M are prime with l, the degree of $\deg\overline{C}$ equals l^{rkM}.

Let us go back to the algebras $\mathcal{S}_\varepsilon$ and $\mathcal{S}_\varepsilon^{'}$. Using the Levendorskii-Soibelman relations one easily sees that if we choose an ordering $\beta_1, \dots, \beta_N$ of the set of positive roots associated to a reduced expression of the longest element w_0 in the Weyl group, and a basis $\lambda_1, \dots, \lambda_r$ of the lattice Λ, both these algebras satisfy properties (a), (b), (c) and (d) above with respect to the generators $E_{\beta_1}, \dots, E_{\beta_N}, F_{\beta_1}, \dots, F_{\beta_N}, (K_{\lambda_1} \otimes K_{\lambda_1})^{\pm 1}, \dots K_{\lambda_r} \otimes K_{\lambda_r}^{\pm 1}$ for $\mathcal{S}_\varepsilon$ and $E_{\beta_1}, \dots, E_{\beta_N}, F_{\beta_1}, \dots, F_{\beta_N}, (K_{\lambda_1} \otimes K_{\lambda_1}^{-1})^{\pm 1}, \dots (K_{\lambda_r} \otimes K_{\lambda_r}^{-1})^{\pm 1}$ for $\mathcal{S}_\varepsilon^{'}$. Furthermore the matrix M is of the form

$$M = \begin{pmatrix} C & 0 & D \\ 0 & -C & \mp D \\ -{}^tD & \pm{}^tD & 0 \end{pmatrix} \tag{6.3}$$

where $C = (c_{hk})$ is the antisymmetric $N \times N$ matrix with entries $c_{hk} = (\beta_h, \beta_k)$ for $h > k$, while $D = (d_{st})$ is the $N \times r$ with entries $d_{st} = -(\beta_h, \lambda_t)$

and in the second row we take $-D$ (resp. $+D$) if we consider $\mathcal{S}_\varepsilon$ (resp. $\mathcal{S}_\varepsilon'$) (in any case for our subsequent considerations this is irrelevant since the two matrices are clearly conjugate over $\mathbb{Z}$). One then has

Proposition 6.5. *$rkM = 2N$ and all the elementary divisors of M are powers of two if there are no components of type G_2, otherwise their prime factors are two and three. In particular due to our restrictions on l we get that the degree of both $\mathcal{S}_\varepsilon$ and $\mathcal{S}_\varepsilon'$ equals l^N.*

It remains to see, as promised, why this is relevant in the study of $F_\varepsilon[K]$. This follows from the fact that one can show that there is a *quantum big cell* namely recall that the center of $F_\varepsilon[K]$ contains a copy of $k[K]$. Let $f \in k[K]$ be an equation for the divisor $K - B^+B^-$, then one of the crucial steps in the analysis of $F_\varepsilon[K]$ is

Proposition 6.6. *There is an isomorphism of algebras $F_\varepsilon[K][f^{-1}] \cong \mathcal{S}_\varepsilon'$.*

Notice that this result immediately implies that the degree of $F_\varepsilon[K]$ equals l^N.

References

[AJS] H.H. Andersen, J.C.Jantzen, and W Soergel, *Representations of quantum groups at a p-th root of unity and of semisimple groups in characteristic p: independence of p*, *Astérisque* **220** (1994).

[DJMM] E. Date, M. Jimbo, K. Miki, and T. Miwa, Generalized chiral Potts models and minimal cyclic representations of $U_q(\widehat{\mathfrak{gl}}(n, \mathrm{C})$, *Comm. Math. Phys.*

[DK1] C. De Concini and V.G. Kac, Representations of quantum groups at roots of 1, in: *Progress in Math.*, **92**, Birkhäuser, 1990, 471–506.

[DK2] C. De Concini and V.G. Kac, Representations of quantum groups at roots of 1: reduction to the exceptional case, in: *Infinite Analysis, World Scientific*, 1992 , 141–150.

[DKP1] C. De Concini, V.G. Kac, and C. Procesi, Quantum coadjoint action, *Journal of AMS* **5** (1992), 151–190.

[DKP2] C. De Concini, V.G. Kac, and C. Procesi, *Some remarkable degenerations of quantum groups*, preprint, 1991.

[DKP3] C. De Concini, V.G. Kac, and C. Procesi, *Some quantum analogues of solvable groups*, preprint, 1992.

[DL] C. De Concini and V. Lyubashenko, *Quantum coordinate ring at roots of unity*, preprint, 1992.

[D] V.G. Drinfeld, Quantum groups, *Proc. ICM Berkeley* **1** (1986), 789–820.

[E1] B. Enriquez, *Integrity, integral closedness and finiteness over their centers of the coordinate algebra of quantum groups at p^ν-th roots of unity,* preprint 1991.

[E2] B. Enriquez, *Le centre des algèbres des coordonnées des groupes quantiques aux racines p^α-ièmes de l'unité,* preprint 1992.

[J] M. Jimbo, A q-difference analog of $U(g)$ and the Yang–Baxter equation, *Lett. Math. Phys.* **10** (1985), 63–69.

[JL] A. Joseph and G. Letzter, Local finiteness of the adjoint action for quantized enveloping algebra, *J. of Algebra* **153** (1992), 289–318.

[KP] V.G. Kac and D.H. Peterson, Generalized invariants of groups generated by reflections, in: *Progress in Math.,* **60**, Birkhäuser, 1985, 231–250.

[KL] D. Kazhdan and G. Lusztig, Affine Lie algebras and Quantum groups, *Intern. Math. Res. Not.* **2** (1991), 21–29, in: *Duke Math. J.* **62** (1991).

[Ku] P.P. Kulish (ed.), Quantum groups, Proceedings, *Lecture Notes in Math.* **1510** (1992).

[LS1] S.Z. Levendorskii, Ya. S. Soibelman, Algebras of functions on compact quantum groups, Schubert cells and quantum tori, *Comm. Math. Physics* **139** (1991), 141–170.

[LS2] S.Z. Levendorskii and Ya. S. Soibelman, Quantum Weyl group and multiplicative formula for the R-matrix of a simple Lie algebra, *Funct. Analysis and its Appl.* **25** (2), (1991), 143–145.

[LS3] S.Z. Levendorskii and Ya.S. Soibelman, Some applications of quantum Weyl group I, preprint.

[L1] G. Lusztig, Quantum deformations of certain simple modules over enveloping algebras, *Adv. in Math.* **70** (2) (1988), 237–249.

[L2] G. Lusztig, Quantum groups at roots of 1, *Geom. Ded.* **35** (1) (1990), 89–114.

[LW] J.-H. Lu and A. Weinstein, Poisson Lie groups, dressing transformations and Bruhat decompositions, *J. Diff. Geom.* **31** (1990), 501–526.

[Re] N. Reshetikhin, Quantization of Lie Bialgebras, preprint (1992).

[R1] M. Rosso, Analogues de la forme de Killing et du théorème d' Harish-Chandra pour les groupes quantiques, *Ann. Scient. École Norm. Sup.* **23** (1990), 445–467.

[R2] M. Rosso, An analogue of P.B.W. theorem and the universal R-matrix for $U_h(sl(n{+}1))$, *Comm. Math. Phys.* **124** (1989), 307–318.

[Se] M.C. Semenov–Tian–Shansky, Dressing transformations and Poisson group actions, *Publ. RIMS* **21** (1985), 1237–1260.

[S] Ya. S. Soibelman, The algebra of functions on a compact quantum group, and its representations, *Leningrad Math. J.* **2** (1) (1991), 161–178.

[T] T. Tanisaki, Killing Forms, Harish-Chandra isomorphisms, and universal R-matrices for quantum algebras, in: *Infinite Analysis*, World Scientific, 1992, 941–961.

[WK] B. Yu, Weisfeiler, V.G. Kac, On irreducible representations of Lie p–algebras, *Funct. Anal. Appl.* **5** (2) (1971), 28–36.

Scuola Normale Superiore
Piazza dei Cavalieri
I-56100 Pisa, Italy

Received October 21, 1992
Revised March 9, 1993

Gauge Theory and Four-Manifold Topology

S. K. Donaldson

1. Introduction

This article is a survey of recent developments in the area described in the title. We will concentrate on the developments that have taken place since 1986, after the earlier survey [10] (which corresponds roughly to the material covered in the book [14]), and this article might be viewed as a continuation of [10]. Another useful reference which gives an overview of the field is [23].

1.1 The classification problem

While there are many open problems in 4-manifold topology, it is probably true that the guiding light for most workers in the subject is the *classification of compact, smooth, oriented, simply-connected* 4*-manifolds.* Recall that the oriented homotopy type of such a 4-manifold X is determined by the 2-dimensional homology group $H_2(X)$ (a free-abelian group), together with the intersection form $(\alpha, \beta) \mapsto \alpha.\beta$, which is a symmetric, unimodular form defined by counting intersection points of 2-cycles in general position. From this one obtains two numerical invariants $b_2^+(X), b_2^-(X)$, the dimensions of maximal positive and negative subspaces for the intersection form, and also a *parity*, depending whether the form is even or odd. By combining deep facts about the arithmetic of unimodular forms and about the definite forms that can appear from smooth 4-manifolds, one knows that b_2^+, b_2^- and the parity completely determine the form, up to equivalence, and so the oriented homotopy type. Furthermore, it follows from Freedman's topological theory that this data determines the manifold up to *homeomorphism.* One would like, therefore, to describe the *smooth* 4-manifolds which realise the different classical invariants, and classify them up to *diffeomorphism.* It must be said at once that this remains a very distant, speculative, goal. One can summarise the position by saying that in the earlier period 1982–1986 it was discovered that new ideas from gauge theory showed that there was a great deal more to this differential classification than one might expect from the topological category; for example, through the detection of examples of homeomorphic but non-diffeomorphic 4-manifolds. In the past few years, as we shall describe in this article, these phenomena have been studied more systematically: the range of examples and results has increased enormously, and new pictures of the rich structure of 4-dimenional geometry and topology are coming into view. However there is at present no technique available for tackling the converse problem—giving useful sufficient conditions under which 4-manifolds are diffeomorphic—so the classification problem itself seems quite out of reach for the moment.

Another theme running through the subject is the comparison of the differential topology of 4-manifolds with the *complex geometry* of complex surfaces, for which one has the "rough classification" of Kodaira and Enriques [3]. This classification becomes particularly straightforward if one restricts attention to simply connected surfaces, modulo continuous deformations of complex structures. One gets three classes:

(1) The class of *rational surfaces*, consisting of the the projective plane CP^2, its blow-ups $CP^2 \sharp n\overline{CP}^2$, and the quadric $S^2 \times S^2$.

(2) The class of (simply-connected), irrational, *elliptic surfaces*. These are surfaces which admit an elliptic fibration over CP^1: a holomorphic map to the Riemann sphere with generic fibre an elliptic curve (*i.e.* a real 2-torus). This class includes the famous $K3$ surface, which has an even form with numerical invariants $b_2^+ = 3, b_2^- = 19$.

(3) The class of (simply-connected) surfaces of *general type*. This includes hypersurfaces in CP^3 of degree at least 5, and more generally "almost all" complete intersections.

This division into three classes is reminiscent of the well-known division of complex curves (Riemann surfaces) into the three cases of genus 0,1 and ≥ 2 and, to oversimplify considerably, one can think of the three classes of complex surfaces as exhibiting respectively positive, zero (or almost-zero) and negative "curvature". We should add that we do need to impose the irrationality condition in the definition of class (2), since otherwise there would be some overlap with class (1)—the rational surface $CP^2 \sharp 9\overline{CP}^2$, and its blow-ups, admit elliptic fibrations.

1.2 Gauge theory invariants: foundations

We will now go on to recall how gauge theory, or Yang-Mills theory, enters into the picture through the *invariants* of 4-manifolds defined by the moduli spaces of instantons. Let $P \to X$ be a principle $SO(3)$ bundle over our 4-manifold X, with Pontrayagin class $p_1(P) = -4k$. Choose a Riemannian metric g on X and consider the *instanton* (or anti-self-dual) connections on P. These are connections A whose curvature $F(A)$ is an anti-self-dual form with respect to the Hodge $*$-operator: $*F(A) = -F(A)$. This condition is a first-order partial differential equation for the connection A. The space of solutions $M_P = M_P(g)$, modulo equivalence under automorphisms of the bundle P, is a finite-dimensional space: the *moduli space* of solutions.

Assuming certain technical conditions hold (that $b^+(X)$ and k are both strictly positive), and if the metric g is sufficiently generic, the moduli space is a smooth, orientable, manifold of dimension $8k - 3(1 + b_+(X))$. Suppose that $b_+(X)$ is odd, so this dimension is even, equal to $2d$ say. Over the product $M \times X$ there is a universal $SO(3)$ bundle P and we get a map:

$$\mu : H_2(X) \to H^2(M)$$

be decomposing the class $-\frac{1}{4}p_1(P) \in H^4(M \times X)$. If we fix a class $\alpha \in H_2(X)$ then under certain further technical conditions we can define a numerical invariant, $q_{k,X}(\alpha)$ say, by "evaluating" the $2d$-fold cup product $\mu(\alpha)^d$ on the moduli space. This definition needs amplification because the moduli space will typically not be compact. To get around this (assuming some further technical hypotheses) one can either show that the class $\mu(\alpha)$ extends over a compactification $\overline{M}$ of the moduli space, or that there is a class corresponding to $\mu(\alpha)^d$ in the compactly supported cohomology of the moduli space; the two approaches are equivalent. Finally one shows that, under the important further condition that $b^+(X) > 1$, the number $q_{k,X}(\alpha)$ is independent of the metric g, and thus gives an invariant of the smooth structure of X. This is evidently a polynomial function of α so in sum we get an infinite collection of preferred polynomial functions on $H_2(X)$. (Our notation here is rather compressed since the invariants depend on the SO(3)-bundle P, which is specified by its Stiefel Whitney class in $H^2(X; Z/2)$. But often we will be concerned with the case when this Stiefel–Whitney class is zero, which is essentially equivalent to working with $SU(2)$ bundles.) One can extend this collection even further by using a 4-dimensional cohomology class over the moduli space, although we will not say much about this here.

These invariants, and their application as tools for distinguishing smooth 4-manifolds, are the central topic of this article. Before going on to the more detailed discussion in Section 2 we will recall some fundamental properties of the invariants. One important property, which acts as a bridge between 4-manifold theory and complex geometry, is their intepretation in terms of *holomorphic bundles* in the case when the 4-manifold X is a complex algebraic surface, and we choose a Kahler metric g. For simplicity suppose that P lifts to an $SU(2)$ bundle $\tilde{P}$, and we can work with $SU(2)$ connections on $\tilde{P}$, which has second Chern class k. The main point then is that an instanton connection on $\tilde{P}$ endows the associated rank-2 vector bundle E over X with a *holomorphic* structure, and that conversely a holomorphic vector bundle (with $c_1(E) = 0$) admits an instanton connection if and only if it satisfies a certain algebro- geometric condition, that it be "stable" with respect to the polarisation defined by the Kahler metric.

This means that the moduli space M can be identified with a moduli space of stable holomorphic bundles, and may thus be studied by entirely algebro-geometric means. Following this road one can show that the gauge-theory invariants of complex algebraic surfaces are *non-zero*. A second general property goes in the other direction: if X is a connected sum $X_1 \sharp X_2$, and if $b_+(X_1), b_+(X_2)$ are both strictly positive then the instanton invariants of X vanish. The conflict between these properties lead to many of the eary examples of homeomorphic, nondiffeomorphic 4-manifolds.

Some notable advances have been made recently in securing the foundations of this theory: in both of the two directions mentioned above. On the one hand Morgan [47] and J-Li [43] have shown that one can calculate the invariants through the "Gieseker compactification," defined algebro-geometrically using semi-stable sheaves, of the moduli space. This is a larger compactification $\overline{M}_{A.G.}$ and the essential point is to show that the diffeomorphism from the moduli space of stable bundles to the instanton moduli space extends to a continuous map from $\overline{M}_{A.G.}$ to $\overline{M}$. The lift of the class $\mu(\alpha)$ to $\overline{M}_{A.G.}$ can be obtained by decomposing the Chern class of the universal sheaf, and the upshot is that the invariants can be defined in a strictly algebro-geometric way. In the other direction, Morgan and his collaborators [25],[46] have shown that the theory can be considerably simplified, and extended, by the device of stabilisation under connected sum with auxiliary copies of $\overline{CP}^2$. This allows one to drop many of the technical hypotheses required in the definition of the invariants and drastically shortens the earlier proofs [11],[18] of the "vanishing theorem" for connected sums mentioned above.

Finally, we should say a little about the exceptional case when $b^+(X) = 1$. In this case the pairings of the cohomology class with the fundamental class of the moduli spaces *do* depend on the metric g on the original 4-manifold. The trouble is that in a generic 1-parameter family of metrics on X one will encounter a finite number of parameter values where the instanton moduli space includes reducible connections, and the classes $\mu(\alpha)$ do not extend over these. All is not lost, however, because Hodge theory gives a precise description of the exceptional metrics where reducibles occur, and one can use the totality of the pairings, regarded as a function on a set of "chambers" in the homology, as a differental-topological invariant. In the simplest case one gets the "Γ-invariant" of [9],[22],[52], and the approach was extended to more complicated invariants by Kotschick [36] and Mong [45]. The question of understanding the metric dependence leads to many technical problems, on which substantial progress has been made recently by Li and Qin [42] and Kotschick and Morgan [37].

We shall divide our survey of recent developments into two main parts;

first, in Section 2, we consider what might call the *geometric* approach, *i.e.* work on the invariants for complex algebraic surfaces using the interpretation of the moduli spaces in terms of holomorphic vector bundles and algebro-geometric techniques. In Section 3 we consider developments in what might call the *topological approach*, *i.e.* work on the invariants for more general 4-manifolds based upon various kinds of topological models. (Of course these approaches come together at many points, and this confluence makes one of the most notable features of the theory.) In Section 4 we discuss a number of other topics: the work of Kronheimer and Mrowka on surfaces in 4-manifolds, links with with symplectic geometry and with conformal field theory.

2. The geometric approach

Here we are interested in the differential topology of complex surfaces. Some of the main themes of current work crystalised in the article [23] of Friedman and Morgan. They discussed questions along the following lines:

(i) Is the natural map from the class of simply-connected complex algebraic surfaces, modulo deformations, to the class of smooth, oriented, simply-connected 4-manifolds, modulo diffeomorphisms, finite-to-one? Is it actually one-to-one?

(ii) Is the canonical class $K_X = c_1(T^*X) \in H^2(X)$ a differentiable invariant of a complex algebraic surface X ?

(iii) If $\tilde{X}$ is a surface which contains exceptional curves (*i.e.* not a minimal surface) is the subspace in $H_2(X)$ generated by the exceptional curves a differential-topological invariant?

(iv) Is the class (1),(2),(3) above of a simply connected surface X a differential topological invariant?

A great deal of progress has been made on these questions, using the gauge theory invariants. Indeed much can be done using only the existence of the invariants and general facts about them; without specific calculations. First of all one needs to know that if X is a complex algebraic surface the gauge-theory invariants are non-trivial. More precisely, if $h \in H_2(X)$ is the dual of the first Chern class of a positive line bundle then one knows that [11] $q_k(\alpha) > 0$ when the Chern class k is sufficiently large. To prove this one shows that $q_k(\alpha)$ is essentially the Riemannian volume of the moduli space, with respect to a natural metric. Second, one knows that the invariants are, by their differential topological nature, preserved by the self-diffeomeorphisms of X. If X has a large group of diffeomorphisms this imposes useful constraints on the invariants. In particular suppose that X is a fibre of a complex algebraic family $\pi : \mathcal{X} \to T$, where π is a differentiable fibration. Then the fundamental group $\pi_1(T)$ acts on X (up to isotopy) by the monodromy transformations of the bundle. For many surfaces, such as complete intersections, it is easy to write down large families $\mathcal{X}$ of this kind (just vary the co-efficients of the defining equation) and these yield many diffeomorphisms. Using this idea, and results of Ebeling, Friedman and Morgan showed that if X is a complete intersection or a minimal elliptic surface with $p_g(X) > 1$ then each invariant $q_{k,X}$ is a polynomial in the canonical class K_X (regarded as a linear function on $H_2(X)$) and the intersection form Q of X (regarded as a quadratic polynomial on $H_2(X)$). Thus the calculation of the invariants for these manifolds, comes down to the calculation of an array of co-efficients

$$q_{k,X} = \sum_{i=0}^{d/2} a_{i,k} K_X^{2i} Q^{[d/2]-i} \text{ or } \sum_{i=0}^{(d-1)/2} a_{i,k} K_X^{2i+1} Q^{(d-1)/2-i}. \qquad (A)$$

(Depending whether the complex dimension d of the moduli space is even or odd.) This result goes a long way towards answering question (iii) above. If $p_g(X)$ is even then the dimension d is odd so the canonical class must be involved in a non-trivial way. From this Friedman, Morgan and Moishezon deduce that the canonical class, and particularly the *divisibility* of the canonical class, is invariant under diffeomorphisms for these surfaces. (The divisibility is the largest integer d such that $d^{-1}K_X$ lies in the integer lattice in $H^2(X)$.) So if one can exhibit pairs of simply connected complex algebraic surfaces X_1, X_2 of this kind with the same classical invariants (b_2^+, b_2^-, parity) but with different divisibilities, one knows that X_1, X_2 are homotopy equivalent (homeomorphic) but not diffeomorphic; they are distinguished by their Yang-Mills invariants. The surprising thing is that one gets this conclusion without having done any calculations of invariants whatsoever! Friedman, Morgan and Moishezon gave examples using abelian covers of $CP^1 \times CP^1$ (which also have the "big monodromy" groups needed for the argument). Soon after, Ebeling [16] gave examples of complete intersections, Salvetti [56] of abelian covers of CP^2 branched over curves with normal crossings, and later Perrson and Peters [53] gave examples of complete intersections in weighted projective spaces. The earlier examples had very large homology groups, with second Betti number several millions but the later Perrson-Peters examples have smaller homology: for example they find a pair X_1, X_2 as above with $b_2^+ = 13, b_2^- = 6$ and with odd intersection forms.

These general properties of the invariants have been extended in an interesting way by O'Grady [51]. The geometric input is the fact that if $\theta \in H_2(X)$ is Poincaré dual to a class represented by the real part of a holomorphic 2-form on X then $\mu(\theta)$ is represented by the real part of another holomorphic 2-form Θ on the moduli space. An algebro-geometric argument, involving linear series of curves on X, shows that under some general hypotheses the form Θ is non-degenerate, and this means that

$$q_k(\theta) = \mathrm{Re}\ (\int_M \Theta^d)$$

is non-zero. This gives quite a lot of information about the co-efficients in (A). For example if X is a hypersurface of degree $n \geq 5$ in CP^3 with p_g odd (and so even-dimensional moduli speces), O'Grady deduced that the co-effiecients $a_{i,k}$ are strictly positive for $i > \frac{1}{16}n^3 - \frac{1}{4}n^2 + 1$. His results enable the restriction that p_g be even to be lifted from the general conclusions of Friedman and Morgan above. In the case when p_g is odd, so the poynomial has even degree in K_X, O'Grady shows that the term involving K_X^2 is non-trivial, and thus detects the canonical class. (In fact O'Grady worked algebro-geometrically, using the Gieseker compactification of the moduli space, but the later work of Morgan and J.-Li, mentioned in Section 1, confirms that O'Grady's results apply to the gauge-theory invariants.)

2.2. Elliptic surfaces

The Yang–Mills invariants have been most extensively studied for the class of *elliptic surfaces.* The key notion here is that of a "logarithmic transformation". Let $\pi : X \to B$ be an elliptic fibration of a complex surface X. The map π is not a genuine fibration in the ordinary sense, since there may be some isolated exceptional fibres. These are either *singular fibres*, typically a curve with a single double point, or *multiple fibres.* If $x \in X$ is a point on a multiple fibre we can choose local complex co-ordinates z, w about x such that π is represented by $(z, w) \mapsto z^p$. The integer p is the *multiplicity* of the fibre. If $\pi : X \to B$ is one elliptic surface and $\pi^{-1}(b)$ is an ordinary fibre, logarithmic transformation of multiplicity p at b is an operation which creates a new elliptic surface $\pi' : X' \to B$ having a p-fold multiple fibre at b, but otherwise identical to X. From the differentiable point of view the construction can be viewed as a generalised "surgery" operation: one cuts out a tubular neighbourhood of the 2-torus $\pi^{-1}(b)$ and glues it back using a standard diffeomorphism of the boundary 3-torus.

From the point of view of complex geometry the classification of elliptic surfaces, modulo deformation, is well-established and the results are straightforward. We restrict attention to simply connected surfaces, so the base B must be the Riemann sphere S^2. Then for each value n of the geometric genus p_g one gets a basic model X_n, without multiple fibres, as follows. As we have mentioned, the rational manifold $CP^2\sharp 9\overline{CP}^2$ (i.e the projective plane blown up in nine points) admits an elliptic fibration. This is induced from the family of cubic curves in the plane passing through nine fixed points. This gives the simplest case X_0. Then one gets a manifold X_n having $p_g = n$ by taking the fibrewise connected sum of $n+1$ copies of X_0. Finally one can make logarithmic transformations in one or two fibres (any more creates a fundamental group) with co-prime multiplicities p, q. So in sum we get a collection of manifolds $X_n(p,q)$, which contain all deformation types of simply connected, minimal-elliptic surfaces. The classical invariants are

$$b^+(X_n(p,q)) = 2n+1,\ b^-(X_n(p,q)) = 10n+9,$$

and the manifold is of even type if and only if n and $p+q$ are both odd.

We see that (provided $p+q$ has the right parity, when n is odd) logarithmic transformation does not affect the homotopy type of the manifold. Kodaira was the first to ask, in the case $n = 1$ of manifolds homotopy equivalent to the $K3$ surface [33], about the topological effect of logarithmic transformation, and one of the signal achievements of the last few years has been a complete answer to Kodaira's question (if we interpret "topological" as "differentiable topological").

The first work in this direction bore on the case when $p_g = 0$ and the manifolds $X_0(p,q)$ which are known as Dolgachev surfaces. This is an exceptional case from many points of view since we have $b^+ = 1$ and we are in the regime where one has complicated invariants defined on chambers in the homology. Nevertheless there are useful invariants, specifically the Γ-invariant introduced in [9] and similar Φ-invariants defined using $SO(3)$ bundles [36],[37]. While these are complicated invariants it turns out [22] that the information contained in them is in each case equivalent to a single integer; so we have integers $\hat{\Gamma}, \hat{\Phi}$. Following the first calculation of [11], in the simplest case, Friedman and Morgan [22] and Okonek and Van de Ven [52] analysed systematically the relevant moduli spaces of bundles over Dolgachev surfaces, using the "Schwarzenberger-Serre construction" which we will discuss in 2.3. They showed that there were infinitely many families of diffeomeomorphism types among the Dolgachev surfaces, but they were not able to complete the calculation of the invariants, for all p, q, because of a technical difficulty involving the "multiplicity" of the moduli spaces. When one defines invariants by evaluating on the fundamental class of the moduli space one has in mind a generic Riemannian metric on the original 4-manifold (defining the ASD equations), for which the moduli space is cut out in a transverse fashion. A Kahler metric, which one needs to make connection with moduli of holomorphic bundles, may not be generic in this sense. The resulting degeneracy in the moduli space is captured by nilpotents in the structure sheaf, regarded as a ringed space, and the difficulty in evaluating the invariants comes down to the algebro-geometric problem of identifying this nilpotent structure. This problem was solved by Bauer [4]. He computed all the multiplicities and concluded that the invariants are:

$$\hat{\Gamma}(X_0(p,q)) = \frac{(p^2-1)(q^2-1)}{3} - 1,$$

while $\hat{\Phi}(X_0(p,q))$ turned out to be $\hat{\Gamma}(X_0(p,q)) + 1$. So in sum we now know that $(p^2-1)(q^2-1)$ is a differential-topological invariant of $X_0(p,q)$ but this certainly does not distinguish all the manifolds. It is interesting that the Φ and Γ invariants contain identical information in this case; one is naturally lead to ask whether more complicated invariants will contain more information and distinguish more of the Dolgachev surfaces and this may be a interesting project for the future.

We turn now to the case when $p_g \geq 1$, when rather more is now known. A great breakthrough here came with the work of Friedman and Morgan [24] (a detailed version will appear in their book [25]). This was based on an algebro-geometric analysis of holomorphic bundles over an elliptic surface by Friedman [21]. A feature of this work is that Friedman and Morgan dealt with bundles of large Chern class (in fact $k > 2p_g + 2$), as opposed to the calculations with Dolgachev surfaces which considered specific small Chern classes. This division is a theme which cuts through much of the algebro-geometric work on moduli spaces. The two cases have different advantages and disadvantages. In the case of small Chern class the moduli spaces have a low dimension and it may be possible to describe them in detail, but one often encounters rather pathological phenomena such as the multiplicities discussed above. For large Chern class the moduli spaces have a very high dimension and may be very hard to describe in full, but the stucture at "generic points," outside sets of high codimension, becomes simpler and this description often suffices for the topological calculations that have to be made.

Friedman's description of bundles over an elliptic surface was based on the classification of bundles over elliptic *curves*, which is completely understood. If a rank 2 bundle $E \to X$ over an elliptic surface splits on the generic fibre into a sum $L_1 \oplus L_2$ one gets a branched double-cover $B \to B$, representing the choice of a factor L_1, L_2. One can recover E from this double cover and line bundle over the pulled back cover $\tilde{X} \to X$. Friedman showed that when k is large the generic bundle is obtained in this way, and thus described a dense open subset in the moduli space. Let us suppose for simplicity that p_g is odd so so our invariants can be written as sums

$$q_{k,X} = \sum_{i=0}^{[d/2]} a_{i,k} K_X^{2i} Q^{d/2-i}.$$

Friedman and Morgan showed that

$$a_{i,k} = 0 \text{ for } i < p_g - 1 = n - 1,$$

and were able to evaluate the "leading term":

$$a_{n-1} = \frac{d!}{2^n (n-1)!} (pq)^{p_g}. \qquad (B)$$

They concluded that for each value of $n = p_g$ the product pq is a differential-topological invariant of the $X_n(p,q)$, so again we see infinitely many distinct diffeomorhism types of 4-manifolds within each of these homotopy types. One conclusion which they drew from there work is that there are at most a *finite number* of many deformation classes of surfaces in any diffeomorphism type (general results in complex geometry give this finiteness for surfaces of class (3), of general type).

At this point the position was rather similar to that in the case of Dolgachev surfaces described above, with the full classification still open. More recent work has resolved this, at least in the case $p_g = 1$, and given a complete classification of Kodaira's complex homotopy $K3$ surfaces. One aproach is by Morgan and O'Grady [48] and uses invariants defined by $SU(2)$ bundles with $k = 3$ (a "small value" from the point of view of the dichotomy mentioned above). In fact this is below the "stable range" in which the most straightforward definitions of the invariants apply, so they use a device due to Morgan of taking connected sums with auxiliary $\overline{CP}^2$'s to define an "unstable invariant," a polyonmial of degree 6. By the same naturality arguments this is a polynomial

$$c_0 Q^3 + c_1 Q^2 K^2 + c_2 Q K^4 + c_4 K^6,$$

so yields four numerical invariants. Morgan and O'Grady calculate the first two of these. The co-efficient c_0 is $15pq$, so it contains the same information as the previous calculation (B). However the next term c_1 is:

$$c_1 = \frac{15}{2} pq\big((3pq-1)(pq+1) - (p+q)^2\big),$$

if p, q and q are both odd. If one of p, q is even, say p, then the formula is modified to

$$\frac{15}{2}pq\big((3pq-1)(pq+1)-pq^2+3(q^2-1)\big).$$

Morgan and O'Grady then deduce a complete answer to Kodaira's question: *the multiplicities p, q are differentiable-topological invariants of an elliptic surface with $p_g = 1$, hence such surfaces are diffeomorophic if and only if they are deformation equivalent.* Bauer's work follows a similar general pattern but uses diferent moduli spaces, avoiding some technical difficulties. His invariant is based on $SO(3)$ bundles and is again a polyomial of degree 6, $c_0'Q^3 + c_1'Q^2K^2 + \dots$ say. He finds that c_0' is pq, so again contains the same information as (B), but

$$\begin{aligned} c_1' &= pq\frac{3p^2q^2-p^2-q^2-1}{12} \text{ if } p,q \text{ both odd,} \\ &= pq\Big(\frac{3p^2q^2-p^2-q^2-1}{12} - \frac{(p^2-1)}{4}\Big) \text{ if } q \text{ odd.} \end{aligned}$$

Bauer [5] obtained the same main conclusion by his approach: the $SO(3)$ invariants distinguish all of the complex homotopy-$K3$ surfaces.

2.3 Configurations of points

The general problem of describing moduli spaces of vector bundles over complex algebraic surfaces is difficult, and many of the techniques used in the calculations mentioned in 2.2 are special to the case of elliptic surfaces. One approach (which goes back at least to Serre and Schwarzenberger) almost gives an algorithm for describing, in principle, any moduli space, and this approach has been used a great deal. Let V be a rank 2 vector bundle over a surface X and write Λ for the line bundle $\Lambda^2 V$. A generic section s of V may be expected to vanish on a set of isolated points $Z \subset X$. Let us suppose for simplicity that these zeros are all transverse. The bundle may be reconstructed from this set of points plus

(1) For each point $z_i \in Z$ an element r_i of a copy of the complex numbers C_i. (More precisely, this is the fibre of the line bundle $(K_X \otimes \Lambda)^*$ over z_i.)

(2) Certain linear, cohomological data. (More precisely, a class in $H^1(\Lambda^*)$.)

On the other hand the data in (1) are subject to linear constraints imposed by the global holomorphic sections of $K_X \otimes \Lambda$. For any rank 2 bundle over X one can always tensor with a high power of a positive line bundle, to create many sections, and thus build up any moduli space from pieces described by special configurations of points (perhaps modulo some equivalences).

O'Grady showed in [50] that this approach works well in the case of $K3$ surfaces. We know that some $K3$ surfaces are elliptic, with $p_g = 1$, so the work of Friedman and Morgan described in 2.2 also applies to this case, and their formula just comes down to

$$q_k = \frac{(2m)!}{2^m m!} Q^m,$$

where $m = 2k - 6$, half the complex dimension of the moduli space. O'Grady was able to obtain the same answer, at least for k odd, using the other technique. If k is odd one can choose a complex structure on a $K3$ surface X and a holomorphic line bundle $L \to X$ so that if E is a rank 2 bundle with $c_1 = 0, c_2 = k$ the holomorphic Euler characteristic of $E \otimes L$ is 1. For a generic bundle E there is just one section of $E \otimes L$, vanishing on l points where $l = c_2(E \otimes L)$. A little arithmetic, using the Riemann-Roch formula, shows that the number of constraints is $l - 1$, and these means that for a generic set of l points there is a unique way to choose the extra data (r_i) to define a bundle. In this way one finds that the moduli space is birationally equivalent to the l-fold symmetric product $s^l(X)$, and O'Grady was able to use this description to calculate the invariants.

If one follows through the same recipe for a general surface X one finds that the number of constraints does not precisely balance the number of points, but instead:

$$\dim H^0(K_X \otimes L^{\otimes 2}) = l + (2L.K_X + 1 - \chi(\mathcal{O}_X).$$

Thus for a surface of general type, when $L.K_X >> 0$, there will typically be many more constraints than points, and this means means that one has to study "special configurations" on the surface. One is lead in this way towards problems in the style of classical enumerative geometry. The typical problem would be, for a surface XCP^{3l-2} to find the number of "multisecant configurations" of l points in X which lie on a linear subspace of dimension $l - 2$. The case when $l = 2$, double points of a surface in CP^4, is classical. The next case when $l = 3$ has been solved by Le Parz [41], but the problem seems to become very complicated for large l and this complication is the first obstacle in the search for an explicit description of the moduli spaces.

There are other invariants which can be used, which get around these problems to some extent. These have been developed extensively in recent work by Pidstragach and Tyurin. While it may be hard to describe all the bundles in a moduli space M there are "exceptional bundles" which are easier to describe. In the simplest case one considers the subsets $\Delta_i \subset M$ defined by the jumping of cohomology:

$$\Delta_i = \{E | H^i(E) \neq 0\}.$$

By Serre duality Δ_2 is the set where $E^* \otimes K_X$ has a section, so is on essentially the same footing as Δ_0. The bundles in these subsets can, by their definition, be obtained from smaller configurations than can the generic bundle in M. On the other hand the union $\Delta = \Delta_0 \cup \Delta_2$ carries differential topological information in just the same way as the whole moduli space. For a general Riemannian 4-manifold we choose a $Spin^c$ structure, and consider the subset in the instanton moduli space where the coupled Dirac operator has a non-trivial kernel. A cobordism argument shows that the homology class of this set (suitably interpreted) is independent of the Riemannian metric. In the case of a Kahler metric on a complex surface we recover the previous definition, by the standard relation between the Dolbeault complex and the Dirac operator of a Kahler manifold. In this way one gets a new set of invariants which one may hope to be easier to calculate. (One interesting open question is the relation of these Pidstragach-Tyurin invariants to the ordinary ones. It is reasonable to guess that they are related by formulae derived from the "Porteous formula" for degeneracy loci, but this is not immediately apparent because of problems involving compactification.)

Pidstragach and Tyurin have applied their invariants to the question of distinguishing rational surfaces: that is, showing that a rational surface cannot be diffeomorphic to an irrational one: this is the main part which remains open in solving question (4) of 2.1, and contributions have been made by a number of people. Consider first a minimal irrational surface which is homotopy-equivalent to a rational surface. Since $c_1(X)^2 \geq 0$ there are ten cases, corresponding to the homotopy types

$$S^2 \times S^2, \ CP^2 \sharp n\overline{CP}^2, \ n = 1 \dots 9$$

(The case $n = 0$ is ruled out by famous results of Yau.) In each case one conjectures that X is not diffeomorphic to the rational model, and attempts to prove this by computing suitable gauge-theory invariants. (All the manifolds have $b^+ = 1$, so one is in the difficult case where reducible connections play a major role.) The first progress came with the case $n = 9$, when X must be a Dolgachev surface and the conclusion is obtained from the results described in 2.2. The other case where such a surface is known to exist is when $n = 8$ with a surface of general type constructed by Barlow. This was shown not to be diffeomorphic to $CP^2 \sharp 8\overline{CP}^2$ by

Kotschick [34], using an invariant based on $SO(3)$ connections which was cleverly crafted to avoid the problem of reducibles. Later Kotschick [35] and, independently, Pidstragach showed that *no* surface of general type in this homotopy type could be diffeomorphic to a rational surface. There is an important distinction between these results, which is part of a theme running through this area. It is easy to distinguish surfaces of general type from rational surfaces *if* one assumes that the relevant moduli spaces have the *correct dimension* (i.e. the same as the dimension for a generic Riemannian metric on the base). For example, one can do this using the "sign" of the Γ-invariant of [9], supposing that the moduli space of bundles with Chern class 1 has the correct dimension. However, for these low values of the Chern class it is not clear that one does obtain a moduli space of the correct dimension, and this difficulty if the essence of the problem. For a specific manifold like the Barlow surface one can hope to check directly that the moduli space has the desired properties: but if one wants to deal with any hypothetical surface stronger techniques are needed.

Further progress came at the other end of the family, with work by Qin [55], using Kotschick's invariants to prove the conjecture for the homotopy types of $CP^2\sharp\overline{CP}^2$ and $S^2 \times S^2$ (that is, the rational rules surfaces). Qin argued that for the ruled surfaces a certain $SO(3)$ invariant must vanish when the metric is chosen so that the 2-sphere fibre is very small, because the moduli space is empty. Then he showed that for the correspondinq metrics on a surface of general type one gets a non-zero invariant.

Using these new invariants, Pidstragach and Tyurin [54] have settled the remaining cases, of manifolds in the homotopy type $CP^2\sharp n\overline{CP}^2$, $n = 2, \dots 7$. Their work involves detailed case-by-case arguments. While the results are slightly abstract from one point of view, given that no examples of surfaces of general type in these homotopy types are known (and their existence is an interesting open problem in surface geometry), the techniques they develop will probably be extremely useful for performing calculations of invariants in other situations.

2.4 Conclusion to section 2

The overall theme of all these developments has been to show that much of the complex geometry of surfaces is reflected in their differential topology. While there is now overwhelming evidence to support this view a good number of problems remain: notably completing the solutions of the Friedman-Morgan questions mentioned in 2.1. One collection of problems which remain has to do with exceptional curves. Here there are results of Friedman and Morgan [25], whose input is the partial description of moduli spaces over a blow-up $\tilde{X}$ in terms of those on a surface X with an exceptional curve contracted, see also [8]. This leads to the identification of the first few terms in the expansion of the polynomial invariant in powers of the exceptional curve. Recently Brussee has made further progress in this direction, using the observation that the gauge-theory invariants of a surface are compatible with the Hodge structure on the 2-dimensional cohomology.

There are a number of subtantial technical problems remaining in the foundational aspects of the theory. These include extending the expansion of the invariants for a blow-up, and extending the formulae for "crossing walls" in the case when $b^+ = 1$. These problems are related to the problem, which has attraacted a good deal of interest, of computing the gauge-theory invariants for CP^2 (a manifold which one might think was the simplest case !), see [42]. Partial answers, for low values of the Chern class, to these questions are known but the existing methods seem to become impossibly complicated as the Chern class increases.

In the direction of applications two interesting questions for minimal surfaces of general type are

(1) Whether the invariants are always polynomials in the intersection form and canonical class (as we know happens for complete intersections).

(2) Are there non-diffeomorphic surfaces X_1, X_2 for which there is a homotopy equivalence matching up the canonical classes (in particular, with the same divisibility).

3. The topological approach

In this section we will discuss techniques for calculating the gauge-theory invariants based on topological decompositions of a manifold—the kind of decompositions which enter naturally when one considers various types of "surgery" operation. There has been a great deal of progress in this direction, all based at bottom on the idea of "stretching the neck" in a 4-manifold. Thus one considers a decomposition

$$X = X_1 \cup_Y X_2,$$

of a closed 4-manifold X into two manifolds with common boundary Y. The goal of the theory is to identify (differential topological) invariants of the pieces X_i and a prescription for recovering the known gauge-theory invariants of the closed manifold X from the invariants for the two pieces. The starting point is to consider a family of Riemannian metrics g_T on X in which the neck joining X_1 to X_2 is stretched out to contain a Riemannian tube $Y \times [0, T]$, for a fixed metric on Y. Then one studies the instanton solutions on X, with the metric g_T and lets T tend to infinity.

3.1 Floer homology and L^2 moduli spaces

One development which has attracted a great deal of attention has been Floer's work on "instanton homology" of 3-manifolds [19]. The basic idea is to find *Floer homology groups* $HF_*(Y)$ associated to an oriented 3-manifold Y by studying instantons on the tube $Y \times R$. The theory applies in the first instance to homology 3-spheres Y. Floer originally conceived these as new invariants of 3-manifolds, a purpose for which they have not really been tested so far, but it was realised soon after Floer's breakthrough that his groups are also of fundamental importance for these decomposition problems in 4-dimensions. (Unfortunately there is no very satisfactory reference for these ideas at present. The overall picture is decribed in the article of Atiyah [1] and a systematic account is in preparation in a book written by the author, Furuta and Kotschick. However the ideas have become well-known to most workers in the area.) The formal scheme is, modulo some technicalities, that one has an invariant $\Psi(X_1)$ of X_1 which is a polynomial on $H_2(X_1)$ with values in the Floer homology $HF_*(Y)$. Symmetrically, one has an invariant $\Psi(X_2)$ which is a polynomial on $H_2(X_2)$ with values in $HF_*(\overline{Y})$, where $\overline{Y}$ has the reversed orientation. There is a dual pairing

$$HF_*(Y) \otimes HF_*(\overline{Y}) \rightarrow Z,$$

and the invariants of X are obtained from those of X_1, X_2 by the contraction:

$$\tau : \left(s^*(H^2(X_1)) \otimes HF_*(Y)\right) \otimes \left(s^*(H^2(X_2) \otimes HF_*(\overline{Y})\right) \rightarrow s^*(H^2(X)).$$

This scheme fits in with a number of other developments, particularly of the new knot and 3-manifold invariants of Jones, Witten, Retashikin-Turaev and others, which have lead to the useful axiomatic framework of a "Topological Field Theory" [2].

The motivation for Floer's definition came from Morse theory, via his work in symplectic geometry. One of his basic observations is that the solutions of the instanton equation on the cylinder $Y \times R$ can be viewed as integral curves of the gradient vector field of the *Chern-Simons functional* $CS : \mathcal{B}_Y \rightarrow R/Z$ on the space of connnections over Y. There is a notion of a "Morse function" in this situation, having nondegenerate critical points, and if the Chern-Simons functional does not itself satisfy this condition, Floer applies a generic small perturbation to get a Morse functional $CS+\epsilon$. He defines a chain complex $C_*(Y)$, a free abelian group with generators the irreducible critical points of $CS + \epsilon$. For the unperturbed functional CS

these critical points are just the flat connections over Y. The boundary operator in Floer's complex $\partial : C_*(Y) \to C_*(Y)$ is

$$\partial < \rho >= \sum_\sigma n_{\rho\sigma} < \sigma >,$$

where $n_{\rho\sigma}$ counts, in a suitable sense, the number of solutions of a (deformed) instanton equation over $Y \times R$ with limits ρ and σ. The Floer homology is the homology of this complex, which he shows to be independent of the choice of the perturbation, and of the metric on Y. The definitions are modelled on the analogous case when one has a Morse function f on a compact manifold B and a complex costructed from the critical points of f and the integral curves of the gradient vector field which run between critical gives the Morse description of the ordinary homology of B. In fact it is often useful to think of the Floer homology $HF_*(Y)$ as a kind of homology group of the space $\mathcal{B}_Y$ of all connections over Y, but in the dimensions near to the "middle dimension" of this infinite-dimensional space.

Turning to the 4-manifolds: if we fix a complete metric on the interior $\hat{X}_1$ of X_1 which has a tubular end $Y \times [0, \infty)$ we obtain an element $\psi(X_1) = \sum_\rho n_\rho < \rho >$ in the chain group $C_*(Y)$ tensored with the polynomials on $H_2(X_1)$. Each coefficcient n_ρ is obtained in much the same way as in the theory for closed manifolds, by evaluating a cohomology class on a moduli space of instantons over $\hat{X}_1$ which have limit ρ at infinity. (In the case when we introduce a perturbation ϵ into the definition of the Floer homology one should perturb the instanton equation over the tubular end.) The co-efficents n_ρ can change as the metric on $\hat{X}_1$ varies but Floer's differential precisely keeps track of this change, so the Floer homology class $\Psi(X_1) = [\psi(X_1)]$ does not alter. We obtain the class $\Psi(X_2)$ in a symmetrical fashion and then the "gluing relation"

$$q_{k,X} = \tau(\Psi(X_1 \otimes \Psi(X_2))$$

reflects the geometrical fact that, when the "neck parameter" T is large most of the instanton moduli space of X, with metric g_T, is made up of connections which are built in the form $A_1 \sharp_\rho A_2$, by gluing together instantons A_i over $\hat{X}_i$ with a common limit ρ.

As we mentioned above, Floer's theory applies, at least in its simplest form, to homology 3-spheres and this is too restrictive for many applications. (Although there are some straightforward generalisations, for example using suitable $SO(3)$ bundles over 3-manifolds with non-trivial homology.) The restriction to homology spheres avoids many of the complications which arise from *reducible* connections, and also means that the 2-dimensional homology of a 4-manifold $X_1 \cup_Y X_2$ splits as the sum of the homology of X_1, X_2. Work of Mrowka [49] and Taubes [57] yields partial results in other cases, for example when Y is the 3-torus, not covered by Floer's theory. Mrowka and Taubes do not use perturbations of the instanton equation, and analyse the solutions to the unperturbed equations in degenerate situations. This involves a great deal of interesting analysis and geometry. One basic result is that any instanton A on a tube $Y \times [0, \infty)$ whose curvature is in L^2 has a limit $r(A)$ at infinity, which is a flat connection over Y. If the representation variety $R(Y)$ of equivalence classes of flat connections over Y (i.e. representations of the fundamental group of Y) is a smooth manifold, consisting of irreducible connections, and the Chern-Simons functional is non-degenerate transverse to this manifold, there is a basic "gluing theorem" due to Mrowka. Let $\hat{X}_1, \hat{X}_2$ be manifolds with tubular ends, as above, and M_1, M_2 be moduli spaces of instantons over these manifolds. For generic metrics the maps

$$M_1 \longrightarrow R(Y) \longleftarrow M_2,$$

are transverse and then, when the parameter T is large, the moduli space of instantons over X can essentially be identified with the fibre product $M_1 \times_{R(Y)} M_2$. There are variants of this result which take account of reducible connections and this allowed Mrowka to describe low-dimensional moduli spaces of instantons over a manifold split by a 3-torus in terms of intersection theory in the smooth part of the representation variety $R(T^3)$ (which is the quotient of a dual 3-torus by an involution).

An important notion, discovered and analysed by Mrowka and Taubes, is the distinction between exponentially decaying solutions to the instanton equation over the tube, for which the analysis is comparatively straightforward, and solutions which decay algebraically (as some inverse power of the distance along the tube). These latter only occur in degenerate situations, and are considerably more subtle. For example, in [57] Taubes showed that when Y is a circle bundle over a Riemann surface of Chern class d, then there are algebraically decaying solutions if $d < 0$, but not if $d > 0$.

3.2 Applications

For some time after the development of the theory described above there was a dearth of practical applications, but the in the last couple of years this picture has changed, and a considerable momentum has now built up in performing specific calculations of gauge-theory invariants. One important foundation for this advance were the calculations by Fintushel and

Stern of the Floer homology of Seifert fibred manifolds [17]. Fintushel and Stern gave an algorithm for calculating the Floer homology of the Seifert manifolds $\Sigma(a_1, a_2, a_3)$ with three singular fibres (the Brieskorn spheres). In these cases the Floer chains all lie in even dimensions, so the calculation of the homology amounts to counting the represenions and evaluating the spectral flow between them (which determines the grading in the Floer homology). This was extended to more general Seifert fibrations by Bauer and Okonek [6], Kirk and Klassen [32], Furuta and Steer [28] and Boden [7], using a variety of methods. Another important foundation was the analysis by Gompf [29] of the topology of elliptic surfaces. Gompf showed that the elliptic surface X_n, with $b_2 = 12n - 2$, contains an embedded Seifert homology sphere $\Sigma(2, 3, 6n-1)$. This splits $X(n)$ into two pieces—a "nucleus" N_n and a remaining part W_n which can be identified with the $(2, 3, 6n-1)$ Milnor fibre

$$W_n = \{(x, y, z) \in C^3 | x^2 + y^3 + z^{6n-1} = \epsilon\}.$$

The logarithmic transforms which are applied to make the other manifolds $X_n(p, q)$ can be performed inside the nucleus, so one gets a family of manifolds-with-boundary $N_n(p, q)$. The results for elliptic surfaces imply that these are homeomorphic but not diffeomorphic. This can be seen using relative invariants, taking values in the Floer homology of $\Sigma(2, 3, 6n-1)$, although Gompf argued more directly using the fact that any diffeomorphism of $\Sigma(2, 3, 6n-1)$ extends over the Milnor fibre.

In 1990 Gompf and Mrowka obtained a result [31] which is fundamental for the overall direction of the subject. We have seen in Section 2 that a good deal of the geometry of complex surfaces is mirrored in their differential topology and it seemed possible that there might not be much more to 4-manifold theory than this; perhaps all interesting phenomena were confined to complex surfaces. One well-known conjecture in this direction was that every simply connected 4-manifold has a decomposition as a connected sum of complex surfaces. The result of Gompf and Mrowka gave a counterexample to this conjecture, and showed that there were interesting phenomena in non-complex 4-manifolds. They found inside the standard $K3$ surface $K = X_2$ three disjoint nuclei N^i, N^j, N^k (each representing one of the three "positive parts" b_+^2 of the $K3$ surface). They then performed differentiable logarithmic transformations in each of these nuclei to get manifolds $K(\underline{p}, \underline{q}) = K(p_i, q_i; p_j, q_j; p_k, q_k)$. There is a complex structure in each nucleus, and a local elliptic fibration, with respect to which these are the ordinary logarithmic transformations, although there is no complex structure on K which makes all the transformations simultaneously complex. Thus $K(\underline{p}, \underline{q})$ does not come with a complex structure and Gompf and Mrowka showed that (for infinitely many choices of parameters) these manifolds were *not* diffeomorphic to any complex surface (older results imply that they cannot be sums of two or more surfaces). These manifolds all have $b^+ = 3, b^- = 19$ and fall into two diffeomorphism types (odd and even): among them Gompf and Mrowka distinguished infinitely many different, non-complex, diffeomorphism types. They used an invariant for a homotopy $K3$ surface K^*, based on $SO(3)$ bundles, which counts points in zero-dimensional moduli spaces. The dependence on the Stiefel-Whitney class of the bundle gives a map:

$$\gamma : \{w \in H^2(K^*; Z/2) \,|w^2 = 2\} \to N,$$

which has constant value 1 for the ordinary $K3$ surface. For the manifolds $K(\underline{p}, \underline{q})$ they found that γ distinguished $Z/2$-cohomology classes which took values 0 or 1 on the various fibres on which the logarithmic transforms had been performed. They used Mrowka's gluing theorem, applied to the manifolds with 3-torus boundary which naturally enter into the topological description of the logarithmic transform, and an argument involving intersection theory in the character variety. They concluded that (at least in the case of even forms) the products $p_i q_i, p_j q_j, p_k q_k$ are all diffeomorphism invariants.

Progress has continued since this breakthrough by Gompf and Mrowka. It seemed possible, after their work, that some of the exotic phenomena (infinitely many diffeomeorphism classes in a given homotopy class) were tied to the elliptic nature of the original surface: for example one knows in complex geometry that apart from elliptic surfaces one only gets finitely many deformation types for fixed numerical invariants. Work of Lisca shows that this is not the case, and one gets similar phenomena in the homotopy type of surfaces of general type. Lisca worked with a specific surface S: a double cover of the plane branched over a curve of degree 8. He showed, by topological arguments with the Kirby calculus, that there is an embedded $\Sigma(2,3,11)$ in S, dividing the surface into two pieces one of which is a Gompf nucleus N. Call the other piece X^+. According to Fintushel and Stern the Floer homology of $\Sigma(2,3,11)$ is Z in even dimensions and 0 otherwise. This means that if $\alpha \in H_2(X^+)$ the invariant $q_S(\alpha)$ is simply a product $\Psi_N.\Psi_{X^+}(\alpha)$. If one performs a logarithmic transform of order p in the nucleus N, to get a manifold $N(p)$ with the same boundary as N, the Gompf-Mrowka calculations show that $\Psi_{N(p)} = p\Psi_N$. Geometric calculations for the surface S tell one that Ψ_{X^+} is a non-zero multiple of a power of the intersection form for classes α orthogonal to the canonical class, and then one can read off the invariants of the closed manifold $S(p)$ obtained by gluing $N(p)$ to X^+ along the boundary. Lisca concludes that

$S(p)$ is diffeomorphic to $S(p')$ if and only if $p = p'$ and thence, by the finiteness in the complex case, that infinitely many of the $S(p)$ are non-complex.

Results of a similar nature to those of Lisca were announced at about the same time by Fintushel and Stern. They show that in large classes of surfaces of general type, including almost all complete intersections, one can find a differentiably embedded copy of a neighbourhood of a cusp fibre in an elliptic surface. Then Fintushel and Stern perform differentiable logarithmic transformations in this neighbourhood and find infinitely many distinct 4-manifolds in the given homotopy type. Building on this construction, they have obtained a whole range of new examples, including exotic differentiable structures on manifolds which are not homotopy equivalent to a connected sum of complex surfaces.

Using rather similar techniques to those mentioned above, Kronheimer has recently obtained very suggestive results about the invariants of complete intersections. For simplicity we consider a case when p_g is odd. Recall that the invariants $q_{k,X}$ of such a manifold are polynomials in the intersection form and canonical class, $q_{k,X} = \sum a_{i,k} K^{2i} Q^{d/2-i}$. Kronheimer shows that for complete interesections of reasonably high degree the co-efficients of these polynomials are *stable* with respect to the Chern class k. Up to some minor combinatorial factors they can be written in the form:

$$q_{k,X} = b_0 Q^{d/2} + b_1 K_X^2 Q^{d/2-1} + \ldots + b_{d/2} K^d$$

where the b_i do not depend on k. Thus as the Chern class k increases by 1, and so the complex dimension d of the moduli space increases by 2, one gets just two potential new numerical invariant b_i, rather than the $d/2+1$ numbers $a_{i,k}$ that one might expect. This result is a substantial first step towards understanding the the interdependence of the myriads of gauge-theory invariants. Kronheimer's proof uses the fact that such a surface contains a copy of the $(2,3,7)$ Milnor fibre, with boundary $\Sigma(2,3,7)$. The canonical class is supported away from the Milnor fibre. The Floer homology of $\Sigma(2,3,7)$ again has rank at most 1 in each dimension, and the basic gluing relation for the invariants allows one to make an excision argument, reducing to the case of the $K3$ surface for which the invariants are all known.

Finally we mention two other cases where purely topological calculations of invariants have been made. In one, Fintushel and Stern have used Floer's exact sequence and an explicit handle decomposition of the $K3$ surface to get a third way of calculating the invariants for the $K3$ surface. In the other Kronheimer [39] reproved some of the results on the complex homotopy $K3$ surfaces by utilising the Kummer model of the $K3$ surface.

In this model one begins with the quotient of the 4- torus by an involution, which has 16 singular points, and then makes the $K3$ surface by replacing the cone points by "-2-curves". The logarithmic transformations are performed away from these singular points, so there is a decomposition

$$X_2(p,q) = U(p,q) \cup 16V,$$

say, where V is a neigbourhood of a 2-sphere in its cotangent bundle and the gluing is performed across 16 copies of the 3-manifold RP^3. Kronheimer's argument yields the simplest amd most direct way known of seeing exotic smooth structures on 4-manifolds. A notable feature of his argument is that the change in the invariants appears as the "ghost" of an obvious change in the fundamental group of the pieces $U(p,q)$, although these fundamental groups are all killed when the V's are added to form the $X_2(p,q)$.

3.3 Conclusion to section 3

The whole subject of Floer homology and "gluing theorems" for gauge-theory invariants is developing rapidly at the time of writing: see for example the papers in the forthcoming book (*Essays dedicated to the memory of Andreas Floer: Ed. Hofer, Taubes, Zehnder: Birkhauser*). It seems likely that some more definitive theory will emerge soon which will combine a number of developments. This will be interesting both for practical calculations and also for the overall direction of the subject: at the moment it is not at all clear how far one can go in giving a purely topological characterisation of the gauge-theory invariants, dispensing with differential geometry, algebraic geometry and analysis, or of calculating invariants by purely topological techniques. There are parrallel questions in 3-dimensions, involving the calculation of Floer homology groups. A great step forward here was made by Floer who found an "exact triangle" of homomorphisms

$$\ldots \to HF_*(Y') \to HF_*(Y) \to HF_*(Y'') \to HF_*(Y') \to \ldots$$

connecting the Floer homology groups of a 3-manifold Y with those of other 3-manifolds Y', Y'' obtained from Y by surgery on a knot. Another important advance is Fukaya'a analysis [27] of the Floer homology of a connected sum.

However one might say that a whole new world of 4-manifolds, going beyond complex geometry, has already begun to emerge, detected by the techniques which have been developed so far, and this is extremely exciting from the point of view of the putative classification of 4-manifolds.

4. Other topics

We will now describe developments in four areas which fall slightly outside our main themes.

4.1 Embedded surfaces

A fascinating problem in 4-manifold theory is to find bounds on the genus of smooth embedded surfaces representing a given homology class in a 4-manifold. The minimal genus provides a natural invariant of the homology class, which is not well understood. One famous conjecture—often known as the Thom conjecture—is that a complex curve in CP^2 minimises the genus in its homology class, and more generally that the same holds for any complex curve in a complex algebraic surface. (Recall that the genus g of a smooth complex curve C in a surface X is given by the adjunction formula $2g-2 = C.C + K_X.C$.) Conjectures of this kind seem, from a distance, ideally suited to gauge theory techniques, combining as they do complex geometry and differential topology, yet for some time the only progress made was in the rather special case of embedded spheres. (See also [12]). More recently, Kronheimer and Mrowka have developed an extensive programme ([38],[40]), aimed at these problems, which has already achieved striking general results, and offers the prospect of further developments in the future. The new ingredient is the use of instanton connections with singularities. If Σ is an embedded surface in a 4- manifold X and α is a real parameter one can consider solutions of the $SU(2)$ instanton equation over $X \setminus \Sigma$, whose holonomy around a small loop linking Σ converges to $\begin{pmatrix} e^{i\pi\alpha} & 0 \\ 0 & e^{-i\pi\alpha} \end{pmatrix}$, as the loop shrinks to a point. When α is 0 or 1 these are smooth solutions over X (with group $SO(3) = SU(2)/\pm 1$ in the latter case). Kronheimer and Mrowka develop a nonlinear Fredholm theory for the singular solutions, and showed that for fixed $\alpha \in (0,1)$ there is a finite-dimensional moduli spaces $M(\alpha)$ These moduli spaces give a way of interpolating between ordinary moduli spaces of smooth solutions which would otherwise seem unrelated. A crucial, and subtle, part of their theory involves the jump in the Fredholm index at the limiting values $\alpha = 0, 1$, and these jumps depend on the self-intersection number $\Sigma.\Sigma$ and the genus of Σ. By considering the sign of these jumps Kronheimer and Mrowka prove that if $b^+(X) > 1$ and if any of the normal Yang-Mills invariants are non-trivial, then Σ must satisfy the condition

$$2g - 2 \geq \Sigma.\Sigma \,. \qquad (C)$$

(Except for spheres of self-intersection -1 or null-homologous spheres of self-intersction 0.) This result falls a little short of the "generalised Thom conjecture," since the term $K_X.C$ in the adjunction formula is generally positive, so complex curves frequently do not attain the Kronheimer-Mrowka bound. However the case of equality in (C) is a very natural condition—the equality of normal and tangential Euler numbers. It holds for any complex curve in a $K3$ surface (where the canonical class is zero) and also for any Lagrangian surface in a symplectic 4-manifold. In particular, Kronheimer and Mrowka prove the "generalised Thom conjecture" for curves in a $K3$ surface.

The Kronheimer-Mrowka result yields a number of corollaries. It proves a local form of the Thom conjecture, and thus resolves a long-standing conjecture of Milnor on the unknotting number of algebraic knots (the links of complex curve singularities). In another direction, their result implies that if S is a surface with a *real structure*—an anti-holomorphic involution $\sigma : S \to S$—then very often the invariants of the quotient manifold S/σ must vanish. This is because the fixed set $S_R \subset S$ of σ, which is a real form of S, achieves the Kronheimer-Mrowka bound, so the corresponding surface in the quotient space violates the inequality, since the self-intersection number doubles in the quotient. Thus one gets a large supply of examples of manifolds with trivial invariants. It is possible that more subtle invariants [18] can be used to detect exotic structures in these manifolds: the work of Wang [59] gives a method of studying moduli spaces on the quotient through real algebraic geometry on S. Alternatively, and perhaps more likely, it could be that these quotients always decompose as elementary connected sums, which would be interesting to understand directly.

4.2 Links with symplectic geometry I

The classification of simply-connected *symplectic* 4-manifolds is, like the classification of 4-manifolds themselves, an area which contains many fascinating questions to which very little is known. On the one hand it is not known if there are obstructions to the existence of a symplectic structure on an almost-complex 4-manifold, on the other hand until recently there were no examples beyond algebraic (Kahler) surfaces. Work of Gompf in 1991/2 has settled this second question by showing that some of the Gompf-Mrowka manifolds $X_2(\underline{p}, \underline{q})$, which are not diffeomorphic to complex surfaces by the arguments of Gompf and Mrowka described in 3.2, do admit symplectic structures. To construct these structures Gompf starts with a different description of the manifolds $X_2(\underline{p}, \underline{q})$. Recall that the ordinary $K3$ surface X_2 can be obtained as the fibre connected-sum of two copies X_1', X_1'' of the rational elliptic surface X_1. That is, one removes two fibre-neighbourhoods U', U'' from X_1', X_1'' and glues the resulting T^3 boundaries. The elliptic fibrations gives product structures $\partial U' = S^1 \times T^2 = \partial U''$, and this specifies the gluing. If one performs logarithmic transformations in X_1', X_1'' before making the fibre sum one gets the complex elliptic surfaces $X_2(p,q)$. Gompf's idea is to change the product structure on $\partial U''$, using a non-trivial homotopy class of maps from the fibre T^2 to S^1, the automorphisms of the normal bundle. He shows that gluing by this map, after logarithmic transformation, gives the Gompf-Mrowka manifolds. On the other hand Gompf developed a general technique for forming "symplectic connected sums," which endows this manifold with a symplectic structure. Gompf's general result bears on any pair of symplectic manifolds Z', Z'' be symplectic manifolds and compact, codimension 2 symplectic submanifolds $V' \subset Z', V'' \subset Z''$. Suppose there is a diffeomorphism $\phi : V' \to V''$ which is covered by an orientation-reversing bundle isomorphism $\overline{\phi}$ between the normal bundles. Then Gompf shows that there is a symplectic structure on the manifold obtained by cutting out tubular neighbourhoods of V', V'' and gluing the boundaries of the remainders by a diffeomorphism induced by $\overline{\phi}$. This result applies to the case at hand since the fibres of the elliptic fibration are complex, hence symplectic, submanifolds.

Gompf's idea of "twisting" the normal bundle can be applied in many other cases. If C is a complex curve, of positive genus, which is embedded in two complex algebriac surfaces X', X'' with opposite normal bundles it is a standard problem in deformation theory to find a complex structure on the "sum". (One can think of this as the problem of deforming the singular space $X' \cup_C X''$ to a smooth complex surface.) In any case the identification of the normal bundles is fixed by their holomorphic structures. On the other hand Gompf's construction allows one to make a whole family of symplectic sums, parametrised by $[C, S^1] = H^1(C; Z)$. It is posssible that these give many more non-Kahler examples, and one might be able to show this by calculating appropriate gauge-theory invariants.

4.3 Links with symplectic geometry II

Another link with symplectic geometry, on the face of it quite different from that of 4.2, grows out of the work of Floer. Slightly before his work on instanton homology, Floer developed a theory [20] which assigned new "symplectic Floer homology groups" HF_f^* to a symplectic diffeomorphism f of a general symplectic manifold N. (Assuming certain technical conditions: for example if N is simply connected and $H^2(N) = Z$.) These groups are invariants of the symplectic isotopy class of f. They are constructed from a chain complex generated by the fixed points of f, with a differential defined by certain holomorphic maps of the disc into N, with respect to an auxiliary almost- complex structure. Dostoglou and Salamon [15] considered these groups in the case when N is a moduli space $N(\Sigma)$ of flat $SO(3)$ connections over an oriented surface Σ of genus g. (More precisely, it is better to work with a moduli space of projectively flat $U(2)$ connections.) The space $N(\Sigma)$ has dimension $6g-6$ and carries a a canonical symplectic structure: the tangent space to $N(\Sigma)$ at a projectively flat connection ρ is the cohomology groups $H^1(\Sigma; \mathrm{ad}\rho)$ with coefficients in the local system defined by the ρ and the adjoint representation. The symplectic form on the tangent space is the wedge product $H^1(\Sigma; \mathrm{ad}\rho) \otimes H^1(\Sigma; \mathrm{ad}\rho) \to H^2(\Sigma; R) = R$, induced by the trace on adρ Any orientation-preserving diffeomorphism ϕ of Σ induces a symplectic diffeomorphism Φ of N. Let Y_ϕ be the mapping torus of ϕ—- the space obtained from $\Sigma \times [0,1]$ by identifying $(y, 0)$ with $(\phi(y), 1)$. This is a bundle over S^1 with fibre Σ. Dostoglou and Salamon showed that there is a natural isomorphism between the Floer homology groups, in the gauge-theory sense, of Y_ϕ and the symplectic Floer homology groups HF_Φ. One of the main ideas in their proof is to show that the Yang-Mills instanton equations over $Y_\Phi \times R$ degenerate to the Cauchy-Riemann equations for a holomorphic map when one considers a family of Riemannian metrics on Y in which the Σ-fibres become small.

Very little is known about these symplectic Floer homology groups, and the case of the symplectic manifolds $N(\Sigma)$ may give a clue to the general picture. One gets intriguing algebraic structures on the groups, which may help to pin them down. For example, if f, g are symplectic diffeomorphisms of the same manifold N one gets a multiplication map from $H_f \otimes H_g to H_{f \circ g}$. In the case of $N(\Sigma)$, and maps induced by diffeomorphism ϕ, ψ of Σ, these multiplication maps can be obtained, in the gauge theory picture, as the relative invariant of a 4-dimensional cobordism from the disjoint union of Y_ϕ, Y_ψ to $Y_{\phi \circ \psi}$.

4.4 Moduli spaces of bundles over Riemann surfaces and the Verlinde formulae

Moduli spaces of flat connections over Riemann surfaces have been studied for many years, partly because of their alternative decription by Narasimhan and Seshadri as moduli spaces of stable holomorphic bundles. This interpretation endows the moduli space $N(\Sigma)$ with a complex structure, depending on that on Σ. These moduli spaces enter into the theory of 4-manifold invariants in a variety of ways. We have already seen one instance of this, with the work of Dostoglou and Salamon described above. In the simplest case, the Floer homology of a product $\Sigma \times S^1$, based on projectively flat $U(2)$ connections, is isomorphic to the ordinary cohomology of $N(\Sigma)$. In another direction, the moduli space $N(\Sigma)$ provides an interesting toy model of a moduli space of instantons, and one can consider numerical invariants defined by evaluating products of natural cohomology classes on the fundamental class of $N(\Sigma)$. (We are concentrating on the moduli spaces of projectively flat connections which are non-singular. There are also singular spaces of flat $SU(2)$ connections, to which many of the same ideas apply.) In fact these numbers completely determine the rational cohomology ring of $N(\Sigma)$. Great progress has been made over the last few years in understanding these matters, with the impetus coming from the "Verlinde formulae" in conformal field theory. From a geometrical point of view these are formulae for the dimensions of spaces

$$V_k(\Sigma) = H^0(N(\Sigma); L^k),$$

of holomorphic sections of powers of a line bundle L over $N(\sigma)$. The Chern class $c_1(L) \in H^2(N(\Sigma))$ can be described as $\mu(\Sigma)$—adopting the same notation as we used in the 4-manifold case to summarise the slant-product construction. Thus one of the pairings we are interested in is $< c_1(L)^{3g-3}, [N(\Sigma)] >$. On the other hand the dimensions of the $V_k(\Sigma)$ are related to the topology of the moduli space $N(\Sigma)$ by the Hirzebruch–Riemann–Roch formula. Using this Thaddeus [58] was able to find explicit formulae, in terms of the *Bernoulli numbers* B_i, for all the top-dimensional pairings, and for each value of the genus g of Σ. For example he found that:

$$< \mu(\Sigma)^{3g-3}, [N(\Sigma)] >= \frac{(3g-3)!}{(2g-2)!} 2^{2g-2}(2^{2g-2}-2)|B_{g-1}|.$$

Similar formulae were found about the same time by Witten [60], taking a rather different point of view. Witten's calculations, like the Verlinde formulae themselves, were based on an inductive argument: cutting up the surface into pieces of smaller genus, and this theory in 2 dimensions has many similarities with the Floer theory for cutting up 4-manifolds, discussed in 3.1 above. (An alternative derivation in this spirit was given in [13]).

References

[1] M. F. Atiyah, New invariants of 3 and 4-dimensional manifolds, in: *The Mathematical Hertitage of Hermann Weyl,* Proc. Sympos. Pure Maths, **48**, 1988.

[2] M.F. Atiyah, Topological Quantum Field Theories, *Publ.Math. IHES* **68** (1988), 175–186.

[3] W. Barth, C. Peters and A. Van de Ven, *Compact complex surfaces*, Springer, Heidelberg, 1984.

[4] S. Bauer, Some nonreduced moduli of bundles and Donaldson invariants for Dolgachev surfaces, *Jour. für die reine angew. Math.* **424** (1992), 149–180.

[5] S. Bauer, Diffeomorphism types of elliptic surfaces with $p_g = 1$, Submitted to *Jour. für die reine angew. math.*.

[6] S. Bauer and C. Okonek, The algebraic geometry of representation spaces associated to Seifert-fibred homology 3-spheres, *Math. Annalen* **286** (1990), 45–76.

[7] H. U. Boden, Representations of orbifold groups and parabolic bundles, *Commun. Math. Helveticii* **66** (1991), 389–447.

[8] R. Brussee, Stable bundles on blown-up surfaces, *Math. Z.* **205** (1990), 551–565.

[9] S. K. Donaldson, Irrationality and the h-cobordism conjecture, *Jour. Differential Geometry* **26** (1987), 141–168.

[10] S. K. Donaldson, The geometry of 4-manifolds, *Proc. Int. Congress Math.*, Berkeley, **1** (1986), 43–61.

[11] S. K. Donaldson, Polynomial invariants for smooth 4-manifolds, *Topology* **29** (1990), 257–315.

[12] S. K. Donaldson, Complex curves and surgery, *Math. Publ. IHES* **68** 1988, 91–97.

[13] S. K. Donaldson, Gluing techniques in the cohomology of moduli spaces, To appear in Vol. dedicated to J. Milnor (Publish and Perish).

[14] S. K. Donaldson and P. B. Kronheimer, *The geometry of 4-manifolds*, Oxford University Press, Oxford, 1990.

[15] S. Dostoglou and D. A. Salamon, Self-dual instantons and holomorphic curves, *Warwick University*, preprint, 1992.

[16] W. Ebeling, An example of two homeomorphic, nondiffeomorphic complete intersection surfaces, *Inventiones Math.* **99** (1990), 651–654.

[17] R. Fintushel and R. Stern, Instanton homology of Seifert fibered homology three-spheres, *Proc. Lond. Math. Soc.* **61** (1990), 109–137.

[18] R. Fintushel and R. Stern, 2-torsion instanton invariants, preprint, 1991.

[19] A. Floer, An instanton invariant for 3-manifolds, *Commun. Math. Phys.* **118** (1988), 215–240.

[20] A. Floer, Symplectic fixed points and holomorphic spheres, *Commun. Math. Phys.* **120** (1989), 575–611.

[21] R. Friedman, Rank two vector bundles over regular elliptic surfaces *Inventiones Math.* **96** (1989), 283–332.

[22] R. Friedman and J.W. Morgan, On the diffeomorphism types of certain algebraic surfaces, I, *Jour. Differential Geometry* **27** (1988), 297–369.

[23] R. Friedman and J.W.Morgan, Algebraic surfaces and 4-manifolds: some conjectures and speculations, *Bull. Amer. Math. Soc.* **18** (1988), 1–19.

[24] R. Friedman and J. W. Morgan, Complex versus differentiable classification of algebraic surfaces, Columbia University, preprint, 1989.

[25] R. Friedman and J. W. Morgan, *Smooth 4-manifolds and complex surfaces*, (to appear).

[26] R. Friedman, B. Moishezon and J.W. Morgan, On the C^∞ invariance of the canonical class of certain algebraic surfaces, *Bull. Amer. Math. Soc.* **17** (1987), 283–286.

[27] K. Fukaya, Floer homology of connected sums of homology 3-spheres, University of Tokyo, preprint, 1992.

[28] M. Furuta and B. Steer, Seifert-fibred homology 3-spheres and the Yang–Mills equations on Riemann surfaces with marked points, *Advances in Math.* **96** (1992), 38–102.

[29] R. E. Gompf, Nuclei of elliptic surfaces, *Topology*, (to appear).

[30] R. E. Gompf, Some new symplectic 4-manifolds, Max Planck Institut, preprint, 1992.

[31] R. E. Gompf and T. S. Mrowka, A family of non-complex homotopy $K3$ surfaces, to appear in *Annals of Math.*

[32] P.A. Kirk and E.P. Klassen, Representation spaces of Seifert fibered homology spheres, *Topology* **30** (1991), 77–95.

[33] K. Kodaira, On homotopy $K3$ surfaces, *Collected Works, Vol III*, Princeton University Press, Princeton.

[34] D. Kotschick, On manifolds homeomorphic to $CP^2\sharp 8\overline{CP}^2$, *Inventiones Math.* **95** (1989), 591–600.

[35] D. Kotschick, On the geometry of certain 4-manifolds, Oxford D. Phil., Thesis (1989).

[36] D. Kotschick, $SO(3)$ invariants for 4-manifolds with $b_2^+ = 1$, *Proc. Lond. Math. Soc.* **63** (1991), 426–448.

[37] D. Kotschick and J.W. Morgan, $SO(3)$ invariants for 4-manifolds with $b_2^+ = 1$, II, in preparation.

[38] P. B. Kronheimer, Embedded surfaces in 4-manifolds, in: *Proc. Int. Cong. Math (Kyoto) Vol I*, 1990, 527–539.

[39] P. B. Kronheimer, Instanton invariants and flat connections on the Kummer surface, *Duke Math. Jour.* **64** (1991), 229–242 .

[40] P. B. Kronheimer and T. S. Mrowka, Gauge theory for embedded surfaces I,II, submitted to *Topology.*

[41] P. Le Barz, Formules pour les trisecantes des surfaces algebriques, *L'Enseignement Math.* **33** (1987), 1–66.

[42] W. Li and Z. Qin, On the Donaldson polynomial invariants of rational ruled surfaces, submitted to *Jour. of Algebraic Geometry.*

[43] J. Li, Algebraic geometric interpretation of Donaldson's polynomial invariants of algebraic surfaces, to appear in *Jour. Differential Geometry.*

[44] P. Lisca, New irreducible non-complex 4-manifolds, submitted to *Jour. Differential Geometry.*

[45] K. C. Mong, Some invariants of differentiable 4-manifolds, to appear in *Quarterly Jour. Math.*

[46] J. W. Morgan and T. S. Mrowka, A note on Donaldson's polynomial invariants, to appear in *Duke Math. Jour.*

[47] J. W. Morgan, Comparison of the Donaldson invariants of algebraic surfaces with their algebro-geometric analogues, to appear in *Topology.*

[48] J.W. Morgan and K.G. O'Grady, The smooth classification of fake $K3$ and similar surfaces, Columbia University, preprint, 1992.

[49] T. S. Mrowka, A local Mayer–Vietoris principle for the instanton moduli spaces over manifolds with cylindrical ends, Ph.D thesis, (Berkeley).

[50] K.G. O'Grady, Donaldson's polynomials for $K3$ surfaces, *Jour. Differential Geometry* **35** (1992), 415–428.

[51] K.G. O'Grady, Algebro-geometric analogues of Donaldson's polynomials, to appear in *Inventiones Math.*

[52] C. Okonek and A. Van de Ven, Stable bundles and differentiable structures on certain elliptic surfaces, *Invent. Math.* **86** 1986, 357–370.

[53] U. Persson and C. Peters, Homeomorphic non-diffeomorphic surfaces with small invariants, preprint.

[54] — , Invariants of the smooth structure of an algebraic surface arising from the Dirac operator, V. Ya. Pidstragach and A. N. Tyurin, University of Warwick, preprint, 1992.

[55] Z. Qin, Complex structures on certain differentiable 4-manifolds, to appear in *Topology.*

[56] M. Salvetti, A lower bound for the number of differentiable structures on 4-manifolds, *Boll. dell Unione Mat. Italiana* **7** (1991), 33–40.

[57] C. H. Taubes, L^2 moduli spaces on manifolds with cylindrical ends, Harvard University, preprint, 1991.

[58] M. Thaddeus, Conformal field theory and the cohomology of the moduli space of stable bundles, *Jour. Differential geometry* **35** 1992, 131–150.

[59] S. Wang, Moduli spaces over manifolds with involutions, to appear in *Math. Annalen.*

[60] E. Witten, On quantum gauge theories in two dimensions, *Commun. Math. Phys.* **141** (1991), 153–209.

The Mathematical Institute
24-29 St. Giles
Oxford OX1 3LB, United Kingdom

Received October 15, 1992

Spectral Theory and Geometry

Werner Müller

1. Introduction

Let M be a smooth differentiable manifold of dimension n and pick a Riemannian metric g on M. To the Riemannian manifold (M, g) one can associate a number of natural elliptic differential operators which arise from the geometric structure of (M, g). Usually these operators act in the space $C^\infty(E)$ of smooth sections of some vector bundle E over M. If (M, g) is a complete Riemannian manifold, then many of these operators give rise to self–adjoint operators in the Hilbert space $L^2(E)$ of L^2–sections of E.

Spectral theory in the present context means that we study the spectral decomposition of such self–adjoint operators, in particular, the relation between the spectrum and the geometric and topological structure of the Riemannian manifold (M, g). This is, of course, a very rough description of the subject and the purpose of this article is to review some of the more recent developments and results in this area.

The case which has been studied most is that of the Laplace–Beltrami operator $\Delta f = -\text{div}(\text{grad}\, f)$ acting on smooth functions f on a compact Riemannian manifold M, perhaps with boundary. When $\partial M \neq \emptyset$, we impose Dirichlet or Neumann boundary conditions. Then the corresponding self–adjoint extension $\overline{\Delta}$ has the pure point spectrum which consists of a sequence $0 \le \lambda_1 \le \lambda_2 \le \cdots$ of eigenvalues and one of the basic questions is the following:

To what extent does the spectrum of $\overline{\Delta}$ determine the geometric, topological and differential structure of M? (1.1)

This is the inverse spectral problem. One of the first results in this direction is due to H. Weyl [W] who studied the Dirichlet problem for a plain domain D. Let $N(\lambda)$ denote the number of eigenvalues of the Dirichlet Laplacian which are $\le \lambda$. Then his well–known asymptotic formula states that

$$N(\lambda) \sim \frac{\text{Vol}(D)}{4\pi}\lambda \tag{1.2}$$

as $\lambda \to \infty$, i.e. the volume of D is determined by the spectrum. From the physical point of view we may regard D as a membrane with fixed boundary. It is well–known that the oscillation of the membrane D is determined by the Dirichlet eigenvalues. Referring to this analogy, M. Kac [K] has rephrased problem (1.1) as follows: "Can you hear the shape of a drum?"

Formula (1.2) can be easily extended to a compact Riemannian manifold M of dimension n. The corresponding asymptotic formula for the counting function of the eigenvalues is then

$$N(\lambda) \sim \frac{\mathrm{Vol}(M)}{(4\pi)^{n/2}\,\Gamma(\frac{n}{2}+1)}\,\lambda^{n/2}, \tag{1.3}$$

as $\lambda \to \infty$.

In general it is difficult to study the spectrum of the Laplacian directly. Instead one introduces certain functions of the eigenvalues which can be used to extract geometric information from the spectrum. A set of very useful functions are the heat coefficients which arise from the study of the heat equation on M. For simplicity suppose that $\partial M = \emptyset$. The theory of parabolic equations implies that there exists an asymptotic expansion

$$\sum_{j=1}^{\infty} e^{-\lambda_j t} \sim (4\pi t)^{-n/2} \sum_{k=0}^{\infty} a_k\, t^k \tag{1.4}$$

as $t \to 0$. This was proved by Minakshisundaram and Pleijel [MP]. See also [MS], [BGM] and [RS]. The a_k's are the heat coefficients which are completely determined by the eigenvalues. The first two coefficients in this expansion are $a_0 = \mathrm{Vol}(M)$, $a_1 = \frac{1}{6}\int R\, d\mathrm{vol}$, where $R(x)$ denotes the scalar curvature at $x \in M$. For further results concerning the heat coefficients we refer to Section 4.8 of [Gi1]. The heat coefficients are locally computable from the metric. In fact, they are polynomials in the curvature and their covariant derivatives.

A more sophisticated function of the eigenvalues is the regularized determinant which we shall discuss in Section 2.1.

So far we discussed the Laplacian on functions. If we consider other natural geometric operators, then global topological aspects come into play. For example, the index formula of Atiyah and Singer is one of the main sources for links between topology and geometry. As another example we shall discuss in Section 2.2 some new developments related to analytic torsion.

In Section 3 we consider spectral problems on non–compact manifolds. There exist natural classes of non–compact manifolds for which spectral theory of natural operators can be developed. This leads to very interesting connections with other fields.

Examples are locally symmetric manifolds of finite volume. The study of spectral problems for natural differential operators on such manifolds is closely related to the modern theory of automorphic forms. Maaß and then Selberg introduced spectral theory into the theory of automorphic forms and this has become one of the most powerful technical tools in this field.

2. Compact manifolds

Throughout this section we shall assume that (M, g) is a compact Riemannian manifold of dimension n. If $\partial M \neq \emptyset$ then we impose Dirichlet boundary conditions for the scalar Laplacian Δ. By $\mathrm{Spec}(M, \Delta)$ we shall denote the spectrum of Δ where each eigenvalue is repeated according to its multiplicity.

2.1 The regularized determinant

The determinant of the Laplacian has been studied extensively by physicists in connection with quantum string theory. It is also very useful in spectral geometry. Let $0 < \lambda_1 \leq \lambda_2 \cdots$ be the non–zero eigenvalues of $\overline{\Delta}$. The zeta function of Δ is then defined as

$$\zeta(s) = \sum_{i=1}^{\infty} \lambda_i^{-s}, \quad \mathrm{Re}(s) > n/2. \tag{2.1}$$

It has a meromorphic continuation to $\mathbf{C}$ which is holomorphic at $s = 0$ (cf. [RS]). The regularized determinant of Δ is then defined by the following formula

$$\det \Delta = \exp\left(-\frac{d}{ds}\zeta(s)\big|_{s=0} \right). \tag{2.2}$$

The determinant is a global spectral invariant, that is, it can not be computed locally from the metric. This makes it difficult to study $\det\Delta_g$ as a function of the metric g on a given manifold. In two dimensions, however, one has Polyakov's formula [OPS1] for the variation of $\log \det \Delta$ under conformal deformations of the metric. This formula is the basis for a number of interesting applications of the determinant to spectral geometry [OPS1], [OPS2], [OPS3]. As an example we mention the following result concerning the extremal properties of the determinant which was proved in [OPS1].

Theorem 1. (Osborn–Phillips–Sarnak) *Let M be a closed surface. Then, for a given class of conformal metrics on M with fixed area, the determinant has a unique maximum at the metric of constant curvature.*

In particular, the uniformization theorem is a consequence of Theorem 1.

For the sphere and the torus one can determine the metric for which the maximum of the determinant for a given area is attained. For the sphere this is the standard metric. In the case of a torus it is the flat metric represented by the point $\tau = \frac{1}{2} + i\frac{\sqrt{3}}{2}$ of the upper half–plane. It is a very interesting problem to determine the extremal points of the determinant for higher genus surfaces.

One can also introduce the "characteristic determinant" $\det(\Delta + z)$ which generalizes the notion of the characteristic polynomial in finite dimension. For this purpose, let z be any complex number with $\mathrm{Re}(z) > 0$. We consider the following zeta function depending on z:

$$\zeta(s, z) = \sum_{k=1}^{\infty} (z + \lambda_k)^{-s}, \quad \mathrm{Re}(s) > n/2. \tag{2.3}$$

It admits a meromorphic continuation to the domain $\mathbf{C} \times \{z \mid \mathrm{Re}(z) > 0\}$. Using the functional equation

$$\frac{\partial}{\partial z}\zeta(s, z) = -s\,\zeta(s + 1, z),$$

$\zeta(s, z)$ can be analytically continued to $\mathbf{C} \times (\mathbf{C} - (-\infty, 0))$. The zeta function $\zeta(s, z)$ is regular at $s = 0$ and, as above, we may define the regularized determinant of $\Delta + z$ by

$$\det(\Delta + z) = \exp\left(-\frac{\partial}{\partial s}\zeta(s, z)\big|_{s=0}\right).$$

It can be shown [CV] that $\det(\Delta + z)$ extends to an entire function of z whose zeros are $-\lambda_1, -\lambda_2, \ldots$, and which satisfies the estimate $|\det(\Delta+z)| \leq \exp\bigl(a + b|z|^N\bigr)$ for some constants $a > 0$, $b > 0$, and $N \in \mathbf{N}$. Note that this definition of the determinant is not restricted to the Laplacian. It makes sense for other positive self–adjoint operators. For example, we may as well consider $\sqrt{\Delta + c}$, $c \geq 0$.

For a closed surface M of constant negative curvature -1, $\det(\Delta + z)$ is closely related to the Selberg zeta function $Z_M(s)$ which is defined as follows. Let $\mathcal{P}$ be the set of primitive closed geodesics of M. For each $\gamma \in \mathcal{P}$ denote by $\ell(\gamma)$ its length. Then the Selberg zeta function $Z_M(s)$ is given by the infinite product

$$Z_M(s) = \prod_{\gamma \in \mathcal{P}} \prod_{k=0}^{\infty} \left(1 - e^{-\ell(\gamma)(s+k)}\right)$$

which converges in the half–plane $\mathrm{Re}(s) > 1$. It admits a meromorphic continuation to the whole complex plane $\mathbf{C}$. The following result was proved by Cartier and Voros [CV].

Theorem 2. (Cartier–Voros) *Let h be the genus of M. Then we have*

$$Z_M(\frac{1}{2}+s) = \det(\Delta_M - \frac{1}{4}+s^2)\left\{e^{s^2}\det(\sqrt{\Delta_{S^2}+\frac{1}{4}}+s)\right\}^{2h-2}. \qquad (2.4)$$

This is, of course, a version of the Selberg trace formula. The equality of Theorem 2 leads to a relation between the spectrum of Δ_M and the length of the closed geodesics of M. Using the trace formula, this relation was first established by Huber [Hu].

2.2 Analytic torsion

The concept of torsion in the present context was introduced around 1935 by Reidemeister, Franz and de Rham. Let K be a finite simplicial complex and $\rho : \pi_1(K) \to O(N)$ an orthogonal representation with associated flat bundle E_ρ. Assume that ρ is acyclic, i.e., $H^*(K; E_\rho) = 0$. Then the Reidemeister–Franz torsion (or R–torsion) $\tau_K(\rho) \in \mathbf{R}^+$ is defined. The torsion $\tau_K(\rho)$ is a kind of determinant which describes how the simplices of the universal covering of K are fitted together with respect to the action of $\pi_1(K)$. The R–torsion is a combinatorial invariant in the sense that it is invariant under subdivision [Mi1]. In particular, if K is a smooth triangulation of a closed C^∞–manifold M, then the R–torsion depends only on the smooth structure of M and we denote the torsion by $\tau_M(\rho)$.

The R–torsion is not a homotopy invariant, and so can distinguish spaces which are homotopy equivalent but not homeomorphic. In particular, R–torsion can distinguish lens spaces up to isometry (cf. [Mi1]). This was one of the reasons to introduce this invariant.

In [RS], Ray and Singer introduced the analytic torsion $T_M(\rho)$ as analytic counterpart of R–torsion. To define $T_M(\rho)$ one has to pick a Riemannian metric g on M. Let $\Lambda^*(M; E_\rho)$ be the twisted de Rham complex of E_ρ–valued differential forms on M. The metric on M together with the canonical metric on E_ρ induce an inner product in $\Lambda^*(M; E_\rho)$ in the usual manner. Let d_ρ be the exterior derivative in $\Lambda^*(M; E_\rho)$ and d_ρ^* its formal adjoint with respect to this inner product. Instead of the Laplacian on functions we are now dealing with the Laplacian $\Delta_\rho = d_\rho^* d_\rho + d_\rho d_\rho^*$ acting in $\Lambda^*(M; E_\rho)$. Its restriction to the subspace of differential q–forms will be denoted by $\Delta_{q,\rho}$. This is a positive semi–definite symmetric operator and its closure in L^2 has pure point spectrum. Its determinant $\det\Delta_{q,\rho}$ can be defined by a formula analogous to (2.2). Then the Ray–Singer analytic torsion is defined by the following formula

$$T_M(\rho) = \prod_{q=0}^{n} (\det \Delta_{q,\rho})^{(-1)^q q/2}. \tag{2.5}$$

For acyclic representations ρ, $T_M(\rho)$ is independent of the choice of the Riemannian metric on M. The Riemannian metric on M makes it possible to define analytic torsion and R–torsion also for non–acyclic representations. If ρ is not acyclic, then both invariants depend on the choice of the Riemannian metric. It was conjectured by Ray and Singer that $T_M(\rho) = \tau_M(\rho)$ for all orthogonal representations ρ. This conjecture was proved independently by Cheeger [Ch1] and the author [Mü1].

Recently, torsion has found interesting applications in low dimensional topology and topological quantum field theory. D. Johnson has shown that R–torsion is closely related to Casson's invariant [Jo]. In [Wi2], Witten has used torsion to study two dimensional quantum Yang–Mills theory. This leads to formulas for the volume of moduli spaces of representations of fundamental groups of compact surfaces. Analytic torsion arises also in connection with Chern–Simons gauge field theory. Using the method of stationary phase approximation, Witten derived in [W1] formally the asymptotic behaviour of his three–manifold invariants. The resulting asymptotic formula involves the analytic torsion for certain unitary representations of the fundamental group. Freed and Gompf have verified the predicted asymptotic behaviour for lens spaces and Brieskorn spheres [FG].

In [Mü2] and [BZ], the restriction to orthogonal representations of the fundamental group has been eliminated. This is important, because for infinite fundamental groups many finite dimensional representations are not unitary. We call a finite dimensional representation $\rho : \pi_1(M) \to \mathrm{GL}(E)$ *unimodular* if $|\det \rho(\gamma)| = 1$ for all $\gamma \in \pi_1(M)$. The definition of R–torsion also makes sense for any unimodular representation. The analytic torsion can be defined for any finite–dimensional representation ρ of $\pi_1(M)$. To define the analytic torsion in this case we pick a metric h in E_ρ. With respect to this metric we define the torsion $T_M(\rho; h)$ by a formula analogous to (2.5). If $\dim M$ is odd and ρ acyclic, then $T_M(\rho; h)$ is independent of h and also of the Riemannian metric on M. We call the common value again $T_M(\rho)$. Then we have

Theorem 3. *Let* $\dim M$ *be odd. For all acyclic unimodular representations* $\rho : \pi_1(M) \to \mathrm{GL}(E)$ *we have*

$$T_M(\rho) = \tau_M(\rho).$$

For unitary representations, the proof was given in [Ch1] and [Mü1]. For non–unitary representations, see [Mü2] and [BZ]. The proof for non–unitary representations given in [Mü2] is an extension of Cheeger's proof where the proof of [BZ] is based on Witten's deformation of the de Rham complex and the results of Helfer and Sjöstrand.

Remark. Analytic torsion as well as R–torsion can be defined for all unimodular representations. If the representation is not acyclic, then both invariants will depend on the choice of the metrics on M and E_ρ. But the equality of Theorem 3 remains true.

For manifolds of even dimension Theorem 3 does not hold. In [BZ] an anomaly formula was computed which describes the deviation from equality.

Candidates for possible applications of Theorem 3 are compact locally symmetric spaces, in particular, hyperbolic manifolds, because the interesting representations of the fundamental group are in most cases not unitary.

Another way to look at torsion is to regard $\pi_1(M)$ as the group of covering transformations acting freely on the universal cover $\tilde{M}$. Then the torsion of a given representation of $\pi_1(M)$ is an invariant for this particular group action. A natural question is whether the torsion can be extended to an invariant for more general group actions. In [LR] Lott and Rothenberg studied the case of finite group actions. The equality of analytic torsion and R–torsion continues to hold for all orientation–preserving finite group actions on odd–dimensional manifolds. In even dimensions there exist examples showing that the equality does not hold in general.

In [Lo] Lott has introduced the L^2–analog of analytic torsion. It is defined via the heat kernel for the Laplace operator on forms on the universal covering $\tilde{M}$ of a closed Riemannian manifold M. If $\tilde{M}$ is non–compact, the determinants occurring in (2.5) can not be defined by (2.2). To define the appropriate substitute, one uses the well–known formula relating the zeta function and the trace of the heat operator on a closed manifold. If Δ_p is the Laplacian on p–forms and $\zeta_p(s)$ the corresponding zeta function then

$$\zeta_p(s) = \frac{1}{\Gamma(s)} \int_0^\infty t^{s-1} \{ \mathrm{Tr}(e^{-t\Delta_p}) - b_p(M) \} \, dt$$

where b_p denotes the p–th Betti number. In the L^2–approach the trace of the heat kernel $\exp(-t\tilde{\Delta}_p)$ for the Laplacian on p–forms on the universal covering is taken in the von Neumann sense. The von Neumann trace is defined by

$$\mathrm{Tr}_{N(\pi)}(e^{-t\tilde{\Delta}_p}) = \int_{\mathcal{F}} \mathrm{tr}\big(e^{-t\tilde{\Delta}_p}(x,x)\big) \, \mathrm{dvol}(x) \tag{2.6}$$

where $\mathcal{F}$ is a fundamental domain for the action of $\pi = \pi_1(M)$ on $\tilde{M}$. In order to be able to define the L^2–analytic torsion in this way one needs to know the large time behaviour of (2.6). This leads to new interesting invariants $\alpha_p(M)$ of the underlying topological manifold which were introduced by Novikov and Shubin [NS]. Let

$$b_p^{(2)}(M) = \lim_{t\to\infty} \operatorname{Tr}_{N(\pi)}(e^{-t\tilde{\Delta}_p}).$$

This is the p–th L^2–Betti number of M. Then the Novikov–Shubin invariants are defined as

$$\alpha_p(M) = \sup\{\beta_p \mid \operatorname{Tr}_{N(\pi)}(e^{-t\tilde{\Delta}_p}) - b_p^{(2)} = O(t^{-\beta_p/2}) \text{ as } t \to \infty\}.$$

Novikov and Shubin [NS] proved that these invariants are smooth invariants. Then Lott [Lo] has improved this showing that $\alpha_p(M)$ is an invariant of the homeomorphism type. Finally, Gromov and Shubin [GS] proved that the Novikov–Shubin invariants depend only on the homotopy type.

Analytic torsion occurs also in the context of dynamical systems [Fr1]. In particular, for hyperbolic manifolds the analytic torsion $T_M(\rho)$ can be computed from the closed geodesics. Let $M = \Gamma\backslash H^d$ be a closed, oriented hyperbolic manifold of dimension d and $\rho : \pi_1(M) \to \mathrm{O}(N)$ an orthogonal representation. For a given closed geodesic γ of M let $\ell(\gamma)$ denote its length. Then we consider the following Ruelle–type zeta function

$$R_\rho(s) = \prod_\gamma \det\big(I - \rho(\gamma)e^{-s\ell(\gamma)}\big)$$

where γ runs over all primitive closed geodesics of M and $\operatorname{Re}(s) > d-1$. This function extends meromorphically to $\mathbf{C}$. In [Fr2], Fried proved the following

Theorem 4. (Fried) *Let $\varepsilon = (-1)^{d-1}$ and ρ acyclic. Then $R_\rho(s)$ is regular at $s = 0$ and*

$$|R_\rho(0)|^\varepsilon = T_M(\rho)^2.$$

For non–acyclic representations ρ, the analytic torsion occurs in the leading term of the Laurent expansion of $R_\rho(s)$ at $s = 0$.

Theorem 4 has been extended by Moscovici and Stanton [MS] to compact locally symmetric spaces of higher rank.

2.3. Isospectral manifolds and inverse spectral theory

Two compact Riemannian manifolds (M, g) and (M', g') are said to be *isospectral* if $\mathrm{Spec}(M, \Delta) = \mathrm{Spec}(M', \Delta')$. One can also define *isospectrality* in the *strong sense* by including other geometric differential operators. Such operators are, for example, the Laplacians $\Delta_p = d_p^* d_p + d_{p-1} d_{p-1}^*$ acting on the space $\Lambda^p(M)$ of p–forms, $p = 0, ..., n$. Here d_i^* denotes the formal adjoint of the exterior derivative d_i with respect to the natural inner product of $\Lambda^p(M)$ defined by the Riemmanian metric. Each Δ_p is a positive semi–definite symmetric elliptic operator on a compact manifold. If $\partial M \neq \emptyset$ we have to impose certain boundary conditions to get a self–adjoint extension. The spectrum of Δ_p consists of eigenvalues of finite multiplicity. We denote it by $\mathrm{Spec}(M, \Delta_p)$. Again, it is understood that each eigenvalue is repeated according to its multiplicity. Further examples of natural differential operators are the Laplacians $\Delta_{q,\rho}$ on q–forms with values in a unitary flat bundle E_ρ which we considered in Section 2.2.

Next note that two isometric Riemannian manifolds are necessarily isospectral. The inverse problem: *"How much does* $\mathrm{Spec}(M, \Delta)$ *or, more generally,* $\mathrm{Spec}(M, \Delta_p)$, $p = 0, ..., n$, *determine* (M, g) *up to isometry"* has been studied quite extensively. In this report we can only mention a few results concerning the isospectral problem. For a more complete survey we refer to [Be1]. See also [BGM] and [BB].

Remark. Similar problems have been studied in classical analysis. For example, let φ be a real valued square integrable function on $[0, 1]$ and consider the Sturm–Liouville operator $P = -d^2/dx^2 + \varphi$ on the interval $(0, 1)$. Impose Dirichlet boundary conditions. Then the spectrum of the corresponding self–adjoint extension of P consists of a sequence of eigenvalues $\lambda_0 \leq \lambda_1 \leq \cdots \to \infty$ of finite multiplicity. Two potentials are called isospectral if the corresponding sequences of eigenvalues coincide. For results on the inverse Dirichlet problem see [PT]. In this case one can describe the sets of isospectral potentials quite well.

For Riemannian manifolds things are much more difficult. So far, there exists no comprehensive theory. Only partial results are known. For example, it follows from the asymptotic expansion (1.4) that $\mathrm{Spec}(M, \Delta)$ determines $\dim M$, $\mathrm{Vol}(M)$ and $\int_M R\,d\mathrm{vol}$ (the total scalar curvature). The higher order coefficients in the asymptotic expansion (1.4) get more and more complicated. However, at least the leading terms can be described [Gi2]. If one includes all $\mathrm{Spec}(M, \Delta_p)$, $p = 0, ..., n$, then more information about curvature properties of M is gained from the corresponding heat expansions (cf. Section 4.9 in [Gi1]).

Deeper relations between the spectrum of the Laplacian and the geometry of the manifold are obtained by using the wave equation [Co3], [Ch], [DG]. The trace formulas proved in these papers have been used to show, for example, that for a generic Riemannian metric the spectrum of the Laplacian determines the length spectrum of closed geodesics. In particular, this is the case for Riemannian manifolds of strictly negative curvature.

One of the main problems of inverse spectral theory is to study sets of isospectral non–isometric Riemannian manifolds. The first example of two Riemannian manifolds which are isospectral but not isometric was given by Milnor [Mi2]. The manifolds are 16–dimensional flat tori. In 1978 Vigneras [Vi] constructed examples of isospectral Riemann surfaces which are not isometric. In dimension 2, the spectrum of the Laplacian determines the genus of the surface, that is the homeomorphism type of the surface. In [Vi], Vigneras has also constructed examples of isospectral hyperbolic manifolds of dimension ≥ 3 which are not homeomorphic. Then Ikeda [Ik] found examples of isospectral lens spaces which are not even homotopy equivalent. This shows that $\mathrm{Spec}(M, \Delta)$ does, in general, not determine the homotopy class of M. Note, however, that the R–torsion $\tau_M(\rho)$ distinguishes lens spaces up to isometry. Since, by Theorem 3, $\tau_M(\rho)$ equals the analytic torsion $T_M(\rho)$ which in turn is defined through the eigenvalues of the twisted Laplacians $\Delta_{q,\rho}$, $q = 0, ..., \dim M$, it follows that strongly isospectral lens spaces are isometric.

A general method for the construction of isospectral nonisometric manifolds was introduced by Sunada [Su] in 1985. This method has been extended by Bérard [Be2].

There exist Riemannian manifolds which admit non–trivial isospectral deformations. Examples were constructed by De Turck, Gordon and Wilson (cf. [GW], [Be1] and references cited there).

For the rest of this section we shall restrict attention to the 2–dimensional case. The inverse spectral problem was originally formulated by M. Kac [K] for planar domains as follows: Let D_1 and D_2 be isospectral domains in the Euclidean plane. Are D_1 and D_2 isometric? Recall that the domains D_1 and D_2 are isometric iff there exists a Euclidean motion g with $g(D_1) = D_2$. In [GWW] Gordon, Webb and Wolpert have recently constructed examples of isospectral non–isometric planar domains. These domains have corners. It is still an open problem to decide the inverse spectral problem for planar domains with smooth boundaries.

For domains one has also the following compactness result. Using the heat invariants, Melrose [Me1] established for simply connected planar domains the precompactness of isospectral sets in the sense of C^∞–convergence of the boundaries. Osgood, Phillips and Sarnak [OPS2] improved this result using the determinant as additional spectral invariant.

They were able to show that, for a sequence $\{D_n\}$ of simply–connected isospectral planar domains with smooth boundary, a subsequence of Riemann mapping functions of the unit disc U onto D_n converges in the C^∞–topology.

For closed surfaces with a metric of constant negative curvature -1, I.M. Gelfand raised in [Ge] the question whether $\mathrm{Spec}(M, \Delta)$ can be used to construct moduli for the Riemann surface M. In our terminology, this can be rephrased as follows: Are two isospectral closed surfaces of constant negative curvature isometric? McKean [Mc] has shown that any set of isospectral pairwise non–isometric closed surfaces of constant negative curvature is finite.

Let $\mathcal{T}_h$ be the Teichmüller space of marked Riemann surfaces of genus $h > 1$ and Γ_h the extended Teichmüller modular group. Then $\mathcal{M}_h = \mathcal{T}_h/\Gamma_h$ is the moduli space of closed Riemann surfaces of genus h. We have the following result by Wolpert [Wo1]:

Theorem 5. (Wolpert) *For each $h > 1$, there exists a proper real analytic subset $\mathcal{V}_h$ of $\mathcal{T}_h$ such that $(M, g) \in \mathcal{M}_h$ is determined by* $\mathrm{Spec}(M, \Delta)$ *iff* $(M, g) \notin \mathcal{V}_h/\Gamma_h$.

In other words, a generic Riemann surface is uniquely determined by the eigenvalues of its Laplacian. We note that $\mathcal{V}_h$ is not a set of isospectral surfaces. It consists of those surfaces which have at least one isospectral fellow–surface.

We emphasize that Wolpert does not show in his paper that $\mathcal{V}$ is nonempty. It was proved by Sunada [Su] that there exist $h > 1$ such that $\dim \mathcal{V}_h > 0$. In fact, the method used by Sunada combined with the interpretation given by Buser implies that $\dim \mathcal{V}_h > 0$ for $h \geq 4$. The question whether $\mathcal{V}_2$ and $\mathcal{V}_3$ are nonempty remains open.

For surfaces of variable curvature much less is known. Guillemin and Kazhdan [GK] proved that a surface of strictly negative curvature is spectrally rigid, i.e., there are no non–trivial isospectral deformations of such surfaces. This result depends on the fact that, for strictly negative curvature, the spectrum of the Laplacian determines the length spectrum [Co3].

For general metrics one has again the compactness result by Osgood, Phillips and Sarnak [OPS2].

3. Non–compact manifolds

Analytic tools such as spectral theory are also important for the study of non–compact manifolds. However, one of the main difficulties in the non–compact setting is the possible presence of a continuous spectrum of the Laplacian. This requires further assumptions about the structure of the manifolds near infinity which allow us to handle the continuous spectrum. There are, of course, cases of non–compact manifolds where the Laplacian has still pure point spectrum. Examples are the spaces with conical singularities and their generalizations studied by Cheeger [Ch2], [Ch3].

On the other hand, let $D \subset \mathbf{R}^n$ be a bounded domain and $\Omega = \mathbf{R}^n - D$. Consider the Euclidean Laplacian acting in $C^\infty(\Omega)$ and impose Dirichlet boundary conditions. The corresponding self–adjoint extension Δ_D has no point spectrum at all. In place of the eigenvalues one studies now the scattering matrix $S(\lambda)$ which relates the free incoming waves of frequency λ to the asymptotics of the outgoing perturbed waves of the same frequency. Thus the domain serves as an obstacle by which incoming free waves are scattered. In this context we are interested in extracting geometric information about the domain from the scattering matrix and not from the eigenvalues of the interior Dirichlet problem.

In general, both eigenvalues and continuous spectrum will occur. Examples are locally symmetric spaces of finite volume. Especially arithmetic quotients of bounded symmetric domains are of this type. The interest in such manifolds is very much stimulated by the modern theory of automorphic forms. Spectral theory was introduced by Maaß [Ma] and then by Selberg [Se1], [Se2] into this subject. In particular, Selberg's trace formula became one of the most powerful tools in the modern theory of automorphic forms. Questions about the point spectrum are now very delicate, since eigenvalues may be embedded into the continuous spectrum. Concerning the continuous spectrum, there is some anology with the behaviour of the continuous spectrum of the N–body Schrödinger operator. For example, the $\mathbf{R}$–rank 1 case is similar to potential scattering on a half–line. This was first observed by I.M. Gelfand and L.D. Faddejev [F]. The problem was then treated by Lax and Phillips using the Lax–Phillips approach to scattering theory [LP]. The $\mathbf{Q}$–rank 1 case corresponds to potential scattering in $\mathbf{R}^n$ and can also be treated by methods of scattering theory (cf. [Mü3]). It is a challenging problem to treat the general rank case by methods of scattering theory too. So far, the only available method to study the continuous spectrum in the general rank case is Langland's theory of Eisenstein series [La].

In the following sections we shall explain some aspects of scattering theory as applied to the study of non–compact manifolds. The general framework for scattering theory, in the form we shall apply it, is as follows: We are given a Hilbert space $\mathcal{H}$ and self–adjoint operators H, H_0 acting in $\mathcal{H}$. In physics, H_0 corresponds to the free Hamiltonian. Let $P_{ac}(H_0)$

denote the orthogonal projection onto the absolutely continuous subspace for H_0. Then the wave operators are defined as follows:

$$W_{\pm} = W_{\pm}(H, H_0) = s - \lim_{t \to \pm\infty} e^{itH} e^{-itH_0} P_{ac}(H_0). \tag{3.1}$$

If the wave operators $W_{\pm}$ exist, they are partial isometries of the absolutely continuous subspace $\mathcal{H}_{0,ac}$ for H_0 into the absolutely continuous subspace $\mathcal{H}_{ac}$ for H. The wave operators are said to be complete, if $W_{\pm}$ is an isometry of $\mathcal{H}_{0,ac}$ onto $\mathcal{H}_{ac}$. There are various conditions which guarantee the existence and completeness of the wave operators. One such condition is provided by the Birman–Kato invariance principle (cf. chapter X, § 4 of [Ka]). For example, if H and H_0 are positive semi–definite and the operator $\exp(-tH) - \exp(-tH_0)$ is of the trace class for $t > 0$, then the wave operators exist and are complete. If the wave operators exist, the scattering operator S is defined as

$$S = W_+^* W_-. \tag{3.2}$$

Since S and H_0 commute, we can use the spectral decomposition $\{E_\lambda\}_{\lambda \in \sigma}$ of $H_{0,ac}$ to decompose S:

$$S = \int_\sigma S(\lambda)\, dE_\lambda. \tag{3.3}$$

The operator $S(\lambda)$ is called *scattering matrix*. In many cases of interest, $S(\lambda)$ extends to a meromorphic function of $\lambda \in \mathbf{C}$.

3.1 Obstacle scattering in $\mathbf{R}^n$

Let $n \geq 3$ be odd and $D \subset \mathbf{R}^n$ a bounded domain with smooth boundary such that the complement $\Omega = \mathbf{R}^n - D$ is connected. We take $\mathcal{H} = L^2(\mathbf{R}^n)$ and H_0 to be the self–adjoint extension of $\Delta = -\sum \partial^2/\partial x_i^2$. To define H we impose Dirichlet boundary conditions on $\partial\Omega$ and take the corresponding self–adjoint extension of the Laplacian on Ω extended by zero to the interior of D. Then the scattering matrix associated to H, H_0 is an operator $S(\lambda) : L^2(S^{n-1}) \to L^2(S^{n-1})$, $\lambda \in \mathbf{R}$. In fact, $S(\lambda)$ extends to a meromorphic function of $\lambda \in \mathbf{C}$ with poles confined to the upper half–plane $\mathrm{Im}(\lambda) > 0$. Moreover, $S(\lambda)$ is a smoothing perturbation of the identity. For $\lambda \in \mathbf{R}$, $S(\lambda)$ is unitary and, therefore, the scattering phase is a well defined C^∞–function:

$$s(\lambda) = -i \log \det S(\lambda), \quad \lambda \in \mathbf{R}, \quad s(0) \in [0, 2\pi). \tag{3.4}$$

This turns out to be an appropriate substitute for the counting function of the eigenvalues for a compact domain. Melrose [Me2] proved that the following analog of Weyl's formula (1.3) holds for $s(\lambda)$:

Theorem 6. (Melrose) *One has*

$$s(\lambda) = C_n \operatorname{Vol}(D)\, \lambda^n + O(\lambda^{n-1}), \quad \lambda \to \infty, \tag{3.5}$$

where $C_n = (4\pi)^{-n/2} (\Gamma(n/2+1))^{-1}$ *is Weyl's constant. If the measure of the set of closed transversally reflected geodesics in* $T^*(\Omega)$ *is zero then* (3.5) *can be improved to*

$$s(\lambda) = C_n \operatorname{Vol}(D)\, \lambda^n + C_n' \operatorname{Vol}(\partial D)\, \lambda^{n-1} + o(\lambda^{n-1}), \quad \lambda \to \infty, \tag{3.6}$$

where $C_n' = \left(4\,(4\pi)^{(n-1)/2}\, \Gamma(\tfrac{1}{2}(n+1))\right)^{-1}$.

As formula (3.5) shows, the volume of the obstacle D can be determined from the scattering matrix. Under additional assumptions about the obstacle also the volume of ∂D can be determined in this way.

The analog of formula (3.5) for closed Riemannian manifolds is due to Levitan and Avakumovic.

3.2 Surfaces of finite area

In this section we consider complete surfaces (M, g) of finite area whose Gaussian curvature equals -1 in the complement of some compact subset of M. Such a surface has a finite number of ends called *cusps*. Note that any complete hyperbolic surface of finite area is contained in this class. Let Δ be the Laplacian of M. Then the closure $\overline{\Delta}$ of Δ in the Hilbert space $L^2(M)$ of square integrable functions on M is a self–adjoint operator. Its spectrum can be described as follows:

Theorem 7. *The spectrum of* $\overline{\Delta}$ *consists of a sequence of eigenvalues* $0 = \lambda_0 < \lambda_1 \le \lambda_2 \le \cdots$ *of finite multiplicity and an absolutely continuous spectrum which is the interval* $[1/4, \infty)$ *with constant multiplicity equal to the number of cusps of* M.

For hyperbolic surfaces this was proved in [Se1] and, in general, in [Mü4]. For quotients of the upper half–plane by a congruence subgroup of $\mathrm{SL}(2, \mathbf{Z})$, Selberg [Se1] proved that the Laplacian has infinitely many eigenvalues. On the other hand, Colin de Verdière [Co1] has shown that, for a generic metric, there are only finitely many eigenvalues which are all contained in [0,1/4).

The continuous spectrum gives rise to a scattering matrix which can be obtained by using the model described above. Let $\mathcal{H} = L^2(M)$ and $H = \overline{\Delta}$. To define H_0 consider the decomposition $M = M_0 \cup Z_1 \cup \cdots \cup Z_m$ of M into a compact surface M_0 with smooth boundary and the cusps Z_i. For $1 \leq i \leq m$, the cusp Z_i is isometric to $S^1 \times [a_i, \infty)$ equipped with the metric $y_i^{-1}(dx_i^2 + dy_i^2)$, $(x_i, y_i) \in S^1 \times [a_i, \infty)$. We impose Dirichlet boundary conditions along ∂M_0 and close Δ in $L^2(M)$. This leads to another self–adjoint operator H_0. Since ∂M_0 is compact, it is easy to see that $\exp(-tH) - \exp(-tH_0)$ is of the trace class for all $t > 0$. Hence, by the Birman–Kato invariance principle, the wave operators (3.1) exist and are complete. Then, the scattering matrix $S(\lambda)$, $\lambda \in \mathbf{R}^+$, is defined by (3.2) and (3.3). We observe that, for a surface with m cusps, $S(\lambda)$ is a $m \times m$–matrix. It admits an analytic continuation to a meromorphic function $S(s)$ of $s \in \mathbf{C}$ and satisfies the following functional equation

$$S(s)\, S(-s) = \mathrm{Id}.$$

The poles of $S(s)$ are contained in the union of the half–plane $\mathrm{Im}(s) > 0$ and the interval $i(0, -1/2]$ on the imaginary axis. All poles in $i(0, -1/2]$ are simple. Usually, the scattering matrix is defined in a slightly different way. It appears in the constant terms of the Fourier expansions of the generalized eigenfunctions along the cusps (cf. [Mü4]). This corresponds to the change of variables $s \mapsto \frac{1}{2} + is$. Let $C(s)$ be defined by

$$C(\tfrac{1}{2} + is) = S(s), \quad s \in \mathbf{C}.$$

The poles of $C(s)$ are now contained in the union of the half–plane $\mathrm{Re}(s) < 1/2$ and the interval $(1/2, 1]$ on the real axis.

If one deforms the metric on M then eigenvalues may disappear and become poles of $C(s)$ and vice versa. More presicely, each eigenvalue λ_j can be written as $\lambda_j = s_j(1 - s_j)$, $s_j \in \mathbf{C}$. Assume that $\lambda_j \geq 1/4$. Then $\mathrm{Re}(s_j) = 1/2$. Under a deformation of the metric the point s_j can move off into the half–plane $\mathrm{Re}(s) < 1/2$ and become a pole of $C(s)$. This suggests combining eigenvalues and poles of $C(s)$ into a single set. Put

$$\phi(s) = \det C(s). \tag{3.7}$$

Let $\sigma(M)$ be the union of the following three sets:

(a) The set of poles and zeros of $\phi(s)$ in the half–plane $\mathrm{Re}(s) < 1/2$.

(b) The set of all $s_j \in \mathbf{C}$ such that $\lambda_j = s_j(1 - s_j)$ is an eigenvalue of Δ.

(c) $\{\frac{1}{2}\}$

For each point $\eta \in \sigma(M)$ we define a multiplicity $m(\eta)$ (cf. p.287 of [Mü6]). We call $\sigma(M)$ the *spectral set*. Let B be the generator of the Lax–Phillips semi–group $Z(t)$, $t \geq 0$, associated to the hyperbolic wave equation on M (cf. [Mü6]). Then $\sigma(M)$ coincides with the spectrum of the non–self–adjoint operator $B + \frac{1}{2}I$. For hyperbolic surfaces this approach was used by Phillips and Sarnak [PS1] to study $\sigma(M)$ as a function on Teichmüller space.

Using the spectral set $\sigma(M)$ the following analog of Weyl's formula for the asymptotic distribution of eigenvalues holds:

Theorem 8. ([Mü6], [Pa]) *For any $\varepsilon > 0$, we have*

$$\sum_{\substack{\eta \in \sigma(M) \\ |\eta| \leq T}} m(\eta) \sim \frac{\operatorname{Area}(M)}{2\pi} T^2 + o(T^{3/2+\varepsilon}).$$

Thus $\operatorname{Area}(M)$ is determined by $\sigma(M)$. Using a certain version of the Selberg trace formula, it follows that the Euler characteristic $\chi(M)$ and the number of cups of M are also determined by $\sigma(M)$ (cf. Theorem 5.18 of [Mü6]). Hence, the conformal type of M is completely determined by the spectral set $\sigma(M)$.

There are several ways to introduce a zeta function. The first one is the spectral zeta function $\zeta_\Delta(s)$ which is a kind of relative zeta function. Let $H_{0,ac}$ be the absolutely continuous part of H_0. Then $\exp(-tH) - \exp(-tH_{0,ac})$ is also an operator of the trace class for $t > 0$. In fact, it is an integral operator with a continuous kernel $\tilde{K}(z, z', t)$ which is smooth in the complement of ∂M_0. Moreover, as a function of $(z, z') \in M \times M$, $\tilde{K}$ is square integrable. This implies the trace class property. The spectral zeta function is then defined as

$$\zeta_\Delta(s) = \frac{1}{\Gamma(s)} \int_0^\infty t^{s-1} \operatorname{Tr}\left(e^{-tH} - e^{-tH_{0,ac}}\right) dt \tag{3.8}$$

for $\operatorname{Re}(s) > 1$. This function admits a meromorphic continuation to $\mathbf{C}$ which is regular at $s = 0$. Thus the regularized determinant $\det\Delta$ can be defined as in (2.2).

A more intrinsic definition of a zeta function uses the spectral set $\sigma(M)$:

$$\zeta_B(s) = \sum_{\substack{\eta \in \sigma(M) \\ \eta \neq 1}} (1 - \eta)^{-s}, \quad \operatorname{Re}(s) > 2. \tag{3.9}$$

Note that $\operatorname{Re}(1 - \eta) > 0$ for all $\eta \in \sigma(M) - \{1\}$. Therefore, the complex powers are well defined if we pick the branch of $\log z$ so that $\log 1 = 0$. The series (3.9) is absolutely convergent in the half–plane $\mathrm{Re}(s) > 2$ and we have

Theorem 9. ([Mü6]) *The zeta function* $\zeta_B(s)$ *has a meromorphic continuation to* $\mathbf{C}$. *The only poles in the half–plane* $\mathrm{Re}(s) > -1$ *occur at* $s = 2$ *and* $s = 1$.

We may regard $\zeta_B(s)$ as the zeta function of the non–self–adjoint operator $B_1 = -B + \frac{1}{2}I$. Therefore we can define the regularized determinant of B_1 by

$$\det B_1 = \exp\left(-\frac{d}{ds}\zeta_B(s)\big|_{s=0}\right).$$

There is no simple relation between the zeta functions $\zeta_\Delta(s)$ and $\zeta_B(s)$. The determinants, however, are related by the following formula

$$\det\Delta = \exp\left(\frac{\mathrm{Area}(M)}{8\pi} - \frac{3\pi\gamma}{2}m\right)\det B_1 \tag{3.10}$$

where γ is Euler's constant and m the number of cusps of M. We can also define zeta functions analogous to (2.3) which depend on a complex parameter z. For $\mathrm{Re}(z) > 1$ let

$$\zeta_B(s,z) = \sum_{\eta\in\sigma(M)} (z-\eta)^{-s}, \quad \mathrm{Re}(s) > 2. \tag{3.11}$$

For fixed z this function has an analytic continuation to a meromorphic function of $s \in \mathbf{C}$.

Remarks. (1) For a generic metric on M, the Laplacian has only finitely many eigenvalues. Therefore, if we sum in (3.11) only over the poles of $\phi(s)$, the resulting zeta function has also an analytic continuation. We do not know if this is always true.

(2) For a principal congruence subgroup $\Gamma(N) \subset \mathrm{SL}(2,\mathbf{Z})$, the Laplacian of the surface $\Gamma(N)\backslash H$ has infinitely many eigenvalues $0 = \lambda_0 < \lambda_1 \le \lambda_2 \le \cdots \to \infty$. Consider the series

$$\zeta_{\mathrm{dis}}(s,z) = \sum_{i=1}^{\infty}\big(\lambda_i + z(z-1)\big)^{-s}, \quad \mathrm{Re}(s) > 1.$$

It was proved by Koyama [Ko] that $\zeta_{\mathrm{dis}}(s,z)$ admits an analytic continuation as a function of $s \in \mathbf{C}$. It is also not clear if this is true in general.

3.3 Hyperbolic surfaces of finite area

We shall now assume that (M, g) is a surface of finite area and Gaussian curvature -1. Then M can be identified with a quotient $\Gamma\backslash H$ of the upper half–plane H by a discrete subgroup $\Gamma \subset \mathrm{SL}(2, \mathbf{R})$. Of particular interest are arithmetic subgroups Γ such as the modular group $\mathrm{SL}(2, \mathbf{Z})$ or principal congruence subgroups $\Gamma(N) \subset \mathrm{SL}(2, \mathbf{Z})$. For hyperbolic surfaces one has Selberg's trace formula [Se1], [Se2]. See also Theorem 5.26 of [Mü6] for a different version of it. The trace formula can be used to study the eigenvalues in some cases. Let $N_\Gamma(\lambda) = \#\{\lambda_j \mid \lambda_j \leq \lambda\}$ be the counting function of the eigenvalues of the Laplacian for $\Gamma\backslash H$. Each eigenvalue is repeated according to its multiplicity. If $\Gamma = \Gamma(N)$ is a principal congruence subgroup then it follows from the Selberg trace formula that

$$N_\Gamma(\lambda) \sim \frac{\mathrm{Area}(\Gamma\backslash H)}{4\pi}\,\lambda.$$

This is the same formula as for a compact surface. For an arbitrary hyperbolic surface one does not know very much about the existence of L^2–eigenfunctions. By Theorem 7, all eigenvalues $\lambda \geq 1/4$ are embedded into the continuous spectrum. In [Co1], Colin de Verdière showed that such eigenvalues are unstable under perturbations. In fact, under a generic compactly supported conformal deformation of the metric all embedded eigenvalues disappear and become resonances. Based on this observation, Phillips and Sarnak [PS2] were led to the following

Conjecture 1. (Phillips–Sarnak): The Laplacian of a generic non–compact hyperbolic surface of finite area has only finitely many eigenvalues which are all contained in $[0, 1/4)$.

In [PS2] the condition for destroying a given eigenfunction φ with eigenvalue $\lambda = 1/4 + r^2$, $r \in \mathbf{R}$, under a deformation of $\Gamma_0(q)$, q prime, in Teichmüller space was given in terms of the non–vanishing of a certain Rankin–Selberg L–function at $s = \frac{1}{2} + ir$. More precisely, let Q be a holomorphic weight 4 cusp form for $\Gamma_0(q)$. This fixes a direction in the tangent space of the Teichmüller space at the point defined by $\Gamma_0(q)$. Then the condition that φ will be destroyed by a deformation in the direction Q is

$$L(Q \otimes \varphi, \tfrac{1}{2} + ir) \neq 0. \tag{3.12}$$

Here $L(Q \otimes \varphi, s)$ is the corresponding Rankin–Selberg L–function. The condition (3.12) is the Fermi–Golden–Rule in the present context. Unfortunately, one does not know very much about zeros of such L–functions on the critical line. There has been progress on the Phillips–Sarnak conjecture recently by Wolpert [Wo2].

The Selberg zeta function $Z_M(s)$ of a hyperbolic surface M of finite area is defined in the same way as for a compact surface by formula (2.4). As a function of s, it has a meromorphic continuation to $\mathbf{C}$. The Selberg zeta function has also a determinant expression analogous to Theorem 2 (cf. [Mü6]).

Selberg's approach to establish the analytic continuation of $Z_M(s)$ uses the trace formula. For compact surfaces there has been developed another approach based on the thermodynamic formalism applied to the Ruelle zeta function

$$R(s) = \prod_{\gamma} (1 - e^{-s\ell(\gamma)}), \quad \mathrm{Re}(s) > 1,$$

where γ runs over all primitive closed geodesics (cf. [Po]). So far, this formalism is not applicable to general non–compact surfaces of finite area. However, for the special group $\mathrm{PSL}(2, \mathbf{Z})$, D.H. Mayer [Ma] was able to apply the thermodynamic formalism to achieve the analytic continuation in this way. It is related to the Gauß map $T(x) = x^{-1} \bmod 1$ of the unit interval. The iteration of T generates a dynamical system. Associated to the dynamical system is a transfer operator L_s, $s \in \mathbf{C}$, which acts on the Banach space $A_\infty(D)$ of holomorphic functions on the disc $D = \{z \mid |z-1| < 3/2\}$ which are continuous on $\overline{D}$. For $\mathrm{Re}(s) > 1/2$, L_s is given by

$$L_s f(z) = \sum_{n=1}^{\infty} \left(\frac{1}{n+z}\right)^{2s} f\left(\frac{1}{n+z}\right)$$

and it has a meromorphic continuation to $\mathbf{C}$. Moreover, L_s is a nuclear operator and Mayer proved in [Ma].

Theorem 10. (Mayer) *The Selberg zeta function $Z(s)$ for the modular group* $\mathrm{PSL}(2, \mathbf{Z})$ *can be written as*

$$Z(s) = \det(1 - L_s)\det(1 + L_s).$$

It is a very interesting problem to see how this can be generalized to other surfaces.

3.4 Isospectrality and inverse scattering

It is certainly not possible to pose the problem of isospectrality for general non–compact manifolds. For special classes of non–compact manifolds, however, this makes good sense. We shall discuss in this section some examples. A model case is potential scattering on the real line [DT]. Let $q(x)$ be a real valued function satisfying $\int_{\mathbf{R}} |q(x)|\,(1+x^2)\,dx < \infty$ and H the self–adjoint extension of $-d^2/dx^2 + q$. Then H has pure absolutely continuous spectrum $[0,\infty)$ and a finite number of eigenvalues $\lambda_1 < \lambda_2 < \cdots < \lambda_N < 0$. In addition to the eigenvalues we have the scattering matrix $S(s)$ which is of the form

$$S(s) = \begin{pmatrix} T_1(s) & R_2(s) \\ R_1(s) & T_2(s) \end{pmatrix}.$$

For $s \in \mathbf{R} - \{0\}$, $S(s)$ is unitary. Moreover, the reflection coefficient $R_1(s)$ (or $R_2(s)$) and the eigenvalues $\lambda_1 < \lambda_2 < \cdots < \lambda_N < 0$ determine the whole $S(s)$. Potentials q_1 and q_2 are called isospectral if the eigenvalues and the reflection coefficients of the scattering matrices of the corresponding Schrödinger operators coincide. The inverse scattering problem is then to characterize sets of isospectral potentials. One is also looking for an algorithm, if possible, for the reconstruction of q from the eigenvalues and the reflection coefficients. These problems are fairly well understood (cf. [DT]).

Now we consider surfaces of finite area and with hyperbolic ends. On the spectral side we have the sequence of eigenvalues $0 = \lambda_0 < \lambda_1 \le \cdots$ of the Laplacian and the poles of $\phi(s) = \det S(\frac{1}{2} + is)$ where $S(z)$ is the scattering matrix of the surface. We have combined them in the spectral set $\sigma(M)$. Then we may call two surfaces M_1 and M_2 of the type above *isospectral* if $\sigma(M_1) = \sigma(M_2)$ and the multiplicities are the same. The main problem is now to study sets of isospectral surfaces. At present we do not know much about this problem. Using the determinants introduced in Section 3.2, one can certainly generalize the results of Osgood, Phillips and Sarnak. For hyperbolic surfaces more is known. First of all, the spectral set $\sigma(M)$ determines the length spectrum of the closed geodesics of M and vice versa (cf. [Mü6]). Moreover, one has

Theorem 11. ([Mü6]) *Every set of pairwise non–isometric isospectral hyperbolic surfaces of finite area is finite.*

This is an extension of McKean's result to the non–compact case. It is very likely that Theorem 5 can be extended to the present case too.

In [Be2], Bérard extended Sunada's method to finite area surfaces and constructed examples of isospectral non–isometric hyperbolic surfaces. In [Ze], Zelditch has constructed non–isometric hyperbolic surfaces with the same scattering matrix.

3.5 Higher dimensions

We shall now discuss some problems of spectral theory on locally symmetric spaces of finite volume and arbitrary dimension. Let $X = G/K$ be a symmetric space of non–compact type where G is the group of isometries of X and K a maximal compact subgroup. For simplicity, we shall assume that G is a connected real semi–simple Lie group of non–compact type with finite center. Let Γ be a non–uniform lattice in G, that is a discrete subgroup of G such that $\Gamma\backslash G$ has finite volume (with respect to any Haar measure) but is not compact. An important problem is then to study the spectral resolution of the algebra of invariant differential operators on $\Gamma\backslash X$. Of particular interest in this respect is the Laplace operator Δ. The theory of Eisenstein series [La] implies that we have the following decomposition

$$L^2(\Gamma\backslash X) = L^2_d(\Gamma\backslash X) \oplus L^2_c(\Gamma\backslash X)$$

where $L^2_d(\Gamma\backslash X)$ is the direct sum of the finite–dimensional common eigenspaces of the algebra of invariant differential operators and $L^2_c(\Gamma\backslash X)$ is the absolutely continuous subspace. The discrete subspace $L^2_d(\Gamma\backslash X)$ has a further natural decomposition. It contains the space of cusp functions. For its definition one has to consider the Γ–cuspidal parabolic subgroups P of G (cf. [La]). Any such subgroup has a Langlands decomposition $P = M_P \cdot A_P \cdot N_P$ where M_P is reductive, A_P a $\mathbf{R}$–split torus and N_P nilpotent. Moreover, $N_P \cap \Gamma\backslash N_P$ is compact. A function $\phi \in L^2(\Gamma\backslash X)$ is called a *cusp function* if

$$\int_{N_P\cap\Gamma\backslash N_P} \phi(nx)\, dn = 0$$

for all Γ–cuspidal parabolic subgroups P of G, $P \neq G$, and almost all x. Let $L^2_{\text{cusp}}(\Gamma\backslash X)$ be the space of all cusp functions in $L^2(\Gamma\backslash X)$. Then $L^2_{\text{cusp}}(\Gamma\backslash X)$ is contained in $L^2_d(\Gamma\backslash X)$. Its orthogonal complement in $L^2_d(\Gamma\backslash X)$ is denoted by $L^2_{\text{res}}(\Gamma\backslash X)$, the residual subspace. Roughly speaking, this is the span of *iterated residues* of Eisenstein series (cf. Chap. 7 of [La]). If $\phi \in L^2_{\text{cusp}}(\Gamma\backslash X)$ is a common eigenfunction of the invariant differential operators then ϕ decays rapidly at infinity. The study of cusp functions or, more generally, cusp forms is one of the important problems in the theory of automorphic forms. For example, one is interested in conditions on Γ which guarantee the existence of sufficiently many cusp forms.

Let $N_{\text{cusp}}(\lambda)$ (resp. $N_{\text{res}}(\lambda)$) denote the number of linearly independent cuspidal (resp. residual) L^2–eigenfunctions of Δ with eigenvalue $\leq \lambda$. Put

$$N(\lambda) = N_{\text{cusp}}(\lambda) + N_{\text{res}}(\lambda).$$

Donnelly [Do] has shown that

$$\limsup_{\lambda\to\infty} \frac{N_{\text{cusp}}(\lambda)}{\lambda^{n/2}} \leq \frac{\operatorname{Vol}(\Gamma\backslash X)}{(4\pi)^{n/2}\,\tilde{\Gamma}(\frac{n}{2}+1)} \tag{3.13}$$

where $n = \dim X$ and $\tilde{\Gamma}$ is the Gamma function. For some special groups such as congruence subgroups of $\mathrm{SL}(2,\mathbf{Z})$ we know that this is an equality. The conjecture of Phillips and Sarnak about the eigenvalues for a generic $\Gamma \subset \mathrm{SL}(2,\mathbf{R})$ means that equality in (3.13) is a very rare case if $G = \mathrm{SL}(2,\mathbf{R})$. On the other hand, for groups G of rank ≥ 2 one expects the contrary to be true (cf. [Sa]), namely:

Conjecture 2. Let Γ be a lattice in a semi–simple Lie group G as above of rank > 1. Then

$$N_{\text{cusp}}(\lambda) = \frac{\operatorname{Vol}(\Gamma\backslash X)}{(4\pi)^{n/2}\,\tilde{\Gamma}(\frac{n}{2}+1)}\,\lambda^{n/2} + o(\lambda^{n/2})$$

as $\lambda \to \infty$.

At present, the only known tool to study the asymptotic growth of $N_{\text{cusp}}(\lambda)$ is the Selberg trace formula in a very explicit form. This explains why this conjecture is far from being proved.

Concerning the total counting function $N(\lambda)$ we have

Theorem 12. ([Mü5]) *There exists a constant $C > 0$ such that*

$$N(\lambda) \leq C(1+\lambda^{2n})$$

where $n = \dim X$.

In view of (3.13), this is equivalent to

$$N_{\text{res}}(\lambda) \leq C(1+\lambda^{2n}). \tag{3.14}$$

It is very likely that (3.14) is not the best possible estimate. In fact, one expects that, for arithmetic groups Γ, the growth of $N_{\text{res}}(\lambda)$ is slower than that of $N_{\text{cusp}}(\lambda)$. In view of the known facts about $L^2_{\text{res}}(\Gamma\backslash X)$ it seems to be not too far fetched to make the following conjecture:

Conjecture 3. For any lattice Γ, there exists $k < \dim X$ such that

$$N(\lambda) = N_{\text{cusp}}(\lambda) + O(\lambda^{k/2})$$

as $\lambda \to \infty$.

If rank(G)$>$ 1 then conjecture 2 implies that $N_{\text{cusp}}(\lambda)$ provides the leading term in the asymptotics of the total counting function. For a group of $\mathbf{R}$–rank 1, $L^2_{\text{res}}(\Gamma\backslash X)$ is finite–dimensional so that $N_{\text{res}}(\lambda) = O(1)$. This can be seen as follows. Suppose that $G = \mathrm{SL}(2, \mathbf{R})$. For a given lattice Γ, let $E_1(z, s), ..., E_m(z, s)$, $z \in H$, $s \in \mathbf{C}$, be the Eisenstein series attached to the cusps of $\Gamma\backslash H$ (cf. [Se2], [He]). Each Eisenstein series is a meromorphic function of $s \in \mathbf{C}$. The poles in the half–plane $\mathrm{Re}(s) \geq 1/2$ are contained in $(1/2, 1]$ and are all simple. Let $s_0 \in (1/2, 1]$ be a pole of $E_i(z, s)$. Then $\mathrm{Res}_{s=s_0} E_i(z, s_0)$ is a L^2–eigenfunction of Δ with eigenvalue $s_0(1 - s_0)$ and $L^2_{\text{res}}(\Gamma\backslash X)$ is the linear span of the eigenfunctions obtained in this way. This implies the finite–dimensionality of $L^2_{\text{res}}(\Gamma\backslash X)$. The situation is essentially the same for any $\mathbf{R}$–rank 1 group. If $\mathbf{R}$–rank(G)≥ 2, there exists a similar description of the residual subspace. However, the number of Eisenstein series is now infinite and one has to consider Eisenstein series which depend on several complex variables. This makes it much more difficult to study the residual subspace (cf. Chapt. 7 of [La]).

Nevertheless, for $G = \mathrm{GL}(N)$ this is still a tractable problem and one can obtain precise information about $L^2_{\text{res}}(\Gamma\backslash X)$. This was done by Moeglin and Waldspurger [MW]. Their results together with Donnelly's estimate (3.13) imply

$$N_{\text{res}}(\lambda) \leq C(1 + \lambda^{k/2}), \quad \lambda \geq 0,$$

for some $k < \dim X$. It is conjectured that the residual spectrum has similar properties for other classical groups [Moe].

Next we shall briefly discuss the continuous spectrum. The study of the continuous spectrum is based on the theory of Eisenstein series [La]. From the PDE point of view, Eisenstein series may be regarded as generalized eigenfunctions of the algebra of invariant differential operators, in particular of the Laplacian Δ. They are attached to Γ–equivalence classes of Γ–cuspidal parabolic subgroups P of G which replace the cusps in the rank 1 case. Let $P = M \cdot A \cdot N$ be the Langlands decomposition of a given cuspidal group P. The group M is reductive and defines a symmetric space $X_M = M/K_M$ where K_M is a maximal compact subgroup of M. Let $\Gamma_P = \Gamma \cap P$. By projection, Γ_P induces a lattice $\Gamma_M \subset M$ and $\Gamma_M\backslash X_M$ is a finite volume locally symmetric space of lower dimension. Let $\mathfrak{a}$ be the

Lie algebra of A. Let $\phi \in L^2(\Gamma_M \backslash X_M)$ be a common eigenfunction of the algebra of invariant differential operators on X_M and $\Lambda \in \mathfrak{a}^*_{\mathbf{C}}$. We observe that $X = P/P \cap K = A \times N \times X_M$. Using this decomposition, we can extend ϕ to a smooth Γ_P–invariant function ϕ_Λ on X by the prescription $\phi_\Lambda(a \cdot n \cdot y) = e^{\Lambda(\log a)}\phi(y)$. Suppose that $\mathrm{Re}(\Lambda) \gg 0$ (in a sense to be made precise, see [La]). Then the series

$$E(\phi, x, \Lambda) = \sum_{\gamma \in \Gamma_P \backslash \Gamma} \phi_\Lambda(\gamma x)$$

is absolutely convergent and defines a smooth function of $x \in \Gamma \backslash X$ which is a common eigenfunction of the invariant differential operators on X. As a function of $\Lambda \in \mathfrak{a}^*_{\mathbf{C}}$, $\mathrm{Re}(\Lambda) \gg 0$, $E(\phi, x, \Lambda)$ is holomorphic. This is the Eisenstein series attached to ϕ. The main problem is to continue analytically the Eisenstein series $E(\phi, x, \Lambda)$ to the whole affine space $\Lambda \in \mathfrak{a}^*_{\mathbf{C}}$. For the $\mathbf{R}$–rank 1 case this was accomplished by Selberg [Se2]. The general rank case was treated by Langlands [La]. An Eisenstein series $E(\phi, x, \Lambda)$ is called *cuspidal* if ϕ is a cusp function on $\Gamma_M \backslash X_M$. The difficult part is the analytic continuation of the non–cuspidal Eisenstein series. This problem occurs only if the rank of $\Gamma \backslash X$ is greater than 1.

For hyperbolic surfaces, de Verdière [Co2] found a very simple and elegant method to continue analytically the Eisenstein series. This method uses only the structure of the surface at infinity. Therefore, it can also be applied to construct the generalized eigenfunctions for a finite area surface with hyperbolic ends. Moreover, it is easy to modify it so that all $\mathbf{R}$–rank 1 groups are included. L. Guillopé [Gu] has extended this method to the case where G is of $\mathbf{Q}$–rank 1. This includes, for example, Hilbert modular varieties. In [Mü5], the author has used de Verdière's approach to continue analytically the rank 1 cuspidal Eisenstein series for a general lattice. Here rank 1 means that the Eisenstein series depend on a single complex variable. These are the cuspidal Eisenstein series attached to the maximal Γ–cuspidal subgroups P of G. It is an interesting, but certainly very difficult, problem to extend de Verdière's method so that residual Eisenstein series can also be treated in this way.

The description of the Eisenstein series in terms of the cuspidal parabolic subgroups P has a more geometric interpretation. The locally symmetric space $\Gamma \backslash X$ admits a natural compactification $\overline{\Gamma \backslash X}$ as a manifold with corners. This is the Borel–Serre compactification [BS]. The boundary of $\overline{\Gamma \backslash X}$ has a stratification whose strata are parametrized by the Γ–equivalence classes of Γ–cuspidal parabolic subgroups P. If $P = M \cdot A \cdot N$ is the Langlands decomposition of P, then the corresponding stratum $e(P)$ fibres over $\Gamma_M \backslash X_M$ with typical fibre the compact nilmanifold $N \cap \Gamma \backslash N$.

Therefore, functions on $\Gamma_M\backslash X_M$ may be identified with functions on $e(P)$ which are constant along the fibres. The Laplacian of $e(P)$ acts on such functions in the same way as the Laplacian of X_M. In this picture, Eisenstein series provide a lift from certain L^2–eigenfunctions of the Laplacian on the strata of the boundary $\partial\overline{\Gamma\backslash X}$ to generalized eigenfunctions of the Laplacian on $\Gamma\backslash X$.

Above we have seen that, for groups of rank 1, there is a close connection with scattering theory. In the higher rank case, the structure of the continues spectrum is much more complicated. In general, there exist different scattering channels. This is similar to the N–body Schrödinger operator in $\mathbf{R}^n$. In view of the recent solution of the problem of asymptotic completeness for N–body quantum systems [De], [Gr], [SS] one is tempted to believe that similar methods could also be successfully applied to study the continuous spectrum of the Laplacian on $\Gamma\backslash X$.

3.6 L^2–index theory

There exist now many different generalizations of the Atiyah–Singer index theorem to non–compact manifolds of various types. We shall concentrate on a case which is close to the classical one. For more sophisticated index theories the reader may consult [Ro1], [Ro2].

Let M be a Riemannian manifold and S a Clifford bundle over M with a Hermitian structure and a metric connection ∇ compatible with Clifford multiplication (cf. [GL]). Then the (generalized) Dirac operator $D : C^\infty(S) \to C^\infty(S)$ associated to these data is defined by

$$Ds = \sum_{i=1}^{n} e_i \cdot \nabla_{e_i} s, \quad s \in C^\infty(S),$$

where $\{e_1, ..., e_n\}$ is a local orthonormal frame field. Any such operator is a first–order elliptic differential operator. All natural differential operators on a manifold are of this form. A Dirac operator D is formally self–adjoint. If M is complete, then D is essentially self–adjoint [GL]. We denote by $\overline{D}$ its unique self–adjoint extension. If M is orientable and even–dimensional, then there exists a bundle endomorphism $\tau : S \to S$ which satisfies $\tau^2 = \mathrm{Id}$ and $\tau D = -D\tau$. Let $S^\pm$ denote the ± 1–eigenbundles of τ. By restriction we obtain an operator

$$D^+ : C^\infty(S^+) \to C^\infty(S^-).$$

If $\overline{D}^+$ is Fredholm, then its index is defined as usual. Note that $\overline{D}$ is Fredholm iff the continuous spectrum of $\overline{D}$ is bounded away from zero.

We may slightly relax the condition on D by requiring only that the space of L^2–solutions of D is finite–dimensional. The L^2–index of D^+ is then defined as

$$L^2 - \operatorname{Ind} D^+ = \dim(\ker D^+ \cap L^2) - \dim(\ker D^- \cap L^2). \tag{3.15}$$

We list some examples where the L^2–index is well–defined:

(1) Let $M = \Gamma\backslash G/K$ be a locally symmetric space of finite volume and suppose that the lifted operator $\tilde{D}$ on G/K is G–invariant. Then $\overline{D}$ has a finite–dimensional kernel [Mo].

(2) Let M be a manifold with a cylindrical end. This means that M is the union of a compact manifold M_0 with smooth boundary Y and the half–cylinder $\mathbf{R}^+ \times Y$. Assume that the restriction of D to $\mathbf{R}^+ \times Y$ is of the form $\sigma(\partial/\partial u + A)$ where σ is a bundle isomorphism, $u \in \mathbf{R}^+$ and $A : C^\infty(S|_Y) \to C^\infty(S|_Y)$ is essentially self–adjoint. Then $\ker\overline{D}$ is finite–dimensional [APS].

(3) Let Z be a Riemannian space with conical singularities as defined by Cheeger [Ch2], Σ the singular locus and $M = Z - \Sigma$. Suppose that D^+ is the signature operator. Since M is not complete, one has to choose the domain of D^+ appropriately. Then the L^2–index of D^+ is finite [Ch2].

If the L^2–index (3.15) exists, we may attempt to prove an index formula. This is possible for the examples (1)–(3) above. Such an index formula may have interesting applications similar to the compact case. This is so because we are computing dimensions of L^2 solution spaces. In example (1), the L^2–index of certain twisted Dirac operators computes multiplicities of discrete series representations of G which occur discretely in the decompositon of the right regular representation of G on $L^2(\Gamma\backslash G)$ (cf. Theorem 3.2 of [Mo]). If $\mathbf{R}$–rank(G)=1, an index formula was derived by Barbasch and Moscovici [BM]. The $\mathbf{Q}$–rank 1 case has been treated in [Mü3]. The case when G/K is Hermitian symmetric and $\mathbf{Q}$–irreducible and D is the signature operator was treated by Stern [St]. The formula one obtains are of the following form

$$L^2 - \operatorname{Ind} D^+ = \int_M \omega(D^+) + \text{correction terms}$$

where $\omega(D^+)$ is the classical Atiyah–Singer index density. The nature of the correction terms depends on the context. In any case they are given by adiabatic limits of eta–invariants associated to the boundary at infinity. In the $\mathbf{Q}$–rank 1 case, these adiabatic limits are special values of L–functions of prehomogeneous vector spaces [Mü7]. The L^2–index of the signature operator can be identified with the signature of M computed with respect to L^2–cohomology. This has applications to number theory. It provides also the link with the work of Bismut and Cheeger on adiabatic limits of eta invariants [BC].

Now consider example (2). Suppose that $\overline{D}$ is Fredholm. Then the index formula is

$$L^2 - \operatorname{Ind} D^+ = \int_M \omega(D^+) - \frac{1}{2}(\eta_A(0) + h)$$

where $h = \dim\ker A$ and $\eta_A(0)$ is the eta–invariant of the operator A [APS]. The L^2–index agrees with the index of the spectral boundary value problem considered in [APS]. If $\overline{D}$ is not Fredholm, the two indices differ by a correction term attached to the bottom of the continuous spectrum [Mü8]. For results in case (3) see [Ch2], [Ch3]. For other index formulas of this type see [Br1], [Br2].

The proof of the index formula in some of these cases follows from a more general relative index formula. The abstract setting is as follows: We are given a Hilbert space $\mathcal{H}$, self–adjoint operators D, D_0 in $\mathcal{H}$ and a unitary involution τ in $\mathcal{H}$ such that $\tau D = -D\tau$, $\tau D_0 = -D_0\tau$ and $\exp(-tD^2) - \exp(-tD_0^2)$, $D\exp(-tD^2) - D_0\exp(-tD_0^2)$ are trace class for $t > 0$. In particular, we are back to scattering theory. The data $(\mathcal{H}, D, D_0, \tau)$ with the properties above were studied in [BMS] and called a *supersymmetric scattering system*. One can show that $\operatorname{Tr}(\tau(\exp(-tD^2) - \exp(-tD_0^2))$ is independent of t [Bu]. If in addition, the restriction of $\exp(-tD^2)$ and $\exp(-tD_0^2)$ to the discrete spectrum are of the trace class for $t > 0$ (this condition can be relaxed), then

$$L^2 - \operatorname{Ind} D^+ \; - \; L^2 - \operatorname{Ind} D_0^+ = \operatorname{Tr}\big(\tau(e^{-tD^2} - e^{-tD_0^2})\big).$$

Now one can proceed as in the compact case and compute the limit as $t \to 0$. If the L^2–index of D_0^+ vanishes, we obtain an index formula for D^+. A model case for the application of this method is example (2). To define the operator D_0 we consider $\sigma(\partial/\partial u + A)$ acting in $C^\infty(\mathbf{R}^+ \times Y)$ and choose spectral boundary conditions as in [APS]. The corresponding closure is then D_0. A similar approach can be used in many other cases including locally symmetric spaces of $\mathbf{Q}$–rank 1.

References

[APS] M.F. Atiyah, V.K. Patodi, I.M. Singer, Spectral asymmetry and Riemannian geometry I, *Math. Proc. Camb. Phil. Soc.* **77** (1975), 43–69.

[BM] D. Barbasch, H. Moscovici, L^2–index and the Selberg trace formula, *J. Funct. Anal.* **53** (1983), 151–201.

[Be1] P. Bérard, Variétés riemanniennes isospectrales non isométriques, *Asterisque* **177–178** (1989), 127–154.

[Be2] P. Bérard, Transplantation et isospectralité I, *Math. Ann.* **292** (1992), 547–559.

[BB] P. Bérard, M. Berger, Le spectre d'une variété riemannienne en 1982, in: *Spectra of riemannian manifolds*, Kaigai Publications, 1983, 139–194.

[BGM] M. Berger, P. Gauduchon, E. Mazet, Le spectre d'une variété riemannienne, *Lecture Notes in Math.* **194**, Springer–Verlag, Berlin–Heidelberg–New York (1971).

[BC] J.–M. Bismut, J. Cheeger, Transgressed Euler classes of $\mathrm{SL}(2n, \mathbf{Z})$ vector bundles, adiabatic limits of eta invariants and special values of L–functions, *Ann. Scient. Éc. Norm. Sup., 4e série*, **25** (1992), 335–391.

[BZ] J.–M. Bismut, W. Zhang, Reidemeister, Milnor and Ray–Singer metrics: an extension of a theorem of Cheeger and Müller, preprint Université de Paris–Sud Nr. 92–08, Orsay, 1992.

[BS] A. Borel, J.–P. Serre, Corners and arithmetic groups, *Commun. Math. Helv.* **48** (1973), 436–491.

[BMS] N.V. Borisov, W. Müller, R. Schrader, Relative index theory and supersymmetric scattering theory, *Comm. Math. Phys.* **114** (1988), 475–513.

[Br1] J. Brüning, L^2–index theorems for certain complete manifolds, *J. Diff. Geom.* **32** (1990), 491–532.

[Br2] J. Brüning, L^2–index theorems for complete manifolds with ends of rank one type, *Duke Math. J.* **66** (1992), 257–309.

[Bu] U. Bunke, Relative index theory, *J. Funct. Analysis* **105** (1992), 63–76.

[CV] P. Cartier, A.Voros, Une nouvelle interprétation de la formule des traces de Selberg, in: *The Grothendieck Festschrift, Vol. II,* Progress in Math. **87**, Birkhäuser, Boston, 1990, 1–67.

[Ch] J. Chazarain, Formule de Poisson pour les variétés riemanniennes, *Invent. Math.* **24** (1974), 65–82.

[Ch1] J. Cheeger, Analytic torsion and the heat equation, *Ann. of Math.* **109** (1979), 259–322.

[Ch2] J. Cheeger, On the spectral geometry of spaces with cone–like singularities, *Proc. Nat. Acad. Sci. U.S.A.* **76**:5 (1979), 2103–2106.

[Ch3] J. Cheeger, Spectral geometry of singular Riemannian spaces, *J. Diff. Geom.* **18** (1983), 575–657.

[Co1] Y. Colin de Verdière, Pseudo-Laplacians II, *Ann. Inst. Fourier* **33** (1983), 87–113.

[Co2] Y. Colin de Verdière, Une nouvelle démonstration du prolongement méromorphe de séries d'Eisenstein, *C. R. Acad. Sc. Paris*, séries I, **293** (1981), 361–363.

[Co3] Y. Colin de Verdière, Spectre du laplacien et longueurs des géodésiques périodiques, *Comp. Math.* **27** (1973), I 83–106; II 159–184.

[DT] P. Deift, E. Trubowitz, Inverse scattering on the line, *Comm. Pure Appl. Math.* **32** (1979), 121–251.

[De] J. Derezinski, Asymptotic completeness of long range N–body quantum systems, preprint Ecole Polytechnique Nr. 1023, Dec. 1991.

[Do] H. Donnelly, On the cuspidal spectrum of finite volume symmetric spaces, *J. Diff. Geom.* **17** (1982), 239–253.

[DG] J.J. Duistermaat, V. Guillemin, The spectrum of positive elliptic operators and periodic bicharacteristics, *Invent. Math.* **29** (1975), 39–79.

[F] L.D. Faddejev, Expansion in eigenfunctions of the Laplace operator in the fundamental domain of a discrete group on the Lobacevskii plane, *Trudy Mosc. Mat. Obsc.* **17** (1967), 323–350.

[Fr1] D. Fried, Lefschetz formulas for flows, *Contemp. Math.* **58**, Part III, (1987), 19–69.

[Fr2] D. Fried, Analytic torsion and closed geodesics on hyperbolic manifolds, *Invent. Math.* **84** (1986), 523–540.

[FG] D.S. Freed, R.E. Gompf, Computer calculations of Witten's 3-manifold invariant, *Comm. Math. Phys.* **141** (1991), 79–117.

[Ge] I.M. Gelfand, Automorphic functions and the theory of representations, in: *Proc. Int. Cong. Math.*, Stockholm (1962), 74–85.

[Gi1] P. Gilkey, *Invariance Theory, The Heat Equation and the Atiyah–Singer Index Theorem,* Mathematics Lecture Series **11**, Publish or Perish, Wilmington, 1984.

[Gi2] P. Gilkey, Leading terms in the asymptotics of the heat equation, *Contemp. Math.* **73** (1988), 79–85

[GW] C. Gordon, E. Wilson, Isospectral deformations of compact solvmanifolds, *J. Diff. Geom.* **19** (1984), 241–256.

[GWW] C. Gordon, D. Webb, S. Wolpert, Isospectral plane domains and surfaces via Riemannian orbifolds, *Invent. Math.* **110** (1992), 1–22.

[Gr] G.M. Graf, Asymptotic completeness for N–body short–range quantum systems: A new proof, *Comm. Math. Phys.* **132** (1990), 73–101.

[GL] M. Gromov, H.B. Lawson, Positive scalar curvature and the Dirac operator on complete Riemannian manifolds, *Publicationes Math. IHES* **58** (1983), 83–196.

[GS] M. Gromov, M.A. Shubin, Von Neumann spectra near zero, *Geom. Anal. and Funct. Anal.* **1** (1991), 375–404.

[GK] V. Guillemin, D. Kazhdan, Some inverse spectral results for negatively curved 2–manifolds, *Topology* **19** (1980), 301–312.

[Gu] L. Guillopé, Théorie spectrale de quelques variétés à bouts, *Ann. Scient. Éc. Norm. Sup.* **22** (1989), 137–160.

[He] D.A. Hejhal, The Selberg trace formula for PSL(2,**R**), *Lecture Notes in Math* **1001** (1983), Vol. II, Springer–Verlag, Berlin–Heidelberg–New York.

[Ik] A. Ikeda, On lens spaces which are isospectral but not isometric, *Ann. Scient. Éc. Norm. Sup.* 4e série, **13** (1980), 303–315.

[Jo] D. Johnson, A geometric form of Casson's invariant, and its connection to Reidemeister torsion, unpublished lecture notes.

[K] M. Kac, Can one hear the shape of a drum? *Amer. Math. Mon.* **73** (1966), 1–23.

[Ka] T. Kato, *Perturbation theory for linear operators,* Springer–Verlag, Berlin–Heidelberg–New York, 1966.

[Ko] S.–Y. Koyama, Determinant expression of Selberg zeta functions I, *Trans. Amer. Math. Soc.* **324** (1991), 149–168.

[La] R.P. Langlands, On the functional equations satisfied by Eisenstein series, *Lecture Notes in Math.* **544** (1976), Springer–Verlag, Berlin–Heidelberg–New York.

[LP] P.D. Lax, R.S. Phillips, Scattering theory for automorphic forms, *Annals Math. Studies* **87**, Princeton, N.J. (1976).

[Lo] J. Lott, Heat kernels on covering spaces and topological invariants, *J. Diff. Geom.* **35** (1992), 471–510.

[LR] J. Lott, M. Rothenberg, Analytic torsion for group actions, *J. Diff. Geom.* **34** (1991), 431–481.

[Mi1] J. Milnor, Whitehead torsion, *Bull. Amer. Math. Soc.* **72** (1966), 358–426.

[Mi2] J. Milnor, Eigenvalues of the Laplace operator on certain manifolds, *Proc. Nat. Acad. Sci. U.S.A.* **51** (1964), 542.

[Ma] H. Maaß, Über eine neue Art von nichtanalytischen automorphen Formen, *Math. Annalen* **121** (1949), 141–183.

[Ma] D.H. Mayer, The thermodynamic formalism approach to Selberg's zeta function for PSL(2,**Z**), *Bull. Amer. Math. Soc.* **25** (1991), 55–60.

[Mc] H.P. McKean, Selberg's trace formula as applied to a compact Riemann surface, *Comm. Pure Appl. Math.* **25** (1972), 225–246.

[MS] H.P. McKean, I.M. Singer, Curvature and the eigenvalues of the Laplacian, *J. Diff. Geometry* **1** (1967), 43–69.

[MW] C. Moeglin, J.-L. Waldspurger, Le spectre résiduel de GL(n), *Ann. Scient. Éc. Norm. Sup.*, 4e série, **22** (1989), 605–674.

[Moe] C. Moeglin, Sur les formes automorphes de carré integrable, in: *Proc. Int. Cong. Math., Kyoto, 1990*, Vol. II, 815–819.

[Me1] R. Melrose, Isospectral drumheads are compact in C^∞, preprint.

[Me2] R. Melrose, Weyl asymptotic for the phase in obstacle scattering *Comm. Partial Diff. Equations* **13** (1988), 1431–1439.

[MP] S. Minakshisundaram, A. Pleijel, Some properties of the eigenfunctions of the Laplace operator on Riemannian manifolds, *Canadian J. Math.* **1** (1949), 242–256.

[Mo] H. Moscovici, L^2–index of elliptic operators on locally symmetric spaces of finite volume, *Contemp. Math.* **10** (1982), 129–138.

[MS] H. Moscovici, R.J. Stanton, R-torsion and zeta functions for locally symmetric manifolds, *Invent. Math.* **105** (1991), 185–216.

[Mü1] W. Müller, Analytic torsion and R-torsion of Riemannian manifolds, *Advances in Math.* **28** (1978), 233–305.

[Mü2] W. Müller, Analytic torsion and R-torsion for unimodular representations, *J. Amer. Math. Soc.* **6** (1993), 721–753.

[Mü3] W. Müller, Manifolds with cusps of rank one, *Lecture Notes in Math.* **1244**, Springer–Verlag, Berlin–Heidelberg–New York (1987).

[Mü4] W. Müller, Spectral theory for Riemannian manifolds with cusps and a related trace formula, *Math. Nachrichten* **111** (1983), 197–288.

[Mü5] W. Müller, The trace class conjecture in the theory of automorphic forms, *Ann. of Math.* **130** (1989), 473–529.

[Mü6] W. Müller, Spectral geometry and scattering theory for certain complete surfaces of finite volume, *Invent. Math.* **109** (1992), 265–305.

[Mü7] W. Müller, L^2–index theory, eta–invariants and values of L–functions, *Contemp. Math.* **105** (1990), 145–189.

[Mü8] W. Müller, L^2–index and resonances, in: *Geometry and Analysis on Manifolds, Lecture Notes in Math.* **1339**, Springer, Berlin (1988), 203–211.

[NS] S. Novikov, M. Shubin, Morse inequalities and von Neumann invariants of nonsimply connected manifolds, *Uspekhi Matem. Nauk* **41** (1986), 222.

[OPS1] B. Osgood, R. Phillips, P. Sarnak, Extremals of determinants of Laplacians, *J. Funct. Anal.* **80** (1988), 148–211.

[OPS2] B. Osgood, R. Phillips, P. Sarnak, Compact isospectral sets of surfaces, *J. Funct. Anal.* **80** (1988), 212–234.

[OPS3] B. Osgood, R. Phillips, P. Sarnak, Moduli spaces, heights and isospectral sets of plane domains, *Ann. Math.* **129** (1989), 293–362.

[Pa] L.B. Parnovski, Spectral asymptotics of the Laplace operators on surfaces with hyperbolic ends, preprint, Univ. Augsburg, 1993.

[PS1] R. Phillips, P. Sarnak, Perturbation theory for the Laplacian on automorphic functions, *J. Amer. Math. Soc.* **5** (1992), 1–32.

[PS2] R. Phillips, P. Sarnak, On cusp forms for cofinite subgroups of PSL(2,**R**), *Invent. Math.* **80** (1985), 339–364.

[PT] J. Pöschel, E. Trubowitz, *Inverse spectral theory*, Academic Press, New York, 1987.

[Po] M. Pollicott, Some applications of the thermodynamic formalism to manifolds of constant negative curvature, *Advances in Math.* **85** (1991), 161–192.

[RS] D.B. Ray, I.M. Singer, R-torsion and the Laplacian on Riemannian manifolds, *Advances in Math.* **7** (1971), 145–210.

[Ro1] J. Roe, An index theorem for open manifolds I, II, *J. Diff. Geom.* **27** (1988), 87–113; *J. Diff. Geom.* **27** (1988), 115–136.

[Ro2] J. Roe, Exotic cohomology and index theory for complete Riemannian manifolds, preprint, Oxford, 1990.

[Sa] P. Sarnak, On cusp forms, *Contemp. Math.* **53** (1986), 393–407.

[Su] T. Sunada,T. Riemannian coverings and isospectral manifolds, *Ann. of Math.* **121** (1985), 169–186.

[Se1] A. Selberg, Harmonic Analysis and discrete groups in weakly symmetric Riemannian spaces with applications to Dirichlet series, *J. Indian Math. Soc.* B **20** (1956), 47–87.

[Se2] A. Selberg, Harmonic Analysis, in: *Collected papers, Vol. I*, Springer-Verlag, Berlin-Heidelberg-New York, 1989, 626–674.

[SS] I.M. Sigal, A. Soffer, N–particle scattering problem: asymptotic completeness for short–range systems, *Ann. Math* **126** (1987), 35–108.

[St] M. Stern, M., L^2–index theorems on locally symmetric spaces, *Invent. Math.* **96** (1989), 231–282.

[Vi] M.F. Vigneras, Variétés riemanniennes isospectrales et non isométriques, *Ann. of Math.* **112** (1980), 21–32.

[W] H. Weyl, Ramifications, old and new, of the eigenvalue problem, *Bull. Amer. Math. Soc.* **56** (1950), 115–139.

[Wi1] E. Witten, Quantum field theory and the Jones polynomial, *Commun. Math. Phys.* **121** (1988), 351–399.

[Wi2] E. Witten, On quantum gauge theories in two dimensions, *Commun. Math. Phys.* **141** (1991), 153–209.

[Wo1] S. Wolpert, The length spectra as moduli for compact Riemann surfaces, *Ann. of Math.* **109** (1979), 323–351.

[Wo2] S. Wolpert, Disappearance of cusp forms in families, preprint 1992.

[Ze] S. Zelditch, Kuznecov sum formulae and Szegö limit formulae on manifolds, *Comm. Partial Diff. Equations* **17** (1992), 221–260.

MPI für Mathematik
Gottfried–Claren Str. 26
D–53225 Bonn, Germany

Received November 22, 1992
Revised September 1, 1993

Pattern Theory: A Unifying Perspective

David Mumford *

1. Introduction

The term "Pattern Theory" was introduced by Ulf Grenander in the 70s as a name for a field of applied mathematics which gave a theoretical setting for a large number of related ideas, techniques and results from fields such as computer vision, speech recognition, image and acoustic signal processing, pattern recognition and its statistical side, neural nets and parts of artificial intelligence (see [Grenander 76–81]). When I first began to study computer vision about ten years ago, I read parts of this book but did not really understand his insight. However, as I worked in the field, every time I felt I saw what was going on in a broader perspective or saw some theme which seemed to pull together the field as a whole, it turned out that this theme was part of what Grenander called pattern theory. It seems to me now that this is the right framework for these areas, and, as these fields have been growing explosively, the time is ripe for making an attempt to reexamine recent progress and try to make the ideas behind this unification better known. This article presents pattern theory from my point of view, which may be somewhat narrower than Grenander's, updated with recent examples involving interesting new mathematics. I want to define pattern theory as:

> *the analysis of the patterns generated by the world in any modality, with all their naturally occurring complexity and ambiguity, with the goal of reconstructing the processes, objects and events that produced them.*

Thus *vision* usually refers to the analysis of patterns detected in the electromagnetic signals of wavelengths 400-700 nm. incident at a point in space from different directions. *Hearing* refers to the analysis of the patterns present in the oscillations of 60-20,000 hertz in air pressure at a point in space as a function of time, both with and without human language. We may also say that *medical expert systems* are concerned with the analysis of the patterns in the symptoms, history and tests presented by a patient: this is a higher level modality, but still one in which the world

* Supported in part by NSF Grant DMS 91-21266 and by the Geometry Center, University of Minnesota, a STC funded by NSF, DOE and Minnesota Technology Inc.

generates confusing but structured data from which a doctor seeks to infer hidden processes and events. *Touch*, especially in conjunction with active motor control, either in an animal or robot, is yet another such channel.

Let me give two examples to help fix ideas. Figure 1 shows the graph of the pressure $p(t)$ while the word "SKI" is being pronounced. Note how the signal shows four distinct wave forms: something close to white noise during the pronunciation of the sibilant "S", then silence followed by a burst which conveys the plosive "K", then an extended nearly musical note for the vowel "I". The latter has a fundamental frequency corresponding to the vibration of the vocal cords, with many harmonics whose power peeks around three higher frequencies, the formants. Finally, the amplitude of the whole is modulated during the pronunciation of the word.

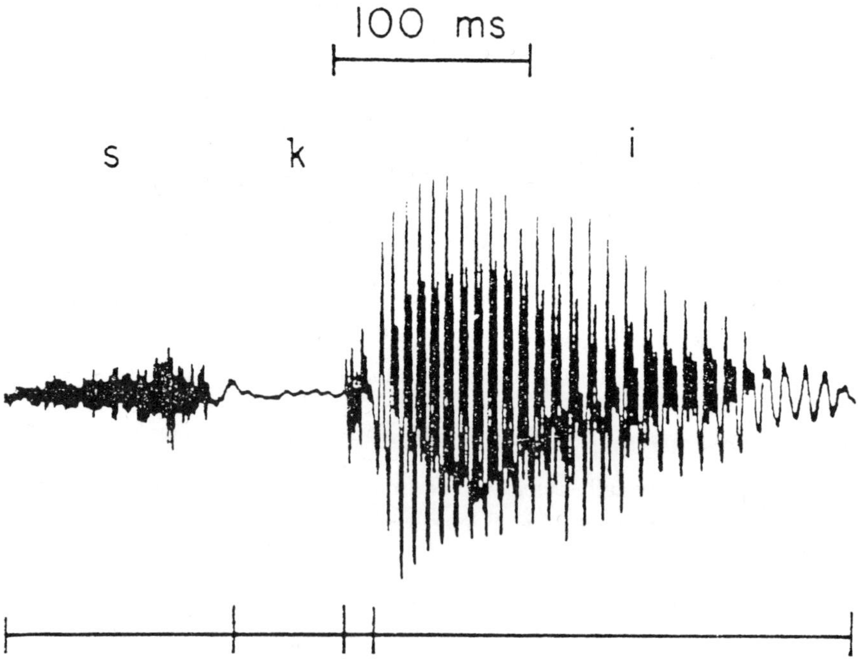

Figure 1. Acoustic waveform for an utterance of the word *SKI*

In this example, the goal of perceptual signal processing is to identify these four wave forms, characterize each in terms of its frequency power spectrum, its frequency and amplitude modulation, and then, drawing on a memory of speech sounds, identify each wave form as being produced by the corresponding configurations of the speaker's vocal tract, and finally, label each with its identity as an English phoneme. In addition, one would like to describe explicitly the stress, pitch and quality of the speaker's voice, using this later to help disambiguate the identity of the speaker and the intent of the utterance.

Figure 2a shows the graph of the light intensity $I(x, y)$ of a picture of a human eye: it would be hard to recognize this as an eye, but the black and white image defined by the same function is shown in Figure 2b.

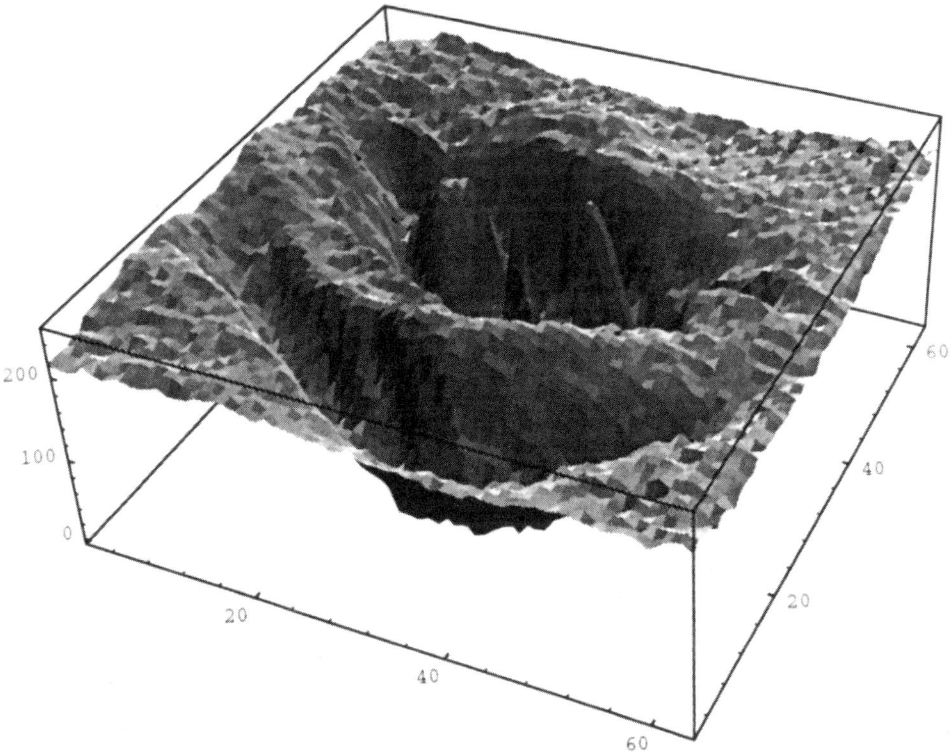

Figure 2a. Visual waveform for an image of an eye

Note again how the domain of the signal is naturally decomposed into regions where I has different values or different spatial frequency behavior: the pupil, the iris, the whites of the eyes, the lashes, eyebrows and skin. The goal of perceptual signal processing is again to describe this function of two variables as being built up from simpler signals on subdomains on which it either varies slowly or is statistically regular, i.e., approximately stationary. These statistics may be its spatial power spectrum or a method of generation from elementary units called *textons* by repetition with various

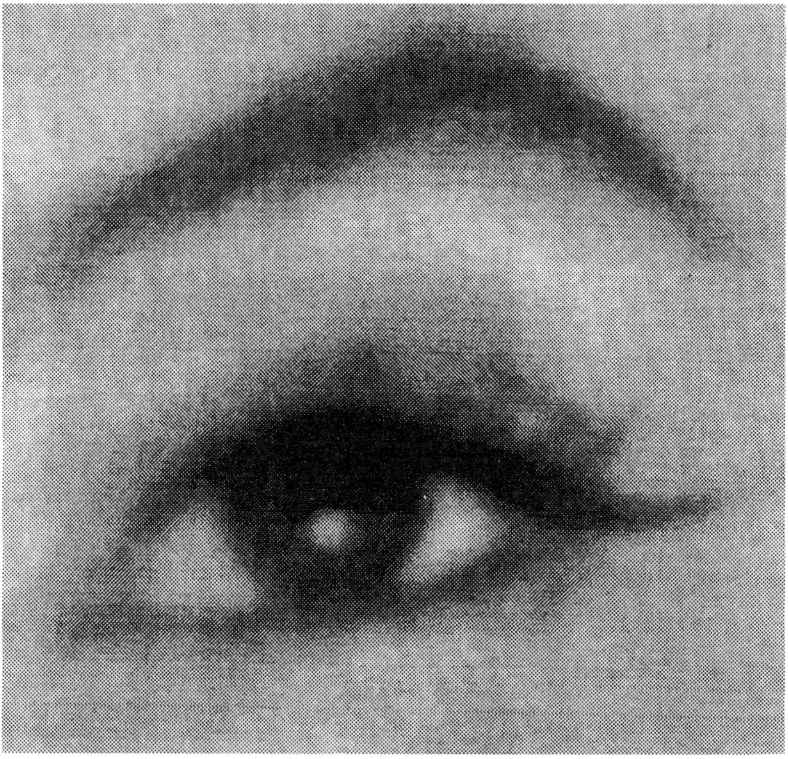

Figure 2b. Identical waveform presented using variable intensity

modifications. These modifications in particular include spatial distortion, contrast modulation and interaction with larger scale structures. This description of the signal may be computed either prior to or concurrent with a comparison of the signal with remembered eye shapes, which include a description of the expected range of variation of eyes, specific descriptions of the eyes of well-known people, and so on.

In order to understand what the field of pattern theory is all about, it is necessary to begin by addressing a major misconception, namely, that the whole problem is essentially trivial. The history of computer speech and image recognition projects, like the history of AI, is a long one of ambitious projects which attained their goals with carefully tailored artificial input but which failed as soon as more of the complexities of real world data were present. The source of this misconception, I believe, is our subjective impression of perceiving instantaneously and effortlessly the significance of the patterns in a signal, e.g. the word being spoken or which face is being seen.

Many psychological experiments, however, have shown that what we perceive is not the true sensory signal, but a rational reconstruction of what the signal should be. This means that the messy ambiguous raw signal never makes it to our consciousness but gets overlaid with a clearly and precisely patterned version whose computation demands extensive use of memories, expectations and logic. An example of how misleading our impressions are is shown in Figure 3 below.

Figure 3. A challenging image for computers to recognize

The reader will instantly recognize that it is an image of an old man sitting on a park bench. But ask yourself — how did you know that? His face is almost totally obscure, with his hand merging with his nose; the most distinct shape is that of his hat, which by itself could be almost anything; even his jacket merges in many places with the background because of its creases and the way light strikes them, so no simple algorithm is going to trace its contour without getting lost. However, when you glance at the picture, in your mind's eye, you "see" the face and its parts distinctly; the man's jacket is a perfectly clear coherent shape whose creases, instead of confusing you, in fact contribute to your perception of its 3-dimensional structure. The ambiguities which must have been present in the early stages of your processing of this image never become conscious because you have found an explanation of every peculiarity of the image, a match with remembered shapes and lighting effects. In fact, the problems of pattern theory are hard, and although major progress has been made in both speech and vision in the last 5 years, a robust solution has not been achieved!

2. Mathematical formulation of the field

To make the field of pattern theory precise, we need to formulate it mathematically. There are three parts to this which were all made quite clear by Grenander: the first is the description of the players in the field, the fundamental mathematical objects which will appear in each case. The second is to restrict the possible generality of these objects by using something about the nature of the world. This gives us a more circumscribed, more focussed set of problems to study. Finally, since the goal of the field is the reconstruction of hidden facts about the world, we aim primarily for algorithms, not theorems; and the last part is the general framework for these algorithms. In this section, we look at the first part, the basic mathematical objects of pattern theory.

For this there are two essentially equivalent formulations, one using Bayesian statistics and one using information theory. The statistical approach (see for instance [D. Geman 91]) is this: consider all possible signals $f(\vec{x})$ which may be perceived. These may be considered as elements of a space Ω_{obs} of functions $f : D \to V$. For instance, speech is defined by pressure $p : [t_1, t_2] \to \mathbf{R}_+$ as a function of time, color vision is defined by intensity I on a domain $D \subset S^2$ of visible rays with values in the convex cone of colors $V_{\text{RGB}} \subset \mathbf{R}^3$, or these functions may be sampled on a discrete subset of the above domains, or their values may be approximated to finite precision, etc.

The first basic assumption of the statistical approach is that nature determines a probability p_{obs} on a suitable σ-algebra of subsets of Ω_{obs}, and that, in life, one observes random samples from this distribution. These signals, however, are highly structured as a result of their being produced by a world containing many processes, objects and events which do not appear explicitly in the signal. This means many more random variables are needed to describe the state of the world. The second assumption is that the possible states w of the world form a second probability space Ω_{wld} and that there is a big probability distribution $p_{o,w}$ on $\Omega_{\text{obs}} \times \Omega_{\text{wld}}$ describing the probability of both observing f and the world being in state w. Then p_{obs} should be the marginal distribution of $p_{o,w}$ on Ω_{obs}. The goal of pattern theory is to infer the state of the world w, given the measurement f, and for this we may use Bàyes's rule:

$$p(w|f) = \frac{p(f|w) \cdot p(w)}{p(f)} \tag{1}$$

leading to the *maximum likelihood reconstruction of the state of the world*:

$$\text{ML estimate of } w = \arg\max_w [p(f|w) \cdot p(w)] \tag{2}$$

The statistical approach entails constructing the probability space $(\Omega_{\text{obs}} \times \Omega_{\text{wld}}, p_{o,w})$ and finding algorithms to compute the ML-estimate.

In the information theoretic approach (see for instance [Rissanen 89]) we assume D and V, hence Ω_{obs} are finite. The idea is that instead of writing out any particular perceptual signal f in raw form as a table of values, we seek a method of encoding f which minimizes its expected length in bits: i.e., we take advantage of the patterns possessed by most f to encode them in a compressed form. We consider coding schemes which involve choosing various auxiliary variables w and then encoding the particular f using these w (e.g., w might determine a specific typical signal f_w and we then need only to encode the deviation $(f - f_w)$). We write this:

$$\text{length}(\text{code}(f, w)) = \text{length}(\text{code}(w)) + \text{length}(\text{code}(f \text{ using } w)). \tag{3}$$

It might appear that such optimal encodings of signals would lead you to odd combinatorial schemes that have nothing to do with what is actually happening in the world. Remarkably, this isn't the case and, in fact, it seems to lead you *automatically, without prior knowledge of the world*, to the same hidden variables on which the Bayesian theory is based. This link between the two approaches comes from Shannon's optimal coding theorem. This theorem states that, given a class of signals f, the coding scheme for such signals for which a random signal has the smallest expected length satisfies

$$\text{len}(\text{code}(f)) = -\log_2 p(f) \tag{4}$$

(where fractional bit lengths are achieved by actually coding several f's at once, and in doing this, the LHS gets asymptotically close to the RHS when longer and longer sequences of signals are encoded at once). Using Shannon's theorem, and taking $\log_2$ of (2), we get the *minimum description length reconstruction of the world*:

$$\text{MDL est. of } w = \arg\min_{w}[\text{len}(\text{code}(w)) + \text{len}(\text{code}(f \text{ using } w))]. \tag{5}$$

The information-theoretic approach entails constructing a coding scheme $\{w\}$ and finding algorithms to compute (5). Its great strength is that, as opposed to the Bayesian approach, it does not require a prior knowledge of the physics, chemistry, biology, sociology, etc. of the world, but gives you a way of discovering these facts. In Section 5.4, we will give an example of how this works.

3. Four universal transformation of perceptual signals

The above formulation of pattern theory provides a framework in which to analyze signals, but it says nothing about the nature of the patterns which are to be expected, what distortions, complexities and ambiguities are to be expected, hence what kinds of probability spaces Ω_{obs} are we likely to encounter, how shall we encode them, etc.

What gives the field its characteristic flavor is that the world does not have an infinite repertoire of different tricks which it uses to disguise what is going on. Consider the coding schemes used by engineers for the transmission of electrical signals. They use a small number of well-defined transformations such as AM and FM encoding, pulse coding, etc. to convert information into a signal which can be efficiently communicated. Analogous to this, the world produces sound to be heard, light to be seen, surfaces to be felt, and so on, which are all, in various ways, reflections of its structure.

We may think of these signals as the productions of a particularly perverse engineer, who presents us with the problem of decoding this message, e.g., of recognizing a friend's face or estimating the trajectory of oncoming traffic, etc. The second contention of pattern theory is that such signals are derived from the world by *four types of transformations or deformations*, which occur again and again in different guises. The bad news is that these four transformations produce much more complex effects than the coding schemes of engineers, hence the difficulty of decoding them by the standard tricks of electrical engineering. The good news is that these transformations are not arbitrary recursive operations which produce unlearnable complexity. For instance, in the formal study of language learnability,

Gold's theorem gives very strong restrictions on what can be learned (see [Osherson-Weinstein 84] for an excellent exposition). But the study of perceptual signals suggests that this is largely irrelevant, that the languages in which perceptual signals speak are of very special types. In the terminology of [Grenander 76], simple unambiguous signals from the world are referred to as *pure images* and the transformations on them are called *deformations*, which produce the actually observed perceptual signals which he called *deformed images*.

The four transformations that I propose as the basic types occurring in natural perceptual signals are:

1. *Noise and blur.* These effects are the bread and butter of standard signal processing, caused for instance by sampling error, background noise and imperfections in your measuring instrument such as imperfect lenses, veins in front of the retina, dust and rust. A typical form of this transformation is given by

$$I \to (I * \sigma)(x_i) + n_i \tag{6}$$

   where σ is a blurring kernel, x_i are the points where the signal is sampled and n_i is some kind of additive noise, e.g., Gaussian, but of course much more complex formulae are possible. Especially significant is that Gaussian noise is usually a poor model of the noise effects, for example when the noise is caused by finer detail which is not being resolved. Rosenfeld calls such an n *clutter*, which conveys what it often represents. These transformations are part of what Grenander calls *changes in contrast.* When they are present, the unblurred noiseless I should be one of the variables w as getting rid of noise and blur reveals the hidden processes of the world more clearly.

2. *Multi-scale superposition.* Signals typically reveal one set of structures caused by one set of phenomena in the world when analyzed locally, at high precision, and other structures and phenomena when analyzed globally and coarsely, at low precision. For instance in images, local properties include sharp edges, texture details and local irregularities of shapes, which coexist with global properties like slowly varying shading or texture statistic gradients and the overall shape of an object. In speech, information is conveyed by the highest frequency formants, by the lower frequency vibration of the vocal cords and the even slower modulation of stress. A typical form of this transformation is given by

$$I_1, I_2 \longrightarrow (I_1 + I_2) \quad \text{or} \quad (I_1 \cdot I_2) \quad \text{or} \quad \sigma(I_1, I_2) \tag{7}$$

   where I_1 and I_2 represent band pass signals in disjoint frequency bands, which can be combined either additively (the usual superposition of high and low frequency effects), multiplicatively (as in amplitude modulation of a carrier signal for example) or by some more complex rule σ. This type of deformation does not seem to have been made explicit by Grenander. The individual components I_k of I should be included in the variables w.

3. *Domain warping.* Two signals generated by the same object or event in different contexts typically differ because of expansions or contractions of their domains, possibly at varying rates: phonemes may be pronounced faster or slower, the image of a face is distorted by varying expression and viewing angle. In speech, this is called "time warping" and in vision, this is modeled by "flexible templates". In both cases, a diffeomorphism of the domain of the signal brings the variants much closer to each other so that this transformation is given by

$$I \longrightarrow (I \circ \psi) \tag{8}$$

where ψ represents a diffeomorphism of the domain of I. These transformations are what Grenander calls *background deformations.* The diffeomorphism ψ should be one of the variables w.

4. *Interruptions.* Natural signals are usually analyzed best after being broken up into pieces consisting of their restrictions to subdomains. This is because the world itself is made up of many objects and events and different parts of the signal are caused by different objects or events. For instance, an image may show different objects partially occluding each other at their edges, as in Figure 3 where the old man is an object which occludes part of the park bench. In speech, the phonemes naturally break up the signal and, on a larger scale, one speaker or unexpected sound may interrupt another. Such a transformation is given by such a formula as

$$I_1, I_2 \longrightarrow (I_1|_{D'}, I_2|_{D-D'}) \tag{9}$$

where I_2 represents the background signal which is interrupted by the signal I_1 on a part D' of its domain D, (or I_2 may only be defined on $D-D'$). This type of deformation is called *incomplete observations* by Grenander. The components I_k and the domain D' should be included in the variables w.

What makes pattern theory hard is not that any of the above transformations are that hard to detect and decode in isolation, but rather that all four of them tend to coexist, and then the decoding becomes hard.

4. Pattern analysis cannot be done without pattern synthesis

Taking the Bayesian definition of the objects of pattern theory, we note that the probability distribution $(\Omega_{\text{obs}} \times \Omega_{\text{wld}}, p_{o,w})$ allows us to do two things. On the one hand, we can use it to define the ML-estimate of the state of the world; but we can also sample from it, possibly fixing some of the world variables w, using this distribution to construct sample signals f generated by various classes of objects or events. A good test of whether your prior has captured all the patterns in some class of signals is to see if these samples are good imitations of life. For this reason, Grenander's idea was that the analysis of the patterns in a signal and the synthesis of these signals are inseparable problems: computer vision should not be separated from computer graphics, nor speech recognition from speech generation. This is the third part of our definition of pattern theory. What gives it force is the idea of constraining not merely your theory but also your *algorithms* to require that they explicitly model the universal transformations, hence can be used to generate signals as well as analyze them.

Many of the early algorithms in pattern recognition were purely *bottom-up*. For example, one class of algorithms started with a signal, computed a vector of "features", numerical quantities thought to be the essential attributes of the signal, and then compared these feature vectors with those expected for signals in various categories. This was used to classify images of alpha-numeric characters or phonemes, for instance. Such algorithms give no way of reversing the process, of generating typical signals. The problem these algorithms encountered was that they had no way of dealing with anything unexpected, such as a smudge on the paper obscuring a character, or a cough in the middle of speech. These algorithms did not say what signals were expected, only what distinguished typical signals in each category.

In contrast, a second class of algorithms works by actively reconstructing the signal being analyzed. In addition to the bottom-up stage, there is a *top-down* stage in which a signal with the detected properties is synthesized and compared to the present input signal. What needs to be checked is whether the input signal agrees with the synthesized signal to within normal tolerances, or whether the residual is so great that the input has not been correctly or fully analyzed. This architecture is especially important for dealing with the fourth type of transformation: interruptions. When these are present, the features of the two parts of the signal get confused. Only when the obscuring signal is explicitly labelled and removed, can the features of the background signal be computed. We may describe this top-down stage as "pattern reconstruction" in distinction to the bottom-up purely pattern recognition stage. A flow chart for such algorithms is shown in Figure 4.

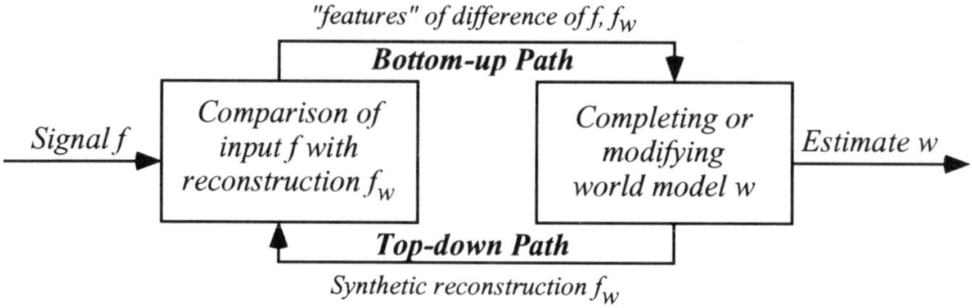

Figure 4. The fundamental architecture of Pattern Theory

We will not develop this aspect of pattern theory in this paper, but would like to mention briefly several papers where these ideas are developed. A strong argument for the necessity of a top-down stage for the recognition of heavily degraded signals, such as faces in deep shadow, is given in [Cavanagh 91]. Neural net theory has gone in several directions: while "feed-forward" nets categorize in an exclusively bottom-up manner, the "attractive neural nets" with symmetric connections ([Hopfield 82], [D. Amit 89]) seek not merely to categorize but also to construct the prototype ideal version of the category by a kind of pattern completion which they call "associative memory". What these nets do not do is to go back and attempt to compare this reconstruction with the actual input to see if the full input has been "explained". One demonstration system that does this is Grossberg and Carpenter's "adaptive resonance theory" ([Carpenter-Grossberg 87]). A proposal for the neuroanatomical substrate for such bottom-up/top-down loops in mammalian cortex is put forth in [Mumford 91-92].

5. Examples

In this section, we want to present several examples of interesting mathematics which have come out of pattern theory, in attempting to come to grips with one or another of the above universal transformations. These examples are from vision because this is the field I know best, but many of these ideas are used in speech recognition too.

5.1 Pyramids and wavelets

The problem of detecting transformations of the second kind, i.e., of analyzing functions that convey information on more than one scale, has arisen in many disciplines. The classical method of separating additively combined scales is, of course, Fourier analysis. But what is usually required is to analyze a function locally both in its original domain *and* in the domain of its Fourier transform, and Fourier analysis does not do this. In computer vision, at least as far back as the early 70s, this problem led to the idea of analyzing an image by means of a "pyramid", e.g., [Uhr 72], [Rosenfeld-Thurston 71]. In its original incarnation, the main idea was to compute a series of progressively coarser resolution images by blurring and resampling, e.g., a set of $(2^n \times 2^n)$-pixel images, for $n = 10, 9, \ldots, 1$. Putting these together, the resulting data structure looks like an exponentially tapering pyramid. Instead of running algorithms that took time proportional to the width of the image, one ran the algorithms up and down the pyramid, possibly in parallel at different pixels, in time proportional to *log*(width). Typical algorithms that were studied at this time are morphological ones, involving for instance linking and marking extended contours, which have nothing to do with filtering or linear expansions. The bottom layer of this so-called *Gaussian pyramid* held the original image, with both high and low frequency components, although it was used only to add local or high-frequency information.

In the early 80s, the idea of using the pyramid to separate band pass components of a signal and thus to expand that signal arose both in computer vision [Burt-Adelson 83] (where they *subtracted* successive layers of the Gaussian pyramid, producing what they called the *Laplacian pyramid*) and in petroleum geology [Grossman-Morlet 84]. Figure 5 shows this Laplacian pyramid for a face image: note that the high-frequency differences show textures and sharp edges, while the low frequency differences show large shapes.

This work led directly to the idea of wavelets and wavelet expansions which now seem to be the most natural way to analyze a signal locally in both space and frequency. Mathematically, the idea is simply to expand an arbitrary function $f(\vec{x})$ of n variables as a sum:

$$f(\vec{x}) = \sum_{\text{scale } k \in Z} \left[\sum_{\vec{n} \in \text{lattice} L} \sum_{\text{fin.\# of } \alpha} a_{k,\vec{n},\alpha} \psi_\alpha(\lambda^k \vec{x} + \vec{n}) \right] \qquad (10)$$

where the ψ_α are suitable functions, called wavelets, with mean 0. Usually $\lambda = 2$, and, at least in dimension 1, there is a single α and wavelet ψ_α. The original expansions of Burt and Adelson, which are not quite of this form, have been reinvestigated from a more mathematical point of view in [Mallat 89]. The basic link between the expansion in (10) and pyramids is this: define a space V_m to be the set of f's whose expansions involve only terms with $k \leq m$. This defines a "multi-resolution ladder" of subspaces

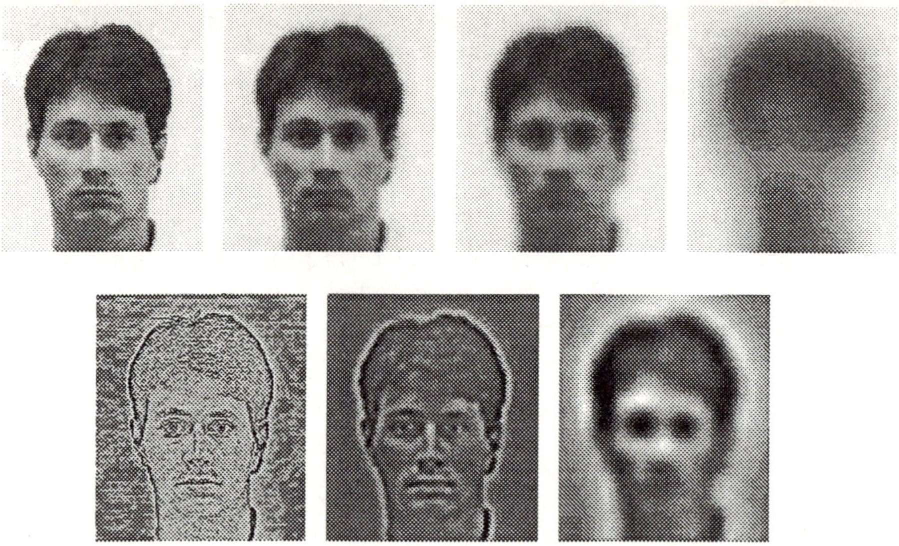

Figure 5. The Gaussian and Laplacian pyramids for a face image

of functions with more and more detail:

$$\ldots \subset V_{-1} \subset V_0 \subset V_1 \subset \ldots \subset L^2(\mathbb{R}^n) \tag{11}$$

such that $f(x) \longmapsto f(2x)$ maps V_m isomorphically onto V_{m+1}. Then one may think of V_m as functions which have been blurred and sampled at a spacing 2^{-m}: i.e., the level of the pyramid of $(2^m \times 2^m)$-pixel images. The mathematical development of the theory of these expansions is due especially to Meyer and Daubechies (see [Meyer 86], [Daubechies 88], [Daubechies 90]), who showed that (i) with *very* careful choice of ψ, this expansion is even an orthogonal one, (ii) for many more ψ, the functions on the right form an unconditional but not orthogonal basis of $L^2(\mathbf{R}^n)$ and (iii) for even more ψ, the functions on the right form a "frame", a set of functions that spans $L^2(\mathbf{R}^n)$ and gives a canonical though non-unique expansion of every f.

From the perspective of pattern theory, we want to make two comments on the theory of wavelets. The first is that they fit in very naturally with the idea of minimum description length. Looked at from the point of view of optimal linear encoding of visual and speech signals (i.e., encoding by linear combinations of the function values), the idea of wavelet expansions is very appealing. This was pointed out early on by Burt and Adelson and data compression has been one of the main applications of wavelet theory ever since. Moreover, its further development leads beyond the classical idea of expanding a function in terms of a fixed basis to the idea of using a much larger spanning set which *oversamples* a function space and using suitably chosen subsets of this set in terms of which to expand or approximate the given function (see [Coifman-Meyer-Wickerhouser 90] where *wavelet libraries* are introduced). Even though the data needed to describe this expansion or approximation is now both the particular subset chosen and the coefficients, this may be a more efficient code. If so, it should lead us to the correct variables w for describing the world (cf. Section 2): for example, expanding a speech signal using wavelet libraries, different bases would naturally be used in the time domains during which different phonemes were being pronounced – thus the break-up of the signal into phonemes is discovered as a consequence of the search for efficient coding! It also appears that nature uses wavelet type encoding: there are severe size restrictions on the optic nerve connecting the retina with the higher parts of the brain and the visual signal is indeed transmitted using something like a Burt-Adelson wavelet expansion [Dowling 87].

The second point is that wavelets, even in their oversampled form, are still just the linear side of pyramid multi-scale analysis. In our description of multi-scale transformations of signals in Section 3, we pointed out that the two scales can be combined by multiplication or a more general function σ as well as by addition. To decode such a transformation, we need to perform some local non-linear step, such as rectification or auto-correlation, at each level of the pyramid before blurring and resampling. An even more challenging and non-linear extension is to a *multi-scale description of shapes*: e.g., subsets $S \subset \mathbf{R}^2$ with smooth boundary. The analog of blurring a signal is to let the boundary of S evolve by diffusion proportional to its curvature (see [Gage-Hamilton 86], [Grayson 87]). Although there is no theory of this at present, one should certainly have a multi-scale description of S starting from its coarse diffused form – which is nearly round – and adding detailed features at each scale. In yet another direction, face recognition algorithms have been based on matching a crude blurry face template at a low resolution, and then refining this match, especially at key parts of the face like the eyes. This is the kind of general pyramid algorithm that Rosenfeld proposed many years ago, many of which have been successfully implemented by Peter Burt and his group at the SRI Sarnoff Laboratory.

5.2 Segmentation as a free-boundary value problem

A quite different mathematical theory has arisen out of the search for algorithms to detect transformations of the fourth kind, interruptions. Evidence for an interruption or a discontinuity in a perceptual signal comes from two sources: the relative homogeneity of the signal on either side of the boundary and the presence of a large change in the signal across the boundary. One approach is to model this as a variational problem: assuming that a blurred and noisy signal f is defined on a domain $D \subset \mathbf{R}^n$, one seeks a set $\Gamma \subset D$ and a smoothed version g of f which is allowed to be discontinuous on Γ such that:

- g is as close as possible to f,
- g has the smallest possible gradient on $D - \Gamma$,
- Γ has the smallest possible $(n-1)$-volume.

These conditions define a variational problem, namely to minimize the functional

$$E(g,\Gamma) = \mu^2 \int_D \cdots \int (f-g)^2 + \int_{D-\Gamma} \cdots \int \|\nabla g\|^2 + \nu|\Gamma| \tag{12}$$

where μ and ν are suitable constants weighting the three terms and $|\Gamma|$ is the $(n-1)$-volume of Γ. The g minimizing E may be understood as the optimal piecewise smooth approximation to the quite general function f. In Grenander's terms, the function g is the pure image and f is the deformed image; I like to call g a *cartoon* for the signal f. The Γ minimizing E is a candidate for the boundaries of parts of the domain D of f where different objects or events are detected. Segmenting the domain of perceptual signals by such variational problems was proposed independently by S. and D. Geman and by A. Blake and A. Zisserman (see [Geman-Geman 84] and [Blake-Zisserman 87]) for functions on discrete lattices, and was extended by [Mumford-Shah 89] to the continuous case.

In the case of visual signals, the domain D is 2-dimensional and we want to decompose D into the parts on which different objects in the world are projected. When you reach the edge of an object as seen from the image plane, the signal f typically will be more or less discontinuous (depending on noise and blur and the lighting effects caused by the grazing rays emitted by the surface as it curves away from the viewer). An example of the solution of this variational problem is shown in Figure 6: Figure 6a is the original image of the eye, 6b shows cartoon g and 6c shows the boundaries Γ. This is a case where the algorithm succeeds in finding the "correct" segmentation, but it doesn't always work so well.

Figure 7 gives the same treatment as Figure 6, to the "oldman" image. Note that the algorithm fails to find the perceptually correct segmentation in several ways: the man's face is connected to his black coat and the black bar of the bench and the highlights on the back of his coat are treated as separate objects. One reason is that the surfaces of objects are often textured, hence the signal they emit is only statistically homogeneous. More sophisticated variational problems are needed to segment textured objects (see below).

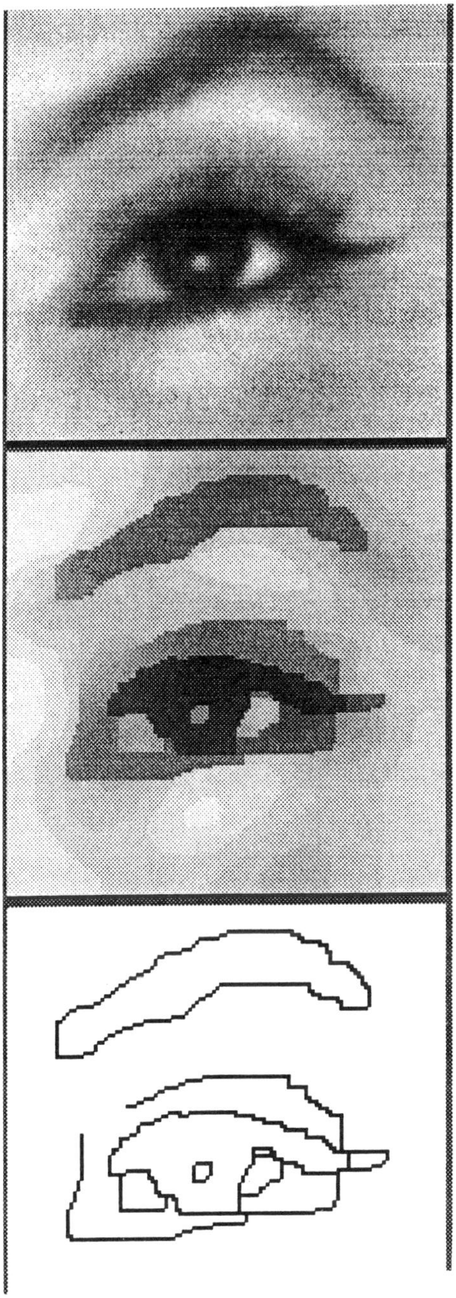

Figure 6. Segmentation of the eye-image via optimal piecewise smooth approximation

Figure 7. Segmentation of the oldman-image via optimal piecewise smooth approximation

From a mathematical standpoint, it is important to know if this variational problem is well-posed. It has been proven that E has a minimum if Γ is allowed to be a closed rectifiable set of finite Hausdorff $(n-1)$-dimensional measure and g is taken in a certain space SBV ("special bounded variation", which means that the distributional derivative of g is the sum of an L^2-vector field plus a totally singular distribution supported on Γ) (see [DeGiorgi-Carriero-Leaci 88], [Ambrosio-Tortorelli 89] and [Dal Maso-Morel-Solimini 89]). Unfortunately, it seems hard to check whether these minima are "nice" when f is, e.g., whether, when $n = 2$, Γ is made up of a finite number of differentiable arcs, though Shah and I have conjectured that this is true. Of course, if the signal is replaced by a sampled version, the problem is finite dimensional and certainly well-posed.

This variational problem fits very nicely into both the Bayesian framework and the information theoretic one. Geman and Geman introduced it for discrete domains in the Bayesian setting. The basic idea is to define probability spaces by Gibbs fields. Let $D = \{x_\alpha\}$ be the domain, $\{f_\alpha\}$ and $\{g_\alpha\}$ the values of f and g at x_α. To describe Γ, for each pair of "adjacent pixels" α and β, let $\ell_{\alpha,\beta} = 1$ or 0 depending on whether or not Γ separates the pixels α and β: these random variables are called the *line process.* Then we define a prior probability distribution on the random variables $\{\ell_{\alpha,\beta}\}$ by the formula

$$p(\{\ell_{\alpha,\beta}\}) = \frac{e^{-\nu(\sum \ell_{\alpha,\beta})}}{Z_1} \tag{13}$$

where Z_1 is the usual normalizing constant. This just means that boundaries Γ get less and less probable, the bigger they are. Next, we put a conditional probability distribution on $\{g_\alpha\}$ conditional on the line process by the formula

$$p(\{g_\alpha\}|\{\ell_{\alpha,\beta}\}) = \frac{e^{-\sum_{\alpha,\beta \text{ adj}}(1-\ell_{\alpha,\beta})\cdot(g_\alpha - g_\beta)^2}}{Z_2}. \tag{14}$$

This is a discrete form of the previous E: if adjacent pixels α and β are *not* separated by Γ, then $\ell_{\alpha,\beta} = 0$ and the probability of $\{g_\alpha\}$ goes down as $|g_\alpha - g_\beta|$ gets larger, but if they *are* separated, then $\ell_{\alpha,\beta} = 1$ and g_α and g_β are independent. Together, the last two equations define an intuitive prior on $\{g_\alpha, \ell_{\alpha,\beta}\}$ enforcing the idea that g is smooth except across the boundary Γ. The data term in the Bayesian approach makes the observations $\{f_\alpha\}$ equal to the model $\{g_\alpha\}$ plus Gaussian noise, i.e., it defines the conditional probability by the formula

$$p(\{f_\alpha\}|\{g_\alpha, \ell_{\alpha,\beta}\}) = \frac{e^{-\mu^2 \cdot \sum_\alpha (f_\alpha - g_\alpha)^2}}{Z_3}. \tag{15}$$

Multiplying (12), (13) and (14) defines a probability space ($\Omega_{\text{obs}} \times \Omega_{\text{wld}}, p_{o,w}$) as in section 2 and taking $-log$ of this probability, we get back a discrete version of E up to a constant. Thus the ML-estimate of the world variables $\{g_\alpha, \ell_{\alpha,\beta}\}$ is essentially the minimum of the functional E.

This probability space is closely analogous to that introduced in physics in the Ising model. In terms of this analogy, the discontinuities Γ of the signal are exactly the phase transitions of statistical mechanics.

From the information-theoretic perspective, we want to interpret E as the bit length of a suitable encoding of the image $\{f_\alpha\}$. These ideas have not been fully developed, but for the simplified model in which Γ is assumed to divide up the domain into pieces $\{D_k\}$ on which the image is approximately a constant $\{g_k\}$, this interpretation was pointed out by [Leclerc 89]. We imagine encoding the image by starting with a "chain code" for Γ: the length of this code will be proportional to its length $|\Gamma|$. Then we encode the constants $\{g_k\}$ up to some accuracy by a constant times the number of these pieces k. Finally, we encode the deviation of the image from these constants by Shannon's optimal encoding based on the assumption that $f_\alpha = g_k +$ Gaussian noise n_α. The length of this encoding will be a constant times the first term in E. (If g is not locally constant, we may go on to interpret the second term in E as follows: consider the Neumann boundary value problem for the laplacian Δ acting on the domain $D - \Gamma$. We may expand g in terms of its eigenfunctions, and encode g by Shannon's optimal encoding assuming these coefficients are independently normally distributed with variances going down with the corresponding eigenvalues. The length will be this second term.)

Many variants of this Gibbs field or "energy functional" approach to perceptual signal processing have been investigated. Some of these seek to incorporate texture segmentation, e.g., [Geman-Geman-Graffigne-Dong 90] and [Lee-Mumford-Yuille 92] (which proposes an algorithm that should also segment most phonemes in speech) and others to deal with the asymmetry of boundaries caused by the 3D-world: at a boundary, one side is in front, the other in back [Nitzberg-Mumford 90]. The "Hidden Markov Models" used in speech recognition are Gibbs fields are of this type. To clarify the relationship, recall that HMM's are based on modelling speech by a Markov chain whose underlying graph is made up of subgraphs, one for each phoneme and whose states predict the power spectrum of the speech signal in local time intervals. Assuming a specific speech signal f is being modelled, HMM-theory computes the ML sample of this chain conditional on the observed power spectra. Note that any sample of the chain defines a segmentation of time by the set $\Gamma = \{t_k\}$ of times at which the sample moves from the subchain for one phoneme to another, and each interval $t_k \le t \le t_{k+1}$ is associated to a specific phoneme a_k. Let A be the string $\{a_1 a_2, \cdots, a_N\}$. Taking $-log$ of the probability, the ML estimate of the chain is the pair $\{\Gamma, A\}$ minimizing an energy E of the form

$$E(A, \Gamma) = \sum_k \text{dist.}(f\big|_{t_k}^{t_{k+1}}, \text{phoneme } a_k) + \nu|\Gamma|\,, \tag{16}$$

which is clearly analogous to the E's defined above.

Finally, some physiological theories have been proposed in which various areas of cortex (e.g., V1 and V2) compute the segmentation of images by an algorithm analogous to minimizing (11) [Grossberg-Mignolla 85]. It has also been used in computing depth from stereo [Belhumeur-Mumford 92], [Geiger-Ladendorf-Yuille 92], computing the so-called optical flow field, the vector field of moving objects across the focal plane [Yuille-Grzywacz 89], [Hildreth 84] and many other applications.

We have not mentioned the problem of actually computing or approximating the minimum of energy functionals like E. Four methods have been proposed: in case $n = 1$, we can use *dynamic programming* to find the global minimum fast and efficiently. This applies to the speech applications and is one reason why speech recognition is considerably ahead of image analysis. For any n, [Geman-Geman 84] applied a Monte Carlo algorithm due to [Kirkpatrick-Geloti-Vecchi 83] known as *simulated annealing*. Making this work is something of a black art, as the theoretical bounds on its correctness are astronomical; still it is always an easy thing to try as a first step.

A third method, which seems the most reliable at this point, is the *graduated non-convexity* method introduced in [Blake-Zisserman 87]. It is based on putting the functional E in a family E_t such that $E = E_0$ and E_1 is a convex functional, hence has a unique local minimum. One then starts with the minimum of E_1 and follows it as $t \to 0$. The final idea is related to the third and that is to use *mean field theory* as in statistical physics: this often leads to approximations to the Gibbs field which allow us to put E in a family becoming convex in the limit (see [Geiger-Yuille 89]).

5.3 Random diffeomorphisms and template matching

The third example concerns the identification of objects in an image, putting them in categories such as "the letter A", "a hammer" or "my Grandmother's face". One of the biggest obstacles in these problems is the variability of the shapes which belong to such categories. This variability is caused, for example, by changes in the orientation of the object and the viewpoint of the camera, changes in individual objects such as varying expressions on a face and differences between objects of the same category such as different fonts for characters, different brands of hammer, etc. If the shapes were not too variable, one could hope to introduce average examples of each letter, of each tool, of the faces of everyone you know — "templates" for each of these objects — and recognize each such object as it is perceived by comparing it to the various templates stored in memory. Unfortunately, the variations are usually too large for this to work, and, worse than that, some variations occur commonly, while others do not (e.g., faces get wrinkled but never become wavy like water). What we need to do is to explicitly model the common variations and use our knowledge to see if a suitably varied template fits! A large part of this variation can be modelled by domain warping, the third of the transformations introduced in Section 3 and this leads to the study of *deformable templates*, templates whose parts can be changed in size and orientation and shifted relative to each other. These were first introduced in computer vision by [Fischler-Elschlager 73] who called them "templates with springs" but the idea is well-known in biology, e.g., in the famous and beautiful book [Thompson 17] (see Figure 8a, showing the deformations between three primate skulls).

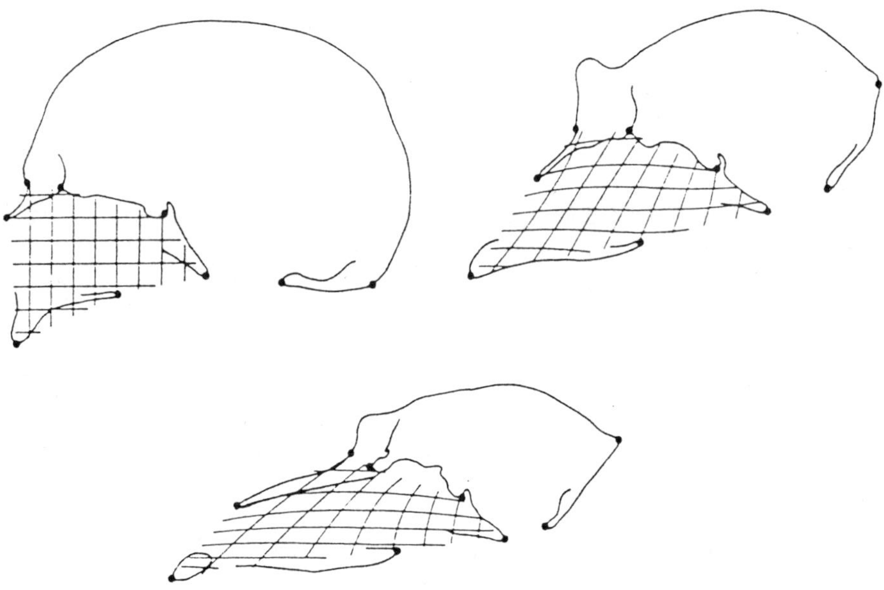

Figure 8a. Diffeomorphisms between primate skulls

Mathematically, we can describe flexible templates is as follows. We must construct four things: (i) a standard image I_T on a domain D_T which can be a set of pixels or can also be reduced to a graph of "parts" of the object, (ii) a space of allowable maps $\psi : D_T \to D$ or $(D \cup \{\text{missing}\})$, (iii) a measure $E(\psi)$ of the degree of deformation in the map ψ, the "stretching of the springs", and (iv) a measure of the difference d between the standard image I_T and the deformation $\psi^*(I)$ of the observed image I. Here ψ is typically a diffeomorphism, "missing" is an extra element in the range of ψ to allow certain parts of the standard image to be missing in the observed image, and $\psi^*(I)$ is a "pull-back" of I which may be just the composition of I and ψ if D_T is a set of pixels, or may be some set of local "features" of I when D_T is a graph of parts. The basic algorithm is then to compute

$$\arg\min_{\psi}[d(\psi^*(I), I_T) + E(\psi)], \tag{17}$$

which gives the optimal match of the template with the observed image.

Figures 8b, 8c and 8d show three examples of this algorithm in action. 8b from [Yamamoto-Rosenfeld 82] applies these ideas to the recognition of chinese characters or kanji. In this application D_T is a 1-dimensional polygonal skeleton of the outline of the character, and ψ is a piecewise linear embedding of D_T in the domain D of the character image. 8c from [Y. Amit 91] applies these ideas to tracing a hand in an X-ray by comparing it with a standard hand. Here ψ is a small deformation of the identity defined by a wavelet expansion of its (x, y)-coordinates and the prior $E(\psi)$ is a weighted L^2-norm of the expansion coefficients. Finally 8d from [Yuille-Hallinan-Cohen 92] applies these ideas to the recognition of eyes. Here D_T has two parts, a pair of parabolas representing the outline of the eye and a black circle on a white ground representing the iris/pupil on the eyeball. ψ is linear on each parabola and on the circle, but the range of the first may *occlude* the range on the second to allow the iris/pupil to be partially hidden. This is incorporated in a careful definition of d.

An interesting mathematical side of this theory is the need for a careful definition and comparative study of various priors on the spaces of diffeomorphisms ψ. One can, for instance, define various measures $E(\psi)$ based (i) on the square norm of the Jacobian, as in harmonic map theory, (ii) on the area of the graph, as in geometric measure theory, (iii) on the stress of the map as in elasticity theory, or (iv) on second derivatives of ψ, which give more control over the minima. [Mumford 91] discusses some of these measures, but the best approach is unclear and restricting maps to be diffeomorphisms is not always natural. An interesting neurophysiological aside is that the anatomy of the cortex of mammals seems well equipped

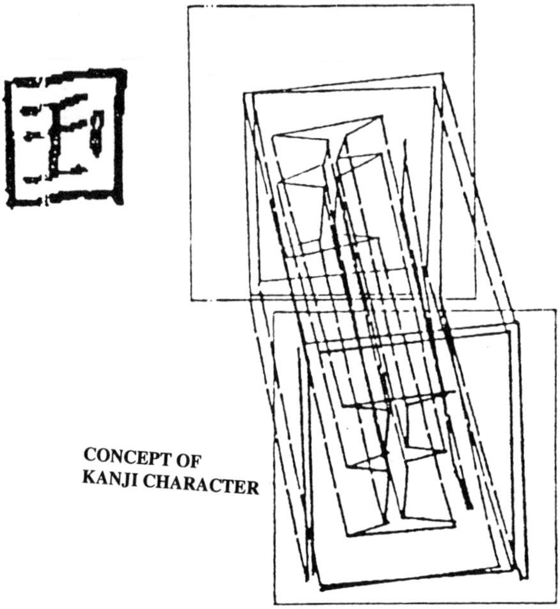

Figure 8b. Diffeomorphism between kanji

to perform domain warping. The circuitry of the cortex is based on two types of connections: local connections within disjoint subsets of the cortex known as *cortical areas*, and global connections, called *pathways*, between the two distinct areas. The pathways occur in pairs, setting up maps which are crudely homeomorphisms between the cortical surfaces of the two areas which are inverse to each other. These pathways are not exactly point to point maps, however, because of the multiple synapses of their axons, hence the pair of inverse pathways can shift a pattern of excitation by small amounts in any direction.

5.4 The stereo correspondence problem via minimum description length

As described in Section 2, there are two approaches to the problems of pattern theory: the first is to use all the geometry, physics, chemistry, biology and sociology that we know about the world and try to define from this high-level knowledge an appropriate probabilistic model $(\Omega_{\text{obs}} \times \Omega_{\text{wld}}, p_{o,w})$ of the world and our observations. The second involves *learning this model* using only the patterns and the internal structure of the signals that are presented to us. Almost all research to date in computer vision falls in the first category, while the standard approach to speech recognition starts with the first but significantly improves on it using the "EM-algorithm", a learning algorithm in the second category.

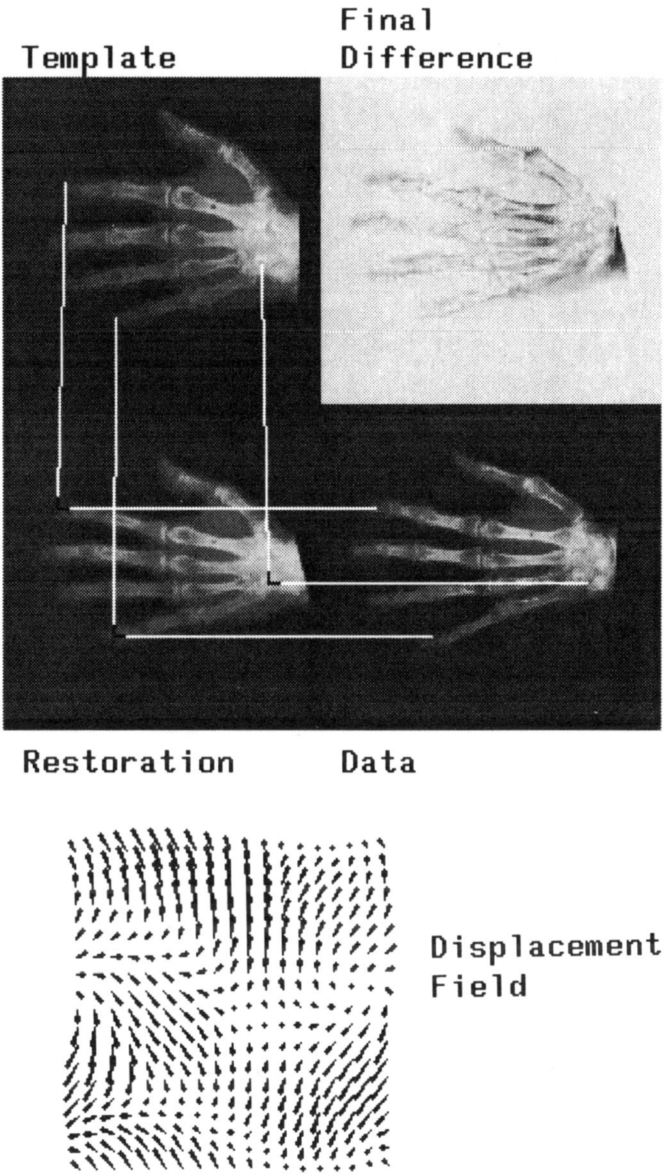

Figure 8c. Diffeomorphism between X-rays of hands

However, newborn animals seem to rely as strongly on learning their environment as on a genetically transmitted knowledge of it. It not hard to imagine that a baby growing up in a virtual reality governed by quite unusual physics would learn these just as rapidly as the physics of its ances-

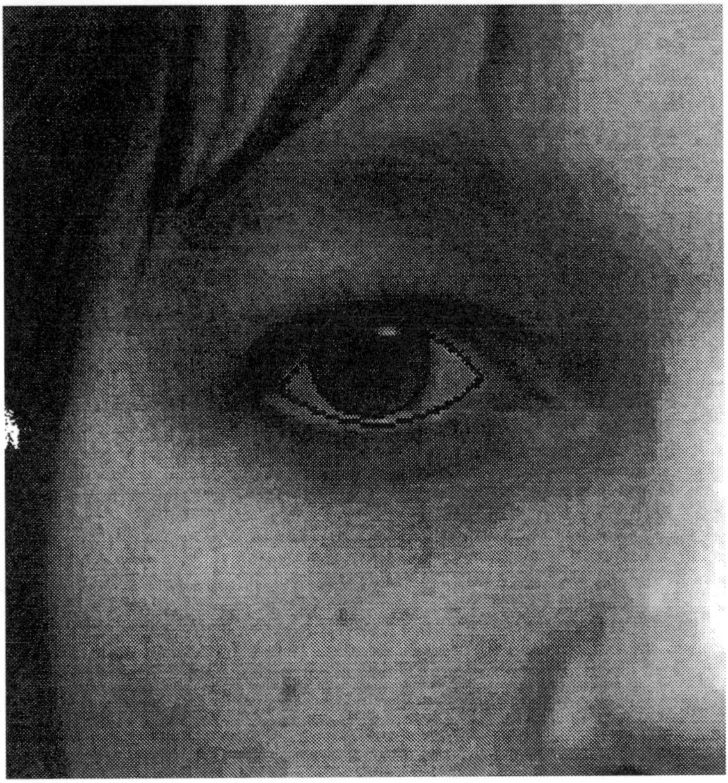

Figure 8d. Diffeomorphism from a cartoon eye to a real eye

tral world. Humans can read scanning electron microscope images, which are produced by totally different reflectance rules from normal images. All of this suggests the possibility of discovering universal pattern analysis algorithms which learn patterns from scratch. One of the great appeals of the idea of pattern theory is the hope that the structure of the world can be discovered in this way. It is in this spirit that we present the final example. It is not an extensive theory like the previous three, but illustrates how the minimum description length principle can lead one to uncover the hidden structure of the world in a remarkably direct way.

We are concerned with the problem of stereo vision. If we view the world with two eyes or with two cameras separated by a known distance, and either identically oriented or with a known difference of orientations, then we can use trigonometry to infer the 3-dimensional structure of the world: see Figure 9. More precisely, the two imaging systems produce two images, I_L and I_R (the left and right images). Suppose a point A in the world visible in both images appears as $A_L \in D_L$ and $A_R \in D_R$ in the domains of the two images. The coordinates of A_L and A_R plus the

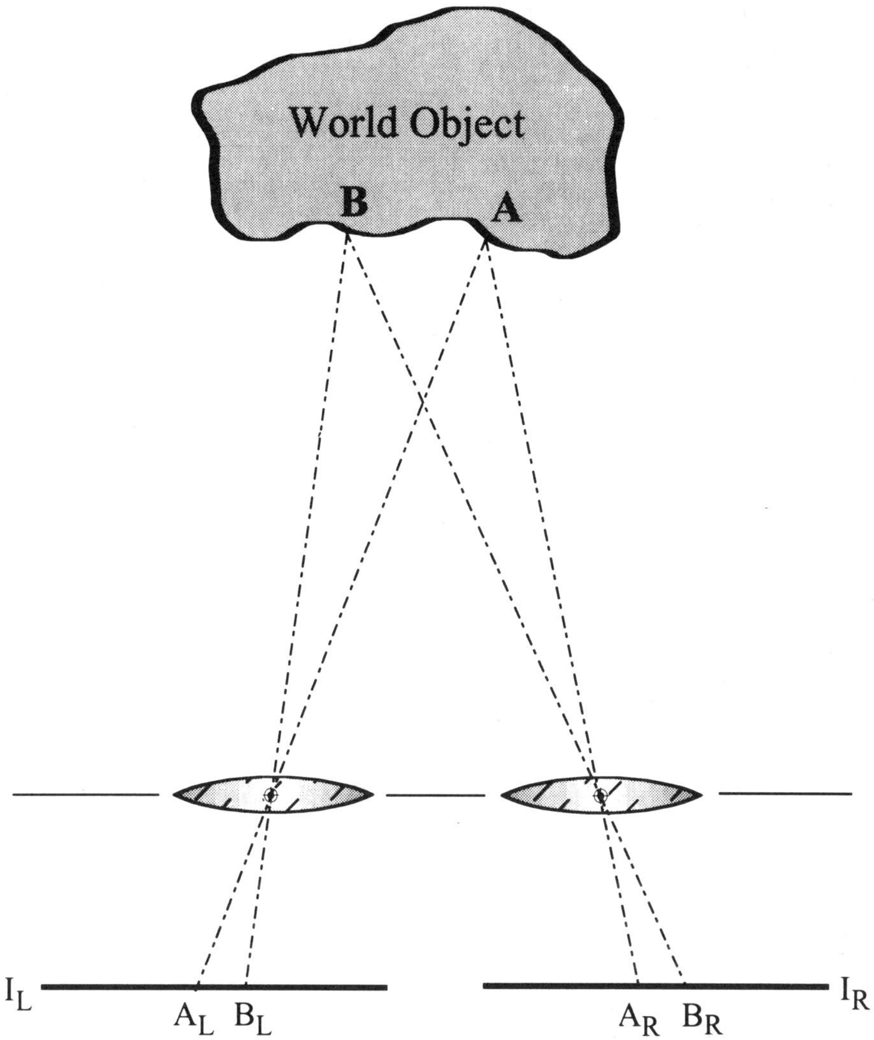

Figure 9. The geometry of stereo vision, in a plane through the centers of the two lenses

known geometry of the imaging system give the 3-dimensional coordinates of A. However, to use this, we need to first find the pair of corresponding points A_L and A_R: finding these is called the *correspondence problem.* Notice from Figure 9 that the geometry of the imaging system gives us one simplification: all points A in a fixed 3-dimensional plane π, through the centers of the two lenses, are seen as points $A_L \in \ell_L$ and $A_R \in \ell_R$, where ℓ_L and ℓ_R are the intersections of π with the two focal planes, and are called *epipolar lines.* Moreover, when we are looking at a single relatively smooth surface S in the 3-dimensional world, S is visible from the left and right eye as subdomains $S_L \subset D_L$ and $S_R \subset D_R$ and the corresponding points on these subdomains define a diffeomorphism $\psi : S_L \to S_R$ carrying each epipolar line in the left domain to the corresponding epipolar line in the right. This leads us to a problem like that in the last section. But there is a further twist: at the edges of objects, each of the two eyes can typically see a little further around one edge, producing pixels in one domain D_L or D_R with no corresponding pixel in the other domain. In this way, the domain is often segmented into subdomains corresponding to distinct objects.

My claim is that the minimum description length principle alone leads you naturally to discover all this structure, without any prior knowledge of 3-dimensions. The argument is summarized in Figure 10. In this figure, I have represented a series of increasingly complex stereo images in diagrammatic form. Firstly, in order to represent the essentials concisely, I have used only a single pair of epipolar lines ℓ_L and ℓ_R instead of the full domains D_L and D_R. Secondly, instead of graphing the complex intensity function, we have used small symbols (squares, circles, triangles, stars, etc.) to denote local intensity functions with various characteristics. Thus a square on both lines represents local intensities which are similar functions. On the left, at each stage in Figure 10, we see the plane π in the world, with the visible surface points, and the left and right eyes. In the middle, we see the left and right images I_L and I_R which this scene produces, as well as dotted lines connecting corresponding points A_L and A_R. On the right we give a method of encoding the image data.

Stage 0 represents a simple flat object seen from the front: it produces images I_L and I_R, but we assume that our pattern analysis begins with naively encoding the images independently. At stage 1, the same scene is seen, but now the analysis uses the much more concise method of encoding only I_L, the fixed translation d by which corresponding points differ and a possible small residual $\Delta I(x) = I_R(x) - I_L(x + d)$. Clearly this is more concise. At stage 2, the scene is more complex: a surface of varying distance is seen, hence the displacement between corresponding points (called the *disparity*) is not constant. To adapt the previous encoding to this situation,

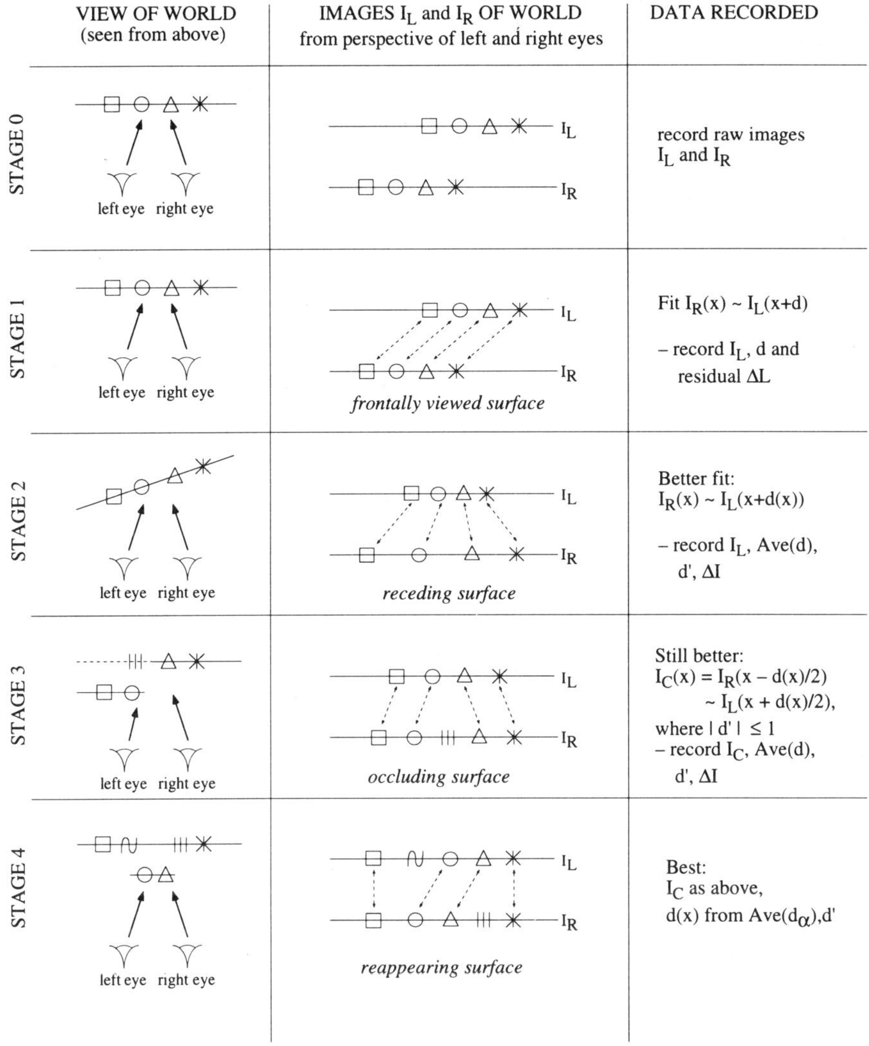

Figure 10. Discovering the world via MDL

one could take a mean value of d and have a bigger residual ΔI. But this residual could be quite big and a better scheme is replace the fixed d by a function $d(x)$ and encode I_L, the mean and derivative $(\overline{d}, d')$ of d and the residual ΔI. Now in stage 3, we encounter a new wrinkle: the scene consists in two surfaces, one occluding the other. Notice that a little bit of the back surface is visible to one eye only. To include this complexity, we go over to a more symmetrical treatment of the two eyes and encode a combined *cyclopean* image $I_C(x)$, where

$$I_C(x) = I_R(x - \frac{d(x)}{2}), I_L(x + \frac{d(x)}{2}) \text{ or their average} \tag{18}$$

depending on whether the point is visible only to the right eye, only to the left eye or to both eyes. To make this representation unique, it is easy to see that we must require that $|d'(x)| \leq 1$. Then we encode the scene via $(I_C, \overline{d}, d', \Delta I)$. In the final stage 4, we introduce the possibility of a surface disappearing behind another *and then reappearing.* The point is that each surface has its own average disparity, and it now becomes more efficient to record d by several means $\overline{d}_\alpha$, one for each surface, and the derivative d'. Thus we see how the search for minimum length encoding leads us naturally, first to the third coordinate of world points, then to smooth descriptions of surfaces in terms of their tangent planes and finally to explicit labelling of distinct surfaces in the visible field.

Although this approach might seem very abstract and impossible to implement biologically, G. Hinton (unpublished) has developed neural net theories incorporating both MDL and feed-back. These might be able to learn stereo exactly as outlined in this section.

6. Pattern theory and cognitive information processing

The examples of the last section all concern pattern theory as a theory for analyzing sensory input. The examples come from vision, but most of the ideas could apply to hearing or touch too. The purpose of this section is to ask the question: to what extent is pattern theory relevant to all cognitive information processing, both "higher level" thinking as studied in cognitive psychology and AI, and the output stages of an intelligent agent, motor control and action planning. I believe that in many ways the same ideas are applicable on a theoretical level and that there is physiological evidence that the same algorithms are applied throughout the cortex.

In the introduction, we gave medical expert systems as another example of pattern theory. In this extension, we considered the data available to a physician — symptoms, test results and the patient's history — as an encoded version of the full state of the world, a "deformed image" in Grenander's terminology. The full state of the world, the "pure image", in this case means the diseases and processes present in the patient. Inferring these hidden random variables can and has been studied as a problem in Bayesian statistics, exactly as in Section 2: see, for instance, [Pearl 88], [Lauritzen-Spiegelhalter 88]. In particular, describing the probability distribution on all the random variables as a Gibbs field, as in Section 5b, has been shown to be a powerful technique for introducing realistic models of the probability distribution in the real world. Figure 11, from the article [Lauritzen-Spiegelhalter 88], shows a simplified set of such random variables and the graph on which a Gibbs distribution can be based.

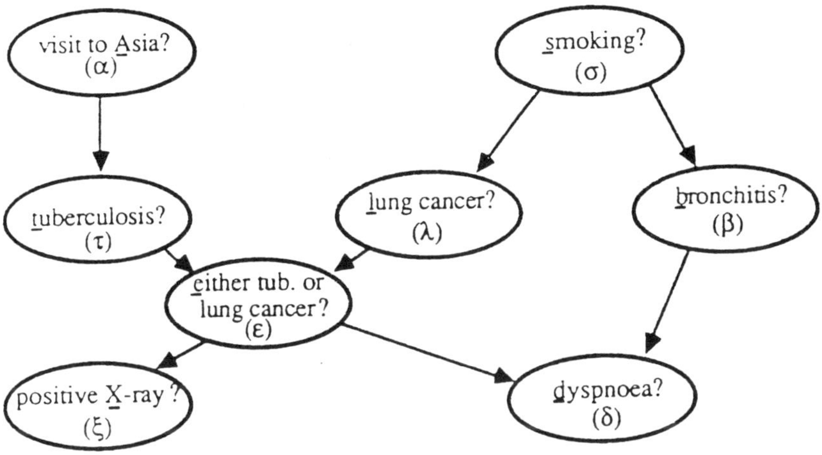

Figure 11. Causal graph in a toy medical expert system

Whether or not pattern theory extends in an essential way to these types of problems hinges on whether the transformations described in Section 3 generate the kind of probability distributions encountered with higher level variables. To answer this, it is essential to look at test cases which are not too artificially simplified (as is done all too often in AI), but which incorporate the typical sorts of complexities and complications of the real world. While I do not think this question can be definitively answered at present, I want to make a case that the four types of transformations of Section 3 are indeed encoding mechanisms encountered at all levels of cognitive information processing.

The first class of transformations, noise and blur, certainly occur at all levels of thought. In the medical example, errors in tests, the inadequacies of language in conveying the nature of a pain or symptom, etc. all belong to this category. Uncertainty over facts, misinterpretations and confusing factors are within this class. The simplest model leads to multi-dimensional normal distributions on a vector P of "features" being analyzed.

The fourth category of transformation, "interruptions", also are obviously universal. In any cognitive sphere, the problem of separating the relevant factors for a specific event or situation being analyzed from the extraneous factors involved with everything else in the world, is clearly central. The world is a complex place with many, many things happening simultaneously, and highlighting the "figure" against the "ground" is not just a sensory problem, but one encountered at every level. Another way this problem crops up is that a complex of symptoms may result from one underlying cause or from several, and, if several causes are present, their effects have to teased apart in the process of pattern analysis. As proposed in Section 4, pattern synthesis — actively comparing the results of one cause with the presenting symptoms P followed by analysis of the residual, the unexplained symptoms, is a universal algorithmic approach to these problems.

The second of the transformations, "multi-scale superposition", can be applied to higher level variables as follows: philosophers, psychologists and AI researchers have all proposed systematizing the study of concepts and categories by organizing them in hierarchies. Thus psychologists (see [Rosch 78]) propose distinguishing *superordinate categories, basic level categories and subordinate categories*: for instance, a particular pet might belong to the superordinate category "animal", the basic-level category "dog" and the subordinate category "terrier". In AI, this leads to graphical structures called *semantic nets* for codifying the relationships between categories (see [Findler 79]). These nets always include ordered links between categories, called *isa* links, meaning that one category is a special case of another. I want to propose that cognitive multi-scale superposition is precisely the fact that to analyze a specific situation or thing, some aspects result from the situation belonging to very general categories, others from very specific facts about the situation that put it in very precise categories. Thus sensory thinking requires we deal with large shapes with various overall properties, supplemented with details about their various parts, precise data on location, proportions, etc.; cognitive thinking requires we deal with large ideas with various general properties, supplemented with details about specific aspects, precise facts about occurrence, relationships, etc.

Finally, how about "domain warping"? Consider a specific example first. Associated to a cold is a variety of several dozen related symptoms.

A person may, however, be described as having a sore throat, a chest cold, flu, etc.: in each case the profile of their symptoms shifts. This may be modelled by a map from symptom to symptom, carrying for instance the modal symptom of soreness of throat to that of coughing. The more general cognitive process captured by domain warping is that of making an *analogy*. In an analogy, one situation with a set of participants in a specific relationship to each other is mapped to another situation with new participants in the same relationship. This map is the ψ in Section 5c, and the constraints on ψ, such as being a diffeomorphism, are now that it preserve the appropriate relationships. The idea of domain warping applying to cognitive concepts seems to suggest that higher level concepts should form some kind of geometric space. At first this sounds crazy, but it should be remembered that the entire cortex, high and low level areas alike, has the structure of a 2-dimensional sheet. This 2-dimensional structure is used in a multitude of ways to organize sensory and motor processes efficiently: in some cases, sensory maps (like the retinal response and patterns of tactile responses) are laid out geometrically. In other cases, interleaved stripes carry intra-hemispheric and inter-hemispheric connections. In still other cases, there are "blobs" in which related responses cluster. But, in all cases, adjacency in this 2D sheet allows a larger degree of cross-talk and interaction than with non-adjacent areas and this seems to be used to develop responses to related patterns. My suggestion is: is this spatial adjacency used to structure abstract thought too*?

To conclude, we want to discuss briefly how pattern theory helps the analysis of motor control and action planning, the output stage of a robot. Control theory has long been recognized as the major mathematical tool for analyzing these problems but it is not, in fact, all that different from pattern theory. In Figure 12a, we give the customary diagram of what control theory does. The controller is a black box which compares the

---

* I have argued elsewhere that the remarkable anatomical uniformity of the neo-cortex suggests that common mechanisms, such as the 4 universal transformations of pattern theory, are used throughout the cortex [Mumford 91-92, 93]. The referee has pointed out that "the uniformity of structure may reflect common machinery at a lower level. For example, different computers may have similar basic mechanisms at the level of registers, buses, etc., which is a low level of data handling. Similarly in the brain, the apparent uniformity of structure may be at the level of common lower-level mechanisms rather than the level of dealing with universal transformations". This is a certainly an alternative possibility, quite opposite to my conjectural link between the high-level analysis of pattern theory and the circuitry of the neo-cortex.

current observation of the state of the world with the desired state and issues an updated motor command, which in turn affects the black box called the world.

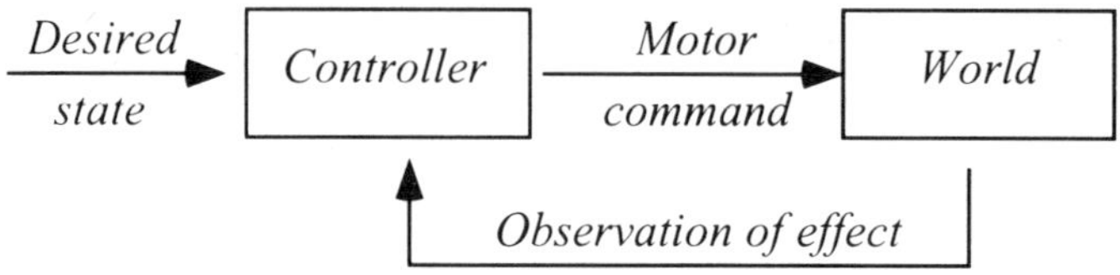

Figure 12a. The flow chart of control theory

This diagram is very similar to Figure 4, which described how pattern analysis and pattern synthesis formed a loop used in the algorithm for reconstructing the hidden world variables from the observed sensory ones.

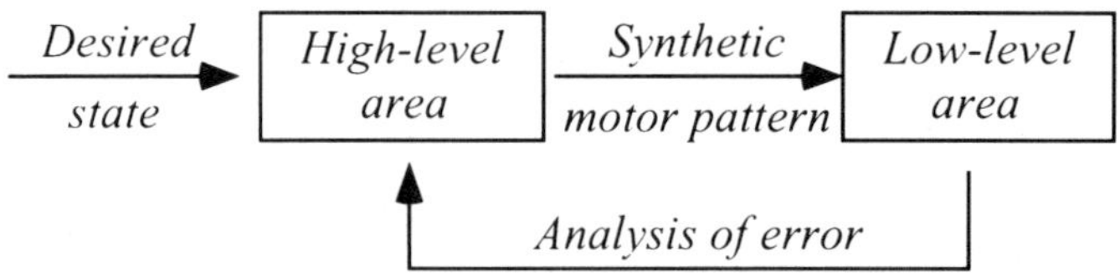

Figure 12b. A motor task via pattern theory

Figure 12b presents the modification of Figure 4 to a motor task. Here a high-level area or "black box" is in a loop with a low-level area: the high-level area compares the desired state with an analysis of the error and generates an updated motor command sequence by pattern synthesis. The low-level area, either by actually carrying out an action and observing its consequences, or by internal simulation, finds that it falls short in various ways, and send its pattern analysis of this error back up. Notice that the four transformations of Section 3 will occur or should be used in the top-down pattern synthesis step. Noise and blur are the inevitable consequences of the inability to control muscles perfectly, or eliminate external uncontrollable interference. Domain warping is the bread-and-butter of control theory — speeding up or slowing down an action by modifying the forces in order that it optimizes performance. Multi-scale superposition is what hierarchical control is all about: building up an action first in large steps, then refining these steps in their parts, eventually leading to detailed motor commands. Finally, interruptions are the terminations of specific control programs, either by success or by unexpected events, where quite new programs take over. In general, we seek to anticipate these and set up successor programs beforehand, hence we need to actively synthesize these as much as possible.

In summary, my belief is that pattern theory contains the germs of a universal theory of thought itself, one which stands in opposition to the accepted analysis of thought in terms of logic. The successes to date of the theory are certainly insufficient to justify such a grandiose dream, but no other theory has been more successful. The extraordinary similarity of the structure of all parts of the human cortex to each other and of human cortex with the cortex of the most primitive mammals suggests that a relatively simple universal principal governs its operation, even in complex and deep thinking (see [Mumford 91-92, 93] where these physiological links are developed).

Bibliography

Ambrosio, L. and Tortorelli, V., Approximations of functionals depending on jumps by elliptic functionals via gamma-convergence, *Comm. Pure & Applied Math.* **43** (1991), 999-1036.

Amit, D., *Modelling Brain Function*, Cambridge University Press, Cambridge, 1989.

Amit, Y., A non-linear variational problem for image matching, *SIAM Journal on Scientific Computing*, to appear.

Belhumeur, P. and Mumford, D., A Bayesian Treatment of the Stereo Correspondence Problem Using Half-Occluded Regions, in *Proc. IEEE Conf. Comp. Vision and Pattern Rec.*, 1992, 506-512.

Blake, A. and Zisserman, A., *Visual Reconstruction*, MIT Press, Cambridge, 1987.

Burt, P. and Adelson, E., The Laplacian pyramid as a compact image code, *IEEE Trans. on Comm.* **31** (1983), 532-540.

Carpenter, G. and Grossberg, S., A massively parallel architecture for a self-organizing neural pattern recognition machine, *Comp. Vision, Graphics and Image Proc.* **37** (1987), 54-115.

Cavanagh, P., What's up in top-down processing, *Proc. 13th ECVP*, 1991.

Coifman, R., Meyer, Y. and Wickerhouser, V., *Wavelet analysis and signal processing*, preprint, Yale Univ. Math. Dept., New Haven, 1990.

Dal Maso, G., Morel, J-M. and Solimini, S., A Variational Method in Image Segmentation, *Acta Math.* **168** (1992), 89–151.

Daubechies, I., Orthonormal bases of compactly supported wavelets, *Comm. Pure & Applied Math.* **49** (1988), 909-996.

Daubechies, I., The wavelet transform, time-frequency localization and signal analysis, *IEEE Trans. Inf. Theory*, 1990, 961-1005.

DeGiorgi, E., Carriero, M. and Leaci, A., Existence theorem for a minimum problem with free discontinuity set, *Arch. Rat. Mech. Anal.* **108** (1989), 195-218.

Dowling, J., *The Retina*, Harvard University Press, Cambridge, 1987.

Findler, N. ed., *Associative Networks*, Academic Press, New York, 1979.

Fischler, M. and Elschlager, R., The Representation and Matching of Pictorial Structures, in *IEEE Trans. on Computers* **22** (1973), 67-92.

Gage, M. and Hamilton, R., The heat equation shrinking convex plane curves, *J. Diff. Geom.* **23** (1986), 69-96.

Geiger, D. and Yuille, A., A Common Framework for Image Segmentation, *Int. J. Comp. Vision*, 1990.

Geiger, D., Ladendorf, B. and Yuille, A., Occlusions and Binocular Stereo, in *Proc. European Conf. Comp. Vision*, **588** (1992), Springer Lecture Notes in Computer Sciences, Berlin-Heidelberg.

Geman, D., *Random Fields and Inverse Problems in Imaging*, Springer Lecture Notes in Math. **1427** (1991), Berlin-Heidelberg-New York.

Geman, S. and Geman, D., Stochastic relaxation, Gibbs distribution and Bayesian restoration of images, *IEEE Trans. Pattern Anal. Mach. Intell.* **6** (1984), 721-741.

Geman, S., Geman, D., Graffigne, C. and Dong, P., Boundary detection by Constrained Optimization, *IEEE Trans. Pattern Anal. and Mach. Int.* **12** (1990).

Grayson, M., The heat equation shrinks embedded plane curves to round points, *J. Diff. Geom.* **26** (1987), 285-314.

Grenander, U., *Lectures in Pattern Theory I, II and III: Pattern Analysis, Pattern Synthesis and Regular Structures*, Springer-Verlag, Heidelberg-New York, 1976-1981.

Grossberg, S. and Mingolla, E., Neural dynamics of form perception: boundary completion, illusory figures and neon color spreading, *Psych. Rev.* **92** (1985), 173-211.

Grossman, A. and Morlet, J., Decomposition of Hardy functions into square integrable wavelets of constant shape, *SIAM J. Math. Anal.* **15** (1984), 723-736.

Hertz, J., Krogh, A. and Palmer, R., *Introduction to the Theory of Neural Computation*, Addison-Wesley, 1991.

Hildreth, E., *The Measurement of Visual Motion*, MIT Press, Cambridge, 1984.

Hopfield, J., Neural Networks and Physical Systems with Emergent Collective Computational Abilities, in *Proc. Nat. Acad. Sci.***79**(1982), 2554-2558.

Kass, M., Witkin, A. and Terzopoulos,D., Snakes: Active Contour Models, *IEEE Proc. 1st Int. Conf. Computer Vision*, 1987, 259-268.

Kirkpatrick, S., Geloti, C. and Vecchi, M., Optimization by Simulated Annealing *Science* **220** (1983), 671-680.

Lauritzen, S. and Spiegelhalter, D., Local Computations with Probabilities on Graphical Structures and their Applications to Expert Systems, *J.Royal Stat. Soc. B* **50** (1988), 157-224.

Leclerc, Y., Constructing simple stable descriptions for image partitioning, *Int. J. Comp. Vision* **3** (1989), 73-102.

Lee, T.S., Mumford, D. and Yuille, A., Texture Segmentation by Minimizing Vector-Valued Energy Functionals, in *Proc. Eur. Conf. Comp. Vision*, Springer Lecture Notes in Computer Science **1427** (1992).

Mallat, S., A theory of multi-resolution signal decomposition: the wavelet representation, *IEEE Trans. PAMI* **11** (1989), 674-693.

Meyer, Y., Principe d'incertitude, bases hilbertiennes et algèbres d'opérateurs, *Séminaire Bourbaki*, Springer Lecture Notes in Math, Berlin-Heidelberg-New York, (1986).

Mumford, D., Mathematical theories of shape: Do they model perception?, *Proc. SPIE* **1570** (1991), 2-10.

Mumford, D., On the computational architecture of the neocortex I and II, *Biol. Cybernetics* **65** (1991-92), 135-145 & 66, 241-251.

Mumford, D., Neuronal architectures for pattern-theoretic problems, in *Proc. Idyllwild conference on large scale neuronal theories of the brain*, C. Koche (ed.), MIT Press, Cambridge, 1994.

Mumford, D. and Shah, J., Optional approximation by piecewise smooth functions and associated variational problems, *Comm. Pure & Applied Math.* **42** (1989), 577-685.

Nitzberg, M. and Mumford, D., The 2.1D sketch, in *Proc. 3rd IEEE Int. Conf. Comp. Vision*, 1990, 138-144.

Osherson, D. and Weinstein, S., Formal Learning Theory, in *Handbook of Cognitive Neuroscience* M. Gazzaniga (ed.), Plenum Press, New York, 1984, 275-292.

Pearl, J., *Probabilistic Reasoning in Intelligent Systems*, Morgan-Kaufman, 1988.

Perona, P. and Malik, J., Scale-space and edge detection using anisotropic diffusion, *IEEE Workshop on Computer Vision*, Miami, 1987.

Rissanen, J., *Stochastic Complexity in Statistical Inquiry*, World Scientific, Singapore, 1989.

Rosch, E., Principles of Categorization, in *Cognition and Categorization*, E. Rosch and B. Lloyd (eds.), L. Erlbaum, 1978.

Rosenfeld, A. and Thurston, M., Edge and curve detection for visual scene analysis, *IEEE Trans. on Computers* **C-20** (1971), 562-569.

Thompson, D'Arcy, *On Growth and Form*, Cambridge University Press, Cambridge, 1917.

Uhr, L., Layered "recognition cone" networks that preprocess, classify and describe, *IEEE Trans. on Computers* **C-21** (1972), 758-768.

Yamamoto, K. and Rosenfeld, A., Recognition of Handprinted Kanji Characters by a Relaxation Method, in *Proc. 6th Int. Conf. Pattern Recognition*, 1982, 395-398.

Yuille, A. and Grzywacz, N., A Mathematical Analysis of the Motion Coherence Theory, *Int. J. Comp. Vision* **3**(1989), 155-175.

Yuille, A., Hallinan, P., and Cohen, D. Feature Extraction from Faces using Deformable Templates, *Int. J. Comp. Vision* **6** (1992).

Department of Mathematics
Harvard University
Cambridge, MA 02138, USA

Received September 28, 1992

Brownian Motion and Obstacles

Alain-Sol Sznitman

1. Two model problems

Our starting point is a "random cloud" of points in the d-dimensional space $\mathbb{R}^d$, $d \geq 1$, that is a locally finite possibly empty collection of points in $\mathbb{R}^d$. Each point of the cloud is the center of a closed ball of radius $a > 0$. These random, possibly overlapping configurations will play the role of random obstacles. A fairly natural choice of probability governing the randomness of the cloud is the Poisson law with constant intensity $\nu > 0$, denoted by $\mathbb{P}$. Independence and translation invariance are built into $\mathbb{P}$: indeed if $A_1, ..., A_k$ are pairwise disjoint Borel subsets of $\mathbb{R}^d$, the random numbers of points $N(A_1), ..., N(A_k)$ which respectively fall in $A_1, ..., A_k$ are independent variables with Poisson distribution

$$\mathbb{P}[N(A_i) = \ell] = \exp\{-\nu|A_i|\} \, \frac{(\nu|A_i|)^\ell}{\ell!} \, , \; \ell \geq 0 \, , \tag{1.1}$$

if $|\cdot|$ stands for the usual Lebesgue volume on $\mathbb{R}^d$. We are first going to describe two model problems connected with this random medium, and later we shall see that these two problems turn out to be related.

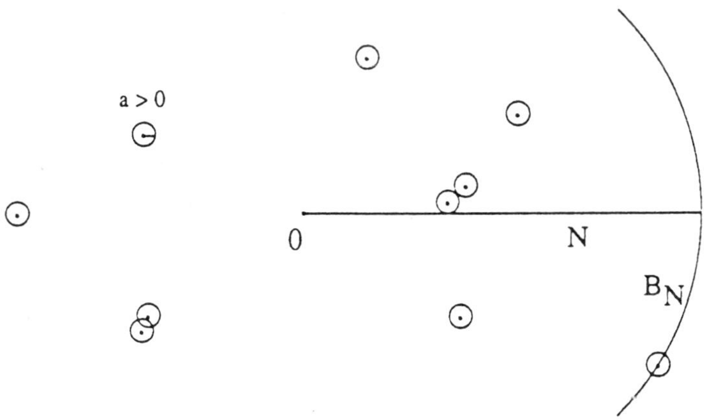

A spectral problem

We pick a small number $\lambda > 0$, and consider large balls B_N of $\mathbb{R}^d$ centered at the origin with radius N. What is the order of magnitude of the number of Dirichlet eigenvalues of $-\frac{1}{2}\Delta$ smaller or equal to λ in the (possibly disconnected) open set $B_N\backslash$obstacles.

The interest of the question comes from the fact that the presence of obstacles makes it difficult for small eigenvalues to exist and one awaits a rarefaction of the small eigenvalues. This type of question appears in the physical litterature, in Lifschitz's work [18], [19], within the frame of "the construction of a quantum theory of a condensed state of a substance without spacial periodicity". Before going any further in this direction, we shall now introduce our second model problem.

A diffusion problem

Now $Z.$ is a Brownian motion starting from the origin, with law P_0, independent of the cloud. We assume that this Brownian motion is absorbed at the time T it reaches one of the obstacles. In other words T is the entrance time of $Z.$ in the random configuration of balls. What is the large t behaviour of the probability

$$S(t) = \mathbb{P}_\otimes P_0[T > t]\,, \tag{1.2}$$

that $Z.$ is not absorbed by time t?

This now deals with trapping of a diffusion in a random medium. Trapping problems go back in the physical litterature to Smoluchowski [25], and the type of question we ask appears for instance in Grassberger-Proccaccia [11], Havlin-Bunde [12] pp. 142–145, Kayser-Hubbard [15]. A review of these problems can be found in Den Hollander-Weiss [6].

To motivate the question at hand, let us mention that

$$u(t,x) = P_x[T > t] \tag{1.3}$$

is the bounded solution of the diffusion equation:

$$\begin{aligned}&\partial_t u = \frac{1}{2}\,\Delta u \quad \text{on } \Theta = \mathbb{R}^d\backslash\text{obstacles}\\ &u_{t=0} = 1 \;\text{ in } \Theta \quad \text{and Dirichlet boundary conditions on the obstacles}\,.\end{aligned} \tag{1.4}$$

Thanks to translation invariance of $\mathbb{P}$, $S(t) = \mathbb{E}[u(t,0)] = \mathbb{E}[u(t,x)]$ for any x in $\mathbb{R}^d$, and our second question in (1.2) is linked with the "effective behavior" of the medium. Should one for instance expect an exponential decay of the averaged solution $S(t)$ as in the case of a periodic medium?

Coming back to (1.2), the event $\{T > t\}$: "the trajectory $Z.$ does not enter the obstacles up to time t", can be turned around into: "no point of the cloud falls in a closed neighborhood of width a of the trajectory Z_s, $0 \le s \le t$". In view of (1.1), we see that

$$S(t) = E_0[\mathbb{P}[N(W_t^a) = 0]] = E_0[\exp\{-\nu|W_t^a|\}] \,, \tag{1.5}$$

if $W_t^a = \bigcup_{0 \le s \le t} Z_s + \overline{B}(0,a)$ is the closed neighborhood of width a of the trajectory Z_s, $0 \le s \le t$, the so called "Wiener sausage".

Let us come back to the spectral problem. As an element of comparison, we consider the case where no obstacle is present. By a scaling argument, the number of Dirichlet eigenvalues of $-\frac{1}{2}\,\Delta$ in B_N smaller than λ is the same as the number of eigenvalues of $-\frac{1}{2}\Delta$ in B_1 smaller than λN^2. By Weyl's asymptotic formula, this latter quantity is equivalent to $\sim c(d)\lambda^{d/2} N^d\ |B_1|$. In other words in the absence of obstacles, as $N \to \infty$,

$$\frac{1}{|B_N|}\ \#\,\{\text{Dirichlet eigenvalues in } B_N \le \lambda\} \to c(d)\lambda^{d/2}\,,$$

and the limiting quantity $c(d)\lambda^{d/2}$ decays to zero as a power as $\lambda \to 0$. As we shall see, when obstacles are present, the decay of the corresponding object is much more rapid. To this end it is convenient to introduce the normalized counting measure on $[0,\infty)$,

$$\ell_N(d\lambda) = \frac{1}{|B_N|} \sum_{i \ge 1} \delta_{\lambda_{i,N}}(d\lambda)\,, \tag{1.6}$$

where $(\lambda_{i,N}(\omega))_{i\ge 1}$, stands for the increasing sequence of random Dirichlet eigenvalues of $-\frac{1}{2}\,\Delta$ in $B_N\backslash$obstacles, counted with multiplicity, and ω is the "typical cloud configuration". Thanks to a trace argument, the Laplace transform of ℓ_N is given by:

$$\int_0^\infty \ell^{-\lambda t} d\ell_N(\lambda) = \frac{1}{|B_N|} \int_{B_N\backslash\ \text{obstacles}} q_N(t,x,x)dx\,,$$

where $q_N(t,x,y)$ is the Dirichlet heat kernel in $B_N\backslash$obstacles, which admits a probabilistic representation:

$$q_N(t,x,y) = \frac{1}{(2\pi t)^{\,d/2}} \exp\Big\{-\frac{(x-y)^2}{2t}\Big\}\, E_{x,y}^t[T > t,\ T_{B_N} > t]\,. \tag{1.7}$$

Here $E^t_{x,y}$ refers to a Brownian motion starting at x conditioned to be in y at time t, (Brownian bridge), and T_{B_N} is the exit time from B_N. The right member of (1.7) is nearly an ergodic average and it can be shown, see Carmona-Lacroix [4], Pastur-Figotin [20] that

Proposition. *$\mathbb{P}$-a.s., as N tends to infinity, $\ell_N(d\lambda)$ converges vaguely to a deterministic measure $\ell(d\lambda)$ on $[0,\infty)$ called density of states. The Laplace transform $L(t)$ of $\ell(d\lambda)$ is given by*

$$\begin{aligned} L(t) &= \frac{1}{(\sqrt{2\pi t})}\,{}_d\, \mathbb{E} \otimes E^t_{0,0}[T > t]\,, \quad \textit{for } t > 0\,, \\ &= \frac{1}{(\sqrt{2\pi t})}\,{}_d\, E^t_{0,0}[\exp\{-\nu|W^a_t|\}] \end{aligned} \tag{1.8}$$

(by the same argument as in (1.5)).

In a slightly aseptic version, our spectral problem can now be reformulated as the study of the small λ behavior of $\ell([0,\lambda])$. By a Tauberian type argument this is closely connected to the large t behavior of $L(t)$.

This last question reemerged sometime after Lifschitz's work in the context of the study of the Bose-Einstein condensation in Kac and Luttinger [14]. The problem came to the mathematical community in a very stimulating paper of Marc Kac [13]. It was explained there, that instead of a well known theorem, in its first version due to Spitzer [26], stating that $\frac{|W^a_t|}{t} \underset{t\to\infty}{\longrightarrow}$ capacity $(B(0,a))$, P_0-a.s. and in L^p, $d \geq 3$, which at first glance would lead one to think that $S(t)$ or $L(t)$ had an exponential decay, in fact $L(t)$ and $S(t)$ had a much slower decay. Indeed in the work of Kac and Luttinger, an asymptotic lower bound of the form exp{- const $t^{d/d+2}$} had been derived.

The true leading asymptotic behavior of $S(t)$ appeared shortly after in a celebrated paper of Donsker–Varadhan [8] who showed that

$$\lim_{t\to\infty} t^{-d/d+2} \log S(t) = -\inf_{U \text{ open}} \{\nu|U| + \lambda(U)\} = -c(d,\nu)\,, \tag{1.9}$$

where $\lambda(U)$ stands for the principal Dirichlet eigenvalue of U and

$$c(d,\nu) = (\nu\omega_d)^{2/d+2} \left(\frac{d+2}{2}\right) \left(\frac{2\lambda_d}{d}\right)^{d/d+2}, \tag{1.10}$$

with $\omega_d = |B(0,1)|$ and $\lambda_d = \lambda(B(0,1))$.

So amazingly, in spite of the fact that the principal asymptotic behavior of $|W^a_t|$ did depend on a, the principal asymptotic behavior of $S(t)$ did not depend on a. Donsker–Varadhan's result was then easily showed to imply the same principal asymptotic behavior (1.9) for $L(t)$. Translated back into a "density of states language", thanks to an exponential Tauberian theorem of de Bruijn–Minlos–Povzner, see [1, p. 254], one finds as $\lambda \to 0$:

$$\ell([0,\lambda]) = \exp\Big\{-\nu\Big|B\Big(\sqrt{\frac{\lambda_d}{\lambda}}\Big)\Big|(1+o(1))\Big\}. \tag{1.11}$$

This is the much faster decay promised earlier, the "Lifschitz tail" behavior of the density of states. The expression in (1.11) is roughly the probability that the Poisson cloud puts no points in a huge ball of radius $\sqrt{\frac{\lambda_d}{\lambda}}$, which is the minimum volume open set in $\mathbb{R}^d$ with fundamental tone λ.

The proof of the lower bound part of (1.9) was in fact known to Kac–Luttinger [14]. It came out of a reasoning that we shall now explain. One possibility for the process $Z.$ to survive is that it stays until time t in some large open set which does not receive any obstacle. Now if U represents the "shape" of the open set containing 0 and α is a scale factor, that is we use αU as a "containing open set", then

$$S(t) = P_{\otimes}P_0[T>t] \geq \mathbb{P}[\text{ no obstacle fall in } \alpha U]\ P_0[T_{\alpha U}>t] \tag{1.12}$$

where $T_{\alpha U}$ is the exit time of the open set αU.

If U^r stands for the r-neighborhood of U, the first term of the right member of (1.12), by (1.1) is $\exp\{-\nu|(\alpha U)^a|\}$. Using scaling,

$$\begin{aligned} P_0[T_{\alpha U}>t] = P_0\Big[T_U > \frac{t}{\alpha^2}\Big] &= \int_U q_U\big(\frac{t}{\alpha^2}, 0, x\big)dx \\ &\geq c(U)\exp\Big\{-\lambda(U)\,\frac{t}{\alpha^2}\Big\} \end{aligned}$$

(by a spectral estimate and assuming U connected); combining these inequalities, we find

$$S(t) \geq c(U)\exp\{-(\nu\alpha^d|U^{a/\alpha}| + \frac{t}{\alpha^2}\,\lambda(U))\}.$$

Now "optimizing on α", we pick $\alpha = t^{1/d+2}$, so that $S(t) \geq c(U)\exp\{-t^{d/d+2}(\nu|U^{at^{-1/d+2}}| + \lambda(U))\}$ and

$$\underline{\lim}_{t\to\infty}\ t^{-d/d+2}\log S(t) \geq -\inf_{U \text{ regular}}(\nu|U| + \lambda(U)). \tag{1.13}$$

Using a Faber–Krahn isoperimetric type argument, for a given volume, balls are optimal in the minimization problem which appears in the right member of (1.13). Optimizing on the radius, we find balls of radius

$$R_0 = \left(\frac{2\lambda_d}{d\nu\omega_d}\right)^{1/d+2} \tag{1.14}$$

and this yields the lower bound part of (1.9), (1.10). Let us now explain the connection between this line of reasoning and our initial problem. The quantity $S(t)$ should be viewed, thanks to an ergodic theorem, as the $\mathbb{P}$ almost sure limit

$$S(t) = \lim_{N\to\infty} \frac{1}{|B_N|} \left(\int_{(B_N\setminus\ \text{obstacles})^2} q_N(t,x,y)dydx\right) .$$

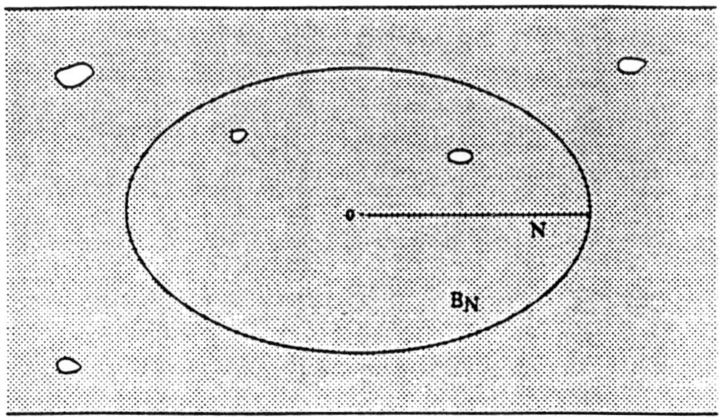

Within the Poisson cloud, big holes exist on various scales. The strategy of the lower bound we have just presented corresponds in this picture to "focusing" on points $x \in B_N$ where no point of the cloud fall in $x + (\alpha U)^a$ (here $0 \in U$), and requiring that the process which starts from such an x does not leave $x + (\alpha U)^a$ until time t. The asymptotic fraction of volume of such x in B_N is precisely $\exp\{-\nu|(\alpha U)^a|\}$. This brings us after some optimization to the "correct lower bound" (1.13).

2. Upperbound: "the method of enlargement of obstacles"

We shall now discuss a method to derive the upper bound part of (1.9) different from Donsker–Varadhan's proof, which is based on large deviations results. Here we shall explain the method of "enlargement of obstacles". For the time being, let us simply describe it as a technique which enables to derive lower bounds for principal Dirichlet eigenvalues.

In view of the discussion at the end of S ection I, we should expect the "big holes" of size $\sim t^{1/d+2}$ in the cloud to play an important role in the asymptotic behavior of $S(t)$ or $L(t)$. We are now going to describe a scheme which enables us to focus on these "big holes" or "clearings", if we think in terms of a "forest" of obstacles, and to discard the rest of the medium, where the "forest" is dense.

If $\mathcal{T}$ stands for the open set $(-t,t)^d$, we have an "upper bound" of $S(t)$ via

$$\begin{aligned} S(t) \leq & P_0[T_{\mathcal{T}} \leq t] + \mathbb{P}[\text{ a large number of clearings in } \mathcal{T}] \\ & + \mathbb{P} \otimes P_0[\text{ not too many clearings in } \mathcal{T} \text{ and the process} \\ & \quad \text{survives in } \mathcal{T} \text{ up to time } t] . \end{aligned} \tag{2.1}$$

Of course, for the time being, we do not know what a clearing is and (2.1) is more a declaration of intention than an inequality. At least the first term $P_0[T_{\mathcal{T}} \leq t]$ is mathematically precise. Thanks to standard Brownian motion estimates, it has an exponential time decay. This term is therefore negligible for our purpose, since we aim at deriving an upper bound of order $\exp\{-c(d,\nu)t^{d/d+2}(1+o(1))\}$ for $S(t)$.

Why we should enlarge obstacles?

The rough idea is that the replacement of obstacles of size a by obstacles of a much larger size b will make it more transparent what clearings are, because it will produce a "coarse grained picture", easier to describe. Let us begin with the following "warm up" calculation to illustrate the point. We chop $\mathbb{R}^d$ into cubic boxes of size $t^{1/d+2}$ and consider one such cubic box. We divide it into subcubes of size $b >> a$.

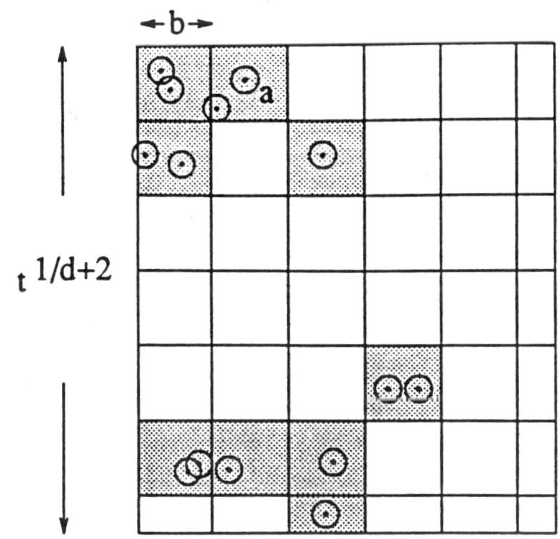

We pick a parameter $r > 0$, and look at the $\mathbb{P}$ probability that "the box contains a hole of size $r\, t^{1/d+2}$" (our definition of a clearing will be different), namely

$$p_{r,b,t} = \mathbb{P}[|U(\omega)| > |B(0, rt^{1/d+2})|] \,, \tag{2.2}$$

if $U(\omega)$ is the random subset obtained by taking the complement of closed subcubes of the box containing a point of the cloud. Now $U(\omega)$ ranges among at most $2^{(\frac{t}{b}^{1/(d+2)}+1)^d}$ possible different geometric shapes, depending on which closed boxes are or are not in the complement of $U(\omega)$.

The probability that any such possible shape of volume v does not receive any point of the cloud is by (1.1), $\exp\{-\nu v\} \le \exp\{-\nu |B(0, r, t^{1/d+2}|\}$. So,

$$p_{r,b,t} \le \exp\Big\{ t^{d/d+2} \Big(\frac{(\log 2)}{b^d} \, (1 + bt^{-1/d+2})^d - \nu |B(0,r)\mid \Big) \Big\} \,. \tag{2.3}$$

Then we see that $p_{r,n_0,b,t}$: the $\mathbb{P}$ probability that there are more than n_0 boxes with "big holes" within $\mathcal{T}$, is smaller than

$$\# \;\, (\text{choices of } n_0 \;\; \text{distinct boxes in } \mathcal{T}) \cdot p^{n_0}_{r,b,t} \le \Big(\frac{4t}{t^{1/d+2}} \Big)^{dn_0} \; p^{n_0}_{r,b,t} \,,$$

From this last estimate and (2.3), we see that, for $r > 0$,

$$\overline{\lim_{n_0 \to \infty}} \;\; \overline{\lim_{b \to \infty}} \;\; \overline{\lim_{t \to \infty}} \;\; t^{-d/d+2} \log p_{r,n_0,b,t} = -\infty \,. \tag{2.4}$$

In other words by adjusting parameters we can produce a time decay of $p_{r,n_0,b,t}$ faster than any $\exp\{-K\, t^{d/d+2}\}$. From this calculation it is clear that when b is large (big enlargement), the coarse grained description $U(\omega)$ of the medium in the box of size $t^{1/d+2}$ has only a complexity of rough order $2^{t^{d/(d+2)}/b^d}$, and the probability that a box of size $t^{1/d+2}$ presents a big hole of size $r\, t^{1/d+2}$ is not essentially larger than $\exp\{-\nu|B(0, t^{1/d+2} r)|\}$. So (2.4) suggests how to handle by a judicious choice of parameters the second term of our pseudo-upper bound (2.1). However for the time being, we do not yet know what a clearing is.

Why we should not enlarge everywhere?

Our "declaration of intention" (2.1) is especially useful, if we somehow are able to control in the last term the probability of survival up to time t of Brownian motion in $\mathcal{T}$ among the true obstacles, in terms of the configuration of enlarged obstacles.

If we adopt $t^{1/d+2}$($\sim$ size of clearings we want to focus on) as a new space unit, $\mathcal{T}$ now becomes $\left(-t^{\frac{d+1}{d+2}}, t^{\frac{d+1}{d+2}}\right)^d$, obstacles are now balls of radius $a\epsilon$, if $\epsilon \stackrel{\text{def}}{=} t^{-1/d+2}$. We are now interested in the P_0 probability that Brownian motion survives until time $t^{d/d+2}$ in

$$\Theta_{\epsilon,a} = \mathcal{T} \backslash \text{ obstacles} \,. \tag{2.5}$$

For a connected open set $\mathcal{V} \ni 0$ in $\mathbb{R}^d$, it is known that

$$\lim_{u\to\infty} \frac{1}{u} \log P_0[T_{\mathcal{V}} > u] = -\lambda(\mathcal{V}) \,.$$

In fact, one can give fairly quantitative estimates, for instance,

$$\begin{aligned} &\forall \rho > 0,\ \exists C(d,\rho) \in (1,\infty),\ \forall \mathcal{V} \text{ open},\ \forall u \geq 0,\ \forall x \in \mathbb{R}^d\,, \\ &P_x[T_{\mathcal{V}} > u] \leq C(d,\rho) \exp\{-\lambda(\mathcal{V})(1-\rho)u\} \end{aligned} \tag{2.6}$$

(apply (1.9) of [31] to the case $M = 1$ and $V = \sqrt{\lambda(\mathcal{V})}\mathcal{V}$). One can even get sharper uniform estimates (see Lemma 1.3 of [33]). In any case (2.6) indicates that $\lambda(\Theta_{\epsilon,a})$ is a very natural parameter, when getting an upper bound of the last term of (2.1), and that we would be quite interested in getting a lower bound for $\lambda(\Theta_{\epsilon,a})$ in terms of $\lambda(\Theta_{\epsilon,b})$.

Thanks to (2.6), configurations where $\lambda(\Theta_{\epsilon,a})$ is large ($>> c(d,\nu)$) can a priori be discarded. They yield a contribution negligible in comparison to $\exp\{-c(d,\nu)\, t^{d/d+2}(1+o(1))\}$. So we are naturally lead to the question: for $b > a$, is it true that $\lambda(\Theta_{\epsilon,b})$ is not really bigger than $\lambda(\Theta_{\epsilon,a})$, no matter what configuration we work with, provided $\lambda(\Theta_{\epsilon,a})$ is not too big and we pick ϵ small enough, independently of the configuration.

It turns out that it is not always the case. Roughly, this is due to an effect known as the "constant capacity regime", see for instance [22] or [24]. Let us describe an example of what can go wrong. We look at a unit cube in R^d, denoted by C (see top of next page).

We subdivide C into subboxes of side $\epsilon^{1/3}$ and at the center of each subbox, we place a spherical obstacle of radius $a\epsilon$. If $\Theta_{b,\epsilon}$ denotes the complement of these balls in the unit box, it is known, see Cioranescu-Murat [5], that for a suitable $c_0 > 0$,

$$\begin{aligned} \lambda(\Theta_{a,\epsilon}) &\longrightarrow \lambda(C) + c_0 \cdot a \\ \lambda(\Theta_{b,\epsilon}) &\longrightarrow \lambda(C) + c_0 \cdot b \,. \end{aligned}$$

As a result, it is really harder for Brownian motion to survive in configurations with enlarged obstacles of radius $b\epsilon$ rather than in the initial

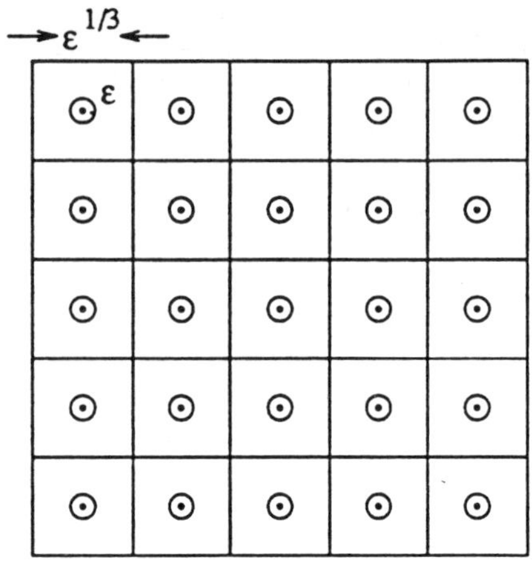

obstacle configuration of radius $a\epsilon$. On the other hand, observe that if we slice C into boxes of size $b\epsilon$ (as in II 1)), the set U complement of the union of boxes of size b receiving a center of a sphere has roughly volume $1 - \frac{b^3\epsilon^3}{\epsilon} = 1 - b^3\epsilon^2 \to 1$ as $\epsilon \to 0$.

The "bad configuration" just presented corresponds to a situation where the total volume of enlarged obstacles $\sim b^3\epsilon^2$ is very small. If we simply delete this configuration we obtain a new $\widetilde{U}$ which is simply C, contains the real U, has a volume near of U, and it is not more difficult (trivially here) for Brownian motion to survive in $\widetilde{U}$ than in the presence of true obstacles of size $a\epsilon$. This is the clue for

How the enlargement of obstacle technique works

We chop the whole space $\mathbb{R}^d$ into boxes of unit size (that is of size $t^{1/d+2}$ in the initial problem). In each box, we now have "good" and "bad" points of the cloud. Roughly, the good points are well surrounded by obstacles. We have a parameter $\delta \in (0,1)$ and balls centered at the good points with geometrically increasing radii $10^\ell b\epsilon$ going from the size $b\epsilon$ (enlarged obstacles) up to the size of the box. The balls of radius $b\epsilon$ centered at the points of the cloud falling in the box cover a fraction δ of the volume of these balls of radius $10^\ell\, b\epsilon$. The other points where this fails, are "bad" points, for details see [31]. We now have three parameters r, b, δ. We declare a box a clearing box if the volume $\widetilde{U}$, complement of subboxes of size $b\epsilon$ receiving a good point is $> |B(0,r)|$.

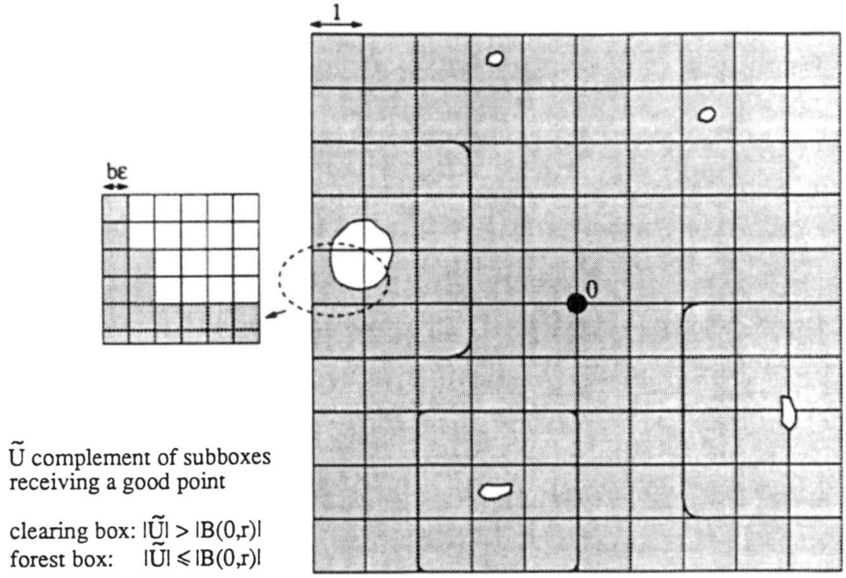

By a covering lemma, see [27], we have in fact

$$|\widetilde{U}| \leq |U| + \delta \,. \tag{2.7}$$

Using considerations very similar to II1), we have roughly $2^{t^{d/(d+2)}/b^d}$ possible shapes for $\widetilde{U}$ and thanks to (2.7), a non "degenerate" value of $|\widetilde{U}|$ implies a non degenerate value of $|U|$. If we introduce

$$p_{r,n_0,b,\delta,t} = \mathbb{P}[\text{ there are more than } n_0 \text{ clearing boxes in } \mathcal{T}] \,,$$

as in II 1) we have for $r > 0$

$$\overline{\lim}_{n_0 \to \infty} \overline{\lim}_{\substack{b\to\infty \\ \delta\to 0}} \overline{\lim}_{t\to\infty} t^{-d/d+2} \log p_{r,n_0,b,\delta,t} = -\infty \,.$$

The third term in the right member of (2.1) after scaling can be written:

$$\mathbb{P}_\epsilon \;\; [\text{no more than } n_0 \text{ clearings in } \mathcal{T} \cdot P_0[T_{\Theta_{\epsilon,a}} > t^{d/d+2}]] \,, \tag{2.8}$$

where $\mathbb{P}_\epsilon$ is the Poisson measure with rescaled intensity $\nu\epsilon^{-d} = \nu t^{d/d+2}$, and $\Theta_{\epsilon,a} = \Theta \backslash$obstacles (of size ϵa).

In view of (2.6), the question of getting an upper bound on (2.8) is reduced to that of having a lower bound on $\lambda(\Theta_{\epsilon,a})$. To this end we define

A^1 = neighborhood of size 1 of the union of clearing boxes in $\mathbb{R}^d$, and

$$\widetilde{\Theta}_{\epsilon,b} = A^1 \cap \mathcal{T} \setminus \bigcup_{x_i:\text{ good point}} B(x_i, b\epsilon)\,.$$

The crucial uniform lower bound for $\lambda(\Theta_{\epsilon,a})$ is now

Theorem. *For any $M > 0$*

$$\overline{\lim_{r\to 0}} \sup_{a<b,0<\delta<1} \overline{\lim_{\epsilon\to 0}} \sup_{\omega,\mathcal{T}} (\lambda(\widetilde{\Theta}_{\epsilon,b}) \wedge M - \lambda(\Theta_{\epsilon,a}) \wedge M)_+ = 0 \qquad (2.9)$$

one has as well: for any $M > 0, \rho > 0$

$$\overline{\lim_{r\to 0}} \sup_{a<b,0<\delta<1} \overline{\lim_{\epsilon\to 0}} \sup_{\omega,\mathcal{T},x} (E_x[\exp\{\lambda(\widetilde{\Theta}_{\epsilon,b}) \wedge M - \rho) T\}] \le K(d, M, \rho) < \infty\,. \qquad (2.10)$$

For the proof we refer to [31]. In fact (2.10) is first proved, by probabilistic methods, and is seen to imply (2.9). It should be mentioned that (2.6) gives a way to go back from (2.9) to (2.10) (with a possibly different constant).

Let us explain how one now derives an upper bound for (2.8). One introduces $\mathcal{U}$ (resp. $\widetilde{\mathcal{U}}$), the complement in $A^1 \cap \mathcal{T}$ of subboxes which receive a point (resp. a good point) of the cloud. So roughly using (2.6) and (2.9), $P_0[T_{\Theta_{\epsilon,a}} > t^{d/d+2}]$ is "estimated" by $\exp\{-\lambda(\Theta_{b,\epsilon}) t^{d/d+2}\} \le \exp\{-\lambda(\widetilde{\mathcal{U}}) t^{d/d+2}\}$. This last inequality comes from the inclusion $\widetilde{\mathcal{U}} \supset \Theta_{b,\epsilon}$.

If we take into account the various finitely many possibilities for $A^1 \cap \mathcal{T}$, and then for fixed $A^1 \cap \mathcal{T}$ the various possibilities for $\mathcal{U}$ and $\widetilde{\mathcal{U}}$ we see that the expression in (2.8) in spirit is controlled by

$$\sum_{\substack{A^1\cap\mathcal{T} \\ \#\text{ clearing boxes} \le n_0}} \sup_{\substack{U\subset\mathcal{U} \\ |\widetilde{\mathcal{U}}| \le |\mathcal{U}| + \delta 3^d n_0}} \exp\Big\{-t^{d/d+2}(\nu|\mathcal{U}| + \lambda(\widetilde{\mathcal{U}}))\Big\}$$

(the constraint $|\widetilde{\mathcal{U}}| \le |\mathcal{U}| + \delta 3^d n_0$ comes from (2.7))
"$\le$" $\exp\{-\{\min_{\Theta\text{ open}} (\nu|\Theta| + \lambda(\Theta)) + \text{ small terms}\} t^{d/d+2}\}$

where small terms correspond to playing with the parameters. This is precisely the type of bound we need to prove the upper bound part of (1.9).

There are several variants of the estimates (2.9) (2.10) given above. One can enlarge at a much faster rate than simply going from size $a\epsilon$ to $b\epsilon$. Let ϵ now stand for the size of the enlarged obstacle, $\epsilon'(\epsilon) \le \epsilon$ for the size of the true obstacle and 1 for the size of "holes" or "clearings" we look for. The crucial condition for an analogous statement to (2.9), (2.10) to hold, is that the capacity of the true trap per volume of enlarged trap ratio (measured in the clearing scale) tends to infinity. That is:

$\lim_{\epsilon\to 0} (\epsilon')^{d-2}/\epsilon^d = \infty$, when $d \geq 3$,
$\lim_{\epsilon\to 0} [\log 1/\epsilon']^{-1}/\epsilon^2 = \infty$, when $d = 2$,
$\epsilon' \geq 0$, when $d = 1$.

Some examples of application of the method

— The ideas explained above apply in a variety of contexts. For instance, one can instead of balls pick obstacles which are translates of a given model shape C. The function $L(t)$ and $S(t)$ are then of course different, but as long as C can be "seen by Brownian motion" (C non polar), the same asymptotic result as (1.9) holds for $L(t)$ and $S(t)$ (see [27]). This includes for instance the case of $(d-1)$ dimensional "discs" where Brownian motion spends 0 time. In this case, for instance the situation is rather singular if one wants to apply Donsker–Varadhan's large deviation technique.

— Using the above mentioned extension of the method of enlargement of obstacles, one can handle the case of shrinking obstacles $\rho(t)C$, when $\rho(t)$ does not decrease too rapidly, see [28] and Bolthausen [2].

— One can replace Brownian motion by certain other processes, for instance elliptic diffusions in divergence form with periodic coefficients or certain left invariant diffusions with a scaling property on stratified nilpotent groups, see[27].

— Another example of application corresponds to Brownian motion on the Sierpinski gasket, as in Pietruska-Paluba [21]. Obstacles are now a Poisson cloud of points with intensity $\nu\mu$, where μ is the x^{d_f}-Hausdorff measure on the gasket, and $d_f = \frac{\log 3}{\log 2}$ is the fractal dimension of the gasket. In this case it is proved for suitable $c_1, c_2 > 0$ that

$$-c_2\nu^{2/(d_s+2)} \leq \overline{\lim_{t\to\infty}}\ t^{-d_s/(d_2+2)}\log S(t) \leq -c_1\,\nu^{2/(d_s+2)}\ , \qquad (2.11)$$

and a similar results holds with $L(t)$ instead of $S(t)$. Here $d_s = 2\,\frac{(\log 2^n)\,3}{(\log 2^n)\,5}$ is the spectral dimension (see Havlin-Bunde [12]), which governs the diagonal heat kernel singularity. To improve (2.11) one would need a better understanding of the variational problem (on the Sierpinski gasket):

$$\inf_{U \text{ open}} \{\nu\mu(U) + t\lambda(U)\}\ .$$

This very naturally raises a question of the type: for a given $u > 0$, what are the open sets with minimal principal Dirichlet eigenvalue $\lambda(U)$ (for the Sierpinski Laplacian). Of course thanks to scaling, if U is optimal with $\mu(U) = u$, $2^n U$ is optimal with volume $3^n u$ and has principal eigenvalue $5^{-n}\lambda(U)$, $n \in \mathbb{Z}$.

— One can also replace the Poisson cloud by a fairly general Gibbsian cloud, see[31]. For instance one has hard core situations where balls are constrained not to overlap. Regardless of whether phase transition occurs or not (which seem to be a quite open problem in this context), a similar asymptotic result as in (1.9) holds with ν in (1.10) and (1.9) replaced by a suitable thermodynamic parameter (the pressure).

Let us close this section with some remarks. The method of enlargement obstacles can be thought as a method to obtain lower estimates for eigenvalues in the presence of big holes, which enables to pick the "right constant". This is in contrast for instance to the application of Thirring's inequality combined with Dirichlet Neumann bracketing, see [16]. It should also be mentioned that the estimates (2.9) and (2.10) are uniform over obstacle configurations and enable for instance to study the fairly different problem of long time survival in a $\mathbb{P}$-almost sure configuration. The $\mathbb{P}$-a.s. long time decay of $P_0[T > t]$ turns out to be much faster than that of $S(t)$. On this topic, we refer the reader to[32], [33], [34].

3. Long excursions and Brownian motion with a drift

If we add a constant drift h to our Brownian motion, $\frac{1}{2}\,\Delta$ is now replaced by $\frac{1}{2}\,\Delta + h\cdot\nabla$. We still can define our spectral problem of Section I (our operator is now self adjoint with respect to the measure $e^{2h\cdot x}dx$). In fact nothing spectacular occurs, and it is a simple calculation to see that the new density of states is simply the shift of the density of states in the absence of a drift by a constant $\frac{1}{2}\,|h|^2$. On the other hand the situation is quite different for the diffusion problem of Section 1. Namely the survival probability is now

$$S^h(t) = \mathbb{E} \otimes E_0^h[T > t] = e^{-\frac{1}{2}|h|^2 t} E \otimes E_0[e^{h\cdot Z_t}, T > t]\,, \tag{3.1}$$

where E_0^h stands for the law of Brownian motion with a drift h, that is $Z_t + ht$, if Z_t is standard Brownian motion and the last equality in (3.1) follows from Girsanov's formula. Eisele–Lang[10] motivated by simulation work of Grassberger–Procaccia [11] showed that there exists a constant $0 < \alpha(d, \nu, a)$ such that

Theorem 3.1.

$$\begin{aligned}\lim_{t\to\infty} \frac{1}{2} \log S^h(t) &= -\frac{1}{2}\,|h|^2, \qquad \textit{when} \quad |h| \le \alpha(d,\nu,a) \\ &> -\frac{1}{2}\,|h|^2, \qquad \textit{when} \quad |h| > \alpha(d,\nu,a)\,.\end{aligned} \tag{3.2}$$

Unlike $S(t)$ in the case $h = 0$, $S^h(t)$ exhibits an exponential time decay, and there is a "change of regime" between the small h and the large h situation. The existence of the limit in (3.2) comes from an easy (deterministic) subadditivity argument, and the inequality $S^h(t+s) \ge S^h(t)\, S^h(s),\ t,s, \ge 0$. Eisele and Lang also obtained bounds on the critical value $\alpha(d,\nu,a)$ and showed that

$$\begin{aligned}&\text{in dimension } 1 : \alpha(1,\nu,a) = \nu, \\ &\text{in dimension } d \ge 2 : \nu\omega_{d-1}a^{d-1} \le \alpha(d,\nu,a) \le k(d,\nu,a)\,, \\ &\text{where } k(d,\nu,a) \quad = \min_{r>o} \left[\nu\omega_{d-1}(a+r)^{d-1} + \frac{\sqrt{2\lambda_{d-1}}}{r}\right].\end{aligned} \tag{3.3}$$

As we shall now see, this "phase transition" between small and large values of $|h|$ is intimately connected to the ability for the surviving driftless Brownian motion to perform long excursions. In view of (3.1)

$$\begin{aligned}&S^h(t) = e^{-\frac{1}{2}|h|^2 t}\, \widetilde{S}^h(t), \quad \text{if} \\ &\widetilde{S}^h(t) = \mathbb{E} \otimes E_0[\exp\{h\cdot Z_t\},\ T > t] = E_0[\exp\{h\cdot Z_t - \nu|W_t^a|\}]\,.\end{aligned} \tag{3.4}$$

By rotation invariance, we can assume that $h = |h|e_1$, if $(e_i)_{1\le i\le d}$ stands for the canonical basis of $\mathbb{R}^d$. If we introduce the subprobability measure on $\mathbb{R}$

$$\mu_t(dy) = \mathbb{P}\otimes P_0[Z_t^1 \in dy,\ T > t] = E_0[Z_t^1 \in dy,\ \exp\{-\nu|W_t^a|\}], \tag{3.5}$$

then we can write

$$\widetilde{S}^h(t) = \int_{\mathbb{R}} e^{|h|y} \mu_t(dy)\,,$$

and using Fubini's theorem and symmetry we find

$$\begin{aligned}&\frac{1}{2}\, S(t) + |h| \int_0^\infty e^{|h|y}\mu_t(y,\infty)dy = \int_0^\infty e^{|h|y}\mu_t(dy) \le \widetilde{S}^h(t) \\ &\le S(t) + |h| \int_0^\infty e^{|h|y}\mu_t(y,\infty)dy\,.\end{aligned} \tag{3.6}$$

From these inequalities it is now clear that the large t behavior of $\widetilde{S}^h(t)$ is intimately connected to the decay properties of $\mu_t(y,\infty)$. By considering the minimal possible volume $|W_t^a|$ for a trajectory $Z.$ with $Z(0)=0$ and $Z_t^1 \geq y$, we have

$$\mu_t(y,\infty) \leq \exp\{-\nu\omega_{d-1}a^{d-1}y\},\; y>0\,. \tag{3.7}$$

In fact it is then not too difficult to argue that Theorem 3.1 and the bound (3.3) then follow once we use in the lower estimate part of (3.6) a lower bound of the form

$$\underline{\lim}_{t\to\infty} \frac{1}{t} \log \mu_t(tx,\infty) \geq -k(d,\nu,a)x,\; x<x_0(d,\nu,a)$$

is proved and shows that $\int_0^\infty e^{|h|y}\mu_t(y,\infty)dy$ has an exponential increase when $|h|>k(d,\nu,a)$, (see also further below). A finer study of $\widetilde{S}^h(t)$ in the small $|h|$ regime relies on the asymptotic time decay of $\mu_t(xt^{d/d+2},\infty)$. In [30], the following theorem is proved:

Theorem 3.2. *When $d\geq 2$, and $x>0$:*

$$\begin{aligned} &-(c(d,\nu)+k(d,\nu,a)x) \leq \overline{\lim_{t\to\infty}}\; t^{-d/(d+2)}\log\mu_t(t^{d/d+2}x,\infty) \\ &\leq -(c(d,\nu)+\nu\omega_{d-1}a^{d-1}x)\,. \end{aligned} \tag{3.8}$$

One can also replace $\mu_t(t^{d/d+2}x,\infty)$ by $\mathbb{P}\otimes P_0[\sup_{0\leq u\leq t}|Z_u| > xt^{d/d+2},\; T>t]$ in (3.8). The upper bound part of (3.8) can be used to study $\widetilde{S}^h(t)$ for $|h|<\nu\omega_{d-1}a^{d-1}$. Indeed, from (3.7) it follows that for $A>0$,

$$\begin{aligned} |h|\int_0^\infty e^{|h|y}\,\mu_t(y,\infty)dy &\leq |h|t^{d/(d+2)}\int_0^A \exp\{t^{d/d+2}|h|x\}\mu_t(t^{d/d+2}x,\infty)dx \\ &+|h|/(\nu\omega_{d-1}a^{d-1}-|h|)\exp\{At^{d/d+2}(|h|-\nu\omega_{d-1}a^{d-1})\}. \end{aligned}$$

Now thanks to the upper bound part of (3.8) and the Laplace method, we see that since $|h|<\nu\omega_{d-1}a^{d-1}$, the first term in the right member of (3.9) is bounded by $\exp\{-c(d,\nu)t^{d/d+2}(1+o(1))\}$ as $t\to\infty$. Picking A large, we see a similar bound holds for the left member of (3.9), and in view of (3.6) we obtain

Corollary 3.3. *When $d\geq 2$, for $|h|<\nu\omega_{d-1}a^{d-1}$*

$$\lim_{t\to\infty}\; t^{-d/(d+2)}\log\widetilde{S}^h(t) = -c(d,\nu)\,. \tag{3.10}$$

The bounds (3.8) also show that when $y(t) = o(t^{d/d+2})$, $t \to \infty$,

$$E_0[Z_t^1 > y(t),\ \exp\{-\nu |W_t^a|\}] = \exp\{-c(d,\nu)\, t^{d/d+2}(1 + o(1))\}\,. \quad (3.11)$$

In other words, looking at the principal logarithmic behavior, one cannot detect a faster time decay when imposing an excursion at distance $y(t)$. Inspecting (3.8), it is also natural to wonder whether the law on $\mathbb{R}_+$ of $t^{-d/d+2}\sup_{s\le t}|Z_s|$ under the conditional measure $\mathbb{P} \otimes P_0[-/T > t]$ satisfies a large deviation principle with a rate function $I(x), x \in \mathbb{R}_+$ of the form const x? The investigation of this is also linked with the question of a "better possible strategy" than the one which we now explain and which comes in the derivation of the lower bound part of (3.8).

The lower bound part of (3.8) is the easiest part. Basically one considers a long thin cylindrical tube of radius and length $\sim xt^{d/d+2}$, with a much smaller ball of radius $R_0\, t^{1/d+2}$ attached to one end ($d \ge 2$).

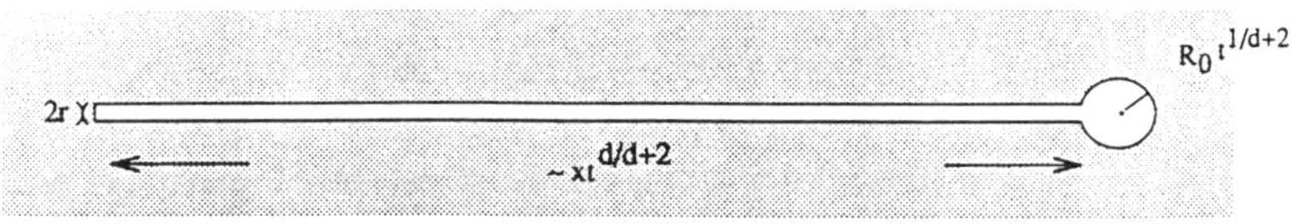

To derive a lower bound, we require that no obstacle fall in the cylinder + ball system. Then we let Brownian motion start near the "free end" of the cylinder, rush in a time of order const. $t^{d/d+2}$ to the other end, and then rest until time t in the ball of radius $R_0\, t^{1/d+2}$. An optimization over the parameters then yields the lower bound. In this scheme, the excursion occur within an arbitrarily small fraction of the total time t, and is "responsible" for the $k(d,\nu,a)x$ term in (3.8). Then the process rests in the sphere, which is of much smaller scale $\sim t^{1/d+2}$ than the displacement, during most of the time duration t. The "resting period" is itself responsible for the $c(d,\nu)$ term.

Upper bounds are more delicate. Somehow one shows that with no loss of generality, one can assume that there are no more than a time independent number of "clearings" or "resting places" of size $\sim t^{1/d+2}$ within distance t of the origin, and the process will not spend more than a fraction of time $\eta > 0$ in the "forest" outside the clearings. This somewhat restores the "rushing-resting" scheme of the lower bound.

Translated back into the language of Brownian motion with drift, it says that for small $|h|$, the asymptotic behavior of $S^h(t)$ is strongly influenced by clearings. In fact with a conditional measure $\mathbb{P} \otimes P_0^h[-/T > t]$, (or equivalently $\frac{1}{S^h(t)} \exp\{-\nu|W_t^a|\}dP_0^h$) going to 1 as t goes to infinity the process does not travel at distance of order $\sim t^{d/d+2}$ within time t, when $|h| < \nu\omega_d a^{d-1}$, (in fact it even spends most of its time in clearings). On the other hand for $|h| > \alpha(d,\nu,a)$ $\widetilde{S}^h(t)$ has an exponential growth and consequently $Z_t \cdot h$ exhibits at least some linear growth under the conditional survival measure. Let us mention that overall the large $|h|$ picture is rather poorly understood. In case of a small $|h|$, one can also wonder if the above mentioned scale $t^{d/d+2}$ is not too big and if the adequate scale of displacement is $t^{1/d+2}$. With the terminology of section IV, is there confinement in scale $t^{1/d+2}$ for small $|h|$?

The one dimensional situation is somewhat singular because the two scales $t^{d/d+2}$ and $t^{1/d+2}$ which govern the clearing sizes and the magnitude of displacements in (3.8), now coincide. In contrast to (3.10), one now has

Theorem 3.4. *When $d = 1$,*

$$\lim_{t\to\infty} t^{-\frac{1}{3}} \log \widetilde{S}^h(t) = -\, c(1, \nu - |h|), \text{ when } |h| < \nu, \quad \text{and}$$
$$\lim_{t\to\infty} \frac{1}{t} \log \widetilde{S}^h(t) = \frac{1}{2}(|h| - \nu)^2, \quad \text{when } |h| > \nu\,.$$

It can also be shown (see [30]) that the laws of $t^{-\frac{1}{3}}|Z_t|$ and $t^{-\frac{1}{3}} \sup_{0\le s\le t}|Z_s|$ satisfy large deviation principles under the conditional measure $\mathbb{P} \otimes P_0[-/T > t]$ with however different rate functions.

4. Confinement property

In Section 1 we explained how one we can derive the lower bound part of the asymptotic result (1.9) for $S(t)$. One considers the case where no obstacle falls in the ball $B(0, R_0\, t^{1/d+2})$ and Brownian motion starting from 0 does not exit this ball until time t. In this case, the trajectory of Brownian motion remains up to time t within distance $\sim t^{1/d+2}$ from the origin. This is a very small distance compared to the usual $\sqrt{t}$ scale of displacements for Brownian motion, and one can now wonder if this confinement effect is typical of the surviving trajectory or is simply an artifact of the method used to derive the lower bound. Indeed an intuition solely based on this proof is certainly not decisive in the case of the above mentioned question, since we saw in Section 3 that

$$\overline{S}(t) = \mathbb{P} \otimes P_0[Z_t^1 > t^\alpha,\ T > t] = E_0[Z_t^1 > t^\alpha,\ \exp\{-\nu|W_t^a|\}] \qquad (4.1)$$

has the same leading asymptotic behavior as $S(t)$, provided $\frac{1}{d+2} < \alpha < \frac{d}{d+2}$.

So in dimension $d \geq 2$, one can pick $\alpha \in \left(\frac{1}{d+2}, \frac{d}{d+2}\right)$ and the event $\{Z_t^1 > t^\alpha,\ T > t\}$ which does not correspond to a confinement in scale $t^{1/d+2}$, nevertheless leads to a lower bound of the "correct order".

Before we proceed, it is maybe helpful to explain more precisely what we mean by confinement. We shall say that the confinement property holds if the laws of $t^{-1/d+2}\sup_{0\leq u\leq t}|Z_i|$, under the conditional survival measure $\mathbb{P}\otimes P_0[-/T>t]$, $t\geq 1$, are tight. In other words,

$$\lim_{A\to\infty}\ \sup_{t\geq 1}\ \mathbb{P}\otimes P_0[t^{-1/d+2}\sup_{0\leq u\leq t}|Z_u| > A|T>t] = 0, \qquad (4.2)$$

or equivalently,

$$\lim_{A\to\infty}\ \sup_{t\geq 1}\ \frac{1}{S(t)}\ E_0[t^{-1/d+2}\sup_{0\leq u\leq t}|Z_u| > A,\ \exp\{-\nu|W_t^a|\}] = 0\,.$$

The confinement property certainly holds in the one dimension case thanks to estimates mentioned at the end of section III. In what follows we shall discuss the $d=2$ situation, the $d\geq 3$ case being at the present time still open. In the two dimensional case we proved in [29] that

Theorem 4.1. *There exists a constant $\kappa>0$ and a measurable map $D_t(\omega)$ from the set Ω of cloud configurations to $B(0, t^{1/4}(R_0+\exp\{-\kappa(\log t)^{1/2}\}))$, such that with $Q_t = \mathbb{P}\otimes P_0[-/T>t]$ probability going to 1 as t goes to infinity:*

— *the trajectory $Z_{[0,t]}$ is included in $B(0, t^{1/4}(R_0+\exp\{-\kappa(\log t)^{1/2}\}))$*

— *no obstacle fall in $B(D_t, t^{1/4}(R_0-\exp\{-\kappa(\log t)^{1/2}\}))$.*

This theorem says that with survival probability Q_t going to 1 as t goes to infinity there is a disc of radius $t^{1/4}(R_0 - e^{-\kappa(\log t)^{1/2}})$ with center $D_t(\omega)$ where no obstacle fall, and the process does not leave the slightly larger disc $t^{1/4}(R_0 + e^{-k(\log t)^{1/2}})$ up to time t. In fact, it can be proved that there are indeed many obstacles outside the larger disc, so one has really a "circular clearing" in the forest near 0. A version of this result is proved in the two dimensional random walk situation by Bolthausen [3].

A serious discussion of the theorem would go beyond the scope of this article. However let us mention a few points. One uses a version of the "enlargement of obstacles technique", in which obstacles of size $at^{-1/4}$ are replace by obstacles of much larger size $\exp\{c(\log t)^{1/2}\}t^{-1/4}$. The enlargement of obstacles technique allows oneself roughly to restrict to the situation where in a suitably large "window" of size L units (the unit stands for $t^{1/4}$), the open set $\widetilde{U}_\epsilon(\epsilon \stackrel{\text{def}}{=} t^{-1/4})$, complement of the subboxes of

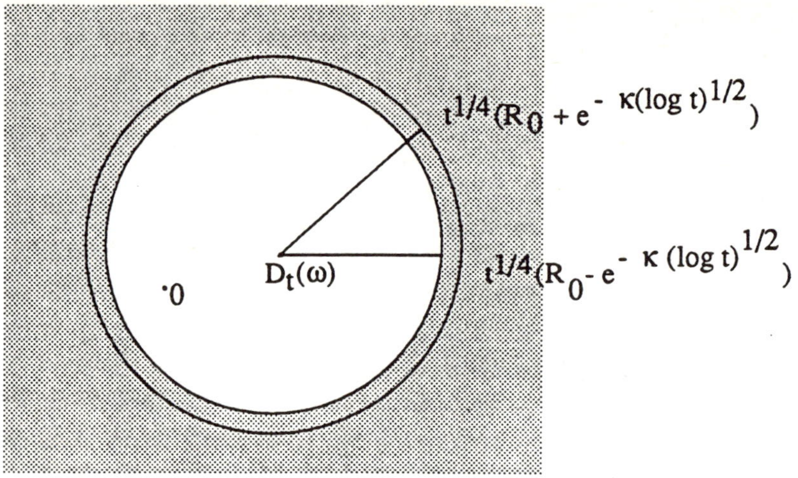

the window containing good points, satisfies:

$$\nu|\widetilde{U}_\epsilon| + \lambda(\widetilde{U}_\epsilon) \leq c(2,\nu) + \exp\{-\kappa'(\log t)^{1/2}\} . \tag{4.3}$$

The minimum of the functional $U \to \nu|U| + \lambda(U)$ corresponds, as mentioned before, to circles with arbitrary centers and radius R_0, given in (1.14). One difficulty arises from the fact that (4.3) does not immediately provide a bound in the diameter of $\widetilde{U}_e$. It is not difficult to see that long thin "arms" added to the circle do not increase the volume too much and in any case decrease the principal Dirichlet eigenvalue.

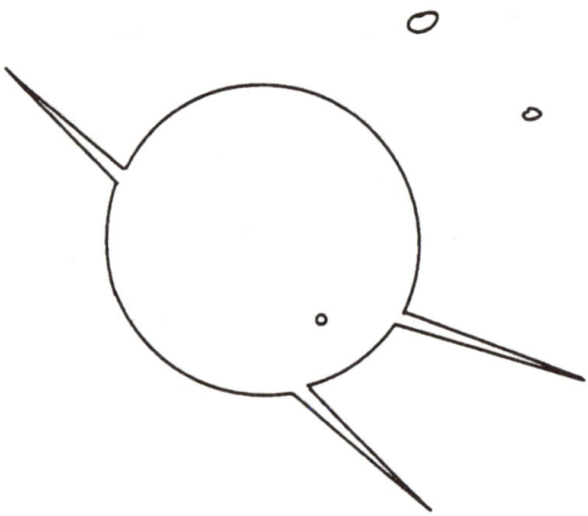

To circumvent this difficulty one works with low level sets of the principal eigenfunction of $\widetilde{U}_\epsilon$, for more details see [29].

In fact it is possible to go further and give a description of the limiting distribution of $t^{-\frac{1}{4}} Z_{\cdot t^{1/2}}$ under Q_t or equivalently under the weighted probability $\frac{1}{S(t)}\exp\{-\nu|W_t^a|\} \cdot P_0$. This provides the asymptotic behavior of arbitrary "time windows" $\frac{1}{t^{1/4}} Z_{ut^{1/2}}$, $0 \le u \le L$, for $L > 0$, of the process surviving up to the much longer time t. The one dimensional version of the result is due to Schmock [23].

Theorem 4.2. $(d = 2)$ *Under* Q_t *or equivalently under* $\frac{1}{S(t)}\exp\{-\nu|W_t^a|\} \cdot P_0$, $t^{-1/4}Z_{\cdot t^{1/2}}$ *converges in law to* $\widetilde{P}$ *on* $C(\mathbb{R}_+, \mathbb{R}^2)$, *which is a mixture of laws of Brownian motion starting at* 0 *conditioned not to exit the ball* $B(c, R_0)$ *where* c *the parameter of the mixture is chosen in* $B(0, R_0)$ *with distribution* $\psi(c)| \int \psi$, *if* ψ *is the principal Dirichlet eigenfunction of* $-\frac{1}{2}\Delta$ *in* $B(0, R_0)$.

Let us mention that the result remains unchanged if the obstacles are modelled after a given non polar compact shape C instead of discs. It is also not very difficult to modify the proof pp. 1164–1165 of [29] to see that in the case where we instead directly study the unscaled $Z_\cdot$, the limit law of $Z_\cdot$ under Q_t (or $\frac{1}{S(t)}\exp\{-\nu|W_t^a|\} \cdot P_0$) is simply standard Wiener measure. This possibly surprising fact (the $\exp\{-\nu|W_t^a|\}$ interaction does not bring anything in the limit) corresponds to the following picture: when one looks at $Z_\cdot$, instead of $\frac{1}{t^{1/4}} Z_{\cdot t^{1/2}}$, given it survives until time t, it has not enough time to feel the boundary of the clearing where it is sitting which typically lies at distance $\sim t^{1/4}$.

The $d \ge 3$ case is still open and seems to require some good isoperimetric controls. Let us also mention that the second theorem involves the study of limits of ratios of the type:

$$\mathbb{E} \otimes E_0[f(t^{-1/4}\, Z_{\cdot t^{1/2}})\; 1(T > t)]/\mathbb{E} \otimes E_0[1(T > t)], \quad \text{as } t \to \infty\,.$$

However the fact that the limit of such ratios can be investigated does not mean that one has a direct asymptotic equivalent of each term of the ratio, as $t \to \infty$. Such a result for $S(t) = \mathbb{P} \otimes P_0[T > t]$ is still very open.

References

[1] N.H. Bingham, C.M. Goldie, J.L. Teugels, *Regular Variations*, Encyclopedia of Mathematics and its Applications **27**, Cambridge University Press, Cambridge, 1987.

[2] E. Bolthausen, On the volume of the Wiener sausage *Ann. Prob.* **18** (4), (1990), 1576–1582.

[3] E. Bolthausen, Localization of a two dimensional random walk with an attractive path interaction, *Ann. Probab.,* to appear.

[4] R. Carmona, J. LaCroix, *Spectral theory of random Schrödinger operators*, Probability and its Applications, Birkhäuser, Basel, 1991.

[5] D. Cioranescu, F. Murat, Un terme étrange venu d'ailleurs, in: *Nonlinear P.D.E. and their Applications, Seminar, Collège de France*, vol. II, M. Brézis, J.L. Lions (eds.), R.N.M. **60**, Pitman, 98–138 (1982); vol. III, R.N.M. **70**, Pitman, 154–178 (1982).

[6] F. Den Hollander, G.H. Weiss, Aspects of trapping in transport processes, *Some problems in statistical Physics*, SIAM, Philadelphia, to appear.

[7] M. Donsker, S.R.S. Varadhan, Asymptotic evaluations of certain Markov process expectations for large time II, *Comm. Pure Appl. Math.* **28** (1975), 279–301.

[8] M. Donsker, S.R.S. Varadhan, Asymptotics for the Wiener sausage, *Comm. Pure Appl. Math.* **28** (1975), 525–565.

[9] M. Donsker, S.R.S. Varadhan, On the number of distinct sites visited by a random walk, *Comm. Pure Appl. Math.* **32** (1979), 721–747.

[10] T. Eisele, R. Lang, Asymptotics for the Wiener sausage with drift, *Prob. Th. Rel. Fields* **74**(1), (1987), 125–140.

[11] P. Grassberger, P. Proccaccia, Diffusion and drift in a medium with randomly distributed traps, *Phys. Rev.* A **26** (1988), 3686–3688.

[12] S. Havlin, A. Bunde, Percolation I, II, in: *Fractals and disordered systems*, A. Bunde, S. Havlin (eds.), Springer, Berlin (1991), 51–95, 96–149.

[13] M. Kac, Probabilistic methods in some problems of scattering theory, *Rocky Mountain J. of Math.* **4** (3), (1974), 511–537.

[14] M. Kac, J.M. Luttinger, Bose Einstein condensation in the presence of impurities I, II, *J. Math. Phys.* **14** (1973), 1626; **15** (2), (1974), 183–186.

[15] R.F. Kayser, J.B. Hubbard, Reaction diffusion in a medium containing a random distribution of nonoverlapping traps, *J. Chem. Phys.* **80** (3), (1984), 1127–1130.

[16] W. Kirsch, F. Martinelli, Large deviations and the Lifschitz singularity of the integrated density of states of random Hamiltonians, *Comm. Math. Phys.* **89** (1983), 27–40.

[17] R. Lang, Spectral theory of random Schrödinger operators, *Lecture Notes in Math.* **1498**, Springer, Berlin (1991).

[18] I.M. Lifschitz, Energy spectrum structure and quantum states of disordered condensed systems, *Sov. Phys. Uspekhi* **7** (7), (1965), 549–573.

[19] I.M. Lifschitz, Theory of fluctuations in disordered systems, *Sov. Phys. JETP* **26** (2) (1968), 462–469.

[20] L. Pastur, A. Figotin, *Spectra of Random and Amost Periodic Operators*, Springer (1992).

[21] K. Pietruska–Paluba, The Lifschitz singularity for the density of states on the Sierpinski gasket, *Probab. Th. Rel. Fields* **89** (1991), 1–133.

[22] J. Rauch, M. Taylor, Potential and scattering theory on wildly perturbed domains, *J. Funct. Anal.* **18** (1975), 27–59.

[23] U. Schmock, Convergence of the normalized one dimensional Wiener sausage path measure to a mixture of Brownian taboo processes, *Stochastics* **29** (1990), 171–183.

[24] B. Simon, *Functional Integration and Quantum Physics*, Academic Press, New York, 1979.

[25] M. v. Smoluchowski, Versuch einer mathematischen Theorie der koagulationskinetischen Lösungen, *Z. Phys. Chemie* **92** (1918), 129–168.

[26] F. Spitzer, Electrostatic capacity heat flow and Brownian motion, *Z. Wahrsch. Verw. Ueb.* **3** (1964), 110–121.

[27] A.S. Sznitman, Lifschitz tail and Wiener sausage I, II, *J. Funct. Anal.* **94** (1990), 223–246, 247–272.

[28] A.S. Sznitman, Long time asymptotics for the shrinking Wiener sausage, *Comm. Pure Appl. Math.* **43** (1990), 809–820.

[29] A.S. Sznitman, On the confinement property of two dimensional Brownian motion among Poissonian obstacles, *Comm. Pure Appl. Math.* **44** (1991), 1137–1170.

[30] A.S. Sznitman, On long excursions of Brownian motion among Poissonian obstacles, in: *Stochastic Analysis*, M. Barlow, N. Bingham (eds.), London Math. Soc., Lecture Note Series, Cambridge University Press, 1991, 353–375.

[31] A.S. Sznitman, Brownian survival among Gibbsian traps, *Ann. Probab.* **21** (1), (1993), 490–509.

[32] A.S. Sznitman, Brownian asymptotics in a Poissonian environment, *Probab. Th. Rel. Fields* **95** (1993), 155–174.

[33] A.S. Sznitman, Brownian motion in a Poissonian potential, *Probab. Th. Rel. Fields* **97** (1993), 447–477.

[34] A.S. Sznitman, Brownian motion with a drift in a Poissonian potential, *Comm. Pure Appl. Math.*, to appear .

Departement Mathematik
ETH-Zentrum
CH-8092 Zürich, Switzerland

Received August 7, 1992

Geometric Quantization and Equivariant Cohomology

Michèle Vergne

Introduction

Let G be a real Lie group acting on a C^∞ even dimensional oriented manifold M. In many cases it is possible to associate to a G-equivariant Hermitian vector bundle $\mathcal{E}$ over M, equipped with a G-invariant Hermitian connection $\mathbb{A}$, a *canonical* virtual unitary representation $Q(M, \mathcal{E}, \mathbb{A})$ of G in a virtual Hilbert space $H(M, \mathcal{E}, \mathbb{A})$. The space $H(M, \mathcal{E}, \mathbb{A})$ will be referred to as the quantized space of $(M, \mathcal{E}, \mathbb{A})$. The meaning of canonical is the following. Although the geometric model for the quantized space $H(M, \mathcal{E}, \mathbb{A})$ may be elusive, we can give a *canonical character formula* for $Q(M, \mathcal{E}, \mathbb{A})$: there exists an *admissible bouquet of equivariant cohomology classes* $\mathrm{bch}(\mathcal{E}, \mathbb{A})$ on M such that

$$(F): \qquad \mathrm{Tr}\,(Q(M, \mathcal{E}, \mathbb{A})) = i^{-\frac{\dim M}{2}} \int_b \mathrm{bch}(\mathcal{E}, \mathbb{A})$$

as an equality of generalized functions on the group G. The notion of admissible bouquet and the notion of integration $\int_b$ of such bouquets will be described in this article. The bouquet $\mathrm{bch}(\mathcal{E}, \mathbb{A})$ will be called the bouquet of Chern characters of the bundle $\mathcal{E}$ with connection $\mathbb{A}$ (in fact, we will have to modify the notion of G-equivariant vector bundle to the notion of G-equivariant quantum bundle in order for $\mathrm{bch}(\mathcal{E}, \mathbb{A})$ to be an admissible bouquet).

The conjecture presented here has been formulated jointly with M. Duflo and extends the earlier conjectures of Duflo-Heckman-Vergne [25] and of Berline-Vergne [47], [13]. It is closely related to my earlier work with Nicole Berline on equivariant cohomology and index formulas [12].

Our formalism is an extension of the notion of direct images in equivariant K-theory ([3], [5], [4], [6], [7]). But we will compute, as direct images of geometric objects, *trace-class representations* of G instead of finite dimensional representations of G. The quantization assignment $(M, \mathcal{E}, \mathbb{A}) \to Q(M, \mathcal{E}, \mathbb{A})$ is also strongly inspired by the formalism of geometric quantization as initiated by Kostant–Souriau [39], [45] which deals with symplectic manifolds M. However, I believe it is important to quantize vector bundles with connections or more generally superbundles with superconnections over general manifolds.

The formula (F) will be called the universal formula as it extends the universal formula for characters conjectured by Kirillov [37]. Let me immediately confess that it is not as universal as wished. However it is sufficiently general to give some new applications like formulas for the character of Zuckerman's representations of real semi-simple Lie groups and, when allowing superconnections, index formulas for transversally elliptic operators [48].

The plan of this article is as follows. In Part 1, I will first motivate the map Q and the character formula (F) with elementary examples. Then, when G and M are compact, I will define the map Q in terms of the equivariant index of Dirac operators and express the trace of Q using the equivariant cohomology of M. Finally I will state a first version of the universal formula as an equality of generalized functions on a neighborhood of 0 in the Lie algebra of G. I will give examples of applications.

Part 1 is written for a large audience, thus I will here define the basic notions of characters, connections and equivariant cohomology used to state the first version of the formula (F).

In Part 2, I will show the relation of metalinear structures with orientations of fixed points submanifolds. Then I will introduce the notions of G-equivariant quantum bundles and of admissible bouquets of equivariant differential forms. They are the "good" objects to consider for defining direct images. I will indeed define under some assumptions on M the notion of integration of admissible bouquets. Finally I will state the universal formula (F) and I will give examples of its validity. In particular, the formula (F) gives a formula for the character of Zuckerman representations of real semi-simple Lie groups. The formula (F) is also valid for the Weil representation of the metaplectic group.

Contents

1. Motivations

1.1 Characters of representations

Let G be a Lie group. Let $\mathfrak{g}$ be the Lie algebra of G. If $g \in G$, let $G(g)$ be the centralizer of g. If G acts on a set M, we denote by $M(g)$ the subset of fixed points of the action of g in M. If $m \in M$, let $G(m)$ be the stabilizer of m.

Recall first the character of a representation T of G. If the group G acts on a finite dimensional complex vector space E, each element $g \in G$ is represented by a matrix $T(g) \in \mathrm{GL}(E)$ and the character of the representation T of G in E is by definition the function $g \to \operatorname{Tr} T(g)$ on G. For $g = e$, the identity element of the group G, then $\operatorname{Tr} T(e)$ is the dimension of the vector space E.

If E is an infinite dimensional Hilbert space and T is a unitary representation of G in E, we may also be able to define the character of the representation T of G in E by the same formula

$$\operatorname{Tr} T(g) = \sum_k (g \cdot e_k, e_k)$$

whenever the sum of all the diagonal coefficients $(g \cdot e_k, e_k)$ of the matrix $T(g)$ written in any orthonormal basis e_k exists in the space of generalized functions on G . We will then say that the representation T is trace-class.

Let $E = E^+ \oplus E^-$ be a graded Hilbert space. Let $T^\pm$ be trace-class representations of G in $E^\pm$. Consider the generalized function $\operatorname{Tr} T^+(g) - \operatorname{Tr} T^-(g)$. We will say that $\operatorname{Tr} T^+(g) - \operatorname{Tr} T^-(g)$ is a virtual character of G.

We write $[T] = [T^+] - [T^-]$ and

$$\operatorname{Tr} T(g) = \operatorname{Tr} T^+(g) - \operatorname{Tr} T^-(g).$$

Let us give some examples of characters of representations.

Example 1. Consider a finite group G acting on itself by left translations. Let

$$L^2(G) = \oplus_{g\in G}\mathbb{C}\delta_g$$

be the space of functions on G. The element δ_g is the point-mass function $\delta_g(g') = \delta_g^{g'}$. Consider the action of G on the space of functions on G given by $(L(g_0)\phi)(g) = \phi(g_0^{-1}g)$ for g_0, g in G and $\phi \in L^2(G)$.

Let $e \in G$ be the identity. If $g_0 \neq e$, the action of g_0 on G given by $g \to g_0 g$ moves all the points $g \in G$. If $g_0 = e$, on the contrary, the action of e leaves fixed all the points $g \in G$. Thus we see in the formula

$$L(g_0)\delta_g = \delta_{g_0 g}$$

for $L(g_0)$ acting on the basis δ_g that $\operatorname{Tr} L(g_0) = 0$ if $g_0 \neq e$ while $\operatorname{Tr} L(e) = |G|$ so that

$$\operatorname{Tr} L(g) = |G|\delta_e(g)$$

where $|G|$ denotes the cardinality of G.

Example 2. Let $T = \{e^{i\theta}; \theta \in \mathbb{R}/2\pi\mathbb{Z}\}$ be the 1-dimensional rotation group. We denote by δ_1 the (generalized) δ-function at the identity 1 of the group T.

The group T acts on $S^1 = \{z \in \mathbb{C}; |z| = 1\}$ by $e^{i\theta}\cdot z = e^{i\theta}z$. Thus T acts on $L^2(S^1)$ by $(L(e^{i\theta})f)(z) = f(e^{-i\theta}z)$. Take $e_k = z^k$ as an orthonormal basis of $L^2(S^1)$. The action of $e^{i\theta}$ is diagonal on this basis: $L(e^{i\theta}) \cdot z^k = e^{-ik\theta}z^k$, so that we obtain

$$\operatorname{Tr} L(e^{i\theta}) = \sum_{k\in\mathbb{Z}} e^{-ik\theta}.$$

But the sum of functions $\sum_{k\in\mathbb{Z}} e^{-ik\theta}$ on T converges to the generalized function $2\pi\delta_1$:

$$\sum_{k\in\mathbb{Z}} e^{ik\theta} = 2\pi\delta_1(e^{i\theta}). \tag{1}$$

Let us also note here for later use the following similar formula for the generalized function δ_0 on $\mathbb{R}$:

$$\int_{\mathbb{R}} e^{i\theta\xi} d\xi = 2\pi\delta_0(\theta). \tag{2}$$

Thus we have

$$\operatorname{Tr} L(g) = 2\pi\delta_1(g).$$

Remark here again that an element $g \neq 1$ of T is acting on S^1 without fixed points and that the character of the associated representation L of T on $L^2(S^1)$ is zero when $g \neq 1$.

1.2 Connections

If M is a manifold, we denote by TM its tangent bundle. If $N \subset M$ is a submanifold of M, denote by $T_N M = (TM|N)/TN$ the normal bundle of N in M. If $\mathcal{E} \to M$ is a real or complex vector bundle over M, we denote by $\Gamma(M, \mathcal{E})$ the space of its smooth sections.

Let $\mathcal{A}^\bullet(M) = \sum_k \mathcal{A}^{[k]}(M)$ be the graded algebra of differential forms. If $N \subset M$ is a submanifold and if $\alpha \in \mathcal{A}(M)$, we denote by $\alpha|N$ the restriction of α to N. If M is oriented and if α is a differential form with compact support, we write $\int_M \alpha$ for the integral of the top dimensional term of α.

Let d be the exterior differential. Let $\mathcal{A}(M, \mathcal{E}) = \Gamma(M, \Lambda T^*M \otimes \mathcal{E})$ be the space of $\mathcal{E}$-valued differential forms. A connection $\mathbb{A}$ on $\mathcal{E}$ is an operator

$$\mathbb{A} : \mathcal{A}^\bullet(M, \mathcal{E}) \to \mathcal{A}^{\bullet+1}(M, \mathcal{E})$$

satisfying Leibniz's rule

$$\mathbb{A}(\alpha\nu) = (d\alpha) \wedge \nu + (-1)^k \alpha \wedge \mathbb{A}(\nu)$$

if $\alpha \in \mathcal{A}^{[k]}(M)$ and $\nu \in \mathcal{A}(M, \mathcal{E})$.

If $\mathcal{E} = M \times E$ is a trivial bundle, then $\mathcal{A}(M, \mathcal{E}) = \mathcal{A}(M) \otimes E$. Any connection $\mathbb{A}$ on E is an operator on the form

$$\mathbb{A} = d \otimes I + \sum_a \omega_a \otimes X_a$$

where $\omega_a \in \mathcal{A}^{[1]}(M)$ acts on $\mathcal{A}(M)$ by left exterior multiplication and $X_a \in \operatorname{End}(E)$. We write $\omega = \sum_a \omega_a \otimes X_a$.

Let us now assume that a Lie group G acts on $\mathcal{E} \to M$. We will say that $\mathbb{A}$ is a G-invariant connection if the operator $\mathbb{A}$ on $\mathcal{A}(M, \mathcal{E})$ commutes with the natural action of each element $g \in G$ on $\mathcal{A}(M, \mathcal{E})$. Furthermore, we will assume that $\mathcal{E}$ has a Hermitian structure. We will say that $\mathbb{A}$ is a Hermitian connection if it preserves the Hermitian structure on $\mathcal{E}$. We denote by $\mathcal{Q}_G(M)$ the set of G-equivariant Hermitian vector bundles with G-invariant Hermitian connections (up to isomorphism). (This notion will have to be slightly modified in Part 2).

Assume that M is even dimensional and oriented. We would like to associate to an element $(\mathcal{E}, \mathbb{A}) \in \mathcal{Q}_G(M)$ a quantized virtual space $H(M, \mathcal{E}, \mathbb{A})$ with a G-action $Q(M, \mathcal{E}, \mathbb{A})$. Furthermore we would like to compute the trace of the representation of G in $H(M, \mathcal{E}, \mathbb{A})$ as a function of the geometric object $(\mathcal{E}, \mathbb{A})$. Let us start by some examples.

1.2.1 Points

The first example is when $M = \bullet$ is a point. Then $\mathcal{E} = E$ is a finite dimensional representation space for G.

Another very simple example but already significant is when M is a finite set with an action of G. Thus $\mathcal{E}$ is just a collection of Hermitian spaces E_x indexed by $x \in M$. Then we associate to $\mathcal{E} \to M$ the space $H(M, \mathcal{E})$ of sections of $\mathcal{E}$ with its natural G-action. In other words

$$H(M, \mathcal{E}) = \oplus_{x \in M} E_x$$

is the "integral" of $\mathcal{E}$ over M.

As the action of $g \in G$ moves the space E_x to the space $E_{g \cdot x}$, the character of the natural action $Q(M, \mathcal{E})$ of G on $H(M, \mathcal{E})$ is given by the fixed point formula

$$\operatorname{Tr} Q(M, \mathcal{E})(g) = \sum_{x \in M(g)} \operatorname{Tr}_{E_x} g \tag{3}$$

where $M(g)$ is the subset of M fixed by the action of $g \in G$.

1.2.2 Cotangent bundles

Let $M = T^*B$ be the cotangent bundle to a manifold B. Let α be the canonical 1-form on T^*B. In local coordinates, $q_1, q_2, \dots, q_n$, of the base, $\alpha = p_1 dq_1 + p_2 dq_2 + \cdots + p_n dq_n$. Let $\mathcal{L} = M \times \mathbb{C}$ be the trivial line bundle on M with connection $\mathbb{A} = d + i\alpha$. Let G be a real Lie group acting on B. Then G acts on M and $(\mathcal{L}, \mathbb{A})$ is an element of $\mathcal{Q}_G(M)$. The quantized representation space is undoubtedly the natural representation L of G in

$$H(M, \mathcal{L}, \mathbb{A}) = L^2(B, dx)$$

if G leaves invariant a positive measure dx on B, or more generally the Hilbert space of $\frac{1}{2}$-densities on B. The representation L is trace-class if B is compact and homogeneous.

1.2.3 Symplectic vector spaces

Let (V, B) be a symplectic vector space with symplectic coordinates p_1, $q_1, \dots, p_n$, q_n. Let $\mathcal{L}$ be the trivial line bundle over V with connection $\mathbb{A} = d + iB(v, dv)/2 = d + \frac{i}{2}(p_1 dq_1 - q_1 dp_1 + \cdots + p_n dq_n - q_n dp_n)$. Then we associate to $(V, \mathcal{L}, \mathbb{A})$ the Weil representation W of the metaplectic group $\mathrm{MP}(2n, \mathbb{R})$. This is the archetype of the quantization map.

1.2.4 Hamiltonian spaces

Let M be a G-Hamiltonian manifold with the symplectic form Ω and the moment map $\mu : M \to \mathfrak{g}^*$. Here $\mathfrak{g}$ is the Lie algebra of G and $\mathfrak{g}^*$ is the dual vector space of $\mathfrak{g}$. Assume as in the Kostant–Souriau framework [39] that M is prequantized, i.e. there is a G-equivariant Hermitian line bundle $(\mathcal{L}, \mathbb{A})$ with a G-invariant Hermitian connection $\mathbb{A}$ of curvature $i\Omega$. (The notion of prequantization will be slightly modified in Part 2). In many cases, we know how to associate to a prequantized Hamiltonian space $(M, \mathcal{L}, \mathbb{A})$ a unitary representation $Q(M, \mathcal{L}, \mathbb{A})$ of G in a Hilbert space $H(M, \mathcal{L}, \mathbb{A})$. If M is a prequantized orbit of the coadjoint representation of G in $\mathfrak{g}^*$, then due to the work of Harish-Chandra [31], [32], Rossmann [43], Kirillov [36] [37], Auslander–Kostant [8], Pukanszky [41], Duflo [21] [23], Khalgui [35],... the representation $Q(M, \mathcal{L}, \mathbb{A})$ is constructed and is of trace-class at least when G is sufficiently algebraic and M is closed and of maximal dimension. Moreover the trace of $Q(M, \mathcal{L}, \mathbb{A})$ is given in a neighborhood of the identity by the universal character formula conjectured by Kirillov [37]. We will review this construction in Section 1.6.4.

1.3 Quantization and Dirac operators

Let us denote by $\mathrm{Rep}^{\pm}(G)$ the set of virtual unitary representations of G (up to isomorphism). Our aim is to find a canonical map

$$Q : \mathcal{Q}_G(M) \to \mathrm{Rep}^{\pm}(G).$$

If G and M are compact, let $K_G(M)$ be the Grothendieck group of G-equivariant vector bundles over M. An element $(\mathcal{E}, \mathbb{A}) \in \mathcal{Q}_G(M)$ gives us an element in $K_G(M)$ just forgetting the choice of the G-invariant connection $\mathbb{A}$ on $\mathcal{E}$. Thus there is a natural map $\mathcal{Q}_G(M) \to K_G(M)$. Assume that M has a G-invariant spin structure. Then Atiyah–Hirzebruch [3] and Atiyah–Segal–Singer [5], [4], [6], [7] have defined an "integration" map in K-theory

$$K_G(M) \to \mathrm{Rep}^{\pm}(G),$$

which associates to a G-equivariant vector bundle over a compact even dimensional spin manifold M, a virtual finite dimensional representation of G (we will modify the notion of vector bundle to the notion of quantum bundle in order to consider more generally manifolds without spin structure). It is this assignment

$$Q : \mathcal{Q}_G(M) \to K_G(M) \to \mathrm{Rep}^{\pm}(G)$$

that we want to extend.

Let us recall the construction of $Q(M, \mathcal{E}, \mathbb{A}) = Q(M, \mathcal{E})$ when G and M are compact. Choose a G-invariant Riemannian structure on M. Let $\mathcal{S}^{\pm}$ be the half-spin bundles over M determined by the orientation of M and the spin structure. Choose a G-invariant connection $\mathbb{A}$ on $\mathcal{E}$. (These choices can be made as G is compact). Consider the twisted Dirac operator (see [9], Chapter 3)

$$D^+_{\mathcal{E},\mathbb{A}} : \Gamma(M, \mathcal{S}^+ \otimes \mathcal{E}) \to \Gamma(M, \mathcal{S}^- \otimes \mathcal{E}).$$

The operator $D^+_{\mathcal{E},\mathbb{A}}$ is a G-invariant elliptic operator, so that its kernel and its cokernel are finite-dimensional representation spaces for G. Consider the index space of solutions of $D^+_{\mathcal{E},\mathbb{A}}$, with a change of signs that we will explain below,

$$H(M, \mathcal{E}, \mathbb{A}) = (-1)^{\dim M/2}([\mathrm{Ker}\, D^+_{\mathcal{E},\mathbb{A}}] - [\mathrm{Coker} D^+_{\mathcal{E},\mathbb{A}}]).$$

The virtual representation $Q(M, \mathcal{E}, \mathbb{A})$ of G so obtained is independent of the choice of the connection $\mathbb{A}$ and of the choice of the Riemannian structure on M. Thus we also denote $Q(M, \mathcal{E}, \mathbb{A})$ by $Q(M, \mathcal{E})$.

It may be more concrete to reformulate the map $\mathcal{E} \to Q(M, \mathcal{E})$ in the case where M is a compact complex manifold of complex dimension n and $\mathcal{E}$ is a holomorphic Hermitian bundle over M. In this case the map Q associates to $\mathcal{E}$ the direct image of the sheaf of holomorphic sections of the vector bundle $\mathcal{E}$ with a slight change of labels and of signs. We thus assume that G is a group of holomorphic transformations of $\mathcal{E} \to M$. By our assumption on the existence of a spin structure, there is a line bundle ρ over M which is the square root of the line bundle of $(n, 0)$-forms. Then it is not difficult to see that $Q(M, \mathcal{E})$ is, up to sign, the natural representation of G in the finite dimensional graded cohomology space of the sheaf of holomorphic sections of $\mathcal{E} \otimes \rho^*$

$$H(M, \mathcal{E}) = (-1)^{\dim M/2} \left(\oplus_{k=0}^{n}(-1)^k [H^k(M, \mathcal{O}(\mathcal{E} \otimes \rho^*))]\right).$$

Here, in the definition of $H(M,\mathcal{E})$, the manifold M has the orientation given by its complex structure.

Let $\mathcal{L}$ be a positive line bundle on M. It provides a non-degenerate symplectic form and thus an orientation $o_{\mathcal{L}}$ which differs from the complex orientation by the factor $(-1)^{\dim M/2}$. Our convention is such that for the orientation $o_{\mathcal{L}}$, and for $\mathcal{L}$ sufficiently positive, the quantized space $H(M,\mathcal{L})$ is the space of holomorphic sections of the line bundle $\mathcal{L}\otimes\rho^*$.

The character of $Q(M,\mathcal{E})$ is given by the Atiyah–Segal–Singer formula. The knowledge of the function $\operatorname{Tr} Q(M,\mathcal{E})(g)$ determines up to isomorphism the virtual representation $Q(M,\mathcal{E})$. We first state a special case of this formula in the case where the element $g\in G$ acts on M with just a finite number of fixed points. In this case, we have the simple fixed point formula for $\operatorname{Tr} Q(M,\mathcal{E})(g)$ due to Atiyah–Bott [1], [2]:

$$\operatorname{Tr} Q(M,\mathcal{E})(g) = \sum_{x\in M(g)} \operatorname{sign}(g,x)\frac{\operatorname{Tr}_{\mathcal{E}_x} g}{|\det^{1/2}_{T_xM}(1-g)|} \tag{4}$$

where $\operatorname{sign}(g,x)=\pm 1$ is a sign determined by the spin structure and the orientation of M (see Section 2.1). The similarity of this formula with Formula (3) of Section 1.2.1 may be observed.

1.4 De Rham cohomology and the Atiyah–Segal–Singer formula

In order to state the Atiyah–Segal–Singer formula, we need to recall the construction of Chern–Weil of some characteristic forms in de Rham cohomology.

Let M be a C^∞-manifold. Let $\mathcal{E}\to M$ be a bundle over M and $\mathbb{A}:\mathcal{A}(M,\mathcal{E})\to\mathcal{A}(M,\mathcal{E})$ a connection on $\mathcal{E}$. Although $\mathbb{A}$ is a first order differential operator, the operator $F=\mathbb{A}^2$ is a differential operator of order 0. This is easily deduced from the fact that $d^2=0$ on $\mathcal{A}(M)$. Thus the operator F is given by the action on $\mathcal{A}(M,\mathcal{E})$ of an element of $\mathcal{A}(M,\operatorname{End}(\mathcal{E}))$ still denoted by F and called the curvature of $\mathbb{A}$. In a local frame $e_i, 1\le i\le N$ of $\mathcal{E}$ where $\mathbb{A}=d+\omega$, then $F=d\omega+\omega^2$ is a matrix of 2-forms $F=F_{i,j}, 1\le i,j\le N$. The Chern character form of the bundle $\mathcal{E}$ with connection $\mathbb{A}$ is the closed differential form on M given by

$$\operatorname{ch}(\mathcal{E},\mathbb{A})=\operatorname{Tr}(e^F)\in\mathcal{A}(M). \tag{5}$$

The convention taken here differs from the convention in [9].

Let V be a real vector space. Define for $Y \in \mathrm{End}(V)$

$$J_V(Y) = \det\left(\frac{e^{Y/2} - e^{-Y/2}}{Y}\right). \tag{6}$$

Let $\mathcal{V} \to M$ be a real vector bundle. Consider a connection ∇ on $\mathcal{V}$. Let $R = \nabla^2$ be the curvature of ∇. Define

$$J(M, \mathcal{V}, \nabla) = \det\left(\frac{e^{R/2} - e^{-R/2}}{R}\right) = 1 + \frac{1}{24}\mathrm{Tr}\,(R^2) + \cdots \tag{7}$$

Then $J(M, \mathcal{V}, \nabla)$ is a de Rham closed form on M. If ∇ is understood, we will write it simply by $J(M, \mathcal{V})$. Anyway, the cohomology class $J(M, \mathcal{V})$ of $J(M, \mathcal{V}, \nabla)$ is independent of the choice of ∇. We will say that $J(M, \mathcal{V})$ is the J-genus of $\mathcal{V}$. If $TM \to M$ is the tangent bundle, we denote $J(M, TM)$ simply by $J(M)$. If M is given a Riemannian structure, we can choose the Levi-Civita connection on TM to define $J(M)$. The cohomology class of the form $J^{-1/2}(M) = 1 - \frac{1}{48}\mathrm{Tr}\,(R^2) + \cdots$ is, apart from normalization factors of 2π, equal to the $\hat{A}$-genus of M.

We can now state:

Theorem 1. (Atiyah–Singer) [5], [6] *Let $\mathcal{E} \to M$ be a vector bundle over a compact oriented spin manifold M. Let $\mathbb{A}$ be a connection on $\mathcal{E}$. Consider the twisted Dirac operator $D^+_{\mathcal{E},\mathbb{A}}$ associated to $(\mathcal{E}, \mathbb{A})$. Then*

$$(-1)^{\dim M/2}(\dim \mathrm{Ker}\, D^+_{\mathcal{E},\mathbb{A}} - \dim \mathrm{Coker} D^+_{\mathcal{E},\mathbb{A}}) \\ = \int_M (2i\pi)^{-\dim M/2}\mathrm{ch}(\mathcal{E}, \mathbb{A})J^{-1/2}(M).$$

A beautiful proof of this theorem has been given by E. Getzler [30] (see [9], Chapter 4).

Let G be a compact Lie group acting on $\mathcal{E} \to M$. In the next section, we will generalize this formula to a formula for the trace of the representation $Q(M, \mathcal{E})$ in terms of the equivariant cohomology of M. The above formula corresponds to the case where G is reduced to the identity transformation.

1.5 Equivariant cohomology

Let G be a real Lie group acting on M. Unless otherwise indicated, we do not assume G nor M to be compact. Let us recall H. Cartan's [19], [20] model for the equivariant cohomology of M (see [9], Chapter 7).

Let $\mathfrak{g}$ be the Lie algebra of G. We denote by $C[\mathfrak{g}]$ the space of polynomial functions on $\mathfrak{g}$, by $C^{\mathrm{hol}}(\mathfrak{g}_{\mathbb{C}})$ the space of holomorphic functions on the complexification $\mathfrak{g}_{\mathbb{C}}$ of $\mathfrak{g}$. We will also use the spaces $C^{\infty}(\mathfrak{g})$ of C^{∞}-functions on $\mathfrak{g}$ and the space $C^{-\infty}(\mathfrak{g})$ of generalized functions on $\mathfrak{g}$. If G acts on a vector space E, we denote by E^G the subspace of invariants.

Let $X \in \mathfrak{g}$. We denote by X_M the vector field produced by the action of $\exp(-tX)$ on M. Let $\iota(X_M) : \mathcal{A}^{\bullet}(M) \to \mathcal{A}^{\bullet -1}(M)$ be the contraction by X_M.

On the space $C[\mathfrak{g}] \otimes \mathcal{A}(M)$ of polynomial maps from $\mathfrak{g}$ to $\mathcal{A}(M)$, we introduce a total $\mathbb{Z}$-grading: for $P \in C[\mathfrak{g}]$ an homogeneous polynomial and $\alpha \in \mathcal{A}^{[k]}(M)$ a form on M of exterior degree k:

$$\deg (P \otimes \alpha) = 2\deg (P) + k. \tag{8}$$

Consider the space

$$\mathcal{A}_G(\mathfrak{g}, M) = (C[\mathfrak{g}] \otimes \mathcal{A}(M))^G$$

of G-invariant polynomial maps from $\mathfrak{g}$ to $\mathcal{A}(M)$. An element $\alpha \in \mathcal{A}_G(\mathfrak{g}, M)$ will be called an equivariant form on M with polynomial coefficients. Thus, for $X \in \mathfrak{g}$ and $\alpha \in \mathcal{A}_G(\mathfrak{g}, M)$, $\alpha(X) \in \mathcal{A}(M)$ is a form on M depending polynomially on $X \in \mathfrak{g}$.

We also consider the spaces

$$\mathcal{A}_G^{\mathrm{hol}}(\mathfrak{g}, M) = C^{\mathrm{hol}}(\mathfrak{g}_{\mathbb{C}}, \mathcal{A}(M))^G, \qquad \mathcal{A}_G^{\infty}(\mathfrak{g}, M) = C^{\infty}(\mathfrak{g}, \mathcal{A}(M))^G.$$

An element $\alpha \in \mathcal{A}_G^{\mathrm{hol}}(\mathfrak{g}, \mathcal{A}(M))$ will be written as a series $\alpha = \sum_{k=0}^{\infty} \alpha_k$ where the term $\alpha_k \in \mathcal{A}_G(\mathfrak{g}, M)$ is homogeneous of degree k for the total grading (8) of $\mathcal{A}_G(\mathfrak{g}, M)$.

Define $d_{\mathfrak{g}} : \mathcal{A}_G(\mathfrak{g}, M) \to \mathcal{A}_G(\mathfrak{g}, M)$ by

$$(d_{\mathfrak{g}}\alpha)(X) = d(\alpha(X)) - \iota(X_M)(\alpha(X)).$$

The operator $d_{\mathfrak{g}}$ is of degree 1 for the total grading of $\mathcal{A}_G(\mathfrak{g}, M)$ and satisfies $d_{\mathfrak{g}}^2 = 0$. We say that an equivariant form α is closed if $d_{\mathfrak{g}}\alpha = 0$, exact if $\alpha = d_{\mathfrak{g}}\beta$ for some equivariant form β. We denote by $\mathcal{H}_G(\mathfrak{g}, M)$ the cohomology space of $d_{\mathfrak{g}} : \mathcal{A}_G(\mathfrak{g}, M) \to \mathcal{A}_G(\mathfrak{g}, M)$. If G is reduced to the identity transformation, then $d_{\mathfrak{g}} = d$ and the complex $\mathcal{A}_G(\mathfrak{g}, M)$ is just the de Rham complex. The operator $d_{\mathfrak{g}}$ extends to $\mathcal{A}_G^{\mathrm{hol}}(\mathfrak{g}, M)$, $\mathcal{A}_G^{\infty}(\mathfrak{g}, M)$, etc... in an operator such that $d_{\mathfrak{g}}^2 = 0$. We denote by $\mathcal{H}_G^{\infty}(\mathfrak{g}, M)$, $\mathcal{H}_G^{\mathrm{hol}}(\mathfrak{g}, M)$ the spaces $\operatorname{Ker} d_{\mathfrak{g}}/\operatorname{Im} d_{\mathfrak{g}}$ in this various spaces. The spaces $\mathcal{H}_G^{\infty}(\mathfrak{g}, M), \mathcal{H}_G^{\mathrm{hol}}(\mathfrak{g}, M)$ are only $\mathbb{Z}/2\mathbb{Z}$ graded. These spaces are modules for $C[\mathfrak{g}]^G$. If $M = \bullet$ is a point

$$\mathcal{H}_G(\mathfrak{g}, \bullet) = C[\mathfrak{g}]^G, \quad \mathcal{H}_G^\infty(\mathfrak{g}, \bullet) = C^\infty(\mathfrak{g})^G, \quad \mathcal{H}_G^{\mathrm{hol}}(\mathfrak{g}, \bullet) = C^{\mathrm{hol}}(\mathfrak{g}_\mathbb{C})^G.$$

More generally we say that $M = G/H$ is a reductive homogeneous space if there exists an H-invariant decomposition $\mathfrak{g} = \mathfrak{h} \oplus \mathfrak{q}$. In this case [28]

$$\mathcal{H}_G(\mathfrak{g}, M) = C[\mathfrak{h}]^H, \quad \mathcal{H}_G^\infty(\mathfrak{g}, M) = C^\infty(\mathfrak{h})^H, \quad \mathcal{H}_G^{\mathrm{hol}}(\mathfrak{g}, M) = C^{\mathrm{hol}}(\mathfrak{h}_\mathbb{C})^H. \tag{9}$$

It is easy to see that if $\mathcal{H}_G(\mathfrak{g}, M)$ is free and finitely generated over $C[\mathfrak{g}]^G$, then

$$\mathcal{H}_G^{\mathrm{hol}}(\mathfrak{g}, M) = C^{\mathrm{hol}}(\mathfrak{g}_\mathbb{C})^G \otimes_{C[\mathfrak{g}]^G} \mathcal{H}_G(\mathfrak{g}, M). \tag{10}$$

This is the case for example if $M = G \cdot \lambda$ is a *closed* orbit of the coadjoint representation of a real reductive group G. Indeed the stabilizer H of $\lambda \in \mathfrak{g}^*$ is a reductive subgroup of G and the property (10) follows from Chevalley's theorem and formula (9) above.

If M is *compact* and oriented, the integration over M of equivariant forms is defined by $(\int_M \alpha)(X) = \int_M \alpha(X)$. The integration map sends $\mathcal{A}_G(\mathfrak{g}, M)$ to $C[\mathfrak{g}]^G$ and $\mathcal{A}_G^\infty(\mathfrak{g}, M)$ to $C^\infty(\mathfrak{g})^G$. Furthermore, if α is closed, the integral of α is a function on $\mathfrak{g}$ depending only on the cohomology class of α.

If M is non compact, we may sometimes be able to define the integral of $\alpha \in \mathcal{A}_G^\infty(\mathfrak{g}, M)$ in a generalized sense.

Definition 2. Let $\alpha \in \mathcal{A}_G^\infty(\mathfrak{g}, M)$. We will say that α is weakly integrable if, for every test function ϕ on $\mathfrak{g}$, $\int_\mathfrak{g} \alpha(X)\phi(X)dX$ is a form on M which is integrable and if the map $\phi \to \int_M(\int_\mathfrak{g} \alpha(X)\phi(X)dX)$ defines a generalized function on $\mathfrak{g}$.

Thus if α is weakly integrable, we denote by $\int_M \alpha$ the generalized function on $\mathfrak{g}$ such that for every test function ϕ on $\mathfrak{g}$

$$\int_\mathfrak{g} \left(\int_M \alpha(X)\right) \phi(X)dX = \int_M \left(\int_\mathfrak{g} \alpha(X)\phi(X)dX\right).$$

Let us now define, following [11], some equivariant closed forms (see [9], Chapter 7). We begin with the equivariant Chern character. Let $\mathbb{A}$ be a G-invariant connection on a G-equivariant bundle $\mathcal{E} \to M$. Consider for $X \in \mathfrak{g}$ the operator $F(X)$ on $\mathcal{A}(M, \mathcal{E})$ given by

$$F(X) = (\mathbb{A} - \iota(X_M))^2 + \mathcal{L}^{\mathcal{E}}(X)$$

where $\mathcal{L}^{\mathcal{E}}(X)$ is the first-order differential operator given by the Lie derivative of the action of G on $\mathcal{A}(M, \mathcal{E})$. The operator $F(X)$ is given by the action on $\mathcal{A}(M, \mathcal{E})$ of an element of $\mathcal{A}(M, \mathrm{End}(\mathcal{E}))$ that we still denote by $F(X)$ and that we call the equivariant curvature of $\mathbb{A}$. If $F = \mathbb{A}^2$ is the ordinary curvature of $\mathbb{A}$, then

$$F(X) = F + \mu(X)$$

where $\mu(X) \in \Gamma(M, \mathrm{End}(\mathcal{E}))$ is the vertical action of X determined by the connection $\mathbb{A}$: for $m \in M$, $v \in \mathcal{E}_m$, $(\mu(X)v)_m$ is the vertical projection on $\mathcal{E}_m$ (determined by $\mathbb{A}$) of the vector $(-X_{\mathcal{E}})_{(m,v)}$.

Definition 3. Let $(\mathcal{E}, \mathbb{A})$ be a G-equivariant vector bundle with a G-invariant connection $\mathbb{A}$. Let $F(X)$ be the equivariant curvature of $\mathbb{A}$. The equivariant Chern character $\mathrm{ch}(\mathcal{E}, \mathbb{A}) \in \mathcal{A}_G^{\infty}(\mathfrak{g}, M)$ is defined, for $X \in \mathfrak{g}$, by

$$\mathrm{ch}(\mathcal{E}, \mathbb{A})(X) = \mathrm{Tr}\,(e^{F(X)}).$$

The equivariant Chern character is a closed equivariant form. Our convention here differs from the convention in [9]. If $M = \bullet$ and $\mathcal{E} = E$ is a representation space for G, then $\mathrm{ch}(\mathcal{E})(X) = \mathrm{Tr}_E e^X$. Of course, the Chern character form in de Rham cohomology (formula (5) in Section 1.4) is the evaluation at $X = 0$ of the equivariant Chern character.

Definition 4. Let $\mathcal{V} \to M$ be a G-equivariant real vector bundle over M. Let us suppose that $\mathcal{V} \to M$ has a G-invariant connection ∇ with equivariant curvature $R(X)$, then $J(M, \mathcal{V}, \nabla) \in \mathcal{A}_G^{\mathrm{hol}}(\mathfrak{g}, M)$ is defined, for $X \in \mathfrak{g}$, by

$$J(M, \mathcal{V}, \nabla)(X) = \det\left(\frac{e^{R(X)/2} - e^{-R(X)/2}}{R(X)}\right).$$

The equivariant form $J(M, \mathcal{V}, \nabla)$ is a closed form; we will often write it simply as $J(M, \mathcal{V})$, the connection ∇ being implicit. Anyway, the cohomology class $J(M, \mathcal{V})$ in $\mathcal{H}_G^{\mathrm{hol}}(\mathfrak{g}, M)$ is independent of the choice of the G-invariant connection on $\mathcal{V}$. We will say that $J(M, \mathcal{V})$ is the (equivariant) J-genus of $\mathcal{V}$. For reasons which will appear later on, the J-genus will be considered as a limit of polynomial cohomology classes. This is the reason why we consider its cohomology classes in $\mathcal{H}_G^{\mathrm{hol}}(\mathfrak{g}, M)$ rather than in $\mathcal{H}_G^{\infty}(\mathfrak{g}, M)$.

If $TM \to M$ is the tangent bundle, we denote $J(M, TM)$ simply by $J(M)$. If M admits a G-invariant Riemannian structure, we can choose the Levi-Civita connection on TM to define $J(M)$. When $X = 0$, then $J(M)(0) = 1 + \frac{1}{24}\operatorname{Tr} R^2 + \cdots$ is an invertible form. Thus we can define, for X in a neighborhood of 0, the form $J^{-1/2}(M)(X)$ by choosing $J^{-1/2}(M)(0) = 1 - \frac{1}{48}\operatorname{Tr} R^2 + \cdots$, at least when M is compact.

Let G be a compact Lie group acting on a compact oriented even dimensional spin manifold M. Let $\mathcal{E} \to M$ be a G-equivariant vector bundle with G-invariant connection $\mathbb{A}$. Consider the twisted Dirac operator $D^+_{\mathcal{E},\mathbb{A}}$. We can now state a formula for

$$\operatorname{Tr} Q(M, \mathcal{E})(g) = (-1)^{\dim M/2}(\operatorname{Tr}_{\operatorname{Ker} D^+_{\mathcal{E},\mathbb{A}}} g - \operatorname{Tr}_{\operatorname{Coker} D^+_{\mathcal{E},\mathbb{A}}} g).$$

Theorem 5. ([12]) *Let G be a compact Lie group acting on a compact oriented even dimensional spin manifold M. Let $\mathcal{E} \to M$ be a G-equivariant vector bundle with G-invariant connection $\mathbb{A}$. The character of the representation $Q(M, \mathcal{E})$ is given in a neighborhood of the identity of G by the formula: for $X \in \mathfrak{g}$ sufficiently near 0,*

$$\operatorname{Tr} Q(M, \mathcal{E})(\exp X) = \int_M (2i\pi)^{-\dim M/2} \operatorname{ch}(\mathcal{E}, \mathbb{A})(X) J^{-1/2}(M)(X).$$

The independence of $Q(M, \mathcal{E})$ of the choice of $\mathbb{A}$ and the Riemannian structure on M is reflected in the fact that the equivariant cohomology class of $\operatorname{ch}(\mathcal{E}, \mathbb{A})$ is independent of $\mathbb{A}$ and that the class $J(M)$ is independent of the connection on TM.

Using the localization theorem [10], this formula is just a reformulation of the Atiyah–Segal–Singer [4] formula (see [9], Chapter 8). Let us also mention the direct proof of this theorem (in its refined local form) given by J.M. Bismut [15] (see [9], Chapter 8).

The preceding formula gives only a formula for $g \in G$ in the neighborhood of the identity element. There is also a formula at any element $g \in G$ that we will give in Section 2.3. In this formula, signs depending on the spin structure on M will appear.

1.6 The universal formula near the identity

Let G be a Lie group acting on an oriented manifold M. We do not necessarily assume that G and M are compact. We assume in this section that M is an even dimensional oriented manifold provided with a G-invariant metalinear structure (see Definition 13 in Section 2.1). The assumption on the existence of metalinear structure will be removed in Part 2.

Let $(\mathcal{E}, \mathbb{A}) \in \mathcal{Q}_G(M)$ be a G-equivariant Hermitian bundle with G-invariant Hermitian connection $\mathbb{A}$. Recall that our aim is to find a map

$$Q : \mathcal{Q}_G(M) \to \mathrm{Rep}^{\pm}(G).$$

This map should be the analogue of the integration map in K-theory

$$Q : \mathcal{Q}_G(M) \to K_G(M) \to \mathrm{Rep}^{\pm}(G)$$

defined when G and M are compact and M spinorial. Thus dictated by the above form of the character formula for the representation $Q(M, \mathcal{E}, \mathbb{A})$, we state a first version of our conjecture.

Conjecture: Let $(\mathcal{E}, \mathbb{A}) \in \mathcal{Q}_G(M)$. There exists a virtual unitary representation $Q(M, \mathcal{E}, \mathbb{A})$ associated to $(\mathcal{E}, \mathbb{A})$. Furthermore, if the representation $Q(M, \mathcal{E}, \mathbb{A})$ is trace-class, its character is given in a neighborhood of 1 in G by the following formula (F). For X sufficiently near 0 in $\mathfrak{g}$,

$$\mathrm{Tr}\, Q(M, \mathcal{E}, \mathbb{A})(\exp X) = \int_M (2i\pi)^{-\dim M/2} \mathrm{ch}(\mathcal{E}, \mathbb{A})(X) J^{-1/2}(M)(X).$$

I also believe that the same conjecture is valid when allowing superconnections instead of connections. I will explain the corresponding formalism and applications to index formulas for transversally elliptic operators in another article. In order to give a meaning to the right hand side of the formula (F), there are two problems:

(a) when G is not compact, there might not exist a G-invariant connection on TM and the class $J(M)(X)$ might not be defined.

(b) when M is not compact, it is not clear that the right hand side defines a function (even generalized) on $\mathfrak{g}$. In fact in some of the examples we need to treat, although $\mathrm{ch}(\mathcal{E}, \mathbb{A})$ is weakly integrable, the form $\mathrm{ch}(\mathcal{E}, \mathbb{A}) J^{-1/2}(M)$ is not weakly integrable. The right hand side of the equality will be given a meaning by methods similar to oscillatory integrals.

In Part 2, for G-manifolds without metalinear structure, we will slightly modify the definition of $\mathcal{Q}_G(M)$. Also, we will refine this conjecture in order to understand the character $\mathrm{Tr}\, Q(M, \mathcal{E}, \mathbb{A})(g)$ in a neighborhood of any point of $g \in G$. However let us first review in terms of this conjecture some of our basic cases.

1.6.1 Points

In the case of a point $M = \bullet$ and $\mathcal{E} = E$ a representation space for G, the formula is tautological as for $X \in \mathfrak{g}$

$$\mathrm{ch}(\mathcal{E}, \mathbb{A})(X) = \mathrm{Tr}_E e^X.$$

1.6.2 Cotangent bundles

Let us consider the cotangent bundle $M = T^*B$ of a compact oriented manifold B. The manifold M has a canonical symplectic form $\Omega = d\alpha$ and so is canonically oriented. Let G be a compact Lie group acting on B and preserving the orientation. Then M has a G-invariant metalinear structure (see Lemma 15 in Section 2.1). Let $\mathcal{L} = M \times \mathbb{C}$ with connection $\mathbb{A} = d + i\alpha$. Then $(\mathcal{L}, \mathbb{A}) \in \mathcal{Q}_G(M)$.

For $X \in \mathfrak{g}$, let $\mu(X) \in C^\infty(M)$ be the symbol of the vector field $-X_B$. As $-\alpha(X_M) = \mu(X)$, the equivariant curvature of $\mathcal{L} = M \times \mathbb{C}$ with connection $\mathbb{A} = d + i\alpha$ is $i(\mu(X) + \Omega)$ and the equivariant Chern character of $(\mathcal{L}, \mathbb{A})$ is given, for $X \in \mathfrak{g}$, by

$$\mathrm{ch}(\mathcal{L}, \mathbb{A})(X) = e^{i(\mu(X)+\Omega)}.$$

We write more explicitly what the universal formula (F) is in this case.

As G is compact, there is a G-invariant connection ∇ on $TB \to B$. We can then define the equivariant form $J(B) = J(B, \nabla)$. As B is compact, if X is sufficiently small, $J(B)(X)$ is invertible. The connection ∇ provides a connection (still denoted by ∇) on $TM \to M$, as (using the connection ∇) the bundle $TM \to M$ is isomorphic to the inverse image of the bundle $TB \oplus T^*B$ over B. The form $J^{1/2}(M) = J^{1/2}(M, \nabla)$ is the lift from B to M of the form $J(B)$ on the base B (still noted as $J(B)$).

The universal formula (F) takes the form

$$\mathrm{Tr}\, Q(M, \mathcal{L}, \mathbb{A})(\exp X) = \textstyle\int_{T^*B} (2i\pi)^{-\dim B} \mathrm{ch}(\mathcal{L}, \mathbb{A})(X) J^{-1}(B)(X).$$

We have asserted that the quantized representation $Q(M, \mathcal{L}, \mathbb{A})$ is the natural representation L of G in $L^2(B)$. Assume that B is homogeneous under G. Then the representation L has a trace. The following proposition justifies the assignment $Q(M, \mathcal{L}, \mathbb{A}) = L$.

Proposition 6. *For every smooth function ϕ on $\mathfrak{g}$ with support in a sufficiently small neigborhood of* 0, *we have the equality*

$$\mathrm{Tr} \int_{\mathfrak{g}} \phi(X) L(\exp X) dX$$
$$= (2i\pi)^{-\dim B} \int_M \left(\int_{\mathfrak{g}} \mathrm{ch}(\mathcal{L}, \mathbb{A})(X) J^{-1}(B)(X) \phi(X) dX \right).$$

This is easy to verify [14] and is essentially equivalent to the integral formula (2) for the δ-function on a vector space. Let us do this verification for the character of the representation of the group $T = \{e^{i\theta}\}$ in $L^2(S^1)$ already considered in Section 1.1. We write $S^1 = \mathbb{R}/2\pi\mathbb{Z}$. Let

$$M = T^*S^1 = \{(x, \xi); x \in \mathbb{R}/2\pi\mathbb{Z}, \xi \in \mathbb{R}\}.$$

In these coordinates, the canonical form is $\alpha = \xi dx$. The group T has the Lie algebra

$$\mathfrak{g} = \{\theta V; \theta \in \mathbb{R}\},$$

where V gives, by its infinitesimal action on S^1, the vector field $V_{S^1} = -\frac{\partial}{\partial x}$.

Let $\mathbb{A} = d + i\alpha$. Then the equivariant curvature $F(X)$ of $\mathbb{A}$ is, for $X = \theta V \in \mathfrak{g}$,

$$F(\theta) = i(\theta\xi + d\xi \wedge dx) = i(d_{\mathfrak{g}}\alpha)(X).$$

For every C^∞-function $\phi(\theta)$ with compact support on $\mathfrak{g}$,

$$\int_{\mathfrak{g}} e^{i\theta\xi} e^{id\xi\wedge dx}\phi(\theta)d\theta = \left(\int_{\mathbb{R}} e^{i\theta\xi}\phi(\theta)d\theta\right)(1 + id\xi \wedge dx)$$

is a form on $S^1 \times \mathbb{R}$ which is rapidly decreasing in the ξ variable as Fourier transforms of test functions are Schwartz functions.

It is easy to see that the equivariant J-form of $TS^1 = S^1 \times \mathbb{R}$ is identically 1. The second member of the universal formula (F) is

$$\begin{aligned}(2i\pi)^{-1}\int_{S^1\times\mathbb{R}} e^{i(\theta\xi + d\xi\wedge dx)} &= (2i\pi)^{-1}\int_{S^1\times\mathbb{R}} e^{i\theta\xi}(id\xi \wedge dx)\\ &= \int_{\mathbb{R}} e^{i\theta\xi}d\xi\\ &= (2\pi)\delta_0(\theta).\end{aligned}$$

This is equal indeed in a neighborhood of 0 to $\operatorname{Tr} L(e^{i\theta}) = 2\pi\delta_1(e^{i\theta})$ as shown in Section 1.1 (Example 2).

Remark 7. In contrast with the compact case, we see that, for $M = T^*B$, the universal formula (F) for $Q(M, \mathcal{L}, \mathbb{A})$ depends not only on $\mathcal{L}$ but also on $\mathbb{A}$. In fact, as $\mathcal{L}$ is trivial, we could take the trivial connection on $T^*B \times \mathbb{C}$ but the formula (F) would not be meaningful. Here the prequantization rule of Kostant-Souriau is essential. We have to take for connection $\mathbb{A}$ on $\mathcal{L}$ a connection of curvature $i\Omega$, where Ω is the canonical form on M. Thus we are led to choose the non trivial connection $\mathbb{A} = d + i\alpha$ on the trivial line bundle $\mathcal{L}$. This choice implies that the universal formula is meaningful as a generalized function and gives the right answer.

Since there is a trivial connection, according to the general theory, the equivariant Chern character $e^{F(X)}$ of $(\mathcal{L}, \mathbb{A})$ is $d_\mathfrak{g}$-equivalent in $\mathcal{A}_G^\infty(\mathfrak{g}, M)$ to 1. For instance, in this case,

$$e^{i(\xi\theta + d\xi dx)} - 1 = d_\mathfrak{g}\left(\frac{e^{i\theta\xi} - 1}{\theta} dx\right).$$

Thus the highest term $ie^{i\xi\theta} d\xi dx$ is d-exact. However, its integral (in the generalized sense) over M is not 0, and $e^{F(X)} - 1$ is not the differential of a weakly integrable form.

1.6.3 Symplectic vector spaces

Let (V, B) be a $2n$-dimensional symplectic space with symplectic coordinates $p_1, q_1, \ldots, p_n, q_n$. Let $\alpha = B(v, dv)/2$. Let $\mathcal{L} = V \times \mathbb{C}$ with connection $\mathbb{A} = d + i\alpha = d + iB(v, dv)/2$. Let G be the metaplectic group. It is the two-fold cover of the symplectic group. Let $\mathfrak{g} \subset \mathrm{End}(V)$ be the Lie algebra of G. Then $(\mathcal{L}, \mathbb{A}) \in \mathcal{Q}_G(V)$. Let $\Omega = B(dv, dv)/2 = dp_1 \wedge dq_1 + \cdots + dp_n \wedge dq_n$. Then, for $X \in \mathfrak{g}$,

$$\mathrm{ch}(\mathcal{L}, \mathbb{A})(X) = e^{iB(v,Xv)/2} e^{i\Omega}.$$

Let $\beta_V = (2\pi)^{-n} dp_1 \wedge dq_1 \wedge \cdots \wedge dp_n \wedge dq_n$ be the canonical Liouville form on V.

As $TV = V \times V$ with the diagonal action of G, the trivial connection is G-invariant and the corresponding equivariant J-genus of TV is given by $J_V(X) 1_V$ where 1_V is the constant function 1 on V. Then as the top dimensional term of $(2i\pi)^{-n} e^{i\Omega}$ is β_V, the universal formula (F) takes the form: for $X \in \mathfrak{g}$ sufficiently small

$$\begin{aligned}\mathrm{Tr}\, Q(V, \mathcal{L}, \mathbb{A})(\exp X) &= \int_V (2i\pi)^{-n} \mathrm{ch}(\mathcal{L}, \mathbb{A})(X) J_V^{-1/2}(X) \\ &= J_V^{-1/2}(X) \int_V e^{iB(v,Xv)/2} d\beta_V.\end{aligned}$$

We asserted that the quantized representation $Q(V, \mathcal{L}, \mathbb{A})$ is the Weil representation. This is justified by the following proposition.

Proposition 8. *The character of the Weil representation W satisfies the formula: for $X \in \mathfrak{g}$, in a neighborhood of 0,*

$$J_V^{1/2}(X) \mathrm{Tr}\, W(\exp X) = \int_V e^{iB(v,Xv)/2} d\beta_V.$$

This proposition follows easily from the character formula for W given for example in [46] or from ([33], 16.3).

Here again, as in Remark 7, the prequantization rule is crucial in order to give the right meaning to the universal formula.

1.6.4 Hamiltonian spaces

Let M be a symplectic manifold with symplectic form Ω. Let G be a Lie group acting on M by an Hamiltonian action. This means that there is a G-invariant moment map $\mu : M \to \mathfrak{g}^*$ such that for each $X \in \mathfrak{g}$ the function $\mu(X)(m) = (\mu(m), X)$ satisfies

$$d\mu(X) = \iota(X_M)\Omega,$$

i.e. $\Omega(X) = \mu(X) + \Omega$ is a closed equivariant form on M.

Important examples of Hamiltonian spaces are orbits $M \subset \mathfrak{g}^*$ of the coadjoint representation of G. In this case the moment map is the injection $M \to \mathfrak{g}^*$.

Another important example is the situation $M = T^*B$ of a cotangent bundle considered in Example 1.6.2. In this case, the moment map $\mu(X)$ is the symbol of the vector field $-X_B$.

Still another nice example is the situation $M = V$ of Example 1.6.3. In this case, $\mu(X)(v) = \frac{1}{2}B(v, Xv)$.

In this section we assume that M has a G-invariant metaplectic structure. Assume that there is a line bundle $(\mathcal{L}, \mathbb{A}) \in \mathcal{Q}_G(M)$ over M such that the equivariant curvature of $(\mathcal{L}, \mathbb{A})$ is $i\Omega(X) = i(\mu(X) + \Omega)$. For example, let $M \subset \mathfrak{g}^*$ be the coadjoint orbit of $\lambda \in \mathfrak{g}^*$. Then the orbit M can be prequantized if and only if there exists an unitary 1-dimensional representation $\tau : G(\lambda) \to T$ such that $\tau(\exp X) = e^{i(\lambda, X)}$ for all $X \in \mathfrak{g}(\lambda)$. Indeed in this case the line bundle $\mathcal{L}_\tau = G \times_{G(\lambda)} \mathbb{C}_\tau$ can be provided with a unique G-invariant connection $\mathbb{A}$ with equivariant curvature $i\Omega(X)$ [39].

Let $(\mathcal{L}, \mathbb{A})$ be a quantum line bundle for (M, Ω). Then the Chern character $\mathrm{ch}(\mathcal{L}, \mathbb{A})$ is given, for $X \in \mathfrak{g}$, by the formula

$$\mathrm{ch}(\mathcal{L}, \mathbb{A})(X) = e^{i\Omega(X)}.$$

Thus the formula for the quantized representation $Q(M, \mathcal{L}, \mathbb{A})$ near the identity of the group should be

$$\mathrm{Tr}\, Q(M, \mathcal{L}, \mathbb{A})(\exp X) = \int_M (2i\pi)^{-\dim M/2} \mathrm{ch}(\mathcal{L}, \mathbb{A})(X) J^{-1/2}(M)(X).$$

Let $\dim M = 2d$ and let $\beta_M = (2\pi)^{-d}(d!)^{-1}\Omega^d$ be the Liouville form on M.

We will first assume that $\mathrm{ch}(\mathcal{L}, \mathbb{A})$ is weakly integrable. This means that

$$F_M(X) = \int_M (2i\pi)^{-\dim M/2} \mathrm{ch}(\mathcal{L}, \mathbb{A})(X) = \int_M e^{i(\mu(m),X)} d\beta_M(m)$$

is well defined as a generalized function on $\mathfrak{g}$. The function $F_M(X)$ is the Fourier transform of the image $\mu_*(\beta_M)$ of the Liouville measure of M under the moment map. It exists if $\mu_*(\beta_M)$ is a tempered measure on $\mathfrak{g}^*$.

In particular, if M is a closed orbit of the coadjoint representation of a real algebraic group, then $F_M(X)$ is well defined since the canonical measure of a real algebraic closed coadjoint orbit is a tempered measure on $\mathfrak{g}^*$.

We now try to define the class $J(M)$. Let us assume that our Hamiltonian space M is embedded in a linear representation space V of G. This is the case for $M = V$ a symplectic vector space as well as for orbits $M \subset \mathfrak{g}^*$ of the coadjoint representation.

Consider the normal bundle $T_M V$ of the embedding $M \subset V$. We have the exact sequence of vector bundles:

$$0 \to TM \to M \times V \to T_M V \to 0.$$

We write $J(T_M V)$ for $J(M, T_M V)$. As J-genera are multiplicative, it is natural to reformulate the universal formula for the character of the quantized representation as in [13], [47].

Conjecture: For $X \in \mathfrak{g}$ in a neighborhood of 0, then

$$J_V^{1/2}(X) \mathrm{Tr}\, Q(M, \mathcal{L}, \mathbb{A})(\exp X) = \int_M (2i\pi)^{-\dim M/2} \mathrm{ch}(\mathcal{L}, \mathbb{A})(X) J^{1/2}(T_M V)(X).$$

To define the class $J^{1/2}(T_M V)$ might be easier than to define $J^{1/2}(M)$. Indeed, let us assume that the normal bundle $T_M V$ admits a G-invariant connection. This is not unreasonable: if f is a G-invariant function defined on a neighborhood of M such that $f = 0$ on M, $df|M$ is an invariant section of the conormal bundle. Thus if $M \subset V$ can be defined as the zero set of $(\dim V - \dim M)$ G-invariant equations, the normal bundle $T_M V$ of the embedding of M in V is a trivial G-equivariant bundle: there exists an isomorphism $T_M V \cong M \times \mathbb{R}^N$ (where N is the codimension of M) with the action of G given by its action of the first factor M and trivial action on $\mathbb{R}^N$. In this case, the J-class of $T_M V$ is the constant function 1_M. In particular, for $M = V$ a symplectic vector space, the conjectural formula above coincides with the formula given in Proposition 8 of Section 1.6.3 for the character of the Weil representation.

More generally, if $T_M V$ admits a G-invariant connection, we are able to define $J(T_M V)$. In some cases we will be able to give a meaning to the right hand side by partial integration on M.

1.6.4.1 Orbits of maximal dimension

Let $\lambda \in \mathfrak{g}^*$ and let $M \subset \mathfrak{g}^*$ be the orbit of λ. We assume that M has a metaplectic structure and that M can be prequantized with a quantum line bundle $(\mathcal{L}, \mathbb{A})$ (uniquely determined by a 1-dimensional representation τ of $G(\lambda)$). We will make less restrictive assumptions in Part 2.

We have

$$J_{\mathfrak{g}^*}(X) = J_{\mathfrak{g}}(X) = \det_{\mathfrak{g}}\left(\frac{e^{\operatorname{ad} X/2} - e^{-\operatorname{ad} X/2}}{\operatorname{ad} X}\right).$$

Assume that M is of maximal dimension, then the normal bundle $T_M\mathfrak{g}^*$ is a trivial bundle [26]. In this generic case, the universal formula (F) becomes the universal formula for characters that Kirillov conjectured.

Theorem 9. *Let M be a prequantized orbit of maximal dimension of G in $\mathfrak{g}^*$ with quantum line bundle $(\mathcal{L}, \mathbb{A})$ and a G-invariant metaplectic structure. Then there exists a quantized representation $Q(M, \mathcal{L}, \mathbb{A})$. Assume moreover that β_M is a tempered measure on $\mathfrak{g}^*$. Then $Q(M, \mathcal{L}, \mathbb{A})$ is trace-class and its character is given in a neigborhood of the identity by the formula: for $X \in \mathfrak{g}$ in a neighborhood of* 0

$$J_{\mathfrak{g}}^{1/2}(X)\operatorname{Tr} Q(M, \mathcal{L}, \mathbb{A})(\exp X) = F_M(X).$$

References for the proof of this theorem were given in Section 1.2.4.

1.6.4.2 Closed orbits of reductive Lie groups

Let $M = G \cdot \lambda \subset \mathfrak{g}^*$ be a closed coadjoint orbit of a real semi-simple Lie group. The Killing form is non degenerate on $T_x M$ and the orthonormal decomposition $\mathfrak{g}^* = T_x M \oplus \mathcal{N}_x$ determines G-invariant connections on TM and on $T_M\mathfrak{g}^*$. Furthermore the bundles TM and $T_M\mathfrak{g}^*$ have pseudo Euclidean structures. It follows that $J^{1/2}(T_M\mathfrak{g}^*)(X)$ can be defined for all $X \in \mathfrak{g}$, and $J^{1/2}(T_M\mathfrak{g}^*)$ defines an element of $\mathcal{H}_G^{\mathrm{hol}}(\mathfrak{g}, M)$.

Again we assume that M has a metaplectic structure and that there exists a one dimensional representation τ of $G(\lambda)$ such that for $X \in \mathfrak{g}(\lambda)$, $\tau(\exp X) = e^{i(\lambda, X)}$. Let $(\mathcal{L}_\tau, \mathbb{A})$ be the (unique) quantum line bundle on

M determined by τ. Consider the weakly integrable form $\mathrm{ch}(\mathcal{L}_\tau, \mathbb{A})$. If $\alpha \in \mathcal{A}_G(\mathfrak{g}, M)$ is an equivariant form with polynomial coefficients, it is easy to see that $\mathrm{ch}(\mathcal{L}_\tau, \mathbb{A})\alpha$ is also weakly integrable, thus

$$\int_M \mathrm{ch}(\mathcal{L}_\tau, \mathbb{A})(X)\alpha(X)$$

defines a generalized function on $\mathfrak{g}$. Furthermore if α is closed, then the generalized function $\int_M \mathrm{ch}(\mathcal{L}_\tau, \mathbb{A})\alpha$ depends only of the cohomology class of α. Consider now a closed form $\alpha = \sum_{j=0}^{\infty} \alpha_j$ in $\mathcal{A}_G^{\mathrm{hol}}(\mathfrak{g}_{\mathbb{C}}, M)$. Define

$$\int_M \mathrm{ch}(\mathcal{L}_\tau, \mathbb{A})[\alpha] = \lim_{k\to\infty} \sum_{j=0}^{k} \int_M \mathrm{ch}(\mathcal{L}_\tau, \mathbb{A})\alpha_j. \tag{11}$$

This limit exists: recall that $\mathcal{H}_G^{\mathrm{hol}}(\mathfrak{g}, M) = C^{\mathrm{hol}}(\mathfrak{g}_{\mathbb{C}})^G \otimes_{C[\mathfrak{g}]^G} \mathcal{H}_G(\mathfrak{g}, M)$ (Formula (10) of Section 1.5) and write the class of α as congruent modulo $d_{\mathfrak{g}}$ to a finite sum $\sum_a F_a \otimes \nu_a$, with $F_a \in C^{\mathrm{hol}}(\mathfrak{g}_{\mathbb{C}})^G$ and $\alpha_a \in \mathcal{H}_G(\mathfrak{g}, M)$, then we see that the above limit exists and is equal to $\sum_a F_a(X) \int_M \mathrm{ch}(\mathcal{L}_\tau, \mathbb{A})(X)\nu_a(X)$.

We can thus define the G-invariant generalized function on $\mathfrak{g}$

$$\int_M \mathrm{ch}(\mathcal{L}_\tau, \mathbb{A})(X)[J^{1/2}(T_M\mathfrak{g}^*)](X).$$

With the help of the Zuckerman functor and the usual parabolic induction, it is possible to associate to the data (λ, τ) at least a virtual $(\mathfrak{g}, K)$-module $Z(\lambda, \tau)$ (see [49]) with a G-invariant Hermitian form [27]. If the orbit M admits a real polarization, then $Z(\lambda, \tau)$ is the unitary representation of G induced by a one dimensional representation of a parabolic subgroup (not necessarily minimal). In general when λ is sufficiently generic, then $Z(\lambda, \tau)$ is a unitary irreducible representation of G [49], [50]. The assignment

$$Q(M, \mathcal{L}_\tau, \mathbb{A}) = Z(\lambda, \tau)$$

for the quantization of the orbit $M = G \cdot \lambda$ with the quantum line bundle $\mathcal{L}_\tau$ is justified by the following proposition [29].

Proposition 10. *Let $M = G\cdot\lambda$ be a closed orbit of a real semi-simple Lie group G. We assume here that M has a G-invariant metaplectic structure and that there exists a one dimensional representation τ of $G(\lambda)$ such that for $X \in \mathfrak{g}(\lambda)$, $\tau(\exp X) = e^{i(\lambda, X)}$. Let $(\mathcal{L}_\tau, \mathbb{A})$ be the quantum line bundle with connection associated to τ and let $Z(\lambda, \tau)$ be the virtual $(\mathfrak{g}, K)$-module* *associated to* (λ, τ). *Then for* $X \in \mathfrak{g}$ *in a neighborhood of* 0, *we have the equality of generalized functions:*

$$J_{\mathfrak{g}}^{1/2}(X) \operatorname{Tr} Z(\lambda, \tau)(\exp X) \\ = \int_M (2i\pi)^{-\dim M/2} \operatorname{ch}(\mathcal{L}_\tau, \mathbb{A})(X)[J^{1/2}(T_M \mathfrak{g}^*)](X).$$

1.7 Geometric constructions

Finally let us make some comments on the construction of the quantized representation $Q(M, \mathcal{E}, \mathbb{A}) \in \operatorname{Rep}^{\pm}(G)$.

We have already discussed several possible ways to associate a representation to $(\mathcal{E}, \mathbb{A}) \in \mathcal{Q}_G(M)$.

If M has a G-invariant Riemannian structure, then extending the prescription of Atiyah–Hirzebruch–Segal–Singer, it is natural to realize $Q(M, \mathcal{E}, \mathbb{A})$ in the index space of L^2-solutions of the twisted Dirac operator $D^+_{\mathcal{E},\mathbb{A}}$. This leads for example to a construction of the discrete series of representations of a semi-simple Lie group G [40].

If M has a G-invariant Kähler structure and $\mathcal{E}$ is an holomorphic vector bundle, we consider the L^2-cohomology space of the $\overline{\partial}$ -complex on the holomorphic bundle $\mathcal{E} \otimes \rho^*$ where ρ is the square root of the line bundle of $(n, 0)$-forms on M. This leads to another construction of the discrete series of representations of a semi-simple Lie group G [44].

If M is a cotangent bundle T^*B of an homogeneous space B, we will associate to M the induced representation of G in $L^2(B)$. A similar construction for coadjoint orbits with real polarizations leads to induced representations.

If $M = G \cdot \lambda$ is a closed orbit of maximal dimension of the coadjoint representation, the combination of the above methods indeed construct the representation $T_{\lambda,\tau} = Q(M, \mathcal{L}_\tau, \mathbb{A})$ associated to $(M, \mathcal{L}_\tau, \mathbb{A})$.

If $M = G \cdot \lambda$ is a closed orbit of a real semi-simple Lie group, the construction of $Q(M, \mathcal{L}_\tau, \mathbb{A})$ is similar. Indeed, if λ is elliptic, then $Z(\lambda, \tau)$ is obtained in studying the index space of the $\overline{\partial}$-operator. However, Zuckerman considered $\overline{\partial}$ as acting on the Taylor expansions of sections of the holomorphic line bundle $\mathcal{L}_\tau \otimes \rho^*$ defined on a tubular neighborhood of $K \cdot \lambda$ in $M = G \cdot \lambda$. Here M may not have a G-invariant Riemannian metric (the Killing form gives only a structure of pseudo-Riemannian manifold on M). Thus the unitary structure on $H(M, \mathcal{L}, \mathbb{A})$ is not evident [27], [50].

Remark that there might be many different choices of these extra structures on $(M, \mathcal{E}, \mathbb{A})$ (Riemannian metrics, polarizations,...) leading to several models for $Q(M, \mathcal{E}, \mathbb{A})$. It is remarkable however that the universal formula tells us in advance that all these models are isomorphic. However if V is a symplectic vector space and G the metaplectic group, there is no G-invariant metric nor G-invariant polarization to help us to construct a "concrete" model for the Weil representation W. Thus W is a mysterious representation with a canonical character formula but no canonical model.

Finally let us say that we are unable to treat the case of general orbits of the coadjoint representation, for example we are not able to propose a character formula based on this scheme for general unipotent representations of a semi-simple Lie group which are believed to be "attached" to nilpotent orbits (even if we can do it for some particular representation like the Weil representation).

When G and M are compact, the quantized representation $Q(M, \mathcal{E}, \mathbb{A})$ is independent of the choice of $\mathbb{A}$. Clearly this is not anymore the case when M is not compact. In the example of characters of induced representations from a subgroup H of G, the choice of the non trivial connection $d + i\alpha$ on the trivial line bundle $\mathcal{L}$ on $T^*(G/H)$ is fundamental in order to obtain a meaningful formula (see Remark 7 of Section 1.6.2). Using superconnections instead of connections, we can give, based on the same scheme, character formulas for the index of transversally elliptic operators on a compact manifold B [48]. Here the [0]-exterior degree term of the superconnection as well as the 1-form α of T^*B is of fundamental importance. Thus, it seems that the fundamental objects of quantization are the connections or superconnections on bundles modulo some equivalence relations. However, it is not clear what homotopies to allow on $\mathbb{A}$ in order that the representation $Q(M, \mathcal{E}, \mathbb{A})$ remains the same.

2. Quantum bundles and descent

2.1 On orientations of fixed submanifolds

Let G be a real Lie group with Lie algebra $\mathfrak{g}$. An element $s \in G$ is called elliptic if it is contained in a compact subgroup of G. We denote by G_{ell} the set of elliptic elements of G. Of course, if G is compact then $G_{ell} = G$. An element $S \in \mathfrak{g}$ is called elliptic if $\exp \mathbb{R}S$ is relatively compact. We denote by $\mathfrak{g}_{ell}$ the set of elliptic elements of $\mathfrak{g}$.

Let V be a real finite dimensional vector space. Consider for $s \in \mathrm{GL}(V)_{ell}$ and $S \in \mathfrak{gl}(V)_{ell}$ the spaces

$$V(s) = \{v \in V, s \cdot v = v\}, \quad V(S) = \{v \in V, S \cdot v = 0\}.$$

These spaces have canonical supplementary subspaces

$$V = V(s) \oplus V_1(s), \quad V = V(S) \oplus V_1(S) \tag{12}$$

with $V_1(s) = (1-s)(V)$ and $V_1(S) = S(V)$.

If $S \in \mathfrak{gl}(V)_{ell}$, then $\det_V S \geq 0$. If o is an orientation of V, there exists a canonical square root $\det_{V,o}^{1/2} S$ of $\det_V S$. The convention will be taken as follows. If $\det_V S$ is non zero the dimension of V is even and we can choose an oriented basis e_i such that

$$Se_{2i-1} = \lambda_i e_{2i}, \quad Se_{2i} = -\lambda_i e_{2i-1}.$$

Then we define $\det_{V,o}^{1/2} S = \lambda_1 \cdots \lambda_{n/2}$.

Definition 11. Let $S \in \mathfrak{gl}(V)_{ell}$. Then the space $V/V(S)$ is even dimensional. We call the orientation o_S defined by $\det_{V/V(S),o_S}^{1/2}(S) > 0$ the canonical orientation.

Let $s \in \mathrm{GL}(V)_{ell}$. Then the only possible real eigenvalues of s are ± 1 so that $\det_V(1-s) \geq 0$. We have $\det_V s = \pm 1$. If $\det_V(s) = 1$ then the dimension of $V/V(s)$ is even. In contrast to the case of $S \in \mathfrak{gl}(V)_{ell}$, the map s does not provide an orientation o_s on $V/V(s)$. However, it does so if s belongs to the double cover of $\mathrm{SL}(V)$. This fact does not seem to be as well known as it should be. Let us explain this. Let $\mathrm{GL}^+(V)$ be the group of invertible linear transformations of V with positive determinant. There is a canonical two-fold cover

$$j : \mathrm{DL}(V) \to \mathrm{GL}^+(V).$$

If $\dim V > 2$, this is the universal cover, thus $\mathrm{DL}(V)$ is simply connected. If Q is a positive definite symmetric bilinear form on V, then the inverse image of the group $\mathrm{SO}(V,Q)$ in $\mathrm{DL}(V)$ is the spin group. Similarly if B is a non-degenerate skew-symmetric bilinear form on V, the inverse image of $\mathrm{Sp}(V,B)$ is the metaplectic group $\mathrm{MP}(V,B)$. We denote by $\{e, \epsilon\}$ the kernel of j where e is the identity of G.

Let $s \in \mathrm{DL}(V)_{ell}$. We assert that there is a canonical choice of an orientation o_s of $V/V(s)$ (we write $V(s) = V(j(s))$). If $\dim V > 1$ the group $\mathrm{DL}(V)$ is connected and there exists $S \in \mathfrak{gl}(V)_{ell}$ such that $s = \exp S$. We write

$$V = V(s) \oplus V_1(s).$$

Then S induces elliptic invertible transformations of $V(s)/V(S)$ and of $V_1(s)$. Thus $\dim(V(s)/V(S)) = 2p$ and $\dim V_1(s) = 2q$. We choose a basis $e_1, e_2, \ldots, e_{2p-1}, e_{2p}$ of $V(s)/V(S)$, a basis $f_1, f_2, \ldots, f_{2q-1}, f_{2q}$ of $V_1(s)$ and real numbers α_i, λ_j such that

$$\begin{aligned} Se_{2i-1} &= \lambda_i e_{2i}, \\ Se_{2i} &= -\lambda_i e_{2i-1}, \\ Sf_{2j-1} &= \alpha_j f_{2j}, \\ Sf_{2j} &= -\alpha_j f_{2j-1}. \end{aligned}$$

As $V(s) = V(e^S)$, the real numbers λ_i belong to $2\pi\mathbb{Z}$, so that $\cos(\lambda_i/2) = \pm 1$, while the α_j do not belong to $2\pi\mathbb{Z}$. Let o be an orientation of $V/V(s) = V_1(s)$. Assume that $f_1, f_2, \ldots, f_{2q}$ is of orientation o. Define

$$c(S,o) = \prod_{i=1}^{p} \cos(\lambda_i/2) \prod_{j=1}^{q} 2\sin(-\alpha_j/2).$$

Then $c(S,o)^2 = \det_{V/V(s)}(1 - e^S)$. Furthermore, as $e^S = 1$ in $\mathrm{DL}(V)$ if and only if $V_1(s) = 0$ and $\sum \lambda_i \in 4\pi\mathbb{Z}$, the number $c(S,o)$ depends only on $s = e^S$. Thus we define for $s \in \mathrm{DL}(V)$:

$$D^{1/2}(s,o) = c(S,o). \tag{13}$$

Remark that $D^{1/2}(s\epsilon, o) = -D^{1/2}(s,o)$ so that $D^{1/2}(s,o)$ cannot be defined for $s \in \mathrm{GL}^+(V)_{ell}$. We then obtain

Lemma 12. *Let $s \in \mathrm{DL}(V)_{ell}$. Then the space $V/V(s)$ has a canonical orientation o_s defined by $D^{1/2}(s,o_s) > 0$.*

Let us also remark that for $s \in \mathrm{DL}(V)$ and $g \in \mathrm{GL}^+(V)$ the element gsg^{-1} is well defined. If s is elliptic, $o_{gsg^{-1}} = g \cdot o_s$.

If $\mathcal{V} \to M$ is an oriented vector bundle with a G-action, we say that $\mathcal{V}$ is G-oriented if G preserves the orientations of the fibers. If $\mathcal{V}$ is G-oriented, the frame bundle $GL^+(\mathcal{V})$ is a G-equivariant $\mathrm{GL}^+(V)$-principal bundle.

Definition 13. Let $\mathcal{V} \to M$ be a G-oriented vector bundle over M with frame bundle $GL^+(\mathcal{V})$. We will say that $\mathcal{V}$ admits a G-invariant metalinear structure if there is a G-equivariant two-fold cover P of $GL^+(\mathcal{V})$ which is a principal bundle with structure group $\mathrm{DL}(V)$.

In particular a spin structure or a metaplectic structure on $\mathcal{V}$ provides a metalinear structure.

If $s \in G_{ell}$, we denote by $\mathcal{V}(s)$ the set of fixed points of the action of s on $\mathcal{V}$. As s is elliptic, this is a vector bundle over the submanifold $M(s)$ of M.

Proposition 14. *Let $\mathcal{V} \to M$ be a G-oriented vector bundle with a metalinear structure P. Let $s \in G_{\text{ell}}$. Then the bundle $\mathcal{V}(s) \to M(s)$ is $G(s)$-oriented.*

Proof. Let $m \in M(s)$. Let $p : V \to \mathcal{V}_m$ be a frame of $\mathcal{V}_m$. Let $\tilde{p}$ be an element of P above p. Then $s \cdot \tilde{p} = \tilde{p} s_D$ with $s_D \in \mathrm{DL}(V)$. Let $\tilde{s} = p s_D p^{-1} \in \mathrm{DL}(\mathcal{V}_m)$. By the Remark following Lemma 12 the element $\tilde{s}$ is well defined. It determines an orientation on $\mathcal{V}_m/\mathcal{V}_m(s)$ independent of the choice of p. As $\mathcal{V}$ itself is oriented, we obtain in this way an orientation on $\mathcal{V}(s) \to M(s)$.

Our main interest will be the tangent bundle TM. Then $T(M(s)) = (TM)(s)$. Thus we see that if a group G acts on M and leaves invariant a metalinear structure (for example a spin structure) then fixed point submanifolds of elliptic transformations are canonically oriented. Many more properties are true, as is pointed out in the proof by R. Bott and C. Taubes [17] of Witten's rigidity theorem [51].

Let V_1 be a real vector space. Let $V = V_1 \oplus V_1^*$. Consider the symplectic form on V given by

$$B(x_1 + f_1, x_2 + f_2) = f_2(x_1) - f_1(x_2)$$

for $x_1, x_2 \in V_1$, $f_1, f_2 \in V_1^*$. Consider the homomorphism $I(g) = (g, {}^t g^{-1})$ of $\mathrm{GL}(V_1)$ into $\mathrm{Sp}(V, B)$. It is well known that the restriction of I to $\mathrm{SL}(V_1)$ lifts in a homomorphism $\tilde{I}$ from $\mathrm{SL}(V_1)$ to $\mathrm{MP}(V, B) \subset \mathrm{DL}(V)$. However the homomorphism I itself does not lift. Thus we have the following lemma.

Lemma 15. *Let $\mathcal{V}_1 \to M$ be a G-equivariant vector bundle. Consider the vector bundle $\mathcal{V} = \mathcal{V}_1 \oplus \mathcal{V}_1^*$ with its natural G-action. Then $\mathcal{V}$ admits a G-invariant metalinear structure if and only the bundle $\mathcal{V}_1$ admits a G-invariant orientation.*

In fact, we do not want to assume the existence of an invariant metalinear structure. In this case, we have to modify the notion of G-equivariant vector bundle into the notion of G-equivariant quantum bundle. Our modification is a generalization of the notion of quantum line bundles introduced by J. Rawnsley and P. Robinson [42].

Let W be a Hermitian space. Let $U(W)$ be the group of unitary transformations of W. We denote by $-I$ the transformation $w \to -w$ of W. We embed $\mathbb{Z}/2\mathbb{Z}$ as a central subgroup Z in $\mathrm{DL}(V) \times U(W)$ by sending $(-1) \in \mathbb{Z}/2\mathbb{Z}$ to $(\epsilon, -I) \in \mathrm{DL}(V) \times U(W)$. Let

$$\mathrm{DL}^W(V) = (\mathrm{DL}(V) \times U(W))/Z$$

be the quotient group. We refer to this group as the metalinear group with coefficients in W. By definition there is a canonical homomorphism still denoted by

$$j : \mathrm{DL}(V) \times U(W) \to \mathrm{DL}^W(V).$$

We have canonical homomorphisms

$$f : \mathrm{DL}^W(V) \to \mathrm{GL}^+(V)$$

and

$$u : \mathrm{DL}^W(V) \to U(W)/\pm I$$

obtained respectively by projecting an element of $(DL(V) \times U(W))/Z$ to its first and second components.

Let us return to the example where V is the symplectic space $V = V_1 \oplus V_1^*$. Let $I(g) = (g,{}^t g^{-1})$ the homomorphism of $\mathrm{GL}(V_1)$ into $\mathrm{Sp}(V, B)$. If $s \in \mathrm{GL}(V_1)_{ell}$, it follows from Formula (12) of Section 2.1 that $V(s) = V(I(s))$ is canonically isomorphic to $V_1(s) \oplus V_1(s)^*$. Thus $V(s)$ has a canonical orientation given by its symplectic structure. We denote by o_B the quotient orientation on $V/V(s)$. Let $\mathrm{DL}^{\mathbb{C}}(V)$ be the metalinear group with coefficients in $\mathbb{C}$. Choose any element $s^D \in \mathrm{DL}(V)$ above $I(s)$. Then the element $j(s^D, \operatorname{sign} D^{1/2}(s^D, o_B) i^{\dim (V_1/V_1(s))})$ on $\mathrm{DL}^{\mathbb{C}}(V)$ depends only on s. We denote it by $\ell(s)$.

Let us state for later use the following lemma.

Lemma 16. *There exists a unique homomorphism* $h : \mathrm{GL}(V_1) \to \mathrm{DL}^{\mathbb{C}}(V)$ *such that*

$$h(g) = j(\tilde{I}(g), 1) \qquad \text{for } g \in \mathrm{SL}(V_1)$$

and

$$h(s) = \ell(s) \qquad \text{for } s \in \mathrm{GL}(V_1)_{ell}.$$

Let $P \to M$ be a principal bundle with structure group $\mathrm{DL}^W(V)$. The homomorphism f defines an associated principal bundle P^f with structure group $\mathrm{GL}^+(V)$. The homomorphism u defines an associated principal bundle P^u with structure group $U(W)/\pm I$.

Definition 17. Let $\mathcal{V} \to M$ be a G-oriented real vector bundle. A G-equivariant quantum bundle for $\mathcal{V}$ is a G-equivariant principal bundle $\tau :$

$P \to M$ with structure group $\mathrm{DL}^W(V)$ such that the associated bundle P^f with structure group $\mathrm{GL}^+(V)$ is the frame bundle $GL^+(\mathcal{V})$ of $\mathcal{V}$.

Let $\mathcal{V}$ be the tangent bundle to M. In this case we will say that $\tau : P \to M$ is a G-equivariant quantum bundle, or just a quantum bundle if G is understood. The space W will be called the fiber of τ. In particular, if $\dim W = 1$ we will say that τ is a quantum line bundle.

Definition 18. We denote by $F_G^t(M)$ the set of G-equivariant quantum bundles (up to isomorphism). We denote by $K_G^t(M)$ the Grothendieck group of G-equivariant quantum bundles.

The letter t indicates the tangent bundle. The definition above is related to the groups $K_G^{TM}(M)$ introduced by Karoubi [34] when G is compact.

Lemma 19. *If $TM \to M$ has a G-invariant metalinear structure $\tilde{P}$, the set $F_G^t(M)$ of G-equivariant quantum bundles is in one-to-one correspondence with the set of G-equivariant Hermitian vector bundles over M.*

If $\mathcal{W}$ is a Hermitian bundle with typical fiber W and frame bundle $U(\mathcal{W})$, we define $P = (\tilde{P} \times_M U(\mathcal{W}))/Z$.

Let $M = G/H$ be a homogeneous space of a real Lie group G with a G-invariant orientation. We can construct the two fold cover

$$\tilde{H}_M = \{(h, g) \in H \times \mathrm{DL}(\mathfrak{g}/\mathfrak{h}); Ad_{\mathfrak{g}/\mathfrak{h}} h = j(g)\} \tag{14}$$

of H. We still denote by ϵ the element $(1, \epsilon)$ of $\tilde{H}_M$. A representation τ of $\tilde{H}_M$ in a space W is said to be genuine if $\tau(\epsilon) = -I$.

Definition 20. We denote by $F^M(H)$ the set of genuine finite dimensional unitary representations of $\tilde{H}_M$ (up to isomorphism).

A representation $\tau \in F^M(H)$ determines a G-equivariant quantum bundle still denoted by τ. Indeed let W be the representation space of τ. For $h \in H$ choose $s(h) \in \mathrm{DL}(\mathfrak{g}/\mathfrak{h})$ above the transformation $Ad_{\mathfrak{g}/\mathfrak{h}}(h)$. Then the map $h \to j(s(h), \tau(h, s(h)))$ gives us a homomorphism of H in $\mathrm{DL}(\mathfrak{g}/\mathfrak{h}, W)$. The principal bundle $P(G/H, \tau) = G \times_H \mathrm{DL}^W(V)$ is a G-equivariant quantum bundle over M. This construction induces an isomorphism

$$F^M(H) \cong F_G^t(G/H).$$

Let $\lambda \in \mathfrak{g}^*$ with stabilizer H. Let $M = G \cdot \lambda = G/H$. Then the group $\tilde{H}_M$ is the two-fold cover of the group $G(\lambda)$ introduced by Duflo [22]. Lemma 16 implies the following complement to Lemma 15.

Lemma 21. *Let $\mathcal{V}_1 \to M$ be a G-equivariant vector bundle. Consider the vector bundle $\mathcal{V} = \mathcal{V}_1 \oplus \mathcal{V}_1^*$ with its natural G-action. Then $\mathcal{V}$ admits a canonical G-equivariant quantum line bundle.*

Let $\tau : P \to M$ be a G-equivariant quantum bundle. If the associated principal bundle P^u with structure group $U(W)/\pm 1$ admits a G-invariant connection, we will say that τ is a G-equivariant quantum bundle with G-invariant Hermitian connection.

Definition 22. We denote by $\mathcal{Q}_G(M)$ the set of G-equivariant quantum bundles with Hermitian connection (up to isomorphism). We denote by $K_G^{\mathcal{Q}}(M)$ the Grothendieck group of G-equivariant quantum bundles with Hermitian connections.

2.2 Equivariant cohomology and descent

The notion of equivariant quantum bundles is closely related to the notion of descent and of admissible bouquets of equivariant differential forms. Let us introduce now some definitions. This is a slightly simplified version of the notions given in [28]. Similar notions are introduced for compact groups in [16].

Let G be a real algebraic group acting on a manifold M. If $s \in G_{ell}$, the set $M(s)$ is a submanifold of M, as s is contained in a compact subgroup of G. If $S \in \mathfrak{g}$ is elliptic, we denote by $M(S) = \{m \in M; (S_M)_m = 0\}$ the manifold of zeros of the vector field S_M.

Definition 23. A bouquet of equivariant differential forms on M is a family $(\alpha_s)_{s \in G_{ell}}$ where each $\alpha_s \in \mathcal{A}^\infty_{G(s)}(\mathfrak{g}(s), M(s))$ is a closed $G(s)$-equivariant form. Furthermore the family α_s satisfies the following conditions:

1. Invariance:

$$\alpha_{gsg^{-1}} = g \cdot \alpha_s$$

for all $g \in G$ and $s \in G_{ell}$.

2. Compatibility: Let $s \in G_{ell}$, then for all $S \in \mathfrak{g}(s)$ *elliptic* and *sufficiently small*

$$\alpha_{se^S}(Y) = \alpha_s(S + Y)|M(se^S)$$

for all $Y \in \mathfrak{g}(se^S)$.

Remark 24. If $S \in \mathfrak{g}(s)$ is sufficiently small then $M(se^S) = M(s) \cap M(S)$

and $\mathfrak{g}(se^S) = \mathfrak{g}(s) \cap \mathfrak{g}(S)$ so that the right hand-side of the equality (2) has a meaning.

Definition 25. We denote by $\mathcal{Z}_G(M)$ the space of bouquets of equivariant forms.

When G and M are compact, the quotient space of $\mathcal{Z}_G(M)$ by the subspace of exact forms is equal to the equivariant cyclic homology of M [16].

If G is a real algebraic group and M a point $\bullet$, then $\mathcal{Z}_G(\bullet) = C^\infty(G)^G$. This is seen as follows. To a C^∞-function ϕ on G, we associate the family $\alpha(\phi)_s$ of functions on $\mathfrak{g}(s)$ given for $X \in \mathfrak{g}(s)$ by

$$\alpha(\phi)_s(X) = \phi(se^X).$$

As any element g of a real algebraic group G can be written $g = s \exp H$, with s elliptic and $H \in \mathfrak{g}(s)$ with only real eigenvalues, it follows easily that the map $\phi \to \alpha(\phi)$ is an isomorphism.

Let us give an important example of a bouquet. Let $\mathcal{E}$ be a G-equivariant vector bundle with a G-invariant connection $\mathbb{A}$. Let $F(X)$ be the equivariant curvature of $\mathbb{A}$. Over $M(s)$ the action $s^{\mathcal{E}}$ of s on $\mathcal{E}|M(s)$ is a transformation that we still denote by $s^{\mathcal{E}}$ (or simply s) acting fiberwise. Then $\mathrm{bch}(\mathcal{E}, \mathbb{A}) = (\mathrm{ch}_s(\mathcal{E}, \mathbb{A}))_{s \in G_{ell}}$ where

$$\mathrm{ch}_s(\mathcal{E}, \mathbb{A})(X) = \mathrm{Tr}\,(s^{\mathcal{E}} e^{F(X)|M(s)}) \qquad \text{for } X \in \mathfrak{g}(s) \tag{15}$$

is a bouquet of equivariant forms which we call the bouquet of Chern characters.

We will need to integrate over the submanifolds $M(s)$. Thus we need to produce densities on $M(s)$ rather than differential forms. We will now see that the Chern character of equivariant quantum bundles produces such families.

If M is a manifold, we introduce the two-fold cover $M_{or} = \{(m, o)\}$ of M, where $m \in M$ and o is an orientation of $T_m M$. If o is a local orientation of M, a differential form α on M_{or} gives us a local differential form α_o on M. We say that α is a *folded differential form* on M if α is a differential form on M_{or} such that $\alpha_o = -\alpha_{-o}$. The term of maximum exterior degree of a folded differential form α is a density on M. We can then define $\int_M \alpha$. If M is orientable with orientation o, then $\int_M \alpha = \int_{M,o} \alpha_o$.

We introduce now the notion of *admissible bouquets* of equivariant differential forms on M. Let $s \in G_{ell}$. Let $S \in \mathfrak{g}(s)_{ell}$. Let $m \in M(s) \cap M(S)$. The normal space $N_m = T_m M(s)/T_m(M(s) \cap M(S))$ is an even dimensional space and has a canonical orientation o_S (Definition 11). If (o, o') are orientations of the tangent bundle $TM(s)$ and of $T(M(s) \cap M(S))$ at

$m \in M(s) \cap M(S)$, we write $\operatorname{sign}(S, o, o') = \pm 1$ depending on whether or not the orientations o, o', o_S are compatible.

Definition 26. An admissible bouquet of equivariant differential forms is a family $(\alpha_s)_{s \in G_{ell}}$ where $\alpha_s \in \mathcal{A}^\infty_{G(s)}(\mathfrak{g}(s), M(s)_{or})$ is a folded closed $G(s)$-equivariant form on $M(s)$. Furthermore we assume that the family α_s satisfy:

1. Invariance:

$$\alpha_{gsg^{-1}} = g \cdot \alpha_s$$

   for all $g \in G$, $s \in G_{ell}$.

2. Compatibility: Let $s \in G_{ell}$. Then for all $S \in \mathfrak{g}(s)$ elliptic and sufficiently small

$$\alpha_{se^S, o'}(Y) = \operatorname{sign}(-S, o, o')\alpha_{s,o}(S + Y)|M(se^S)$$

   for all $Y \in \mathfrak{g}(se^S)$, o, o' local orientations of $TM(s), TM(se^S)$.

We denote by $\mathcal{Z}^t_G(M)$ the space of admissible bouquets.

Assume that M is G-oriented, with orientation o_M. Let $\tau : P \to M$ be a G-equivariant quantum bundle over M with fiber W and G-invariant Hermitian connection $\mathbb{A}$. If $s \in G_{ell}$, $m \in M(s)$ and p is an element of P above m, we denote by $g(p, s)$ the element $g(p, s) \in \mathrm{DL}^W(V)$ such that $sp = pg(p, s)$. Let $(s^D, s^W) \in \mathrm{DL}(V) \times U(W)$ such that $j(s^D, s^W) = g(p, s)$. Let o be a local orientation of $M(s)$. Recall (Lemma 12) that s^D determines an orientation on $V/V(s)$. We write $\operatorname{sign}(s^D, o_M, o) = \pm 1$ depending on whether or not the orientations o_{s^D}, o_M, o are compatible. Define for $X \in \mathfrak{g}(s)$

$$\operatorname{Tr}_{o,W}(s; e^{F(X)}) = \operatorname{sign}(s^D, o_M, o)\operatorname{Tr}(s^W e^{F(X)|M(s)}).$$

Here we have identified locally P^u to $M \times (U(W)/\pm I)$. The Lie algebra of $(U(W)/\pm I)$ is $\mathfrak{su}(W) \subset \operatorname{End}(W)$ so that in local coordinates $F(X)$ is (as in the case of vector bundles) a matrix of differential forms. The function $\operatorname{Tr}_{o,W}(s; e^{F(X)})$ is a differential form on $M(s)_{or}$.

Definition 27. The Chern character $\operatorname{bch}(\tau, \mathbb{A})$ of the equivariant quantum bundle τ with G-invariant connection $\mathbb{A}$ is the family of folded equivariant differential forms

$$\operatorname{ch}_{s,o}(\tau, \mathbb{A})(X) = \operatorname{Tr}_{o,W}(s; e^{F(X)|M(s)}).$$

Proposition 28. *The Chern character* $\mathrm{bch}(\tau, \mathbb{A})$ *of a* G*-equivariant quantum bundle with* G*-invariant connection* $\mathbb{A}$ *is an admissible bouquet.*

Remark 29. If (M, o_M) is an oriented manifold with a metalinear structure, then there is an isomorphism $I : \mathcal{Z}_G(M) \to \mathcal{Z}_G^t(M)$ such that $I(\alpha)_{s,o} = \mathrm{sign}(s, o_M, o)\alpha_s$ for $\alpha \in \mathcal{Z}_G(M)$.

2.3 Integration of admissible families

Let G be a real algebraic group acting on a manifold M. When G and M are compact, we have defined in [28] a direct image (or integration) map

$$\int_b : \mathcal{Z}_G^t(M) \to C^\infty(G)^G.$$

To formulate the conjecture (F) when G and M are not necessarily compact, we need to construct an integration map

$$\int_b : \mathcal{Z}_G^t(M) \to C^{-\infty}(G)^G.$$

We are able to extend the notion of integration $\int_b$ only to a special class of G-manifolds. Let us recall some definitions:

Definition 30. Let $\mathcal{V} \to M$ be a G-equivariant real vector bundle over M with a G-equivariant connection ∇ of curvature $R(X)$. Let $s \in G_{ell}$. Assume that s acts trivially on M (however s acts on $\mathcal{V}$). Define

$$D_s(\mathcal{V}, \nabla)(X) = \det\left(1 - s^{\mathcal{V}} e^{R(X)}\right)$$

for $X \in \mathfrak{g}(s)$.

The $G(s)$-equivariant form $D_s(\mathcal{V}, \nabla)$ is a closed equivariant form on M. We say that $s \in G_{ell}$ is an elliptic non-degenerate transformation of $\mathcal{V}$ if $\mathcal{V}(s) = 0$. Remark that $D_s(\mathcal{V}, \nabla)^{[0]}(0)$ is > 0 if s is non-degenerate.

We will have to take square roots of the forms $J(\mathcal{V}, \nabla)$ and $D_s(\mathcal{V}, \nabla)$. For example if $\mathcal{V}$ can be provided with a G-invariant Euclidean or pseudo Euclidean structure and with a G-invariant Euclidean or pseudo Euclidean connection ∇, then we can define the form $J^{1/2}(\mathcal{V}, \nabla) \in \mathcal{A}_G^{\mathrm{hol}}(\mathfrak{g}, M)$. We normalize it by $J^{1/2}(\mathcal{V})^{[0]}(0) = 1$. Similarly, if s acts trivially on M and produces a non-degenerate transformation of $\mathcal{V}$, there exists a square root $D_s^{1/2}(\mathcal{V}, \nabla) \in \mathcal{A}_{G(s)}^{\mathrm{hol}}(\mathfrak{g}(s), M)$ and we normalize it such that $D_s^{1/2}(\mathcal{V}, \nabla)^{[0]}(0) > 0$.

Let G be a compact Lie group acting on a compact manifold M. Then we can choose a G-invariant Euclidean structure and G-invariant Euclidean connection ∇ on the tangent bundle $TM \to M$. Let $s \in G$. The connection ∇ induces connections on $T_{M(s)}M \to M(s)$ and $TM(s) \to M(s)$. The action of s on $T_{M(s)}M \to M(s)$ is non degenerate and allows us to construct the equivariant form $D_s^{1/2}(T_{M(s)}M) = D_s^{1/2}(T_{M(s)}M, \nabla)$. This form is invertible if $X \in \mathfrak{g}$ is sufficiently small.

Theorem 31. ([28]) *Let G be a compact Lie group acting on a compact manifold M. Let $\alpha = (\alpha_s)_{s\in G} \in \mathcal{Z}_G^t(M)$. There exists a unique G-invariant C^∞ function $\Theta(\alpha)$ on G such that, for all $s \in G$ and all $X \in \mathfrak{g}(s)$ sufficiently small,*

$$\Theta(\alpha)(se^X) = \int_{M(s)} (2\pi)^{-\dim M(s)/2} \frac{\alpha_s(X)}{D_s^{1/2}(T_{M(s)}M)(X) J^{1/2}(M(s))(X)}.$$

Note that α_s is a folded form on $M(s)$ and so the integral is well defined even if $M(s)$ is not orientable.

Remark 32. The importance of admissible bouquets appears clearly in this theorem. Indeed this is our main motivation for introducing the notion of admissible bouquets: if we try to define a global function $\Theta(\alpha)$ on G by the set of formulas above, we obtain two formulas for $\Theta(se^{S+X}) = \Theta((se^S)e^X)$ if $S \in \mathfrak{g}(s)_{ell}$ and if $X \in \mathfrak{g}(s) \cap \mathfrak{g}(S)$, one given by integration over $M(s)$ and the second by integration over $M(s) \cap M(S)$. The localization formula [10] prescribes the condition (2) in Definition 26 of admissible bouquets for the two formulas to be compatible.

The function $\Theta(\alpha)$ is determined by its pointwise evaluation

$$\Theta(\alpha)(s) = \int_{M(s)} (2\pi)^{-\dim M(s)/2} \frac{\alpha_s(0)}{D_s^{1/2}(T_{M(s)}M)(0) J^{1/2}(M(s))(0)}.$$

However, it seems difficult to see a priori from this pointwise formula that $\Theta(\alpha)(s)$ depends smoothly on s as the dependence of $M(s)$ on s can be quite chaotic.

We denote by $\int_b \alpha$ the function $\Theta(\alpha)$. Then we have defined a map

$$\int_b : \mathcal{Z}_G^t(M) \to C^\infty(G)^G.$$

The definition of this integration map is modeled on the Atiyah–Hirzebruch "integration" map in K-theory. The next theorem [28] is an easy consequence of the Atiyah–Segal–Singer theorem.

Theorem 33. *If $\mathcal{E}$ is a G-equivariant vector bundle over a compact oriented even dimensional spin manifold M, then*

$$\operatorname{Tr} Q(M,\mathcal{E}) = i^{-\dim M/2}\int_b \operatorname{bch}(\mathcal{E},\mathbb{A}).$$

In the above formula, we have identified $\operatorname{bch}(\mathcal{E}) \in \mathcal{Z}_G(M)$ with an element of $\mathcal{Z}_G^t(M)$ with the help of the spin structure (Remark 29). The Atiyah–Segal–Singer formula is the fixed point formula above for $X = 0$:

$$\operatorname{Tr} Q(M,\mathcal{E})(s) = i^{-\dim M/2}\int_{M(s)} \frac{(2\pi)^{-\dim M(s)/2}\operatorname{ch}_s(\mathcal{E},\mathbb{A})(0)}{D_s^{1/2}(T_{M(s)}M)(0)J^{1/2}(M(s))(0)}. \quad (16)$$

Here $M(s)$ has the orientation o_s. In the case of non degenerate fixed points, it coincides with the fixed point formula (4) given in 1.3.

In the particular case of the bouquet of Chern characters $\operatorname{bch}(\mathcal{E},\mathbb{A})$, we know that the result of integration $\int_b \operatorname{bch}(\mathcal{E},\mathbb{A})$ is a global C^∞ function on G as it is the trace of the finite dimensional representation $Q(M,\mathcal{E})$ of G. However this is not apparent on the fixed point formula (16). It is a consequence of the fact that the equivariant forms $\operatorname{ch}_s(\mathcal{E},\mathbb{A})$ on $M(s)$ satisfy the compatibility condition (2) of Definition 26.

Let us now consider a Lie group G acting on a manifold M. Let $(\tau,\mathbb{A})$ be a quantum bundle over M with a G-invariant Hermitian connection $\mathbb{A}$. If the associated quantized representation $Q(M,\tau,\mathbb{A})$ has a trace, it is a generalized function on G. Thus to define it, we cannot define its value at a point $g \in G$ but we can define its restriction to an open neighborhood of g. We will here assume that $G \subset \mathrm{GL}(V)$ is a real algebraic group. Then using polar decompositions, we will cover the group G by well-adapted neighborhoods in order to give such formulas.

Let $a \in \mathbb{R}$ be a strictly positive real number and let $\mathfrak{g}_a$ be the set of $X \in \mathfrak{g}$ such that the imaginary part $Im\lambda$ of any eigenvalue λ of the transformation $X \in \operatorname{End}(V)$ satisfies $|Im\lambda| < a$. Recall that the exponential map is a diffeomorphism of $\mathfrak{g}_a$ on an neighborhood of the identity in G if a is small. If G is compact, the open sets $\mathfrak{g}_a, a \in \mathbb{R}$, form a fundamental system of neighborhoods of 0. At the opposite if $G \subset \mathrm{GL}(V)$ is unipotent, then $\mathfrak{g}_a = \mathfrak{g}$ for every $a > 0$.

Consider, for a small positive number a, the set $\mathcal{W}_{s,a} = \{u(s\exp X)u^{-1}; u \in G,\, X \in \mathfrak{g}(s)_a\}$. It is a G-invariant open set in G. If Θ is a G-invariant generalized function on G, then $\Theta(u(s\exp X)u^{-1})$ is constant on u so that we can define the restriction $X \to \Theta(s \exp X)$ as a generalized function of $X \in \mathfrak{g}(s)_a$.

Every element $g \in G$ has a decomposition $g = s \exp H$ where s is elliptic and $H \in \mathfrak{g}(s)$ has only real eigenvalues. Thus $H \in \mathfrak{g}(s)_a$ for all positive real numbers a. It follows that for any choice of $a(s) > 0$ we have

$$G = \bigcup_{s \in G_{ell}} \mathcal{W}_{s,a(s)}.$$

For some "good bouquets" $\alpha \in \mathcal{Z}_G^t(M)$, we will also be able to define $\int_b \alpha \in C^{-\infty}(G)^G$ by the formula of Theorem 31: for $X \in \mathfrak{g}(s)_a$

$$\begin{aligned} &\left(\int_b \alpha\right)(s \exp X) \\ &= \int_{M(s)} (2\pi)^{-\dim M(s)/2} \frac{\alpha_s(X)}{D_s^{1/2}(T_{M(s)}M)(X) J^{1/2}(M(s))(X)}. \end{aligned} \tag{17}$$

As in Section 1.6, there are two problems:

(a) When G is not compact, there might not exist a G-invariant connection on TM.

(b) It is not clear how the right hand side defines a generalized function on a neighborhood of 0 in $\mathfrak{g}(s)$.

There is an additional problem. In order to give a global formula on $G = \cup \mathcal{W}_{s,a(s)}$, we need to give a formula valid on a neighborhood of 0 in $\mathfrak{g}(s)$ of the form $\mathfrak{g}(s)_a$ (recall that these neighborhoods of 0 are rather large if G is not compact).

Let $M \subset V$ be a closed G-invariant real algebraic submanifold of the linear representation space V of G.

For $s \in G_{ell}$, let $V = V_0 \oplus V_1$ with $V_0 = V(s)$ and $V_1 = (1-s)V$. Let $M(s) = M_0$. We have $M_0 \subset V_0$. Denote by $\mathcal{M}_1$ the normal bundle $T_{M_0}M$. It is a subbundle of the bundle $M_0 \times V_1$. Let us denote by $\mathcal{V}_1/\mathcal{M}_1$ the quotient bundle

$$0 \to \mathcal{M}_1 \to M_0 \times V_1 \to \mathcal{V}_1/\mathcal{M}_1 \to 0.$$

Let $\alpha \in \mathcal{Z}_G^t(M)$. As in Section 1.6, it is natural to consider instead of the formula (17) for $\int_b \alpha$ the formula: for $X \in \mathfrak{g}(s)_a$

$$\begin{aligned} &\det\nolimits_{V_1}^{1/2}(1 - se^X) J_{V_0}^{1/2}(X)\Big(\int_b \alpha\Big)(s \exp X) \\ &\qquad = \int_{M(s)} (2\pi)^{-\dim M(s)/2} \alpha_s(X) D_s^{1/2}(\mathcal{V}_1/\mathcal{M}_1)(X) J^{1/2}(T_{M_0}V_0)(X). \end{aligned}$$

Remark now that, for a sufficiently small, and if $X \in \mathfrak{g}(s)_a$, then $\det_{V_1}(1 - se^X) > 0$ and $J_{V_0}(X) > 0$. Thus, if we can define the right hand side as a generalized function on $\mathfrak{g}(s)$, we obtain a formula for $(\int_b \alpha)(s \exp X)$ for $X \in \mathfrak{g}(s)_a$.

Consider first the case where $T_M V$ is a trivial G-equivariant bundle $M \times \mathbb{R}^N$.

Lemma 34. *If $T_M V$ is a trivial G-equivariant bundle, then $T_{M_0} M = M_0 \times V_1$ and $T_{M_0} V_0$ is a trivial $G(s)$-equivariant vector bundle.*

Proof. Over a point $m \in M(s)$, the decomposition of $T_M V$ with respect to the action of s shows that $T_M V | M_0 = T_{M_0} V_0$ and that $T_{M_0} M = M_0 \times V_1$.

In this case $\mathcal{V}_1/\mathcal{M}_1 = 0$ and the above conjectural formula becomes much simpler.

Conjecture: Assume M is a real algebraic closed G-invariant submanifold of V. Assume $T_M V$ admits $(\dim V - \dim M)\cdot$ G-invariant sections. Let $\alpha \in \mathcal{Z}_G^t(M)$ be an admissible bouquet of weakly integrable forms. Then there is a G-invariant generalized function $\int_b \alpha \in C^{-\infty}(G)^G$ such that for every $s \in G_{ell}$ and $X \in \mathfrak{g}(s)_a$ (a small)

$$\det{}_{V_1}^{1/2}(1 - se^X) J_{V_0}^{1/2}(X) \left(\int_b \alpha \right) (s \exp X) = \int_{M(s)} (2\pi)^{-\dim M(s)/2} \alpha_s(X).$$

As $G = \bigcup_{s \in G_{ell}} \mathcal{W}_{s,a(s)}$, the (generalized) function $\int_b \alpha$ if it exists is unique. The existence of the global function $\int_b \alpha$ is equivalent to a conjectural localization formula for the non compact group G (however with respect to elliptic elements of $\mathfrak{g}$). If $M = G/T$ where G is a real semi-simple Lie group G and T is a Cartan subgroup of G, these are the descent formulas of Harish-Chandra. Then, with the help of the powerful results of Harish-Chandra on invariant eigendistributions, it is possible to prove this conjecture for many weakly integrable bouquets α as we will explain in Section 2.4.4.

Let us now return to the general case. Assume that the normal bundle $T_M V$ of M in V admits a G-invariant connection. In this case, the bundles $\mathcal{V}_1/\mathcal{M}_1$ and $T_{M_0} V_0$ have $G(s)$-invariant connections. We also assume that the forms $J^{1/2}(T_{M_0} V_0)$, $D_s^{1/2}(\mathcal{V}_1/\mathcal{M}_1)$ exist in $\mathcal{A}_{G(s)}^{\mathrm{hol}}(\mathfrak{g}(s)_{\mathbb{C}}, M(s))$. Then we define $N_s(X) = D_s^{1/2}(\mathcal{V}_1/\mathcal{M}_1)(X)\, J^{1/2}(T_{M_0} V_0)(X)$ and we may be able to treat the integral of the form $\alpha_s(X) N_s(X)$ over $M(s)$ by the procedure of formula (11). Namely we define

$$\int_{M(s)} \alpha_s(X)[N_s](X)$$

as the limit when $k \to \infty$ of

$$\sum_{j=0}^{k} \int_{M(s)} \alpha_s(X) N_{s,j}(X)$$

where $N_{s,j}$ is the homogeneous component of N_s for the total equivariant grading (8). We will give examples in Section 2.4.4 where indeed we can treat integration of some admissible bouquets by this pharmacopoeia.

2.4 The universal formula

In the preceding section, for some "good" admissible bouquets $\alpha \in \mathcal{Z}_G^t(M)$, we were able to give a meaning to $\int_b \alpha$. Furthermore we constructed a map $\mathrm{bch} : \mathcal{Q}_G(M) \to \mathcal{Z}_G^t(M)$ by taking bouquets of Chern characters. In view of Theorem 33, we then state:

Conjecture: Let G be a real algebraic group acting on an even dimensional oriented real algebraic manifold M. Let $(\tau, \mathbb{A}) \in \mathcal{Q}_G(M)$ be a G-equivariant quantum bundle with connection. Then there exists a quantized representation $Q(M, \tau, \mathbb{A}) \in \mathrm{Rep}^{\pm}(G)$. If $Q(M, \tau, \mathbb{A})$ is trace-class, then

$$\mathrm{Tr}\, Q(M, \tau, \mathbb{A}) = i^{-\dim M/2} \int_b \mathrm{bch}(\tau, \mathbb{A}). \tag{18}$$

This formula is a fixed point formula: it gives a formula for the character of $Q(M, \tau, \mathbb{A})$ near a point g as an integral formula over the submanifold $M(s)$ fixed by the elliptic part s of $g = s \exp H$. However the formula given near elements $\exp H$, with H having only real eigenvalues, involves integration on all M and the result is usually not equal to zero even if $\exp H$ acts freely on M.

I now return to the examples and indicate the meaning of the universal formula in these cases.

2.4.1 Points

Let $M = \bullet$ and let E be a representation space of G. The formula is tautological: the bouquet $\mathrm{bch}(E)$ is the family of functions on $\mathfrak{g}(s)$ given by

$$\mathrm{ch}_s(X) = \mathrm{Tr}_E(s \exp X).$$

The integral of this bouquet is clearly the function $g \to \mathrm{Tr}_E(g)$.

2.4.2 Cotangent bundles

Let us generalize Proposition 6. Let G be a compact Lie group acting on a compact manifold B. Let $M = T^*B$. We consider (Lemma 21) the canonical G-equivariant quantum line bundle with connection $(\mathcal{L}, \mathbb{A})$. If B is G-oriented, then TM has a G-invariant metalinear structure (16) and $(\mathcal{L}, \mathbb{A})$ corresponds to the trivial line bundle (15) (Lemma 19).

If $s \in G$, the fixed point set $M(s)$ of the action of s on M is canonically isomorphic to $T^*B(s)$. Let α_s be the canonical 1-form on $T^*B(s)$. As $T^*B(s)$ is canonically oriented by its symplectic form, we identify folded differential forms on $T^*B(s)$ with ordinary differential forms. The bouquet of Chern characters of the quantum line bundle $(\mathcal{L}, \mathbb{A})$ is the family

$$\mathrm{ch}_s(\mathcal{L}, \mathbb{A}) = i^{(\dim B - \dim B(s))} e^{id_{\mathfrak{g}(s)}\alpha_s}.$$

As explained in 1.5, Example 2, for every element $s \in G$, the form $J^{1/2}(M(s))$ is defined and is the lift of the form $J(B(s))$. In particular, $J(B(s))(X)$ is invertible for $X \in \mathfrak{g}(s)$ small. Similarly $D_s^{1/2}(T_{M(s)}M)$ is equal to the lift of the form $D_s(T_{B(s)}B)$ on $B(s)$.

Assume that B is homogeneous under the action of G. Then for each test function ϕ on $\mathfrak{g}(s)$, $\int_{\mathfrak{g}(s)} \mathrm{ch}_s(\mathcal{L}, \mathbb{A})(X)\phi(X)dX$ is a form on $T^*B(s)$ which is rapidly decreasing in the fiber direction and

$$\int_{M(s)} \left(\int_{\mathfrak{g}(s)} \frac{\mathrm{ch}_s(\mathcal{L}, \mathbb{A})(X)}{D_s(T_{B(s)}B)(X) J(B(s))(X)} \phi(X)dX \right)$$

is well defined if ϕ is supported in a sufficiently small neighborhood of 0.

Proposition 35. *Assume B homogeneous under G. There exists a unique G-invariant $C^{-\infty}$ function Θ on G such that for all $s \in G$ and all $X \in \mathfrak{g}(s)$ sufficiently small,*

$$\Theta(se^X) = \int_{M(s)} (2i\pi)^{-\dim B(s)} \frac{e^{id_{\mathfrak{g}(s)}\alpha_s(X)}}{D_s(T_{B(s)}B)(X) J(B(s))(X)}.$$

Here $M(s) = T^*B(s)$ has its canonical orientation.

Thus we have

$$\Theta = i^{-\dim B} \int_b \mathrm{bch}(\mathcal{L}, \mathbb{A})$$

for the generalized function on G so obtained.

Theorem 36. [14] *Assume that B is homogeneous under the action of the compact Lie group G. Then the character of the representation L of G in $L^2(B)$ is given by*

$$\operatorname{Tr} L = i^{-\dim B} \int_b \operatorname{bch}(\mathcal{L}, \mathbb{A}).$$

2.4.3 The character of the Weil representation

The universal formula applies to the archetype of the quantization map: the Weil representation. Let (V, B) be a symplectic vector space and let G be the metaplectic group. It is the inverse image of the group $\operatorname{Sp}(B)$ in $\operatorname{DL}(V)$. The trivial bundle $\tau = V \times \operatorname{DL}(V)$ with G-action $g_0 \cdot (v, g) = (g_0 \cdot v, g_0 g)$ is a quantum bundle (with right action of $\operatorname{DL}(V)$ on the second factor) The associated line bundle $\mathcal{L}$ is the trivial line bundle $V \times \mathbb{C}$. We thus write informally $(\tau, \mathbb{A}) = (\mathcal{L}, \mathbb{A})$ with $\mathbb{A} = d + i\alpha = d + iB(v, dv)/2$. Let $s \in G_{ell}$. Let $V = V_0 \oplus V_1$ with $V_0 = V(s)$, $V_1 = V_1(s)$. The symplectic form B induces an orientation o_B on V_1. Recall that $s \in G$ also induces an orientation on V_1. We write $\operatorname{sign}(o_s, o_B) = \pm 1$ according to whether or not the orientations o_s and o_B coincide. We identify folded differential forms on $V(s)$ with ordinary differential forms by the symplectic orientation. Considering formula (15), we obtain that the bouquet of Chern characters of $(\mathcal{L}, \mathbb{A})$ is given by

$$\operatorname{ch}_s(\mathcal{L}, \mathbb{A}) = \operatorname{sign}(o_s, o_B) e^{i d_{\mathfrak{g}(s)} \alpha | V(s)}.$$

In view of the conjectural formula (18) it is natural to consider the generalized function Θ_s on $\mathfrak{g}(s)_a$ determined by

$$\begin{aligned} &\det{}_{V_1}^{1/2}(1 - se^X) J_{V_0}^{1/2}(X) \Theta_s(X) \\ &= i^{-\dim V/2} \operatorname{sign}(o_s, o_B) \int_{V_0} (2\pi)^{-\dim V_0/2} e^{iB(v,Xv)/2 + iB(dv,dv)/2} \\ &= i^{-\dim V_1/2} \operatorname{sign}(o_s, o_B) \int_{V_0} e^{iB(v,Xv)/2} d\beta_{V_0}. \end{aligned}$$

Theorem 37. *Let W be the Weil representation of the metaplectic group. Then for $X \in \mathfrak{g}(s)_a$, a small,*

$$\operatorname{Tr} W(s \exp X) = \Theta_s(X).$$

This formula is easily verified using for example the method of [24]. It would be useful, however, to have a direct proof of this simple formula.

The trace of the representation W is a locally summable function, analytic in the open set $\det_V(1-g) \neq 0$. In particular the formula of Theorem 37 describes this function.

Proposition 38. *Let $g \in G$ be such that $\det_V(1-g) \neq 0$. Let $g = s \exp H$ be the decomposition of g with s elliptic and $H \in \mathfrak{g}(s)$ having only real eigenvalues. Let $V = V_0 \oplus V_1$ be the canonical decomposition of V produced by s. Then*

$$\operatorname{Tr} W(g) = i^{-\dim V_1/2} \operatorname{sign}(o_s, o_B) |\det_V(1-g)|^{-1/2}.$$

2.4.4 The orbit method

Let M be a symplectic manifold. Let Ω be the symplectic form on M. Let G be a Lie group acting on M by an Hamiltonian action with the moment map μ. Let $\Omega(X) = \mu(X) + \Omega$ be the equivariant symplectic form.

Let W be a Hermitian vector space.

Definition 39. Let $(\tau, \mathbb{A})$ be a G-equivariant quantum bundle over M with G-invariant Hermitian connection. We say that τ is an admissible bundle for (Ω, μ) if the equivariant curvature $F(X)$ of $\mathbb{A}$ is equal to $i(\mu(X)+\Omega)I_W$. We denote by $\mathcal{Q}_G(M, \Omega, \mu)$ the space of G-equivariant quantum bundles admissible for (Ω, μ).

If M has a G-invariant metaplectic structure then there is a one-to-one correspondence between quantum line bundles admissible for (Ω, μ) and Kostant–Souriau prequantization data: G-equivariant Hermitian line bundles over M with connection of equivariant curvature $i\Omega(X)$. Our definition of quantum bundles admissible for (Ω, μ) is a slight generalization of the notion of quantum line bundles introduced by J. Rawnsley and P. Robinson [42]. However we admit quantum bundles with arbitrary fiber dimension. Each element $(\tau, \mathbb{A}) \in \mathcal{Q}_G(M, \Omega, \mu)$ should give rise to a possible way to quantize the classical Hamiltonian space (M, Ω, μ) in a representation $Q(M, \tau, \mathbb{A})$ of G in a Hilbert space $H(M, \tau, \mathbb{A})$.

Let $\lambda \in \mathfrak{g}^*$. Let $H = G(\lambda)$ and let $M = G/H$. In Section 2.1, we have identified $F_G^t(M)$ with $F^M(H)$. The map $g \to g \cdot \lambda$ gives us a Hamiltonian structure μ on M (depending on $\lambda \in \mathfrak{g}^*$).

Definition 40. Let

$$X(\lambda) = \{\tau \in F^M(H); \tau(\exp X) = e^{i\lambda(X)} I, \text{ for } X \in \mathfrak{h}\}.$$

Recall that in Duflo's terminology [23] an orbit $G \cdot \lambda$ is admissible if $X(\lambda)$ is non empty. If $\tau \in X(\lambda)$, then τ determines a quantum bundle still denoted by τ on M. It is remarkable [39] that indeed this quantum bundle has a *unique* G-invariant connection $\mathbb{A}$ of equivariant curvature $F(X) = i(\mu(X) + \Omega)I_W$. Thus for $M = G \cdot \lambda$ the set $X(\lambda)$ is isomorphic with the set $\mathcal{Q}_G(M, \Omega, \mu)$.

In the rest of this section, I consider the case where $M = G \cdot \lambda$ is an orbit of the coadjoint representation. If $s \in G_{ell}$, then $M(s)$ is a symplectic submanifold of M. Let us write $\mathfrak{z} = \mathfrak{g}(s)$ and $\mathfrak{q} = (1 - s)\mathfrak{g}$. We have a direct sum decomposition

$$\mathfrak{g} = \mathfrak{z} \oplus \mathfrak{q}.$$

The submanifold $M(s)$ is a finite union of coadjoint orbits of $G(s)$. We denote by $\beta_{M(s)}$ its Liouville form.

Let $\tau \in X(\lambda)$. Let us first describe a scalar-valued function c_s on $M(s)$ (depending on τ). Let $f \in M(s)$. Let $g \in G$ such that $g \cdot \lambda = f$. Then $g^{-1}sg \in H$. Let $(g^{-1}sg, u) \in \tilde{H}_M$ covering $g^{-1}sg$. The element u is in $DL(V)$ where V is the vector space $\mathfrak{g}/\mathfrak{g}(\lambda)$. The symplectic form $B_\lambda(X, Y) = -\lambda([X, Y])$ on $\mathfrak{g}/\mathfrak{g}(\lambda) = V$ is the canonical symplectic form on $T_\lambda M$. It gives a canonical orientation to V (this convention differs from the one in [25]). Similarly the space $V/V(u)$ is a symplectic space and $V/V(u)$ has a canonical orientation o_λ. The element $u \in DL(V)$ determines the orientation o_u on $V/V(u)$. We define a locally constant function c_s on $M(s)$ by

$$c_s(f) = \operatorname{sign}(o_u, o_\lambda)\operatorname{Tr}(\tau(u)).$$

This is independent of $g \in G$ such that $g \cdot \lambda = f$ and of u above $g^{-1}sg$.

We denote also by τ the element of $\mathcal{Q}_G(M, \Omega, \mu)$ determined by τ. As $\mathbb{A}$ is unique, we write $\operatorname{bch}(\tau)$ for the bouquet of Chern characters $\operatorname{bch}(\tau, \mathbb{A})$. It is an admissible bouquet. We give to the submanifolds $M(s)$ their orientation by their symplectic structure. Thus $\operatorname{bch}(\tau)$ is a family of differential forms on $M(s)$. Clearly we have for $X \in \mathfrak{g}(s)$

$$\operatorname{ch}_s(\tau)(X) = c_s e^{i\Omega(X)|M(s)}.$$

Now consider $M \subset \mathfrak{g}^*$. We have $M(s) \subset \mathfrak{z}^*$. The normal bundle $T_{M(s)}M$ is a subbundle of $M(s) \times \mathfrak{q}^*$. We denote by $T(\mathfrak{q}^*/M_1)$ the quotient bundle

$$T(\mathfrak{q}^*/M_1) = (M(s) \times \mathfrak{q}^*)/T_{M(s)}M$$

and by $D_s(\mathfrak{q}^*/M_1) = D_s(T(\mathfrak{q}^*/M_1))$. The classes $J(T_{M(s)}\mathfrak{z}^*)$ and $D_s(\mathfrak{q}^*/M_1)$ can at present be defined only under additional assumptions.

In view of the conjectural formula for $\int_b$ the conjectural formula for $\operatorname{Tr} Q(M,\tau)$ becomes: for $X \in \mathfrak{z}_a$ and a small

$$|J_{\mathfrak{z}}^{1/2}(X)\det{}_{\mathfrak{q}}^{1/2}(1-se^X)|\operatorname{Tr} Q(M,\tau)(s\exp X)$$
$$i^{-\dim M/2}\int_{M(s)}(2\pi)^{-\dim M(s)/2}\operatorname{bch}(\tau)_s(X)$$
$$[J^{1/2}(T_{M(s)}\mathfrak{z}^*)(X)D_s^{1/2}(\mathfrak{q}^*/M_1)(X)].$$

In particular, if $M = G\cdot\lambda$ is a coadjoint orbit of G in $\mathfrak{g}^*$ of maximal dimension, the normal bundle $T_M\mathfrak{g}^*$ of the embedding of M in $\mathfrak{g}^*$ is a trivial G-equivariant bundle. Recall (Lemma 34) that this implies that $T_{M(s)}\mathfrak{z}^*$ is a trivial $G(s)$-equivariant bundle and that $T(\mathfrak{q}^*/M_1) = 0$.

Let $\tau \in X(\lambda)$. The universal formula (F) becomes the conjectured formula of [25] for the character of the representation $\operatorname{Tr} T_{\lambda,\tau}$:

Duflo-Heckman-Vergne Conjecture: Let $M = G\cdot\lambda$ be a closed coadjoint orbit of maximal dimension. Let $\tau \in X(\lambda)$. Then for every $s \in G_{ell}$, we have for $X \in \mathfrak{z}_a$ and a small,

$$|J_{\mathfrak{z}}^{1/2}(X)\det{}_{\mathfrak{q}}^{1/2}(1-se^X)|\operatorname{Tr} T_{\lambda,\tau}(s\,\exp X)$$
$$= i^{(\dim M(s)-\dim M)/2}\int_{M(s)} c_s(f)e^{if(X)}d\beta_{M_s}(f).$$

This conjecture has been proved in [25], [18] for closed orbits of maximal dimension of a real reductive group. Thus the universal formula (F) holds at least for the reduced dual of a semi-simple Lie group G.

Let $M = G\cdot\lambda$ be a closed coadjoint orbit of a real reductive group G. Let $H = G(\lambda)$. Then H is a reductive subgroup of G. Let $\tau \in X(\lambda)$. Then, with the help of the Zuckerman functor, we can associate to τ a $(\mathfrak{g}, K)$-module $Z(\lambda,\tau)$. If λ is sufficiently large (among the set of λ with $G(\lambda) = H$), then $Z(\lambda,\tau)$ is a unitary irreducible representation of G (see [50]). Consider the quantum bundle $(\tau,\mathbb{A})$ associated to τ and the bouquet of Chern characters $\operatorname{bch}x(\tau)$. For each equivariant form $\alpha \in \mathcal{A}_{G(s)}(\mathfrak{g}(s), M(s))$ with polynomial coefficients, $\operatorname{ch}_s(\tau)\alpha$ is a weakly integrable form on $M(s)$. The space $M(s)$ is a finite union of closed coadjoints orbits under $G(s)$. Thus

$$\mathcal{H}^{\text{hol}}_{G(s)}(\mathfrak{g}(s), M(s)) = C^{\text{hol}}(\mathfrak{g}(s)_{\mathbb{C}})^{G(s)} \otimes_{C[\mathfrak{g}(s)]^{G(s)}} \mathcal{H}_{G(s)}(\mathfrak{g}(s), M(s))$$

and for each $\alpha \in \mathcal{H}^{\text{hol}}_{G(s)}(\mathfrak{g}(s), M(s)) = C^{\text{hol}}(\mathfrak{g}(s)_{\mathbb{C}})^{G(s)}$ we can define $\int_{M(s)}\operatorname{ch}(\tau)_s[\alpha]$ by Formula (11).

We say that an element λ is elliptic if $G\cdot\lambda$ admits a G-invariant complex structure.

Theorem 41. [29] *Let $M = G\cdot\lambda$ be an elliptic orbit of a real semi-simple Lie group G. Let $\tau \in X(\lambda)$. Let $Z(\lambda,\tau)$ be the virtual $(\mathfrak{g}, K)$-module associated to λ. Let for $s \in G_{ell}$, $\mathfrak{z} = \mathfrak{g}(s)$ and $\mathfrak{q} = (1-s)\mathfrak{g}$. Then the character of the $(\mathfrak{g}, K)$-module $Z(\lambda,\tau)$ is entirely determined by the descent formulas: for $X \in \mathfrak{z}_a$ and a small*

$$|J_{\mathfrak{z}}^{1/2}(X)\mathrm{det}_{\mathfrak{q}}^{1/2}(1-se^X)|\mathrm{Tr}Z(\lambda,\tau)(s\,\mathrm{exp}X) = i^{(\dim M(s)-\dim M)/2}\int_{M(s)}(2\pi)^{-\dim M(s)/2}\mathrm{ch}(\tau)_s(X) [J^{1/2}(T_{M(s)}\mathfrak{z}^*)(X)D_s^{1/2}(\mathfrak{q}^*/M_1)(X)].$$

References

[1] M. F. Atiyah, R. Bott, A Lefschetz fixed-point formula for elliptic complexes: I, *Ann. of Math.* **86** (1967), 374–407.

[2] M. F. Atiyah, R. Bott, A Lefschetz fixed-point formula for elliptic complexes: II, *Ann. of Math.* **88** (1968), 451–491.

[3] M. F. Atiyah, F. Hirzebruch, Vector bundles and homogeneous spaces, *Amer. Math. Symp.* III (1961), 7–38.

[4] M. F. Atiyah, G. B. Segal, The index of elliptic operators II, *Ann. Math.* **87** (1968), 531–545.

[5] M. F. Atiyah, I. M. Singer, The index of elliptic operators I, *Ann. Math.* **87** (1968), 484–530.

[6] M. F. Atiyah, I. M. Singer, The index of elliptic operators III, *Ann. Math.* **87** (1968), 546–604.

[7] M. F. Atiyah, I. M. Singer, The index of elliptic operators IV, *Ann. Math.* **93** (1971), 139–141.

[8] L. Auslander et B. Kostant, Polarization and unitary representations of solvable Lie groups, *Inventiones Math.* **14** (1971), 255–354.

[9] N. Berline, E. Getzler , M. Vergne, *Heat kernels and Dirac operators*, Springer–Verlag, Berlin–Heidelberg–New York, 1991.

[10] N. Berline, M. Vergne, Classes caractéristiques équivariantes. Formule de localisation en cohomologie équivariante, *C. R. Acad. Sci. Paris* **295** (1982), 539–541.

[11] N. Berline, M. Vergne, Zéros d'un champ de vecteurs et classes caractéristiques équivariantes, *Duke Math. Journal* **50** (1983), 539–549.

[12] N. Berline, M. Vergne, The equivariant index and Kirillov character formula, *Amer. J. of Math* **107** (1985), 1159–1190.

[13] N. Berline, M. Vergne, Open problems in representations theory of Lie groups, *Proceedings of the Eighteenth International Symposium, Division of Mathematics, The Taniguchi Foundation, 1986* (1986), 34–36.

[14] N. Berline, M. Vergne, Indice équivariant et caractère d'une représentation induite, in: *D-modules and Microlocal Geometry*, Walter de Gruyter and Co., Berlin, New York, 1992.

[15] J.-M. Bismut, The infinitesimal Lefschetz formulas: a heat equation proof, *J. of Functional Anal.* **62** (1985), 435–457.

[16] J. Block, E. Getzler, Equivariant cyclic homology and equivariant differential forms, *Annales de l'Ec. Norm. Sup.*, to appear.

[17] R. Bott, C. Taubes, On the rigidity theorems of Witten, *J. of the Amer. Math. Soc.* **2** (1989), 137–186.

[18] A. Bouaziz, Sur les caractères des groupes de Lie réductifs non connexes, *J. of Functional Analysis* **70** (1987), 1–79.

[19] H. Cartan, Notions d'algèbre différentielle; applications aux groupes de Lie et aux variétés où opère un groupe de Lie, in: *Colloque de Topologie*, C. B. R. M., Bruxelles (1950), 15–27.

[20] H. Cartan, La transgression dans un groupe de Lie et dans un espace fibré principal, in: *Colloque de Topologie*, C. B. R. M., Bruxelles (1950), 57–71.

[21] M. Duflo, Caractères des groupes et des algèbres de Lie résolubles, *Ann. Sci. Ec. Norm. Sup.* **3** (1970), 23–74.

[22] M. Duflo, Sur les extensions des représentations irréductibles des groupes de Lie nilpotents, *Ann. Sci. Ec. Norm. Sup.* **5** (1972), 71–120.

[23] M. Duflo, Construction de représentations unitaires d'un groupe de Lie, in: *Harmonic analysis and group representations, C.I.M.E 1980*, Liguori, Napoli (1982).

[24] M. Duflo, Sur le caractère de la représentation de Weil sur les corps finis, preprint, 1988.

[25] M. Duflo, G. Heckman, M. Vergne, Projection d'orbites, formule de Kirillov et formule de Blattner, *Mem. Soc. Math. Fr.* **15** (1984), 65–128.

[26] M. Duflo, M. Vergne, Une propriété de la représentation coadjointe d'une algèbre de Lie, *C. R. Acad. Sc. Paris* **268** (1969), 583–585.

[27] M. Duflo, M. Vergne, Sur le foncteur de Zuckerman, *C R. Acad. Sc. Paris* **304** (1987), 467–469.

[28] M. Duflo, M. Vergne, Cohomologie équivariante et descente, *Astérisque* **215**, 1993.

[29] M. Duflo, M. Vergne, Continuation cohérente, in: *Lie Theory and Geometry: In honor of Bertram Kostant*, PM **123**, Birkhäuser Boston, 1994.

[30] E. Getzler, Pseudodifferential operators on supermanifolds and the index theorem, *Comm. Math. Phys.* **92** (1983), 163–178.

[31] Harish-Chandra, Discrete series for semi-simple Lie groups I, *Acta Math.* **113** (1965), 241–318.

[32] Harish-Chandra, Discrete series for semi-simple Lie groups II, *Acta Math.* **116** (1966), 1–111.

[33] R. Howe, The oscillator semi-group, *Proceedings of Symposia in Pure Maths. Amer. Math. Soc. Providence, R.I.* **48** (1988), 66–132.

[34] M. Karoubi, Algèbres de Clifford et K-théorie, *Ann. Sci. Ec. Norm. Sup.* **1** (1968), 161–270.

[35] M.S. Khalgui, Caractères des groupes de Lie, *J. of Functional Analysis* **47** (1982), 64–77.

[36] A.A. Kirillov, Représentations unitaires des groupes de Lie nilpotents, *Uspehi Mat. Nauk.* **17** (1962), 57–110.

[37] A.A. Kirillov, Characters of unitary representations of Lie groups, *Func. Analysis and Applic.* **2** (1967), 40–55.

[38] A.A. Kirillov, Elements of the theory of representations, *Grundlehren der mathematische Wissenschaften* **220**, Springer Verlag, 1976.

[39] B. Kostant, Quantization and unitary representations, in: *Modern analysis and applications, Lecture Notes in Mathematics* **39** (1970), 87–207.

[40] R. Parthasarathy, Dirac operator and the discrete series, *Ann. of Math.* **96** (1972), 1–30.

[41] L. Pukanzsky, Unitary representations of solvable Lie groups, *Ann. Sci. Ec. Norm. Sup.* **4** (1971), 457–608.

[42] J. H. Rawnsley, P. L. Robinson, The metaplectic representation, Mp^c structures and geometric quantization, *Memoirs of the Amer. Math. Soc., Number 410*, Providence, 1989.

[43] W. Rossmann, Kirillov's character formula for reductive groups, *Inventiones Math.* **48** (1978), 207–220.

[44] W. Schmid, L^2-cohomology and the discrete series, *Ann. Math.* **103** (1976), 375–394.

[45] J.M. Souriau, *Structure des systèmes dynamiques*, Dunod, Paris (1991).

[46] P. Torasso, Sur le caractère de la représentation de Shale–Weil de $\mathrm{Mp}(n, \mathbb{R})$ et $\mathrm{Sp}(n, \mathbb{C})$, *Math. Annalen* **252** (1980), 53–86.

[47] M. Vergne, Formule de Kirillov et indice de l'opérateur de Dirac, in: *Proceedings of the International Congress of Mathematicians, 1983, Warsaw*, PWN–Polish Scientific Publishers, North Holland, Amsterdam, New York, Oxford, 1984.

[48] M. Vergne, Sur l'indice des opérateurs transversalement elliptiques, *C. R. Acad. Sci. Paris* **310** (1990), 329–332.

[49] D.A. Vogan, *Representations of real reductive Lie groups*, Birkhäuser, Boston, 1981.

[50] N. R. Wallach, *Real reductive groups I*, Academic Press, New York, 1988.

[51] E. Witten, Elliptic genera and quantum field theory, *Comm. Math. Phys.* **109** (1987), 525–536.

ENS et UA 762 du CNRS
45 rue d'Ulm
75005 Paris, France

Received October 5, 1992

Parallel Lectures

The Power of Exponentiation in Arithmetic

Zofia Adamowicz

0. Introduction

The exponential function which is considered in the questions to be presented in this paper is the function 2^n defined for natural n. There are two properties of this function which are especially important for our considerations

1) 2^n is the number of all subsets of an n-element set and in particular of the set $\{0, 1, \ldots, n-1\}$.
2) $2^n > n$ for all n.

The two properties are closely connected with each other. 2^n being the number of all n-element sets must be greater than n — the Cantor diagonal argument applies here. Indeed, there is an analogy with set theory. We have the following famous theorem of Cantor:

If the cardinality of the power set of a set X is denoted by 2^X then 2^X is greater than the cardinality of X.

In set theory one can consider properties of a set X which do not depend on the family of all subsets of X; we may call them *internal* or *first order* and properties which refer to the power set of X — *external* or *second order.* Also we have arguments which refer to the power set axiom and those that do not.

Similarly in arithmetic. We can speak about a property of a number n which does not involve the number 2^n — an internal property, and such that it does involve 2^n and so it somehow refers to the collection of all subsets of the set $\{0, 1, \ldots, n-1\}$. Also we may classify arguments in arithmetic on the basis of the reference to exponentiation.

Now let us make precise what it means in arithmetic that an argument does not refer to exponentiation. The language of arithmetic consists of two operation symbols $+, \cdot$, a relation symbol $<$ and two constants $0, 1$. By the first order Peano's arithmetic PA we mean the theory in which we have:

— a finite number of algebraic axioms — the ring-properties of $+$ and $\cdot$ and axioms guaranteeing the linearity and discreteness of the ordering $<$ — this finite collection of axioms is usually denoted by PA^-;

— the induction scheme

$$\varphi(0)\&\forall\, x(\varphi(x) \rightarrow \varphi(x+1)) \Rightarrow \forall\, x\varphi(x), \tag{0.1}$$

where φ runs over all the arithmetical formulas.

The above is called a scheme and not an axiom since it is in fact an infinite collection of axioms — for every particular φ we get a separate axiom.

Now, in the above theory we can prove by induction

$$\forall\, x\, \exists y(y = 2^x). \tag{0.2}$$

Here the statement $y = 2^x$ is not formulated in our language. However, it can be formulated in terms of $+, \cdot, <$ only. In the proof induction is applied to the formula

$$\exists y(y = 2^x). \tag{0.3}$$

However, the formula $\exists y(y = 2^x)$ claims the existence of a number "much larger" than x. Such a formula is called "unbounded". Thus, induction is applied to an unbounded formula.

On the other hand, we may consider *bounded* formulas. A bounded formula $\phi(x)$ describes a property of a number x which refers only to numbers that are not greater than x — an internal property. Syntactically this means that all the quantifiers $\exists y$, $\forall y$ of such a formula can be presented as $\exists y \leq x$, $\forall y \leq x$ (are bounded). In the arithmetical formula equivalent to $\exists y(y = 2^x)$ the quantifier *there exists* y is not bounded (although, the formula defining the graph of the exponential function, i.e., the one equivalent to $y = 2^x$ can be made bounded, see [B1], [D2], [DG], [P5]).

The collection of bounded formulas is usually denoted by Δ_0. Note that a bounded formula may have arbitrarily many bounded quantifiers. It is also possible to restrict the notion of a bounded formula to formulas with a fixed number of bounded quantifiers or to restrict it in another way — the collection obtained in this way is denoted by E_n or Σ_n^b (see Section 2).

With bounded formulas we may associate a theory called *Bounded Arithmetic*. The usual formulation of bounded arithmetic is the theory $I\Delta_0$:

PA^-+the scheme of induction restricted to bounded formulas.

We have

$$I\Delta_0 \nvdash \forall x\, \exists y(y = 2^x). \tag{0.4}$$

Also a more general fact holds: if

$$I\Delta_0 \vdash \forall x\, \exists y \Phi(x, y) \tag{0.5}$$

where Φ is bounded then there is an $m \in \mathbb{N}$ such that

$$I\Delta_0 \vdash \forall x \exists y < x^m \Phi(x, y) \tag{0.6}$$

(Parikh 1971 [P1]). All functions suitably simple and provably total in $I\Delta_0$ are bounded by polynomials.

Now we shall say that an arithmetical argument does not refer to exponentiation if it can be run in $I\Delta_0$.

The motivation for studying bounded arithmetic coming from the notion of internal and external (first and second order) arithmetical properties is only one of possible motivations. There is another and probably the main motivation — a connection with the $P = NP$ problem in complexity theory. We will not discuss this matter here.

Let us divide the questions concerning bounded arithmetic into the following groups:

I) How much exponentiation is needed for "defining truth?"

II) What is the relationship in bounded arithmetic between all bounded formulas and bounded formulas of a fixed complexity (E_n-formulas, Σ_n^b) and respectively, between full bounded arithmetic and its fragments (IE_n, S_2^n)?

III) What is the model theory of models for $I\Delta_0$. What kind of proof theory can be developed in $I\Delta_0$?

IV) What properties of numbers are internal (do not require the reference to 2^n)?

The last questions are of the form: does $I\Delta_0$ prove Φ where Φ is a number theoretic or combinatorial statement? For instance, does $I\Delta_0$ prove:

— Bertrand's postulate

$$\forall x \exists y (x \leq y \leq 2x \,\&\, y \text{ is prime}), \tag{0.7}$$

— Lagrange's theorem,

— The pigeon hole principle.

Bertrand's postulate is a good example here. It claims the existence of a prime y between x and $2x$. Such a prime is very near to x although the usual proofs of its existence refer to 2^x — a number much greater than x. It is open whether Bertrand's postulate is provable in $I\Delta_0$.

The results can be divided into:

— Positive results, of the form that some expected facts can be obtained without exponentiation or with some substitute for it;

— Negative results, a certain expected fact does not hold without exponentiation.

Let me discuss all the above groups of questions briefly.

1. Defining truth

Let us first make precise what we mean by "defining truth." Assume that we have a relational structure

$$\mathrm{A} = < A, \mathcal{F}, \mathcal{R}, \mathcal{C} >$$

for a given language, where A is the universe, $\mathcal{F}$ is a family of functions, $\mathcal{R}$ is a family of relations and $\mathcal{C}$ is a family of distinguished elements of the universe. In the language, we have respectively a family of function symbols corresponding to functions in $\mathcal{F}$, a family of relation symbols corresponding to relations in $\mathcal{R}$ and a family of constants corresponding to elements of $\mathcal{C}$. Assume that the set of natural numbers N is contained in A and that $+$ and $\cdot$ are definable in A and that A satisfies Robinson's arithmetic Q (a certain very weak fragment of arithmetic, much weaker than $I\Delta_0$ — see [R]). An example of such a structure is of course the structure of natural numbers

$$\mathbb{N} = < N, +, \cdot, <, 0, 1 > .$$

Let $Th(\mathrm{A})$ denote the set of sentences of the language which are true in A. Since sentences can be coded by natural numbers (in Q) we may identify $Th(\mathrm{A})$ with a subset of N and so with a subset of A.

The famous theorem of Tarski 1936 ([T1]) is:

Theorem 1. *$Th(\mathrm{A})$ is not definable in A by a formula of the language.*

Tarski's theorem expresses the fact that "truth" about a structure should be considered as an external property of the structure. How is this related to the exponential function?

Assume $A = \{0, 1, \ldots, n-1\}$. Consider a sentence φ. For simplicity assume that φ is of one of the forms

$$\begin{aligned}&\forall x \exists y \psi(x, y),\\ &\forall x_1 \exists y_1 \forall x_2 \exists y_2 \psi(x_1, y_1, x_2, y_2) \dots\\ &\forall x_1 \exists y_1 \forall x_2 \exists y_2 \dots \forall x_k \exists y_k \psi(x_1, y_1, x_2, y_2, \dots, x_k, y_k),\end{aligned} \tag{1.1}$$

where ψ is quantifier free.

Then the natural way of saying that φ is true in A for a φ of any of the above forms (uniformly) is that there is a function from A to A assigning to a string of x's, $x_1, \dots, x_k$ a string of y's, $y_1, \dots, y_k$ so that y_1 depends only on x_1, y_2 on x_1, x_2 etc. y_k on $x_1, \dots, x_k$ and so that the quantifier free part of φ holds. Thus saying "φ is true" is saying "there is a function from A to A" with the suitable property.

Note that finite functions can be coded by natural numbers, so let us identify a function with a number. Since the set of all k-argument functions from A to A^k (the k-fold cartesian product of A) has cardinality $(n^k)^{n^k}$, the quantifier in the formula

"$\exists f$(f is a function from A to A with the suitable property)"

cannot be bounded by anything smaller than $(n^k)^{n^k}$, i.e., an exponent of n. And indeed, it can be bounded by $(n^k)^{n^k}$ under suitable coding of functions (here $k = k(\varphi)$ depends on the length of φ).

The most essential question in this area is:

Question 1. Do we really have to refer here to all the functions from A^k to A^k? (i.e., to the whole number $(n^k)^{n^k}$?)

Maybe, we can refer to a certain fixed smaller set of functions whose cardinality is less than $(n^k)^{n^k}$, and so we can bound the quantifier $\exists f$ by a smaller number than $(n^k)^{n^k}$.

We can look at the above question from a different side, namely, in terms of so-called universal formulas. This notion is mainly due to Kleene 1943 [K1], however it already has its roots in Lebesgue 1905 [L1], who considered universal relations for classes of the Borel hierarchy. Also one may refer to Turing 1936 [T2], who considered a similar notion in a different framework — a universal Turing machine.

Saying that a sentence

$$\forall x_1 \exists y_1 \dots \forall x_k \exists y_k \psi(x_1, y_1, \dots, x_k, y_k) \tag{1.2}$$

is true in A, is, roughly speaking, saying that the sentence

$$\forall x_1 < n \exists y_1 < n \dots \forall x_k < n \exists y_k < n \psi(x_1, y_1, \dots, x_k, y_k) \tag{1.3}$$

is true in $\mathbb{N}$ (note that A is the set of all the numbers smaller than n).

The question of the possibility of defining truth about a finite structure is closely related to the question of finding a universal formula for bounded formulas in $\mathbb{N}$.

Definition 1. By a universal formula $\phi(\varphi, x)$ for bounded formulas $\varphi(x)$ we mean a formula with the property

$$\varphi(x) \Leftrightarrow \phi(\varphi, x) \tag{1.4}$$

holding in $\mathbb{N}$ under a suitable coding of formulas by numbers, where φ runs over all bounded arithmetical formulas.

From Tarski's theorem it follows that there is no formula which is universal for all the sentences — such a formula would define the set of all sentences true in $\mathbb{N}$. Also a slight refinement of Tarski's argument shows that there is no bounded universal formula for bounded formulas. However there is one which is Σ_1, i.e., is of the form

$$\exists z \phi'(z, \varphi, x) \tag{1.5}$$

where ϕ' is bounded.

Thus we have the equivalence

$$\varphi(x) \Leftrightarrow \exists z \phi'(z, \varphi, x) \tag{1.6}$$

in $\mathbb{N}$, where φ runs over bounded formulas (even over all Σ_1 arithmetical formulas). Assume that $\varphi(x)$ holds for a number x. Then there is an appropriate z. How large is z with respect to x? If we construct ϕ in the most natural way as we indicated, then from the remarks made above we may infer that z can be bounded by an exponential of x and so $\phi(y, x)$ can be presented in the form

$$\exists z < (x^{k(\varphi)})^{x^{k(\varphi)}} \phi'(z, \varphi, x) \tag{1.7}$$

where the number $k(\varphi)$ depends on the length of φ.

Hence, there is an exponential (w.r.t. x) bound for ϕ (Lessan 1978 [L]).

Question 2. Can this bound be lowered?

The above notions have a clear illustration when we deal with a non-standard model of $I\Delta_0$.

A model M of $I\Delta_0$ can be described as the positive part of a discretely ordered ring such that the appropriate amount of induction is satisfied in it. Then the set of ordinary (standard) natural numbers N can be embedded as an initial segment into M (initial with respect to the ordering $<$) and the other elements of M can be treated as infinitely large. We can consider a subset $\{0, 1, \ldots, a\}$ of a model M, for an element a of M. If a is non-standard then this set is infinite. However, it is "formally" finite — it is finite in the sense of that model. If $A = \{0, 1, \ldots, a-1\}$ then the formula ϕ defining the set of sentences true in A can be presented in the form

$$\exists z < b\phi'(z, \varphi, a) \tag{1.8}$$

where b is any element of M which is larger than every element of M of the form 2^{a^n}, where n is a standard number (we write it shortly $b > 2^{a^{\mathbb{N}}}$) Lessan 1978 [L].

The theory in which the above universal formula is available (namely (1.4) is provable for every φ separately) is the theory

$$\begin{aligned} I\Delta_0 + \exp \quad : \quad & I\Delta_0 + \text{the axiom} \\ & \forall x \exists y (y = 2^x). \end{aligned} \tag{1.9}$$

Question 3. Is there a Σ_1 universal formula for bounded formulas in $I\Delta_0$?

A positive answer to this question would answer all interesting questions in the groups II),III). Thus, this question has been made the central question of the study of $I\Delta_0$ and other weak fragments of arithmetic. The hypothesis that the answer is positive is usually called the Bounded Matiyasevič Conjecture.

Bounded Matiyasevič Conjecture

A common opinion is that the Bounded Matiyasevič Conjecture is false. Thus, the name "conjecture" should be rather applied to the falsity of the above hypothesis. However, as we shall see later, this hypothesis appeared to be very useful and the name "Bounded Matiyasevič Conjecture" has been widely used. The question of its truth or falsity will be discussed again at the end of the paper.

Why Matiyasevič?

There is a theorem of Matiyasevič 1970 ([M1], [M2], [M3], [M4], [D1]):

Theorem 2. *Every bounded or Σ_1 formula $\varphi(a, x)$ is equivalent to a Diophantine formula $\varphi^*(a, x)$ i.e., a formula of the form*

$$\exists y_1, \ldots, y_k (p_\varphi(a, x, y_1, \ldots, y_k) = 0) \tag{1.10}$$

where p_φ depends on φ and is a polynomial with integer coefficients.

The theorem was proved by Matiyasevič as a solution to Hilbert's tenth problem. Namely, Hilbert asked whether there was an algorithm verifying whether a given Diophantine equation had a solution. Nowadays we can ask this question in the following way: is the set of all Diophantine equations which have a solution, when coded as a set of natural numbers, recursive? Matiyasevič theorem answers this question negatively. Indeed, let $\Phi(y,x)$ be a Σ_1 universal formula for Σ_1 formulas. Then Φ defines a non-recursive set

$$\{< y, x >: \Phi(y,x)\}. \tag{1.11}$$

Let Φ^* be the Diophantine formula equivalent to Φ by the Matiyasevič theorem. Thus Φ^* is of the form

$$\exists y_1, \ldots, y_k (p(y, x, y_1, \ldots, y_k) = 0) \tag{1.12}$$

for a polynomial p. However Φ^* defines a non-recursive set, and so the set of those polynomials $q(y_1, \ldots, y_k)$ which are of the form $p(y, x, y_1, \ldots, y_k)$ for certain y, x and which have a zero $y_1, \ldots, y_k$ is non-recursive. Hence it follows that the set of all polynomials having a zero is also non-recursive.

Let φ be bounded and assume that $\varphi(x)$ holds. Then $\varphi^*(x)$ holds and so there are the appropriate $y_1, \ldots, y_k$. Again we may ask how large are $y_1, \ldots, y_k$ with respect to x? And again there can be made an exponential (w.r.t. x and the parameter of φ, a) bound for $y_1, \ldots, y_k$ (Dimitracopoulos, Gaifman 1982, [DG]). Moreover, $I\Delta_0 + \exp \vdash (\varphi \Leftrightarrow \varphi^*)$.

If we could strengthen the theorem by claiming that there is a φ^* of the form

$$\exists y_1, \ldots, y_k \leq x (p_\varphi(x, y_1, \ldots, y_k) = 0) \tag{1.13}$$

such that $I\Delta_0 \vdash (\varphi \Leftrightarrow \varphi^*)$ then the answer to our Question 3 would be positive. Indeed, there is a Σ_1 universal formula in $I\Delta_0$ for formulas of the form

$$\exists y_1, \ldots, y_k \leq x (p_\varphi(x, y_1, \ldots, y_k) = 0) \tag{1.14}$$

(Dimitracopoulos, Paris 1982, [DP]). Hence, if every bounded formula is equivalent in $I\Delta_0$ to a formula of this form, that universal relation applies to all bounded formulas. Here I am coming to the questions of group II.

2. The relationship between various classes of bounded formulas

The class of bounded (Δ_0) formulas contains Δ_0 formulas with arbitrarily many alternations of blocks of quantifiers

$$\exists \bar{y}_1 < x \ldots \forall \bar{x}_k < x \exists \bar{y}_k < x \psi(x, \bar{x}_1, \bar{y}_1, \ldots, \bar{x}_k, \bar{y}_k); \tag{2.1}$$

here $\bar{x}_i$, $\bar{y}_i$ denote strings of variables.

There is a natural stratification of Δ_0 formulas related to the number of changes of blocks. Let E_n denote the collection of bounded formulas which have at most n changes of alternating blocks of bounded quantifiers and which begin with a block of bounded existential quantifiers. So

$$\Delta_0 = \bigcup_n E_n. \tag{2.2}$$

Theorem 3. *For each class E_n there is a Σ_1 universal formula in $I\Delta_0$ (Dimitracopoulos, Paris 1982, [DP]).*

The idea here is very simple — if we do not have to deal with formulas with arbitrarily many changes of blocks of quantifiers, we do not have to say "there is a function" in the universal formula. To say that $\varphi(x)$ of the form

$$\exists \bar{y}_1 < x \ldots \forall \bar{x}_k < x \exists \bar{y}_k < x \psi(x, \bar{x}_1, \bar{y}_1, \ldots, \bar{x}_k, \bar{y}_k) \tag{2.3}$$

is true we say, roughly speaking, that

$$\exists \bar{y}_1 < x \ldots \forall \bar{x}_k < x \exists \bar{y}_k < x \Psi(\psi, x, \bar{x}_1, \bar{y}_1, \ldots, \bar{x}_k, \bar{y}_k), \tag{2.4}$$

where Ψ is a universal formula just for quantifier free formulas ψ, and it is not hard to construct such a universal formula. Thus, having a fixed number of blocks of quantifiers we may just repeat them in the universal formula.

Usually, where questions II) are considered, another version of bounded arithmetic is considered, which is easier to handle than $I\Delta_0$ itself. Namely, we admit not only polynomial growth of provably total functions but also the growth $x^{[\log x]}$ denoted as $\omega_1(x)$. Also it is convenient to enlarge the language by some additional function symbols (Buss 1986, [B2]).

$I\Delta_0$ is replaced by T_2 which is a translation to another language of the theory $I\Delta_0 + \forall x \exists y (y = \omega_1(x))$. E_n is replaced by Σ_n^b. To the classes Σ_n^b

naturally correspond subtheories of T_2, namely

$$T_2^i, \quad \text{which is essentially } I\Sigma_i^b. \tag{2.5}$$

So we have the following hierarchy of formulas:

$$\Sigma_1^b \subseteq \Sigma_2^b \subseteq \ldots \Delta_0, \tag{2.6}$$

and the following hierarchy of related theories

$$T_1^b \subseteq T_2^b \subseteq \ldots T_2. \tag{2.7}$$

The natural question is:

Question 4. Do these hierarchies collapse?

The main result is by Krajiček, Pudlak, Takeuti [KPT]. It states, roughly speaking, that if the hierarchy of theories collapses then the hierarchy of formulas collapses.

Theorem 4. *If $T_2^i = T_2^{i+1}$ then $\Sigma_{i+2}^b = \Pi_{i+2}^b$ (see also [K3]).*

I shall quote here a few other main results in this, largely developed field. Some other intermediate theories S_2^i are also considered; here also induction for Σ_i^b formulas is assumed, however the form of the induction is a bit different. Then we have

$$S_1^b \subseteq T_1^b \subseteq S_2^b \subseteq T_2^b \subseteq \ldots T_2. \tag{2.8}$$

Besides of the question about the collapsing of the consecutive stages of this hierarchy, there is the question about the Π_1, or more exactly $\forall\Sigma_i^b$ conservativeness of the consecutive steps. We call a formula $\forall\Sigma_i^b$ if it is of the form

$$\forall x \psi(x), \tag{2.9}$$

where ψ is Σ_i^b.

Definition 2. We say that a theory T_1 is Π_1 ($\forall\Sigma_i^b$) conservative over T_2 if every Π_1 ($\forall\Sigma_i^b$) sentence provable in T_1 is provable in T_2.

We have:

Theorem 5. *S_2^{i+1} is $\forall\Sigma_{i+1}^b$ conservative over T_2^i (Buss 1986 [B2]).*

It is open whether T_2^i is $\forall\Sigma_i^b$ conservative over S_2^i. Moreover,

Theorem 6. *$T^i_2(\alpha)$ is not $\forall\Sigma^b_i(\alpha)$ conservative over $S^i_2(\alpha)$, where $T^i_2(\alpha)$ and $S^i_2(\alpha)$ denote the appropriate theories in the language extended by a predicate symbol α [BK].*

There are also very interesting connections between the definability of functions in the theories S^i_2 and their complexity class, originated by Buss [B2], see also [A5], [BK], [BKT], [B3], [B4], [CT], [K3], [KPT], [P1]. Also, counterparts of the theories T^i_2, S^i_2 corresponding to the function $x^{(\log x)^{\log\log x}}$ instead of $x^{\log x}$, T^i_3, S^i_3 were considered, and their relationship to T^i_2, S^i_2 was studied. For example:

Theorem 7. *S^i_3 is not $\forall\Sigma^b_1$ conservative over S^i_2 (Krajíček Takeuti, [KT]).*

Besides the connection with the complexity theory there are various connections with the proof theory for propositional calculi — the study of lengths of propositional proofs, [A4], [A5], [BIKPPW], [B6], [BT], [C1], [C2], [CR], [G], [H], [K3], [KP2], [KP3], [KPW], [PW], [PBI], [P4].

Let me concentrate now on questions of group III.

3. Model theory and proof theory

To formulate the main question, we have to formulate the Σ_1 collection principle $B\Sigma_1$.

Definition 3. $B\Sigma_1$ is the following scheme:

$$\forall x < t\exists y\varphi(x,y) \Rightarrow \exists z\forall x < t\exists y < z\varphi(x,y) \tag{3.1}$$

where φ runs over bounded formulas.

Full collection, i.e., where φ ranges over all formulas, is (over $I\Delta_0$) equivalent to full induction, i.e., it is another way of axiomatizing the Peano arithmetic. The main consequence of $B\Sigma_1$ is that a formula of the form

$$\exists y_0\forall x_1 \le y_0\exists y_1 \dots \forall x_k \le y_0\exists y_k\psi \tag{3.2}$$

is equivalent to a Σ_1 formula.

In a natural way we can speak about an initial segment of a model M — initial with respect to the ordering.

The above Σ_1 collection is a feature of all proper initial segments of models of $I\Delta_0$. The main open question is whether it characterizes all such segments (the end-extension problem). So the question is:

Question 5. Does every (countable) model of $I\Delta_0 + B\Sigma_1$ have a proper end extension to a model of $I\Delta_0$? (Kirby and Paris 1977, [KP1]).

There are several other questions closely related to this question. First note the following theorem:

Theorem 8. *Neither* $I\Delta_0$ *nor* $I\Delta_0 + \exp$ *does prove* $B\Sigma_1$, *(Parsons 1970 [P3], by proof theoretic methods, also Kirby and Paris 1978 [KP1]).*

Both proofs make an essential use of the exponential function, namely of the Σ_1 universal formula for Σ_1 formulas. In particular, Kirby and Paris construct a model of $I\Delta_0 + \exp + \neg B\Sigma_1$.

A related question is the following:

Question 6. Is there a model of $I\Delta_0 + \neg \exp + \neg B\Sigma_1$?

A negative answer to this question contradicts a positive answer to Question 5 — Wilkie, Paris 1987, [WP1]. However, the expected answer to this question is positive and the expectable answer to Question 5 is negative.

Another related question is:

Question 7. Is $I\Delta_0 + \Omega_1$ Π_1-conservative over $I\Delta_0$? where Ω_1 is the axiom $\forall x \exists y (y = x^{[\log x]})$, or is $I\Delta_0 + \Omega_2$ Π_1-conservative over $I\Delta_0 + \Omega_1$? where Ω_2 is the axiom $\forall x \exists y (y = x^{[(\log x)^{\log\log x}]})$.

The relationship between (3) and (1) and BMC is discussed in Adamowicz [A3].

These questions can be answered with the use of a Σ_1 universal formula for Σ_1 formulas. That is (Wilkie, Paris 1987, [WP1], [KP1] — the results are either stated there explicitly or are easy modifications of results stated explicitly): they have an answer if $I\Delta_0 + \exp$ is considered instead of $I\Delta_0$ or $I\Delta_0 + \Omega_1$. The answers (which are also the regular — plausible answers expected in the still open case where the axiom *exp* is not assumed) are the following:

A negative answer:

Theorem 9. *There is a model of* $I\Delta_0 + \exp + B\Sigma_1$ *with no proper end extension to a model of* $I\Delta_0 + \exp$.

A positive answer:

Theorem 10. *There is a model of* $I\Delta_0 + \exp + \neg B\Sigma_1$.

A negative answer:

Theorem 11. $I\Delta_0 + \exp$ *is not* Π_1 *conservative over* $I\Delta_0$ *(*$I\Delta_0 + \Omega_1$*).*

Similarly, Questions 5, 6, 7 have an answer under BMC:

A negative answer:

Theorem 12. *There is a model of* $I\Delta_0 + B\Sigma_1$ *with no proper end extension to a model of* $I\Delta_0 + \exp$.

A positive answer:

Theorem 13. *There is a model of* $I\Delta_0 + \neg\exp + \neg B\Sigma_1$.

A negative answer:

Theorem 14. $I\Delta_0 + \Omega_1$ *is not* Π_1 *conservative over* $I\Delta_0$.

Also, Questions 5, 6, 7 could be asked for theories T_2^i instead of $I\Delta_0$ and T_3^i instead of $I\Delta_0 + \Omega_1$. The answers here are analogous to the $I\Delta_0 + \exp$ or the BMC case. The answer for Question 7 has already been quoted (Theorem 7) and we have:

Theorem 15. S_3^i *is not* $\forall\Sigma_1^b$ *conservative over* S_2^i *[KT], and hence* T_3^i *is not* Π_1 *conservative over* T_2^i.

The reason is that in all these cases we have a Σ_1 universal formula either for Δ_0 or for Σ_i^b formulas. However, the existence of this universal formula is not so essential in these questions contrary to questions II).

Here the "positive" approach, i.e., the search for eliminating exponentiation or BMC from the results or for replacing BMC by something weaker, is reasonable.

With respect to the answers in the case of fragments T_2^i, S_2^i of bounded arithmetic they are just analogs of the $I\Delta_0 + \exp$ case and, I think, they are not very interesting.

The interesting case is the second group — here is the heart of the problems. The negative answers to Questions 5, 7 hold for the theory $I\Delta_0 + \Omega_1 + \tau$, where τ is a version of the consistency of $I\Delta_0$ and also under a certain weakening of BMC, Adamowicz [A3]. This can be considered as a result following the positive direction.

The idea of replacing exp or BMC by a version of a consistency statement is present also in [WP2]. Namely, every Π_1 suitably simple sentence provable in $I\Delta_0 + \exp$ is provable in a theory of the form $I\Delta_0 + \tau$ – A. Wilkie and J. Paris 1987 [WP2]. This is of some importance for questions of group IV .

With respect to Question 6 another approach turned out to be useful. Namely one can consider the negation of (1.4) as a hypothesis. There are many possible ways to formulate an assumption that would be partially complementary to BMC. One such conjecture has been formulated by

J. Paris and called:

Conjecture. *Lessan's bound for definability of truth is optimal" — LIO. If M is a model of $I\Delta_0$ and $a \in M$ and $2^{a^n} \in M$ for an $n \in \mathbb{N}$ and $\Gamma(x, y, z)$ is a Δ_0 formula, then there is a Δ_0 formula $\theta(x)$ such that M satisfies:*

$$\neg[\Gamma(a, 2^{a^n}, \theta) \Leftrightarrow \theta(a)]. \tag{3.3}$$

This means that no Δ_0 formula Γ is universal for bounded formulas $\theta(a)$ with the bound less than $2^{a^{\mathbb{N}}}$ and of the form 2^{a^n}. In particular our formula ϕ defining the set of sentences true in $\{0, 1, \ldots, a-1\}$ cannot be presented in the form

$$\exists z(z = 2^{a^n} \& \phi'(z, \varphi, a)). \tag{3.4}$$

Under *LIO* we have:

Theorem 16. *There is a model of $I\Delta_0 + \neg\exp + \neg B\Sigma_1$, [P2].*

On the other hand one can look for strengthenings of *BMC* to get still more regularity in answering Question 5. Namely, there is the question of uniformity in *BMC*: how uniform is the assignment $\varphi \longrightarrow \varphi^*$ where φ is bounded and φ^* is bounded Diophantine. In the usual Matiyasevič theorem it is quite uniform — the proof of $\varphi \Leftrightarrow \varphi^*$ does not depend on the formula φ; in fact, we prove

$$\forall\varphi\exists\varphi^*(\varphi \Leftrightarrow \varphi^*). \tag{3.5}$$

We may consider a similar uniform version of *BMC* — under this hypothesis the end extension problem has a very regular solution, [A2]. Since the uniform version of *BMC* is its strengthening, again the common opinion considers it false.

Under a sharp version of the assumption *BMC* we characterize models of $I\Delta_0 + B\Sigma_1$ having a proper end extension to a model of $I\Delta_0$. Let us develop a bit this subject — later we shall return to a brief survey.

Our characterization is the following:

Theorem 17. *There is a Π_1 formula $\psi(x)$ with the property $I\Delta_0 \vdash \psi(n)$ for $n \in N$, such that the following are equivalent for a countable nonstandard model M of $I\Delta_0 + B\Sigma_1$:*

1) *M has a proper end extension to a model of $I\Delta_0$*
2) *M has a proper end extension to a model of $I\Delta_0 + B\Sigma_1$*

3) *There is an $r \in M \setminus N$ such that $M \models \psi(r)$.*

If $I\Delta_0 + \exp$ is considered instead of $I\Delta_0$, a similar characterization has been given in [A1].

The usual Bounded Matiyasevič Conjecture can be formulated as follows:

BMC. *For every open formula θ there is an open formula θ' such that the following equivalence is provable in $I\Delta_0 + B\Sigma_1$:*

$$\forall \bar{x} \left[\forall y \leq x_1 \exists \bar{z} \theta(y, \bar{x}, \bar{z}) \Leftrightarrow \exists \bar{z}' \theta'(\bar{x}, \bar{z}')\right], \tag{3.6}$$

here $\bar{x}$, $\bar{z}$, $\bar{z}'$ denote sequence numbers of strings of variables.

From this formulation it follows easily that every bounded formula is equivalent in $I\Delta_0 + B\Sigma_1$ to a diophantine formula and also, via Parikh's theorem [P1], to a bounded diophantine formula. In particular, it follows that, for every θ and θ' as in BMC, there is an $m \in \mathbb{N}$ such that in every model of $I\Delta_0$ the string $\bar{z}'$ is bounded by the m-th power of the bound for the string $\bar{x}$, that is the following holds:

$$\forall t \geq \theta \forall \bar{x} \leq t \left[\forall y \leq x_1 \exists \bar{z} \leq t \theta(y, \bar{x}, \bar{z}) \Rightarrow \exists \bar{z}' \leq t^m \theta'(\bar{x}, \bar{z}')\right]. \tag{3.7}$$

In general the number m may depend on the formula θ.

Consider the following sharp version of the Bounded Matiyasevič Conjecture; let us call it $SBMC$:

Conjecture — SBMC. *There is a fixed $m \in N$ and a recursive function f such that if θ is an open formula then $f(\theta) = \theta'$ is open and in every model of $I\Delta_0$*

$$\forall t \geq \theta \forall \bar{x} \leq t \left[\forall y \leq x_1 \exists \bar{z} \leq t \theta(y, \bar{x}, \bar{z}) \Rightarrow \exists \bar{z}' \leq t^m \theta'(\bar{x}, \bar{z}')\right] \tag{3.8}$$

and

$$\forall \bar{x} \left[\exists \bar{z}' \theta'(x, \bar{z}') \rightarrow \forall y \leq x_1 \exists \bar{z} \theta(y, \bar{x}, \bar{z})\right]. \tag{3.9}$$

The sharpening w.r.t. the usual hypothesis $I\Delta_0 \vdash \neg\Delta_0 H$ consists in the uniformity of obtaining θ' from θ and in the uniformity of the bound t^m (its independence from θ).

Our main tool is a certain special Σ_1 (Π_1) satisfaction formula for Σ_1 (Π_1) formulas which is available in $I\Delta_0$ under the conjecture.

Theorem 18. *Assume the SBMC. Then there is a Σ_1 formula Sat of the form $\exists w, uSat'$ where Sat' is bounded with the following properties in any model of $I\Delta_0 + B\Sigma_1$:*

There is a primitive recursive function h such that

I. *If ψ is a bounded formula of k variables, $\psi \in \mathbb{N}$ and $x = < x_1, \ldots, x_k >$ then*

$$\psi(x_1, \ldots, x_k) \Leftrightarrow Sat(\psi, x) \tag{3.10}$$

II. *There is a fixed $m \in \mathbb{N}$ such that for every bounded ψ if*

$$\psi(x_3, \ldots, x_k, y) \tag{3.11}$$

is of the form

$$\exists x_1 \leq y \forall x_2 \leq x_1 \exists y' \leq y \psi'(x_1, \ldots, x_k, y, y'); \tag{3.12}$$

then for all $t \geq h(\psi)$ and all sequences $< x_1, \ldots, x_k, y > \leq t$

$$\begin{aligned} &\exists x_1 \leq y \forall x_2 \leq x_1 \exists y' \leq y \exists w, u \leq t Sat'(\psi', < x_1, \ldots, x_k, y, y' >, w, u) \\ &\Rightarrow \exists w, u \leq t^m Sat'(\psi, < x_3, \ldots, x_k, y >, w, u) \end{aligned} \tag{3.13}$$

III. *Let $\psi_0, \psi_1 \in \mathbb{N}$ be fixed. Then there is an $\bar{m} \in \mathbb{N}$ such that if $\psi'(y_1, \ldots, y_{k'}, y)$ is of the form*

$$\begin{aligned} \exists x_1, \ldots, x_k \leq y \Big(\psi_0(x_1, \ldots, x_k, y_1, \ldots, y_{k'}, y) \text{ and } \psi(x_1, \ldots, x_k, y) \Big) \\ \vee \psi_1(y_1, \ldots, y_{k'}, y), \end{aligned} \tag{3.14}$$

then for all $x_1, \ldots, x_k, y_1, \ldots, y_{k'}, y$ satisfying ψ_0 and for all $t \geq h(\psi')$ such that

$$t \geq < x_1, \ldots, x_k, y_1, \ldots, y_{k'}, y > \tag{3.15}$$

we have

$$\begin{aligned} &\Big(\exists w, u \leq t Sat'(\psi, < x_1, \ldots, x_k, y >, w, u) \vee \psi_1(y_1, \ldots, y_{k'}, y) \Big) \\ &\Rightarrow \exists w, u \leq t^{\bar{m}} Sat'(\psi', < y_1, \ldots, y_{k'}, y >, w, u). \end{aligned} \tag{3.16}$$

Property II of Sat can be informally stated as: there is a fixed $m \in \mathbb{N}$ such that if the increase of complexity between ψ' and ψ is fixed and t is a bound for $Sat(\psi', x)$ then t^m is a bound for $Sat(\psi, x)$. Here the increase of the complexity that we consider consists in adding three bounded quantifiers $\exists\forall\exists$ in front of the formula ψ'. The essential increase of the bound t corresponds to the universal quantifier $\forall$. Since the two existential quantifiers do not increase the bound essentially, it is convenient to include them in the block $\exists\forall\exists$ when formulating property II. When proving property II we shall refer essentially to $SBMC$.

Property III states roughly speaking that Sat satisfies Tarski's conditions: if φ is of the form of a conjunction and it contains a fixed conjunct φ_0 and this conjunct is just satisfied and the other conjunct is satisfied in the sense of Sat, then the whole formula is satisfied in the sense of Sat; similarly for a disjunction, if φ is of the form of a disjunction and it contains a fixed disjunct φ_1 and either this disjunct is just satisfied or the other disjunct is satisfied in the sense of Sat, then the whole formula is satisfied in the sense of Sat; if $\varphi(x)$ is satisfied in the sense of Sat then so is $\exists x\varphi(x)$. Also we have control of the appropriate bounds for Sat. In III we combine those three properties. Tarski's conditions are valid for any universal formula. We only have to care about the required bounds. Here we do not need $SBMC$.

Finally let us come to questions of group IV.

4. Internal and external properties of numbers

There are positive and negative results.

Positive:

Theorem 19. *$I\Delta_0 + \Omega_1 \vdash$ Weak Pigeon Hole principle (Paris, Wilkie, Woods [PWW]).*

The Pigeon Hole Principle is the following scheme:

$$\forall x \leq t+1 \exists y \leq t \Phi(x,y) \Rightarrow \Phi \text{ does not define an injection} \tag{4.1}$$

for Φ bounded.

The Weak Pigeon Hole principle is:

$$\forall x \leq 2t \exists y \leq t \Phi(x,y) \Rightarrow \Phi \text{ does not define an injection} \tag{4.2}$$

for Φ bounded.

Theorem 20. *$I\Delta_0 + \Omega_1 \vdash$ The Lagrange theorem (Berarducci, Intrigila 1991, [BI]).*

Lagrange's theorem is:

$$\forall x \exists y_1, y_2, y_3, y_4 (x = y_1^2 + y_2^2 + y_3^2 + y_4^2) \tag{4.3}$$

and

Theorem 21. *$I\Delta_0 + \Omega_1 \vdash$ The Sylvester theorem [PWW].*

Sylvester's theorem is:

$$\begin{aligned}&\text{if } n > k \text{ then among the numbers } n, n+1, \ldots, n+k-1\\ &\text{there is one having a prime divisor greater than } k.\end{aligned} \tag{4.4}$$

Negative:

Theorem 22. *$I\Delta_0(\alpha)$ does not prove Pigeon Hole Principle (α), where α is a predicate symbol (Ajtai 1988, [A4]). $I\Delta_0 + \Omega_1(\alpha)$ does not prove Pigeon Hole Principle (α) (Pitassi, Beame, Impagliazzo [PBI] 1991 and independently Krajiček, Pudlak, Woods 1992 [KPW]).*

This means that there is no uniform (w.r.t Φ) proof of the scheme:

$$\forall x \leq t+1 \exists y \leq t \Phi(x,y) \Rightarrow \Phi \text{ does not define an injection.} \tag{4.5}$$

Finally let us refer again to set theory. Cantor's proof of $2^X > X$ can be shifted to arithmetic.

Theorem 23. *$I\Delta_0$ does prove the following version of the Pigeon Hole Principle*

$$\forall x \leq 2^t \exists y \leq t \Phi(x,y) \Rightarrow \Phi \quad \textit{does not define an injection.} \tag{4.6}$$

The reason is that Cantor's diagonal argument can be run in $I\Delta_0$.

Summary

The main and deep question is how much exponentiation, that is "the power set" is connected with defining truth. Its computer science counterpart is the $P = NP$ question.

The Bounded Matiyasevič Conjecture is expected to be false (as well as $P = NP$). However, it eluded all the attempts to disprove it, e.g., it did not lead to a contradiction neither in group 3) nor 4) (W-P). The point is that no essential difference has been found between the function 2^x and $x^{[\log x]}$ or x^n — difference that would affect logical questions. It is also possible that what really matters in logical questions is not full BMC but a much weaker consequence of it, which in fact is true.

References

[A1] Z. Adamowicz , End extending models of $I\Delta_0$+exp $+B\Sigma_1$, *Fundamenta Mathematicae* **136** (1990), 133–145.

[A2] Z. Adamowicz, A sharp version of the Bounded Matiyasevič Conjecture and the end extension problem, *J. Symbolic Logic*, to appear.

[A3] Z. Adamowicz, A contribution to the end-extension problem and the Π_1 conservativeness problem, *Annals of Pure and Applied Logic* **61** (1993), 3–48.

[A4] M. Ajtai, The complexity of the pigeon hole principle, in: *Proceedings of JEEE 29th Annual Symposium on Foundations of Computer Science* (1988), 346–355.

[A5] B. Allen, Arithmetizing uniform NC *Annals of Pure and Applied Logic* **53** (1) (1991), 1–50.

[B1] J.H. Bennett, On Spectra, Ph.D. thesis, Princeton University, Princeton, New Jersey, 1962.

[B2] S. Buss, Bounded arithmetic *Bibliopolis* (1986).

[B3] S. Buss, Axiomatization and conservation results for fragments of bounded arithmetic, in: *Logic and Computation*, W. Sieg (ed.), American Mathematical Society 1990, *Contemporary Mathematics* **106**, Proceedings of a Workshop held at Carnegie Mellon University, June 30–July 20, 1987, 57–84.

[B4] S. Buss, The witness function method and provably recursive fragments of Peano arithmetic, in: *Proceedings of Logic, Methodology and Philosophy of Science '91*, to appear.

[BK] S. Buss, J. Krajiček, An application of boolean complexity to separation problems in bounded arithmetic, preprint 1992.

[BI] A. Berarducci, B. Intrigila, Combinatorial principles in elementary number theory *Annals of Pure and Applied Logic* **55** (1991), 35–50, North Holland.

[BIKPPW] P. Beame, R. Impagliazzo, J. Krajiček, T. Pitassi, P. Pudlak, A. Woods, Exponential lower bounds for the pigeon hole principle, in: *Proceedings of the 24th Annual ACM Symposium on Theory of Computing*, Victoria, 1992.

[BT] S. Buss, G. Turan, Resolution proofs of generalized pigeon hole principles, in: *Theoretical Computer Science* **62** (1988), 311–317.

[C1] P. Clote, ALGOTIME and a conjecture of S.A. Cook, in: *Proceedings of JEEE Symposium on Logic and Computer Science* (1990); Journal version to appear in: *Annals of Mathematics and Artificial Intelligence.*

[C2] P. Clote, Cutting planes and constant depths Frege proofs, in: *Proceedings of JEEE Symposium on Logic and Computer Science* (1992).

[CR] S.A. Cook, R. Reckhow, On the relative efficiency of propositional proof systems, *Journal of Symbolic Logic* **44** (1977), 36–50.

[CT] P. Clote, G. Takeuti, Bounded Arithmetic for *NC*, in: *ALGOTIME, L and NL, Annals of Pure and Applied Logic* (1992).

[D1] M. Davis, Hilbert tenth problem is unsolvable, *American Mathematical Monthly* **80** (1973), 233–269.

[D2] C. Dimitracopoulos, Matiyasevič theorem and fragments of arithmetic, Ph.D thesis, Univ. of Manchester, 1980.

[DG] C. Dimitracopoulos, H. Gaifman, Fragments of Peano's arithmetic and the MRDP theorem, in: *Logic and Algorithmic, An International Symposium Held in Honor of Ernst Specker, Enseignement Mathématique, Université Genève* (1982), 317–329.

[DP] C. Dimitracopoulos, J. Paris, Truth definitions for Δ_0 formulae, in: *Logic and Algorithmic, Monographie No 30 de l'Enseignement Mathématique*, 317–329.

[G] A. Goerdt, Cutting plane versus Frege proof systems, in: *Proceedings of Computer Science Logic 1990* , E. Börger (ed.) *Springer Lecture Notes in Computer Science* **553** (1992), 174–194.

[H] A. Haken, The intractability of resolution *Theoretical Computer Science* **39** (1985), 297–305.

[K1] S.C. Kleene, Recursive predicates and quantifiers *Trans. AMS* **53** (1943), 41–73.

[K2] J. Krajiček, Fragments of bounded arithmetic and bounded query classes, *Transactions of the American Mathematical Society*, to appear.

[K3] J. Krajiček, Lower bounds to the size of constant depth propositional proofs, preprint, 1991.

[KP1] L. Kirby and J. Paris, Sigma-n collection schemas in arithmetic, in: *Logic Colloquium 77 (Stud. Logic Found. Math. 96)*, North Holland, Amsterdam, 1978, 199–209.

[KP2] J. Krajiček, P. Pudlak, Propositional proof systems, the consistency of first order theories and the complexity of computations *Journal of Symbolic Logic* **54** (1989), 1063–1079.

[KP3] J. Krajiček, P. Pudlak, Propositional provability in models of weak arithmetic, in: *Computer Science Logic* (Keiserslautern, October 1989), E. Börger (ed.), Springer-Verlag (1989), 193–210.

[KPW] J. Krajiček, P. Pudlak, A. Woods, Exponential Lower Bound to the Size of Bounded Depth Frege Proofs of the Pigeonhole Principle, preprint 1991.

[KPT] J. Krajiček, P. Pudlak, G. Takeuti, Bounded arithmetic and the polynomial hierarchy, *Annals of Pure and Applied Logic* **52**, North Holland (1991), 143–153.

[KT] J. Krajiček and G. Takeuti, On induction free provability, *Annals of Mathematics and Artificial Intelligence* **6** (1992), 107–126.

[L1] H. Lebesgue, Sur les fonctions representable analytiquement, *Journal de Mathématique* 6e *serie* **1** (1905) 139–216.

[L2] H. Lessan, Models of arithmetic, Dissertation, Manchester (1978).

[M1] Yu. Matiyasevič , The Diophantineness of enumerable sets, *Doklady Akademii Nauk SSSR* **191** (1970), 279–282.

[M2] Yu. Matiyasevič, Diophantine representation of enumerable predicates, *Izvestia Akademii Nauk SSSR* **35** (1971), 3–30.

[M3] Yu. Matiyasevič, Diophantine representation of recursively enumerable predicates, *Actes du Congres International des Mathematiciens 1970*, Gauthier Villars, Paris (1971).

[M4] Yu. Matiyasevič, On recursive unsolvability of Hilbert's tenth problem, in: *Methodology and Philosophy of Science IV*, North Holland, Amsterdam, 1973.

[P1] R. Parikh, Existence and feasibility in Arithmetic, *Journal of Symbolic Logic* **36** (1971), 494–508.

[P2] J. Paris, Some conservation results for fragments of arithmetic, *Logic Colloquium '77, North Holland, Amsterdam* (1978), 199–209.

[P2] J. Paris, A note on definability of truth, circulating notes.

[P3] C. Parsons, On number-theoretic choice schema and its relation to induction, in Intuitionism and Proof Theory, North Holland, Amsterdam, 1970, 459–473.

[P4] P. Pudlak, Ramsey theorem in bounded arithmetic, in: *Proceedings of Computer Science Logic 1990, Springer Lecture Notes in Computer Science*, E. Börger (ed.), **553** (1992).

[P5] P. Pudlak, A definition of exponentiation by a bounded arithmetical formula, *Commentationes Mathematicae Universitatis Carolinae* **24** (1983), 667–671.

[PBI] T. Pitassi, P.Beame, R.Impagliazzo, Exponential lower bounds for the pigeon hole principle, in: *Technical Report 257/91*, University of Toronto, 1991.

[PW] J. Paris, A. Wilkie, Counting problems in bounded arithmetic, in *Methods in Mathematical Logic*, Springer Verlag Lecture Notes in Mathematics, C.A. di Prisco (ed.) (1985), *Proceedings of Logic Conference held in Caracas, 1983*, 317–340.

[PWW] J. Paris, A. Wilkie, A. Woods, Provability of the $I\Delta_0$-PHP and the existence of infinitely many primes, *Journal of Symbolic Logic* **53** (1988), 1235–1244.

[R] R. Robinson, An essentially undecidable axiom system, *Proc. Int. Cong. Math. Cambridge* **1** (1950), 729–730.

[WP1] A. Wilkie and J. Paris, On the existence of end-extensions of models of bounded induction, *Proceedings of the International Congress of Logic, Philosophy and Methodology of Science*, Moscow, 1987.

[WP2] A. Wilkie and J. Paris, On the scheme of induction for bounded arithmetic formulas, *Annals of pure and applied Logic* **35** (1987), 261–302.

[T1] A. Tarski, Der Wahrheitsbegriff in den formalisierten Sprachen, *Studia Philos.* **1** (1936), 261–405.

[T2] A. Turing, On computable numbers with an application to the Entscheidungsproblem, *Proc. London Math. Soc.* **42** Ser. 2, (1936), 230–265 and **43**, 544–546.

Instytut Matematyczny
Polskiej Akademii Nauk
ul. Śniadeckich 8
Skryta pocztowa Nr 137
00-950 Warsaw, Poland

Received August 28, 1992
Revised August 3, 1993

Subspace Arrangements

Anders Björner

Contents

1. Introduction

This paper will describe some recent developments in an area where combinatorics and complexity theory on the one hand, and geometry and topology on the other, have interacted in several fruitful ways. By a *subspace arrangement* we mean a finite collection of affine subspaces in the Euclidean space $\mathbb{R}^n$. There is a long tradition of work on *hyperplane arrangements*, i.e., concerning subspaces of codimension 1. Here, however, the emphasis will be entirely on arrangements of subspaces of *arbitrary* dimensions, about which much less is known.

To motivate and prepare for the main topic, I will begin with a few comments about the study of hyperplane arrangements. There are two somewhat separate traditions here. One is combinatorial and studies mainly enumerative and structural properties of $\mathbb{R}$-arrangements (real hyperplanes in $\mathbb{R}^n$). The other is topological and mainly concerned with the topology of spaces associated with $\mathbb{C}$-arrangements (complex hyperplanes in $\mathbb{C}^n$). These two traditions were pursued more or less separately for a long time, although reflection arrangements (of finite Coxeter groups) always provided an area of interaction. A more unified view of the field has emerged in recent years, and much could be said about the vigour and breadth of current research on hyperplane arrangements. However, this has recently been done in two book-length expositions, see Björner, Las Vergnas, Sturmfels, White & Ziegler [BLSWZ] and Orlik & Terao [OT], of which the former mostly deals with the combinatorial and the latter with the topological aspects. So, my comments on hyperplane arrangements can be very brief.

An affine hyperplane cuts $\mathbb{R}^n$ into two connected regions. Several hyperplanes disconnect $\mathbb{R}^n$ into more regions, some of which may be bounded and others not. This simple fact makes the beginning of the combinatorial study of hyperplane arrangements. How many regions are there in the complement? How many bounded regions are there? What can be said about the structure of these regions, their numbers of faces of various dimensions, their incidences, etc.? For instance, look at the line arrangement in Figure 1.

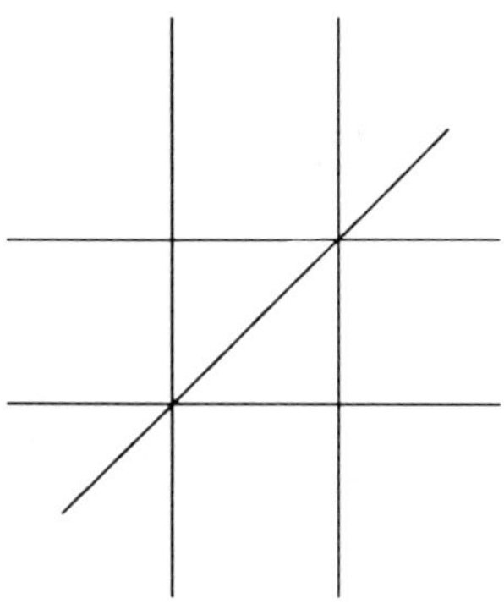

Figure 1

It divides $\mathbb{R}^2$ into 12 regions, of which 2 are bounded. We can also observe that it contains simple intersection points (where only two lines meet) and triangular regions. These are all special cases of general facts, see [BLSWZ, Chapters 4 and 6].

The enumeration of regions of various kinds in the complement of a real hyperplane arrangement has a long history going back to the mid-1800's, and many nice formulas for special cases were discovered over the years. However, a satisfactory explanation and general formula was not achieved until 1975, when Zaslavsky published his enumerative theory [Za]. His main finding is that the number of regions of an arrangement $\mathcal{A}$ is determined by the intersection semilattice $L_{\mathcal{A}}$ (defined in § 2.3) in terms of its Möbius function μ (§ 4.4).

Theorem 1.1 [Za] *Let $\mathcal{A}$ be a hyperplane arrangement in $\mathbb{R}^n$. Then*

$$\#\{\textit{regions}\} = \sum_{x \in L_{\mathcal{A}}} \left|\mu\left(\hat{0}, x\right)\right|$$

$$\#\{\textit{bounded regions}\} = \left|\sum_{x \in L_{\mathcal{A}}} \mu\left(\hat{0}, x\right)\right|.$$

This result gives a first indication of the important role played by intersection semilattices in the theory of arrangements. We will later see many other examples of the amount of information encoded into these combinatorial objects. Figure 2 depicts the intersection semilattice of the arrangement from Figure 1, with all values $\mu\left(\hat{0}, x\right)$ of its Möbius function indicated.

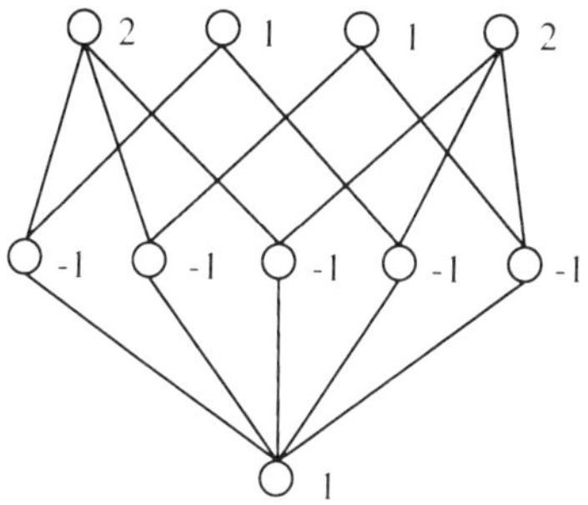

Figure 2

A complex hyperplane in $\mathbb{C}^n$ also disconnects the space $\mathbb{C}^n \cong \mathbb{R}^{2n}$, but only in a higher-dimensional sense: its complement is 0-connected (i.e., arcwise connected) but not 1-connected (simply connected). This can be easily visulized only for the case $n = 1$, i.e., for the hyperplane $\{0\}$ in $\mathbb{C}$.

If $\mathcal{A}$ is an arrangement of complex hyperplanes in $\mathbb{C}^n$, then its complement $M_{\mathcal{A}}$ (i.e., those points of $\mathbb{C}^n$ that do not lie on any of the hyperplanes in $\mathcal{A}$) is a space with non-trivial topology. The relevant combinatorial invariants are the *Betti numbers* $\beta^i\left(M_{\mathcal{A}}\right)$, i.e., the ranks of the singular cohomology groups $H^i\left(M_{\mathcal{A}}\right)$. Recall that $\beta^0(T)$ is the number of connected components, for any space T, so that the Betti number sequence $\beta\left(M_{\mathcal{A}}\right) = \left(\beta^0, \beta^1, \ldots\right)$ is the natural generalization of the region-count that we met in connection with $\mathbb{R}$-arrangements. Note also that $\beta^i\left(M_{\mathcal{A}}\right) = 0$ for all $i > 0$ for an $\mathbb{R}$-arrangement $\mathcal{A}$ (all regions are contractible cones), so Theorem 1.1 in fact gives complete information about the Betti numbers in this case.

The sequences $\beta(M_{\mathcal{A}})$ were determined for the complexified braid arrangement (soon to be defined) by Arnold [Ar1] in 1969, and more generally for all complexified reflection arrangements by Brieskorn [Br] in 1971. Brieskorn also showed that the cohomology groups $H^i(M_{\mathcal{A}})$ are torsion-free for all complex hyperplane arrangements $\mathcal{A}$. The general rule for computing $\beta(M_{\mathcal{A}})$ was found by Orlik and Solomon [OS] in 1980. As in Theorem 1.1 it involves the intersection semilattice $L_{\mathcal{A}}$ and its Möbius function μ.

Theorem 1.2 [OS] *Let $\mathcal{A}$ be a complex hyperplane arrangement in $\mathbb{C}^n$ with complement $M_{\mathcal{A}}$. Then*

$$\beta^i(M_{\mathcal{A}}) = \sum_{\substack{x \in L_{\mathcal{A}} \\ \operatorname{codim}^{\mathbb{C}}(x)=i}} \left|\mu(\hat{0}, x)\right|, \quad \text{for all } i.$$

Here $\operatorname{codim}^{\mathbb{C}}(x) = n - \dim^{\mathbb{C}}(x)$, *where* $\dim^{\mathbb{C}}(x)$ *is the complex dimension of the hyperplane intersection x.*

Theorems 1.1 and 1.2 are clearly related, and it is interesting to compare them in case $\mathcal{A}$ is an $\mathbb{R}$-arrangement and $\mathcal{A}^{\mathbb{C}}$ its *complexification.* By this we mean that the same real forms $\ell_i(x) = 0$ that define the hyperplanes of $\mathcal{A}$ in $\mathbb{R}^n$ are used to define the complex hyperplanes of $\mathcal{A}^{\mathbb{C}}$ in $\mathbb{C}^n$. It is easy to see that $\mathcal{A}$ and $\mathcal{A}^{\mathbb{C}}$ have isomorphic intersection semilattices, so the following invariance of combinatorial properties under complexification can be deduced from Theorems 1.1 and 1.2:

$$\#\{\text{regions of } M_{\mathcal{A}}\} = \sum_{i \geq 0} \beta^i(M_{\mathcal{A}^{\mathbb{C}}})$$

$$\#\{\text{bounded regions of} M_{\mathcal{A}}\} = |\chi(M_{\mathcal{A}^{\mathbb{C}}})| \tag{1.1}$$

For instance, the complexification of the line arrangement $\mathcal{A}$ in Figure 1 is an arrangement of 5 complex lines in $\mathbb{C}^2$ whose complement $M_{\mathcal{A}^{\mathbb{C}}}$ is a 4-manifold with Betti numbers $\beta(M_{\mathcal{A}^{\mathbb{C}}}) = (1, 5, 6, 0, 0)$ and Euler characteristic $\chi(M_{\mathcal{A}^{\mathbb{C}}}) = 2$, as can be quickly seen from Figure 2 and Theorem 1.2.

There is one particular family of hyperplane arrangements which has been the starting point for many investigations and which today occupies an in every sense central position in the theory. This is the family of *braid arrangements* $\mathcal{A}_{n,2}$ and their complexifications $\mathcal{A}_{n,2}^{\mathbb{C}}$ (the notation will be explained in § 3.1), defined in terms of linear forms by $\mathcal{A}_{n,2} = \{x_i - x_j | 1 \leq i < j \leq n\}$. This is the reflection arrangement of the symmetric group S_n (acting on $\mathbb{R}^n$ by permuting coordinates), and it is easy to identify its intersection lattice with the partition lattice Π_n (i.e., all partitions of the set $\{1, \ldots, n\}$ ordered by refinement). It was shown in

1962 by Fadell, Fox and Neuwirth [FaN] [FoN] that the fundamental group of the complement of $\mathcal{A}^{\mathbb{C}}_{n,2}$ is the pure braid group, while all its other homotopy groups vanish. In particular, $\mathcal{A}^{\mathbb{C}}_{n,2}$ is a $K(\pi, 1)$ space. This result was in 1972 extended by Deligne [De] to all reflection arrangements (and a little beyond), but otherwise few general results are known about homotopy properties of complements of complex arrangements. See [OT] for more about the braid arrangement and the topology of complex hyperplane arrangements generally.

So, what about general subspace arrangements? What are the relevant questions to ask, both from a combinatorial and from a topological point of view? I hope to have made it clear with the preceding discussion that the fundamental question, whose answer would indicate whether a useful general theory exists or not, is whether a combinatorial formula for the Betti numbers of the complement $M_{\mathcal{A}}$ of a general subspace arrangement $\mathcal{A}$ in terms of its intersection semilattice $L_{\mathcal{A}}$ (or some similar combinatorial gadget) can be found.

Such a Betti number formula of striking simplicity and elegance was found in the mid 1980's by Goresky and MacPherson (published in 1988).

Theorem 1.3 [GM] *Let $\mathcal{A}$ be a subspace arrangement in $\mathbb{R}^n$ with complement $M_{\mathcal{A}}$. Then*

$$\tilde{\beta}^i\left(M_{\mathcal{A}}\right) = \sum_{x \in L_{\mathcal{A}} - \{\hat{0}\}} \tilde{\beta}_{\operatorname{codim}(x)-2-i}\left(\hat{0}, x\right).$$

In this formula $\tilde{\beta}_d\left(\hat{0}, x\right)$ is the rank of the d-dimensional reduced simplicial homology group of the order complex of the open interval $\left(\hat{0}, x\right)$ in $L_{\mathcal{A}}$. The meaning of these terms will be explained in § 2.4, and a more complete discussion of the Goresky–MacPherson result (a formula for the actual cohomology groups) will be given in Section 7.

Theorem 1.3 contains the Betti number formulas of Theorems 1.1 and 1.2 as special cases. This is easy to see because of a special relation, due to Folkman [Fo], which for $\mathbb{R}$-arrangements takes the form:

$$\tilde{\beta}_{\operatorname{codim}(x)-2-i}\left(\hat{0}, x\right) = \begin{cases} (-1)^{\operatorname{codim}(x)} \mu\left(\hat{0}, x\right) & , \text{ if } i = 0 \\ 0 & , \text{ if } i \neq 0, \end{cases} \tag{1.2}$$

and for $\mathbb{C}$-arrangements:

$$\tilde{\beta}_{2 \cdot \operatorname{codim}^{\mathbb{C}}(x)-2-i}\left(\hat{0}, x\right) = \begin{cases} (-1)^{\operatorname{codim}^{\mathbb{C}}(x)} \mu\left(\hat{0}, x\right) & , \ i = \operatorname{codim}^{\mathbb{C}}(x), \\ 0 & , \text{ otherwise.} \end{cases} \tag{1.3}$$

This kind of relation is quite special and depends on the fact that the intervals $[\hat{0}, x]$ are geometric lattices in the case of hyperplane arrangements (see Theorem 4.5.1). In general we find that $\tilde{\beta}_d(\hat{0}, x) \neq 0$ for several dimensions d, so the Goresky-MacPherson formula cannot be simplified to a form where only the Möbius function of $L_{\mathcal{A}}$ appears. This may seem discouraging for potential applications, since a very rich combinatorial theory exists for the Möbius function, making explicit computations possible. However, there are also some combinatorial tools for computing Betti numbers of finite posets, and although more cumbersome to use than the Möbius function, such tools combined with Theorem 1.3 have produced explicit calculations in some cases. This will be exemplified in Section 8.

The breakthrough of Goresky and MacPherson not only opened up the area of subspace arrangements as a promising field of study, it has also provided a new perspective on complex hyperplane arrangements. The viewpoint of [GM] is to see these as just a special kind of arrangement of real subspaces of codimension 2 in $\mathbb{R}^{2n} \cong \mathbb{C}^n$. Continuing in this direction, one is led to single out a class, called "c-arrangements," of arrangements of real subspaces of codimension c which preserve the essential features from the hyperplane theory. This is done by Goresky and MacPherson [GM], who observe that the crucial combinatorial fact that make "hyperplane-type" results true is that the intersetion lattice is a geometric lattice. This guarantees vanishing of homology as in (1.2) and (1.3). Thus, most general facts about $\mathbb{C}$-hyperplane arrangements can be generalized to 2-arrangements (and to c-arrangements), except for some fine details concerning the multiplicative structure of the cohomology algebra, as was shown by Ziegler [Z1]. In this paper both $\mathbb{R}$- and $\mathbb{C}$-hyperplane arrangements will be treated primarily as special cases of c-arrangements, see § 4.2.

Subspace arrangements have some interesting connections with the study of "discriminants" of function spaces, a theory developed by the Moscow school of V.I. Arnold and V.A. Vassiliev. Properties of a set of points Σ (singularities) are studied in relation to the topology of its complement $M - \Sigma$ in some natural ambient space M. The results of Arnold on configuration spaces and of Vassiliev on knot invariants (see [Va4]) both stem from this "philosophy." The union of the spaces in a subspace arrangement is an example of a discriminant in this sense. It would be interesting if the close connections with combinatorics that now exists in the case of subspace arrangements could be extended to some other and more general classes of discriminants.

The material of this paper is organized in the following way. In Sections 2–5 I will discuss elementary combinatorial aspects of subspace arrangements. Several examples will be given, showing how subspace arrangements naturally arise in combinatorial situations, and a general look at intersection semilattices will be taken.

The basic topological facts are presented in Sections 6–8. This includes a discussion not only of the complement of an arrangement, but also of the union of its subspaces. The complement and union are of course homologically related via Alexander duality.

Sections 9 and 10 are devoted to connections with complexity theory. The general idea is that measures of topological complexity, such as the covering number of a map, the Euler characteristic or the Betti numbers computable via Theorem 1.3, can somehow be converted to complexity measures for computational problems with geometric content.

The final sections contain some brief mention of connections with various other topics, and in particular with ring theory. The latter stems from the fact that the union of a subspace arrangement is an algebraic variety, whose coordinate ring in some cases has interesting combinatorial properties.

2. Basic definitions

2.1. A *subspace arrangement* (or *affine subspace arrangement*) $\mathcal{A} = \{K_1, \ldots, K_t\}$ in $\mathbb{R}^n$ is a finite collection of affine proper subspaces K_i. It is called *central* if all K_i are linear subspaces, i.e., if $0 \in K_i$. Since all questions treated are invariant with respect to translations we can usually consider an arrangement to be central if $K_1 \cap \ldots \cap K_t \neq \emptyset$.

A d-dimensional subspace x of $\mathbb{R}^n$ is said to have *codimension* $n - d$: $\operatorname{codim}(x) = n - \dim(x)$. A subspace arrangement $\mathcal{A} = \{K_1, \ldots, K_t\}$ will be called

(i) *simple*, if $K_i \subseteq K_j$ implies $i = j$ for all $1 \leq i, j \leq t$,

(ii) *pure*, if $\dim(K_i) = \dim(K_j)$, for all $1 \leq i, j \leq t$,

(iii) *d-dimensional*, if $d = \max_{1 \leq i \leq t} \dim(K_i)$,

(iv) *c-codimensional*, if $c = \min_{1 \leq i \leq t} \operatorname{codim}(K_i)$.

Finally, $\mathcal{A}$ is a *c-arrangement* if $\mathcal{A}$ is central, pure c-codimensional and c divides $\operatorname{codim}(x)$ for all intersections $x = K_{i_1} \cap \ldots \cap K_{i_p}$. See § 4.2 for more about this concept.

Due to the space limitations I will only discuss affine and central subspace arrangements here. There are also other related concepts, such as *projective arrangements* and *spherical arrangements*, for which I must refer to the literature. See e.g. Goresky and MacPherson [GM] or Ziegler and Živaljević [ZŽ].

2.2. Two important spaces associated with an arrangement $\mathcal{A} = \{K_1, \ldots, K_t\}$ in $\mathbb{R}^n$ are:

$$V_{\mathcal{A}} = \bigcup_{i=1}^{t} K_i \quad \text{and} \quad M_{\mathcal{A}} = \mathbb{R}^n - V_{\mathcal{A}},$$

called the *union* and *complement*. Both are topological spaces as subspaces of $\mathbb{R}^n$ ($M_{\mathcal{A}}$ is an n-dimensional manifold), and $V_{\mathcal{A}}$ also has the structure of a real algebraic variety, being the union of spaces defined by systems of linear equations. We will by $\widehat{V}_{\mathcal{A}}$ denote the *one-point compactification* of $V_{\mathcal{A}}$, which is a subspace of the one-point compactification $\widehat{\mathbb{R}^n} \cong S^n$. Note that with this we achieve that $\widehat{V}_{\mathcal{A}}$ and $M_{\mathcal{A}}$ are complementary subspaces of S^n.

If $\mathcal{A}$ is central we define

$$V_{\mathcal{A}}^{\circ} = V_{\mathcal{A}} \cap S^{n-1} \quad , \quad M_{\mathcal{A}}^{\circ} = M_{\mathcal{A}} \cap S^{n-1} \quad ,$$

where S^{n-1} is the unit sphere in $\mathbb{R}^n$. The union $V_{\mathcal{A}}$ is contractible in the central case, but the (*singularity*) *link* $V_{\mathcal{A}}^{\circ}$ carries an interesting topology. Note that in this case the compactification of the union equals the suspension of the link: $\widehat{V}_{\mathcal{A}} = \operatorname{susp}(V_{\mathcal{A}}^{\circ})$.

2.3. The *intersection semilattice* $L_{\mathcal{A}}$ of an arrangement $\mathcal{A} = \{K_1, \ldots, K_t\}$ is the collection of all non-empty intersections $K_{i_1} \cap \ldots \cap K_{i_p}$, $1 \leq i_1 < \ldots < i_p \leq t$, ordered by reverse inclusion: $x \leq y \Leftrightarrow x \supseteq y$. This is a meet-semilattice, i.e., a partially ordered set such that a greatest lower bound (or *meet*) $x \wedge y$ exists for all $x, y \in L_{\mathcal{A}}$. There is a bottom element $\hat{0} = \mathbb{R}^n$ below all the others, but in general no top element. Figures 1 and 2 illustrate this concept, see also Section 4.

If $\mathcal{A}$ is central, then there is also a top element $\hat{1} = \cap\mathcal{A} = K_1 \cap \ldots \cap K_t$ and a least upper bound (or *join*) $x \vee y = x \cap y$ exists in $L_{\mathcal{A}}$ for all $x, y \in L_{\mathcal{A}}$. So, we may speak of the *intersection lattice* $L_{\mathcal{A}}$ in this case.

Given two arrangements $\mathcal{A}$ and $\mathcal{B}$ in $\mathbb{R}^n$, let us say that $\mathcal{A}$ is *embedded* in $\mathcal{B}$ if $\mathcal{A} \subseteq L_{\mathcal{B}}$. In this case $L_{\mathcal{A}}$ has a join-preserving embedding into $L_{\mathcal{B}}$, meaning that $L_{\mathcal{A}} \subseteq L_{\mathcal{B}}$ and $x \vee_{\mathcal{A}} y = x \vee_{\mathcal{B}} y$ for all $x, y \in L_{\mathcal{A}}$ such that $x \vee y$ exists.

2.4. We will make frequent use of the order complex of a poset (finite partially ordered set), so the definitions and some basic facts will be reviewed here. See [Bj2] for more details and references, and also for a condensed review of the topological notions used.

For a poset P and elements $x, y \in P, x \leq y$, define

$$\begin{aligned}(x,y) &= \{z \in P \mid x < z < y\},\\ [x,y] &= \{z \in P \mid x \leq z \leq y\},\\ P^{>x} &= \{z \in P \mid z > x\},\end{aligned}$$

and similarly for $P^{\geq x}$, $P^{<x}$, $P^{\leq x}$. The *order complex* $\Delta(P)$ is the abstract simplicial complex whose vertices are the elements of P and whose simplices are the chains $x_0 < x_1 < \ldots < x_k$. $\widetilde{H}_i(P)$ denotes the reduced simplicial homology group of $\Delta(P)$ with integer coefficients. We will often consider the order complex of an open interval (x, y), and to simplify notation we will write $\Delta(x,y) = \Delta((x,y))$ and $\widetilde{H}_i(x,y) = \widetilde{H}_i((x,y))$, etc. When speaking about topological properties of a lattice L we will always have the complex $\Delta\left(\hat{0},\hat{1}\right)$ in mind.

The *Betti numbers* $\tilde{\beta}_i(P)$ are defined by $\tilde{\beta}_i(P) = \text{rank } \widetilde{H}_i(P)$. It is a basic fact, due to Ph. Hall in the 1930s (see [St2, p. 120]), that the Möbius function $\mu(x,y)$ is the reduced Euler characteristic of the order complex of the open interval (x, y):

$$\mu(x,y) = \sum_{i \geq -1} (-1)^i \, \tilde{\beta}_i(x,y). \tag{2.4.1}$$

3. Examples

Just as hyperplane arrangements naturally arise from graphs (represent each edge (i,j) by a hyperplane $x_i = x_j$), so subspace arrangements arise from hypergraphs. This and other examples of subspace arrangements (e.g., coming from reflection groups) will be mentioned in this section. Still other examples arise from the constructions described in Section 5. By a *hypergraph* $\mathcal{H} \subseteq 2^V$ we mean a finite ground set V (usually taken to be $[n] = \{1, \ldots, n\}$) together with a collection $\mathcal{H}$ of nonempty subsets (e.g., a simplicial complex).

3.1. For each subset $S = \{i_1, \ldots, i_s\} \subseteq [n], s \geq 2$, let $K_S = \{x \in \mathbb{R}^n \mid x_{i_1} = \ldots = x_{i_s}\}$. Then a hypergraph $\mathcal{H} \subseteq 2^{[n]}$ (without singletons) determines the subspace arrangement $\mathcal{A}_{\mathcal{H}} = \{K_S \mid S \in \mathcal{H}\}$. A special case of such *hypergraph arrangements* merits special mention, namely when $\mathcal{H}$ consists of *all* k-element subsets on $[n]$. This is called the *k-equal arrangement* and denoted $\mathcal{A}_{n,k}$. Note that for $k = 2$ this is the braid arrangement, whose intersection lattice is Π_n (the lattice of all partitions of the set $[n]$). Since every subspace K_S is the intersection of hyperplanes $x_i = x_j$, we see that every hypergraph arrangement $\mathcal{A}_{\mathcal{H}}$ is embedded in the braid arrangement $\mathcal{A}_{n,2}$. The intersection lattice of the k-equal arrangement $\mathcal{A}_{n,k}$ is the lattice $\Pi_{n,k}$ of partitions of $[n]$ with no blocks of sizes $2, 3, \ldots, k-1$. Since the k-equal arrangements have been studied in considerable detail (in [BL2], [BLY], [BW]) they will be frequently used as examples in the following.

3.2. Let $\{\mathbf{b}_1, \ldots, \mathbf{b}_n\}$ be a basis of $\mathbb{R}^n$. For each subset $S = \{i_1, \ldots, i_s\} \subseteq [n]$ let $K'_S =$ span $\{\mathbf{b}_{i_1}, \ldots, \mathbf{b}_{i_s}\}$. Then $\mathcal{H} \subseteq 2^{[n]}$ determines the subspace arrangement $\mathcal{B}_{\mathcal{H}} = \{K'_S \mid S \in \mathcal{H}\}$. We will call arrangements of this type *Boolean*; they are all embedded in the coordinate hyperplane arrangement spanned by the chosen basis, whose intersection lattice is the Boolean algebra of all subsets of $[n]$. This construction is particularly interesting for simplicial complexes Δ, since the union of a Boolean arrangement $\mathcal{B}_\Delta$ is an algebraic variety whose coordinate ring is the Stanley-Reisner ring of Δ (Section 11), and whose topology is closely related to that of Δ (§ 8.1). Furthermore, the intersection lattice of $\mathcal{B}_\Delta$ is antiisomorphic to the face lattice of Δ.

3.3. If $\pi = (B_1, \ldots, B_p)$ is a nontrivial partition of the set $[n]$, then let $K_\pi = K_{B_1} \cap \ldots \cap K_{B_p} = \{x \in \mathbb{R}^n \mid i, j \in B_k \Rightarrow x_i = x_j$, for all $1 \le i, j \le n, 1 \le k \le p\}$. The *shape* of π is the sequence of block sizes $|B_i|$ arranged in non-increasing order; it is a partition of the number n. Note that every sublattice of Π_n is the intersection lattice of an arrangement of subspaces of type K_π.

Given a nontrivial number partition $\lambda \vdash n$, let

$$\mathcal{A}_\lambda = \{K_\pi \mid \pi \in \Pi_n \text{ and shape } (\pi) = \lambda\}.$$

This is an *orbit arrangement* in the sense that $\mathcal{A}_\lambda$ is the orbit of any single subspace K_π under the natural action of S_n or $\mathbb{R}^n$ (permutation of coordinates). Note that all such orbit arrangements are embedded in the braid arrangement, which is the special case $\mathcal{A}_{(2,1,\ldots,1)}$. More generally, the k-equal arrangement $\mathcal{A}_{n,k}$ is the orbit arrangement $\mathcal{A}_{(k,1,\ldots,1)}$.

The intersection lattice of $\mathcal{A}_\lambda$ is the join-sublattice of Π_n that is join-generated by all set partitions of shape λ. For instance, for the rectangular shape $\lambda = (d, d, \ldots, d)$ the intersection lattice of A_λ is the lattice of "d-divisible" set partitions (for which all block sizes are divisible by d), studied by Calderbank, Hanlon and Robinson [CHR], Sagan [Sag] and Wachs [Wa].

3.4. Let G be a finite subgroup of $GL(\mathbb{R}^n)$ and K a proper subspace of $\mathbb{R}^n$. Then the orbit $\mathcal{A}_{G,K}$ of K under the action of G is a subspace arrangement. The most interesting case is when G is a finite reflection group (Coxeter group) and K is an intersection of reflecting hyperplanes. When specialized to the symmetric group S_n this gives precisely the class of orbit arrangements described in § 3.3.

4. The intersection semilattice

4.1. The intersection semilattice $L_{\mathcal{A}}$ of an arrangement $\mathcal{A}$ was defined in § 2.3. One example was shown in Figure 2, and two more are given in Figure 4 (based on the $\mathbb{R}^3$-arrangements shown in Figure 3).

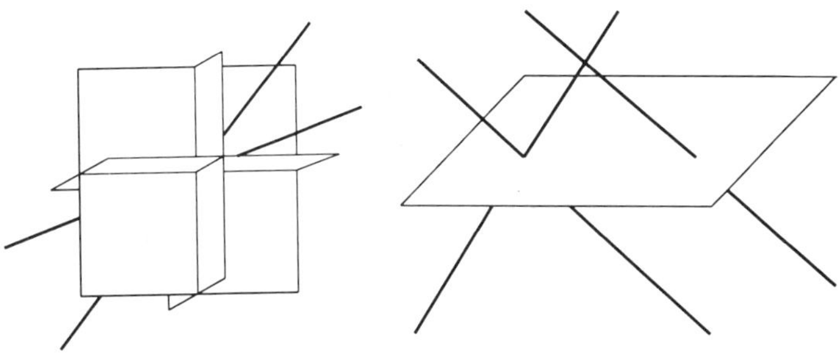

(a) (b)

Figure 3

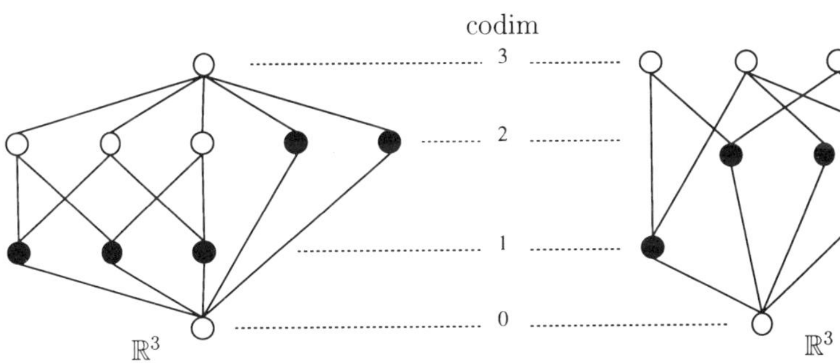

(a) (b)

Figure 4

The semilattices are in Figure 4 drawn with their elements on different levels to emphasize that in addition to the order relation there is a *rank function* $r : L_{\mathcal{A}} \to \mathbb{N}$ given by $r(x) = \text{codim}\,(x)$. This rank function satisfies:

$$\begin{cases} (i) & r(\hat{0}) = 0 \\ (ii) & x < y \Rightarrow r(x) < r(y) \\ (iii) & r(x \vee y) + r(x \wedge y) \leq r(x) + r(y), \text{ if } x \vee y \text{ exists.} \end{cases} \tag{4.1.1}$$

The combinatorial information about $\mathcal{A}$ that is important resides in the *pair* $(L_\mathcal{A}, r)$ and not in the order structure of $L_\mathcal{A}$ alone.

It is natural to ask, given a finite semilattice $L = (L, \wedge)$ and a function $r : L \to \mathbb{N}$ satisfying conditions (4.1.1), how can one know if $(L, r) \cong (L_\mathcal{A}, r)$ for some subspace arrangement $\mathcal{A}$? Questions of this type seem to have first been asked in this generality by A. M. Vershik [Ve1, Ve2]. There is no hope for a reasonable answer to the question of an effective characterization of rank-preserving representability, since it contains as a special case the question of representability over $\mathbb{R}$ of geometric lattices (or matroids), a problem which is known to be polynomially equivalent to the existential theory of the real numbers, and hence is NP-hard — see Bokowski and Sturmfels [BS], Mnëv [Mn2] and Shor [Sh].

However, if we forget the rank function and ask only to represent a given semilattice L as the intersection semilattice $L_\mathcal{A}$ of some arrangement $\mathcal{A}$, then the situation improves: every L can be so represented by some arrangement $\mathcal{A}$ embedded in a braid arrangement $\mathcal{A}_{n,2}$ for suitable large n. This follows from a result of Pudlák and Tůma [PT] stating that every finite lattice can be lattice embedded into a finite partition lattice. See Rival and Stanford [RS] for a good survey of lattice results of this kind.

Since every semilattice L is representable as an intersection semilattice $L_\mathcal{A}$, one can go on and ask more about the representing arrangements $\mathcal{A}$. One such question that has been studied is: what is the minimal dimension of $\mathcal{A}$ such that $L \cong L_\mathcal{A}$? A result of Lovász (see (10.3.1)) implies that for every n there is a semilattice L of height 2 (maximal chains have 3 elements) which is not representable as $L_\mathcal{A} - \{\hat{1}\}$ for any central subspace arrangement $\mathcal{A}$ in $\mathbb{R}^n$. Such an L is, for N sufficiently large, given by the subsets of $[2N]$ of sizes 0, 1, and 2, except for $\{i-1, i\}, i = 2, 4, \ldots, 2N$, ordered by inclusion. A non-constructive proof of the same result was given by Sapir and Scheinerman [SaS]. See also Ziegler [Z4] for a discussion of these questions.

4.2. A *geometric lattice* is a finite lattice that is semimodular and atomic. This important class of lattices is discussed in many places, see e.g. Birkhoff [Bi], Crapo and Rota [CR], Welsh [We] or White [W1, W2, W3]. A geometric lattice is essentially the same thing as a matroid (§ 12.2), see e.g. [CR] or [W1, Chapter 3] for the details of this correspondence.

A geometric lattice L has a *rank function* $r : L \to \mathbb{N}$, where $r(x)$ denotes the common length of all maximal chains from $\hat{0}$ to x. The following fact was observed by Goresky and MacPherson [GM]:

Proposition 4.2.1 *If $\mathcal{A}$ is a c-arrangement then $L_\mathcal{A}$ is a geometric lattice, and* codim $(x) = c \cdot r(x)$ *for all $x \in L_\mathcal{A}$.*

A 1-arrangement is the same thing as a central real hyperplane arrangement. Central complex hyperplane arrangements are examples of 2-arrangements, but not conversely: Goresky and MacPherson [GM] construct a 2-arrangement of nine 4-planes in $\mathbb{R}^6 \cong \mathbb{C}^3$ which if it were realizable by complex hyperplanes would violate the theorem of Pappus. A smaller example of a 2-arrangement without complex structure, consisting of four 2-planes in $\mathbb{R}^4 \cong \mathbb{C}^2$, was later given by Ziegler [Z1]. So, the class of c-arrangements strictly contains the real and complex central hyperplane arrangements and preserves the property that the intersection lattice is geometric. Note that in this case the rank function (=codimension) is deducible from the order structure alone.

The representation problem arises again: given a geometric lattice L (equivalently, a matroid) and a positive integer c, is L "*c-representable*", meaning is $L = L_{\mathcal{A}}$ for some c-arrangement $\mathcal{A}$? As was already mentioned, there is no hope for a good answer for the most restrictive case $c = 1$. However, it is easy to see using "c-plexification" (§ 5.2) that every t-representable geometric lattice is ct-representable for all $c \in \mathbb{Z}_+$, so one cannot a priori rule out the possibility that *every* geometric lattice is c-representable for some sufficiently large $c \geq 2$. However, this is not the case: L. Lovász has pointed out (personal communication) that e.g. the Vamos matroid is not c-representable for any c. His argument is that a certain rank-function inequality due to Ingleton [In] (also in Welsh [We], p. 158) must hold in every c-representable matroid. So, the question of c-representability of matroids is open, but probably hopeless.

4.3. Geometric lattices have a top element and therefore do not arise from non-central subspace arrangements. However, there is a more general notion of *geometric semilattice* which specializes to that of geometric lattice precisely when there is a top element. Due to the space constraints this is not the place to define or enter a discussion of geometric semilattices, see Wachs and Walker [WW] for this. Let it suffice to say that if $\mathcal{A}$ is an affine arrangement of real or complex hyperplanes then $L_{\mathcal{A}}$ is a geometric semilattice. The obvious-seeming generalization to "affine c-arrangements" is, however, problematic (see Ziegler [Z2]), so that geometric semilattices seem for the time being best suited for the study of hyperplane arrangements.

4.4. We will assume familiarity with the *Möbius function* $\mu(x, y)$ of a poset, see e.g. Stanley [St2] for an account of the basic theory. Whereas the Möbius function of a geometric lattice has some non-trivial properties (such as the sign property $(-1)^{r(x)-r(y)}\mu(x, y) \geq 0$ discovered by Rota [Ro]) this is not the case for intersection semilattices $L_{\mathcal{A}}$ in general, for the simple reason that *every* finite semilattice is of this kind (§ 4.1).

Define the *characteristic polynomial* of a subspace arrangement $\mathcal{A}$ in $\mathbb{R}^n$ by

$$P_{\mathcal{A}}(t) = \sum_{x \in L_{\mathcal{A}}} \mu\left(\hat{0}, x\right) t^{\dim(x)}. \qquad (4.4.1)$$

Again, there is much to be said about such polynomials if $L_{\mathcal{A}}$ is a geometric lattice (see [W2, Chapter 7]), hardly any of which survives the generalization to arbitrary subspace arrangements (cf. § 8.2). However, computations in [BLY] and [BL2] for the k-equal arrangements show that the Möbius function and characteristic polynomial have interesting mathematical structure in special cases. I will quote the following results from [BL2]:

Theorem 4.4.1 *Let $\mu_{n,k}$ and $P_{n,k}(t)$ be the Möbius function and characteristic polynomial of the intersection lattice of $\mathcal{A}_{n,k}$. Furthermore, let $\alpha_1, \ldots, \alpha_{k-1}$ be the roots of the polynomial $p_k(x) = 1 + x + \frac{x^2}{2} + \ldots + \frac{x^{k-1}}{(k-1)!}$. Then*

(i) $\mu_{n,k}\left(\hat{0}, \hat{1}\right) = -(n-1)! \sum_{i=1}^{k-1} \alpha_i^{-n}$.

(ii) $P_{n,k}(-1) = n!(k-1)! \sum_{i=1}^{k-1} \alpha_i^{-n-k} = -\binom{n+k-1}{n}^{-1} \mu_{n+k,k}\left(\hat{0}, \hat{1}\right)$.

(iii) $\sum_{n=0}^{\infty} P_{n,k}(t) \frac{x^n}{n!} = \left[p_k(x)\right]^t$.

In the last formula we are to take $P_{n,k}(t) = t^n$ in the degenerate cases $n < k$; this is consistent with $\mathcal{A}_{n,k}$ then being the empty arrangement and $\Pi_{n,k} = \{\hat{0}\}$. Here is an explicitly computed example:

$$\left\{ \begin{array}{l} \mu_{6,3}\left(\hat{0}, \hat{1}\right) = 0 \\ P_{6,3}(t) = t^6 - 20t^4 + 45t^3 - 26t^2 \\ P_{6,3}(-1) = -90 = -\frac{1}{28} \mu_{9,3}\left(\hat{0}, \hat{1}\right) \end{array} \right. \qquad (4.4.2)$$

4.5. What can be said about the topology of intersection lattices $L_{\mathcal{A}}$? Again, nothing much in general, since by § 3.2 the face lattice of every simplicial complex Δ is (up to order-reversal) the intersection lattice of a Boolean arrangement $\mathcal{B}_{\Delta}$. Let us however for later use record the fact that geometric (semi)lattices have good topological properties.

Theorem 4.5.1 *Let L be either a geometric lattice of rank r or a geometric semilattice of rank $r-1$ augmented with a top element $\hat{1}$.*

(i) *Then L has the homotopy type of a wedge of $\left|\mu\left(\hat{0}, \hat{1}\right)\right|$ copies of the $(r-2)$-dimensional sphere,*

(ii) $\widetilde{H}_i(L) = \begin{cases} \mathbb{Z}^{|\mu(\hat{0},\hat{1})|} & , \textit{ if } i = r-2 \\ 0 & , \textit{ otherwise }. \end{cases}$

For geometric lattices this result was proved by Folkman [Fo] (part (ii)) and Björner [Bj1] (part (i)), and the extension to geometric semilattices is due to Wachs and Walker [WW]. See also [Bj3] and [Z2].

The intersection lattices of some orbit arrangements $\mathcal{A}_\lambda$ (see § 3.3) also have well-behaved topological structure. Part (i) of the following result was first shown by M. Wachs, see Sagan [Sag] and Wachs [Wa]; part (ii) is due to Björner and Welker [BW].

Theorem 4.5.2 (i) *Let* $\lambda = (d, d, \dots, d)$. *Then* $L_{\mathcal{A}_\lambda}$ *(the lattice of partitions with block sizes divisible by d) has the homotopy type of a wedge of spheres of dimension* $\left(\frac{n}{d} - 2\right)$.
(ii) *Let* $\lambda = (k, 1, \dots, 1)$. *Then* $L_{\mathcal{A}_\lambda} = \Pi_{n,k}$ *(the lattice of partitions with no blocks of size* $2, 3, \dots, k-1$*) has the homotopy type of a wedge of spheres of dimensions* $n - 3 - t(k-2)$, *for* $1 \le k \le \lfloor \frac{n}{k} \rfloor$.

So, in these cases all homology groups are torsion-free. Also, the same good topological behaviour is found in all lower intervals $[\hat{0}, x]$, which will later be of importance.

5. Operations on arrangements

The class of all subspace arrangements is closed under various simple constructions, and these constructions are combinatorially tractable in the sense that they behave well on the level of intersection semilattices. This makes it easy to construct new arrangements from old ones, and the flexibility in this respect is of course greater than within the class of hyperplane arrangements. I will here list a few basic constructions, the proofs of claimed properties are immediate.

5.1. Let $\mathcal{A}$ be a subspace arrangement in $\mathbb{R}^n$ and $L_\mathcal{A}$ its intersection semilattice with rank function $r(x) = \text{codim}\ (x)$.

(i) The *contraction* to $K \in L_\mathcal{A}$ is the arrangement $\{K \cap K' \mid K' \in \mathcal{A} - \{K\}\}$ in $K \cong \mathbb{R}^d$. Its intersection semilattice is the upper interval $L_\mathcal{A}^{\ge K}$ with rank function $r'(x) = r(x) - \text{codim}\ (K)$.

(ii) The *deletion* of $K \in L_\mathcal{A}$ is the arrangement $\mathcal{A} - \{K\}$ with intersection semilattice join-generated by the subset $\mathcal{A} - \{K\}$ in $L_\mathcal{A}$. The deletion of all subspaces of $\mathcal{A}$ that don't contain $x \in L_\mathcal{A}$ gives a central subarrangement whose intersection lattice is the interval $\left[\hat{0}, x\right]$ in $L_\mathcal{A}$. In particular, by using contraction and deletion one sees that the class of ranked intersection lattices is closed under taking intervals $[y, x]$.

(iii) A *generic section* of $\mathcal{A}$ is defined as follows. Take a generic affine hyperplane H in $\mathbb{R}^n$ and let $\mathcal{A}' = \{H \cap K \mid K \in \mathcal{A}\}$. Then $L_{\mathcal{A}'} \cong \{x \in L_{\mathcal{A}} \mid r(x) < n\}$ with the same rank function. Thus, by repeated generic sections any *upper truncation* $\{x \in L_{\mathcal{A}} \mid r(x) \leq q\}$ can be realized as an intersection semilattice.

(iv) The *p-truncation* of $\mathcal{A}, p \geq 1$, is the arrangement of all intersections of codimension p, i.e., $\{x \in L_{\mathcal{A}} \mid r(x) = p\}$. In some cases, e.g. for p-truncations of c-arrangements, the intersection lattice is then the *lower truncation* $\{x \in L_{\mathcal{A}} \mid r(x) = 0 \text{ or } r(x) \geq p\}$ of $L_{\mathcal{A}}$. By if necessary adding more elements from $L_{\mathcal{A}}$ to the p-truncations one sees that this lower truncation of $L_{\mathcal{A}}$ can always be realized as an intersection semilattice. Thus the class of ranked intersection semilattices is closed under both upper and lower truncation

As an example, the p-truncation of the braid arrangement is the family of all spaces K_π (defined in § 3.3) for partitions π with $n-p$ blocks. Note that the sequence of p-truncations for $p = 1, 2, 3, \ldots$ provides a stratification of the union and a dual stratification of the complement.

5.2. The algebraic process of *complexification* $\mathcal{A} \to \mathcal{A}^{\mathbb{C}}$, i.e., turning a central arrangement $\mathcal{A}$ of real subspaces in $\mathbb{R}^n$ into the arrangement $\mathcal{A}^{\mathbb{C}}$ of complex subspaces in $\mathbb{C}^n \cong \mathbb{R}^{2n}$ defined by the same real equations, has the following description on the combinatorial level. Since $\mathbb{C}^n = \mathbb{R}^n \oplus i\mathbb{R}^n$ we can place two copies of $\mathcal{A}$ into $\mathbb{C}^n$, one into the real $\mathbb{R}^n$-part and one into the imaginary $\mathbb{R}^n$-part. Then $\mathcal{A}^{\mathbb{C}}$ consists of all subspaces $K + iK$ of $\mathbb{C}^n$, for $K \in \mathcal{A}$.

This can be immediately generalized to "*c-plexification*," for $c \geq 2$, an operation that converts any central arrangement $\mathcal{A}$ in $\mathbb{R}^n$ into an arrangement $\mathcal{A}^c$ in $\mathbb{R}^{cn}$: just put $\mathbb{R}^{cn} = \mathbb{R}^n \oplus \ldots \oplus \mathbb{R}^n$, place one copy of $\mathcal{A}$ in each of the c terms $\mathbb{R}^n$, and then take all subspaces $K + \ldots + K$ of $\mathbb{R}^{cn}$ generated by $K \in \mathcal{A}$. It is easy to see that $L_{\mathcal{A}^c} \cong L_{\mathcal{A}}$, and that the rank (codimension) function has been scaled: $r_{\mathcal{A}^c}(x) = c \cdot r_{\mathcal{A}}(x)$ for all $x \in L_{\mathcal{A}}$. The c-plexification of a hyperplane arrangement is clearly a c-arrangement.

The process of c-plexification can be said to originate in the work of von Neumann [Ne]. He described how to construct lattice embeddings of the full subspace lattice of $\mathbb{R}^n$ (or any other field) into that of $\mathbb{R}^{cn}$ such that dimension is multiplied by c, which is exactly what we are talking about here. Constructions of such "stretch-embeddings" for other classes of geometric lattices were given by Björner and Lovász [BL1].

6. Topology of the union and link

As the study of subspace/hyperplane arrangements has developed, the focus has been primarily on the complement $M_{\mathcal{A}}$, as far as topology is concerned. In some recent work (e.g. [BZ1], [Fa], [JOS], [Va4], [ZŽ]), the idea has been to first work with the union, which has more combinatorial structure, and then pass to the complement via Alexander duality. Following this trend I will here treat the union first.

6.1. The following result says that the union of an arrangement has the same homotopy type as the order complex of its intersection semilattice with bottom element removed.

Theorem 6.1.1 *For every affine arrangement:* $V_{\mathcal{A}} \simeq \Delta\left(L_{\mathcal{A}}^{>\hat{0}}\right)$.

A version of this appears in Goresky and MacPherson [GM, Section III.2.5]. Their formulation is a bit more involved, and (on p. 244) they say "this result is surprisingly difficult to verify." It was rediscovered by Björner, Lovász and Yao [BLY] in the simple form stated here and with an extremely simple proof based on the nerve theorem: the covering of $V_{\mathcal{A}}$ by the maximal subspaces $K_1, \ldots, K_m$ of $\mathcal{A}$ and the covering of $\Delta\left(L_{\mathcal{A}}^{>\hat{0}}\right)$ by the subcomplexes $\Delta\left(L_{\mathcal{A}}^{\geq K_i}\right)$, $i = 1, \ldots, m$, have the same nerve, and all nonempty intersections are contractible.

The homotopy type of the compactification $\widehat{V}_{\mathcal{A}}$ can also be computed from combinatorial data, but this is considerably more difficult to prove. The following fundamental result is due to Ziegler and Živaljević [ZŽ]. Here S^j denotes the j-dimensional sphere, "$*$" denotes join of spaces, and "$\simeq$" denotes homotopy equivalence.

Theorem 6.1.2 *For every affine arrangement:*

$$\widehat{V}_{\mathcal{A}} \simeq \operatorname*{wedge}_{x \in L_{\mathcal{A}}^{>\hat{0}}} \left(\Delta\left(\hat{0}, x\right) * S^{\dim(x)}\right).$$

The proof of Ziegler and Živaljević is based on homotopy limits of diagrams of spaces, a technique coming from semisimplicial topology. This method is used in [ZŽ] to prove several versions of their main result. For instance, if $\mathcal{A}$ is central, the previous formula can be "de-suspended" to the following formula for the link $V_{\mathcal{A}}^{\circ} = V_{\mathcal{A}} \cap S^{n-1}$.

Theorem 6.1.3 *For every central arrangement:*

$$V_{\mathcal{A}}^{\circ} \simeq \underset{x \in L_{\mathcal{A}}^{>\hat{0}}}{\textit{wedge}} \left(\Delta\left(\hat{0}, x\right) * S^{\dim(x)-1} \right).$$

Theorems 6.1.2 and 6.1.3 are best possible in at least two ways: (1) the intersection semilattice $L_{\mathcal{A}}$ alone (without the dimension function) does not determine the homotopy type of $\widehat{V}_{\mathcal{A}}$ and $V_{\mathcal{A}}^{\circ}$ (only of $V_{\mathcal{A}}$), and (2) the pair $(L_{\mathcal{A}}, \dim(x))$ does not determine $\widehat{V}_{\mathcal{A}}$ or $V_{\mathcal{A}}^{\circ}$ up to homeomorphism. The latter can be seen from arrangements of 6 planes in $\mathbb{R}^3$. Also, Ziegler [Z1] gives an example of non-homeomorphic links coming from two 2-arrangements of five 4-planes in $\mathbb{R}^6$ with identical ranked intersection lattices.

Theorem 6.1.2 implies the following formula on the level of homology groups:

Corollary 6.1.4 $\widetilde{H}_i\left(\widehat{V}_{\mathcal{A}}\right) \cong \bigoplus_{x>\hat{0}} \widetilde{H}_{i-\dim(x)-1}\left(\hat{0}, x\right)$.

There are results on the homotopy type of the union of a subspace arrangement or its compactification also by Nakamura [Na1] and Vassiliev [Va3, Va4]. The former treats simple homotopy type of spherical and projective arrangements and the latter proves stable homotopy type. Homotopy properties of pairs $(\mathbb{C}P^n, V_{\mathcal{A}})$ for complex projective arrangements $\mathcal{A}$, and for some more general situations, are discussed by Karchiauskas [K].

6.2. It follows from the preceding results that the spaces $V_{\mathcal{A}}, \widehat{V}_{\mathcal{A}}$ and $V_{\mathcal{A}}^{\circ}$ have the homotopy type of a wedge of spheres in many important cases. All that is needed is (for $V_{\mathcal{A}}$) that $L_{\mathcal{A}}^{>\hat{0}}$ has this homotopy type, or (for $\widehat{V}_{\mathcal{A}}$ and $V_{\mathcal{A}}^{\circ}$) that all lower intervals $[\hat{0}, x]$ in $L_{\mathcal{A}}$ have this homotopy type. This is true for geometric (semi)lattices (Theorem 4.5.1) and their truncations and for the intersection lattices of certain orbit arrangements $\mathcal{A}_{\lambda}$ (Theorem 4.5.2), so the following conclusions can be drawn.

Theorem 6.2.1 *The following spaces have the homotopy type of a wedge of spheres (of various dimensions):*

(i) $V_{\mathcal{A}}$ *and* $\widehat{V}_{\mathcal{A}}$, *for any truncation* $\mathcal{A}$ *of an affine hyperplane arrangement (over* $\mathbb{R}$ *or* $\mathbb{C}$*).*

(ii) $V_{\mathcal{A}}^{\circ}$, *for any truncation* $\mathcal{A}$ *of a c-arrangement.*

(iii) $V_{\mathcal{A}_{\lambda}}^{\circ}$, *for partitions* λ *of hook or rectangular shape.*

Note that the union of the 2-truncation of a real hyperplane arrangement $\mathcal{A}$ (resp. the 4-truncation of a complex hyperplane arrangement) is the singular locus of $V_{\mathcal{A}}$ considered as an algebraic variety, so such loci and their compactifications and links are also covered by this result. The "untruncated" version of part (ii) appeared with another proof in Björner and Ziegler [BZ1], the rest of Theorem 6.2.1 is from Ziegler and Živaljević [ZŽ], or is easy to deduce from their results.

7. Topology of the complement

7.1. We now come to the result of Goresky and MacPherson [GM] cited in the introduction.

Theorem 7.1.1 *For every affine arrangement:*

$$\widetilde{H}^i(M_{\mathcal{A}}) \cong \bigoplus_{x \in L_{\mathcal{A}}^{>\hat{0}}} \widetilde{H}_{\operatorname{codim}(x)-2-i}\left(\hat{0}, x\right).$$

This follows via Alexander duality in $\widehat{\mathbb{R}^n} \cong S^n$ from Corollary 6.1.4. The original proof in [GM] uses stratified Morse theory. The result has also been proved using spectral sequence methods by Jewell-Orlik-Shapiro [JOS] and Vassiliev [Va4] and by induction and the Mayer-Vietoris sequence by Hu [Hu] and Ziegler [Z4]. The Hu-Ziegler approach makes it possible to relax the requirements on the sets $K \in \mathcal{A}$, they need not be flat affine subspaces — it suffices that they are topological balls in $\mathbb{R}^n$ and that the intersections are "nice." Ziegler and Živaljević [ZŽ] also prove a strengthening of Theorem 6.1.2 in that generality, thus via Alexander duality providing a different proof of Hu's generalization of Theorem 7.1.1.

To illustrate Theorem 7.1.1 let us compute the cohomology of the complement of the arrangement shown in Figure 3a. Call the three planes: a, b, c; their pairwise intersections: d, e, f; and the two additional lines: g, h. Then we get the following table. Here each row corresponds to one or several intersections x, as indicated in the first column. The second column gives the topological type of the open interval $(\hat{0}, x)$ in the intersection lattice (see Figure 4a), and the entry in each remaining column i is $\tilde{H}_{\mathrm{codim(x)-2-i}}(\hat{0}, x)$.

x	$(\hat{0}, x)$	$i = 0$	$i = 1$	$i = 2$
a, b, c	$\emptyset$	$(3\times)\mathbb{Z}$	0	0
d, e, f	S^0	$(3\times)\mathbb{Z}$	0	0
g, h	$\emptyset$	0	$(2\times)\mathbb{Z}$	0
$\hat{1}$	$S^1 \uplus S^0$	$\mathbb{Z}$	$\mathbb{Z}^2$	0

Hence, summing the columns we compute

$$\tilde{H}^0(M_{\mathcal{A}}) = \mathbb{Z}^7,$$
$$\tilde{H}^1(M_{\mathcal{A}}) = \mathbb{Z}^4,$$
$$\tilde{H}^2(M_{\mathcal{A}}) = 0.$$

This can be checked by observing (Figure 3a) that the complement $M_{\mathcal{A}}$ has the homotopy type of 2 figure-eights together with 6 isolated points. In this example the homotopy type of the singularity link $V_{\mathcal{A}}^0$ can also be determined by inspection (a wedge of 7 circles plus 4 isolated points), and it is an instructive exercise to test Theorem 6.1.3 against this information.

Theorem 7.1.1 is best possible in the sense that $M_{\mathcal{A}}$ is definitely not determined up to homotopy type by the ranked intersection semilattice $(L_{\mathcal{A}}, \text{codim})$. For instance, take the arrangement in Figure 3a and move one of the lines into another octant. This changes the homotopy type of $M_{\mathcal{A}}$, but not $L_{\mathcal{A}}$ or the homotopy type of $V_{\mathcal{A}}^{\circ}$. There is a long-standing conjecture due to P. Orlik that for complex hyperplane arrangements the homotopy type of $M_{\mathcal{A}}$ is determined by the geometric lattice $L_{\mathcal{A}}$. This now seems very doubtful in view of an example by Ziegler [Z1] of two 2-arrangements of four 2-planes in $\mathbb{R}^4$ with the same geometric intersection lattice but non-isomorphic cohomology algebras.

7.2. Here are some general facts about homotopy groups of complements of subspace arrangements of codimension greater than 2. The proof of part (i) is elementary, part (ii) uses Theorem 7.1.1 and the Hurewicz theorem, and part (iii) is based on a theorem of Serre. See Björner and Welker [BW] for further details.

Theorem 7.2.1 *Let $\mathcal{A}$ be c-codimensional, $c \geq 3$. Then*

(i) $\pi_i\,(M_{\mathcal{A}}) = 0$, *for* $i \leq c - 2$,

(ii) $\pi_{c-1}\,(M_{\mathcal{A}}) \cong \mathbb{Z}^k$, *for some* $k \geq \#\{K \in \mathcal{A} \mid \text{codim}\,(K) = c\}$

(iii) $\pi_i\,(M_{\mathcal{A}}) \neq 0$ *(in fact, there is an element of infinite order or an element of order two), for infinitely many dimensions i.*

A famous result of Deligne [De] states that the complexification of a simplicial real hyperplane arrangement is a $K(\pi, 1)$ space. Recently three papers with proofs of Deligne's theorem have appeared: Cordovil [Co], Salvetti [Sa2] and Paris [Pa1]. The first two extend the result to a wider combinatorial setting (simplicial oriented matroids), while the third gives a particularly lucid analysis of the original theorem. Theorem 7.2.1 shows that no more Eilenberg-MacLane spaces are to be found among complements of subspace arrangements, unless the codimension is 2.

7.3. The following combinatorial formula for the Euler characteristic of $M_{\mathcal{A}}$ can be deduced from Theorem 7.1.1 using some basic properties of the Möbius function. See [BW] for the details. Here $P_{\mathcal{A}}(t)$ denotes the characteristic polynomial of $\mathcal{A}$ (§ 4.4).

Theorem 7.3.1 *Let $\mathcal{A}$ be an affine arrangement in $\mathbb{R}^n$. Then*

(i) $\chi(M_{\mathcal{A}}) = (-1)^n P_{\mathcal{A}}(-1) = \sum_{x \in L_{\mathcal{A}}} (-1)^{\mathrm{codim}\,(x)} \mu\left(\hat{0}, x\right).$

(ii) *If $\mathcal{A}$ is central, then also*

$$\chi(M_{\mathcal{A}}) = -2 \cdot \sum_{\substack{x \in L_{\mathcal{A}} \\ \mathrm{codim}(x)\ \mathrm{odd}}} \mu\left(\hat{0}, x\right).$$

It follows that $\chi(M_{\mathcal{A}}) = 0$ if $\mathcal{A}$ is central and codim (x) is *even* for all $x \in L_{\mathcal{A}}$. For the case of complex subspace arrangements the vanishing of $\chi(M_{\mathcal{A}})$ is also a consequence of the fact that $M_{\mathcal{A}}$ is a fiber bundle with fiber $\mathbb{C}^*$, see Björner and Welker [BW]. If $\mathcal{A}$ is central and codim (x) is *odd* for all $x \in L_{\mathcal{A}}^{>\hat{0}}$, then $\chi(M_{\mathcal{A}}) = 2$.

7.4. Theorem 7.1.1 gives a description of the additive cohomology structure of $M_{\mathcal{A}}$. When $\mathcal{A}$ is a central complex hyperplane arrangement there is also a well-known combinatorial description of the *multiplicative* structure, due to Orlik and Solomon [OS]. Their presentation of the cohomology algebra was extended to all 2-arrangements (except for the sign-pattern of the relations) by Björner and Ziegler [BZ1]. See also § 13.8.

A linear basis for $H^*(M_{\mathcal{A}})$ was constructed in [BZ1] for any c-arrangement $\mathcal{A}$. The elements of this basis are indexed by the so-called "broken circuit complex" of the underlying matroid, and the construction specializes to a well-known basis for the Orlik-Solomon algebra for $\mathbb{C}$-arrangements (see [Bj3, Section 7.10]) and to a basis for the Varchenko-Gel'fand ring [VG] for $\mathbb{R}$-arrangements. The "broken circuit basis" of $H^*(M_{\mathcal{A}})$ constructed in [BZ1] consists of cohomology classes that are Alexander dual to the fundamental cycles of a system of explicitly constructed spheres that are embedded in $V_{\mathcal{A}}^{\circ}$, for any c-arrangement $\mathcal{A}$.

8. Consequences and examples

8.1. Let $\mathcal{B}_\Delta$ be the Boolean subspace arrangement of a simplicial complex Δ on n vertices. As was mentioned in § 3.2 the intersection lattice $L_{\mathcal{B}_\Delta}$ is the face lattice of Δ upside-down, so if $x \in L_{\mathcal{B}_\Delta}, x \neq \hat{0}$, corresponds to the face $\sigma \in \Delta$ then the open interval $\left(\hat{0}, x\right)$ is antiisomorphic to the face lattice of the *link* $lk(\sigma) = \{\tau \in \Delta \mid \sigma \cup \tau \in \Delta,\ \sigma \cap \tau = \emptyset\}$. Hence Theorems 6.1.2 and 7.1.1 imply:

Theorem 8.1.1 (i) $\widehat{V_{\mathcal{B}_\Delta}} \simeq \underset{\sigma \in \Delta}{\textit{wedge}} \left(lk(\sigma) * S^{|\sigma|}\right)$,

(ii) $\widetilde{H}_i\left(\widehat{V_{\mathcal{B}_\Delta}}\right) \cong \widetilde{H}^{n-1-i}\left(M_{\mathcal{B}_\Delta}\right) \cong \bigoplus_{\sigma \in \Delta} \widetilde{H}_{i-|\sigma|-1}\left(lk(\sigma)\right)$.

From these formulas it is easy to see that the topology of unions and complements of subspace arrangements can be almost arbitrarily "bad" — as complicated as the topology of any triangulable space. Take any simplicial complex Δ, then $V^\circ_{\mathcal{B}_\Delta}$ will contain $\Delta = lk(\emptyset)$ as a component in the wedge and $\widetilde{H}^*\left(M_{\mathcal{B}_\Delta}\right)$ will have all homology groups of Δ as summands. In particular, the homology of subspace arrangements needs not be torsion-free, as is the case for hyperplane arrangements. Using this construction, Ziegler and Živaljević [ZŽ] showed that every finitely presented group appears as the fundamental group of the link of some Boolean arrangement. Jewell, Orlik and Shapiro [JOS] also discuss the very general topological nature of subspace arrangements.

8.2. Having seen how bad things can get in general, let us now look at some examples with good topological properties. First, let $\mathcal{A}$ be a c-arrangement in $\mathbb{R}^n$ with characteristic polynomial $P_{\mathcal{A}}(t)$. Since $L_{\mathcal{A}}$ is a geometric lattice, known properties of such lattices (see [W2, Chapter 7]) show that $P_{\mathcal{A}}(t) = \sum_{i=0}^{r} (-1)^i\, w_i t^{n-ci}$, where w_i are nonnegative integers, $w_0 = 1$, and $r = \frac{1}{c} \cdot \operatorname{codim}\,(\cap\mathcal{A})$. Goresky and MacPherson [GM] prove the following:

Theorem 8.2.1 *Let $\mathcal{A}$ be a c-arrangement, $c \geq 2$, and $P_{\mathcal{A}}(t) = \sum_{i=0}^{r} (-1)^i\, w_i t^{n-ci}$. Then*

(i) *all cohomology groups $H^i\left(M_{\mathcal{A}}\right)$ are torsion-free,*

(ii) *$H^i\left(M_{\mathcal{A}}\right) \neq 0$ if and only if $i = t(c-1)$, $0 \leq t \leq r$,*

(iii) *$\textit{Poin}\,\left(M_{\mathcal{A}}, t\right) = w_0 + w_1 t^{c-1} + w_2 t^{2(c-1)} + \ldots + w_r t^{r(c-1)}$.*

The good behaviour of $\Pi_{n,k}$ stated in Theorem 4.5.2 is also found in all lower intervals $[\hat{0}, x]$ of $\Pi_{n,k}$. Using this and Theorem 7.1.1 the following is proved in Björner and Welker [BW].

Theorem 8.2.2 *Let $\mathcal{A} = \mathcal{A}_{n,k}$ be a k-equal arrangement. Then*

(i) *$H^i\left(M_{\mathcal{A}}\right)$ is torsion-free, for all i,*

(ii) *$H^i\left(M_{\mathcal{A}}\right) \neq 0$ if and only if $i = t(k-2)$, $0 \leq t \leq \lfloor \frac{n}{k} \rfloor$.*

Several formulas for Betti numbers of $M_{\mathcal{A}_{n,k}}$ are given in [BW], but no closed formula for the Poincaré polynomial was found. Note however the formula for the Euler characteristic $\chi\left(M_{\mathcal{A}_{n,k}}\right) = (-1)^n P_{n,k}(-1)$ in terms of the roots of the truncated exponential series given in Theorem 4.4.1. The Poincaré-polynomials of $\mathcal{A}_{6,3}$ and its complexification are

$$\begin{aligned}\text{Poin}\left(M_{\mathcal{A}_{6,3}}, t\right) &= 1 + 111t + 20t^2, \\ \text{Poin}\left(M^{\mathbb{C}}_{\mathcal{A}_{6,3}}, t\right) &= 1 + 20t^3 + 45t^4 + 36t^5 + 20t^6 + 10t^7,\end{aligned}$$

which serves to illustrate the lack of relationship with the characteristic polynomial $P_{6,3}(t) = t^6 - 20t^4 + 45t^3 - 26t^2$ (except for the coincidence of values at $t = \pm 1$ that has already been explained). Actually, the three polynomials are put together by the same atomic parts, namely the Betti numbers of lower intervals $[\hat{0}, x]$ as explained by formula (2.4.1) and Theorem 1.3, but these parts are combined and distributed over the various dimensions in different ways. For instance, the only nonvanishing Betti numbers of $\Pi_{6,3}$ are $\beta_1 = \beta_2 = 10$, and these contribute to the homology of $\mathcal{A}_{6,3}$ (and $\mathcal{A}^{\mathbb{C}}_{6,3}$) in dimensions 1 and 2 (resp. 6 and 7), while their contribution to $P_{6,3}(t)$ is $\mu\left(\hat{0}, \hat{1}\right) = -\beta_1 + \beta_2 = 0$.

Part (i) of Theorem 4.5.2 implies the following for orbit arrangements $\mathcal{A}_\lambda$ with λ of rectangular shape.

Theorem 8.2.3 *Let $\lambda = (d, d, \ldots, d)$. Then $H^i\left(M_{\mathcal{A}_\lambda}\right) \neq 0$ if and only if $i = 0$ or $i = n - \frac{n}{d} - 1$, and all cohomology groups are torsion-free.*

8.3. Let $\mathcal{A}$ and $\mathcal{A}'$ be two subspace arrangements whose intersection lattices are isomorphic (as abstract posets without rank function). Then $\Sigma_{i\geq 0}\beta^i\left(M_{\mathcal{A}}\right) = \Sigma_{i\geq 0}\beta^i\left(M_{\mathcal{A}'}\right)$, as is shown by Theorem 7.1.1. In particular, the sum of Betti numbers of the complement is unchanged by c-plexification. For $c = 2$ (complexification) this is called the *M-property*, a concept with interesting algebraic-geometric background, see Arnold and Oleinik [AO], Orlik and Terao [OT] or Shapiro and Shapiro [ShS] for this. The work of Goresky and MacPherson [GM] shows that for the class of spaces studied here the M-property is an essentially combinatorial phenomenon.

8.4. If $\mathcal{A}$ is the p-truncation of a real hyperplane arrangement (§ 5.1) then $\widetilde{H}^i\left(M_{\mathcal{A}}\right) \neq 0$ if and only if $i = p - 1$. For instance, for p-truncations of the braid arrangement the following is computed in [BL2]:

$$\text{rank } \widetilde{H}^{p-1}\left(M_{\mathcal{A}^{(r)}_{n,2}}\right) = \sum_{r=1}^{n-p} r!rS(p + r - 1, r). \tag{8.4.1}$$

Here $S(m, r)$ is the Stirling number of the second kind, i.e., the number of partitions of an m-set into r blocks.

Furthermore, the p-truncation of a complex hyperplane arrangement (p even) in $\mathbb{C}^n$ has non-vanishing reduced cohomology precisely in dimensions $p-1, p, p+1, \ldots, \frac{1}{2}(p + \operatorname{codim}(\cap\mathcal{A})) - 1$, and similarly for c-arrangements.

8.5. Consider the space $\mathbb{R}^d[n,k]$ of all ordered n-tuples $(x_1, \ldots, x_n)$ of points $x_i \in \mathbb{R}^d$ such that no point occurs k times. This is a submanifold of $\mathbb{R}^{dn}$, called an *ordered configuration space*, cf. Cohen [C] and Vassiliev [Va4]. For $d = 1$ we get the complement of the k-equal arrangement $\mathcal{A}_{n,k}$, and it is easy to see that $\mathbb{R}^d[n,k]$ in general is the complement of the d-plexification of $\mathcal{A}_{n,k}$. Therefore, the cohomology of $\mathbb{R}^d[n,k]$ is governed by its intersection lattice $\Pi_{n,k}$, and it follows from Theorem 4.5.2 that $H^*\left(\mathbb{R}^d[n,k]\right)$ is torsion-free. Betti numbers can be computed from Theorem 7.1.1, and this was carried out by Björner and Welker [BW] for the cases $d = 1$ and $d = 2$ (complexification). It turns out that $\mathbb{R}^2[n,k] = M_{\mathcal{A}^{\mathbb{C}}_{n,k}}$ has non-vanishing cohomology in dimension d if and only if $d = 0$ or there exist integers $1 \le m \le t \le \lfloor \frac{n}{k} \rfloor$ such that $tk \le d + m - t(k-2) \le n$. For $k = 2$ (the space of n-tuples of distinct points in $\mathbb{R}^d$) non-zero cohomology occurs only in dimensions that are multiples of $d-1$, as shown by Theorem 8.2.1.

Let $\mathcal{P}^1_n$ be the space of real monic polynomials of degree n: $z^n + a_1 z^{n-1} + \ldots + a_{n-1} z + a_n$, $a_i \in \mathbb{R}$. Similarly, let $\mathcal{P}^2_n$ be the space of complex monic polynomials of degree n. These are just spaces of sequences $(a_1, \ldots, a_n)$, so $\mathcal{P}^1_n \cong \mathbb{R}^n$ and $\mathcal{P}^2_n \cong \mathbb{C}^n$. Let Σ^i_k be the subspace of all polynomials having some root of multiplicity k or higher. For $i = 1, 2$ there is a continuous map (surjective if $i = 2$)

$$f^i_{n,k} : \mathbb{R}^i[n,k] \longrightarrow \mathcal{P}^i_n - \Sigma^i_k \qquad (8.5.1)$$

which sends $x \in \mathbb{R}[n,k]$ resp. $x \in \mathbb{C}[n,k]$ to the monic polynomial with roots $x_1, x_2, \ldots, x_n$. This is a polynomial map having the elementary symmetric functions as coordinates. Note that $f^i_{n,k}$ is invariant under the action of S_n on $\mathbb{R}^i[n,k]$ and this action is free on $\mathbb{R}^i[n,2]$ (all orbits are of size $n!$). Thus for $i = 2$ there is an identification $\mathcal{P}^2_n - \Sigma^2_2 \cong \mathbb{R}^2[n,2]/S_n$, and this is even a diffeomorphism by a result of Arnold (see [Va4, p. 19]). The second space is the orbit space of the complement of the complexified braid arrangement modulo permutation of coordinates, called the *unordered configuration space* of n distinct points in $\mathbb{R}^2 \cong \mathbb{C}$. It is known to be a $K(\pi, 1)$ space with the braid group as fundamental group.

Spaces of the type $\mathcal{P}^i_n - \Sigma^i_k$, $i = 1, 2$, and other kinds of configuration spaces, have been intensively studied by Arnold [Ar2, Ar3] and his school, see Vassiliev's book [Va4] for a general account. Let me here just quote one result of Arnold [Ar3] (see also [Va4, p. 83]).

Theorem 8.5.1

$$H^i\left(P_n^1 - \Sigma_k^1\right) = \begin{cases} \mathbb{Z} & , \quad \text{if } i = t(k-2), 0 \le t \le \lfloor \frac{n}{k} \rfloor, \\ 0 & , \quad \text{otherwise.} \end{cases}$$

It is interesting to compare this with Theorem 8.2.2, which shows that the space $\mathbb{R}^1[n,k] = M_{\mathcal{A}_{n,k}}$ has non-vanishing cohomology in exactly the same dimensions. Is there a systematic explanation for this coincidence?

9. An application to computational complexity

9.1. Consider the following problem from theoretical computer science, called the "k-equal problem":

> *given n real numbers $x_1, x_2, \ldots, x_n$ and an integer $k \ge 2$, how many comparisons $x_i \ge x_j$ are needed to decide if some k of them are equal: $x_{i_1} = x_{i_2} = \ldots = x_{i_k}$?*

We are talking about the number of comparisons needed by the best algorithm in the worst case. Call this function $\gamma(n,k)$.

The answer for $k = 2$ (the "element distinctness problem") was given by Dobkin and Lipton [DL] in 1975:

$$\gamma(n,2) = \Theta(n \log n) \tag{9.1.1}$$

I will comment more on this in § 9.2. Let me now just remind the reader of the notational conventions used: $\gamma(n,k) = O(f(n,k))$ means that there exists a constant C such that $\gamma(n,k) \le C \cdot f(n,k)$ for n sufficiently large (and all $2 \le k \le n$), $\gamma(n,k) = \Omega(f(n,k))$ means the same but with $\gamma(n,k) \ge C \cdot f(n,k)$, and "$\Theta$" means "both O and Ω."

The following solution to the k-equal problem was found by Björner, Lovász and Yao [BLY]:

Theorem 9.1.1 $\gamma(n,k) = \Theta\left(n \log \frac{2n}{k}\right)$.

The upper bound uses fairly standard sorting arguments, and will not concern us here. The lower bound, which is the difficult and more interesting part, uses the topology of subspace arrangements. The topological invariant originally used in [BLY] is the Euler characteristic, but this was soon sharpened to Betti numbers by Björner and Lovász [BL2].

In a geometric reformulation the k-equal problem concerns the complexity of deciding "$x \in V_{\mathcal{A}_{n,k}}$" for points $x \in \mathbb{R}^n$. Also, the comparisons "$x_i - x_j \ge 0$" are special cases of linear tests "$l(x) \ge 0$," for linear forms $l(x)$. Thus from a geometric point of view we are led to study the more general problem:

given a subspace arrangement $\mathcal{A}$, how many linear tests are needed (by the best algorithm in the worst case) to decide "$x \in V_{\mathcal{A}}$" for points $x \in \mathbb{R}^n$? (9.1.2)

It is only natural to expect that the topological complexity of $\mathcal{A}$, as measured by the cohomology of $M_{\mathcal{A}}$, should have some bearing on this algorithmic complexity.

9.2. The computational model for the kind of decision problems described in § 9.1 is that of a *linear decision tree.* This is a ternary tree with each interior node labelled by a linear form, the three outgoing edges labelled by "<", "=", ">", and each leaf (exterior node) labelled YES or NO. The inputs $x \in \mathbb{R}^n$ enter the tree at the root node, then travel down the tree, branching according to the tests performed, and finally reach a leaf where the answer is read off.

Figure 5 shows an arrangement $\mathcal{A} = \{l_1, l_2, l_3\}$ of coplanar lines in $\mathbb{R}^3$. Let H_1, H_2 and H_3 be planes such that $H_i \cap H = l_i$, the positive side of each plane is indicated by a small arrow. A linear decision tree for the problem "$x \in V_{\mathcal{A}}$?" is shown in Figure 6.

Here is how Dobkin and Lipton proved the lower bound (9.1.1). Suppose that T is a linear decision tree for the 2-equal problem. For each NO-leaf w, let P_w be the set of inputs that arrive at w after traversing T. Clearly, P_w is a convex subset of $M_{\mathcal{A}_{n,2}}$, and the complement $M_{\mathcal{A}_{n,2}}$ is the disjoint union of all such sets P_w. In fact, *each connected component* of $M_{\mathcal{A}_{n,2}}$ must be a disjoint union of sets P_w, and therefore the number of components is less than or equal to the number of sets P_w; i.e., to the number of NO-leaves. The argument is of course perfectly general, and in topological notation we have proved for any tree testing for membership in an arrangement $\mathcal{A}$:

$$\textit{number of NO-leaves} \geq \beta^o(M_{\mathcal{A}}). \tag{9.2.1}$$

Now, it is well-known and easy to see that the complement of the braid arrangement has $n!$ regions (Weyl chambers), so the depth of T must be at least $\log_3(n!) = \Omega(n\log n)$, which proves the lower bound (9.1.1).

The method (9.2.1) for obtaining lower bounds is known as the "component count method." It was extended to algebraic decision trees (where polynomial tests "$p(x) \geq 0$" are performed at the nodes) and algebraic computation trees (described in § 10.1) by Steele and Yao [SY] and Ben-Or [BO], and it has been successfully applied to several problems.

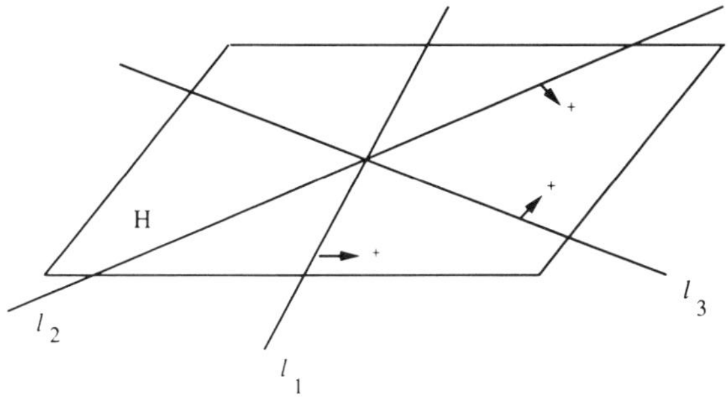

Figure 5

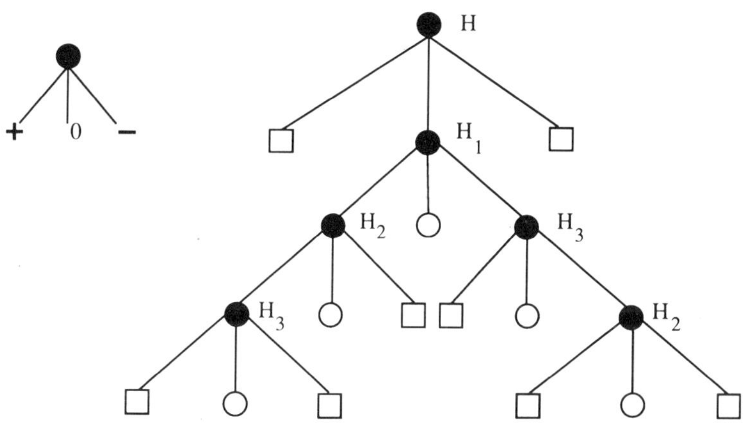

Figure 6

The component count method will clearly not work for the k-equal problem, $k > 2$, since $\beta^0(M_{\mathcal{A}}) = 1$ (the complement is connected). As was argued in the introduction, the higher Betti numbers are the relevant combinatorial (not only topological) invariants for general subspace arrangements, and a bound such as (9.2.1) should be sought in terms of these.

The following is proved in Björner and Lovász [BL2]. By the *dimension* of a leaf w is meant $\dim P_w$ (which is well-defined since P_w is an open convex polyhedron in its affine span).

Theorem 9.2.1 *Let T be a linear decision tree for an arrangement $\mathcal{A}$ in*

$\mathbb{R}^n$. *Then, for all i:*

$$\text{number of } i\text{-dimensional NO-leaves} \geq \beta^{n-i}(M_{\mathcal{A}}),$$
$$\text{number of } i\text{-dimensional YES-leaves} \geq \tilde{\beta}^{n-i-1}(M_{\mathcal{A}}).$$

For instance, in Figures 5 and 6 we have $\beta(M_{\mathcal{A}}) = (1,5,0)$ and there are two 3-dimensional NO-leaves, six 2-dimensional ones, and five 1-dimensional YES-leaves.

Corollary 9.2.2 *The number of tests needed in problem (9.1.2) is bounded below by either of:*

(i) $log_3\left(\sum_{i=0}^{n}\beta^i(M_{\mathcal{A}})\right)$,

(ii) $log_3|\chi(M_{\mathcal{A}})|$,

(iii) $log_3\left|\mu_{L_{\mathcal{A}}}(\hat{0},\hat{1})\right|$.

The Euler characteristic lower bound (ii) and a weaker version of (iii) was proved in Björner, Lovász and Yao [BLY] by a cell decomposition method: the cells P_w, for all leaves w, "almost" form a *CW* decomposition of $\widehat{\mathbb{R}_n} = S_n$, having $V_{\mathcal{A}}$ as a subcomplex. The formula results by refining this decomposition, taking the expansion of the Euler characteristic as an alternating sum of numbers of cells and grouping terms. All three bounds result from Theorem 9.2.1, which is proved in [BL2] by induction on the size of the tree, using the Mayer-Vietoris sequence on the topological side. The lower bound (ii) for tree depth was extended to algebraic decision and computation trees by Yao [Ya].

Now back to the k-equal problem. The geometric analysis of the problem has shown that we should seek to prove that $\left|\chi\left(M_{\mathcal{A}_{n,k}}\right)\right| = |P_{n,k}(-1)|$ or $\left|\mu_{n,k}\left(\hat{0},\hat{1}\right)\right|$ is large enough. This is not always true, however; the formulas in Theorem 4.4.1 show that $P_{n,3}(-1) = \mu_{n+3,3}\left(\hat{0},\hat{1}\right) = 0$ for all $n \equiv 3 \pmod 4$. However, the same formulas can be used to prove that these numbers are "large enough, often enough," so that with the help of a monotonicity property of the function $\gamma(n,k)$ the lower bound of Theorem 9.1.1 can finally be established.

9.3. The following "k-unequal problem" is another variation on the same theme:

> *given n real numbers $x_1, x_2, \ldots, x_n$ and an integer $k \geq 2$, how many linear tests are needed to decide if some k of them are pairwise distinct?*

Let $\gamma'(n,k)$ denote this number. Note that this also contains the element distinctness problem as a special case.

Geometrically this problem concerns testing for membership in the $(n-k+1)$-truncation of the braid arrangement. Therefore the Betti number formula (8.4.1) is relevant. Indeed, the general method of § 9.2 applies, and leads to the following answer (see [BL2]):

Theorem 9.3.1 $\gamma'(n,k) = \Theta(n \log k)$.

10. More connections with complexity theory

10.1. How difficult is it to approximately (within ϵ) find the roots of a complex polynomial? This problem has been studied from many points of view, using different computation models and complexity measures. See Grigor'ev and Vorobjov [GV], Renegar [Re], Schönhage [Sch] and Smale [Sm1] for an overview and further references.

An interesting topological method for getting lower bounds was introduced by Smale [Sm2]. He uses algebraic computation trees as the model of computation, and the number of branch nodes as complexity measure. The result of Smale was later improved by Vassiliev [Va1] to essentially optimal form, by refinement of the same method. The topology of certain spaces closely related to the braid arrangement plays an intrinsic role in this work.

I will describe here a few aspects of the Smale–Vassiliev work, as the space constraints permit. Apart from the statement of the results I hope to get across why the braid arrangement is relevant for this problem.

By an *algebraic computation tree* we will here understand the following. The interior nodes are of two kinds: *computation nodes* and *branching nodes*, the former with one son and the latter with two. An input string of real numbers is fed into the tree at the root node and then the computation proceeds as a downward path through the tree. At each computation node a rational function is evaluated from arguments coming from the input string or values computed earlier along the path. At each branching node one of the rational functions already computed is compared to 0, and we pass to the left or to the right depending on the outcome. The process terminates when a leaf is reached, and the algorithm then presents some of the values computed along the path as output. Clearly, the number of leaves equals the number of branching nodes plus one.

A simple example of an algebraic computation tree is shown in Figure 7 to illustrate the definition. It computes the function $Im(z)^2 + \left|z \cdot \bar{z} - 2 \cdot Re(z)^2\right|$ for inputs $z = x + iy \in \mathbb{C}$.

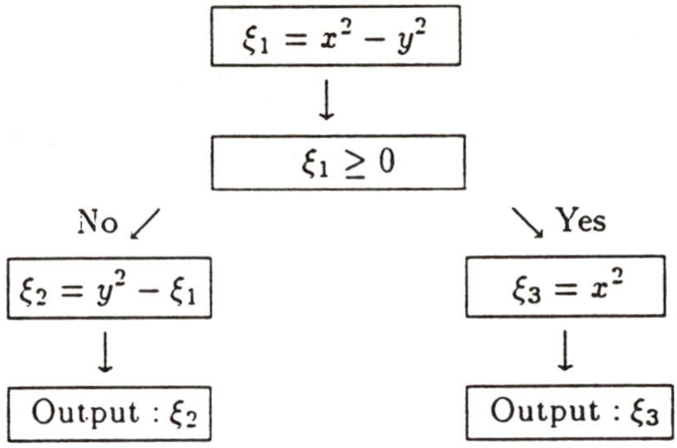

Figure 7

Now consider the following problem:

Given a complex polynomial $p(z) = z^n + a_1 z^{n-1} + \ldots + a_{n-1}z + a_n$ *and* $\epsilon > 0$, *find* $\xi_1, \ldots, \xi_n \in \mathbb{C}$ *such that if* $z_1, \ldots, z_n$ *are the roots of* $p(z)$ *suitably ordered then* $|\xi_i - z_i| < \epsilon$ *for* $1 \leq i \leq n$.

Define the *complexity* $\tau(n, \epsilon)$ to be the smallest number of branching nodes in any algebraic computation tree that accepts the string $(a_1, \ldots, a_n)$ as input and at each leaf outputs strings $(\xi_1, \ldots, \xi_n)$ of ϵ-approximate roots as required.

The result of Smale [Sm2] is that $\tau(n, \epsilon) > (\log_2 n)^{2/3}$, for sufficiently small $\epsilon > 0$. The following strengthening is due to Vassiliev [Va1, Va4]. Here $D_p(n)$ denotes the sum of the digits in the expansion of n in base p, and the minimum is taken over all prime numbers p.

Theorem 10.1.1 *For all sufficiently small* $\epsilon > 0$:

$$n - \min_p D_p(n) \leq \tau(n, \epsilon) \leq n - 1.$$

Note that if n is a prime-power number then the two bounds coincide, so $\tau(n, \epsilon) = n - 1$.

The method of Smale, also used by Vassiliev, hinges on the following link between complexity and topology. The *covering number* (or Schwartz genus) of a map $f : X \to Y$ of topological spaces is the size k of the smallest open covering $\mathcal{O}_1, \ldots, \mathcal{O}_k$ of Y such that continuous maps $g_i : \mathcal{O}_i \to X$ with $fog_i = id_{\mathcal{O}_i}$ exist.

Theorem 10.1.2 *Let* $g(n)$ *be the covering number of the map (8.5.1)* $f^2_{n,2} : M_{\mathcal{A}^{\mathbb{C}}_{n,2}} \to \mathcal{P}^{\mathbb{C}}_n - \Sigma^{\mathbb{C}}_2$. *Then for all sufficiently small* $\epsilon > 0 : g(n) - 1 \leq \tau(n, \epsilon)$.

The idea, briefly, is to take an optimal tree T and for each leaf w look at the set P_w of all inputs that produce a computation path leading to w. This creates a partition of $\mathcal{P}_n^{\mathbb{C}}$ into $\tau(n, \epsilon) + 1$ pieces P_w, which after a sequence of topological manipulations eventually is converted into an open covering $\mathcal{O}_1, \dots, \mathcal{O}_{\tau(n,\epsilon)+1}$ of $\mathcal{P}_n^{\mathbb{C}} - \Sigma_2^{\mathbb{C}}$ having the required sections g_i with respect to the map $f_{n,2}^2$.

The work that remains to prove the lower bound in Theorem 10.1.1 is now to find a good estimate for the covering number of $f_{n,2}^2$. This part of the proof is entirely topological, and it is here that Vassiliev was able to improve on the estimate of Smale.

It should be mentioned that Vassiliev's results go much further. For instance, he proves that if n is a prime-power number then the complexity of the problem of finding just *one* root within ϵ is also equal to $n - 1$. He has also extended these complexity results to the problem of finding approximate solutions to systems of polynomial equations in several variables [Va2]. See [Va4, Chapt. 2] for a general account.

10.2. Some very useful upper bounds are known for Betti numbers, or sums of Betti numbers, of sets in $\mathbb{R}^n$ defined by real polynomial equations and inequalities. They are in various versions due to Oleinik and Petrovsky [OP], Oleinik [O], Milnor [Mi], Thom [Th] and Warren [War], see also Arnold and Oleinik [AO] and Bochnak, Coste and Roy [BCR]. These upper bounds have been applied to questions of complexity theory in the work of Vitushkin [Vt], Steele and Yao [SY], Ben-Or [BO] and Yao [Ya].

Since these inequalities and their applications in complexity theory are only peripherally related to our main topic — subspace arrangements — I will leave them aside having mentioned the references. It is noteworthy that in the applications so far only the zero-th Betti number (i.e. number of connected components) and the Euler characteristic have found use, but not the higher Betti numbers as such.

10.3. Representations of graphs as intersection graphs of subspace arrangements have been linked to questions in Boolean complexity theory in recent papers by Razborov [Ra] and Pudlák and Rödl [PR], and their work poses some intriguing combinatorial questions.

Let $\mathbf{k}$ be a field (not necessarily $\mathbb{R}$ now) and $G = ([t], E)$ a graph, $[t] = \{1, \dots, t\}$. Then an affine subspace arrangement $\mathcal{A} = \{K_1, \dots, K_t\}$ in $\mathbf{k}^n$ is said to provide an *affine representation* of G if $(i, j) \in E \Leftrightarrow K_i \cap K_j \neq \emptyset$, for all i, j. The minimal dimension n for which such a representation exists is called the *affine dimension* of G, denoted $a\dim_{\mathbf{k}}(G)$. Taking instead a central arrangement $\mathcal{A}$ and demanding that $(i, j) \in E \Leftrightarrow K_i \cap K_j \neq \{0\}$ we get the parallel notions of a *projective representation* of G, and of G's *projective dimension* $p\dim_{\mathbf{k}}(G)$.

Ordering the vertices and edges of a graph G by inclusion, and adding the empty set, we get a semilattice $L(G)$ of height 2. A subspace representation of $L(G)$ in the sense of § 4.1 gives a subspace representation of G in the sense defined here, but not conversely (since distinct edges are not required to correspond to distinct subspaces here).

Why are graphs related to Boolean functions in the first place? The connection is this. Let $f : \{0,1\}^{2n} \to \{0,1\}$ be a Boolean function defined on strings of even length: $(x_1, \ldots, x_n,\, y_1, \ldots, y_n)$. Now, let $X = 2^{\{x_1,\ldots,x_n\}}$ and $Y = 2^{\{y_1,\ldots,y_n\}}$, where 2^S denotes the family of all subsets of the set S. Then $f^{-1}(1)$ can be viewed as a collection of incidence vectors describing pairs $(\mathbf{x}, \mathbf{y}) \in X \times Y$. Conversely, every bipartite graph $E \subseteq X \times Y$ can be coded back to a Boolean function f.

Let G_f be the bipartite graph corresponding to a Boolean function f. Part (i) of the following result is due to Razborov [Ra], part (ii) to Pudlák and Rödl [PR].

Theorem 10.3.1 *For any field* $\mathbf{k}$ *and any Boolean function* f:

(i) $L(f) \geq a\dim_{\mathbf{k}}(G_f)$, *where* $L(f)$ *is the formula size of* f *in the basis* $\{\neg, \&, \vee\}$.

(ii) $L'(f) \geq p\dim_{\mathbf{k}}(G_f) - 2$, *where* $L'(f)$ *is the minimal size of any branching program computing* f.

I refer the reader to the original papers and the references there for descriptions of these complexity measures and their background, but it should be clear why results about subspace representations of graphs have potential applicability to the important problem of proving lower bounds for the complexity of Boolean functions. (It should be mentioned that the definition of affine and projective representation and dimension used in [Ra] and [PR] only applies to *bipartite* graphs, and for such graphs differs slightly from the definition given here.)

The best lower bound known for $p\dim_{\mathbf{k}}(G)$ is the following inequality for the class of graphs G_N obtained by removing an N-to-N matching from the complete graph K_{2N}:

$$p\dim_{\mathbf{k}}(G_N) = \Omega(\log N), \tag{10.3.1}$$

for every field $\mathbf{k}$ of characteristic other than 2. This result is due to L. Lovász, see Pudlák and Rödl [PR]. Note that a collection of N pairs of parallel lines in $\mathbb{R}^2$ shows that $a\dim_{\mathbb{R}}(G_N) = 2$ for all N.

What is needed for complexity theory is an explicit class of graphs G_t on t vertices (preferably bipartite) such that $p\dim(G_t)$ or $a\dim(G_t)$ grows sufficiently fast with t.

11. Some ring-theoretic aspects

11.1. Let $\mathbf{k}$ be a field (not necessarily $\mathbb{R}$ or $\mathbb{C}$ in this section). If $\mathcal{A}$ is a subspace arrangement in $\mathbf{k}^n$ the union $V_{\mathcal{A}}$ is an affine algebraic variety, with vanishing ideal $I_{\mathcal{A}} = \{p \in \mathbf{k}[x_1, \ldots, x_n] \mid p(x) = 0 \text{ for all } x \in K \in \mathcal{A}\}$ and coordinate ring $\mathbf{k}[\mathcal{A}] = \mathbf{k}[x_1, \ldots, x_n]/I_{\mathcal{A}}$. This class of coordinate rings (and their seminormalization) has been studied by Yuzvinsky [Yu1, Yu2], particularly with respect to the Cohen–Macaulay property. Here I will mention a few facts about two particular cases that are of combinatorial interest.

The first case is the Boolean arrangement $\mathcal{B}_{\Delta}^{\mathbf{k}}$ in $\mathbf{k}^n$, corresponding to a simplicial complex Δ on vertex set $[n]$, cf. § 3.2. It is easy to see [Yu1] that the vanishing ideal I_{Δ} is generated by all square-free monomials $x_{i_1}x_{i_2}\ldots x_{i_k}$ such that $\{i_1, i_2, \ldots, i_k\} \notin \Delta$. Hence, the coordinate ring $\mathbf{k}[\Delta]$ of $\mathcal{B}_{\Delta}^{\mathbf{k}}$ is the *Stanley–Reisner ring* of Δ over $\mathbf{k}$, also called *face ring* [St1]. Some arrangement-theoretic aspects of such rings will be discussed in § 11.2.

The second case is that of the k-equal arrangement $\mathcal{A}_{n,k}^{\mathbf{k}}$ in $\mathbf{k}^n$, cf. § 3.1. For each partition π of the set $[n]$, define the generalized Vandermonde polynomial

$$p_{\pi}(x_1, \ldots, x_n) = \prod_{\substack{i>j \\ i\equiv j}} (x_i - x_j), \tag{11.1.1}$$

where $i \equiv j$ denotes that i and j belong to the same block of π. Let $b(\pi)$ be the number of blocks of π. The following result is due to Li and Li [LL].

Theorem 11.1.1 *The set $\{p_{\pi}(x) \,|b(\pi) = k-1\}$ generates $I_{n,k}$, the vanishing ideal of $V_{\mathcal{A}_{n,k}^{\mathbf{k}}}$.*

The ideal $I_{n,k}$ has an interesting connection to algorithmic graph theory. The *stability number* $\alpha(G)$ of a graph $G = ([n], E)$ is the maximum size of a set S of mutually non-adjacent nodes (i.e., such that $i, j \in S$ implies $(i, j) \notin E$). It is well-known that the computation of $\alpha(G)$ is NP-hard. The following ring-theoretic characterization of $\alpha(G)$ was discovered by Li and Li [LL]:

$$\alpha(G) < k \textit{ if and only if the polynomial } \prod_{\substack{i>j \\ (i,j)\in E}} (x_i - x_j) \textit{ belongs to } I_{n,k}. \tag{11.1.2}$$

Thus $\alpha(G)$ can in principle be computed using Gröbner basis methods, but the algorithm is inefficient from the viewpoint of complexity theory. See Lovász [Lo] for a discussion of this and other approaches to the computation of $\alpha(G)$.

Also the chromatic number $\chi(G)$ of a graph G has an ideal-theoretic characterization similar to (11.1.2), due to L. Lovász and D. Kleitman. The ideal in question here is also the vanishing ideal of a subspace arrangement (a truncation of the braid arrangement), and also this ideal has a generating set consisting of certain polynomials of type (11.1.1). See Lovász [Lo] for further details.

11.2. Let Δ be a simplicial complex on vertex set $[n]$, and let $\mathbf{k}$ be a field. There are some interesting connections between the Boolean arrangement $\mathcal{B}_\Delta^{\mathbf{k}}$ in $\mathbf{k}^n$ and its counterpart $\mathcal{B}_\Delta^{\mathbb{R}}$ in $\mathbb{R}^n$; namely, certain ring-theoretic invariants of the coordinate ring $\mathbf{k}[\Delta]$ can be computed from the topology of the real singularity link $V_\Delta^\circ = V_{\mathcal{B}_\Delta^{\mathbb{R}}} \cap S^{n-1}$. I will here assume familiarity with some basic facts about Stanley-Reisner rings and commutative algebra, see [St1] for definitions and explanations.

Let $\widehat{V}_\Delta$ denote the one-point compactification of the variety $V_{\mathcal{B}_\Delta^{\mathbb{R}}} = \{x \in \mathbb{R}^n \mid \operatorname{supp}(x) \in \Delta\}$. Topologically $\widehat{V}_\Delta$ is the suspension of the link V_Δ°.

Theorem 11.2.1 *For any field* $\mathbf{k}$,
(i) $\dim \mathbf{k}[\Delta] = \max\{i \mid \widetilde{H}_i\left(\widehat{V}_\Delta; \mathbf{k}\right) \neq 0\}$,
(ii) $\operatorname{depth} \mathbf{k}[\Delta] = \min\{i \mid \widetilde{H}_i\left(\widehat{V}_\Delta; \mathbf{k}\right) \neq 0\}$.

Proof. The following formula for reduced singular homology with coefficients in $\mathbf{k}$ can be deduced from Theorem 8.1.1 via the Universal Coefficient Theorem:

$$\widetilde{H}_i\left(\widehat{V}_\Delta; \mathbf{k}\right) \cong \bigoplus_{\sigma \in \Delta} \widetilde{H}_{i-|\sigma|-1}\left(lk\sigma; \mathbf{k}\right). \tag{11.2.1}$$

It is known [St1, p. 63] that the Krull dimension of $\mathbf{k}[\Delta]$ equals $d = \max_{\sigma \in \Delta} |\sigma|$. Formula (11.2.1) shows that each σ of maximal size contributes a copy of $\mathbf{k}$ to $\widetilde{H}_d\left(\widehat{V}_\Delta; \mathbf{k}\right)$, since $lk\sigma = \emptyset$ for such σ. Also, for dimensional reasons $\widetilde{H}_i = 0$ if $i > d$. This proves part (i).

A result of M. Hochster [St1, p. 70] implies that

$$\operatorname{depth} \mathbf{k}[\Delta] = \min\{i \mid \widetilde{H}_{i-|\sigma|-1}\left(lk\sigma; \mathbf{k}\right) \neq 0 \text{ for some } \sigma \in \Delta\}. \tag{11.2.2}$$

Together with (11.2.1) this gives part (ii). □

This result shows that singular homology of the space $\widehat{V}_\Delta$ with coefficients in $\mathbf{k}$ has strong formal similarity with local cohomology of the ring $\mathbf{k}[\Delta]$. The two concepts are sensitive to depth and dimension in the same way. In the case $\mathbf{k} = \mathbb{R}$ this phenomenon might be related to the original geometric motivation for Grothendieck's definition of local cohomology [Ha], but I have been unable to verify this.

The singular homology $\widetilde{H}_i\left(\widehat{V}_\Delta;\mathbf{k}\right)$ and the local cohomology $H^i\left(\mathbf{k}[\Delta]\right)$ are usually not isomorphic (local cohomology is in most cases not even finitely generated). However, they coincide in the following case. If Δ is *Buchsbaum* (i.e., Δ is connected and $lk\sigma$ is $CM/\mathbf{k}$ (soon to be defined) for all $\sigma \in \Delta - \{\emptyset\}$), then for all $i \leq \dim\Delta$:

$$\widetilde{H}_i\left(\widehat{V}_\Delta;\mathbf{k}\right) \cong \widetilde{H}_{i-1}(\Delta;\mathbf{k}) \cong H^i(\mathbf{k}[\Delta]). \tag{11.2.3}$$

The first isomorphism is a consequence of (11.2.1), the second is due to Schenzel [Sc].

The formula for depth in Theorem 11.2.1 has a more combinatorial version, avoiding all mention of subspace arrangements. Construct from Δ a new simplicial complex $\tilde{\Delta}$ on the vertex set $[\tilde{n}] = \{-n,\ldots,-1,1,\ldots,n\}$, defined by

$$\tilde{\sigma} \in \tilde{\Delta} \quad \Leftrightarrow \quad \{i,-i\} \not\subseteq \tilde{\sigma} \text{ and } \{|i| \mid i \in \tilde{\sigma}\} \in \Delta.$$

An equivalent geometric description is that $\tilde{\Delta}$ is the symmetrized simplicial complex generated from Δ (geometrically realized as a subcomplex of the standard spherical simplex $\mathbb{R}^n_+ \cap S^{n-1}$) by reflections in the coordinate hyperplanes. This picture shows that

$$\tilde{\Delta} \textit{ triangulates the space } V^\circ_\Delta. \tag{11.2.4}$$

The complex $\tilde{\Delta}$ can also be described as obtained from Δ by repeated "doubling of points," an operation introduced by Baclawski [Ba, Theorem 7.3] for posets and easily generalized to simplicial complexes. The n vertices of Δ may be doubled in arbitrary order. Because of (11.2.4) we have the following consequence of Theorem 11.2.1.

Corollary 11.2.2 depth $\mathbf{k}[\Delta] = \min\{i \mid \tilde{H}_{i-1}(\tilde{\Delta};\mathbf{k}) \neq 0\}$.

It is interesting to compare this to formula (11.2.2): By passing to the larger complex $\tilde{\Delta}$ on twice as many vertices the need to compute the homology of links $lk\sigma$ disappears for all simplices σ except for $\sigma = \emptyset$.

One can verify using formula (11.2.2) that the depth of a Stanley–Reisner ring $\mathbf{k}[\Delta]$ does not change from the doubling of one single vertex. Hence it follows by repeated application that

$$\text{depth } \mathbf{k}[\Delta] = \text{ depth } \mathbf{k}[\tilde{\Delta}]. \tag{11.2.5}$$

Let us call a d-dimensional compact topological space X *Cohen-Macaulay over* $\mathbf{k}$ (written "$CM/\mathbf{k}$") if for all $x \in X$ and all $i < d$

$$\widetilde{H}_i(X;\mathbf{k}) = H_i(X, X - x;\mathbf{k}) = 0. \tag{11.2.6}$$

It is known from theorems of G. Reisner and J. Munkres [St1, pp. 70–71] that $\mathbf{k}[\Delta]$ is a Cohen-Macaulay ring (i.e., dim = depth) if and only if the geometric realization of Δ is $CM/\mathbf{k}$ as a space. Here are a few more characterizations of Cohen–Macaulayness in terms of the real Boolean arrangement $\mathcal{B}_\Delta$.

Corollary 11.2.3 *The following are equivalent:*

(i) $\mathbf{k}[\Delta]$ *is Cohen–Macaulay,*

(ii) $\widetilde{H}_i(V_\Delta^\circ;\mathbf{k}) = 0$ *for all* $i < dim\Delta$,

(iii) V_Δ° *is* $CM/\mathbf{k}$,

(iv) $\widetilde{H}_i\left(\widehat{V}_\Delta;\mathbf{k}\right) = 0$ *for all* $i \le dim\Delta$,

(v) $\widehat{V}_\Delta$ *is* $CM/\mathbf{k}$.

Proof. The implications (iii) $\Rightarrow$ (ii) $\Rightarrow$ (iv) and (iii) $\Rightarrow$ (v) $\Rightarrow$ (iv) follow from $\widehat{V}_\Delta = \text{susp}\, V_\Delta^\circ$ and the definition (11.2.6). Theorem 11.2.1 shows that (iv) $\Rightarrow$ (i), and formulas (11.2.4) and (11.2.5) that (i)$\Rightarrow$(iii). □

12. Cell complexes and matroids

12.1. To study the topology of $M_\mathcal{A}$ and $\widehat{V}_\mathcal{A}$ for a subspace arrangement $\mathcal{A}$ in $\mathbb{R}^n$ it can be useful to have an encoding of these spaces in terms of a finite cell complex. Examples of such use of cell complexes are so far limited to the case of complex hyperplane arrangements and c-arrangements (see below), but the basic constructions are completely general.

The first construction of a cell complex for the complement is due to Salvetti [Sa1]. His construction, which is quite intricate, assumes that $\mathcal{A}$ is the complexification of a real hyperplane arrangement $\mathcal{A}'$ and describes $M_\mathcal{A}$ up to homotopy type in terms of the combinatorics of the real arrangement $\mathcal{A}'$. Salvetti's work was inspired by Deligne [De]. See also Paris [Pa1, Pa2] for a discussion of Deligne's work from this point of view.

In 1990 Björner and Ziegler [BZ1] had the idea of a very simple and general construction of cell complexes for the complement. This idea was communicated to P. Orlik, and a version of it was used by Orlik [Or] and Orlik and Terao [OT]. Another construction of cell complexes appears in Nakamura [Na2], who also considers infinite locally finite subspace arrangements.

The idea of [BZ1, Sections 3 and 9] is the following. Let $\mathcal{A} = \{K_1, \ldots, K_t\}$ be an arrangement of subspaces in $\mathbb{R}^n$, which for simplicity we take to be central and essential ($\cap\mathcal{A} = \{0\}$). Construct a regular CW decomposition Γ of S^{n-1} which contains $V_{\mathcal{A}}^{\circ}$ as a subcomplex, and whose barycentric subdivision is a PL sphere (more about this in a moment). Let $\widetilde{\Gamma}_{\mathcal{A}} = \{\sigma \in \Gamma \mid \sigma \not\subseteq V_{\mathcal{A}}^{\circ}\}$. Then a quite elementary argument shows that the set $\widetilde{\Gamma}_{\mathcal{A}}$ ordered by reverse inclusion describes the cellular incidence structure of a regular CW complex $\Gamma_{\mathcal{A}}$ having the homotopy type of $M_{\mathcal{A}}^{\circ}$, and hence of $M_{\mathcal{A}}$.

There are two main ways of constructing the auxiliary complex Γ.

(1) For each $K \in \mathcal{A}$ choose a flag of subspaces $K = K_0 \subset K_1 \subset \ldots \subset K_e = \mathbb{R}^n$, $e = \operatorname{codim}(K)$, and put $K_{-1} = \emptyset$. Say that two points $x, y \in S^{n-1}$ are equivalent if for all $K \in \mathcal{A}$: x and y belong to the same connected component of $K_i - K_{i-1}$ for some $i \geq 0$. Then the equivalence classes are the open cells of a regular cell decomposition of S^{n-1} that we may use as Γ. Salvetti's complex [Sa1] is equivalent to a special case of this construction.

(2) For each $K \in \mathcal{A}$ choose $e = \operatorname{codim}(K)$ hyperplanes $H_1, \ldots, H_e$ such that $K = \bigcap_{i=1}^{e} H_i$, and let $\mathcal{A}'$ be the total collection of all hyperplanes so chosen for all $K \in \mathcal{A}$. Say that $x, y \in S^{n-1}$ are equivalent if for all $H \in \mathcal{A}'$: x and y both belong to H or else to the same connected component of $S^{n-1} - H$. Then the equivalence classes are the open cells of a complex that can be used as Γ. This is the method used by Orlik [Or] and Orlik and Terao [OT].

Salvetti [Sa1] used his cell complex to give a presentation of the fundamental group $\pi_1(M_{\mathcal{A}})$ for the complexification of a real hyperplane arrangement. Björner and Ziegler [BZ1] used their cell complex in the case of a c-arrangement to compute the homology of $V_{\mathcal{A}}^{\circ}$ and the cohomology of $M_{\mathcal{A}}$ in terms of explicit bases, which are matched by Alexander duality, and to determine the homotopy type of $V_{\mathcal{A}}^{\circ}$ (cf. Theorem 6.2.1 (ii)). In the case of a complex hyperplane arrangement this "cellular" method leads to a quite elementary proof (completely avoiding differential topology) of the Brieskorn-Orlik-Solomon theorem on the structure of the cohomology algebra of $M_{\mathcal{A}}$ [BZ1]. The fact that the cell complex $\Gamma_{\mathcal{A}}$ for $M_{\mathcal{A}}^{\circ}$ and the cell complex $\Gamma - \widetilde{\Gamma}_{\mathcal{A}}$ for $V_{\mathcal{A}}^{\circ}$ are "combinatorially dual" to each other, as complementary subsets of cells in the spherical complex Γ, makes this class of cell complexes particularly useful in combination with Alexander duality.

12.2. The combinatorial study of hyperplane arrangements is closely linked to the theory of matroids. Matroids come in several versions, each of which can be defined in a multitude of ways that I cannot discuss now, see e.g.

Aigner [Ai], Björner, Las Vergnas, Sturmfels, White and Ziegler [BLSWZ], Welsh [We], or White [W1, W2, W3]. Here is one approach that is particularly useful from the arrangements point of view.

Let $\mathcal{A} = \{H_1, \ldots, H_t\}$ be a central arrangement of hyperplanes in $\mathbf{k}^n$, for a field $\mathbf{k}$. Suppose given a finite set of symbols (or "signs") Σ and a function $\mathbf{s} : \mathbf{k}^n \times \mathcal{A} \to \Sigma$ which in some sense measures the "position" $\mathbf{s}(x, H)$ of a point x with respect to the hyperplane H. Then the position of x relative to the arrangement $\mathcal{A}$ is indicated by a "sign vector"

$$\mathbf{s}(x) = (\mathbf{s}(x, H_1), \ldots, s(x, H_t)) \in \Sigma^t,$$

and the collection of all such sign vectors

$$M_{\mathbf{s}}(\mathcal{A}) = \{\mathbf{s}(x) \mid x \in \mathbf{k}^n\} \subseteq \Sigma^t \tag{12.2.1}$$

is the associated "matroid."

Now, suppose that $\mathbf{k} = \mathbb{R}$ or $\mathbf{k} = \mathbb{C}$, and let $l_1, \ldots, l_t$ be linear forms such that $H_i = Ker\, l_i$.

(1) If $\Sigma = \{0, 1\}$ and

$$\mathbf{s}^0(x, H_i) = \begin{cases} 0 & , \text{if } l_i(x) = 0 \\ 1 & , \text{if } l_i(x) \neq 0 \end{cases}$$

then we get the (ordinary) *matroid* of $\mathcal{A}$, in terms of its closed sets.

(2) If $\mathbf{k} = \mathbb{R}$, $\Sigma = \{0, +, -\}$ and

$$\mathbf{s}^{\mathbb{R}}(x, H_i) = \begin{cases} 0 & , \text{if } l_i(x) = 0 \\ + & , \text{if } l_i(x) > 0 \\ - & , \text{if } l_i(x) < 0 \end{cases}$$

then we get the *oriented matroid* of $\mathcal{A}$, in terms of its covectors.

(3) If $\mathbf{k} = \mathbb{C}$, $\Sigma = \{0, +, -, i, j\}$ and

$$\mathbf{s}^{\mathbb{C}}(x, H_i) = \begin{cases} 0 & , \text{if } l_i(x) = 0 \\ + & , \text{if } Im\,(l_i(x)) = 0, Re\,(l_i(x)) > 0 \\ - & , \text{if } Im\,(l_i(x)) = 0, Re\,(l_i(x)) < 0 \\ i & , \text{if } Im\,(l_i(x)) > 0 \\ j & , \text{if } Im\,(l_i(x)) < 0 \end{cases}$$

then we get the *complex matroid* of $\mathcal{A}$. (In (2) and (3) this depends, to be accurate, on the choice of forms l_i.)

The precise definition of these 3 kinds of matroids (which I will not give) is in each case an axiomatization abstracting essential properties of such sign vector systems $M_{\mathbf{s}}(\mathcal{A}) \subseteq \Sigma^t$. Note that the set $M_{\mathbf{s}^0}(\mathcal{A}) \subseteq \{0,1\}^t$, i.e., the ordinary matroid, ordered by reverse inclusion of supports, is isomorphic to the intersection lattice $L_{\mathcal{A}}$. Matroids and oriented matroids have been studied since many years and have a quite developed theory, see the already cited sources. Complex matroids, on the other hand, are a very recent addition; the notion was initiated by Björner and Ziegler [BZ1], then made precise and further studied by Ziegler [Z3]. It should be said that not all matroids in either of the three classes arise from hyperplane arrangements. However, it can be shown that every oriented matroid and complex matroid corresponds to a topologically deformed hyperplane arrangement.

The general definition (12.2.1) applies equally well to affine hyperplane arrangements, but little work has been done on the affine case as such. The sign vector systems $M_{\mathbf{s}^{\mathbb{R}}}(\mathcal{A})$ coming from real affine arrangements have been studied by Karlander [Ka].

Other recent extensions and variations of the matroid concept are the *matroids with coefficients* of Dress [Dr, DW], the *WP-matroids* of Gel'fand and Serganova [GS1, GS2], and the *greedoids* of Korte and Lovász [KLS, BZ2]. The motivations for these concepts are mainly algebraic and algorithmic, and no clear connection with the theory of subspace arrangements can be seen at this point.

The sign vectors $M_{\mathbf{s}^{\mathbb{R}}}(\mathcal{A})$ of an oriented matroid coming from a central hyperplane arrangement $\mathcal{A}$ in $\mathbb{R}^n$ correspond to the cells of a regular cell decomposition of S^{n-1} having $V_{\mathcal{A}}^{\circ}$ as a subcomplex (corresponding to those sign vectors that have at least one "0" entry). The sign vectors $M_{\mathbf{s}^{\mathbb{C}}}(\mathcal{A})$ of a complex matroid coming from a hyperplane arrangement in $\mathbb{C}^n$ describe a cell decomposition of S^{2n-1} in a similar way. Thus these two kinds of matroids contain descriptions of cell complexes for the link $V_{\mathcal{A}}^{\circ}$ and the complement $M_{\mathcal{A}}$, by the construction described in § 12.1. Having the same oriented or complex matroid structure is therefore a combinatorial equivalence relation on hyperplane arrangements with powerful topological consequences. Here is an example of a result obtained by elaborating this connection [BEZ, BZ1]: *If for two real central hyperplane arrangements there is a bijection between their sets of regions that preserves adjacency in both directions, then the complements (and links) of their complexifications are homeomorphic.*

Topological uses of the matroid concept along completely different lines appear in recent work of Gel'fand and MacPherson [GeM] and MacPherson [M]. There oriented matroids are used to define a class of manifolds intermediate between PL manifolds and differentiable manifolds, one purpose being to obtain combinatorial formulas for Pontryagin classes. The work of Mnëv [Mn1, Mn2] should also be mentioned, and in particular his

"Universality Theorem" showing that every semialgebraic set in $\mathbb{R}^n$ is stably equivalent (and hence homotopy equivalent) to the realization space of some oriented matroid. See [BLSWZ] for a general discussion of realization spaces.

From the viewpoint of this paper it is relevant to ask: *Is there any useful notion of "matroid" for general subspace arrangements?* One immediate observation is that a matroid-like structure is provided by the (ranked) intersection semilattice. This semilattice is extremely useful for the general theory and specializes to the ordinary matroid in the hyperplane case (as we have seen). One could attempt to axiomatize this concept as pairs (L, r) consisting of a $\wedge$-semilattice L and a function $r : L \to \mathbb{N}$ satisfying conditions (4.1.1). However, it is doubtful whether this would give rise to a useful combinatorial theory. Also, there is little hope for a good general notion on the level of oriented and complex matroids, due to the great topological complexity that general subspace arrangements can have. One miniscule step in this direction is the class of "c-matroids" defined in [BZ1], which corresponds to the topologically well-behaved class of c-arrangements. In conclusion, I think that the available information indicates that matroid theory is a phenomenon which is essentially confined to the context of hyperplane arrangements.

13. Final remarks and open problems

13.1. There have been several recent papers on what might be called low-dimensional subspace arrangements. This concerns mainly arrangements of lines in affine or projective 3-space. Tools are developed to distinguish different equivalence classes of line arrangements (isotopy classification), and to distinguish their 2-dimensional projections within the class of planar line diagrams with above/below information at crossing points (weaving diagrams). An interesting point is that an arrangement of skew lines in $\mathbb{R}P^3$ is the same thing as a 2-arrangement in $\mathbb{R}^4$, and (after intersection with the unit sphere) therefore the same thing as an arrangement of disjoint great circles in S^3, i.e., a certain kind of link in the sense of knot theory. Therefore link invariants play an important role.

See Crapo and Penne [CP], Mazurovskii [Ma1, Ma2, Ma3], Pach, Pollack and Welzl [PPW], Penne [Pe1,Pe2], Richter-Gebert [RG], Viro [Vi], Viro and Drobotuchina [VD], and Ziegler [Z1].

13.2. We have seen in § 8.2 several examples of c-codimensional arrangements $\mathcal{A}$ for which $H^i(M_{\mathcal{A}}) \neq 0$ only if i is a multiple of $c-1$, and for which $V^\circ_{\mathcal{A}}$ is homotopically a wedge of spheres (§ 6.2); namely, c-arrangements and orbit arrangements $\mathcal{A}_\lambda$ for partitions λ of hook and rectangular shape. Also Theorem 8.5.1 has this flavor. Is there a common underlying reason for such periodicity of cohomology and such topologically well behaved links?

Perhaps what is needed is to find a good combinatorially defined class of intersection lattices that can play for these well-behaved examples within the general theory the role that geometric lattices play in the theory of hyperplane arrangements. Such lattices should have the homotopy type of a wedge of spheres whose distribution in numbers and dimensions should be signalled by combinatorial data. The class should be closed under taking (lower) intervals, and should include the mentioned examples.

13.3. Let $\mathcal{A}_\lambda$ be the orbit arrangement (§ 3.3) corresponding to a partition λ, and let Π_λ be the intersection lattice of $\mathcal{A}_\lambda$, i.e., the subposet of Π_n consisting of all partitions of $[n]$ that can be obtained as joins of partitions of shape λ. Based on the findings for $\lambda = (k, 1, \ldots, 1)$ and $\lambda = (k, k, \ldots, k)$ we propose the following conjectures, of which the second is more speculative and implies the first.

Conjecture 13.3.1 $\widetilde{H}_*(\Pi_\lambda)$ and $H^*(M_{\mathcal{A}_\lambda})$ are torsion-free.

Conjecture 13.3.2 Π_λ and $V^\circ_{\mathcal{A}_\lambda}$ have the homotopy type of a wedge of spheres.

13.4. Suppose that an arrangement $\mathcal{A}$ is stable under the action of some finite group G on $\mathbb{R}^n$. Then G acts also on the intersection lattice $L_\mathcal{A}$ and on the spaces $V_\mathcal{A}$ and $M_\mathcal{A}$, and there will be induced representations on the homology of these spaces. This setup has been studied in several cases for hyperplane arrangements (see [OT, Chapter 6]), but not much seems to have been done beyond that. For instance, one can ask [BW]: what are the homology representations arising from the action of S_n on $\mathcal{A}_{n,k}$?

13.5. Find (universal) Gröbner bases or other useful combinatorial descriptions of the vanishing ideals of orbit arrangements for finite Coxeter groups (§§ 3.3–3.4). Apparently only the case $\mathcal{A}_{n,k}$ has been dealt with (Theorem 11.1.1).

13.6. With few exceptions all arrangements considered in this paper are defined over $\mathbb{R}$. However, much of what has been discussed makes sense for subspace arrangements defined over other fields $\mathbf{k}$, certainly all the algebraic and combinatorial aspects (e.g. intersection lattices) carry over. The problem with a general treatment (over arbitrary $\mathbf{k}$ other than $\mathbb{R}$ or $\mathbb{C}$) comes from the topological aspects. Nevertheless, whenever some (co)homology theory exists for subsets of $\mathbf{k}^n$ one can attempt to use it as a measure of complexity for such sets. This might be of use e.g. as a complexity measure for computation or decision algorithms over finite fields.

A relevant question seems to be: Is there a Goresky–MacPherson formula (Theorem 7.1.1) for subspace arrangements over finite fields, perhaps in terms of étale cohomology?

13.7. Let $\mathcal{A}$ be a central arrangement of $(n-2)$-dimensional subspaces in $\mathbb{R}^n$. No general effective procedure seem to be known for computing the fundamental group of the complement $M_{\mathcal{A}}$. For $n \leq 3$ the problem is easy, and for $n = 4$ special methods are provided by knot theory, since $M^\circ_{\mathcal{A}} \simeq M_{\mathcal{A}}$ is the complement in S^3 of a "link," cf. § 13.1. The case of complex hyperplane arrangements is discussed in [OT, Chapter 5]. What is $\pi_1\left(M_{\mathcal{A}_{n,3}}\right)$? Is $M_{\mathcal{A}_{n,3}}$ a $K(\pi,1)$-space?

13.8. How much information about the topological structure of an arrangement $\mathcal{A}$ is contained in the ranked intersection semilattice $(L_{\mathcal{A}}, r)$, where $r(x) = \operatorname{codim}(x)$? We have seen in Section 6 and Section 7 that it determines $\widehat{V}_{\mathcal{A}}$ up to homotopy type and $M_{\mathcal{A}}$ up to the additive structure of cohomology, and in general these results seem to be best possible. For the special case of complex hyperplane arrangements the multiplicative structure of $H^*(M_{\mathcal{A}})$ is also combinatorially determined, as was shown by Orlik and Solomon [OS], and it is a conjecture of Orlik that $M_{\mathcal{A}}$ is in fact determined by $L_{\mathcal{A}}$ up to homotopy type in this case. Ziegler [Z1] has shown that multiplication in $H^*(M_{\mathcal{A}})$ is *not* determined by $L_{\mathcal{A}}$ for 2-arrangements, so the dividing lines in this area are subtle. See Chapter 1 of Ziegler [Z4] for a comprehensive and up-to-date discussion of this question.

13.9. Let $\mathcal{A} = \{K_1, \ldots, K_t\}$ be a central subspace arrangement in $\mathbb{R}^n$. Define

$$T(\mathcal{A}) = \{p = (p_1, \ldots, p_n) \in (\mathbb{R}[x_1, \ldots, x_n])^n \mid p(K_i) \subseteq K_i, 1 \leq i \leq t\}.$$

This is a module over $\mathbb{R}[x_1, \ldots, x_n]$. For the case of hyperplane arrangements this module was introduced and studied as a module of derivations by H. Terao, see [OT, Chapter 4]. A basic result of Terao [T] states that if $T(\mathcal{A})$ is a free module and $\mathcal{A}$ consists of hyperplanes, then the characteristic polynomial $P_{\mathcal{A}}(t)$ (§ 4.4) splits into linear factors over the integers. S. Yuzvinsky has informed us (personal communication) that $T(\mathcal{A})$ is never free if $\operatorname{codim}(\mathcal{A}) \geq 2$, so it seems uncertain whether Terao's theory has any nontrivial extension beyond the hyperplane case.

13.10. There are several intriguing problems having to do with subspace representations of graphs (§ 10.3) and of semilattices (§ 4.1). It would be particularly useful to have an understanding of the combinatorial obstructions to subspace representations in $\mathbb{R}^n$, for a given dimension n.

Acknowledgements. I want to thank my coauthors L. Lovász, V. Welker and G. M. Ziegler, with whom I have recently collaborated on questions that involve subspace arrangements [BL2] [BW] [BZ1]. In the process of this joint work I have learned much of what is reported here. Also, the "Habilitations-Schrift" of Ziegler [Z4] has been an invaluable source of information, which I recommend as a reference. Useful comments and suggestions have also been received from V.I. Arnold, A.I. Barvinok and R.T. Živaljević.

References

[Ai] M. Aigner, *Combinatorial Theory*, Springer-Verlag, Grundlehren **234**, 1979.

[Ar1] V. I. Arnold, The cohomology ring of the colored braid group, *Mat. Zametki* **5** (1969), 227–231. (Transl. *Mathematical Notes* **5** (1969), 138–140.)

[Ar2] V. I. Arnold, On some topological invariants of algebraic functions I, *Trudy Moskov. Mat. Obšč.* **21** (1970), 27–46; (Transl.: *Trans. Moscow Math. Soc.* **21** (1970), 30–52.)

[Ar3] V. I. Arnold, The spaces of functions with mild singularities, *Funkts. Anal. i Prilozh.* **23** (1989), 1–10. (Transl.: *Functional Anal. Appl.* **23** (1989).)

[AO] V. I. Arnold and O. A. Oleinik, Topology of real algebraic varieties, *Vestnik Moskov. Univ. Ser. I Mat. Mech.* **34** (1979), 7–17. (Transl.: *Moscow Univ. Math. Bull.* **34** (1979), 5–17).

[Ba] K. Baclawski, Cohen–Macaulay ordered sets, *J. Algebra* **63** (1980), 226–258.

[BO] M. Ben-Or, Lower bounds for algebraic computation trees, in: *Proc. 15th Ann. ACM Symp. on Theory of Computing*, ACM Press, New York, 1983, pp. 80–86.

[Bi] G. Birkhoff, *Lattice Theory*, 3rd ed., Amer. Math. Soc., Providence, R.I., 1967.

[Bj1] A. Björner, Shellable and Cohen-Macaulay partially ordered sets, *Transactions Amer. Math. Soc.* **260** (1980), 159–183.

[Bj2] A. Björner, Topological Methods, in: *Handbook of Combinatorics*, R. Graham, M. Grötschel, L. Lovász) (eds.), North-Holland, to appear; preprint, 1989.

[Bj3] A. Björner, *The homology and shellability of matroids and geometric lattices*, in: [W3], 1992, pp. 226–283.

[BEZ] A. Björner, P. Edelman and G. M. Ziegler, Hyperplane arrangements with a lattice of regions, *Discr. Comp. Geometry* **5** (1990), 263–288.

[BLSWZ] A. Björner, M. Las Vergnas, B. Sturmfels, N. White and G. M. Ziegler, *Oriented Matroids*, Cambridge University Press, 1993.

[BL1] A. Björner and L. Lovász, Pseudomodular lattices and continuous matroids, *Acta Sci. Math. Szeged* **51** (1987), 295–308.

[BL2] A. Björner and L. Lovász, Linear decision trees, subspace arrangements and Möbius functions, *Journal Amer. Math. Soc.* **7** (1994), 677-706.

[BLY] A. Björner, L. Lovász and A. Yao, Linear decision trees: volume estimates and topological bounds, in: *Proc. 24th Ann. ACM Symp. on Theory of Computing*, ACM Press, New York, 1992, pp. 170–177.

[BW] A. Björner and V. Welker, The homology of "k-equal" manifolds and related partition lattices, *Advances in Math.*, to appear, (preprint, 1992.)

[BZ1] A. Björner and G. M. Ziegler, Combinatorial stratification of complex arrangements, *Journal Amer. Math. Soc.* **5** (1992), 105-149.

[BZ2] A. Björner and G. M. Ziegler, *Introduction to greedoids*, in: [W3], 1992, pp. 284–357.

[BCR] J. Bochnak, M. Coste and M. F. Roy, *Géometrie algébrique réelle*, Springer-Verlag, Berlin, 1987.

[BS] J. Bokowski and B. Sturmfels, Computational Synthetic Geometry, *Lecture Notes in Math* **1355** (1989), Springer-Verlag.

[Br] E. Brieskorn, Sur les groupes de tresses (d'après V. I. Arnold), Séminaire Bourbaki 24e année 1971/72, *Lecture Notes in Math* **317** (1973), Springer-Verlag, 21–44.

[CHR] A. R. Calderbank, P. Hanlon and R. W. Robinson, Partitions into even and odd block size and some unusual characters of the symmetric groups, *Proc. London Math. Soc.* **53**(3) (1986), 288–320.

[C] F. R. Cohen, Artin's braid groups, classical homotopy theory, and sundry other curiosities, in: Braids, (ed. J. S. Birman and A. Libgober), *Contemporary Math.* **78** (1988), 167–206.

[Co] R. Cordovil, On the homotopy type of the Salvetti complexes determined by simplicial arrangements, *European J. Combin.* (to appear), preprint, 1991.

[CP] H. Crapo and R. Penne, Chirality and the isotopy classification of skew lines in projective 3-space, *Advances in Math.* **103** (1994), 1–106.

[CR] H. Crapo and G.-C. Rota, *Combinatorial Geometries*, MIT Press, Cambridge, 1970.

[De] P. Deligne, Les immeubles des groupes de tresses généralisés, *Invent. Math.* **17** (1972), 273–302.

[DL] D. Dobkin and R. Lipton, On the complexity of computations under varying sets of primitives, in: *Automata Theory and Formal Languages*, H. Bradhage, (ed.), *Lecture Notes in Comp. Sci.* **33** (1975), Springer-Verlag, 110–117.

[Dr] A. W. M. Dress, Duality theory for finite and infinite matroids with coefficients, *Advances in Math.* **59** (1986), 97–123.

[DW] A. W. M. Dress and W. Wenzel, Grassmann-Plücker relations and matroids with coefficients, *Advances in Math.* **86** (1991), 68–110.

[FaN] E. Fadell and L. Neuwirth, Configuration spaces, *Math. Scandinavica* **10** (1961), 111–118.

[Fa] M. J. Falk, A geometric duality for order complexes and hyperplane complements, *European J. Combin.* **13** (1992), 351–355.

[Fo] J. Folkman, The homology groups of a lattice, *J. Math. Mech.* **15** (1966), 631–636.

[FoN] R. Fox and L. Neuwirth, The braid groups, *Math. Scandinavica* **10** (1961), 119–126.

[GeM] I. M. Gel'fand and R. D. MacPherson, A combinatorial formula for the Pontrjagin classes, *Bull. Amer. Math. Soc.* **26** (1992), 304–309.

[GR] I. M. Gel'fand and G. L. Rybnikov, Algebraic and topological invariants of oriented matroids, *Soviet Math. Doklady* **40** (1990), 148–152.

[GS1] I. M. Gel'fand and V. V. Serganova, On the general definition of a matroid and a greedoid, *Soviet Math. Doklady* **35** (1987), 6–10.

[GS2] I. M. Gel'fand and V. V. Serganova, Combinatorial geometries and torus strata on homogeneous compact manifolds, *Russian Math. Surveys* **42** (1987), 133–168.

[GM] M. Goresky and R. D. MacPherson, *Stratified Morse Theory*, Ergebnisse der Mathematik und ihrer Grenzgebiete, 3. Folge, Band 14, Springer-Verlag, 1988.

[GV] D. Y. Grigor'ev and N. N. Vorobjov, Solving systems of polynomial equations in subexponential time, *J. Symbolic Computation* **5** (1988), 37–64.

[Ha] R. Hartshorne, Local cohomology, *Lecture Notes in Math.* **41** (1967), Springer-Verlag.

[Hu] Y. Hu, On the homology of the complement of arrangements of subspaces and spheres, *Proc. Amer. Math. Soc.* (to appear), preprint, 1992.

[In] A. W. Ingleton, Representation of matroids, in: *Combinatorial Math. and its Applic.*, D. J. A. Welsh (ed.), Academic Press, 1971, pp. 149–167.

[JOS] K. Jewell, P. Orlik and B. Z. Shapiro, On the complement of affine subspace arrangements, *Topology and its Appl.* **56** (1994), 215–233.

[K] K. K. Karchiauskas, A generalized Lefschetz theorem, *Funkts. Anal. i Prilozh.* **11** (1977), 80–81. (Transl.: *Functional Anal. Appl.* **11** (1978), 312–313.)

[Ka] J. Karlander, A characterization of affine sign vector systems, *European J. Combin.* (to appear), preprint, KTH, Stockholm, 1992.

[KLS] B. Korte, L. Lovász and R. Schrader, *Greedoids*, Springer-Verlag, Berlin, 1991.

[LL] S. R. Li and W. W. Li, Independence number of graphs and generators of ideals, *Combinatorica* **1** (1981), 55–61.

[Lo] L. Lovász, Stable sets and polynomials, *Discrete Math.* **124** (1994), 137–153.

[M] R. D. MacPherson, Combinatorial differential manifolds, in: *Topological Methods in Modern Mathematics, Proc. Symp. in honor of J. Milnor's sixtieth birthday*, M. Spivak (ed.), Publish or Perish Press, 1993, 223–241.

[Ma1] V. F. Mazurovskii, Configurations of six skew lines,*Zap. Nauchn. Sem. Leningrad Otdel. Mat. Institut Steklov (LOMI)* **167** (1988), 121–134. (Transl.: *J. Soviet Math.* **52** (1990), 2825–2832.)

[Ma2] V. F. Mazurovskii, Kauffmann polynomials of non-singular configurations of projective lines, *Russian Math. Surveys* **44** (1989), 212-213.

[Ma3] V. F. Mazurovskii, *Rigid isotopies of the real projective configurations*, preprint, 1991.

[Mi] J. Milnor, On the Betti numbers of real algebraic varieties, *Proc. Amer. Math. Soc.* **15** (1964), 275-280.

[Mn1] N. E. Mnëv, On manifolds of combinatorial types of projective configurations and convex polyhedra, *Soviet Math. Doklady* **32** (1985), 335–337.

[Mn2] N. E. Mnëv, The universality theorems on the classification problem of configuration varieties and convex polytope varieties, in: Topology and Geometry – Rohlin Seminar (ed. O. Ya. Viro), *Lecture Notes in Math.* **1346**, Springer-Verlag, 1988, pp. 527–544.

[Na1] T. Nakamura, The topology of the configuration of projective subspaces in a projective space I, *Sci. Papers Coll. Arts Sci. Univ. Tokyo* **37** (1987), 13–35.

[Na2] T. Nakamura, The topology of the configuration of projective subspaces in a projective space II, *Sci. Papers Coll. Arts Sci. Univ. Tokyo* **41** (1991), 59–81.

[Ne] J. von Neumann, Examples of continuous geometries, *Proc. Natl. Acad. Sci. USA* **22** (1936), 101–108.

[O] O. A. Oleinik, Estimates of the Betti numbers of real algebraic hypersurfaces, *Mat. Sbornik* **28** (1951), 635–640.

[OP] O. A. Oleinik and I. B. Petrovsky, On the topology of real algebraic surfaces, *Izv. Akad. Nauk SSSR* **13** (1949), 389-402. (Transl.: *Transl. Amer. Math. Soc.* (1) **7** (1962), 399-417).

[Or] P. Orlik, Complements of subspace arrangements, *J. Algebraic Geometry* **1** (1992), 147–156.

[OS] P. Orlik and L. Solomon, Combinatorics and topology of complements of hyperplanes, *Inventiones Math.* **56** (1980), 167–189.

[OT] P. Orlik and H. Terao, *Arrangements of Hyperplanes*, Springer-Verlag, 1992.

[PPW] J. Pach, R. Pollack and E. Welzl, Weaving patterns of lines and line segments in space, in: Proc. SIGAL Conf. on Algorithms (Tokyo 1990), *Springer Lecture Notes in Computer Science* **450** (1990), 39–446.

[Pa1] L. Paris, Universal cover of Salvetti's complex and topology of simplicial arrangements of hyperplanes, *Trans. Amer. Math. Soc.* **340** (1993), 149–178.

[Pa2] L. Paris, The Deligne complex of a real arrangement of hyperplanes, *Nagoya Math. J.* **131** (1993), 39–65.

[Pe1] R. Penne, *Lines in 3-Space, Isotopy, Chirality and Weavings,* Ph.D. Dissertation, University of Antwerp, 1992.

[Pe2] R. Penne, Configurations of few lines in 3-space. Isotopy, chirality and planar layouts, *Geometriae Dedicata* **45** (1993), 49–82.

[PR] P. Pudlák and V. Rödl, A combinatorial approach to complexity, *Combinatorica* **12** (1992), 221–226.

[PT] P. Pudlák and J. Tůma, Every finite lattice can be embedded in a finite partition lattice, *Algebra Universalis* **10** (1980), 74–95.

[Ra] A. A. Razborov, Applications of matrix methods to the theory of lower bounds in computational complexity, *Combinatorica* **10** (1990), 81–93.

[Re] J. Renegar, Computational complexity of solving real algebraic formulae, in: *Proc. Intern. Congress of Math. 1990 (Kyoto)*, Springer-Verlag, 1991, pp. 1594–1606.

[RG] J. Richter-Gebert, Combinatorial obstructions to the lifting of weaving diagrams, *Discr. Comp. Geometry* **10** (1993), 287–312.

[RS] I. Rival and M. Stanford, *Algebraic aspects of partition lattices*, in [W3], 1992, pp. 106–122.

[Ro] G.-C. Rota, On the foundations of combinatorial theory: I. Theory of Möbius functions, *Z. Wahrscheinlichkeitstheorie und Verw. Gebiete* **2** (1964), 340–368.

[Sag] B. E. Sagan, Shellability of exponential structures, *Order* **3** (1986), 47–54.

[Sa1] M. Salvetti, Topology of the complement of real hyperplanes in $\mathbb{C}^N$, *Inventiones Math.* **88** (1987), 603–618.

[Sa2] M. Salvetti, On the homotopy theory of complexes associated to metrical hemisphere complexes, *Discrete Math.* **113** (1993), 155–177.

[SaS] M. V. Sapir and E. R. Scheinerman, Irrepresentability of short semilattices by Euclidean subspaces, *Alg. Universalis*, (to appear), preprint, 1992.

[Sc] P. Schenzel, On the number of faces of simplicial complexes and the purity of Frobenius, *Math. Zeitschrift* **178** (1981), 125–142.

[Sch] A. Schönhage, Equation solving in terms of computational complexity, in: *Proc. Intern. Congress of Math. 1986 (Berkeley)*, Amer. Math. Soc., 1987, pp. 131–153.

[ShS] B. Z. Shapiro and M. Z. Shapiro, The M-property of flag varieties, *Topology and its Appl.* **43** (1992), 65–81.

[Sh] P. Shor, Stretchability of pseudolines is NP-hard, in: Applied Geometry and Discrete Mathematics – The Victor Klee Festschrift (eds. P. Gritzmann, B. Sturmfels), DIMACS Series in Discrete Mathematics and Theoretical Computer Science, Amer. Math. Soc. **4** (1991), pp. 531–554.

[Sm1] S. Smale, Algorithms for solving equations, in: Proc. Intern. Congress of Math. 1986 (Berkeley), Amer. Math. Soc., 1987, pp. 87–121.

[Sm2] S. Smale, On the topology of algorithms, I, *J. Complexity* **3** (1987), 81–89.

[St1] R. P. Stanley, Combinatorics and Commutative Algebra, *Progress in Mathematics* **41**, Birkhäuser Boston, 1983.

[St2] R. P. Stanley, *Enumerative Combinatorics, Volume I*, Wadsworth, 1986.

[SY] M. Steele and A. Yao, Lower bounds for algebraic decision trees, *J. Algorithms* **3** (1982), 1–8.

[T] H. Terao, Generalized exponents of a free arrangement of hyperplanes and Shephard-Todd-Brieskorn formula, *Inventiones Math.* **63** (1981), 159–179.

[Th] R. Thom , Sur l'homologie des variétés algébriques réelles,in: *Differential and Algebraic Topology*, (ed. S.S. Cairns), Princeton Univ. Press, Princeton, 1965.

[VG] A. N. Varchenko and I. M. Gel'fand, Heaviside functions of a configuration of hyperplanes, *Funkts. Anal. i Prilozh.* **21** (1987), 1–18. (Transl.: *Functional Anal. Appl.* **21** (1988), 255–270).

[Va1] V. A. Vassiliev, Cohomology of braid groups and the complexity of algorithms, *Funkts. Anal. i Prilozh.* **22** (1988), 15–24. (Transl.: *Functional Anal. Appl.* **22** (1988)).

[Va2] V. A. Vassiliev, Topological complexity of algorithms for approximate solution of systems of polynomial equations, *Algebra i Analiz* **1** (1989), 98–113. (Transl.: *Leningrad Math. J.* **1** (1990), 1401–1417.)

[Va3] V. A. Vassiliev, Stable homotopy type of the complement to affine plane arrangement, *Mathematical Express*, to appear. (Preprint, 1991).

[Va4] V. A. Vassiliev, Complements of discriminants of smooth maps: Topology and applications, Transl. of Math. Monographs Vol. 98, Amer. Math. Soc., Providence, R.I., 1992.

[Ve1] A. M. Vershik, Topology of the convex polytopes' manifolds, the manifold of the projective configurations of a given combinatorial type and representations of lattices, in: *Topology and Geometry – Rohlin Seminar* O. Ya. Viro (ed.) *Lecture Notes in Math.* **1346**(1988), Springer-Verlag, 557–581.

[Ve2] A. M. Vershik, A geometric approach to representations of partially ordered sets, *Vestnik Leningrad Univ. Math.* **21** (1988), 11–15.

[Vi] O. Ya. Viro, Topological problems concerning lines and points of three-dimensional space, *Soviet Math. Dokl.* **32** (1985), 528–531.

[VD] O. Ya. Viro and Yu. V. Drobotukhina, Configurations of skew lines, *Leningrad J. Math.* **1** (1990), 1027–1050.

[Vt] A. G. Vitushkin, *Complexity measure for the tabulation problem* (in Russian), Fizmatgiz, Moscow, 1959. (Transl.: *Theory of the transmission and processing of information*, Pergamon Press, Oxford, 1961).

[Wa] M. L. Wachs, A basis for the homology of d-divisible partition lattices, *Advances in Math.*, (to appear), preprint, 1992.

[WW] M. L.Wachs and J. W. Walker, On geometric semilattices, *Order* **2** (1986), 367–385.

[War] H. E. Warren, Lower bounds for approximation by nonlinear manifolds, *Trans. Amer. Math. Soc.* **133** (1968), 167–178.

[We] D. J. A. Welsh, *Matroid Theory*, Academic Press, London, 1976.

[W1] N. White (ed.), *Theory of Matroids*, Cambridge Univ. Press, New York, 1986.

[W2] N. White (ed.), *Combinatorial Geometries*, Cambridge Univ. Press, New York, 1987.

[W3] N. White (ed.), *Matroid Applications*, Cambridge Univ. Press, New York, 1992.

[Ya] A. Yao, *Algebraic decision trees and Euler characteristics*, preprint, 1992.

[Yu1] S. Yuzvinsky, Flasque sheaves on posets and Cohen–Macaulay unions of regular varieties, *Advances in Math.* **73** (1989), 24–42.

[Yu2] S. Yuzvinsky, Cohen–Macaulay seminormalizations of unions of linear subspaces, *J. Algebra*, **132** (1990), 431–445.

[Za] T. Zaslavsky, Facing up to arrangements: Face-count formulas for partitions of space by hyperplanes, *Memoirs Amer. Math. Soc.* **1**(154) (1975).

[Z1] G. M. Ziegler, On the difference between real and complex arrangements, *Math. Zeitschrift* **212** (1993), 1–11.

[Z2] G. M. Ziegler, Matroid shellability, β-systems and affine hyperplane arrangements, *J. Algebraic Combinatorics* **1** (1992), 283–300.

[Z3] G. M. Ziegler, "What is a complex matroid?" *Discr. Comp. Geometry* **10** (1993), 313–348.

[Z4] G. M. Ziegler, *Combinatorial models for subspace arrangements*, Habilitations-Schrift, Techn. Univ., Berlin, 1992.

[ZŽ] G. M. Ziegler and R. T. Živaljević, Homotopy types of subspace arrangements via diagrams of spaces, *Math. Annalen* **295** (1993), 527–548.

Department of Mathematics
The Royal Institute of Technology
S-100 44 Stockholm, Sweden

Received December 7, 1992

Optimal Recovery of Functions and Integrals

*Borislav Bojanov**

1. Introduction

The problem of approximate evaluation of a linear functional $L(f)$ on the basis of some partial information will be considered. The information is usually presented as finite data of values of f and its derivatives at certain points $x_1 < \ldots < x_n$. In such a case the discussed approximations will be of the form

$$L(f) \approx \sum_{k=1}^{n} a_k f^{(\lambda_k)}(x_k) .$$

The points $\{x_k\}_1^n$ are the *nodes* and the numbers $\{a_k\}_1^n$ are the *coefficients* of the approximation formula. The integers $\Lambda := \{\lambda_k\}_1^n$ specify the type of information used and consequently the *type* Λ of approximation method. Having the type preassigned, it is a natural question then to ask for those parameters $\{x_k\}$ and $\{a_k\}$ which make the approximation best in a certain sense. The resulting extremal approximation formula is termed *optimal* of type Λ. Different criteria of optimality have been used in approximation theory and they have produced a variety of optimal methods.

There are two dominating ideas in the construction of optimal approximation formulas. The first is a classical one and is based on the concept of the *algebraic degree of precision.* It reflects the pre-computer time understanding that an approximation rule is good if it is good for the set of algebraic polynomials. The central problem is to characterize the approximation formula of a given type Λ which is exact for all polynomials of degree as high as possible. The classical interpolation schemes and quadrature formulas are constructed following this algebraic approach. A brilliant example of this kind is the famous quadrature formula of Gauss.

The second main idea in optimal approximation is attributed to Kolmogorov (see Nikolskii, 1950). Kolmogorov posed the problem of investigation of the quadrature formulas of fixed type, which have a minimal error in a given class of functions $\mathcal{F}$. This and other extremal problems concerning n-widths, ε-entropy and complexity of algorithms have been creating the atmosphere of the fifty years at Moscow State University where Kol-

* Supported by the Bulgarian Ministry of Education and Science under Grant No. MM-15.

mogorov's ideas had a very large resonance. Matching both the beauty of the classical mathematics and the contemporary aspiration for effective computational methods and algorithms, the idea of optimal error estimations in given classes of functions attracted the attention of many mathematicians whose effort and work resulted in the foundation of a new field known as *Optimal Recovery.*

Although the practical use of the optimal recovery schemes is still a matter of some doubt, the elegance and the power of the theoretical results, as well as the natural links and influence on many developments in other well established areas of mathematics, give a strong motivation for further investigations.

We discuss here some recent results on optimal approximation of functions and integrals covering both the classical and the new, Kolmogorov approach.

2. Extensions of the Gauss result

Denote by π_m the set of all algebraic polynomials of degree less than or equal to m. We say that a given quadrature formula $I(f) \approx S(f)$ has an algebraic degree of precision (abbreviated to ADP) equal to m if $I(f) = S(f)$ for all f from π_m and $I(f) \neq S(f)$ at least for one $f \in \pi_{m+1}$. Gauss proved in 1814 that for each natural n there exists a unique quadrature formula of the form

$$\int_a^b f(x)dx \approx \sum_{k=1}^{n} a_k f(x_k) \tag{2.1}$$

which integrates exactly all polynomials of degree less than or equal to $2n-1$, i.e., with ADP$= 2n-1$ (Gauss, 1814). Note that $2n-1$ is the highest ADP that could be achieved by a formula with n simple nodes. Note also that this ADP equals the number of all free parameters $\{a_k\}$ and $\{x_k\}$ minus 1.

Gauss' discovery is one of the most significant results in Numerical Analysis not only of that time. His idea influenced many further developments in Approximation Theory. Jacobi gave a simple proof of the Gauss result using orthogonality of polynomials. Then Christoffel extended it to weighted integrals.

A quadrature formula of fixed type is said to be *Gaussian* if its ADP is equal to the number of all coefficients and free nodes minus 1. The characterization and construction of Gaussian quadrature formulas is an old subject with many well-known classical results and many problems still open (see the excellent survey of Gautschi, 1981 for complete references). Much is done in the case of quadrature formulas of Hermitian type

$$\int_a^b f(x)dx \approx \sum_{k=1}^{n} \sum_{j=0}^{\nu_k - 1} a_{kj} f^{(j)}(x_k) \tag{2.2}$$

with fixed *multiplicities* $\nu_1, \ldots, \nu_n$. It is not difficult to see that the maximal ADP that could be achieved by (2.2) does not exceed $M(\bar{\nu}) := \hat{\nu}_1 + \ldots + \hat{\nu}_n - 1$, where $\hat{\nu}_k$ denotes the smallest even number, not less than ν_k. In particular $M(\bar{\nu}) = n - 1 + \nu_1 + \ldots + \nu_n$ if all $\{\nu_k\}$ are odd. This is actually the most interesting case, since it leads to Gaussian formulas.

The first task is to see if there is a quadrature formula of the form (2.2) with ADP= $M(\bar{\nu})$. Clearly, the Gauss result gives an affirmative answer, for $\nu_1 = \ldots = \nu_n = 1$. In 1950 Turan proved that for any odd ν and $\nu_1 = \ldots = \nu_n = \nu$ there exists a unique quadrature formula with highest ADP equal to $M(\bar{\nu}) = n(\nu + 1) - 1$. The general case of arbitrary odd multiplicities $\nu_1, \ldots, \nu_n$ was studied first by Tschakaloff, 1954 (see also Popovicin, 1955). He used the relation between the *Gaussian nodes* and the extremal problem

$$J(x_1, \ldots, x_n) := \int_a^b (t - x_1)^{\nu_1 + 1} \ldots (t - x_n)^{\nu_n + 1} dt \to \min$$

over all $x_1, \ldots, x_n$. Applying a nice variational technique Tschakaloff proved that $J(x_1, \ldots, x_n)$ attains its minimal value at points $\{x_k^*\}_1^n$ which are distinct and lie in (a, b). This easily implies the existence of a Gaussian quadrature formula of form (2.2) with nodes at $x_1^*, \ldots, x_n^*$. The uniqueness of the Gaussian nodes was proved twenty years later by Ghizzetti and Ossicini, 1975. Karlin and Pinkus, 1976 established independently the uniqueness in a more general situation.

We shall sketch below a simple proof of the existence based on the Brouwer Fixed Point Theorem.

Theorem 1. *For each preassigned system of odd multiplicities $\nu_1, \ldots, \nu_n$ there exists a quadrature formula of type (2.2) with* $\mathrm{ADP}(Q) = M(\bar{\nu})$ *and* $a < x_1 < \ldots < x_n < b$.

Proof. Set

$$\begin{aligned} \omega(x; t) &:= (t - x_1) \ldots (t - x_n) , \\ \omega_k(x; t) &:= \omega(x; t)/(t - x_k) , \\ \Pi(x; t) &:= (t - x_1)^{\nu_1 - 1} \ldots (t - x_n)^{\nu_n - 1} . \end{aligned}$$

Using the interpolatory quadrature formula with nodes $x = \{x_k\}_1^n$ of multiplicities $\{\nu_k + 1\}_1^n$, respectively, it is seen that the theorem will be proved if we show that the system of equations

$$\int_a^b \Pi(x;t)\omega(x,t)\omega_k(x,t)dt = 0 , \quad k = 1, \ldots, n , \tag{2.3}$$

admits a solution $a < x_1 < \ldots < x_n < b$. Let us define the mapping Φ of the simplex $S := \{\xi = \{\xi_1\}_1^n : a \le \xi_1 \le \ldots \le \xi_n \le b\}$ into itself in the following way. To each $\xi \in S$ we assign the point $\Phi(\xi) := (x_1(\xi), \ldots, x_n(\xi))$, where $\{x_k(\xi)\}_1^n$ are the zeros of the polynomial $\omega(t) = t^n + \ldots$, which is orthogonal in $[a,b]$ with a weight $\Pi(\xi;t)$ to the polynomials from π_{n-1}. It follows from the properties of the orthogonal polynomials that

$$a < x_1(\xi) < \ldots < x_n(\xi) < b \tag{2.4}$$

for each $\xi \in S$. The mapping Φ is continuous. Then, by the Fixed Point Theorem, there exist nodes $\xi^* \in S$ such that $\Phi(\xi^*) = \xi^*$. This means that ξ^* is a solution of the system (2.3). Moreover, in view of (2.4), $a < \xi_1^* < \ldots < \xi_n^* < b$. The theorem is proved. □

In order to describe further results in this direction we needs some notions. The matrix $E = \{e_{ij}\}_{i=1,n=0}^{n\ N-1}$ is said to be an *incidence* matrix if it consists of 0 and 1 entries only. The sequence of 1's in the rows $e_i := (e_{i0}, \ldots, e_{i,N-1})$ of E will be called *blocks*. The block is *even* (*odd*) if it contains an even (odd) number of 1's. The index j of the first 1 in the block $b = (e_{ij}, \ldots, e_{i,j+i})$ defines the *level* of b. We shall consider here *normal* incidence matrices, which satisfy the *Pólya condition*:

$$\sum_{i=1}^{n} \sum_{j=0}^{k} e_{ij} \ge k+1 \quad \text{for} \quad k = 0, \ldots, N-1 .$$

(E is normal if the number $|E|$ of 1's in E equals the number of columns N.) Any matrix E describes a class of quadrature formulas of the form

$$\int_a^b f(t)dt \approx \sum_{e_{ij}=1} a_{ij} f^{(j)}(x_i) .$$

Such approximation formulas are said to be of *Birkhoff's type*. We refer to the book of Lorentz, Jetter, and Riemenschneider, 1983 for historical background and early developments of the Birkhoff approximations.

The characterization of the Gaussian quadrature formulas of Birkhoff's type turned to be a very difficult problem. There are only a few results known treating particular cases (Dyn, 1981; Jetter, 1987; Nikolov, 1989). The following existence theorem is due to Bojanov and Nikolov, 1990.

For given E and $\alpha \in \{1,\ldots,n\}$ we denote by E_α the matrix obtained from E by deletion of row number α.

Theorem 2. *Let $E = \{e_{ij}\}_{i=0,\ j=0}^{n+1\ N-1}$ be an arbitrary normal incidence matrix. Suppose that each interior row of E contains only one block, and it has length 2. Suppose that for each α from $\{1,\ldots,n\}$ the matrix E_α satisfies the Pólya condition. Let $k_1,\ldots,k_n$ be the levels of the interior blocks of E. Then there exists a quadrature formula of the form*

$$\int_a^b f(t)dt \approx \sum_{i=1}^n a_i\, f^{(k_i)}(x_i^*) + \sum_{e_{oj}=1} A_j\, f^{(j)}(a) + \sum_{e_{n+1,j}=1} B_j\, f^{(j)}(b)$$

with ADP $= 2n-1+|e_0|+|e_{n+1}|$ *and* $x_i^* \in (a,b)$, $i=1,\ldots,n$.

A particular case of Theorem 2 implies that for each set of indexes $\{k_i\}$ there exists (under obvious restrictions coming from the Pólya condition) a quadrature formula of the form

$$\int_a^b f(t)dt \approx \sum_{i=1}^n a_i f^{(k_i)}(x_i^*)$$

of double precision (i.e., with ADP$=2n-1$). A result of Jetter, 1987 implies the uniqueness of the system of nodes $x_1^* < \ldots < x_n^*$ if the blocks in E obey a pyramidal structure.

The Gauss result has been an attractive subject of investigation. An important extension was obtained by Krein, 1951. He studied the Gaussian problem with respect to a Tchebycheff system of functions and proved the following.

Krein's Theorem. *Let $w(t)$ be an arbitrary weight function in $L_1[a,b]$. Then, for each fixed T-system of continuous functions $u_1,\ldots,u_{2n}$ on $[a,b]$, there exists a unique approximation formula of the form*

$$\int_a^b w(t)f(t)dt \approx \sum_{k=1}^n a_k f(x_k)$$

which is exact for $u_1,\ldots,u_{2n}$.

Karlin and Pinkus, 1976 studied the multiple node case for complete ET-systems. Later Barrow, 1978 proposed an ingenious proof, based on the properties of the topological degree, which obviates the requirement of completeness of the ET-system. The next generalization along this line is due to Bojanov, Braess and Dyn, 1986.

With any given weight function $w(t)$, points $x_1 < \ldots < x_n$, and multiplicities $\bar{\nu} = (\nu_1, \ldots, \nu_n)$, we associate the functions

$$\sigma(x, \bar{\nu}; t) := w(t) \text{ sign} \prod_{i=1}^{n} (t - x_1)^{\nu_1 + 1} .$$

Theorem 3. *Let $u_o, \ldots, u_N$ be an ET-system of functions from $C^n[a, b]$ and $w \in C[a, b]$ a positive weight function. Then for $\nu_0 \geq 0$, $\nu_{n+1} \geq 0$, $\nu_i > 0$, $i = 1, \ldots, n$, such that $n + \nu_0 + \nu_1 + \ldots + \nu_{n+1} = N + 1$, there exists a unique set of nodes $x^* = (x_0^*, x_1^*, \ldots, x_{n+1}^*)$ in $\{x : a = x_0 < x_1 < \ldots < x_{n+1} = b\}$, and consequently a unique generalized quadrature formula of the form*

$$\int_a^b \sigma(x, \bar{v}; t) f(t) dt \approx \sum_{k=0}^{n+1} \sum_{j=0}^{\nu_k - 1} a_{kj} f^{(j)}(x_k^*) ,$$

which is exact for all $u \in$ span $\{u_0, \ldots, u_N\}$.

Theorem 3 was extended further to cover the case of weak ET-systems (see Bojanov, Grozev, and Zensykbaev, 1992).

3. Best recovery problem

Suppose that F is given a linear metric space of functions and $L(f)$, $L_1(f), \ldots, L_N(f)$ are linear functionals defined on F. Let Ω be a subset of F. Suppose further that the values

$$T(f) := \{L_1(f), \ldots, L_n(f)\}$$

are known or easily available for each f from Ω. We call the set *information* about f. There are many methods S which apply to each $f \in \Omega$ and assign an approximation $S(f)$ to $L(f)$, using the information $T(f)$ only. For example, every function $S(t_1, \ldots, t_N) : \mathbb{R}^N \to \mathbb{R}$ generates such a method in the following way:

$$L(f) \approx E(L_1(f), \ldots, L_N(f)) =: S(f) . \tag{3.1}$$

The problem is to construct a method with some good approximation properties. Following the formulation of Kolmogorov, we look for a method that has a minimal error in the class Ω.

The error $R(S,T)$ of the approximation (3.1) is usually defined as

$$R(S,T) := \sup \{|L(f) - S(f)| : f \in \Omega\} .$$

Now we give the central definition in Optimal Recovery.

Definition 1. The method S^* is said to be a *best* method of recovery of $L(f)$ on the basis of the information $T(f)$ in the class Ω, if

$$R(S^*,T) = \inf_S R(S,T) =: R(T) .$$

In general there are many methods that are best. Smolyak, 1965 revealed the remarkable fact that, under certain fairly general restrictions on Ω, there exists a best method of recovery of simple, linear structure.

Lemma of Smolyak. *Let Ω be a balanced convex body in a linear metric space H. Suppose that the linear functionals $L(f)$, $L_1(f),\ldots,L_N(f)$ are defined on H. Then there exist constants $\{A_k\}_1^N$ such that*

$$\sup_{f\in\Omega} |L(f) - \sum_{k=1}^{n} A_k L_k(f)| = R(T) .$$

The proof can be found in the more accessible paper of Bakhvalov, 1971 or in Traub and Wozniakowski, 1980.

The following is an immediate consequence from proof of the lemma (see Bakhvalov, 1971):

$$R(T) = \sup\{|L(f)| : f \in \Omega\ ,\ L_k(f) = 0\ , \quad k = 1,\ldots,N\} .$$

Smolyak's lemma was one of the most stimulating results in the Theory of Optimal Recovery. It shows that one could restrict oneself in the search of a best method to the linear schemes only.

The construction and characterization of best methods for certain functionals L in different classes of functions is the central problem in Optimal Recovery. The first papers dealing with this optimal approximation problem were written by Sard, 1949 and Nikolskii, 1950. The problem has been thoroughly analyzed by Golomb and Weinberger, 1959 in a more general case (see also Meinguet, 1967). For further results we refer to the survey by Micchelli and Rivlin, 1977. Complete bibliography is given in Nikolskii, 1979 and Traub and Wozniakowski, 1980. Similar error minimization problems are discussed in Bakhvalov, 1992 and Korneichuk, 1992.

4. Optimal quadrature formulas

Assume that Ω is a class of sufficiently smooth functions in the interval $[a,b]$. The most common type of information in numerical integration is the Hermitian data of values

$$T(x;f) := \{f^{(j)}(x_i)\ , \quad i=1,\ldots,n\ ,\ j=0,\ldots,\nu_i - 1\}$$

at certain points $x = (x_1,\ldots,x_n)$ in $[a,b]$. Given x we call the numbers $\{a_{ij}\}$ *best coefficients* for the nodes x if the quadrature formula (2.2) is a best method of integration in Ω on the basis of $T(x;f)$.

For fixed $\nu_1,\ldots,\nu_n$ the error of the best quadrature (2.2) is a function of the nodes $x_1,\ldots,x_n$. Denote it by $\mathcal{R}(x_1,\ldots,x_n)$.

Definition 2. The nodes $x_1^*,\ldots,x_n^*$ are said to be optimal of type $(\nu_1,\ldots,\nu_n)$ in Ω if $a \le x_1^* < \ldots < x_n^* \le b$ and

$$\mathcal{R}(x_1^*,\ldots,x_n^*) = \inf_{x_1<\ldots<x_n} \mathcal{R}(x_1,\ldots,x_n)\ .$$

The corresponding best quadrature formula (2.2) with nodes x^* is said to be *optimal* of the same type.

The question of existence of optimal nodes of fixed type is complicated by the possibility that two or more nodes may tend to coalesce in minimizing $\mathcal{R}(x_1,\ldots,x_n)$. In such a case the best quadrature formula corresponding to the limit points will be of type different from the wanted one $(\nu_1,\ldots,\nu_n)$. In most cases $\mathcal{R}(x_1,\ldots,x_n)$ is a continuous function in

$$\mathbf{D} := \{(x_1,\ldots,x_n) : a \le x_1 \le \ldots \le x_n \le b\}$$

and thus $\mathcal{R}$ attains its minimal value in $\mathbf{D}$ at some point x^0. The main difficulty is to show that x^0 does not lie on the boundary of $\mathbf{D}$. Many efforts were expended to prove existence theorems for the well studied classes of functions (Sobolev spaces, Hardy spaces). The first existence results were obtained in the simple nodes case (Karlin, 1972 for a class defined by a totally positive kernel and Barrar, Loeb, and Werner, 1974 for a class of analytic functions). We studied in Bojanov, 1979a the general case and tried to find sufficient conditions on the class Ω which guarantee the existence of optimal nodes of any type $(\nu_1,\ldots,\nu_n)$. In order to facilitate the presentation of the result we shall formulate it in the "smooth" case only, i.e., when the class Ω is a subspace of $C^N[a,b]$, with $N := \nu_1+\ldots+\nu_n$. The following conditions describe the requirements on Ω.

Postulate 1. For every system of even multiplicities $\{\nu_k\}_1^n$ and nodes $x_1 < \ldots < x_n$ there exists a unique function $F(x; \,.\,) \in \Omega$ such that

1. $\mathcal{R}(x_1, \ldots, x_n) = \int_a^b F(x; t)dt$;
2. $F^{(j)}(x; x_i) = 0$ for $i = 1, \ldots, n$, $j = 0, \ldots, \nu_i - 1$, and F has no other zeros in $[a, b]$;
3. $F^{(j)}(x; \,.\,)$ is a continuous function with respect to the point x in $\mathbb{R}^N$.

Theorem 4. *Suppose that Ω satisfies Postulate 1. Then for each system of multiplicities $\{\nu_k\}_1^n$, such that $2\sum_{k=1}^n [(\nu_k + 1)/2] = N$, there exists an optimal quadrature formula of type $(\nu_1, \ldots, \nu_n)$. Moreover, the best coefficients for the optimal nodes satisfy the relations*

$$a_{k,\nu_k-1} = 0\,, \quad a_{k,\nu_k-2} > 0 \quad \textit{if } \nu_k \textit{ is even}\,,$$
$$a_{k,\nu_k-1} > 0 \quad \textit{if } \nu_k \textit{ is odd}\,.$$

Existence of optimal nodes of any admissible preassigned type $(\nu_1, \ldots, \nu_n)$ was proved for the following classes:

The Sobolev classes

$$W_p^r[a, b] := \{f \in AC^{r-i}[a, b] : \|f^{(r)}\|_p \leq 1\}$$

and their periodic analogies $\widetilde{W}_p^r[a, b]$ (Bojanov, 1980);

The Hardy classes

$$H^p := \{f \text{ analytic in } |z| < 1 : \lim_{r \to 1} \int_0^{2\pi} |f(re^{i\theta})|^p d\theta \leq 1\}$$

(Anderson and Bojanov, 1984);

The classes

$$\mathcal{K}_p := \{F(x) = \int_a^b K(x, t)f(t)dt : f \in L_p[a, b], \quad \|f\|_{L_p} \leq 1\}$$

with totally positive kernel $K(s, t)$ (Bojanov, 1977).

Next we discuss uniqueness of the optimal nodes. The first investigations were concerned with the Sobolev spaces. There is a simple dual relation between quadrature formulas (2.2) in $W_p^r[a, b]$ and the functions

$$M(x; t) = t^r + \sum_{k=1}^{n} \sum_{\lambda=0}^{\nu_k - 1} b_{k\lambda}(x_k - t)_+^{r-\lambda-1}$$

called *monosplines* (Schoenberg, 1969). On the basis of this relation the characterization of the optimal quadrature formulas of type $(\nu_1, \ldots, \nu_n)$ is reduced equivalently to the characterization of the monospline of least L_q-norm, $1/p + 1/q = 1$.

Generalized monosplines

$$\mathcal{M}(x;t) = \int_a^b K(x,t)dx - \sum_{k=1}^{n} \sum_{\lambda=0}^{\nu_k - 1} b_{k\lambda} \frac{\partial^\lambda}{\partial x^\lambda} K(x,t)\Big|_{x=x_k}$$

defined by a totally positive kernel $K(s,t)$ are studied in Braess, 1986.

The uniqueness of the monospline of least uniform norm was proved by Johnson, 1960 in case $\nu_1 = \ldots = \nu_n = 1$. Much later Barrar and Loeb, 1978 showed the uniqueness for arbitrary $\nu_k \le r$, $k = 1, \ldots, n$. Zensykbaev, 1977 proved the uniqueness for every $1 < q < \infty$ in the simple knot case (Jetter and Lange, 1978 got the result independently for $q = 2$). Treating the general case we proved in Bojanov, 1979 the uniqueness of the monospline of least L_q-norm for $1 < q < \infty$. We formulate below the corresponding dual result about the quadrature formulas.

Theorem 5. *Let $\{\nu_k\}_{k=1}^n$ be arbitrary fixed natural numbers satisfying the requirement $1 < 2[(\nu_k + 1)/2] \le r$, $k = 1, \ldots, n$. For every fixed p, $1 < p < \infty$, there exists a unique optimal quadrature formula in $W_p^r[a,b]$ of the form*

$$\int_a^b f(t)dt \approx \sum_{j=0}^{r-1} A_j f^{(j)}(a) + \sum_{j=0}^{r-1} f^{(j)}(b) + \sum_{k=1}^{n} \sum_{\lambda=0}^{\nu_k - 1} a_{k\lambda} f^{(\lambda)}(x_k) \,.$$

The uniqueness of optimal quadratures with Birkhoff's type boundary terms is still an open problem. (For the existence see Bojanov and Huang, 1988.)

The intensive study of the optimal quadrature formulas in the Sobolev classes $\widetilde{W}_p^r[a,b]$ of periodic functions was inspired by the intuitively obvious conjecture that the equidistant nodes must be optimal if the multiplicities $\nu_1, \ldots, \nu_n$ are equal. Motornyi, 1973 proved this in the simple node case for $p = \infty$. He showed that the rectangular rule is the unique (up to translation of the nodes) optimal quadrature formula of type $(1, \ldots, 1)$. Ligun, 1976 proved the same for $p = 1$, completing a result from Motornyi, 1973. Then Zensykbeev, 1976 (see also his survey paper (1981)), using a nice argument, succeeded to show that the optimality of the equidistant nodes holds for every p, $1 \le p \le \infty$, in the simple node case. The next theorem was proved in Bojanov, 1981.

Theorem 6. *Let $\{\nu_k\}_{k=1}^n$ be arbitrary multiplicities satisfying the conditions $1 < 2[(\nu_k + 1)/2] \le r$, $k = 1, \ldots, n$, $r \ge 1$. Suppose that $1 < p < \infty$. Then there exists a unique optimal quadrature formula of the type $(\nu_1, \ldots, \nu_n)$ in $\widetilde{W}_p^r[a, b]$ with fixed node $x_1 = a$.*

Clearly the optimality of the equidistant nodes follows immediately from this uniqueness theorem in case $\nu_1 = \ldots = \nu_n$. The following can be derived from Bojanov, 1981.

Theorem 7. *Let $\nu_1 = \ldots = \nu_n = \nu$ and $1 < 2[(v + 1)/2] \le r$. Then the equidistant nodes $x_k = a + \frac{k-1}{n}(b - a)$, $k = 1, \ldots, n$, are optimal of type $(\nu_1, \ldots, \nu_n)$ in the class $\widetilde{W}_p^r[a, b]$ for $1 \le p \le \infty$. Moreover, the best coefficients $\{a_{k\lambda}\}$ for these nodes satisfy the conditions*

$$a_{1\lambda} = \ldots = a_{n\lambda} = 0 \text{ if } \lambda \text{ is odd},$$
$$a_{1\lambda} = \ldots = a_{n\lambda} > 0 \text{ if } \lambda \text{ is even},$$
$$a_{10} = \ldots = a_{n0} = (b - a)/n .$$

The optimal nodes are unique in the case $1 < p < \infty$.

Huang and Fang, 1990 proved that Theorem 6 holds also for $p = \infty$. Braess and Dyn, 1986 established a uniqueness theorem in $\mathcal{K}_p$ for any fixed $\nu_1, \ldots, \nu_n$ under certain restrictions on the kernel $K(s, t)$. Their result, in fact, is for generalized quadrature formulas and in particular for $\nu_i = 1$, $i = 1, \ldots, n$, it applies to optimal recovery of functions in $\mathcal{K}_p$ (a question we discuss in the next section). Osipenko, 1988 studied the uniqueness of the optimal nodes in H^∞.

5. Optimal recovery of functions

Consider the approximation problem defined in Section 3 for $L(f) = f(t)$, where t is a fixed point from $[a, b]$. If Ω satisfies the requirements of Smolyak's lemma, then there exist coefficients $\{A_k\}_1^N$ such that the approximation rule

$$f(t) \approx \sum_{k=1}^{N} A_k(t) L_k(f) \tag{5.1}$$

is the best recovery method. Now letting t traverse $[a, b]$ we get a set of functions $\{A_k(t)\}_1^N$ on $[a, b]$ which do not depend on f and form a linear space having a good approximation property for functions from Ω. Thus, it is of interest to find explicitly $\{A_k(t)\}_1^N$ for some important classes of functions Ω and standard information data $T(f)$. In case $T(f)$ is of a

Hermitian type we get approximation of the form

$$f(t) \approx S(x, f; t) := \sum_{k=1}^{n} \sum_{\lambda=0}^{\nu_k - 1} a_{k\lambda}(t) f^{(\lambda)}(x_k) . \tag{5.2}$$

Osipenko, 1972 showed that the best recovery $S(x, f; t)$ in H^∞ is just interpolation by rational functions with poles at $\{1/x_k\}$. He found closed form expressions for the functions $a_{k\lambda}(t)$.

Interesting results that relate this subject to some extremal problems for spline functions were discovered in the study of (5.2) in the Sobolev spaces. It follows from a result of Schoenberg, 1964 that, for each $t \in [a, b]$, the best method of recovery of $f(t)$ in $W_2^r[a, b]$ on the basis of $T(x; f)$ is the interpolation of f at x by natural splines of degree $2r - 1$. Bojanov, 1975 constructed the best recovery scheme in $W_p^r[a, b]$, $1 \le p \le \infty$, for $\nu_1 = \ldots = \nu_n = r$. Then, based on the paper of Tikhomirov, 1969 on n-widths, Micchelli, Rivlin and Winograd, 1976 (see also Gaffney and Powell, 1976) found the best recovery method in $W_\infty^r[a, b]$ for arbitrary Hermitian data. In order to formulate their significant result we give some definitions.

A *perfect spline* of degree r is any piece-wise polynomial function φ from $C^{r-1}(-\infty, \infty)$ such that $|\varphi^{(r)}(t)| = \text{const}$. The points of discontinuity of $\varphi^{(r)}(t)$ are the *knots* of φ. It is known that for each fixed set of points $a < x_1 < \ldots < x_n < b$ and multiplicities $\nu_1, \ldots, \nu_n$ there exists a unique perfect spline $\varphi(x; t)$ (normalized by the condition $\varphi(b) > 0$) of degree r, with $N - r$ knots ($N := \nu_1 + \ldots + \nu_n$), such that $\|\varphi^{(r)}\|_\infty = 1$ and $\varphi^{(\lambda)}(x_k) = 0$ for $k = 1, \ldots, n$, $\lambda = 0, \ldots, \nu_k - 1$. Denote by $\xi = \{\xi_i\}_1^{N-r}$ the knots of $\varphi(x; t)$. For each $f \in C^{r-1}[a, b]$ there is a unique spline function s_f of degree $r - 1$ with knots ξ which interpolates f at $x_1, \ldots, x_n$ with multiplicities $\nu_1, \ldots, \nu_n$, respectively.

Theorem 8. (Micchelli, Rivlin, Winograd) *The interpolation scheme $f(t) \approx s_f(t)$ is a best method of recovery of f in $W_\infty^r[a, b]$ on the basis of the information $T(x; f)$. Moreover,*

$$\sup\{|f(t) - s_f(t)| : f \in W_\infty^r[a, b] \, , \, \|f^{(r)}\|_\infty \le 1\} = |\varphi(x; t)| \, .$$

The next natural question was to describe the nodes x^* which minimize the error $\mathcal{R}(x) := \|\varphi(x; \, . \,)\|_{C[a,b]}$, i.e., to characterize the perfect splines of minimal uniform norm with free zeros of fixed multiplicities. We proved the following (Bojanov, 1980).

Theorem 9. *Let r and $\nu_1, \ldots, \nu_n$ be given such that $i \le \nu_k \le r$, $k = 1, \ldots, n$, and $\nu_1 + \ldots + \nu_n \ge r$. Then there exists a unique perfect spline $\varphi(x^*; t)$ of least uniform norm in $[a, b]$ among the perfect splines $\varphi(x; t)$*

with $x_1 < \ldots < x_n$. *The extremal perfect spline* $\varphi(x^*;t)$ *is characterized completely by the following equioscillating property: there is a system of points*

$$a = t_0 < x_1^* < t_1 < x_2^* < \ldots < x_{n-1}^* < t_{n-1} < x_n^* < t_n = b$$

such that

$$\varphi(x^*;t_i) = (-1)^{\mu_i} \|\varphi^*(x; \ .\ )\| , \quad i = 0, \ldots, n ,$$

where $\mu_i = \nu_{i+1} + \ldots + \nu_n$, $i = 0, \ldots, n = 1$, $\mu_n = 0$.

The periodic variant of Theorems 8 and 9 was given in Bojanov, 1977a and Bojanov and Huang, 1987, respectively.

For any given class Ω one can define $\mathcal{R}(x)$ to be the error of the best method of recovery of f in Ω on the basis of $T(x;f)$, i.e.,

$$\mathcal{R}(x) := \max_{t\in[a,b]} \sup_{f\in\Omega} |f(t) - S(x,f;t)| .$$

The nodes x^* are called *optimal* of type $(\nu_1, \ldots, \nu_n)$ if they minimize $\mathcal{R}(x)$ over $a \le x_1 < \ldots < \le b$. The best method with the nodes x^* is said to be the *optimal recovery* of type $(\nu_1, \ldots, \nu_n)$ in Ω. Theorem 8 claims the uniqueness of the optimal nodes of any preassigned type $(\nu_1, \ldots, \nu_n)$ in $W_\infty^r[a,b]$. The same uniqueness result was proved by Bojanov and Grozev, 1988 for the Hardy space H^∞. There the problem reduces to the minimization of the uniform norm of a finite Blaschke product with freely chosen zeros of fixed multiplicities over a subinterval $[a,b]$ of $[-1,1]$.

Theorems 8 and 9 were generalized recently (in Bojanov, 1990) for the classes

$$W_\sigma(L)[a,b] := \{f \in AC^{r-1}[a,b] : |Lf(t)| \le \sigma(t) \text{ on } [a,b]\},$$

defined by a linear differential operator L of order r and positive function $\sigma(t)$. The generalization covers also Birkhoff's type of information.

Melkman, 1985 studied the optimal recovery problem in the class $B(\sigma,T)$ of entire functions of exponential type σ for which $|f(s)| \le 1$ for all $s \in (-\infty,-T) \cup (T,\infty)$.

The best recovery problem with information that consists of finite number of Fourier coefficients corresponding to f was studied in Bojanov, 1976; 1986. It was shown that the trigonometric approximation

$$f(t) \approx \frac{1}{2}a_0(f) + \sum_{k=1}^{n} \lambda_k \left(a_{m_k}(f)\cos m_k t + b_{m_k}(f)\sin m_k t\right) , \tag{5.3}$$

with some constants $\{\lambda_k\}$, is the best method of recovery of f in $\tilde{W}_p^r[0,2\pi]$, $1 \le p \le \infty$, on the basis of the Fourier coefficients $\{a_{m_k}(f), b_{m_k}(f)\}_{k=0}^n$, $0 = m_0 < m_1 < \ldots < m_n$. The multipliers λ_k depend on p and are expressed by the coefficients of the trigonometric polynomial

$$Q_n(f) = \alpha_0 + \sum_{k=1}^{n} (\alpha_k \cos m_k t + \beta_k \sin m_k t)$$

of best L_q-approximation to the Bernoulli polynomial $B_r(t)$ in $[0,2\pi]$. The error of this best recovery scheme is

$$\theta(m_0, m_1, \ldots, m_n) = \tfrac{1}{\pi}\|B_r - Q_n(f)\|_q \,.$$

Note that for $m_k = k$, $k = 0, \ldots, n$, and $p = \infty$ (5.3) coincides with the well-known approximation used by Favard, Akhiezer and Krein to get the best order in trigonometric approximation of periodic differentiable functions. This is not an isolated example of a connection between classical extremal problems in approximation theory and optimal recovery of functions. Particularly the relation to n-widths appears prominently in some papers (see Tikhomirov, 1969, Micchelli and Pinkus, 1976; 1977, Pinkus, 1986, Melkman, 1985).

One can find more details and references concerning the role of splines in optimal recovery of functions in the books by Korneichuk, 1984; 1991, Malozemov and Pavnyi, 1986, Braess, 1986, and Bojanov, Hakopian and Sahakian, 1993.

6. Comparison theorems

The following illustrates a typical comparison theorem: denote by $R(T)$ the error in Ω of the best recovery based on the information T. Suppose that T_1 and T_2 are of the same cardinality, i.e., that they consist of the same number of pieces of information. Assume that $T_1 < T_2$ which means that T_1 precedes T_2, according to some preassigned natural criteria. Then $R(T_1) \le R(T_2)$. As an example, let us compare the best recovery schemes (5.3) based on different sets of Fourier coefficients. We assert that

$$\theta(m_0, m_1, \ldots, m_n) \le \theta(m_0', m_1', \ldots, m_n') \tag{6.1}$$

provided $m_k \le m_k'$ for $k = 1, \ldots, n$ $(m_0 = m_0' = 0)$. As pointed out to me by Dimitar Dryanov, the assertion is obviously true for $p = 2$. Indeed, in this case,

$$\theta(m_0, m_1, \ldots, m_n) = \left(\sum_{\substack{i=1 \\ i \ne m_1, \ldots, m_n}}^{\infty} a_i^2(B_r) + b_i^2(B_r) \right)^{1/2}$$

and the inequality (6.1) follows from the monotonicity of Fourier coefficients of the Bernoulli polynomial B_r.

The comparison (6.1) is still a conjecture for other p.

Studying the existence of optimal quadrature formulas in $\mathcal{K}_q[a,b]$ Karlin, 1972 proved that the error R_N of the optimal quadrature formula based on N values of the function is less than or equal to the error of any other quadrature formula that uses Hermitian type of data consisting of N evaluations. In other words,

$$R_N \le R(\nu_1,\dots,\nu_n) \text{ for each } \nu_1+\dots+\nu_n \le N\,, \tag{6.2}$$

where $R(\nu_1,\dots,\nu_n)$ is the error of the optimal quadrature formula of type $(\nu_1,\dots,\nu_n)$. The same was shown later by Barrar and Loeb, 1976 for $W_p^r[a,b]$ and improved by Bojanov, 1977 to hold for each $[(\nu_1+1)/2]+\dots+[(\nu_n+1)/2] \le N$. Zensykbaev, 1982 showed that in $W_p^r[a,b]$

$$R_N \le R(E) \text{ for each } E \text{ with } |E| \le N\,, \tag{6.3}$$

where $R(E)$ denotes the error of the optimal quadrature formula of type E. A similar proof and a generalization of (6.3) for the classes $W_p(L)$ defined by a linear differential operator was given in Grozev, 1989.

Fisher and Micchelli, 1984 showed that the sampling at the optimal N simple nodes is the best way of recovery of functions in H^2 on the basis of any set of values of N linear functionals of f. It follows from a result of Tikhomirov, 1969 that the same conclusion is true for $W_\infty^r[a,b]$.

There are several results on optimal approximation methods of quasi-Hermitian type showing the monotone dependence of the error on the orders of the derivatives used at the end points (see text and references of Bojanov and Huang, 1990). These examples support the intuitively clear guess that *the lower is the order of the derivatives used in the optimal recovery scheme the smaller is the error.* Let us formulate precisely a conjecture of this type.

Consider Pólya incidence matrices $E=\{e_{ij}\}_{i=1,j=0}^{n\ N-1}$ which contain only one block of 1's at each row e_i, $i=1,\dots,n$, of fixed length ℓ_i, respectively. Suppose that these blocks are even.

Conjecture. *Let $k_1,\dots,k_n$ and $\hat{k}_1,\dots,\hat{k}_n$ be the levels of the blocks in E and $\hat{E}$, respectively. Suppose that $k_i \le \hat{k}_i$ for $i=1,\dots,n$. Then $R(E)\le R(\hat{E})$.*

Comparison theorem of this kind was established in Bojanov and Nikolov, 1990 for the error of the Gaussian quadrature formula, in case $\ell_1=\dots=\ell_n=2$.

References

[1] J.-E. Anderson and B. Bojanov, A note on the optimal quadrature in H^p, *Numer. Math.* **44** (1984), 301–308.

[2] N.S. Bakhvalov, On the optimality of the linear methods of approximation of operators on convex classes of functions, *Zh. Vychisl. Mat. i Mat. Fiz.* **11** (4), (1971), 1014–1018.

[3] —, On the optimizaton of numerical algorithms, in: *Optimal Recovery*, B. Bojanov and H. Wozniakowksi (eds.), Nova, New York, 1992.

[4] R.B. Barrar and H. Loeb, On a nonlinear approximation problem for monosplines, *J. Approx. Theory* **18** (2), (1976), 220–240.

[5] ——, On monosplines with odd multiplicities of least norm, *J. Analyse Math.* **33** (1978), 12–38.

[6] R.B. Barrar, H. Loeb, H. Werner, On the existence of optimal integration formulas for analytic functions, *Numer. Math.* **23** (1974), 105–117.

[7] D.L. Barrow, On multiple node gaussian quadrature formulae, *Math. Comp.* **32** (142), (1978), 431–439.

[8] B. Bojanov, Best methods of interpolation for certain classes of differential functions, *Mat. Zamatki* **17** (4) (1975), 511–524.

[9] ——, Best recovery of periodic differentiable functions on the basis of their Fourier coefficients, *Serdica* **2** (1976), 300–304.

[10] ——, Existence of extended monosplines of least deviation, *Sardica* **3** (1977), 261–272.

[11] ——, A note on the optimal approximation of smooth periodic functions, *C. Rend. Acad. Bulgare Sci.* **30** (6), (1977a), 809–812.

[12] ——, Uniqueness of the monosplines of least deviation, in: *Numerische Integration*, G. Hämmerlin (ed.), ISNM v. 45, Birkhäuser–Verlag, Basel (1979), 68–97.

[13] ——, On the existence of optimal quadrature formulae for smooth functions, *Calcolo* **16** (1979a), 61–70.

[14] ——, Existence and characterization of monosplines of least L_p deviation, in: *Constructive Function Theory '77*, BAN, Sofia (1980), 249–268.

[15] ——, Perfect splines of least uniform deviation, *Analysis Math.* **6** (3), (1980a), 185–197.

[16] ——, Uniqueness of the optimal nodes of quadrature formulae, *Math. Comp.* **36** (154), (1981), 525–546.

[17] ——, Comparison theorems in optimal recovery, in: *Optimal Algorithms*, Bl. Sendov (ed.), BAN, Sofia (1986), 15–50.

[18] ——, σ-perfect splines and their application to optimal recovery problems, *J. Complexity* **3** (1987), 429–450.

[19] ——, Optimal recovery of differentiable functions, *Mat. Sbornik* **181** (3), (1990), 334–353.

[20] B.D. Bojanov, D. Braess, and N. Dyn, Generalized gaussian quadrature formulas, *J. Approx. Thoery* **48** (4), (1986), 335–353.

[21] B. Bojanov, G. Grozev, A note on the optimal recovery of functions in H^∞, *J. Approx. Theory* **53** (1), (1988), 67–77.

[22] B. Bojanov, G. Grozev, and A. Zensykbaev, Generalized Gaussian Quadrature Formulas for Weak Tchebychev Systems, in: *Optimal Recovery*, B. Bojanov and H. Wozniakowski (eds.), Nova, New York, 1992.

[23] B. Bojanov, H. Hakopian, and A. Sahakian, *Spline Functions and Multivariate Interpolations*, Kluwer Academic Publishers, Dordrecht, 1993.

[24] B. Bojanov, D. Huang, Periodic monosplines and perfect splines of least norm, *Constr. Approx.* **3** (1987), 363–375.

[25] ——, On the optimal quadrature formulas in W_q^r of quasi-hermitian type, *Approx. Theory and its Appl.* **4** (4), (1988), 13–32.

[26] ——, Comparison of optimal quadrature formulas, *Numer. Math.* **56** (1990), 817–825.

[27] B. Bojanov and G. Nikolov, Comparison of Birkhoff type quadrature formulae, *Math. Comp.* **54** (190), (1990), 627–648.

[28] D. Braess, *Nonlinear Approximation Theory*, Springer, 1986.

[29] D. Braess and N. Dyn, On the uniqueness of generalized monosplines of least L_p-norm, *Constr. Approx.* **2** (1986), 79–99.

[30] N. Dyn, On the existence of Hermite–Birkhoff quadrature formulas of gaussian type, *J. Approx. Theory* **31** (1981), 22–32.

[31] P.W. Gaffney and M.J.D. Powell, Optimal interpolation, in: *Lecture Notes in Math.* **506** (1976), Springer–Verlag, 90–99.

[32] S.D. Fisher and C.A. Micchelli, Optimal sampling of holomorphic functions, *Amer. J. Math.* **106** (1984), 593–609.

[33] C.F. Gauss, Methodus Nova Integralium Valores per Approximationem Inveniendi, *Commentationes Societatis Regiae Scientarium Gottingensis Recentiores* **3** (1914), Werke III, 163–196.

[34] W. Gautschi, A Survey of Gauss–Christoffel Quadrature Formulae, in: *E.B. Christoffel*, P. Butzer and F. Feher (eds.), Aachen, Birkhäuser–Verlag, Basel (1981), 73–147.

[35] A. Ghizzetti and A. Ossicini, Sull' esistenza a unicita delle formule di quadratura quassiane, *Rend. Mat.* **8** (6), (1975), 1–15.

[36] M. Golomb and H.F. Weinberger, Optimal Approximation and Error Bounds, in: *On Numerical Approximation*, R.E. Langer (ed.), The University of Wisconsin Press, Madison, 1959, 117–190.

[37] G. Grozev, Comparison theorems for L-monosplines of minimal norm, *Numer. Math.* **56** (1989), 331–343.

[38] D. Huang and G. Fang, The uniqueness of optimal quadrature formula and optimal interpolation nodes with multiplicities in L, *Approx. Theory and its Appl.* **6** (2), (1990), 16–27.

[39] K. Jetter, Uniqueness of Gauss–Birkhoff quadrature formulas, *SIAM J. Numer. Anal.* **1** (1987), 147–154.

[40] K. Jetter and G. Lange, Die Eindeutigkeit L_2-optimaler polynomialer monosplines, *Math. Z.* **158** (1978), 23–34.

[41] R.S. Johnson, On monosplines of least deviation, *Trans. Amer. Math. Soc.* **96** (1960), 458–477.

[42] S. Karlin, On a class of best nonlinear approximation problems, *Bull. Amer. Math. Soc.* **78** (1972), 43–49.

[43] S. Karlin and A. Pinkus, Gaussian Quadrature Formulae with Multiple Nodes, in: *Studies in Spline Functions and Approximation Theory*, S. Karlin et al. (eds.), Academic Press, New York (1976), 113–141.

[44] N.P. Korneichuk, *Splines in Approximation Theory*, Nauka, Moscow (1984), in Russian.

[45] ——, *Exact Constants in Approximation Theory*, Cambridge University Press, 1991.

[46] ——, Optimal coding of functions, in: *Optimal Recovery*, B. Bojanov and H. Wozniakowsi (eds.), Nova, New York, 1992.

[47] M.G. Krein, The ideas of P.L. Chebyshev and A.A. Markov in the theory of limiting values of integrals and their further developments, *Uspehi Mat. Nauk t.* **6** (4), (1951), 3–120.

[48] A.A. Ligun, Exact inequalities for spline functions and best quadrature formulas for certain classes of funcitons, *Mat. Zametki* **19** (6), (1976), 913–926.

[49] G.G. Lorentz, K. Jetter, S.D. Riemenschneider, *Birkhoff Interpolation*, Addison–Wesley, Reading, 1983.

[50] V.H. Malozemov and A.B. Pevnyi, *Polynomial Splines*, Leningrad University, Leningrad (1986), in Russian.

[51] J. Meinguet, Optimal approximation and error bounds in seminormed spaces, *Numer. Math.* **10** (1967), 370–388.

[52] A.A. Melkman, n-widths and optimal interpolation of time- and band-limited functions II, *SIAM J. Math. Anal.* **16** (4), (1985), 803–813.

[53] C.A. Micchelli and A. Pinkus, On n-widths in L^∞, *Trans. Amer. Math. Soc.* **234** (1977), 139–174.

[54] ——, On n-widths and optimal recovery in M^r, in: *Approximation theory II*, G.G. Lorentz, C.K. Chui, L.L. Schumaker (eds.), Academic Press, New York, 1976.

[55] C. Micchelii and T.J. Rivlin, *Optimal estimation in approximation theory*, Plenum Press, New York, 1976.

[56] C. Michelii, T.J. Rivlin, and S. Winograd, The optimal recovery of smooth functions, *Numer. Math.* **26** (1976), 191–200.

[57] V.P. Motornyi, On the best quadrature formula of type $\sum_{k=1}^{n} p_k f(x_k)$ for certain classes of periodic differentiable functions, *Izv. AN SSSR, Ser. Mat.* **38** (3), (1974), 583–614.

[58] G. Nikolov, Existence and uniqueness of Hermite–Birkhoff gaussian quadrature formulas, *Calcolo* **26** (1), (1989), 41–59.

[59] S.M. Nikolskii, On the question of estimations of approximations by quadrature formulae, *Uspehi Mat. Nauk 5* **2** (36), (1950), 165–177.

[60] ——, *Quadrature Formulae*, Nauka, Moskow (1979).

[61] K. Osipenko, Optimal interpolation of analytic functions, *Mat. Zametki* **12** (4), (1972), 456–476.

[62] ——, On the best and optimal quadrature formulas in the classes of bounded analytic functions, *Izv. Akad. Nauk SSSR* **52** (1), (1988), 79–99.

[63] A. Pinkus, n-widths and optimal recovery, in: *Approximation Theory*, C. de Boor (ed.), *Proc. Sympos. Appl. Math.* **36**, A.M.S., Providence, R.I., 1986, 51–66.

[64] T. Popoviciu, Sur une Généralization de la formule d'Integration numérique de Gauss, *Accad. R.P. Romine Fil. Iasi Stud. Cerc. Sti.* **6** (1955), 29–57.

[65] A. Sard, Best approximative integration formulas, best approximate formulas, *American J. Math.* **LXXI** (1949), 80–91.

[66] I.J. Schoenberg, On best approximation of linear operators, *Nederl. Acad. Wetensch. Proc. Ser. A* **67** (1964), 155–163.

[67] ——, Monosplines and quadrature formulas, in: *Theory and Applications of Spline Functions*, T.N.E. Graville (ed.), Academic Press, New York, 1969, 157–208.

[68] S.A. Smolyak, *Optimal recovery of functions and functionals on them*, candidate dissertation, Moscow State University, 1965.

[69] V.M. Tikhomirov, Optimal methods of approximation and interpolation of differentiable functions in the space $C[-1,1]$, *Mat. Sb. SO* **122** (1969), 290–304.

[70] J.F. Traub and H. Wozniakowski, *A General theory of optimal algorithms*, Academic Press, New York, 1980.

[71] L. Tschakaloff, General quadrature formulae of gaussian type, *Izv. Mat. Inst., BAN* **1** (2), (1954), 67–84.

[72] A.A. Zensykbaev, On the best quadrature formula in the class $W^r L_p$, *Dokl. Akad. Nauk. SSSR* **227** (2), (1976), 277–279.

[73] ——, On the best quadrature formulas for certain classes of non-periodic functions, *Dokl. Akad. Nauk. SSSR* **236** (3), (1977), 531–534.

[74] ——, Monosplines of minimal norm and best quadrature formulas, *Uspehi Mat. Nauk* **36** (4), (1981), 107–159.

[75] ——, Extremality of monosplines of minimal deficiency, *Izv. Akad. Nauk SSSR, Ser. Mat.* **46** (6), (1982), 1175–1198; *Math. USSR Izvestiya* **21** (3), (1983), 461–482.

Department of Mathematics
University of Sofia
Boul. James Boucher 5
1126 Sofia, Bulgaria

Received July 8, 1992
Revised April 29, 1993

Existence globale et diffusion pour les modèles discrets de la cinétique des gaz

Jean-Michel Bony

1. Introduction

L'équation de Boltzmann modélise l'évolution d'un gaz modérément raréfié, l'inconnue $f(t, x, v)$ étant une fonction définie dans $\mathbf{R} \times \mathbf{R}^n \times \mathbf{R}^n$ qui représente la densité (en x et v) des molécules qui, à l'instant t, se trouvent au point x et sont animées de la vitesse v. L'équation elle-même est du type suivant

$$\frac{\partial f}{\partial t} + v \cdot \nabla_x f = Q(f, f) , \tag{1}$$

où le terme d'interaction peut être noté comme suit

$$Q(f,f)(t,x,v) = \iiint K(v, v', v_1, v_1')\Big(f(t,x,v_1)f(t,x,v_1') - f(t,x,v)f(t,x,v')\Big)\, dv'\, dv_1\, dv_1' .$$

Le noyau K — qui est en fait une mesure portée par la sous-variété de $\mathbf{R}^{4n}$ définie par $v + v' = v_1 + v_1'$ et $|v|^2 + |v'|^2 = |v_1|^2 + |v_1'|^2$ — décrit la probabilité pour que deux particules de vitesses respectives v_1 et v_1' se transforment en particules de vitesses v et v' (et réciproquement). Il s'agit d'une modélisation où l'on suppose que l'interaction a lieu ponctuellement et non pas à distance, et où seules les interactions des molécules deux à deux sont prises en compte.

Le cadre général des modèles discrets de la cinétique des gaz est dû à R. Gatignol [9] et H. Cabannes, des modèles particuliers ayant été considérés antérieurement par Maxwell, Carleman, Broadwell, ... On se donne une famille $(C_i)_{i \in I}$ de vecteurs distincts de $\mathbf{R}^n$, l'ensemble I étant fini, et on suppose que les molécules ne peuvent prendre que l'une des vitesses C_i. L'inconnue devient alors une famille $u(t,x) = (u_i(t,x))_{i \in I}$, la fonction $u_i(t,x)$ représentant la densité (en x) des molécules animées de la vitesse C_i. L'équation (1) est remplacée par le système

$$\frac{\partial u_i}{\partial t} + C_i \cdot \nabla_x u_i = Q_i(u) , \tag{2}$$

et le terme d'interaction non-linéaire prend la forme suivante

$$Q_i(u) = \sum_{j,k,l \in I} \left(A_{ij}^{kl} u_k u_l - A_{kl}^{ij} u_i u_j \right) , \tag{3}$$

où les coefficients A_{ij}^{kl} (probabilités de transition) sont des nombres réels ≥ 0 qui décrivent la proportion de couples de molécules de vitesses (C_k, C_l) transformées en molécules de vitesses (C_i, C_j) par unité de temps. Nous préciserons dans la section suivante les hypothèses suplémentaires faites sur les coefficients A_{ij}^{kl}.

Après avoir rappelé dans la section 2 un certain nombre de propriétés générales des modèles discrets (invariants de rencontre, entropie, modèles classiques), nous aborderons le thème principal de cet exposé, la résolution du problème de Cauchy, qui consiste à rechercher les solutions de (2) vérifiant les conditions initiales

$$u_i(0, x) = u_i^0(x) , \tag{4}$$

les fonctions u_i^0 étant données dans $\mathbf{R}^n$.

S'il est facile d'obtenir l'existence locale en temps et l'unicité des solutions, le problème de l'existence globale est encore largement ouvert et nous aborderons successivement les trois cas où une réponse positive est connue. Un problème très directement relié est celui de la diffusion : s'il existe des solutions globales en temps, peut-on décrire leur comportement asymptotique et, plus précisément, peut-on dire qu'elles sont asymptotes à des évolutions plus simples (évolutions libres où le terme d'interaction est nul, ou au contraire états d'équilibre).

Dans la section 3, nous considérerons le cas de données de Cauchy "petites", en dimension quelconque, les normes permettant d'exprimer cette "petitesse" dépendant de la géométrie des caractéristiques de l'équation (2). Les arguments s'appliquent en fait à des systèmes hyperboliques plus généraux, et on obtient l'existence globale en temps de solutions globalement bornées. On montre également que ces solutions sont asymptotes, pour $t \to \pm\infty$, à des évolutions libres $U_\pm$, ce qui permet de définir l'opérateur de diffusion (scattering) $S : U_- \to U_+$.

La section 4 est consacrée au cas de données de Cauchy qui sont voisines d'une solution constante (avec les $u_i > 0$) de (2). Contrairement au cas précédent, où le terme d'interaction apparaissait comme une perturbation du terme de transport, c'est le terme d'interaction qui joue un rôle dominant. Sous des hypothèses convenables, on obtient l'existence globale de solutions qui convergent vers un état constant pour $t \to \infty$.

Enfin, la section 5 traite du cas de la dimension 1 d'espace. Pour des données sommables et bornées, on obtient l'existence d'une solution globalement bornée, ainsi que le fait que cette solution est asymptote à une évolution libre U_+ pour $t \to \infty$. Un exemple montre toutefois le caractère instable de la diffusion : l'opérateur S^+ qui aux données de Cauchy associe l'évolution libre U_+ est en général discontinu.

Les modèles discrets et le modèle continu fourni par l'équation de Boltzmann ont bien entendu beaucoup de similitudes (lois de conservation, entropie, ...). Dans les deux cas, l'asymptotique de Chapman–Enskog (voir [1]) conduit à des systèmes non linéaires du type des équations d'Euler ou de Navier–Stokes pour les grandeurs macroscopiques.

Les modèles discrets sont des systèmes hyperboliques semi-linéaires et leur étude est sous bien des aspects plus simple que celle de l'équation de Boltzmann. Cela dit, celle-ci possède des propriétés intéressantes qui ne se reflètent pas dans les modèles discrets. Par exemple, pour l'équation de Boltzmann, les solutions deviennent immédiatement strictement positives dès que les données de Cauchy ne sont pas identiquement nulles, alors que l'analogue n'est jamais vérifié pour un modèle discret (même si $\sum u_i^0(x)$ est > 0 en tout point).

Une autre propriété importante de l'équation de Boltzmann est la régularité des moyennes en vitesse, utilisée par R. DiPerna et P.-L. Lions [8] pour montrer l'existence de solutions renormalisées. Ce résultat n'a pas d'analogue pour les modèles discrets.

2. Invariants de rencontre et entropie

La signification physique des probabilités de transition A_{ij}^{kl}, qui ne dépendent que des paires $\{k, l\}$ et $\{i, j\}$, conduit naturellement à faire les hypothèses suivantes de positivité et de symétrie

$$A_{ij}^{kl} \geq 0 \quad , \quad A_{ij}^{kl} = A_{ji}^{kl} = A_{ij}^{lk} \; , \tag{5}$$

et

$$A_{ij}^{kl} > 0 \Rightarrow k \neq l \tag{6}$$

ce qui exprime que les particules de même vitesse n'interagissent pas entre elles.

On adjoint souvent l'hypothèse suivante, dite de *microréversibilité*,

$$A_{ij}^{kl} = A_{kl}^{ij} \; . \tag{7}$$

On démontre en effet qu'une condition analogue est satisfaite par l'équation de Boltzmann, lorsque l'on dérive l'expression du terme d'interaction de l'analyse du mouvement de deux corps soumis à une force répulsive.

Les propriétés générales de ces modèles sont étudiées systématiquement dans [9], [6]. Nous ne rappelons ici que les plus importantes.

Définition 2.1. On dit qu'un vecteur $\lambda = (\lambda_i) \in \mathbf{R}^I$ est un *invariant de rencontre* si le polynôme $\sum_i \lambda_i Q_i(u)$ en les variables u est identiquement nul.

Une condition suffisante en général, et nécessaire sous l'hypothèse (7), pour que λ soit un invariant de rencontre est que l'on ait

$$A_{ij}^{kl} > 0 \Rightarrow \lambda_i + \lambda_j = \lambda_k + \lambda_l.$$

Si λ est un invariant de rencontre et u une solution de (2), la quantité $q = \sum_i \lambda_i u_i(t,x)$ est dite *conservative* ou *macroscopique*. On a $\partial q/\partial t = -\sum_i \lambda_i C_i \cdot \nabla u_i$ et en particulier, lorsqu'elles sont définies, les intégrales

$$\int \sum_i \lambda_i u_i(t,x)dx$$

sont indépendantes de t.

Les invariants de rencontre forment un espace vectoriel qui contient toujours l'élément défini par $\lambda_i = 1$, ce qui correspond à la conservation de la masse. On ajoute le plus souvent les conditions suivantes, qui correspondent à la conservation de la quantité de mouvement et de l'énergie cinétique, et qui fournissent $n+1$ invariants de rencontre en prenant les composantes des C_i,

$$A_{ij}^{kl} > 0 \Rightarrow \left\{C_i + C_j = C_k + C_l \quad \text{et} \quad C_i^2 + C_j^2 = C_k^2 + C_l^2\right\}. \tag{8}$$

Sous cette condition, l'espace des invariants de rencontre n'est toutefois pas toujours de dimension $n+2$. Les invariants précédents peuvent ne pas être linéairement indépendants, et/ou ne pas engendrer l'espace des invariants.

Un autre concept important est celui d'état maxwellien, qui représente l'équilibre thermodynamique. Il s'agit des familles (M_i) avec $M_i > 0$ telles que les fonctions constantes $u_i(t,x) = M_i$ soient solutions de (2).

Définition 2.2. On dit que $M = (M_i) \in \left(\mathbf{R}^{+*}\right)^I$ est un *état maxwellien* si on a $Q_i(M) = 0$ pour tout i. Sous l'hypothèse (7), cela est équivalent à l'une ou l'autre des conditions suivantes:

(a) $A_{ij}^{kl} > 0 \Rightarrow M_i M_j = M_k M_l$.

(b) La famille $(\log M_i)$ est un invariant de rencontre.

Théorème 2.3. *Sous l'hypothèse (7), soit* $u \in \left(\mathbf{R}^{+*}\right)^I$ *et soit* V *la sous-variété affine constituée des* $v \in \mathbf{R}^I$ *vérifiant* $\sum \lambda_i v_i = \sum \lambda_i u_i$ *pour tout invariant de rencontre* (λ_i). *Il existe alors un unique état maxwellien* M *appartenant à* V, *et* M *est l'unique point de* $V \cap \left(\mathbf{R}^{+*}\right)^I$ *où la fonction* $\sum_i v_i \log v_i$ *atteigne son minimum.*

Enfin, l'hypothèse de microréversibilité (7) entraîne la décroissance de la fonction suivante, qui au signe près correspond à l'entropie du système,

$$H(t) = \int u_i(t,x) \log u_i(t,x) dx$$

lorsque (u_i) est une solution positive de (2) telle que l'intégrale ci-dessus soit définie. Plus précisément, on a alors

$$dH/dt = -1/4 \sum_{i,j,k,l} A_{ij}^{kl} \int (u_k u_l - u_i u_j) \log\left(\frac{u_k u_l}{u_i u_j}\right) dx \,.$$

2.4. Quelques exemples de modèles discrets. Le plus simple est le modèle de Broadwell dans $\mathbf{R}^3$. En notant (i,j,k) la base canonique de $\mathbf{R}^3$, les particules ne prennent que l'une des 6 vitesses $\pm i, \pm j, \pm k$, et (2) devient

$$\partial u_{+i}/\partial t + \partial u_{+i}/\partial x = \partial u_{-i}/\partial t - \partial u_{-i}/\partial x = u_{+j}u_{-j} + u_{+k}u_{-k} - 2u_{+i}u_{-i}$$

accompagné des deux relations analogues. Ce modèle vérifie (8) et (7) mais, la conservation de la masse et celle de l'énergie s'exprimant par la même relation, l'espace des invariants de rencontre n'est que de dimension 4.

D'autres modèles, également invariants par des groupes de symétrie, ont été introduits par H. Cabannes. Dans le modèle à 14 vitesses, les vecteurs vitesse sont disposés aux sommets d'un cube et d'un octaèdre en position duale, respectivement inscrits dans des sphères dont le rapport des rayons est tel que suffisamment d'interactions compatibles avec (8) soient possibles. Les modèles à 32 vitesses sont construits de même à partir d'un icosaèdre et d'un dodécaèdre. Pour ces derniers modèles, l'espace des invariants de rencontre est de dimension 5 et correspond aux conservations de la masse, de l'énergie et de la quantité de mouvement. La même propriété est valable pour toute une classe de modèles possédant un nombre arbitrairement grand de vitessses (voir [18]) et vérifiant la condition de stabilité de la section 4.

3. Problème de Cauchy à données petites

Les premiers résultats d'existence globale à données petites sont relatifs au modèle de Broadwell [19], [13]. Dans le cas général, on trouvera dans [11], [10] une analyse intéressante du problème, qui ne débouche toutefois pas sur un résultat effectif. Sous des conditions de petitesse portant sur une majorante radiale des données de Cauchy, un théorème d'existence globale est dû à Toscani [22].

Le résultat que nous donnons ici, en reprenant [4], [5], est en fait valable pour les systèmes hyperboliques quadratiques du type suivant

$$\frac{\partial u_i}{\partial t} + C_i \cdot \nabla_x u_i = Q_i(u) = \sum_{j,k \in I} B_i^{jk} u_j u_k \tag{9}$$

$$u_i(0,x) = u_i^0(x) \ .$$

Les B_i^{jk} sont des constantes réelles quelconques, assujetties à la seule condition

$$B_i^{jk} \neq 0 \Rightarrow j \neq k$$

qui exprime que les particules de même vitesse n'interagissent pas. En particulier, aucune hypothèse n'est faite sur la positivité (des coefficients ou des données de Cauchy) ni sur l'existence de grandeurs conservatives.

Les conditions de petitesse portant sur les données de Cauchy feront intervenir non seulement leurs normes dans L^1 et dans L^∞, mais aussi leurs intégrales sur des sous-variétés affines. Un résultat de Illner [12] montre la nécessité d'hypothèses de ce type : pour le modèle de Broadwell bidimensionnel, il construit des données de Cauchy arbitrairement petites dans $L^1 \cap L^\infty(\mathbf{R}^2)$ pour lesquelles il n'existe pas de solution globalement bornées.

L'existence locale en temps de solutions est une conséquence classique du théorème de point fixe : si les données de Cauchy f appartiennent à $(L^\infty)^I$, on a existence et unicité d'une solution appartenant à $L^\infty([-T,T] \times \mathbf{R}^n)$ avec $T = C^{\text{te}}/\|f\|_\infty$. Nous entendons ici solution au sens des distributions, le fait que u_i et $(\partial_t + C_i \cdot \nabla_x)u_i$ appartiennent à L^∞ garantissant l'existence de la trace sur l'hyperplan $t = 0$. Il est équivalent de dire que les u_i appartiennent à L^∞ et vérifient pour presque tout x

$$u_i(t, x + C_i t) = u_i^0(x) + \int_0^t \sum B_i^{jk} u_j(s, x + C_i s) u_k(s, x + C_i s) ds \ .$$

Une conséquence classique de ce théorème d'existence locale est l'alternative suivante : soit T^* le temps d'existence de la solution, c'est-à-dire la borne supérieure des T tels que la solution appartienne à $L^\infty([0,T] \times \mathbf{R}^n)$, on a alors

— ou bien $T^* = +\infty$,
— ou bien $\lim_{t \to T^*} \|u(t, \cdot)\|_{L^\infty(\mathbf{R}^n)} = +\infty$.

Une majoration indépendante de T dans tout domaine où la solution est supposée exister fournit donc à la fois l'existence globale, et le caractère globalement borné de la solution.

Comme dans beaucoup de problèmes à données petites, la majoration désirée résultera du lemme élémentaire suivant.

Lemme 3.1. *Soit $F(T)$ une fonction continue vérifiant $F(T) \leq C(\epsilon^2 + F(T)^2)$ et $F(0) = 0$. Si $\epsilon < 1/(2C)$, on a $F(T) \leq 2C\epsilon^2$ pour tout T.*

3.2. Géométrie des caractéristiques. Pour $i \in I$, on notera D_i le vecteur de $\mathbf{R}^{n+1}$ de composantes $(1, C_i)$. Sans restreindre la généralité, on peut supposer, ce que nous ferons dans ce qui suit, que les D_i engendrent $\mathbf{R}^{n+1}$. En effet, dans le cas contraire, un changement de repère galiléen permet de se ramener au cas où $\mathbf{R}^n = \mathbf{R}^p_{x'} \times \mathbf{R}^q_{x''}$, avec $C_i \in \mathbf{R}^p$, et où les D_i engendrent $\mathbf{R} \times \mathbf{R}^p$. On est alors ramené au même problème dans chaque "tranche" $x'' = C^{\text{te}}$.

Dans la définition suivante, p-plan signifiera sous-variété affine de dimension p.

Définition 3.3.
(a) Un $(p+1)$-plan $\Pi \subset \mathbf{R}^{n+1}$, pour $p = 0, \ldots, n$, est dit *caractéristique* s'il existe $D_{i_0} \ldots D_{i_p}$ linéairement indépendants et parallèles à Π.
(b) Un p-plan $\pi \subset \mathbf{R}^n$, pour $p = 0, \ldots, n$, est *de type trace* s'il est de la forme $\Pi \cap \mathbf{R}^n$ avec Π caractéristique.
(c) Si π est un p-plan de type trace, on note $J(\pi)$ l'ensemble des $i \in I$ tels que $\left(\pi + \mathbf{R}D_i\right)$ soit un $(p+1)$-plan caractéristique.

Définition 3.4.
(a) On note $\mathcal{E}$ le sous espace des $u \in \left(L^1 \cap L^\infty(\mathbf{R}^n)\right)^I$ vérifiant

$$\|u\|_{\mathcal{E}} = \sup_{p\,;\,\pi\,;\,i \in J(\pi)} \text{ess} \int_\pi |u_i(x)| d^p x \,,$$

où p parcourt $\{0 \ldots n\}$ et où π parcourt l'ensemble des p-plans de type trace.

(b) On note $\mathcal{E}_0$ l'adhérence dans $\mathcal{E}$ de l'espace des fonctions continues à support compact.

L'ensemble des directions de p-plans de type trace est fini et, pour chacune d'entre elle, l'ensemble des p-plans qui lui sont parallèles est indexé par un sous-espace de dimension $n-p$, ce qui donne un sens clair aux bornes supérieures essentielles.

Chaque point de $\mathbf{R}^n$ est un 0-plan de type trace, et $\mathbf{R}^n$ lui-même est un n-plan de type trace, l'ensemble $J(\pi)$ étant égal à I dans ces deux cas. La norme de $\mathcal{E}$ domine donc les normes L^1 et L^∞ de toutes les u_i.

Théorème 3.5. *Il existe $\delta > 0$ et $C > 0$ tels que, si les données vérifient $\|u^0\|_{\mathcal{E}} \leq \delta$, il existe une unique solution u de (9) appartenant à $L^\infty(\mathbf{R}^{n+1})$. En posant $u^t(x) = u(t,x)$, on a pour tout t*

$$\|u^t\|_{\mathcal{E}} \leq C\|u^0\|_{\mathcal{E}} .$$

Enfin, si $u^0 \in \mathcal{E}_0$, il en est de même de u^t.

Nous ne donnons ici que quelques indications sur la démonstration, en renvoyant à [4] pour les détails. L'idée est d'introduire la quantité suivante

$$F(T) = \sup_{p,\Pi,} \sup_{j\neq k} \int_{\Pi\cap\{0\leq t\leq T\}} |u_j(X)u_k(X)| d^{p+1}X$$

la borne supérieure étant étendue à tous les $p \in \{0,\cdots,n\}$ et à tous les $(p+1)$-plans caractéristiques Π. D'après le lemme 3.1, il suffit de démontrer l'estimation

$$F(T) \leq C^{\text{te}}\Big(\|u^0\|_{\mathcal{E}} + F(T)\Big)^2 \tag{10}$$

pour obtenir une borne de $F(T)$ indépendante de T dès que $\|u^0\|_{\mathcal{E}}$ est assez petit. D'autre part, par intégration le long des caractéristique, on voit facilement que l'on a

$$\|u^T\|_{\mathcal{E}} \leq \|u^0\|_{\mathcal{E}} + C^{\text{te}}F(T) .$$

Comme nous l'avons vu plus haut, une telle estimation, combinée avec le théorème d'existence locale en temps, garantit l'existence d'une solution globale.

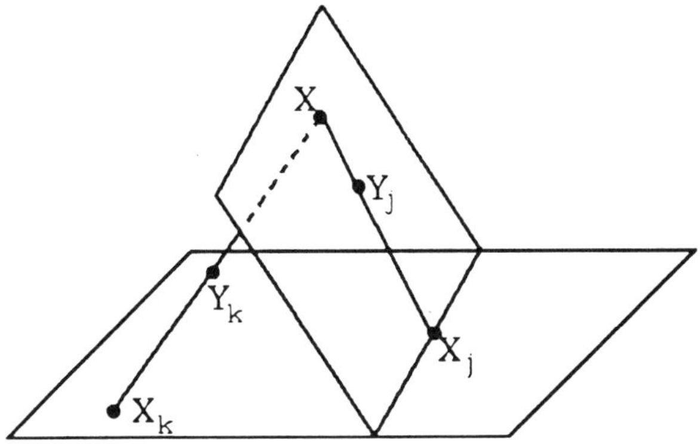

Quant à la preuve de (10), elle s'obtient par intégration le long des caractéristiques : dans chacune des intégrales $\int |u_j(X)u_k(X)|d^{p+1}X$ intervenant dans $F(T)$, on va majorer $u_j(X)$ (et $u_k(X)$) par

$$|u_j(X)| \leq |u_j^0(X_j)| + C^{\text{te}} \int_{X_j X} |u_p(Y_j)u_q(Y_j)|dY_j \ ,$$

où X_j est l'intersection de la caractéristique relative à C_j passant par X et de $\{t = 0\}$. En examinant soigneusement tous les cas possibles, selon que C_j et/ou C_k sont parallèles ou non à Π, on montre que $F(T)$ se majore par une somme de produits de deux intégrales apparai ssant soit dans $F(T)$ soit dans $\|u^0\|_{\mathcal{E}}$.

Remarque 3.6. Il est facile de voir que si les données u^0 possèdent des régularités supplémentaires (Sobolev, Hölder ...), il en est de même de u^t. Plus généralement, si $\mathcal{A}$ est une algèbre de Banach invariante par translation, contenue dans L^∞ et telle que $\|a_1 a_2\|_{\mathcal{A}} \leq C^{\text{te}}\{\|a_1\|_{\mathcal{A}}\|a_2\|_{L^\infty} + \|a_1\|_{L^\infty}\|a_2\|_{\mathcal{A}}\}$, on obtient facilement un théorème d'existence locale dans $\mathcal{A}$, en supposant les f_i dans ce même espace, avec un temps d'existence ne dépendant que de la norme des f_i dans L^∞. Il en résulte, pour $u^0 \in \mathcal{E} \cap \mathcal{A}$ avec $\|u^0\|_{\mathcal{E}} \leq \delta$, que les u^t restent dans $\mathcal{A}$ pour tout t et que $\|u^t\|_{\mathcal{A}}$ croît au plus exponentiellement.

Le résultat suivant [5] joue un rôle essentiel dans l'étude de la diffusion. Il s'obtient en montrant comme précédemment, par intégration sur les caractéristiques, que la quantité suivante

$$\widetilde{F}(T) = \sup_{p,\Pi,} \sup_{j \neq k} \int_{\Pi \cap \{0 \leq t \leq T\}} |u_j(X)u_k(X) - v_j(X)v_k(X)|d^{p+1}X$$

reste uniformément petite pour deux données u^0 et v^0 voisines.

Théorème 3.7. *Il existe $\delta > 0$ et $C > 0$ tels que, pour u^0 et v^0 vérifiant $\|f\|_{\mathcal{E}} \leq \delta$ et $\|g\|_{\mathcal{E}} \leq \delta$, les solutions associées vérifient pour tout t*

$$\|u^t - v^t\|_{\mathcal{E}} \leq C\|u^0 - v^0\|_{\mathcal{E}} .$$

Nous allons fixer une boule B_δ de rayon assez petit de l'espace $\mathcal{E}_0$ et considérer les opérateurs d'évolution $G(t) : u^0 \mapsto u^t$ qui appliquent B_δ dans $B_{C\delta}$ et forment, d'après ce qui précède, une famille uniformément lipschitzienne. L'objectif de la théorie de la diffusion est de comparer, pour $|t|$ grand, les opérateurs $G(t)$ aux opérateurs $G^0(t)$ relatifs à l'évolution libre. Ces derniers sont définis par $(G^0(t)u)_i(x) = u_i(x - tC_i)$.

On a le résultat suivant où, dans d'autres contextes physiques, les opérateurs $W^\pm$ s'appellent les 'opérateurs d'onde' et l'existence de leurs inverses s'appelle la 'complétude asymptotique'.

Théorème 3.8. *Pour $u \in B_\delta$, les $G(t)G^0(-t)u$ convergent en norme dans $\mathcal{E}_0$, pour $t \to \pm\infty$, vers une limite notée $W^\pm u$. De même, les $G^0(-t)G(t)u$ convergent en norme vers une limite notée $\left(W^\mp\right)^{-1} u$. L'opérateur de diffusion est défini par $S = (W^-)^{-1}W^+$.*

Tous ces opérateurs sont des applications lipschitziennes de B_δ dans $\mathcal{E}_0$. En outre, dans le cas des modèles discrets de la cinétique des gaz vérifiant (5) (6), les opérateurs $(W^-)^{-1}$, W^+ et S sont positifs.

Pour u^0, u^+ et u^- proches de 0, l'équation $u^0 = W^+u^-$ signifie que l'unique évolution asymptote dans le passé à $u_i^-(x - C_it)$ se trouve dans l'état u^0 à l'instant 0. De même, l'équation $u^+ = \left(W^-\right)^{-1} u_0$ signifie que cette même évolution est asymptote, dans l'avenir, à $u_i^+(x - C_it)$. L'opérateur S relie les évolutions libres auxquelles une évolution perturbée est asymptote pour $t \to \pm\infty$.

Le problème de la diffusion inverse (retrouver les coefficients d'interaction à partir de S) est ici facile à résoudre. On a en effet, pour $u \in \mathcal{E}_0$ et ϵ assez petit, $S(\epsilon u) = \epsilon u + \epsilon^2 v + \mathrm{o}(\epsilon^2)$ avec

$$v_i(x) = \sum B_i^{jk} \int_{-\infty}^{\infty} u_j\Big(x + (C_i - C_j)t\Big) u_k\Big(x + (C_i - C_k)t\Big) dt ,$$

ce qui est plus que suffisant pour déterminer les B_i^{jk}.

Remarque 3.9. On peut espérer — c'est une conjecture optimiste — que pour les modèles de la cinétique des gaz vérifiant les conditions de la section 2, et pour des données de Cauchy positives, la finitude de $\|u^0\|_{\mathcal{E}}$ entraîne l'existence d'une solution pour tout temps > 0. Cela dit, ce résultat n'est connu pour aucun modèle en dimension ≥ 2. D'autre part, si le résultat est vrai comme nous le verrons en dimension 1, il est en un certain sens très instable lorsque $\|u^0\|_{\mathcal{E}}$ est grand, l'évolution libre asymptotique pouvant être une fonction discontinue des données de Cauchy.

4. Petites perturbations d'un état constant

Nous revenons aux modèles discrets de la cinétique des gaz en supposant vérifiée la condition (7) (microréversibilité). Ils sont de la forme

$$\frac{\partial u_i}{\partial t} + C_i \cdot \nabla_x u_i = \sum_{j,k,l \in I} A_{ij}^{kl}(u_k u_l - u_i u_j) \tag{11}$$

où l'on suppose vérifiées les conditions (5), (6) et (8) (conservation de l'énergie et de la quantité de mouvement). Rappelons qu'un état maxwellien est une famille M_i de constantes > 0 telles que $u_i = M_i$ soit solution de (11).

Dans une série d'articles, Kawashima et Shizuta [14], [15], [17] ont étudié le cas de données qui sont de petites perturbations d'un état maxwellien. Ils obtiennent l'existence globale et le retour à l'équilibre sous la condition suivante.

4.1. Condition de stabilité. Pour tout $\omega \in \mathbf{R}^n$ avec $|\omega| = 1$, l'opérateur diagonal de $\mathbf{R}^I$ dans lui-même défini par $(\lambda_i) \mapsto \Big((C_i \cdot \omega)\lambda_i\Big)$ ne possède pas de vecteur propre qui soit un invariant de rencontre.

La négation de cette condition signifie qu'il existe ω (que l'on pourra supposer dirigé selon l'axe des x_1), un sous-ensemble $J \subset I$ et un invariant de rencontre (λ_i) tels que les λ_i soient nuls pour $i \in I \setminus J$ et que les C_j, $j \in J$, aient tous la même projection, que nous noterons c, sur l'axe des x_1. Il en résulte que, pour des données de Cauchy ne dépendant que de x_1, la quantité conservative $\Phi(t, x_1) = \sum \lambda_i u_i(t, x_1)$ vérifie l'équation

$$(\frac{\partial}{\partial t} + c\frac{\partial}{\partial x_1})\Phi(t, x_1) = 0\ .$$

On a donc propagation à vitesse constante de la quantité Φ. On voit ainsi que la négation de la condition de stabilité interdit — pour ce type de données de Cauchy qui ne sont bien sûr pas sommables dans $\mathbf{R}^n$ — tout retour à l'équilibre.

La condition de stabilité n'est pas satisfaite pour des modèles ayant trop peu de termes d'interaction comme le modèle de Broadwell. Elle est par contre satisfaite pour de larges classes de modèles [18] incluant ceux de Cabannes.

Théorème 4.2. (Kawashima–Shizuta) *Supposons que l'équation (11) vérifie la condition de stabilité 4.1, et soit (M_i) un état maxwellien. On se donne une famille f_i^0 d'éléments de $H^s(\mathbf{R}^n)$, $s > n/2$, et on note $(u_i(t,x))$ la solution de (11) correspondant aux données de Cauchy $M_i + f_i^0(x)$.*

(a) Si les $\|f_i^0\|_{H^s}$ sont assez petits, la solution u_i existe pour tout temps et se met sous la forme $u_i = M_i + f_i$ avec

$$f_i(t,x) \in C^0\Big([0,+\infty[\ ,\ H^s(\mathbf{R}^n)\Big) \cap C^1\Big([0,+\infty[\ ,\ H^{s-1}(\mathbf{R}^n)\Big)\,.$$

En outre, $\|f_i(t,\cdot)\|_{L^\infty} \to 0$ pour $t \to +\infty$.

(b) Si de plus les $\|f_i^0\|_{L^1}$ sont assez petits, on a

$$\|f_i(t,\cdot)\|_{H^s} \leq C^{\text{te}}(1+t)^{-n/4}\,.$$

Dans le cas où la dimension d'espace est 1, on peut obtenir [15] une asymptotique plus précise

$$f_i(t,x) = \widetilde{g}_i(t,x) + O(t^{-1/2+\epsilon})$$

où les $\widetilde{g}_i$ sont déterminées par la résolution d'un système parabolique du type Navier–Stokes.

Le théorème 4.2 est en fait conséquence d'un résultat général sur des systèmes hyperboliques-paraboliques [17]. En introduisant fonctions les $g_i = M_i^{-1/2} f_i$ comme nouvelles variables, (11) devient

$$\frac{\partial g_i}{\partial t} + C_i \cdot \nabla_x g_i + \sum_j L_i^j g_j = \Gamma_i(g,g) \tag{12}$$

où la matrice L est symétrique et positive et où Γ est quadratique. Pour $|\omega| = 1$, on note $C(\omega)$ la matrice diagonale dont le i^{eme} terme est $(C_i \cdot \omega)$.

Le point important est que la condition de stabilité 4.1 équivaut à la possibilité de trouver une matrice $K(\omega)$, dépendant régulièrement de ω, telle que ${}^tK(\omega) = K(-\omega) = -K(\omega)$ et que la matrice $\operatorname{sym}(K(\omega)C(\omega)) + L$ soit définie positive, en notant $\operatorname{sym}(B) = ({}^tB + B)/2$. Cela permet d'obtenir une décroissance contrôlée de l'énergie pour l'équation (12) lorsque le second membre est nul, puis le théorème 4.2.

5. Existence globale et asymptotique en dimension 1

Pour un modèle de la cinétique des gaz (2) (3) dans $\mathbf{R}^n$, lorsque les données de Cauchy ne dépendent que de l'une des variables (que nous noterons désormais x), les solutions deviennent des fonctions de $(t,x) \in \mathbf{R}^2$ vérifiant

$$\frac{\partial u_i}{\partial t} + c_i \frac{\partial u_i}{\partial x} = \sum_{j,k,l\in I} \left(A_{ij}^{kl} u_k u_l - A_{kl}^{ij} u_i u_j \right) \tag{13}$$

$$u_i(0,x) = u_i^0(x) \;, \tag{14}$$

où c_i est la composante du vecteur C_i selon l'axe des x.

Nous supposerons vérifiées les conditions de positivité et de symétrie (5) (6) ainsi que la conservation de la quantité de mouvement : $A_{ij}^{kl} \neq 0 \Rightarrow c_i + c_j = c_k + c_l$. Par contre, il est possible que l'on ait $c_i = c_j$ pour deux indices i et j différents. Enfin nous nous limiterons au cas où les données de Cauchy sont ≥ 0.

Les premiers résultats d'existence globale de solutions sont dus à Crandall–Tartar [20], [21], sous l'hypothèse de microréversibilité, pour des données (localement) bornées. Ils ont été étendus par Cabannes et Kawashima [7], [16] en incluant le cas des problèmes aux limites.

Dans le cas où les vitesses sont toutes distinctes, un théorème d'existence globale dû à Toscani [23] est valable pour des données de Cauchy non nécessairement bornées. Il suffit que celles-ci soient (localement) sommables et d'entropie finie.

Pour des données de Cauchy positives sommables et bornées, l'existence de solutions globalement bornées est due à Beale [2] (avec quelques restrictions dans le cas où les c_j ne sont pas distincts) et à Bony [3] dans le cas général. L'un des arguments essentiels est la décroissance de la quantité suivante, où (u_i) est une solution ≥ 0 de l'équation

$$L(t) = \sum_{(i,j)\in I\times I} \int\int (c_i - c_j)\,\mathrm{Sgn}\,(y-x) u_i(t,x) u_j(t,y) dx\; dy \;.$$

On vérifie en effet immédiatement que l'on a

$$L'(t) = -2\sum (c_i - c_j)^2 \int u_i(t,x) u_j(t,x) dx \;. \tag{15}$$

Remarque 5.1. La quantité L est l'intégrale d'une quantité conservative, qui s'écrit $\mathrm{Sgn}(y-x)(p(x)m(y)-m(x)p(y))$ en introduisant les densités de masse $m=\sum u_i$ et de quantité de mouvement $p=\sum c_i u_i$. Son évolution est donc la même que si les termes d'interaction étaient nuls. D'autre part, $L(t)$ représente la somme, pour tous les couples possibles de molécules, des quantités égales à la différence de leurs vitesses (en valeur absolue) affectées du signe plus si ces molécules se rapprochent et du signe moins dans le cas contraire. La seule modification qui puisse avoir lieu est, lors de leur croisement, le passage du signe plus au signe moins, ce qui explique la décroissance de L.

Des quantités analogues existent en toute dimension dès que l'on a conservation de la quantité de mouvement. Si u est une solution positive de (2) (3), et si ω est un vecteur unitaire de $\mathbf{R}^n$, on peut introduire la quantité suivante

$$L_\omega(t)=\sum_{I\times I}\int\!\!\int_{\mathbf{R}^n\times\mathbf{R}^n}\Big((C_i-C_j)\cdot\omega\Big)\,\mathrm{Sgn}\Big((y-x)\cdot\omega\Big)u_i(t,x)u_j(t,y)dx\,dy\,.$$

Ces quantités décroissent et on a plus précisément

$$L'_\omega(t)=-2\int_{\{(x,y)\,|\,(y-x)\cdot\omega=0\}}\Big((C_i-C_j)\cdot\omega\Big)^2u_i(t,x)u_j(t,y)d^{2n-1}(x,y)\,.$$

La particularité du cas unidimensionnel est que le membre de droite de (15) fait apparaître les produits $u_i(t,x)u_j(t,x)$ qui figurent dans le terme d'interaction alors que, pour $n>1$, les intégrales en dimension $2n-1$ ne permettent pas de contrôler ce terme. Le lemme suivant est en fait le point clef pour établir l'existence globale de solutions bornées en dimension 1.

Lemme 5.2. *Supposons les données de Cauchy positives sommables et bornées, et notons $\mu=\sum_i\int u_i^0(x)dx$ la masse totale. Supposons la solution u de (13) (14) définie sur $[0,T]\times\mathbf{R}$. Il existe alors une constante K, indépendante de T et des données de Cauchy, telle que l'on ait*

$$\int\!\!\int_{[0,T]\times\mathbf{R}}u_i(t,x)u_j(t,x)dt\,dx\le K(\mu+\mu^2)$$

pour tous les couples (i,j) vérifiant soit $c_i\neq c_j$, soit la condition

$$\exists k,\exists l\quad (A_{kl}^{ij}\neq 0\quad\text{et}\quad c_k\neq c_l)\,. \tag{16}$$

On obtient facilement le résultat lorsque $c_i\neq c_j$. Il suffit de remarquer que $L(T)-L(0)$ est d'une part majoré en module par $C^{\mathrm{te}}\mu^2$ et est d'autre part égal à l'intégrale, pour $t \in [0, T]$, du membre de droite de (15). Sous l'hypothèse (16), la démonstration est plus délicate et résulte d'une "récurrence sur les valeurs de c_k " pour laquelle nous renvoyons à [3].

Théorème 5.3. *Pour des données u_i^0 positives sommables et bornées, la solution de (13) (14) est définie et globalement bornée dans $[0, \infty[\times \mathbf{R}$. On a de plus l'estimation*

$$\sup_{i\in I; t\in[0,\infty[; x\in\mathbf{R}} u_i(t,x) \leq C(\mu) \sup_{i\in I; x\in\mathbf{R}} u_i^0(x) ,$$

où la constante $C(\mu)$ ne dépend que de la masse totale (on peut prendre $C(\mu) = \exp(C_1 + C_2\mu^2 \log \mu)$).

Pour des données de Cauchy positives et localement bornées, il existe une unique solution localement bornée dans $[0, \infty[\times \mathbf{R}$.

On introduit les quantités

$$M(t_1) = \sup_i \sup_{t\leq t_1 \,;\, x\in\mathbf{R}} u_i(t,x)$$

et

$$\Delta(t_1,t_2) = \sum_{i,j}{}' \int\int_{[t_1,t_2]\times\mathbf{R}} u_i(t,x)u_j(t,x)dt\, dx ,$$

la sommation $\sum'$ étant effectuée sur tous les couples (i,j) vérifiant $c_i \neq c_j$ ou (16).

En intégrant deux fois le long des caractéristiques, on obtient l'estimation suivante, où $t_1 \leq t_2$ sont inférieurs au temps d'existence T^*

$$M(t_2) \leq (1 + K\mu)M(t_1) + K\Delta(t_1,t_2)M(t_2) ,$$

la constante K ne dépendant que de l'équation. Le lemme précédent permet de découper l'intervalle d'existence en un nombre fini (borné a priori en fonction de μ) d'intervalles $[t_j, t_{j+1}]$ tels que $\Delta(t_j, t_{j+1}) \leq 1/(2K)$. On en déduit une borne uniforme, ne dépendant que de μ, des $u_i(t,x)$ pour $t < T^*$ ce qui, joint au théorème d'existence locale, entraîne que $T^* = +\infty$ et que les u_i sont uniformément bornés.

Pour préciser le comportement asymptotique des solutions, nous introduirons l'ensemble $\mathcal{A}$ des vitesses possibles et, pour $\alpha \in \mathcal{A}$, nous noterons J_α l'ensemble des $i \in I$ tels que $c_i = \alpha$. Si (u_i) est une solution, nous poserons $U_\alpha = \sum_{j\in J_\alpha} u_j$.

Théorème 5.4. *Soit (u_i) la solution correspondant à des données de Cauchy (u_i^0) positives sommables et bornées. Il existe alors une famille $(\Phi_\alpha)_{\alpha\in\mathcal{A}}$ telle que l'on ait*

$$\|U_\alpha(t,x) - \Phi_\alpha(x-\alpha t)\|_{L^q(dx)} \underset{t\to+\infty}{\longrightarrow} 0$$

pour tout $q \in [1,\infty[$. On a en outre convergence, pour presque tout x, de $U_\alpha(t, x+\alpha t)$ vers $\Phi_\alpha(x)$.

On notera S^+ l'opérateur de $(L^1\cap L^\infty)^I$ dans $(L^1\cap L^\infty)^{\mathcal{A}}$ qui aux (u_i^0) fait correspondre les Φ_α.

On voit en effet facilement que l'on a

$$\Big(\frac{\partial}{\partial t} + \alpha\frac{\partial}{\partial x}\Big)U_\alpha = \sum_{i\in\mathcal{A},k\notin\mathcal{A}} \Big(A_{ij}^{kl}u_ku_l - A_{kl}^{ij}u_iu_j\Big)\,,$$

les autres termes de la sommation se détruisant deux à deux. D'autre part, chacun des produits figurant au membre de droite appartient à $L^1(\mathbf{R}^+\times\mathbf{R})$ en vertu du lemme 5.2 ce qui entraîne le résultat.

Remarque 5.5. L'opérateur S^+ correspond à l'opérateur $(W^-)^{-1}$ introduit dans la section 3. On peut définir un opérateur d'onde W^+, et donc un opérateur de scattering, sur les familles (φ_i) appartenant à $L^1\cap L^\infty$, positives et à support compact. En effet, pour t assez négatif, la famille des $\varphi_i(x-c_it)$ est solution de l'équation (les termes d'interaction sont nuls), et il existe donc une solution (u_i) globalement bornée sur $\mathbf{R}^2$ qui la prolonge. On note $W^+((\varphi_i))$ la famille des $u_i(0,x)$ et on pose $S = S^+W^+$. Dans le cas où les φ_i (positives sommables et bornées) ne sont pas à support compact, nous ignorons s'il existe des solutions asymptotes aux $\varphi_i(x-c_it)$ pour $t\to-\infty$.

Le théorème 5.4 ne fournit une asymptotique que pour les sommes U_α et on peut se demander si les $u_i(t,x+c_jt)$ eux-même ont une limite. Sur presque chaque droite $x-\alpha t = C^{\text{te}}$ et pour les indices i tels que $c_i=\alpha$, on a un système d'équations différentielles ordinaires

$$\dot{u}_i = \sum_{j,k,l\in J_\alpha}\Big(A_{ij}^{kl}u_ku_l - A_{kl}^{ij}u_iu_j\Big) - \sum_{i,j\in J_\alpha\,;\,r,s\notin J_\alpha} A_{rs}^{ij}u_iu_j + e_i$$

où les e_i appartiennent à $L^1(\mathbf{R}^+)$ en vertu du lemme 5.2.

Pour des modèles particuliers il est souvent possible d'en déduire que les u_i ont une limite mais nous ignorons si, dans le cas général, on peut obtenir cette conclusion (même sous l'hypothèse de microréversibilité et même si le membre de droite se réduit à la première somme).

5.6. Instabilité de la diffusion. Contrairement aux résultats que nous avons obtenus dans le cas de données petites, l'opérateur S^+ ci-dessus n'est en général pas continu. Des perturbations très petites des données de Cauchy peuvent modifier considérablement le comportement asymptotique des solutions. Nous décrivons ci-dessous un modèle unidimensionnel montrant un exemple de tel comportement.

L'ensemble d'indice est $I = \{-2, -1, g, m, d, 1, 2, 3\}$, la vitesse c_i étant égale à 0 pour $i = g, m, d$ et à i sinon. Les coefficients A_{ij}^{kl} correspondant aux interactions suivantes

$$\boxed{\texttt{g}} + \boxed{\texttt{-1}} \to \boxed{\texttt{-2}} + \boxed{\texttt{1}}, \quad \boxed{\texttt{1}} + \boxed{\texttt{m}} \to \boxed{\texttt{-1}} + \boxed{\texttt{2}}, \quad \boxed{\texttt{2}} + \boxed{\texttt{d}} \to \boxed{\texttt{-1}} + \boxed{\texttt{3}},$$

sont égaux à 1, et tous les autres sont nuls.

On considère d'abord le cas de données de Cauchy u^0 du type suivant, où δ assez petit et M suffisamment grand seront fixés ultérieurement. Les fonctions u_g^0, u_m^0 et u_d^0 ont respectivement leur support dans $[-1, -1 + \delta]$, $[-\delta, \delta]$ et $[1 - \delta, \delta]$ et sont d'intégrale égale à M. Toutes les autres composantes de u^0 sont nulles. Il est clair que la solution est donnée par $u(t, x) = u^0(x)$.

On se donne ensuite des données de Cauchy v^0 avec $v_i^0 = u_i^0$ sauf pour $i = -1$, la fonctions v_{-1}^0 étant positive, sommable bornée et à support dans $[-1 + \delta, 1 - \delta]$.

Les fonctions $v_i(t, x)$, $i = g, m, d$ sont décroissantes en t et convergent donc vers une limite $\Phi_i(x)$ pour $t \to +\infty$. Nous allons supposer que les $\int \Phi_i(x)dx$ sont supérieurs à $M/2$ et montrer que, dès que $\|v_{-1}^0\|_{L^1} > 0$, cela conduit à une contradiction.

Les fonctions v_i, $i = -1, 1, 2$ sont solutions du système linéaire

$$\begin{aligned}(\partial_t - \partial_x)v_{-1} &= v_m v_1 + v_d v_2 - v_g v_{-1}\\ (\partial_t + \partial_x)v_1 &= v_g v_{-1} - v_m v_1\\ (\partial_t + 2\partial_x)v_2 &= v_m v_1 - v_d v_2\end{aligned} \tag{17}$$

dans lequel le "coefficient" $v_g(t, x)$ (par exemple) n'est pas connu explicitement, mais où on sait qu'il est nul pour $x \notin [-1, -1+\delta]$ et qu'il est supérieur à $\Phi_g(x)$.

Ce système linéaire, dans la situation limite $M \to \infty$ et $\delta \to 0$, est facile à analyser. Une particule de vitesse -1, en arrivant en $x = -1$, est entièrement transformée en une particule de vitesse 1. Une particule de vitesse 1, en arrivant en $x = 0$ est dédoublée en une particule de vitesse 2

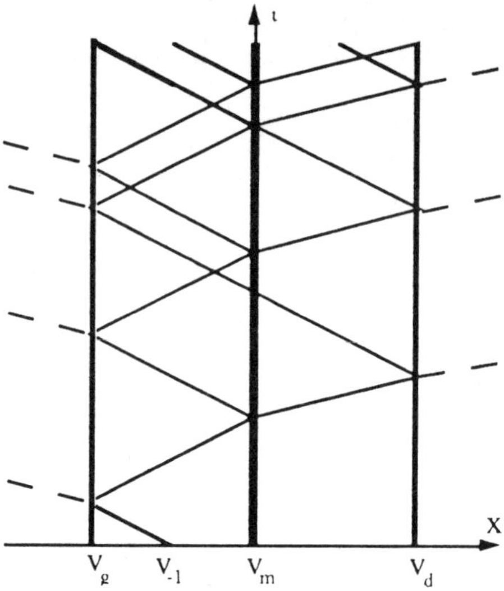

et une particule de vitesse -1. Enfin, une particule de vitesse 2 arrivant en $x = 1$ est transformée en une particule de vitesse -1. On peut donc décrire explicitement, toujours dans ce cas limite, la solution dans le cas où la donnée de Cauchy v_1^0 est une masse de Dirac située en un point de $]-1,1[$. On vérifie directement que, à l'instant $t = 7$, la composante $v_{-1}(7,x)$ de la solution comporte au moins deux masses de Dirac qui sont localisées dans $[-3/4, 3/4]$.

Il n'est pas difficile d'en déduire que, pour tout $k \in]1,2[$, en choisissant M assez grand et δ assez petit (ne dépendant que de k), toute solution positive du système linéaire (17) vérifie

$$\int_{-1+\delta}^{1-\delta} v_{-1}(7,x)x \geq k \int_{-1+\delta}^{1-\delta} v_{-1}(0,x)dx \ .$$

On en déduit que pour tout N, l'intégrale au temps $t = 7N$ de v_{-1} doit être supérieure à $k^N \|v_{-1}^0\|_{L^1}$, ce qui est incompatible avec la conservation de la masse.

Remarque 5.7. En modifiant le système précédent on peut construire un modèle comportant 6 types de particules et vérifiant la condition de microréversibilité pour lequel l'opérateur S^+ n'est pas continu.

On peut par contre montrer que S^+ est toujours continu pour les modèles de type 'droite-gauche' que nous avons introduits dans [3], et donc notamment pour les projections du modèle de Broadwell.

References

[1] C. Bardos, F. Golse et D. Levermore, Fluid dynamic limits of discrete velocity kinetic equations, *Advances in kinetic theory and continuum mechanics*, Springer–Verlag, 1991, 57–71.

[2] J. T. Beale, Large-time behavior of discrete velocity Boltzmann equations, *Comm. Math. Phys.* **106** (1986), 659–678.

[3] J.-M. Bony, Solutions globales bornées pour les modèles discrets de l'équation de Boltzmann en dimension 1 d'espace, *Actes Journées E.D.P. St. Jean de Monts* (1987), n° XVI.

[4] J.-M. Bony, Existence globales à données de Cauchy petites pour les modèles discrets de l'équation de Boltzmann, *Comm. Partial Differential Equations* **16** (4)-(5), (1991), 533–545.

[5] J.-M. Bony, Problème de Cauchy et diffusion à données petites pour les modèles discrets de la cinétique des gaz, *Actes Journées E.D.P. St. Jean de Monts* (1990), n° I.

[6] H. Cabannes, The discrete Boltzmann equation (Theory and applications), *Lecture notes, University of California, Berkeley* (1980).

[7] H. Cabannes et S. Kawashima, Le problème aux valeurs initiales en théorie cinétique discrète, *C. R. Acad. Sci. Paris* **307** (1988), 507–511.

[8] R.J. DiPerna et P.-L. Lions, On the Cauchy problem for the Boltzmann equation : global existence and stability results, *Annals of Math.* **130** (1989), 321–366.

[9] R. Gatignol, Théorie cinétique des gaz à répartition discrète de vitesses, *Lecture Notes in Physics* **36**, Springer–Verlag (1975).

[10] K. Hamdache, Existence globale et comportement asymptotique pour l'équation de Boltzmann à répartition discrète des vitesses, *J. de Mecan. Th. Appl.* **3** (5), (1984), 761–785.

[11] R. Illner, Global existence results for discrete velocity models of the Boltzmann equation in several dimension, *J. de Mecan. Th. Appl.* **1** (4), (1982), 611–622.

[12] R. Illner, Examples of non-bounded solutions in discrete kinetic theory, *J. de Mecan. Th. Appl.* **5** (4), (1986), 561–571.

[13] S. Kawashima, Global solution of the initial value problem for a discrete velocity model of the Boltzmann equation, *Proc. Japan Acad.* **57** (1981), 19–24.

[14] S. Kawashima, Global existence and stability of solutions for discrete velocity models of the Boltzmann equation, Recent topics in nonlinear PDE, *Lecture Notes in Num. Appl. Anal.* **6** (1983), Kinokuniya, 59–85.

[15] S. Kawashima, Large time behavior of solutions of the discrete Boltzmann equation, *Comm. Math. Phys.* **109** (1987), 563–589.

[16] S. Kawashima, Initial-boundary value problem for the discrete Boltzmann equation, *Séminaire Equations aux Dérivées Partielles,* Ec. Polytechnique, n° 3, (1988–89).

[17] S. Kawashima et Y. Shizuta, Systems of equations of hyperbolic-parabolic type with applications to the discrete Boltzmann equation, *Hokkaido Math. J.* **14** (1985), 249–275.

[18] S. Kawashima et Y. Shizuta, The regular discrete models of the Boltzmann equation, *J. Math. Kyoto Univ.* **27** (1), (1987), 131–140.

[19] M. Mimura et T. Nishida, On the Broadwell's model for a simple discrete velocity gas, *Proc. Japan Acad.* **50** (1974), 812–817.

[20] L. Tartar, Existence globale pour un système hyperbolique semi-linéaire de la théorie cinétique des gaz, *Séminaire Goulaouic-Schwartz,* Ec. Polytechnique, n°1, (1975–76).

[21] L. Tartar, Some existence theorem for semilinear hyperbolic systems in one space variable, *Technical Summary Report, Univ. Wisconsin* (1980).

[22] G. Toscani, Global existence and asymptotic behaviour for the discrete velocity models of the Boltzmann equation, *J. Math. Phys.* **26** (1985), 2918–2921.

[23] G. Toscani, On the Cauchy problem for the discrete Boltzmann equation with initial values in $(L^1)^+(\mathbf{R})$, *Comm. Math. Phys.* **121** (1989), 122–142.

Centre de Mathématiques
Ecole Polytechnique
91128 Palaiseau Cedex, France

Received February 11, 1993

Sporadic Groups and String Theory

Richard E. Borcherds

This is an expanded version of my talk at the ECM.

1. Some classical infinite product identities

I will start by giving some well known product identities. The first is

$$\sum_{n\in\mathbf{Z}}(-1)^n q^{3(n+1/6)^2/2} = q^{1/24}\prod_{n>0}(1-q^n).$$

This identity was found by Euler while investigating the partition function; the right hand side is essentially the inverse of the generating function $\prod(1-q^n)^{-1} = \sum p(n)q^n$ of the partition function, and the left hand side is a theta function. A similar identity due to Gauss is

$$\sum_{n\in\mathbf{Z}} q^{n^2} = (1+q)^2(1-q^2)(1+q^3)^2(1-q^4)\dots$$

Both of these are special cases of Jacobi's triple product identity

$$\sum_{n\in\mathbf{Z}}(-1)^n q^{n^2} z^n = \prod_{n>0}(1-q^{2n})(1-q^{2n-1}z)(1-q^{2n-1}z^{-1})$$

if we choose z to be some fixed power of q. Finally Weyl's denominator formula for finite dimensional Lie algebras is

$$e^\rho \sum_{w\in W}\det(w)e^{-w(\rho)} = \prod_{\alpha>0}(1-e^\alpha)$$

where W is the Weyl group, ρ is the Weyl vector, and the product is over all positive roots α. This is a special case of Weyl's character formula which says that the character of a finite dimensional representation is equal to a sum similar to the left hand side divided by the product on the right hand side; for the 1-dimensional representation the character is 1 so the sum is equal to the product.

The Weyl character formula looks rather like the other product formulas. This similarity was explained by Macdonald and Kac as follows. Macdonald observed that the Weyl denominator formula was just a statement about finite root systems, and generalized this to affine root systems, producing a collection of identities called the Macdonald identities. The

Macdonald identity for the simplest affine root system is just the Jacobi triple product identity. Kac observed that the Macdonald identities were just the denominator formulas for the Kac–Moody algebras that he and Moody had discovered a few years before, and went on to prove a character formula for representations of these algebras generalizing the Weyl character formula. The Weyl–Kac denominator formula [12] for Kac–Moody algebras is

$$e^{\rho}\sum_{w\in W}\det(w)e^{-w(\rho)}=\prod_{\alpha>0}(1-e^{\alpha})^{\mathrm{mult}(\alpha)}$$

where $\mathrm{mult}(\alpha)$ is the multiplicity of the root α, which is just the dimension of the vector space corresponding to the root α. For finite dimensional Lie algebras the multiplicity of a root is always 1 which is why this expression does not appear in the Weyl denominator formula. For affine Lie algebras such as $SL_n(\mathbf{R}[z,z^{-1}])$ this formula is just a Macdonald identity; for example the Jacobi triple product identity is just the Weyl–Kac denominator formula for $SL_2(\mathbf{R}[z,z^{-1}])$.

I will now briefly describe a proof of the Weyl–Kac character formula using Lie algebra cohomology due to Bott, Kostant, Garland and Lepowsky [10, 14]. Perhaps the best way to motivate Lie algebra cohomology is by analogy with the de Rham cohomology of a compact Riemannian manifold M. The de Rham cohomology of M is defined to be the cohomology groups of the sequence

$$\Lambda^0 \xrightarrow{d} \Lambda^1 \xrightarrow{d} \Lambda^2 \xrightarrow{d} \dots$$

where Λ^n is the vector space of smooth n-forms over M and d is the exterior derivative. The Riemannian manifold on M defines inner products on all the spaces Λ^n which we can use to define the adjoint d^* of d. The Laplace operator is defined as $\Omega = dd^* + d^*d$, and the main theorem of Hodge theory says that the n'th cohomology group H^n is isomorphic to the kernel of Ω on Λ^n. If we have a complex like the one above, the Euler-Poincaré principle states that the alternating sum $\Lambda^* = \Lambda^0 - \Lambda^1 + \Lambda^2 - \dots$ is equal to the alternating sum $H^* = H^0 - H^1 + H^2 - \dots$. Strictly speaking, this does not make sense unless the groups Λ^n are all finite dimensional (which they are not) and almost all 0. I will deal with this problem by ignoring it.

Lie algebra cohomology is very similar except that we replace the space of n forms on a manifold by the n'th exterior power of the dual of some Lie algebra, and replace the Riemannian metric on M by an invariant (or contravariant) bilinear form on the Lie algebra. Then, at least for the Lie algebras I will be talking about, the analogues of Hodge theory and the

Euler-Poincaré principle are both true.

The Weyl–Kac character formula now turns out to be the Euler-Poincaré principle applied to the cohomology of a suitable Lie algebra. Any Kac–Moody algebra can be written as a (vector space) sum of subalgebras $E \oplus H \oplus F$ where H is the Cartan subalgebra, and E and F are the subalgebras associated to the positive and negative roots. For example, for $SL_n(\mathbf{R})$ the algebras E, F, and H are the upper triangular, lower triangular, and diagonal matrices. The Weyl–Kac denominator formula for the Kac Moody algebra is the Euler-Poincaré principle applied to the cohomology of the subalgebra E, and the cohomology groups can be worked out using Hodge theory. To see this, we use the facts that $\Lambda^*(A \oplus B) = \Lambda^*(A) \otimes \Lambda^*(B)$ for any vector spaces A and B, and $\Lambda^*(A) = 1 - A$ if A is 1-dimensional, so if a vector space is a sum of 1-dimensional spaces A_α, then $\Lambda^*(A)$ is just the product of the factors $(1 - A_\alpha)$. This is where the product in the Weyl–Kac denominator formula comes from. It is more difficult to see why the cohomology gives a sum over the Weyl group; I will just state that the dimension of the n'th cohomology group is the number of elements of the Weyl group of length n. This makes it plausible that the alternating sum over the Weyl group has something to do with the alternating sum of the cohomology groups.

The Weyl–Kac denominator formula is true for non affine Kac–Moody algebras, but unfortunately there are no known examples, other than the finite dimensional and affine algebras, for which the root multiplicities are known explicitly, so this does not really give any new identities. (It is of course always possible to calculate the root multiplicities by using the Weyl–Kac formula or something equivalent to it, but there is no simpler description of them.) However there is a class of Lie algebras, called generalized Kac–Moody algebras [2], which are similar to Kac–Moody algebras, and we can find some examples of these for which the root multiplicities are known. For a finite dimensional Lie algebra all roots have positive norm. For a Kac–Moody algebra, roots can have zero or negative norm, but all simple roots have positive norm, while generalized Kac–Moody algebras can have simple roots of negative norm. Generalized Kac–Moody algebras can also be characterized as Lie algebras with an almost positive definite contravariant bilinear form. More precisely, a Lie algebra G is a generalized Kac–Moody algebra if it satisfies the following conditions:

1. G is graded as $G = \oplus_{n \in \mathbf{Z}} G_n$ such that G_n is finite dimensional for $n \neq 0$.
2. G has an invariant bilinear form compatible with this grading.
3. G has an involution ω preserving $(,)$ and mapping G_n to G_{-n} which acts as -1 on G_0.

4. If we define the contravariant bilinear form $(,)_0$ on G by $(g,h)_0 = (g,\omega(h))$, then $(,)_0$ is positive definite on G_n for $n \neq 0$.

(If we strengthen condition 4 slightly by saying that $(,)_0$ should be positive definite on the whole of G, then the algebras we get are essentially sums of finite dimensional and affine Kac–Moody algebras.)

Many examples of generalized Kac–Moody algebras can be constructed using string theory.

2. String theory

I will describe how to quantize a string moving in spacetime. The space of states of a quantized string is sometimes a generalized Kac–Moody algebra. See [15] for a more detailed account of the things in this section.

A classical closed string moving in spacetime can be represented by a map from $\mathbf{S}^1 \times \mathbf{R}^1$ to $\mathbf{R}^{n,1}$, where $\mathbf{S}^1$ is the string, $\mathbf{R}^1$ is time on the string, and $\mathbf{R}^{n,1}$ is $n+1$-dimensional spacetime. The classical equations of motion for the string say that the action must be stationary, where the action is some function defined on the space of all maps from $\mathbf{S}^1 \times \mathbf{R}^1$ to $\mathbf{R}^{n,1}$. The original action is the Nambu–Goto action, which is equal to the area of the image of $\mathbf{S}^1 \times \mathbf{R}^1$. (It does not matter that this area is usually infinite, because we are only interested in the change in the area under small local perturbations, and this is well defined. Also it is easier to use a slightly different action called the Polyakov action, but this produces the same solutions to the classical equations of motion.)

Phase space is defined to be the space of all solutions to the classical equations of motion, possibly quotiented out by the action of some group. (It is often defined to be the cotangent space to "configuration space", because this is more or less the same thing, because an element of this cotangent space is roughly the same as giving the position and momentum of everything, and this often determines a unique solution to the classical equations of motion.) The phase space of some classical system can often be made into a symplectic manifold in a canonical way, so that it has a nondegenerate closed 2-form on it. On any symplectic manifold the vector fields preserving the 2-form are called the Hamiltonian vector fields, and can be thought of as the Lie algebra of the group of automorphisms of the symplectic manifold. This Lie algebra has a canonical central extension equal to the Lie algebra of all smooth functions on the manifold under the Poisson bracket (which takes the functions f and g to $\langle df, dg\rangle$). In other words we have the following exact sequence of Lie algebras (at least if the symplectic manifold is compact and simply connected):

$$0 \longrightarrow \mathbf{R} \longrightarrow \Lambda^0 \xrightarrow{d} \Lambda^1_{\text{closed}} \longrightarrow 0,$$

where Λ^0 is the Lie algebra of smooth functions under Poisson bracket, and $\Lambda^1_{\text{closed}}$ is the Lie algebra of closed 1-forms, which are identified with the Hamiltonian vector fields if we use the 2-form to identify 1-forms with vector fields.

The quantization of the string is roughly a representation of some Lie subalgebra of the Lie algebra of functions on phase space. Which subalgebra and which representation we take are up to the person doing the quantization. (This is a gross simplification of what is usually meant by quantization.)

The result of quantizing a (parametrized chiral) string is sometimes a vertex algebra V [1]. Vertex algebras (with some minor extra structure, such as a grading or a bilinear form or an action of the Virasoro algebra) are also called vertex operator algebras [8], meromorphic conformal field theories, W-algebras, and chiral algebras.

To construct the space of states of an unparametrized string, we would like to take the subspace of the vertex algebra V fixed by the diffeomorphism group of the circle $\mathbf{S}^1$, which is $H^0(Diff(\mathbf{S}^1), V)$. This does not work because $Diff(\mathbf{S}^1)$ does not quite act on V; instead we only get a projective action of it on V, so the space of fixed vectors is 0. We can get around this problem by defining the space of physical states of an unparametrized string to be the semiinfinite cohomology group $H^{\infty+1/2}(Vir, V)$ [9]. Here Vir is the Virasoro algebra, spanned by elements L_n, $n \in Z$, and c with the relations

$$\begin{aligned}[L_m, L_n] &= (m-n)L_{m+n} + \delta_m^{-n}(m^3 - m)c/12 \\ [L_m, c] &= 0\end{aligned}$$

and is a central extension of the Lie algebra of polynomial vector fields on the circle.

This cohomology group $H^{\infty+1/2}(Vir, V)$ is the generalized Kac–Moody algebra we were trying to construct. It turns out to be nonzero only if spacetime is 26-dimensional; the mysterious number 26 appears because it is minus the value of c when Vir acts on the space of semiinfinite forms over Vir.

3. The monster Lie algebra

We can apply the denominator formula $H^*(E) = \Lambda^*(E)$ of Section 1 to some of the generalized Kac–Moody algebras constructed using string theory in Section 2. For one of these algebras, called the monster Lie algebra, this leads to a proof of Conway and Norton's moonshine conjectures for the monster simple group.

The monster Lie algebra [4] is the simplest example of a Lie algebra of physical states of a chiral string on some orbifold. In this case the orbifold is a quotient of the 26-dimensional torus $\mathbf{R}^{25,1}/II_{25,1}$ by an involution, where $II_{25,1}$ is the unique 26-dimensional even unimodular Lorentzian lattice. This algebra can be described in terms of the graded representation $V = \oplus V_n$ of the monster constructed by Frenkel, Lepowsky and Meurman [8], with the property that $\dim(V_n) = c(n-1)$, the coefficient of q^n in the elliptic modular function $j(q) - 744 = \sum c(n)q^n = q^{-1} + 196884q + \ldots$. It follows from the Goddard-Thorn no-ghost theorem [11] that the monster Lie algebra is a $\mathbf{Z}^2$-graded Lie algebra $\oplus_{m,n\in\mathbf{Z}} M_{m,n}$, whose piece $M_{m,n}$ of degree $(m,n) \in \mathbf{Z}^2$ is isomorphic as a module over the monster to V_{mn} if $(m,n) \neq (0,0)$ and to $\mathbf{R}^2$ if $(m,n) = (0,0)$. For small degrees it looks like

$$\begin{array}{ccccccccc}
 & \vdots & \vdots & \vdots & \vdots & \vdots & \vdots & \vdots & \\
\cdots & 0 & 0 & 0 & 0 & V_3 & V_6 & V_9 & \cdots \\
\cdots & 0 & 0 & 0 & 0 & V_2 & V_4 & V_6 & \cdots \\
\cdots & 0 & 0 & V_{-1} & 0 & V_1 & V_2 & V_3 & \cdots \\
\cdots & 0 & 0 & 0 & \mathbf{R}^2 & 0 & 0 & 0 & \cdots \\
\cdots & V_3 & V_2 & V_1 & 0 & V_{-1} & 0 & 0 & \cdots \\
\cdots & V_6 & V_4 & V_2 & 0 & 0 & 0 & 0 & \cdots \\
\cdots & V_9 & V_6 & V_3 & 0 & 0 & 0 & 0 & \cdots \\
 & \vdots & \vdots & \vdots & \vdots & \vdots & \vdots & \vdots &
\end{array}.$$

In the decomposition of this algebra as $E \oplus H \oplus F$, the Cartan subalgebra H is the 2-dimensional algebra of degree 0, E is the sum of everything lying to the right of H (in the diagram above), and F is the sum of everything to the left of H. The real roots correspond to the two 1-dimensional spaces V_{-1}, and the simple roots are the ones in the column to the right of H.

To work out the denominator formula $H^*(E) = \Lambda^*(E)$ for E explicitly, we need to know how the Laplace operator Ω acts on $\Lambda^n(E)$. This is easy to describe: it just multiplies any element of degree $(m,n) \in \mathbf{Z}^2$ by $(m-1)n$, so that $H^n(E)$ is just the subspace of elements of $\Lambda^n(E)$ of degree $(1,n)$ or $(m,0)$. This implies that $H^0(E) = \mathbf{R}$, $H^1(E) = \sum_n V_n pq^n$, $H^2(E) = \sum_{m>0} V_m p^{m+1}$, and $H^n = 0$ for $n > 2$, where we use powers of p and q to keep track of the $\mathbf{Z}^2$ grading.

If we substitute these values into the formula $H^*(E) = \Lambda^*(E)$ and take dimensions of both sides, we obtain the product formula for the j function

$$p^{-1}\prod_{m>0,n\in\mathbf{Z}}(1-p^mq^n)^{c(mn)}=j(p)-j(q)$$

which is the denominator formula of the monster Lie algebra, in the same way that the Macdonald identities are the denominator formulas of the affine Lie algebras.

The monster group acts on the monster Lie algebra by diagram automorphisms. (It is not the full group of diagram automorphisms; its has the special property that $M_{a,b}=M_{c,d}$ as representations of the monster whenever $ab=cd$, $(a,b)\neq(0,0)\neq(c,d)$.) By taking traces of various elements of the monster on the formula $H^*(E)=\Lambda^*(E)$ we obtain the following product formulas involving the coefficients of the Thompson series $T_g(q)=\sum_{n\in\mathbf{Z}}Tr(g|V_n)q^n$:

$$\begin{aligned}&\sum_{m\in\mathbf{Z}}Tr(g|V_m)p^m-\sum_{n\in\mathbf{Z}}Tr(g|V_n)q^n\\ =&p^{-1}\exp(-\sum_{i>0}\sum_{m>0,n\in\mathbf{Z}}Tr(g^i|V_{mn})p^{mi}q^{ni}/i).\end{aligned}$$

For $g=1$ this is just the product formula for the elliptic modular function. These formulas can be rewritten as recursion formulas for the coefficients $Tr(g|V_n)$, and the same recurion formulas for certain modular functions were conjectured by Norton [16] and proved by Koike [13]. This can be used [4] to prove Conway and Norton's moonshine conjectures [5] that the Thompson series $T_g(q)$ are all modular functions (more precisely, normalized Hauptmodules of genus 0 groups). Norton's generalizations of these conjectures in [17] are still not proved.

4. Modular forms on $O_{n+2,2}(\mathbf{R})$

The denominator formulas of the examples of many generalized Kac–Moody algebras are modular forms on $O_{n+2,2}(\mathbf{R})$, which is the group of rotations of $\mathbf{R}^{n+2,2}$, and is also the group of conformal transformations of the conformal completion of $\mathbf{R}^{n+1,1}$.

For $n=-1$, $O_{n+2,2}(\mathbf{R})$ is locally isomorphic to $SL_2(\mathbf{R})$ so modular forms on this group are essentially the same as ordinary modular forms. One example is the theta function $\sum q^{n^2}$, which can be written as an infinite product by Gauss's identity.

For $n=0$, $O_{n+2,2}(\mathbf{R})$ is locally isomorphic to $SL_2(\mathbf{R})\times SL_2(\mathbf{R})$. Modular forms on this group are usually Hilbert modular forms, but the examples we give are not, because the discrete subgroup we use is of the form $\Gamma_1 \times \Gamma_2$, where each Γ_1 is a subgroup of $SL_2(\mathbf{R})$. (Informally, we could think of them as "degenerate Hilbert modular forms" for the "degenerate real quadratic number field" $Q(\sqrt{1})$.) An example of one of these modular functions is $j(p) - j(q)$, which can be written as an infinite product using the denominator formula of the monster Lie algebra.

For $n = 1$, $O_{n+2,2}(\mathbf{R})$ is locally isomorphic to $Sp_4(\mathbf{R})$, so modular forms on this group are essentially Siegel modular forms of genus (or degree) 2. An example of such a form is the Siegel theta function $\sum_{i,j\in\mathbf{Z}} p^{i^2} q^{j^2} r^{ij}$. We will show how to write this as an infinite product in the next section.

I know of modular forms on $O_{n,2}(\mathbf{R})$ which can be written as interesting infinite products for $n = 1, 2, 3, 4, 6, 8, 10, 14, 18$, and 26. It is curious that these seem to be exactly the integers for which there is a lacunary modular form of weight $n/2$ which is a product of eta functions (for example $\eta(q)^{26}$); see Serre [18] and Dyson [6]. (The number $n = 18$ does not appear in Serre's paper, but the form $\eta(q)^9\eta(q^2)^9$ of weight 18/2 seems to be lacunary.)

5. A superalgebra of rank 3

I will give a fairly typical example of one of the generalized Kac–Moody superalgebras of higher rank that are (sometimes only conjecturally) the spaces of physical states of some sort of string on some sort of orbifold. Gauss's product identity for the theta function can be written as

$$\sum_{n\in\mathbf{Z}} (-1)^n q^{n^2} = \prod_{n>0} \frac{1-q^n}{1+q^n}.$$

I write it like this to bring out the analogy with the product formula for Siegel's theta function of degree 2, which is

$$\sum_{m,n\in\mathbf{Z}} (-1)^{m+n} p^{m^2} q^{n^2} r^{mn} = \prod_{a+b+c>0} \left(\frac{1-p^a q^c r^b}{1+p^a q^c r^b}\right)^{f(ac-b^2)}$$

where $f(n)$ is defined by $\sum f(n)q^n = 1/(\sum_n (-1)^n q^{n^2}) = 1 + 2q + 4q^2 + 8q^3 + 14q^4 + \ldots$. (The product does not converge for all values of p, q, and r for which the sum is defined.) This is the denominator formula for a generalized Kac–Moody superalgebra of rank 3. This superalgebra is graded by $\mathbf{Z}^3$, and the subspace of degree (a, b, c) had dimension 3 if $(a, b, c) = (0, 0, 0)$, and $f(ac - b^2)|f(ac - b^2)$ otherwise. (The symbol $m|n$ for the dimension of a superspace means that it is the sum of an ordinary part of dimension m and a super part of dimension n.) This product formula can be proved using the theory of Jacobi forms [7].

The product is a product over all positive semidefinite binary quadratic forms $ax^2+2bxy+cy^2$, and the identity above is equivalent to the following curious fact about such forms. Let $\mathbf{Z}^n$ be a lattice spanned by n pairwise orthogonal vectors of norm 1, and let $r_{a,b,c}(n)$ be the number of representations of the quadratic form $ax^2+2bxy+cy^2$ in the lattice $\mathbf{Z}^n$ which are not contained in any sublattice of the form $\mathbf{Z}^{n-1}$. Then $\sum_{n>0}(-1)^n r_{a,b,c}(n)/n$ depends only on the discriminant and the highest common factor of the coefficients of the form $ax^2+2bxy+cy^2$. This result is unusual because it is usually only possible to say something about the average number of representations of forms of fixed discriminant.

The Mellin transform of Siegel's theta function of degree 2 is essentially a real analytic Eisenstein series (see Zagier [18] for example). Unfortunately it seems to be very difficult to use the product formula for Siegel's theta function to say anything about real analytic Eisenstein series. For that matter, it seems to be just as difficult to use Gauss's product formula for the theta function to say anything about its Mellin transform, the Riemann zeta function.

6. A Lie algebra of rank 26

I will finish by describing the largest interesting generalized Kac–Moody algebra that I know of [3]. It is the space of physical states of a string moving on a 26-dimensional torus, and is very closely related to the monster Lie algebra, which is the space of states of a string moving on a $\mathbf{Z}_2$ orbifold of the same torus.

The denominator formula for this Lie algebra is

$$e^\rho \prod_{r\in\Pi^+}(1-e^r)^{p_{24}(1-r^2/2)} = \sum_{w\in W}\det(w)w(e^\rho\prod_{n>0}(1-e^{n\rho})^{24}).$$

Here both sides are elements of a completion of the group ring of $II_{1,1}$. The vector ρ is the Weyl vector of this lattice which has inner product -1 with all simple roots of the Weyl group W, and $p_{24}(n)$ is the number of partitions of n into parts of 24 colours.

The Lie algebra itself is graded by $II_{1,1}$, and the piece of degree $r \in II_{1,1}$ has dimension 26 if $r=0$, and $p_{24}(1-r^2/2)$ otherwise. The algebra is acted on by a group $\Lambda.Aut(\Lambda)$ where Λ is the Leech lattice and $Aut(\Lambda)$ is the double cover of Conway's largest simple group. We can write down a twisted denominator identity similar to the one above for every conjugacy class of this group, by taking traces in the formula $H^*(E)=\Lambda^*(E)$.

The function

$$f(v) = \sum_{w \in W} \det(w) e^{(2\pi i w(\rho), v)} \prod_{n>0} (1 - e^{(2\pi i n w(\rho), v)})^{24}.$$

is an automorphic form of the group $O_{26,2}(\mathbf{R})$ with respect to the discrete subgroup $II_{26,2}$. This follows from the functional equation

$$f(2v/(v,v)) = -((v,v)/2)^{12} f(v).$$

I will give a brief sketch of the proof of this functional equation. If we just consider purely imaginary values of v, then f is a solution of the wave equation, and this implies that $((v,v)/2)^{26/2-1} f(2v/(v,v))$ is also a solution by the transformation of the wave operator under the conformal transformation $v \to 2v/(v,v)$. On the other hand, it is easy to show that $f(v)$ vanishes whenever v is imaginary and has norm 2, because the series for $\log(f(v))$ has positive terms and therefore has a singularity on the edge of its region of convergence; this singularity is at all points of the surface C, so f must vanish there because it it regular and $\log(f)$ is not. The fact that f vanishes on this surface easily implies that $f(v)$ and $-((v,v)/2)^{12} f(2v/(v,v))$ both have the same partial derivatives of order at most 1 on this surface. These two functions both satisfy the wave equation and have the same partial derivatives of order at most 1 on a noncharacteristic surface, so by the Cauchy–Kowalevsky theorem they must be equal.

The function $f(v)$ also satisfies the trivial functional equations $f(v) = f(v + \lambda)$ for $\lambda \in II_{25,1}$, and $f(w(v)) = \det(w) f(v)$ for w an automorphism of $II_{25,1}$ of spinor norm 1. Together these transformations generate a group isomorphic to the subgroup of index 2 of $Aut(II_{26,2})$ of elements of spinor norm 1. This means that f is essentially a modular form on the group $O_{26,2}(\mathbf{R})$ with respect to the discrete subgroup $Aut(II_{26,2})$. There are many other examples of Lie algebras or superalgebras (for example, two superalgebras of superstrings on a 10 dimensional torus) whose denominator functions are modular forms on $O_{n+2,2}(\mathbf{R})$ for some n. I do not know whether there are an infinite number of such examples.

References

[1] R. E. Borcherds, Vertex algebras, Kac–Moody algebras, and the monster, *Proc. Natl. Acad. Sci. USA* **83** (1986), 3068–3071.

[2] R. E. Borcherds, Generalized Kac–Moody algebras, *J. Algebra* **115** (1988), 501–512.

[3] R. E. Borcherds, The monster Lie algebra, *Adv. Math.* **83** (1) (1990).

[4] R. E. Borcherds, Monstrous moonshine and monstrous Lie superalgebras, *Invent. Math.* **109** (1992), 405–444.

[5] J. H. Conway, S. Norton, Monstrous moonshine, *Bull. Lond. Math. Soc.* **11** (1979), 308–339.

[6] F. Dyson, Missed opportunities, *Bull. Amer. Math. Soc.* **78** (1972), 635–652.

[7] M. Eichler, D. Zagier, *The theory of Jacobi forms,* Birkhäuser, Basel, 1985.

[8] I. B. Frenkel, J. Lepowsky, A. Meurman, *Vertex operator algebras and the monster,* Academic Press, New York, 1988.

[9] I. B. Frenkel, H. Garland, G. Zuckerman, Semi-infinite cohomology and string theory, *Proc. Natl. Acad. Sci. USA* **83** (1986), 8442–8446.

[10] H. Garland and J. Lepowsky, Lie algebra homology and the Macdonald–Kac formulas, *Invent. Math.* **34** (1976), 37–76.

[11] P. Goddard, C. B. Thorn, Compatibility of the dual Pomeron with unitarity and the absence of ghosts in the dual resonance model, *Phys. Lett.* **B 40** (2), (1972), 235–238.

[12] V. G. Kac, *Infinite dimensional Lie algebras,* third edition, Cambridge University Press, New York, 1990.

[13] M. Koike, On Replication Formula and Hecke Operators, Nagoya University, preprint.

[14] B. Kostant, Lie algebra cohomology and the generalized Borel–Weil theorem, *Annals of Math.* **74** (1961), 329–387.

[15] D. Lüst, S. Theisen, Lectures on string theory, *Lecture Notes in Physics* **346** (1989), Springer-Verlag, Heidelberg.

[16] S. P. Norton, More on moonshine, in: *Computational group theory,* Academic Press, New York, 1984, 185–193.

[17] S. P. Norton, Generalized Moonshine, *Proc. Symp. Pure Math.* **47** (1987), 208–209.

[18] J-P. Serre, Sur la lacunarité des puissances de η, *Glasgow Math. Jour.* **27** (1985), 203–221.

[19] D. Zagier, Eisenstein series and the Riemann zeta function, in: *Automorphic forms, representation theory and arithmetic*, Springer-Verlag, Heidelberg, 1981.

DPMMS
16 Mill Lane
Cambridge CB2 1SB, England

Received October 15, 1992

A Harmonic Analysis Approach to Problems in Nonlinear Partial Differential Equations

J. Bourgain

1. Introduction

This paper is a summary of recent work of the author on the subject, mainly contained in forthcoming papers [B1], [B2]. In those papers a method is developed to construct solutions of nonlinear partial differential equations based on an analysis of multiple Fourier series.

We will be mainly concerned with periodic problems, i.e., equations which are periodic in the space variable(s), and the well-posedness problem (existence, uniqueness, regularity of the solution in a suitable space) for initial data of least possible regularity. The equation is verified in the "generalized", i.e., distributional sense. Besides the pure analysis aspects, problems with "rough" data and proving the existence of the flow for functions of minimal smoothness is of interest to statistical mechanics (cf. [L-R-S]) and from the point of view of naturally preserved quantities such as the L^2-norm and the Hamiltonian. In fact, the absence of a priori bounds besides L^2 or L^2 and H^1 (which is the case for KP-II and generalizations of the KdV-equation) forces us to deal with rough data, even in constructing classical solutions. Furthermore, a large part of the theory of the periodic Korteweg–de Vries equation is developed in an L^2-context (see [McK-Tr]) and it seemed us therefore desirable to have the KdV flow defined for L^2-functions and to obtain a full L^2-generalization of certain behavior of solutions corresponding to smooth data.

The equations discussed are:

- the Korteweg–de Vries (KdV) equation

$$u_t + u_{xxx} + uu_x = 0 \tag{1.1}$$

- the Kadomtsev–Petviashvilii (KP II) equation

$$(u_t + u_{xxx} + uu_x)_x + u_{yy} = 0 \tag{1.2}$$

- the time-dependent nonlinear Schrödinger equation (NLS) in n space variables $x = (x_1, \ldots, x_n)$

$$i\,u_t + \Delta_x u + u|u|^{\rho-2} = 0. \tag{1.3}$$

The well-posedness problem with rough data for equations (1.1), (1.3) has been well-studied in the nonperiodic case using various methods, and the literature on this subject is rather vast. On the other hand, there are relatively few results in the periodic case. For instance, for the KdV equation, the date $\phi(x) = u(x,0)$ was taken in $H^s(\Pi)$, $\Pi = \mathbb{R}/\mathbb{Z}$, for s at least 3 (see [Sj] and [Tr]) while in [B1], a well-posedness theorem is obtained for L^2-functions. Two classical methods to deal with nonlinear equations of the form mentioned above are the fixpoint techniques and the inverse scattering method. The fixpoint method, which is the only one exploited here, has the advantage of a large range of applicability but, certainly in the periodic context, only seems to yield local results. The global results are then obtained combining local well-posedness and a priori inequalities implied by conservation laws. This approach has been used over and over and it is not the novelty here. Our contribution consists in developing techniques permitting us to deal with the periodic case. In fact, our point of view turned out to be also useful in the nonperiodic case, since for instance, we improve considerably the best known results on the classical KdV equation (see [K-P-V1], [G-T]).

The application of Picard's fixpoint theorem may be sketched in the following way. The model is that of an equation of the form

$$Au + B(u) = 0, \tag{1.4}$$

where $u = u(x,t)$ is a function on $\Pi^n \times I$, I a neighborhood of 0 in $\mathbb{R}$, satisfying the initial condition

$$u(x,0) = \phi(x). \tag{1.5}$$

Here A is linear, B is nonlinear. The iteration scheme is simply

$$\begin{cases} A\,u_1 &= 0 \qquad\qquad u_1(x,0) &= \phi(x) \\ A\,u_{k+1} &= -B(u_k) \qquad u_{k+1}(x,0) &= \phi(x) \end{cases}$$

Specify A of the form

$$A = \partial_t + i^{m-1}P(D) \tag{1.6}$$

($i^2 = -1$) where $P(D)$ is a homogeneous differential operator of order m with real coefficients.

B is a nonlinear operator of order at most $\frac{1}{2}(m-1)$.

The linear problem

$$Au = 0 \qquad u(x,0) = \psi(x) \tag{1.7}$$

has an explicit solution given by a multiple Fourier series

$$u(x,t) = S(t)\psi(x) = \sum_{\xi \in \mathbb{Z}^n} \widehat{\psi}(\xi)\, e^{i\left(\langle x,\xi\rangle + (-1)^m P(\xi)t\right)}, \tag{1.8}$$

where $\widehat{\psi}(\xi) = \int_{\Pi^n} \psi(x)\, e^{-i\langle x,\xi\rangle}\, dx$ in the Fourier transform of ψ.

Equation (1.4) may be replaced by the equivalent integral equation (Duhamel's formula)

$$u = S(t)\phi - \int_0^t S(t-\tau)\, B(u)(\tau)\, d\tau \tag{1.9}$$

which is considered as a fixpoint problem.

The aim is to control the associated map in a suitable space. There are difficulties of two natures. First there is the nonlinearity of B which causes loss of integrability. Then B may involve differentiation and hence loss of smoothness. Roughly speaking, the aim is to compensate these phenomena by regularizing properties of the group $S(t)$. Those are well-studied in the nonperiodic case. For instance, related to the 1-dimensional homogeneous Schrödinger equation, one has Strichartz' inequality

$$\|S(t)\psi\|_{L^6(\mathbb{R}^2)} \leq c\, \|\psi\|_{L^2(\mathbb{R})} \tag{1.10}$$

where

$$S(t)\psi = \int \widehat{\psi}(\lambda)\, e^{i(\lambda x + \lambda^2 t)} d\lambda. \tag{1.11}$$

The periodic counterpart of (1.10) writes

$$\left\| \sum_{|n|<N} a_n\, e^{i(nx+n^2 t)} \right\|_{L^6(\Pi^2)} \ll N^{\varepsilon} (\Sigma |a_n|^2)^{1/2} \qquad (\varepsilon > 0) \tag{1.12}$$

where the factor N^{ε} is necessary. Thus the exact analogues of the Strichartz-type inequalities fail in the periodic case. In fact, especially in higher dimensions, the periodic inequalities are poorly understood. It appears as an interesting research subject, intimately related to the theory of exponential sums in analytic number theory.

For the KdV equation, a "well-known" smoothing propety for the associated group

$$S(t)\psi = \int \widehat{\psi}(\lambda)\, e^{i(\lambda x+\lambda^3 t)} d\lambda \tag{1.12}$$

is given by Kato's inequality (see [K,2])

$$\|D_x S(t)\psi\|_{L_x^\infty L_t^2} \leq c\ \|\psi\|_{L^2(\mathbb{R})} \tag{1.13}$$

(gain of 1-derivative).

Of course that effect may not be expected in the periodic case and a new idea is needed here. It mainly consists of defining a proper norm based on Fourier transform properties of u (a Fourier restriction norm) rather than imposing conditions on u itself and exploiting the geometry of the "critical lattice set" when analyzing (1.9). The technical details are of a simple arithmetical nature. The introduction of this type of norm turns out to be useful also in the nonperiodic case (as will be pointed out in the discussion of the KdV equation).

The technique developed here clearly has potential applications to equations other than (1.1), (1.2), (1.3). At this stage we have not attempted to work things out in more generality.

In what follows we will give more details related to the previous discussion. The paper is by no means a survey of the subject and the references only serve the purpose of this exposition.

2. Statement of results

I. The KdV equation

Theorem 1. *(i) The periodic problem for the (generalized) KdV equation*

$$u_t + u_{xxx} + u\,u_x = 0 \qquad u(x,0) = \phi(x) \tag{2.1}$$

is globally well-posed for data $\phi \in H^s(\Pi)$, $s \geq 0$, with prescribed mean

$$\int_\Pi \phi(x)dx. \tag{2.2}$$

(ii) The solution $u = u(x,t)$ given above is almost periodic in time.

Remarks.

2.3 The specification of the mean (2.2) is important in the periodic case. Notice that $F_{-1} = \int u(x,t)dx$ is constant in time. The regularity may then be expressed as follows:

Assume $\phi, \psi \in H^s(\Pi)$, $\int \phi = \int \psi$ and u, v the corresponding solutions. Then

$$\|u(t) - v(t)\|_{H^s} \leq c^{|t|} \, \|\phi - \psi\|_{H^s} \tag{2.4}$$

where $c = c(\|\phi\|_s), \|\psi\|_s)$.

Inequalities of the form (2.4) are classical in this theory. The novelty is that for instance if $s = 0$, c only depends on the L^2-norm of the data, which is preserved in time, n.l. $F_0 = \int u(x,t)^2 dx$ (cf. [Lax]).

2.4 A priori inequalities are provided by a sequence of conserved integrals

$$\int_\Pi u_0(x,t)dx$$

$$\int u_0^2 \qquad\qquad (u_j \equiv \partial_x^j)$$

$$\int u_1^2 - \frac{1}{3}\int u_0^3$$

$$\int u_2^2 - \frac{5}{3}\int u_0\, u_1^2 + \frac{5}{36}\int u_0^4$$

$$\vdots$$

where the $s+1$ first expressions give control on the H^s-norm (cf. [Lax]).

2.5 The proof of Theorem 1 (ii) on the almost periodicity of the solution is based on different methods, n.l. those of the paper of McKean and Trubowitz (see [McK-Tr]). Theorem 1 (i) permits us to obtain the KdV flow and the method of [McK-Tr] extends to the L^2-context.

2.6 Theorem 1, (i) is also true in the nonperiodic case, without specification of (2.2). This well-posedness result for L^2-data is new. Solutions for L^2-data have been obtained by Kato (K2] and Kruzhkov-Faminskii [K-F], without uniqueness. In fact, there have been some developments in this direction and the condition on the data in the well-posedness result pushed down to $\phi \in H^s(\mathbb{R})$, for certain $s < -\frac{1}{2}$, where now ϕ is a distribution.[(*)]

[(*)] Personal communication by C. Kenig, August 92.

II. The K-P (II) equation

Rewrite the IVP

$$(u_t + u_{xxx} + u\,u_x)_x + u_{yy} = 0 \qquad (u(x,y,0) = \phi(x,y) \tag{2.8}$$

as

$$u_t + u_{xxx} + u\,u_x + D_x^{-1}\,u_{yy} = 0 \qquad u(x,y,0) = \phi(x,y) \tag{2.9}$$

where

$$\int_\Pi u(x,y,t)dx = \int_\Pi \phi(x,y)dx = c = \text{constant.} \tag{2.10}$$

Theorem 2. *The periodic problem for the (generalized) KP-II equation (2.9), (2.10) is globally well-posed for data $\phi \in H^s(\Pi^2)$, $s \geq 0$.*

Remarks. (1) The method used here does not apply to the KP-I equation, obtained by replacement of u_{yy} in $-u_{yy}$ in (2.8). On the other hand, for the KP (I) equation, a well-posedness theorem was proved in [Schw] using weak solution techniques and the a priori bounds on higher derivatives deduced from the conserved functionals. The difficulty for KP-(I) is the fact that because of sign problems in the corresponding integrals, one only seems to dispose of the a priori L^2-bound.

(2) There is a rich class of explicit solutions of an algebraic nature known (see [Kri]). These solutions are expressed by theta functions on finite genus Riemann surfaces (the Floquet set) and solve the IVP for a dense set of data. The Krichever solutions are almost periodic in time and play the role of the Lax solutions for the KdV equation. Recent work of H. Knörrer and E. Trubowitz lead to an extension of this theory for sufficiently smooth data.

III. The NLS equations

We consider the Cauchy problem

$$i\partial_t u + \Delta_x u + u|u|^{p-2} = 0 \qquad u(x,0) = \phi(x) \tag{2.11}$$

where $(x,t) \in \Pi^n \times I$, I a neighborhood of 0 and data $\phi \in H^s(\Pi^n)$. In this case the only difficulty lies in the nonlinearity. As for the nonperiodic problem, conditions relating the space dimension n to the smoothness s of the data ϕ are relevant. The results from [B1] are summarized in the next

Theorem 3. (well-posedness of (2.11))

- **n = 1** global for $p \leq 4,\ s = 0$
  local for $p - 2 < \frac{4}{1-2s},\ 0 < s < \frac{1}{2}$
- **n = 2** global for $p = 4,\ s = 1$ and $\|\phi\|_2$ sufficiently small
  global for $p \geq 4$ and $\|\phi\|_{H^1}$ sufficiently small
- **n = 3** global for $2 \leq p - 2 < 4$ and $\|\phi\|_{H^1}$ small
- **n ≥ 4** local for $p - 2 < \frac{4}{n-2s}$ and $s > \frac{3n}{n+4}$
  ($p > 2 + s$ or p an even integer) .

Theorem 3′. *For $n = 4$ and $p = 3$, there is a global solution $u \in C\left(\mathbb{R}, H^2(\Pi^4)\right)$ for data $\phi \in H^2$ with sufficiently small $\|\phi\|_2$-norm.*

Remarks. (i) The conservation laws involved are

$$\int_{\Pi^n} |u|^2\, dx \qquad \text{(the } L^2\text{-norm)} \tag{2.12}$$

$$\frac{1}{2}\int |\nabla u|^2 - \frac{1}{p}\int |u|^p \qquad \text{(the Hamiltonian).} \tag{2.13}$$

In particular the local result for $n = 1$ stated above has no global implication because of the absence of a priori inequalities for fractional order derivatives. The same comment applies for derivatives of order $s > 1$ and the result for $n \geq 4$.

(ii) The very partial understanding of the moment inequalities for expressions of the form (1.8) (the periodic counterpart of Strichartz inequalities), especially in higher dimension, is the main reason why Theorem 3 does not present a full picture, for instance a condition $s > \frac{3n}{n+4}$ appears in the statement for $n \geq 4$.

(iii) Papers related to the nonperiodic case are [C-W], [G-V], [K1], [Ts]. $\frac{4}{n-2s}$ is the critical exponent of nonlinearity $p - 2$ in (2.11) for H^s-data ϕ. For instance, for $s = 0$, one has global solutions with L^2-data if $p < 2 + \frac{4}{n}$ and a local solution if $p = 2+\frac{4}{n}$. In the case $p = 2+\frac{4}{n}$ one may have blow-up solutions for sufficiently large data. The understanding in the periodic case is more rudimentary and we have put our attention on the nonlinearity itself rather than unboundedness from below of the Hamiltonian, considering only small data if necessary. Let us observe that the blow-up phenomena in the nonperiodic case are far from completely understood and an active research area. For $n = 1,\ p = 4$, the equation is integrable [Z-S].

3. Moment inequalities

L^p-estimates on expressions of the form (1.8), especially when $\widehat{\psi}$ is the indicator function of an interval, are a classical problem in analytic number theory. Using direct calculation, one obtains the following L^4-theorem

Proposition 3.1. *Let $p(x) = x^k + p_{k-1}(x)$, $k \geq 2$, be a polynomial with integer coefficients. Define*

$$\delta = \delta_k = \frac{k+1}{4k} \tag{3.2}$$

Then for all coefficient systems $\{a_{mn}\}$, following inequality holds:

$$\Big\| \sum_{m,n} a_{mn}\, e^{i(mx+nt)} \Big\|_{L^4(\Pi^2)} \leq c \left(\sum_{m,n} \big(1 + |n - p(m)|\big)^{2\delta} |a_{mn}|^2 \right)^{1/2}. \tag{3.3}$$

Remark. The value of δ given by (3.2) is optimal. In the nonperiodic case, one may essentially justify δ by an interpolation argument. For instant, if $k = 2$, it follows from Strichartz inequality that

$$\Big\| \int\!\!\int a(m,n)\, e^{i(mx+nt)}\, dm\, dn \Big\|_{L^6_{x,t}} \leq c \left(\int\!\!\int \big(1 + |n - p(m)|\big)^{2\rho} |a(m,n)|^2 dm\, dn \right)^{1/2} \tag{3.4}$$

for any $\rho > \frac{1}{2}$. Obviously one has $\rho = 0$ for the L^2-norm and θ defined $\frac{1}{4} = \frac{1-\theta}{2} + \frac{\theta}{6}$ satisfies $\frac{3}{8} = \theta\, \frac{1}{2}$.

The same comment holds for $k = 3$, $\delta = \frac{1}{3}$ where L^6_{xt} is replaced by L^8_{xt} in (3.4). Another approach is based on combining the Tomas–Stein restriction theorem argument (see [St]) with the theory of exponential sums (the major arc description and the Hardy–Littlewood method, cf [Vin]). One may for instance prove the following

Proposition 3.5. *Define*

$$F(x,t) = \sum_{\substack{\xi \in \mathbb{Z}^n \\ |\xi| < N}} a_\xi\, e^{i(\langle x, \xi \rangle + t|\xi|^2)}. \tag{3.6}$$

There is the following inequality for the distribution of $|F|$

$$mes\left\{(x,t) \in \Pi^{n+1} \mid F(x,t)| > \lambda\right\} < c_q\, N^{\frac{n}{2}q-n-2}\lambda^{-q} \tag{3.7}$$

provided $q > \frac{2(n+2)}{n}$ *and* $\lambda > N^{n/4}$.

This inequality is essentially optimal ($\frac{2(n+2)}{n}$ corresponds to the restriction exponent for quadratic surfaces in dimension $n+1$), except for the condition $\lambda > N^{n/4}$. Proposition 3.5 is of use in dealing with higher dimensional NLS equations.

4. Sketch of the argument for the KdV equation

Consider the IVP

$$\partial_t u + \partial_x^3 u + u\,\partial_x u = 0 \tag{4.1}$$

$$u \text{ periodic in} x \tag{4.2}$$

$$u(x,0) = \phi(x)$$

and the equivalent integral equation

$$u(t) = S(t)\,\phi - \int_0^t S(t-\tau)\,w(\tau)d\tau \qquad S(t) = e^{-t\,\partial_x^3},\ w = u\,\partial_x u = \frac{1}{2}\,\partial_x(u^2) \tag{4.3}$$

We will concentrate on the L^2-theorem, i.e., let $\phi \in L^2(\Pi)$ and assume for simplicity $\int \phi = 0$. By the L^2-conservation law, it suffices to prove local well-posedness, which is achieved by applying Picard's fixpoint theorem to (4.3). Rewriting first (4.3) in Fourier transform notation, one gets

$$u(x,t) = \sum_{n\in\mathbb{Z},n\neq 0} \widehat{\phi}(n)\,e^{i(nx+n^3t)} + c \sum_{n\in\mathbb{Z},n\neq 0} e^{2\pi_i nx} \int_{-\infty}^{\infty} \widehat{w}(n,\lambda)\,\frac{e^{i\lambda t} - e^{in^3 t}}{\lambda - n^3}\,d\lambda \tag{4.4}$$

Consider a neighborhood I of 0 and functions u satisfying

$$|||u||| = \inf \left\{ \sum_{n\in\mathbb{Z},n\neq 0} \int_{-\infty}^{\infty} (1+|\lambda - n^3|)\,|\tilde{u}(n,\lambda)|^2 d\lambda \right\}^{1/2} < \infty \tag{4.5}$$

where the infimum is taken over all $\tilde{u}$ satisfying

$$\tilde{u} \in L^2_{n,\lambda} \quad u(x,t) = \sum_{n\in\mathbb{Z},n\neq 0} \int_{-\infty}^{\infty} \tilde{u}(n,\lambda)\,e^{i(nx+\lambda t)} d\lambda \quad \text{on} \quad \Pi \times I.$$

We call (4.5) a Fourier restriction norm. For simplicity, we denote $\tilde{u}$ by $\hat{u}$.

Our purpose is to study the transformation

$$Tu = S(t)\phi - \int_0^t S(t-\tau)\, w(\tau) d\tau \tag{4.6}$$

in $|||\ |||$-norm. Observe that if $u = u_1$ on $[0, \tau_0]$, also $Tu = Tu_1$ on $[0, \tau_0]$. On the other hand, from the property that $\widehat{w} = n(\hat{u} * \hat{u})$, it is relatively easy to estimate the $|||\ |||$-norm of the right member of (4.4) in terms of $|||u|||$. The main contributions are

$$\left\{ \sum_{n\in\mathbb{Z}, n\neq 0} \int_{-\infty}^{\infty} \frac{|\widehat{w}(n,\lambda)|^2}{1+|\lambda - n^3|} d\lambda \right\}^{1/2} \tag{4.7}$$

$$\left\{ \sum_{n\in\mathbb{Z}, n\neq 0} \left(\int \frac{|\widehat{w}(n,\lambda)|}{1+|\lambda - n^3|} d\lambda \right)^2 \right\}^{1/2}. \tag{4.8}$$

We only consider (4.7). Define

$$\begin{gathered} c(n,\lambda) = (1+|\lambda - n^3|)^{1/2}\, |\hat{u}(n,\lambda)| \\ (=0 \quad \text{if} \quad n=0) \end{gathered} \tag{4.9}$$

so that

$$|||u||| = \Big(\sum_n \int d\lambda\, c(n,\lambda)^2 \Big)^{1/2}. \tag{4.10}$$

Write

$$|\widehat{w}(n,\lambda)| \leq \sum_{n=n_1+n_2} \int d\lambda_1 \frac{|n|\, c(n_1,\lambda_1)\, c(n_2, \lambda - \lambda_1)}{(1+|\lambda_1 - n_1^3|)^{1/2}(1+|\lambda - \lambda_1 - n_2^3|)^{1/2}}. \tag{4.11}$$

Estimate (4.7) by dualization, i.e. consider a system $\{d(n,\lambda) > 0\}$ such that

$$\sum_n \int d\lambda\, d(n,\lambda)^2 \leq 1 \tag{4.12}$$

and

$$\sum_n \int d\lambda \frac{|\widehat{w}(n,\lambda)| d(n,\lambda)}{(1+|\lambda - n^3|^{1/2}} \tag{4.13}$$

which, from (4.11), is bounded by the expression

$$\sum_{n_1,n_2} \int d\lambda d\lambda_1 \frac{|n_1+n_2|\, c(n_1,\lambda_1)\, c(n_2,\lambda-\lambda_1)\, d(n_1+n_2,\lambda)}{(1+|\lambda-n^3|)^{1/2}\,(1+|\lambda_1-n_1^3|)^{1/2}(1+|\lambda-\lambda_1-n_2^3|)^{1/2}}. \tag{4.14}$$

The main point is to observe that since $n = n_1 + n_2$

$$n^3 - n_1^3 - n_2^3 = 3n\, n_1 n_2 \tag{4.15}$$

and therefore

$$\max\left\{|\lambda-n^3|^{1/2},\ |\lambda_1-n_1^3|^{1/2},\ |\lambda_2-n_2^3|^{1/2}\right\} > \big(|n|\,|n_1|\,|n_2|\big)^{1/2}. \tag{4.16}$$

Assume $|n_1| \geq |n_2|$. Then the right member of (4.16) is at least $|n|\,|n_2|^{1/2}$. One distinguishes 2 cases (which are treated similarly)

$$|\lambda - n^3|^{1/2} \quad > \quad |n|\,|n_2|^{1/2} \tag{4.17}$$

$$|\lambda_j - n_j^3|^{1/2} \quad > \quad |n|\,|n_2|^{1/2} \quad \text{for } j=1 \text{ or } j=2 \tag{4.18}$$

Assume (4.17). Since $|n_2| \geq 1$, (4.14) is at most

$$\sum_{n_1,n_2} \int d\lambda\, d\lambda_1\, d(n,\lambda)\, \frac{c(n_1,\lambda_1)}{(1+|\lambda_1-n_1^3|)^{1/2}}\, \frac{c(n_2,\lambda-\lambda_1)}{(1+|\lambda-\lambda_1-n_2^3|)^{1/2}}. \tag{4.19}$$

Define following functions on $\Pi \times \mathbb{R}$

$$G(x,t) = \sum_n \int d\lambda\, d(n,\lambda)\, e^{i(nx+\lambda t)} \tag{4.20}$$

$$H(x,t) = \sum_n \int d\lambda\, \frac{c(n,\lambda)}{(1+|\lambda-n^3|)^{1/2}}\, e^{i(nx+\lambda t)} \tag{4.21}$$

Thus

$$(4.19) = \langle \widehat{G}, \widehat{H} * \widehat{H} \rangle = \langle G, H^2 \rangle \tag{4.22}$$

and is estimated using Hölder's inequality by

$$\int |G|\,|H|^2\, dx dt \leq \|G\|_{L_x^2 L_t^2(\text{loc})}\ \|H\|^2_{L_x^4 L_t^4(\text{loc})} \tag{4.23}$$

$$\leq \|\{d(n,\lambda)\}\|_2\ \|\{c(n,\lambda)\}\|_2^2\ \leq\ |||u|||^2 \tag{4.24}$$

applying inequality (3.3).

There is some justification of (4.23) needed. Consider a bump function $0 \le \psi \le 1$, $\widehat{\psi} \ge 0$ such that $\psi = 1$ on the neighborhood I of 0. One may replace $u(x,t)$ by $u(x,t)\psi(t)$ whose Fourier transform is bounded by $|\widehat{u}| *_\lambda \widehat{\psi}$. Redefine $c(n,\lambda)$ given by (4.9) as

$$\bar{c}(n,\lambda) = (1 + |\lambda - n^3|)^{1/2} \, (|\widehat{u}| * \widehat{\psi}). \tag{4.25}$$

One may verify that

$$\Big(\sum_n \int d\lambda \; \bar{c}(n,\lambda)^2\Big)^{1/2} \le c|||u||| \tag{4.26}$$

still holds. The point now is that since $\widehat{H} = |\widehat{u}| * \widehat{\psi}$ (for the new definition (4.25)), clearly $H(x,t) = 0$ if $t \notin \operatorname{supp} \psi$. This justifies the local estimate *wrt* t in (4.23).

In fact, elaborating the preceding shows that for $I = [-\tau, \tau]$ one has an estimate $\tau^\delta \, |||u|||^2$ in (4.24), for some $\delta > 0$. The conclusion is that by letting $\tau = \tau(\|\phi\|)$ be small enough, T given by (4.6) will map some ball in $|||\ |||$-space to itself. The contraction property of T is proved along the same lines. Write

$$Tu - Tv = -\int_0^t S(t-\tau)\, w(\tau) d\tau \tag{4.27}$$

where

$$w = u\,\partial_x u - v \partial_x v = \frac{1}{2}\,\partial_x[(u-v)(u+v)]. \tag{4.28}$$

Considering a product rather than a square, one gets an estimate

$$|||Tu - Tv||| \le \tau^\delta \, |||u+v|||.|||u-v||| = o(1)\, |||u-v||| \tag{4.29}$$

Remarks.

(i) The main problem to carry out the preceding in the nonperiodic case is the fact that the inequality

$$|n|\, |n_2|^{1/2} \ge |n| \tag{4.30}$$

no longer holds, since $n_2 \in \mathbb{R}$ may be small. We briefly indicate how Kato's local smoothing inequality (1.13) permits us to deal with this problem.

Redefine

$$|||u||| = \left(\int\!\!\int dn\, d\lambda\, (1 + |\lambda - n^3|)\, |\widehat{u}(n,\lambda)|^2 \right)^{1/2} + \left(\int\!\!\int_{|n|\le 1} dn\, d\lambda\, (1 + |\lambda|)^{2\alpha}\, |\widehat{u}(n,\lambda)|^2 \right)^{1/2} \tag{4.31}$$

where α is taken a bit larger than $\frac{1}{2}$.

Define

$$c(n,\lambda) = \big(1 + |\lambda - n^3|^{1/2} + |\lambda|^\alpha\, \chi_{[|n|\le 1]}\big)|\widehat{u}(n,\lambda)|. \tag{4.32}$$

One gets again expression (4.14) with $\sum_{n_1,n_2}$ replaced by $\int\!\int dn_1\, dn_2$ and the proper denominators given by (4.32). Assume $|n_1| \ge |n_2|$ and $|n_2| \le 1$. Since $|n| \le 2|n_1|$, there is an estimate by

$$\int dn\, dn_1\, d\lambda\, d\lambda_1\, \frac{|n|^{1/2} d(n,\lambda)}{(1 + |\lambda - n^3|)^{1/2}}\, \frac{|n_1|^{1/2}\, c(n_1,\lambda_1)}{(1 + |\lambda_1 - n_1^3|)^{1/2}}\, \frac{c(n_2, \lambda - \lambda_1)}{1 + |\lambda - \lambda_1|^\alpha} \tag{4.33}$$

Define functions F, G, H with Fourier transform respectively given by

$$\widehat{F} = \frac{d(n,\lambda)}{(1 + |\lambda - n^3|)^{1/2}}, \quad \widehat{G} = \frac{c(n,\lambda)}{(1 + |\lambda - n^3|)^{1/2}}, \quad \widehat{H} = \frac{c(n,\lambda)}{1 + |\lambda|^\alpha} \tag{4.34}$$

Thus

$$(4.33) = \langle\, |n|^{1/2}\, \widehat{F},\ (|n|^{1/2}\widehat{G}) * \widehat{H}\,\rangle = \langle\, D_x^{1/2} F,\ D_x^{1/2} G.H\,\rangle \tag{4.35}$$

bounded by

$$\left\| D_x^{1/2} F \right\|_{L_x^4 L_t^2} \left\| D_x^{1/2} G \right\|_{L_x^4 L_t^2} \|H\|_{L_x^2 L_t^\infty}\,. \tag{4.36}$$

It is easily seen that if $(1 + |\lambda - n^3|)^{1/2}$ is replaced by $(1 + |\lambda - n^3|)^\rho$ for any $\rho > \frac{1}{2}$ in the definition of $\widehat{F}$, then

$$\|D_x\, F_\rho\|_{L_x^\infty L_t^2} \le c\ \|d(n,\lambda)\|_{L^2(dnd\lambda)}\,. \tag{4.37}$$

To see this, one uses inequality (1.13) and the triangle inequality.

Obviously, by Parseval,

$$\|D_x^0\, F_0\|_{L_x^2 L_t^2} \le c\|d(n,\lambda)\|_{L^2}. \tag{4.38}$$

Interpolation between (4.37), (4.38) implies that

$$\left\| D_x^{1/2} F_\rho \right\|_{L_x^4 L_t^2} \le c \, \|d(n,\lambda)\|_{L^2} \quad \text{for any } \rho > \frac{1}{4} \tag{4.39}$$

which is the inequality needed to control the first two factors of (4.36). The bound on the last factor is simple, n.l.

$$\begin{aligned} \left\| \int dn \, d\lambda \, e^{i(nx+\lambda t)} \tfrac{c(n,\lambda)}{1+|\lambda|^\alpha} \right\|_{L_x^2 L_t^\infty} &\le \int \left\| \int dn \, e^{inx} \, c(n,\lambda) \right\|_{L_x^2} (1+|\lambda|^\alpha)^{-1} d\lambda \\ &= \int \frac{\left(\int c(n,\lambda)^2 dn\right)^{1/2}}{1+|\lambda|^\alpha} d\lambda \qquad (4.40) \\ \text{(Hölder's inequality)} \quad &\le \left(\int \int dn \, d\lambda \, c(n,\lambda)^2\right)^{1/2} \end{aligned}$$

(ii) If the nonlinearity in (4.1) is of higher degree, i.e., $u^k \, \partial_x u$ for some $k \ge 2$, the arithmetical property (4.15) cannot be used and adjusting the argument is significantly more complicated. In [B1], results are obtained for data $\phi \in H^s(\Pi)$, $s \ge 1$. Those KdV-type equations were studied in [K-P-V2] in the nonperiodic case.

(iii) There is a counterpart of (4.15) for the KP-(II) equation, which is following identity

$$(m^3 - \frac{n^2}{m}) - (m_1^3 - \frac{n_1^2}{m_1}) - (m_2^3 - \frac{n_2^2}{m_2}) = \frac{1}{m \, m_1 m_2} \Big(3m^2 m_1^2 m_2^2 + (n_1 m_2 - n_2 m_1)^2 \Big)$$

if $m = m_1 + m_2 \, (m, m_1, m_2 \ne 0)$ and $n = n_1 + n_2$.

5. Almost periodicity

P. Lax [Lax] discovered a large class of solutions of the periodic KdV equation which are almost periodic in time and made the conjecture that this should be the behavior of any solution. The problem was solved in the paper of McKean and Trubowitz [McK-Tr] who verified this fact for sufficiently smooth data. Our purpose was to extend their result to the L^2-case, for which the KdV flow was shown to exist. It should be pointed out that a large part of the [McK-Tr] paper is written for L^2 and the modifications needed are rather minor.(*) The method used is very specific to the KdV equation. We will summarize the main points.

(*) We will adopt the same notations.

Rewrite the KdV equation as

$$\partial_t u = V_2\, u \quad \text{where} \quad V_2 q = 3qq' - \frac{1}{2}\, q''' \tag{5.1}$$

with

$$u(x, o) = \varphi(x) \tag{5.2}$$

A central role is played by the theory of Hill's operator

$$Q = -\frac{d^2}{dx^2} + q(x) \tag{5.3}$$

where q is a real periodic potential which we assume L^2. The function $y_1(x, \lambda) = y_1(x, \lambda, q)$, respectively $y_2(x, \lambda) = y_2(x, \lambda, q)$, is the solution of

$$Qy = \lambda y, \tag{5.4}$$

satisfying

$$y_1(0, \lambda) = 1, \;\; y_1'(0, \lambda) = 0 \tag{5.5}$$

respectively

$$y_2(0, \lambda) = 0, \;\; y_2'(0, \lambda) = 1. \tag{5.6}$$

The discriminant $\Delta(\lambda) = \Delta(\lambda, q)$ is given by

$$\Delta(\lambda) = y_1(1, \lambda) + y_2'(1, \lambda). \tag{5.7}$$

The roots of $\Delta^2(\lambda) - 4$

$$\lambda_0 < \lambda_1 \leq \lambda_2 < \lambda_3 \leq \lambda_4 < \ldots \tag{5.8}$$

form the so-called periodic spectrum corresponding to eigenfunctions of Q of period 1 or 2. The tied spectrum μ_n, $n \geq 1$, is formed by the roots of $y_2(1, \mu) = 0$, thus the spectrum of Q with zero boundary conditions at 0 and 1. They interlace the periodic spectrum

$$\lambda_0 < \lambda_1 < \mu_1 \leq \lambda_2 < \lambda_3 \leq \mu_2 \leq \lambda_4 < \ldots \tag{5.9}$$

One has

$$\lambda_{2i-1},\ \lambda_{2i} = i^2\pi^2 + 0(1) \tag{5.10}$$

and

$$\{\lambda_{2i} - \lambda_{2i-1}\} \in \ell^2_+ \,. \tag{5.11}$$

In fact, the size of the gaps is essentially in correspondence to the Fourier transform of the given potential q.

There is a product formula

$$4 - \Delta^2(\lambda) = 4(\lambda - \lambda_0) \prod_{i \geq I} \frac{(\lambda_{2i-1} - \lambda)(\lambda_{2i} - \lambda)}{i^4 \pi^4} \,. \tag{5.12}$$

Take for q the data φ from (5.2) which we assume in L^2. We assume the corresponding periodic spectrum to be simple, i.e. $\lambda_{2i-1} \neq \lambda_{2i}$.[(*)]

Let now this periodic spectrum $\{\lambda_i\}$ be fixed. One next considers the isospectral manifold M of L^2-potentials q satisfying

$$\Delta^2(\lambda_i, q) = 4 \qquad i = 0, 1, 2, \ldots \tag{5.13}$$

From the preceding remark on Fourier transforms, it already follows that M is norm-compact.

The KdV flow e^{tV_2} (whose existence was established in Theorem 1 (i)) is known to leave M invariant. We are now mainly concerned with the structural properties of M obtained in [McK-Tr].

Points $q \in M$ may be identified in a 1-1 way with the sequence $\bar{p} = \{p_i\}$ where $p_i = \left(\mu_i, \sqrt{\Delta^2(\mu_i) - 4}\right)$ where $\{\mu_i\}$ is the tied spectrum of q and the square root carries a + or − sign. M appears to be equivalent with an infinite dimensional torus constructed on the intervals of instability

$$\begin{array}{l}
\qquad\qquad \swarrow \sqrt{\Delta^2(\mu_i) - 4} > 0 \\
\lambda_1 \underset{\mu_1}{\text{———}} \lambda_2 \quad \times \quad \lambda_3 \text{———} \lambda_4 \quad \times \cdots \times \quad \lambda_{2i-1} \text{———} \lambda_{2i} \quad \times \cdots \\
\qquad\qquad \nwarrow \sqrt{\Delta^2(\mu_i) - 4} < 0
\end{array}$$

(*) This assumption will turn out not to be restrictive (by perturbation), since the final statements will be completely controlled by the sequence $\{\lambda_{2i} - \lambda_{2i-1}\}$.

On M, one considers a sequence of vector fields $\{X_i\}$, where at given $q \in M$.

$$X_i(q) = D\frac{\partial \Delta(\lambda_{2i}(q))}{\partial q} = -\dot{\Delta}(\lambda_{2i})D\, f_{2i}^2. \tag{5.14}$$

Here f_{2i} stands for the eigenfunction corresponding to λ_{2i} and D is the differentiation operator. (The periodic spectrum depends on q in a real analytic way). At each q, the vectors X_i form a basis for the tangent space of M at q and there is a uniform estimate

$$\left\| \sum c_i X_i(q) \right\|_2 \le \left(\sum i^2 |\dot{\Delta}(\lambda_{2i}|^2 c_i^2) \right)^{1/2}. \tag{5.15}$$

The corresponding flows e^{tX_i} are defined for all t and commute. They also commute with the KdV flow $e^{t\,V_2}$. In the case of a C^∞-potential φ, one may write V_2 as a convergent expansion in the X_i's (see [McK-Tr]. Now for $\varphi \in L^2$, one may proceed by a regularization argument, since the commutation property is a purely algebraic fact and the X_i-flows depend continuously on the potential q (even with respect to the weak L^2-topology), the KdV flow is continuous.

Let $q_0 \in M$ be the point on M with tied spectrum $(\lambda_1, \lambda_3, \ldots, \lambda_{2i-1}, \ldots)$. Let $X = \Sigma x_i X_i$ be a linear combination of X_i fields. Let $p = (p_1, p_2, \ldots)$ be the point of the torus corresponding to $q = e^X q_0$, according to the identification made above. The relation between $\{x_i\}$ and p is expressed as follows (see [McK-Tr], Section 11).

$$2\sum_{i=1}^{\infty} \int_{0_i}^{p_i} \phi(\mu)\, \frac{d\mu}{\sqrt{\Delta^2(\mu) - 4}} = \sum_{i=1}^{\infty} x_i \phi(\lambda_{2i}) \quad (0_i \equiv \lambda_{2i-1}) \tag{5.16}$$

the identity (5.16) being valid for any $\phi \in I^{\frac{3}{2}}$, the class of integral functions of order $\frac{1}{2}$, type at most 1, satisfying the condition $\int_0^\infty |\phi(\mu)|^2 \mu^{\frac{3}{2}} d\mu < \infty$. The path of integration for $\int_{0_i}^{q_i}$ may be arbitrarily chosen. Thus the way e^X act on M is determined by the element of the dual space $(I^{\frac{3}{2}})^*$ defined by the right member of (5.16), modulo the lattice $L \subset (I^{\frac{3}{2}})^*$ generated by the elements

$$2\int_{\lambda_{2i-1}}^{\lambda_{2i}} \phi(\mu)\, \frac{d\mu}{\sqrt{\Delta^2(\mu) - 4}} \tag{5.17}$$

The main consequence of this discussion is that given $X = \sum x_i X_i$, there is $Y = \sum y_i X_i$, such that

$$e^X q_0 = e^Y q_0 \quad \text{hence} \quad e^X = e^Y \tag{5.18}$$

$$|y_i| = 0(i) \tag{5.19}$$

Indeed, define for each $j = 1, 2, \dots$

$$1\!\!1_j(\lambda) = \frac{\prod\limits_{k\neq j} (1 - \frac{\lambda}{\lambda_{2k}})}{\prod\limits_{k\neq j} (1 - \frac{\lambda_{2j}}{\lambda_{2k}})} \tag{5.20}$$

(Lagrange interpolation). On may then from the preceding bound y_j by

$$4 \sum_{i=1}^{\infty} \int_{\lambda_{2i-1}}^{\lambda_{2i}} \frac{1\!\!1_j(\mu)}{\sqrt{\Delta^2(\mu) - 4}} \tag{5.21}$$

Standard calculations(*) based on (5.10), (5.12), (5.20) show that the jth term in (5.21) is $\sim j$ while for $i \neq j$, there is an estimate $0(\frac{j^2}{i|j^1 - i^2|})$. Hence

$$|y_j| \leq j + \sum_{i\neq j} \frac{j^2}{i(j+i)|j-i|} \leq j \tag{5.22}$$

which is (5.19).

The main statement is the following.

Claim. The set $\{e^X \mid X = \sum' x_i X_i\}$ considered as subset of $C(M, M)$ (the space of continuous function from M to M) is relatively compact and hence equicontinuous. The compactness properties are controlled by the sequence $\{\lambda_{2i} - \lambda_{2i-1}\}$. (**)

Since $M = \{e^X q_0\}$, it follows in particular that M is a compact subset of L^2 (for the norm topology), a fact mentioned earlier.

Proof of the claim. It follows from the preceding that we may assume $|x_i| \leq i$, for all i. Now one has the tail estimate, for fixed j and uniformly

---

(*) see [P-T], p. 168, Lemma 3.

(**) The period discussion above is a priori done in the smooth case. But because the claim eventually only depends on the gap sequence properties, a regularization argument yields the statement in the L^2-case also.

for $q \in M$.

$$e^X q - q = \int_0^1 \frac{d}{dt}(e^{tX})q\,dt = \int_0^1 X(e^{tX}q)dt \tag{5.23}$$

$$\|e^X q - q\|_2 \leq \int_0^1 \|X(e^{tX}q)\|_2\,dt \leq \Big(\sum_{i>j} i^2 |\dot{\Delta}(\lambda_{2i})|^2 x_i^2\Big)^{\frac{1}{2}} \tag{5.24}$$

where $X = \sum_{i>j} x_i X_i$, $|x_i| \leq i$. Hence (5.24) is bounded by

$$C\Big(\sum_{i>j} i^4 \frac{(\lambda_{2i} - \lambda_{2i-1})^2}{\lambda_{2i-1}^2}\Big)^{1/2} \sim \Big[\sum_{i>j} (\lambda_{2i} - \lambda_{2i-1})^2\Big]^{\frac{1}{2}} \tag{5.25}$$

Since $\{\lambda_{2i} - \lambda_{2i-1}\} \in \ell^2$, the right member of (5.25) $\to 0$ for $j \to \infty$. This proves the claim.

Proof of Theorem 1. (ii) Fix $\varepsilon > 0$. From the claim, there is $\delta > 0$ such that

$$\|e^X q_1 - e^X q_2\|_2 < \varepsilon \tag{5.26}$$

whenever $q_1, q_2 \in M$, $\|q_1 - q_2\|_2 < \delta$ and $X = \sum' x_i X_i$.

Define

$$A = \big\{e^{t\,V_2}\varphi = u(\cdot, t) \mid t \in \mathbb{R}\big\} \tag{5.27}$$

which is a subset of M. Since M is relatively compact, so is A and hence there is T_0 such that

$$\inf_{q_2 \in A_{T_0}} \|q_1 - q_2\|_2 < \delta \quad \text{for any } q_1 \in A \tag{5.28}$$

denoting

$$A_{T_0} = \{e^{t\,V_2}\varphi \mid |t| < T_0\} \tag{5.29}$$

Consider an interval $I = [t', t'']$ in $\mathbb{R}$,

$$t'' - t' > 10\,T_0 \tag{5.30}$$

It follows from (5.28) that there is $t_0 \in [-T_0, T_0]$ satisfying

$$\|e^{\frac{t'+t''}{2} V_2}\varphi - e^{t_0 V_2}\varphi\|_2 < \delta \tag{5.31}$$

Hence, by (5.26) and the commutation property

$$\| e^{(\frac{t'+t''}{2} - t_0)V_2} e^X (e^{t_0 V_2}\varphi) - e^X (e^{t_0 V_2}\varphi)\|_2 < \varepsilon \tag{5.32}$$

for any map e^X. Since they act transitively on M, it follows thus that

$$\|e^{TV_2}q - q\|_2 < \varepsilon \quad \text{for all} \quad q \in M \tag{5.33}$$

where by (5.30)

$$T = \frac{t' + t''}{2} - t_0 \in I$$

In particular

$$\|e^{(T+t)V_2}\varphi - e^{t V_2}\varphi\|_2 < \varepsilon \quad \text{for all } t. \tag{5.34}$$

Thus every sufficiently large time interval contains an ε-period T with respect to the L^2-norm.

References

[B1] J. Bourgain, Fourier transform restriction phenomena for certain lattice subsets and applications to nonlinear evolution equations, *Geometric and Functional Anal.* **3** (2) (1993), 107–156 and 209–262.

[B2] J. Bourgain, On the Cauchy problem for the Kadomtsev–Petviashvilii equation, preprint IHES, *Idem* **3** (4) (1993), 315–341.

[C-W] T. Cazenave, F. Weissler, The Cauchy problem for the critical nonlinear Schrödinger equation in H^s, *Nonlinear Analysis, Theory Methods and Applications* **14** (10) (1990), 807–836.

[G-T] J. Ginibre, Y. Tsutsumi, Uniqueness for the generalized Korteweg–de Vries equations, *SIAM J. Math. Anal.* **20** (1989), 1388–1425.

[G-V] J. Ginibre, G. Velo, The global Cauchy problem for the nonlinear Schrödinger equation, H. Poincaré, *Analyse Non Linéaire* **2** (1985), 309–327.

[Gr] E. Grosswald, *Representations of Integers as Sums of Squares*, Springer-Verlag, Heidelberg, 1985.

[K1] T. Kato, On nonlinear Schrödinger equations, *Ann. Inst. H. Poincaré Physique Théorique* **46** (1987), 113–129.

[K2] T. Kato, On the Cauchy problem for the (generalized) Korteweg–de Vries equation, *Adv. in Math. Suppl. Studies, Studies in Applied Math.* **8** (1983), 93–128.

[K-P-V1] C. Kenig, G. Ponce, L. Vega, Well-posedness of the initial value problem for the Korteweg–de Vries Equation, *J. AMS* **4** (1991), 323–347.

[K-P-V2] C. Kenig, G. Ponce, L. Vega, Well-Posedness and Scattering Results for the Generalized Korteweg–de Vries equation via the Contraction Principle, preprint.

[K-F] S. Kruzhkov, A. Faminskii, Generalized solutions of the Cauchy problem for the Korteweg–de Vries equation, *Math. USSR Sbornik* **48** (1984), 93–138.

[Kri] I. Krichever, The periodic problems for two-dimensional integrable systems, *ICM Proc.* (1990), 1353–1362.

[Lax] P. Lax, Periodic solutions of the KDV equations, *Comm. Pure and Applied Math.* **26** (1975), 141–188.

[L-R-S] J. Lebowitz, H. Rose, E. Speer, Statistical Mechanics of the Nonlinear Schrödinger Equation, *J. Stat. Phys.* **50** (3,4), (1988), 657–687.

[McK-Tr]H. P. McKean, E. Trubowitz, Hill's operator and hyperelliptic function theory in the presence of infinitely many branch points, *Comm. Pure Appl. Math.* **29** (1976), 143–226.

[P-T] J. Poschel, E. Trubowitz, *Inverse Spectral Theory*, Academic Press, London.

[M-G-K] R. Miura, M. Gardner, K. Kruskal, Korteweg–de Vries Equation and Generalizations II. Existence of Conservation Laws and Constant of Motion, *J. Math. Phys.* **9** (8), (1968), 1204–1209.

[Schw] M. Schwartz, *Adv. in Math.* **66** (1987), 217–233.

[Sj] A. Sjöberg, On the Korteweg–de Vries equation: existence and uniqueness, *J. Math. Anal. Appl.* **29** (1970), 569–579.

[St] E. Stein, Being Lectures in Harmonic Analysis, Princeton University Press, (112).

[Str] Strichartz, Restrictions of Fourier transforms to quadratic surfaces and decay of solutions of wave equations, *Duke Math. J.* **44** (1977), 705–714.

[To] P. Tomas, A restriction for the Fourier transform, *Bull. AMS* **81** (1975), 477–478.

[Tr] E. Trubowitz, The inverse problem for periodic potentials, *Comm. Pure Appl. Math.* **30** (1977), 325–341.

[Ts] Y. Tsutsumi, L^2-solutions for Nonlinear Schrödinger Equations and Nonlinear Groups, *Funkcialaj Ekvacioj* **30** (1987), 115–125.

[Vin] Vinogradov, *The Method of Trigonometric Sums in the Theory of Numbers*, Intersciences, New York, 1954.

[Z-S] V. Zakharov, A. Shabat, Exact Theory of Two-Dimensional Self-Focusing and One-Dimensional Self-Modulation of waves in Nonlinear Media, *Soviet Physics JETP* **34** (1), 62–69.

IHES
35 route de Chartres
F-91440 Bures-sur-Yvette, France

Received September 14, 1992

(Some) Old and New Results on Algebraic Surfaces

Fabrizio Catanese

0. Foreword

The present text is essentially the content of our oral exposition at the First European Congress of Mathematics, only slightly expanded, and with some additions. In writing it, we have been trying to stick to the definition of a perfect lecture which we heard from F. Hirzebruch, and sounded more or less like this:

> "The first third should be accessible to everybody, the second third should be understandable by specialists, and the final third should possibly be understood by the speaker himself."

I would like to apologize for many omissions of very interesting topics and important contributions by people I did not even have a chance to mention, but I can invoke for my defense the limited amount of space allowed by the editors, and also the existence of many excellent books and surveys to which I refer the reader at several points in this article.

1. Notation and preliminaries

In this survey article we shall be mostly dealing with the projective space $\mathbb{P}^N_{\mathbb{C}}$ of dimension N over the complex number field $\mathbb{C}$, which we will often simply denote by $\mathbb{P}^N$ (when we shall consider another algebraically closed field K, we shall explicitly write $\mathbb{P}^N_K$).

As it is well known, $\mathbb{P}^N$ is the set of 1-dimensional vector subspaces of $\mathbb{C}^{N+1}$, and for each point p of $\mathbb{P}^N$, its homogeneous coordinates $(x_0, \ldots, x_N)$ are defined up to a non-zero scalar multiple. Given a homogeneous polynomial $F(x_0, \ldots, x_N)$, its locus of zeroes is a well defined subset of $\mathbb{P}^N$ called an *algebraic hypersurface*.

More generally, a (projective) *closed algebraic set* V is the common locus of zeroes of a finite set of homogeneous polynomials, say, $F_1, \ldots, F_k$ so that $V = \{x = (x_0, \ldots, x_N) | F_1(x) = \ldots = F_k(x) = 0\}$. A closed algebraic set V is said to be a *projective algebraic variety* if, moreover, V is *irreducibile* (i.e., if $V = V' \cup V''$, with V', V'' algebraic sets, then either V' or V'' equals V). In the classical notation one writes $V = V^n_d$ where n is the *dimension* of V and d is the *degree* of V.

The dimension n can be defined as the maximal k such that there exists a surjective linear projection π from V to a projective space of dimension k: after a suitable linear change of coordinates we can assume that π is given by the coordinates $x_0, \ldots, x_n$. Saying that π is well defined on V amounts to saying that, if L is the linear subspace $L = \{x | x_0 = \ldots = x_n = 0\}$, then $V \cap L = \emptyset$. Then π: $V \to \mathbb{P}^n$ is a finite map (i.e., $\pi^{-1}(y)$ is a finite set for each point y in $\mathbb{P}^n$) and there is an algebraic hypersurface Δ in $\mathbb{P}^n$ such that for y in $\mathbb{P}^n - \Delta$, $\pi^{-1}(y)$ consists of exactly d = degree(V) distinct points (d is thus also seen to be the cardinality of the intersection of V with a general linear subspace $L' = L_1^{N-n}$). Due to Hironaka' theorem ([Hi]) on resolution of singularities, the main object of interest are the *non-singular projective varieties*, i.e., the V_d^n 's such that for each point P of V the matrix $(\frac{\partial F_i}{\partial x_j})$ has rank exactly $= N - n$. In this case, from the so called "invariantive" point of view, V can be regarded just as an abstract compact complex manifold of $\mathbb{C}$-dimension equal to n.

Thus, in this article we shall be concerned with the case of *(non-singular-projective) algebraic surfaces*, the non-singular V_d^2's (whereas the V_d^1's will here be called *algebraic curves*, and not Riemann surfaces). Of course, these objects can be regarded in 4 possible ways, each one leading to a different *classification problem*:

i) as algebraic surfaces modulo algebraic isomorphism,

i') as compact complex manifolds of $\mathbb{C}$-dimension 2, modulo holomorphic isomorphism,

ii) as algebraic surfaces modulo birational equivalence,

iii) as (oriented) compact differentiable 4-manifolds modulo (orientation preserving) diffeomorphisms,

iv) as (oriented) compact topological 4-manifolds modulo (orientation preserving) homeomorphisms,

In fact, thanks to the famous "G.A.G.A." result of Serre ([Ser1]), the holomorphic isomorphisms are algebraic, which means that they are locally given by rational functions. The *birational equivalence*, instead, is given by rational maps which are defined everywhere except at a finite number of points. Nevertheless, the birational and algebraic equivalence coincide for the *minimal algebraic surfaces* (this is a technical condition we shall explain later), provided V is not *ruled*, i.e., V is not birational to a product $C \times \mathbb{P}^1$.

2. Some examples: (simple) bihyperelliptic surfaces and Enriques surfaces

The algebraic surfaces S we want to consider in this paragraph are the compactifications of the surfaces S'' in $\mathbb{C}^4$, defined by the following equations:

$$S'' = \{(x, y, z, w) \in \mathbb{C}^4 | z^2 = f(x, y),\ w^2 = g(x, y)\}.$$

We shall say that S *is of type* $((a, b), (n, m))$ if

$$\deg_x f = 2a,\ \deg_y f = 2b,\ \deg_x g = 2n,\ \deg_y g = 2m.$$

One has to be careful because if one simply takes the closure of S'' inside $\mathbb{P}^4$ the resulting variety will be always singular. The trick one then adopts is the following: write $x = x_1/x_0$, $y = y_1/y_0$, plug in and multiply f by $x_0^{2a} y_0^{2b}$, respectively g by $x_0^{2n} y_0^{2m}$; thus we obtain equations

$$z^2 = F((x_0, x_1), (y_0, y_1)),\ w^2 = G((x_0, x_1), (y_0, y_1))$$

which define a complex surface S inside a 4-dimensional complex manifold Z, quotient of $(\mathbb{C}^2 - \{0\}) \times (\mathbb{C}^2 - \{0\}) \times \mathbb{C}^2$.

Z is the quotient of $(\mathbb{C}^2 - \{0\}) \times (\mathbb{C}^2 - \{0\}) \times \mathbb{C}^2$ by the action of $(\mathbb{C} - \{0\})^2$ which sends, for $(\lambda_1, \lambda_2) \in (\mathbb{C} - \{0\})^2$, the point $((x_0, x_1), (y_0, y_1), z, w)$ to the point $((\lambda_1 x_0, \lambda_1 x_1), (\lambda_2 y_0, \lambda_2 y_1), \lambda_1^a \lambda_2^b z, \lambda_1^n \lambda_2^m w)$, and it is not difficult to show that Z is a dense open set in a projective variety, whence S is an algebraic surface.

In technical terms, Z is the total space of the vector bundle whose sheaf of holomorphic sections is $\mathcal{O}_{\mathbb{P}^1 \times \mathbb{P}^1}(a, b) \oplus \mathcal{O}_{\mathbb{P}^1 \times \mathbb{P}^1}(n, m)$. Although at first sight complicated, this procedure is necessary, since we want to make sure that S is non-singular. Using local coordinates , one verifies easily that S is non-singular provided

1) the algebraic curves C, D in $\mathbb{P}^1 \times \mathbb{P}^1$, defined by

$$C = \{(x_0, x_1), (y_0, y_1) | F((x_0, x_1), (y_0, y_1)) = 0\}$$
$$D = \{(x_0, x_1), (y_0, y_1) | G((x_0, x_1), (y_0, y_1)) = 0\}$$

are non-singular,

2) C and D are transversal (that is, they have distinct tangents at the points of intersection).

Let us now fix now the type, a pair of pairs of positive integers $((a, b), (n, m))$: then we have a natural *parameter space* T for the simple bihyperelliptic surfaces of type $((a, b), (n, m))$, whose points t are the coefficients of the above equations. In fact, if we write

$$f(x,y) = \sum_{i=0,\dots,2a,\ j=0,\dots,2b} f_{i,j}x^i y^j = 0,$$

$$g(x,y) = \sum_{h=0,\dots,2n,\ k=0,\dots,2m} g_{h,k}x^h y^k = 0, \quad \text{or}$$

$$F(x_0,x_1,y_0,y_1) = \sum_{i=0,\dots,2a,\ j=0,\dots,2b} f_{i,j}x_0^{2a-i}x_1^i y_0^{2b-j}y_1^j = 0,$$

$$G(x_0,x_1,y_0,y_1) = \sum_{h=0,\dots,2n,\ k=0,\dots,2m} g_{h,k}x_0^{2n-h}x^h y_0^{2m-k}y^k = 0,$$

then we get a surface S_t for each choice of the vector $t = (f_{i,j}, g_{h,k})$ in the vector space $\mathbb{C}^{(2a+1)(2b+1)+(2n+1)(2m+1)}$.

Our parameter space T will be the algebraic open set in $\mathbb{C}^{(2a+1)(2b+1)+(2n+1)(2m+1)}$, given by $T = \{t|\text{ conditions 1) and 2) hold}\}$. If we regard, inside the product $T \times Z$, the closed algebraic set $\mathcal{S}$ given by the equations

$$z^2 = \sum_{i=0,\dots,2a,\ j=0,\dots,2b} f_{i,j}x_0^{2a-i}x_1^i y_0^{2b-j}y_1^j,$$

$$w^2 = \sum_{h=0,\dots,2n,\ k=0,\dots,2m} g_{h,k}x_0^{2n-h}x_1^h y_0^{2m-k}y_1^k,$$

together with the projection $p : \mathcal{S} \to T$, then we have a *family of projective algebraic surfaces parametrized by* T, what in general simply means that we have $p : \mathcal{S} \to T$, with both $\mathcal{S}$ and T algebraic open sets inside some projective variety, with p *a morphism*, (an everywhere defined rational map), with T connected, and with the *fibre* $S_t = p^{-1}(\{t\})$ a projective algebraic surface.

Remark. It can be proved (cf. [Cat3]) that the above surfaces S_t are simply connected whenever $ab > 0$, $nm > 0$.

Example 2. In order to construct more examples, we shall use some special surfaces belonging to the family constructed above. Consider the surface S defined inside Z by the equations

$$z^2 = F((x_0,x_1),(y_0,y_1)),\ w^2 = G((x_0,x_1),(y_0,y_1)),$$

and write for shorthand notation $x = (x_0,x_1), y = (y_0,y_1)$. Assume that $F(y,x) = F(x,y)$, and analogously that $G(y,x) = G(x,y)$, and consider on Z the *involution* (that is, an automorphism of order 2) $\imath$ such that:

$\imath(x,y,z,w) = (y,x,-z,-w)$, which clearly sends S to itself. Since the set of fixed points of $\imath$ is $\{(x,y,z,w)|x = y, z = w = 0\}$, $\imath$ has no fixed points on S provided the two polynomials $F(x,x)$ and $G(x,x)$ have no common roots. If we make this assumption, and we define S' to be the quotient surface $S' = S/\imath$, then S' is an algebraic surface, and by the previous remark the fundamental group of S' is $\mathbb{Z}/2\mathbb{Z}$.

Definition 3. When in the previous construction we start with a surface S of type $((1,1),(1,1))$, the quotient surface S' is an *Enriques surface.* In this way, we do not get all the possible Enriques surfaces; for this we need the so-called *Horikawa representation* of Enriques surfaces, (cf. [BPV], [Ho2]), or the original construction by Enriques ([En1], [EN]) (cf. [CD] for an extensive treatment of Enriques surfaces).

3. The rough classification of surfaces as an analogue of the rough classification of curves

The rough classification of algebraic curves is really even coarser than the topological classification (which in this case coincides with the differentiable classification), and partitions the algebraic curves into 3 classes, labelled by the so-called Enriques–Kodaira dimension Kod.

Kod $= -\infty$: $C = \mathbb{P}^1$ or, equivalently, $g(=$ genus$) = 0$.
Kod $= 0$: $C =$ non-singular $V_3^1 \subset \mathbb{P}^2$ or, equivalently, $C = \mathbb{C}/\mathrm{L}$, with L a discrete subgroup of $\mathbb{C}$ having $\mathbb{Z}$-rank 2, or, equivalently, $g = 1$.
Kod $= 1$: (the rest) $g \geq 2$.

The key idea of F. Enriques (cf. [En1], [EN]) was to use for classification purposes the fundamental discovery of the canonical divisor, which historically took place as follows:

Let's go back to the finite map $\pi : V \to \mathbb{P}^n$ of degree d provided by a generic projection, and recall that there is an algebraic hypersurface Δ in $\mathbb{P}^n$ such that for y in $\mathbb{P}^n - \Delta$, $\pi^{-1}(y)$ consists of exactly d points. Δ is called the *branch locus* (or apparent contour) and is the image of the *ramification divisor* R, which is the divisor (i.e., a closed algebraic subset of V locally defined by a single equation) in V defined by the vanishing of the determinants of the $(N-n)$ minors of $(\frac{\partial F_i}{\partial x_j})$ $j = n+1,\dots,N$ (one sees that R is a divisor because at each point P of V there exists $i_1,\dots i_{N-n}$ such that $(\frac{\partial F_i}{\partial x_j})_{j=0,\dots,N,\, i=i_1,\dots,i_{N-n}}$ has rank equal to $(N-n)$, and then, in a neighbourhood of P, R is given by the locus of zeros of the local equation $\det[(\frac{\partial F_i}{\partial x_j})_{j=n+1,\dots,N, i=i_1,\dots,i_{N-n}}] = 0$. If one lets H be the divisor of a hyperplane (e.g., defined by the equation $x_j = 0$), then the *canonical divisor* K (the notation K is derived from the German adjective "kanonisch") is defined to be the *virtual divisor* (that is, a sum of divisors with $\mathbb{Z}$-coefficients)

$$K = R - (n+1)H.$$

The upshot is that, by changing the projective embedding of V, the linear equivalence class of K remains unchanged (two divisors are said to be linearly equivalent iff their difference can be obtained as divisor of zeros minus divisor of poles of a rational function $f : V \to \mathbb{P}^1$). In modern terminology, K is the divisor of an n-form with rational function coefficients.

Now, if one takes a positive number m, one can consider the vector space $\mathcal{L}(mK)$ of rational functions f such that the divisor $\mathrm{div}(f) + mK$ is a virtual divisor with positive coefficients (that is, if $j = 0$ is a local equation for K, we want $f \cdot j^m$ to be without poles); in case this vector space is nonzero, we let ϕ_m be the rational map given by the functions of a basis of $\mathcal{L}(mK)$: then (setting by convention, if $\mathcal{L}(mK) = 0$, $\dim\phi_m(V) = -\infty$) one defines

$$\underline{\mathrm{Kod}(V)} := \text{maximum } \{m > 0 \,|\, \dim \phi_m(V)\}.$$

The rough classification of varieties nowadays is done by partitioning them into different classes according to the Kodaira dimension (Enriques used instead essentially more precise invariants, the plurigenera $P_m = \dim\mathcal{L}(mK)$, and in particular the 12th plurigenus P_{12} (cf. [EN], [BPV])), and trying to describe the structure of those with non-maximal Kodaira dimension. (To get the meaning of this vague assertion, we suggest looking at the following classification table for surfaces).

Before going into the description of the several classes, we have to illustrate the notion of minimality. To do this we define the notion of *blow-up of a variety V in a point P*; this operation, in the category of manifolds, was defined abstractly quite late by Hopf as a σ-process, but classically can be defined as follows: let V be a variety in $\mathbb{P}^N$ and consider the rational map $\pi : V - - \to \mathbb{P}^{N-1}$ given by the linear projection whose centre is a point P on V. Then π is not defined at P, and the blow up V' of V at P is nothing else than the closure of the graph of π. With this definition in mind, one defines a surface S to be minimal if it is not isomorphic to the blow-up of another surface V at some point P, and one sees moreover (cf. [BPV], [BC]) that any surface S' admits a birational morphism onto a minimal surface S. A deeper theorem (cf. [BEA], [BPV]) states that moreover, two minimal non-ruled surfaces are isomorphic if and only if they are birational to each other. Therefore, it is sufficient to classify the minimal surfaces, since all the other ones are obtained by these by performing a finite number of blow-ups.

Enriques' rough classification of the minimal algebraic surfaces (extended by Kodaira to the non-algebraic case).

<u>Kod $= -\infty$</u> : S is ruled, i.e., S is birational to a product $C \times \mathbb{P}^1$. Equivalently, there are uncountably many curves D in S which are the image of $\mathbb{P}^1$ (by an algebraic morphism), or, equivalently, $P_{12} = 0$.

<u>Kod $= 0$</u>: here there are several cases:

Algebraic tori: quotients $S = \mathbb{C}^2/L$ with L a discrete subgroup of $\mathbb{C}^2$ of rank 4 such that there is a positive definite Hermitian form H on $\mathbb{C}^2$ whose imaginary part takes $\mathbb{Z}$ values on $L \times L$; here $P_1 = 1$, $P_{12} = 1$, and S is obviously non-simply connected (has indeed the infinite fundamental group $\simeq L$).

Algebraic $K3$ surfaces: S is homeomorphic to a simple bihyperelliptic surface of type $((1,1),(1,1))$, and has $\mathrm{Kod}(S) = 0$ (cf. [Kod1], [Kod4], [Fr], [BBD]); here $P_1 = 1, P_{12} = 1$, and S is simply connected.

Enriques surfaces: S is the quotient of an (algebraic) $K3$ surface by a fixed point free involution $\imath$ (as in example 2); here $P_1 = 0$, $P_2 = 1$, $P_{12} = 1$, and S has fundamental group $\mathbb{Z}/2\mathbb{Z}$.

Bielliptic surfaces (classically called hyperelliptic surfaces, cf. [B-DF]): S is (cf. also [BEA]) the quotient of a product $E_1 \times E_2$ of elliptic curves, by a finite group acting without fixed points; here $P_2 = 0$, $P_{12} = 1$, and S has infinite fundamental group.

<u>Kod=1</u>:

Properly elliptic surfaces: S has $P_{12} \geq 2$, and $\psi_{12}(S)$ is a curve. Equivalently, $\psi_{12}(S)$ is a curve and $\psi_{12} : S \to \psi_{12}(S)$ has all the fibres (fibre = inverse image of a point), except a finite number of them, equal to smooth elliptic curves, or, equivalently, S has $P_{12} \geq 2$, and contains uncountably many elliptic curves.

<u>Kod $= 2$</u>:

Surfaces of general type: S has $P_{12} \geq 2$, and $\psi_{12}(S)$ is a surface, or, equivalently, $\psi_m : S \to \psi_m(S) = X_m$ is a birational morphism onto its image for all $m \geq 5$, and all the X_m are isomorphic to the canonical model X of S.

The surfaces of general type are "the rest," as opposed to those of special type. The main advantage they have is that two of them, say S and S', are isomorphic iff there is a projective isomorphism between X_m and X'_m (for some m such that ψ_m is birational, in particular if $m \geq 5$).

Before we devote ourselves to the surfaces of general type, we would like to explain the name "properly elliptic surfaces." In general, a surface is said to be elliptic if it admits an *elliptic fibration*, which is a morphism f onto a curve C such that almost all the fibres $f^{-1}(p)$ are smooth elliptic curves. These fibrations have been explicitly classified by Enriques and Kodaira ([EN], [Kod1], cf. also [MIR]), and Kodaira gave for these an explicit description of the canonical divisor K in terms of some numerical invariants and in terms of the singular fibres: it turns out that the divisor K is linearly equivalent to a sum of rational multiples of fibres, and that the sum of these rational numbers is stricly positive iff S is properly elliptic (then this elliptic fibration is unique, and given by ψ_{12}, as was mentioned before).

Example (Rough class for bihyperelliptic surfaces): we want to consider again the example of simple bihyperelliptic surfaces, considered in the first section. In this case, the canonical divisor K is the inverse image of a divisor in $\mathbb{P}^1 \times \mathbb{P}^1$ of bidegree $(a+n-2, b+m-2)$, e.g., $(a+n-2)(\mathbb{P}^1 \times \text{point}) + (b+m-2)(\text{point} \times \mathbb{P}^1)$.

Therefore :

i) $((g+1,0),(0,1))$: S is ruled , and actually the product of a curve C of genus g with $\mathbb{P}^1$.

ii) $((g+1,0),(n,1))$: S is ruled, but not minimal.

iii) $((2,0),(0,2))$: S is a torus, actually the product of two elliptic curves.

iv) $((1,1),(1,1))$: S is a $K3$ surface.

v) $((a,b),(n,m))$, with $a+n=2$, $b+m>2$: S is properly elliptic.

vi) $((a,b),(n,m))$, with $a+n>2$, $b+m>2$: S is of general type.

We hope that the above examples, besides giving surfaces in many of the classes of the rough classification, may also serve to illustrate the idea that the majority of surfaces are of general type.

To finish this section, we want to mention very briefly the classical notion of irregularity $q = q(S)$.

Until now we have shown that surfaces in different classes can be distinguished between them by inspecting the first plurigenera, and, when this is not sufficient, by looking at the fundamental group $\pi_1(S)$, which is a birational invariant (since it is invariant by a single blow up). In fact, in the rough classification, what is sufficient is indeed to check whether the fundamental group is finite or infinite.

Recall that the first homology group $H_1(X,\mathbb{Z})$ is in general the maximal abelian quotient of $\pi_1(X)$ (c.f [Gr-H]), and that, for a compact manifold V, $H_1(V,\mathbb{Z})$ is a finitely generated abelian group (which is therefore isomorphic to a direct sum $T \oplus \mathbb{Z}^b$, T being the torsion subgroup, a finite group). In the special case where V is a projective algebraic variety (cf. [G-H]), by Hodge theory the rank b is even, and so one can define the irregularity $q(V)$ as $b/2$, or, equivalently, as $(1/2)\dim_{\mathbb{R}} H_1(V,\mathbb{R})$, or also as $q = \dim_{\mathbb{C}} H^\circ(\Omega^1_V)$, the dimension of the space of regular (or holomorphic) 1-forms.

In the case of algebraic curves the irregularity q coincides with the genus g we mentioned earlier: in this way we have a precise algebraic definition for the intuitive notion of "number of handles needed to attach to a 2-sphere in order to obtain C as a topological manifold".

Accordingly, we shall say that a surface is regular if $q = 0$, and irregular if $q > 0$ (this last condition implies that the fundamental group is infinite).

4. The (unachieved or unachievable?) fine classification of surfaces

As we did in the previous section, we first want to explain the concept of fine classification, and then illustrate the fine classification of algebraic curves, before we discuss what is or would be the goal in the case of algebraic surfaces. Once the rough classification is completed, the *fine classification*, for each class of the rough classification, consists in

1) describing explicitly a countable number of families of varieties (cf. the first section) where all the varieties belonging to the class occur,
2) determining explicitly when two varieties occurring in these families are isomorphic to each other.

A much stronger notion (cf. e.g. [Mu3], [M-F], [Gie2], [New]) is the notion of the existence of a *fine moduli space*, which in particular would imply that not only steps 1) and 2) of the fine classification are successfully carried out, but moreover with the requirement that two distinct varieties occurring in these families are never isomorphic to each other.

Since anyhow a fine moduli space does not exist even for algebraic curves, we shall only define the concept of a *coarse moduli space* $\mathcal{M}$. This is a countable union of (non-necessarily projective or compact) algebraic varieties, whose points are in a bijective correspondence with the isomorphism classes of the varieties in the given class of the rough classification, and enjoys the functorial property that, given a family $\mathcal{V} \to T$, the natural map $T \to \mathcal{M}$, which to $t \in T$ associates the isomorphism class of V_t, is an algebraic morphism.

One of the first problems in the fine classification is to find how to distinguish and if possible how to determine all the possible components of the moduli space $\mathcal{M}$. This happens to be possible in the case of algebraic curves, where the coarse moduli space exists and its connected components $\mathcal{M}_g$ are determined by the integer g, which represents the genus of the curve.

Theorem. (cf. [M-F], [Mu2], [Gie2], [Kol1], [Vie]). *$\mathcal{M}_g$ is a quasi projective variety (i.e., an open set in a projective variety $\bar{\mathcal{M}}_g$ which is in fact the moduli space for a wider class of curves, the so called "moduli stable (singular) curves of genus g"). Its dimension, for $g \geq 2$, is $3g-3$.*

A very naive expectation would be that, as in case $\dim(V) = 1$, only one discrete invariant (the genus g) is needed in order to distinguish the connected components of $\mathcal{M}$ (these components are shown to be connected since one proves that there is a connected family containing all the curves of a fixed genus g), similarly, in the surface case when the dimension of V is 2, two discrete invariants might play a similar role. The answer is negative, in spite of the fact that the following two theorems might give the opposite impression.

These two invariants, denoted by χ and K^2, can be defined easily for the surfaces of general type in terms of the invariants introduced previously:

$$\chi = P_1 + 1 - q, \quad K^2 = P_2 - \chi.$$

The reason why we restrict to surfaces of general type is that for the algebraic surfaces of special type the fine classification is achieved (this is not true, though, for the non-algebraic surfaces, see e.g. the surveys in [CAT1], [NA1], [NA2]).

We can state two important theorems, for the first of which we have to recall a couple of basic inequalities.

Noether's inequality (cf. [BPV], [Bo]): For a surface of general type one has $K^2 \geq 2P_1 - 4 \geq 2\chi - 6$.

If moreover $q > 0$, $K^2 \geq 2\chi$.

Castelnuovo–Enriques inequality (cf. [BPV], [Bo]): For a surface of general type: $K^2 \geq 1$, $\chi \geq 1$.

Bogomolov–Miyaoka–Yau inequality (cf. [Bog], [Mi2,3,4], [Ya1,2], [BPV]): For a surface of general type $K^2 \leq 9\chi$.

Geography theorem (cf. [Per], [PER], [Som], [Chen1,2], [Ashi]). *For each pair of integers $x, y \geq 1$, such that*

1) $9x - 347 \geq y \geq 2x - 6$, or

2) $8x \geq y \geq 2x - 6$ except possibly if $y = 8x - k$, $k = 1, 2, 3, 5, 7$ there exists a minimal surface of general type with invariants $K^2 = y$, $\chi = x$.

Remark. All the simple bihyperelliptic surfaces occur in the region $8x \geq y \geq 4x - 6$. You do not get all the possible invariants unless you do not allow the branch curves $C = \{F = 0\}, D = \{G = 0\}$ to become singular, and then you take a resolution of the singularities of the singular surface thus obtained. All of the surfaces obtained by Persson (cf. [Per]) are simply connected, and for them the canonical map ϕ_1 is not birational; Ashikaga succeeded in constructing solutions to the above geography problem in the region $3x - 10 \leq y \leq 8x - 78$ using surfaces with birational canonical map.

Gieseker's theorem (cf. [Giel]). *For each pair of integers $x, y \geq 1$, such that $9x \geq y \geq 2x - 6$, there exists a coarse moduli space $\mathcal{M}_{x,y}$ for all the isomorphism classes of minimal surfaces of general type with invariants $K^2 = y$, $\chi = x$. Moreover, $\mathcal{M}_{x,y}$ is the union of a finite number of quasi-projective varieties (in particular, it has a finite number of connected components).*

A basic problem is to determine the connected components of $\mathcal{M}_{x,y}$. In some particular case it is possible to answer the question, but in general not only the problem is out of reach, but also for each integer h it is possible to find a moduli space $\mathcal{M}_{x,y}$ which has at least h distinct connected components, and all of different dimensions (cf. [Cat3,7,8], [CAT3], [Man]). The sought-after moduli spaces are found using the seemingly stupid examples provided in Section 1.

Theorem (cf. [Cat3,7,8], [Man]). *Simple bihyperelliptic surfaces of type $((a, b)(n, m))$ form , if $a > 2n$, $m > 2b$, a connected component of the moduli space $\mathcal{M}_{x,y}$, with $y = 8(a + n - 2)(m + b - 2)$, $x = 3/2(a + n - 2)(m + b - 2) + (a + n - 2 + m + b - 2) - 1/2(a - n)(m - b)$.*

To put the result into proper perspective, we need to rest on the fundamental result of M. Freedman on 4-manifold topology ([Fr]). We only need to recall the notion of intersection form q_M on a compact oriented topological 4-manifold M.

q_M is a symmetric $\mathbb{Z}$-valued and $\mathbb{Z}$-bilinear form which is unimodular (with determinant 1) $q_M : H_2(M, \mathbb{Z}) \times H_2(M, \mathbb{Z}) \to \mathbb{Z}$, and has the following geometric meaning: if two homology classes in $H_2(M, \mathbb{Z})$ are represented by chains Γ_1, Γ_2 which intersect at a finite number of points $P_1, \ldots, P_k$, and in such a way that each P_i has an oriented coordinate chart where each Γ_j is given by the vanishing of two coordinate functions, then $q_M(\Gamma_1, \Gamma_2) = \sum_{i=1,\ldots k} \sigma(P_i)$, where $\sigma(P_i) = +1$ or -1 according whether the orientations on Γ_1 and Γ_2 induce the same or the opposite of the given orientation of M at P_i.

Theorem ([Fr]). *Two compact oriented simply-connected differentiable 4-manifolds are (orientedly) homeomorphic if and only if their respective intersection forms are isomorphic.*

If S is an algebraic surface, then (by Noether's theorem, c.f [G-H], more generally by the Atiyah–Singer index theorem, cf. e.g. [At-S], [Kod2]) first of all the rank of $H_2(M, \mathbb{Z})$ is equal to $12\chi - K^2 - 2 - 4q$, whereas the positivity index (the number of positive eigenvalues) of q_S equals $2(\chi + q) - 1$.

In particular the three numbers χ, K^2, q are determined solely by the oriented topological structure of S. Moreover, the intersection form q_S is indefinite, except for the projective plane $\mathbb{P}^2_{\mathbb{C}}$ (by Yau's theorem [Ya1,2], cf. also 4.2 of [Cat3]), and integral unimodular indefinite symmetric bilinear forms are completely determined (cf. [Ser5]) by their rank, their positivity index, and by their parity (q is said to be *even* if its associated quadratic form takes only even values, *odd* otherwise). To determine the parity of q_S, it is sufficient to know the *divisibility index* r of the canonical divisor K, which is the biggest positive integer d such there exists a divisor D with dD linearly equivalent to K: then (cf. [H-N-K]) q_S is even iff r is even. We are now in the position where we can state an interesting corollary of the theorem of Freedman:

Corollary (cf. [Cat3]). *Two simply connected minimal algebraic surfaces of general type are orientedly homeomorphic if and only if they have the same invariants χ, K^2, and the same parity for the divisibility index r of K.*

From the above quoted theorem concerning simple bihyperelliptic surfaces one obtains the following:

Theorem (cf. [Cat3,7,8], [Man]). *For each positive integer h there do exist integers x, y, r such that the moduli space $\mathcal{M}_{x,y}$, has h distinct connected components, pairwise of different dimensions, and each parametrizing surfaces with divisibility index of K equal to r.*

The moral of this result is that even in the simply-connected case, when the topology of S is determined by the 3 integers r, χ, K^2, still these 3 invariants do not suffice in order to start the fine classification. Nevertheless, as we shall say further, even if we have to look at the geography of surfaces as a geography in more than two dimensions, still we should regard the moduli spaces $\mathcal{M}_{x,y}$ as mountains scattered in the (x, y) plane: mountains, however, which are still far from being explored.

5. Effective bounds and estimates for moduli spaces of surfaces and for surface automorphisms

We have seen in the last section that two fundamental numerical invariants of surfaces are χ and K^2, but we have not really explained why fixing the values x, y for them we get only a finite number of families. The crucial point is the following theorem of Bombieri, which we indirectly mentioned while explaining the rough classification:

Theorem ([Bo]). *For each surface of general type, the* m^{th}*-canonical map* φ_m *is, for* $m \geq 5$*, a birational morphism of* S *inducing an embedding of the* canonical model X *of* S *(*X *is obtained from* S *by contracing to points the finite number of curves* C *which have intersection number* 0 *with* K*).*

Remark: In fact, if $K^2 \geq 10$, the result is valid for any $m \geq 3$ (cf. [Rei1] for an improvement).

This result shows that all the canonical models of surfaces in $\mathcal{M}_{x,y}$ occur as surfaces of degree $25y$ in a fixed projective space$\mathbb{P}^N$, with $N = x + 20y - 1$. This fact can be used to give some explicit finiteness result. The oldest in this context was a theorem of Andreotti, extended to higher dimensions by Matsumura ([Mat]).

Theorem ([A]): *If* S *is a surface of general type, then the group* Aut(S) *is a finite group, having cardinality bounded from above by the function* $(25\,y)^{(21\,y)^2}$.

The strategy of the proof is two-fold: first, as we already said, the group Aut(S) acts linearly on the image X_5 of the 5th canonical map, and is thus isomorphic to the subgroup of the group $\mathbb{P}GL(x + 20y)$ given by the projectivities which send the surface X_5 to itself. As such, it is an *algebraic subgroup* (it is defined by polynomial equations), but since X_5 cannot contain uncountably many rational curves, it follows by the structure theorem for such groups (cf. [Bor2], [Hum]) that it must be an algebraic set of dimension zero, whence a finite set. After one knows these equations have a finite number of solutions, Andreotti sees that their degree is at most $25y$, and concludes with a variant of the classical theorem of Bezout that the number of the solutions is at most the degree of the equations raised to a power equal to the number of unknowns.

On the other hand, for curves a much better bound was known:

Theorem (Hurwitz [Hur]): *If* C *is a curve of genus at least 2, then the group* $Aut(C)$ *has at most* $84(g - 1)$ *elements.*

In fact, the Hurwitz bound is sharp in the weak sense that there are infinitely many values of the genus g such that Aut(C)has exactly $84(g-1)$ elements, although for almost all the values of g (in the sense of asymptotic density zero of the complement) the bound should be $8g+8$ (this conjecture is based on some result of Kulkarni, cf. [Kul]).

Much progress has been made in the last 5 years on the problem of determining a better upper bound for surfaces. Using some ideas of Howard and Sommese ([H-S]), which gave a degree two polynomial estimate in y for the case of an abelian subgroup of Aut(S), and studying systematically Weierstrass and discriminant loci, Corti ([Cor]) was able to show the existence of a constant C such that Aut(S) has at most (Cy^8) elements. Horstmann ([Hor]) produced worse estimates, but produced many obstructions to the existence of the action of certain groups on surfaces with given invariants. Huckleberry and Sauer ([Hu-Sa]) used the classification of finite simple groups, and much less geometry, to produce a slight improvement of Corti's estimate. Quite recently, Xiao Gang was able to show the following:

Theorem ([Xi8,9]): *If S is a surface of general type, then the group* Aut(S) *has at most* $(42)^2K^2$ *elements, equality holding if and only if S is the product of two copies of a Hurwitz curve (these are curves with* $84(g-1)$ *automorphisms, and there are countably many of them) or a quotient of it by some normal subgroup.*

This beautiful result is clearly case $n = 2$ of Hurwitz's theorem, and allows us to hope for the validity of the conjecture that for a variety V of general type, and of dimension n, Aut(V) has at most $(42)^n K^n$ elements (in case $n = 1$, K^1 should be thought of as $\deg(K) = 2(g-1)$, so the conjecture is a theorem for $n \leq 2$).

More evidence for the conjecture is the existence of a linear bound in $y = K^n$ for the case of the quotient of a bounded domain (cf. [H-S]). Though I did not have time to go completely through with the details of Xiao's proof, the idea seems somehow related to logarithmic geometry, and so close in spirit to the original approach of Hurwitz, based on the consideration of the quotient variety $V/\text{Aut}(V)$.

Some progress, concerning the extension of a basic step in Corti's proof to higher dimension, has been recently obtained with Schneider ([C-S]), proving polynomial estimates for the degrees of Weierstrass loci on varieties of general type.

Another direction in which one can exploit Bombieri's theorem is to show that surfaces with invariants $K^2 = y$, $\chi = x$ belong to a finite number of families (as pointed out in [B-H]). Actually, we are going to see that one can give an upper bound for this number, thereby giving an upper bound for the number of connected components of $\mathcal{M}_{x,y}$. The idea behind the results we are going to state is similar to the method used by Andreotti for bounding the cardinality of $\mathrm{Aut}(S)$. The basic step is to show that the 5th canonical images X_5 belong to some finite union of families whose (non-connected) parameter space T is a locally closed set defined by explicit equations in a big projective space $\mathbb{P}^L$. Then one uses the

Andreotti–Bezout Theorem: *If $T \subset \mathbb{P}^L$ is a locally closed set $T = F \cap U$, where F is a closed algebraic set defined by equations of degree at most d, and U is the complement of a closed algebraic set, then the degree of T (sum of the degrees of its irreducible components) is at most d^L.*

In particular, d^L is an upper bound for the number $i(T)$ of irreducible components of T, which is in turn an upper bound for the number of connected components of T.

The first step is the less trivial one (cf. [Cat10]), and is based on a precise analysis of the classical methods (so-called Chow forms, Hilbert schemes) used to produce algebraic sets parametrizing projective varieties of a fixed degree in a fixed projective space $\mathbb{P}^N$. For example, the conceptually easiest method is the method of Hilbert schemes, introduced by Grothendieck ([Gro]) where one shows that (cf. [Gr3]):

1) Let us denote by $I_m(X)$ the space of homogeneous polynomials P of degree m vanishing on X.

Then, for all the varieties X in question there exists a polynomial Q in one variable and with integer coefficients, called Hilbert polynomial of X, and an (explicitly given) integer s such that the following properties hold:

1a) for $m \geq s$, $\dim_{\mathbb{C}} I_m(X) = Q(m)$,

1b) $I_m(X)$ is in the ideal generated by $I_s(X)$.

2) Furthermore, let $\mathcal{F}$ be the open set in the affine space parametrizing the $Q(s)$-tuples $\mathcal{V}$ of independent vectors inside the vector space A_s of homogeneous polynomials of degree s. Let $I = I_s[\mathcal{V}]$ be the $Q(s)$-dimensional vector subspace of A_s generated by the vectors of the $Q(s)$-tuple $\mathcal{V}$. Consider, for all those subspaces $I = I_s[\mathcal{V}]$, the multiplication map $\mu_{\mathcal{V},i} : I_s[\mathcal{V}] \times A_i \rightarrow A_{s+i}$, and let $I_{s+i}[\mathcal{V}]$ be the image of $\mu_{\mathcal{V},i}$. Then the dimension of $I' = I_{s+1}[\mathcal{V}]$ is at least $Q(s+1)$, and if it is equal to $Q(s+1)$, then $\dim_{\mathbb{C}} I_m[\mathcal{V}] = Q(m)$ for all $m \geq s$.

3) Point 2) shows that $\mathcal{H}' = \{\mathcal{V} | \dim_{\mathbb{C}} I_{s+1}[\mathcal{V}] = Q(s+1)\}$ is a closed algebraic set; moreover, the non-connected family of all the varieties X in question is parametrized by an algebraic open set $\mathcal{H}$ in $\mathcal{H}'$, in an

obvious manner (namely, we take

$$\mathcal{X} = \{(\mathcal{V}, x) \in \mathcal{H} \times \mathbb{P}^N | P(x) = 0 \quad \text{for every polynomial } P \text{ in } I_s[\mathcal{V}]\}).$$

The only difficulty here, beyond some linear algebra, is to determine such integer s explicitly, but fortunately this difficulty was solved by Macaulay at the beginning of the century ([Mac], [Gr3], [Go]). After roughly outlining the ideas, we would like to specify the results. To this purpose, let again S be a minimal algebraic surface of general type, and let S^{top} be the oriented topological 4-manifold underlying S, respectively S^{diff} be the oriented $\mathcal{C}^\infty$ manifold underlying S.

Let $\mathcal{M}^{\text{top}}(S)$ be the open and closed set of $\mathcal{M}_{x,y}$ corresponding to surfaces (orientedly) homeomorphic to S, and $\mathcal{M}^{\text{diff}}(S)$ be the open and closed set of $\mathcal{M}^{\text{top}}(S)$ corresponding to surfaces (orientedly) diffeomorphic to S; we define then

$$\gamma_{\text{top}}(S) = \text{number of connected components of } \mathcal{M}^{\text{top}}(S)$$

resp.:

$\imath_{\text{top}}(S) =$ number of irreducible components of $\mathcal{M}_{\text{top}}(S)$,

$\gamma(x, y) =$ number of connected components of $\mathcal{M}_{x,y}$, and quite analogously we can define $\imath(x, y)$, $\gamma_{\text{diff}}(S)$, $\imath_{\text{diff}}(S)$. Finally we set, for later use, $\delta(S) =$ number of $\mathcal{C}^\infty$ inequivalent complex structures on $S^{\text{top}}(\delta(S)$ is the cardinality of the elements of the partition given on $\mathcal{M}^{\text{top}}(S)$ by the subsets of the form $\mathcal{M}^{\text{diff}}(S")$, with $S"$ homeomorphic to S).

Clearly, since surfaces in a connected family are diffeomorphic (cf. [Ty]), if $x = \chi(S)$, $y = K^2(S)$, we have

$$\delta(S) \le \gamma(S) \le \imath(S) \le \imath(x, y).$$

Let also $\mathcal{M}^0_{x,y}$ be the open and closed set of the moduli space corresponding to surfaces with $q = 0$, respectively $\mathcal{M}^{00}_{x,y}$ be the open and closed set of the moduli space corresponding to simply connected surfaces and define accordingly $\imath^0(x, y)$, $\imath^{00}(x, y)$.

We can now state some of the main results of ([Cat10]).

Theorem.

1) $\imath(x, y) \le [9^8 y^9]^{9^{23} y^{33}}$.

2) $\imath^0(x, y) \le 2y^2 (440\, y)^{76 y^2}$; (asymptotically, $\imath^0(x, y) \le y^{77 y^2}$).

Remark. The first result is obtained using the method of Hilbert schemes, and as such is slightly worse than the estimate given in [Cat10] using the method of Chow forms, $\imath(x,y) \leq 6(y+5/9)^{15}$. But it was pointed out by M. Green and M. Kapranov that the result I was attributing to Green and Morrison ([G-M]), concerning the equations defining Chow varieties, is stronger than what they actually prove. In fact, Cayley (cf. [Cay1], [Cay2]) proved for $\mathbb{P}^3$ that the Chow variety is defined by equations of degree 2 and 3, but the general statement for any $\mathbb{P}^n$ is still unproven. Instead, the estimate 2) is obtained by taking, instead of a projection to $\mathbb{P}^5$, a "quasi-generic canonical projection" to a 3-dimensional projective space (cf. [Cat4], [Cat5] for details concerning this method, applicable for the time being only to regular surfaces).

The estimates cannot be optimal for the simple reason that we bound the number of components by bounding the degree, and the degrees tend to be exponential in y. The exact determination of the asymptotic growth of $\imath(x,y)$ is a very interesting problem.

From the results we quoted above ([Cat3]), we have also a lower bound, which, although being quite far away from the upper bound, shows that the number of irreducible components grows at least polynomially with x, y:

Proposition. $\imath^{00}(x,y) \geq 3(10)^{-6}y$.

Proof. We use the result, shown in 3.4 , 3.8 of [Cat3], that, for each unordered triple of pairs of odd numbers, $(m_1,n_1),(m_2,n_2),(m_3,n_3)$ there exists an irreducible component of the moduli space, formed by the so-called (non-simple) bihyperelliptic surfaces of type $(m_1,n_1),(m_2,n_2),(m_3,n_3)$, which are covers of degree 4 of $\mathbb{P}^1 \times \mathbb{P}^1$.

For those, $K^2 = (m_1+m_2+m_3-2)(n_1+n_2+n_3-2)$. If we choose $m_i, n_j \leq k$, we obtain an irreducible component with $K^2 = y \leq 9k^2$, and $x \leq 5k^2$, by Noether's inequality. By the box principle, for each k, we can find x, y, such that there are at least $((12 \cdot 45 \cdot 26)^{-1})k^2$ components, and we get a number $\geq (311040)^{-1}y$. □

Conjecture-question. Do there exist polynomial upper bounds for $\imath^0(x,y)$, $\imath(x,y)$? Or even a linear bound like in the case of the order of the automorphism group?

Remark. These estimates, as we mentioned earlier, are based on the theorem of Bombieri implying that there is a fixed integer $m=5$ such that the mth-canonical map ψ_m is, for $m \geq 5$, a birational morphism. Recently, Demailly ([Dem]) and Kollar ([Kol2]) have extended these kind of results to higher dimensions. In this way Kollar was able to extend the above explicit upper bounds in higher dimensions.

A very interesting conjecture in this context is Fujita's conjecture (cf. [Fuj]), stating that if L is an ample divisor on a variety V of dimension n (that is, a multiple of L gives a projective embedding of V), then $K + (n+2)L$ gives a projective embedding of V.

6. Fundamental groups of surfaces, geographical questions

In Section 3, while discussing moduli spaces, we were discussing the theorem of M. Freedman on the topological classification of simply connected 4-manifolds, and its corollaries concerning the special case of the topological classification of simply connected algebraic surfaces.

It turned out that the numerical invariants $\chi, K^2, r(\text{mod}2)$ determine the topology of S completely. Of course a natural question is to ask what can be said in the non-simply connected case.

In particular, Serre asked the following question (cf. [Ser6]): what groups Γ occur as fundamental groups of algebraic surfaces?

Remark 1. By the theorem of Lefschetz, (cf. e.g. [A-F]) the fundamental group of a non-singular projective variety V of dimension ≥ 3 equals the fundamental group of a non-singular hyperplane section. Therefore asking about the fundamental groups of projective varieties is the same question.

Serre himself proved (cf. [Sh]) that every finite group Γ can occur. This fact has a deep "philosophical" implication:

The fine classification of algebraic surfaces embodies the classification of finite groups as a rather intermediate step.

Actually, if $\pi_1(S) = \Gamma$ is finite, then the way to study S is (as done e.g. in [Reid2] for $\chi = K^2 = 1$) to study the universal cover S' of S and the action of Γ on S': that is, reversing the attitude, one seeks for the surfaces S' with $\chi(S') = |\Gamma|\chi(S), K^2(S') = |\Gamma|K^2(S)(|\Gamma|$ denoting the cardinality of the group Γ) which admit a fixed point free action of Γ. Thus this problem is intimately related to the problem of studying the automorphism groups $\text{Aut}(S')$ of algebraic surfaces (cf. [Hor]).

Returning to Serre's question, a first obvious restriction upon Γ in order that it may be a fundamental group of an algebraic surface is that Γ must be a *finitely presented group*, which means that Γ admits a finite number of generators $\gamma_1, \ldots, \gamma_r$, and there are a finite number of expressions $R_1, \ldots, R_s$, in the γ_i's, called *relators*, and such that any formal expression in the γ_i's gives the identity if and only if it is obtained as a product of conjugates of the R_i' s, and of their inverses.

This necessary condition must more generally be satisfied by the fundamental groups of finite cell (or CW) complexes, or of compact manifolds:

for these kind of spaces this necessary condition is also a sufficient one, in particular, a less trivial result is the following result:

Theorem ([ST], p.180). *Any finitely presented group* Γ *is the fundamental group of some oriented compact topological 4-manifold.*

The above is based on surgery theory : one takes a connected sum of as many copies of $S^1 \times S^3$ as there are generators of Γ, then one represents the relators by disjoint embedded S^1's; doing the surgery consists in replacing the tubular neighbourhoods of those S^1's , which are homeomorphic to $S^1 \times D^3$, by $D^2 \times S^2$ (which has the same boundary $S^1 \times S^2$), the result being to kill the classes of those S^1's , and hence equalling to zero the relators.

This result has been recently been improved:

Theorem (Kotschick, [Kot3]). *Any finitely presented group* Γ *is the fundamental group of some almost complex compact 4-manifold.*

Theorem (Gompf, [Gom2]). *Any finitely presented group* Γ *is the fundamental group of some symplectic compact 4-manifold.*

One can therefore ask whether some obstruction comes from the existence of a complex structure (i.e., from the integrability of the almost complex structure). It is clear from Kodaira's rough classification of the non-algebraic compact complex surfaces, that the fundamental groups of these surfaces are not many more than the fundamental groups of algebraic surfaces, so one can seek inside the category of higher dimensional complex manifolds, and here a positive answer has recently been found:

Theorem (Taubes). *Any finitely presented group* Γ *is the fundamental group of some compact complex manifold of* $\mathbb{C}$*-dimension equal to 3.*

The only remark which we need to make here is that the answer, although based upon difficult analytical results (the existence of self-dual metrics on certain "holomorphic and antiholomorphic blow-ups" of any compact 4-manifold) are based on the construction of certain extremely special complex manifolds of $\mathbb{C}$-dimension equal to 3 (cf. also [Po], [Hit1], [Sa], [dBMN] and [Cam] for an idea of how special these manifolds are), the twistor spaces T(M) of compact 4 dimensional Riemannian manifolds M. These twistor spaces are S^2-bundles over M, and their points parametrize the complex structures, for the tangent spaces of the points of M, which are unitary for the given Riemannian metric.

Proceeding now to the case of algebraic varieties, one strong restriction comes from Hodge theory:

Remark (cf. [G-H]). If a finitely presented group Γ is the fundamental group of a projective (or compact Kähler) manifold, then necessarily its maximal Abelian quotient $\Gamma/[\Gamma,\Gamma]$ has even rank.

Pioneered by [J-R] more restrictions have been obtained by various extensions of Hodge theory, which is roughly speaking the theory of how much the type decomposition of (also vector valued) differential forms on a complex manifold passes on to cohomology classes, and similarly how much does complex conjugation. We are reporting elsewhere on these type of results ([Cat11]), so we shall only mention here some of the names of the people involved.

Morgan, Hain ([Mor1], [H1,2,3]) used mixed Hodge structures to impose some restrictions on Γ in order that Γ may be the fundamental group of an algebraic open set of an algebraic variety. These types of results are very interesting, but not so easy to apply; for instance it has been shown by Zariski and Oka ([Za2], [Ok1,2],[Ok-S]) that there are algebraic plane curves whose complement has a fundamental group Γ which is a free product.

For a projective variety, Arapura and Gromov ([Ar], [Grom], [A-B-R]) have shown in particular that this cannot be the case.

More refined results have been obtained by Carlson–Toledo, Corlette, Zuo , Sampson, Siu, Simpson and others ([CT] , [Corl1,2],[G-M], [Sam], [Si1,2,3,4], [Siu1,2],[Z1,2]).

One can moreover show that the restrictions for the fundamental group are more strict for varieties with Kodaira dimension $= -\infty$ ([Ser3], [D-P-S1,2]).

We only mention, as a prototype among the general results, the following

Theorem (Simpson, [Sim4],4.7). *No fundamental group of an algebraic variety can be isomorphic to $SL(n,\mathbb{Z})$ with $n \geq 3$.*

It is clear that these type of results are of transcendental nature ,and are related to higher dimensional analogues of the uniformization theorem for complex curves (stating that the universal cover C' of a complex curve C is the unit ball B_1 in $\mathbb{C}$ unless $C = \mathbb{P}^1_{\mathbb{C}}$ or unless $C = \mathbb{C}, (\mathbb{C} - \{0\})$, or an elliptic curve). An unsolved problem, also in dimension 2, (cf. [Sh], page 407) is the following

Question (Shafarevich). Is the universal cover V' of a projective algebraic variety V a holomorphically convex complex manifold? (this means that for every infinite set N in V' without accumulation points there exists a holomorphic function f on V' such that $\sup_N |f| = +\infty$).

Since it was shown by Remmert ([Rem], cf. also [Car], and [Fis], page 72, who translates Stein to Latin and uses the jolly word "Petrification") that a holomorphically convex normal complex space admits a proper holomorphic map to a normal Stein space (a closed complex subspace of some $\mathbb{C}^N$), in the case where S is a surface, say of general type, and the fundamental group is infinite, a consequence should be that either

1) S' should fibre over $\mathbb{C}$, or over the unit disk B_1 in $\mathbb{C}$, with fibres of genus $g \geq 2$, and then S itself is fibred over a curve C of genus at least 1, or

2) S' is the minimal resolution of singularities of a complex Stein surface.

Now, in case there is a fibration $f : S \to C$, it is easy to see that $\pi_1(S)$ surjects onto $\pi_1(C)$, so case 1) is the case where C has genus at least 1 and the kernel K is a finite group, and in this case the conjecture is true.

In the 2-dimensional case it is not so easy to find, say on a Stein bounded domain D in $\mathbb{C}^2$, a properly discontinuous and cocompact group Γ of automorphisms acting without fixed points (this means that the quotient D/Γ is compact), which does not (up to finite covers) boil down, if $D = B_1 \times B_1$, to the case of the universal cover of a product of two algebraic curves).

In case D is the unit ball B_2, the existence of such groups was shown via an indirect argument by Borel ([Bor1]), and much interest arose when Yau proved a converse to Hirzebruch's proportionality principle ([Hir1]), stating that such a quotient would have a maximal ratio $K^2/\chi = 9$:

Yau's uniformization theorem ([Ya1,2], [C-Y], [Mi3]). *If a surface S of general type has $K^2/\chi = 9$, then its universal cover is the unit ball B_2.*

Mostow and Deligne ([De-Mo]) proved, using the monodromy of hypergeometric integrals, the existence of groups Γ which are not related to arithmetic subgroups of $SU(2,1)$, whereas Hirzebruch ([Hir2], cf. also [B-H-H] for a more exhaustive treatment) constructed explicitly some of those surfaces as abelian covers of the projective plane branched on a union of lines. Mostow and Siu ([MS]) showed also the existence of other quotients where the bounded domain D is neither B_2 nor $B_1 \times B_1$.

Attempts to extend Yau 's theorem, to the effect that if K^2/χ would be close to 9, then the universal cover should be topologically contractible (work by Holzapfel, [Hol1,2] indicated, though, that this should not be the case), led to the

Watershed conjecture (false). *If K^2/χ is at least 8, then the fundamental group of S is infinite.*

The conjecture was disproved by Moisezon–Teicher ([MT1,2]), and, later, by Z. Chen ([Chen1,2]).

In another sector of the 2-dimensional surface geography, another conjecture stands open (cf. [Reid1]).

Reid's conjecture. *If K^2/χ is < 4, then either $\pi_1(S)$ is finite, or it is commensurable with the fundamental group of a curve C (more precisely, there exists a finite unramified covering S'' of S and a fibration $f : S'' \to C$ such that K'' = kernel of $\pi_1(S'') \to \pi_1(C)$, is finite).*

Remark. If K^2/χ is < 3 and $q = 0$, Reid himself proved the result in ([Reid1]); the case of $q > 0$ was treated by Horikawa ([Ho1]) for $K^2/\chi < 3$, whereas Xiao analyzed the case where one has a hyperelliptic fibration ([Xi4]).

Reid's conjecture is rather sharp, since J.H. Keum ([Ke]) showed the existence of a surface S with $K^2 = 4$, $q = 0$, and with $\pi_1(S)$ having a normal subgroup of finite index which is $\cong \mathbb{Z}^4$.

Reid's conjecture is deeply related to the following question, which has an affirmative solution ([Ho1]) for $K^2/\chi < 3$:

Severi's problem (cf. [Cat2]). If K^2/χ is < 4, then the image of the Albanese map is a curve.

Even if stated differently, Severi's problem asks for a topological property of the surface. In fact, it concerns irregular surfaces, those for which the first cohomology group $H^1(S, \mathbb{R})$ is non-zero, and the property that the image of the Albanese map is a curve, as pointed out in ([Cat9]), is equivalent to the property that the cup product of any three elements in $H^1(S, \mathbb{R})$ gives 0 in $H^3(S, \mathbb{R})$.

The interplay between the topology of S and the existence of certain fibrations is rather interesting, and for instance Siu and, later Beauville, have proved a converse to the statement that if S admits a fibration onto a curve C of genus g, then $\pi_1(S)$ surjects onto $\pi_1(C)$ (cf. [Siu2], [Bea4]):

Irrational pencil theorem (Siu-Beauville). *If $\pi_1(S)$ admits a surjective homomorphism onto the fundamental group of a curve of genus $g \geq 2$, then there exists a fibration $f : S \to C$, where C has genus at least g.*

Similar results, holding in all dimensions for Kähler manifolds, have been obtained also by Green–Lazarsfeld, Gromov, us ([G-L1,2], [Grom], [Cat9]) and by Simpson and Zuo ([Sim4], [Z1,2]), ([CAT4], [Cat11] contain also some partial survey).

From our point of view, the underlying philosophy is that irregular surfaces, though being simpler from the homotopy theoretic point of view (since their higher homotopy groups $\pi_i(S)$ equal, for $i \geq 2$, those of their universal cover), have a very rich cohomology algebra, and this imposes strong conditions on the geometry of the surface.

An issue of this paradigma is the following theorem ([Cat9]), which holds for any compact complex Kähler manifold.

Isotropic subspace theorem. *There is a natural bijection between fibrations $f : S \to C$, where C has genus g at least 2 and $2g$-dimensional self-conjugate subspaces V of $H^1(S, \mathbb{C})$ which can be written as $U \oplus \bar{U}$, where U is a maximal isotropic subspace of dimension g (isotropic means that the cup product of any two elements of U gives 0 in $H^2(S, \mathbb{C})$).*

To finish this section, we want to mention briefly the relation between the topological and the algebraic fundamental group (which can be defined also for varieties over a field of positive characteristic).

The basic fact behind the definition of $\pi_1^{\mathrm{alg}}(X)$ is the correspondence between connected unramified coverings $f : Y \to X$ and subgroups H of $\pi_1(X)$; in this correspondence the Galois coverings of V (such that there exists a group G acting on Y, with $X = Y/G$) correspond to normal subgroups K (and then $G \cong \pi_1(X)/K$). Moreover, in this correspondence the intersection of two normal subgroups K, K' corresponds to any connected component Z of the fibre product $Y \times_X Y'$ (this is the subset of $Y \times Y'$ equal to $\{(y, y') | f(y) = f'(y')\}$). For algebraists, if X is an algebraic variety, the field $\mathbb{C}(Z)$ of rational functions on Z is the field generated by $\mathbb{C}(Y), \mathbb{C}(Y')$, considered as subfields in a fixed algebraic closure of $\mathbb{C}(X)$. Therefore, the main idea is to algebraically approximate the fundamental group by the inverse limit of all the possible finite connected unramified coverings of X.

Definition of profinite completion. Given a group Γ, its profinite completion is the inverse limit Γ^c of the quotients Γ/K, with K of finite index (thus Γ/K is finite). Γ is said to be residually finite if the natural map $\Gamma \to \Gamma^c$ is injective.

Remark. In the case of $\mathbb{Z}$, $\mathbb{Z}^c$ is already quite large, since, by the Chinese remainder theorem, it equals the product over all the primes p of the p-adic integers $\mathbb{Z}_p, \mathbb{Z}^c = \Pi_p \mathbb{Z}_p$. Somehow, one thinks of Γ^c versus Γ as the polynomials versus non-convergent power series, at least if Γ is residually finite.

It has been proved by Thurston that the fundamental groups of compact 2 and 3-manifolds are residually finite (cf. [Th]), whereas it was an open question for some time (cf. [Ek2]) whether the fundamental groups of algebraic varieties would be residually finite.

A rather simple example of a non-residually finite group is the following Higman group (cf. [Ser6], page 9) Γ, for which the profinite completion Γ^c is zero: Γ is finitely presented with 4 generators $\gamma_1, \ldots, \gamma_4$, and 4 relators $R_1, \ldots, R_4$, with (indices taken (mod4)) $R_i = (\gamma_{i+1})\gamma_i(\gamma_{i+1})^{-1}\gamma_i^{-2} =$ identity. This Γ has the property that every subgroup H of finite index in Γ indeed equals Γ, and the equally important property of being a group which does not only consist of the identity (whence, in particular, Γ is infinite).

Two important "non-artificial" examples of non-residually finite groups were given by Deligne ([De1]) and Raghunathan ([Ra]), and occur as infinite cyclic central extensions of arithmetic groups.

Based on the construction of Deligne, D. Toledo ([To]) was able to show

Theorem (Toledo). *There exist algebraic varieties with non-residually finite fundamental group.*

A slightly easier example (cf. [T-e]) was found by using the following theorem.

Theorem ([C-T]). *Given an algebraic surface S, with $\pi_1(S) \cong \Gamma$, consider a central group extension $0 \to \mathbb{Z}/m \to \Delta \to \Gamma \to 0$, such that the cohomology class in $H^2(\Gamma, \mathbb{Z}/m)$ classifying the extension is the reduction* mod *m of the first Chern class of a divisor D on S: then there is an Abelian Galois cover of $S, f : Y \to S$, such that $\pi_1(Y) \cong \Delta$, and f induces the above extension.*

This last result can be extended to the case of more general Abelian Galois cover (cf. [Par1], [Pa-To]).

7. Differentiable structures and deformations

This section will be much shorter than the others, since the most important progress about the problem of equivalence of differentiable structures on compact 4-manifolds originates from the work of S. Donaldson, appears in the book by him and Kronheimer and in other sources ([DK], [O-VDV], [FMO]), and in any case was amply covered in Donaldson's plenary address.

We shall only take up this problem from the perspective we introduced in Section 4, when we considered the open and closed sets $\mathcal{M}^{\text{diff}}(S) \subset \mathcal{M}^{\text{top}}(S) \subset \mathcal{M}_{x,y}$ (if $x = \chi(S)$, $y = K^2(S)$).

In fact, most of the work done up to now on differentiable structures was concentrated on the case of elliptic surfaces, where there is the remarkable case of the Dolgachev surfaces (cf. [Dolg]). These form countably many distinct families depending on two relatively prime positive integers, (p, q), and all the parametrized surfaces are homeomorphic to each other (by M. Freedman's theorem), yet two surfaces belonging to distinct such families have in most cases now been proven not to be diffeomorphic to each other ([Do1], [F-Mo], [O-VdV], [Bau1,2], [M-OG]). From the point of view of surfaces of general type, an important still unsolved question is the following

Def = Diff ? problem. Are two diffeomorphic minimal surfaces of general type deformation of each other? In other words, is $\mathcal{M}^{\text{diff}}(S)$ connected for all S?

We mentioned earlier the invariant r given by the divisibility index of K: it is clearly a deformation invariant, and it was used in [Cat7] to show that $\mathcal{M}^{\text{top}}(S)$ has many connected components. It was also conjectured in loc.cit. that K, whence r, would be an invariant of the differentiable structure of S, and in fact this conjecture has been shown by Friedman–Moisezon–Morgan ([F-M-M], [Moi4]) to hold for surfaces which have a large diffeomorphism group. Using some iterated coverings of the projective plane, and the cited result concerning the differentiable invariance of r, Salvetti ([Sal1], [Sal2]) was able to make quantitative the statement that there are many homeomorphic but not diffeomorphic surfaces of general type.

Theorem (Salvetti). *Define the function $\delta(S)$ to be the number of inequivalent differentiable structures coming from the surfaces in $\mathcal{M}^{\text{top}}(S)$. If $\delta(y)$ is the maximum of $\delta(S)$ taken over all the surfaces with $K^2 = y$, we have that*

$$\delta(y) \geq c \frac{\log \log(y)}{\log \log \log(y)}.$$

As we already mentioned earlier we should stress that the fact that $\mathcal{M}^{\text{top}}(S)$ (morally $\approx 1/2$ of $\mathcal{M}^{00}_{x,y}$ in case S is simply connected) has many connected components does not depend mainly on the fact that r can take many distinct values on homeomorphic surfaces. In fact (cf. the previously cited result that the family of simple bihyperelliptic surfaces of type $((a, b)(n, m))$ gives a connected component of $\mathcal{M}^{00}_{x,y}$ if $a > 2n, m > 2b$)

Manetti ([Man]) can prove that the number of connected components of $\mathcal{M}^{00}_{x,y,r}$ can be chosen arbitrarily large.

Now, concerning the problem "def=diff?" It is clear that probably most of the simple bihyperelliptic surfaces with the same x, y, r are probably not diffeomorphic since one can distinguish (holomorphically) the several components by the behaviour of the canonical and bicanonical map, but the task of producing sufficiently many Donaldson polynomials to distinguish their differentiable structures seems highly non-trivial, in spite of recent new ideas by Tjurin and Pidstrigach ([P-T]).

For the time being, as Donaldson mentioned in his lecture, a lot of experimental material is needed This is the reason why new interest has arisen (cf. [Kot4,5]) on surfaces with very small values of the invariants x, y, and for which, firstly, very explicit descriptions of the surfaces are available, secondly, moduli spaces of vector bundles can be studied.

On the other hand, even the surfaces with the smallest values $x = y = 1$ are not completely classified. There are theoretically effective methods to achieve this classification, cf. [Cat4,5]), by which one can describe all the surfaces having a finite number of families such that the equations of the surfaces of the family belong to some parameter space T which can be "almost" explicitly described as follows. We have, e.g., a hundred equations $P_\alpha(t, \lambda)$ in a hundred variables, and these last variables are divided into two blocks (t, λ) of vector variables; the variables t give coordinates for T, but they cannot be chosen freely: they are subject to the polynomial equations gotten by eliminating the variable λ (that is, the good t's are those for which there exists some λ for which the system of equations $P_\alpha(t, \lambda)$ has solutions). As far as I can understand, the problem, although theoretically easy, requires calculations that are too large. Therefore, up to now, the answer to D. Mumford's question (Montreal,1980): "can a computer find all the surfaces with $\chi = 1$?" seems to have a negative response.

As a final remark, the main reason why one looks at surfaces with low invariants is that in this region (especially for low y/x) these equations have often solution in terms of free parameters (the moduli spaces are then called unirational), whereas for high y/x, say close to 9, surfaces tend to be rigid (rigidity means that the moduli space has dimension zero, so it is made up of a finite number of points) (cf. [Ya1,2], [Rei2]).

8. Braid techniques

One of the oldest ways to look at surfaces, which was described in Section 1, is to consider a finite map $\pi : S \to \mathbb{P}^2$ of degree d, branched on an algebraic curve Δ in $\mathbb{P}^2$ (for y in $\mathbb{P}^2 - \Delta$, $\pi^{-1}(y)$ consists of exactly d distinct points).

Enriques ([En2]) and Grauert and Remmert ([G-R]) extended to higher dimensions Riemann's existence theorem, showing in particular that for every monodromy homomorphism $\mu : \pi_1(\mathbb{P}^2 - \Delta) \to \mathcal{S}_d$ ($\mathcal{S}_d$ being the symmetric group in d letters), there exists a normal surface Y and $f : Y \to \mathbb{P}^2$, of degree d, branched at most over Δ, and with monodromy μ (note that Y is irreducible iff μ is transitive).

For every surface S, one can find such a π which is generic, i.e., such that

1) the curve Δ has only points of multiplicity at most 2, and actually singular points which are just nodes or ordinary cusps,
2) $\pi^{-1}(y)$ has cardinality $d-1$ for the smooth points y of Δ, $d-2$ for the cuspidal points and the nodal points.

We may observe that, in this way, the world of surfaces is encoded in the world of plane curves Δ with nodes and cusps. In fact, first of all it is clear that the datum of Δ and μ determines easily $\pi_1(S)$ once $\pi_1(\mathbb{P}^2 - \Delta)$ and μ are explicitly described. Secondly, by 2) the topological Euler-Poincaré characteristic $e(S)$ equals $3d + \delta(\delta - 3) - 2\nu - 3\gamma$, where $\delta =$degreeΔ, $\nu =$ number of nodes, $\gamma =$ number of cusps.

Secondly, the formula for the canonical divisor we gave in Section 2, $K = R - 3H$, and the fact that by the assumption that π is generic, R is the normalization of Δ, implies immediately that K^2 can be computed as follows, being the intersection product of $K = R - 3H$ with itself, whence

$$\begin{aligned} K^2 &= R^2 - 6RH + 9H^2 = \frac{1}{2}(R^2 + RK + R^2 - RK) - 6\delta + 9d \\ &= \frac{1}{2}(\delta(\delta - 3) - 2\nu - 2\gamma + 3\delta) - 6\delta + 9d \\ &= \frac{1}{2}\delta^2 - 6\delta + 9d - \nu - \gamma \end{aligned}$$

It is more difficult to find the divisibility index of K, for which I have seen yet no explicit formula in terms of a presentation of $\pi_1(\mathbb{P}^2 - \Delta)$ and of the monodromy μ.

The invariant χ can also be derived, being equal (by Noether's formula) to

$$\frac{1}{12}(e + K^2) = d - \frac{\nu}{4} - \frac{\gamma}{3} + \frac{1}{8}(\delta(\delta - 6)).$$

The above formula gives the flavour of the restrictions imposed on Δ by the condition of being the branch curve of a generic morphism $\pi : S \to \mathbb{P}^2$.

In fact, it was suspected by Chisini ([Chi1]) that, given such a curve Δ, there would be, up to isomorphism, only one generic cover branched over it:

this is not always true, and only a weaker version of this unicity statement can be proved (cf. [Cat6]), (notice in particular that the number of covers branched over Δ is finite). Chisini's question is however still open if one imposes the restriction $d \geq 5$. The greatest drawback of this approach is that it is rather difficult

1) to show the existence of plane curves with a given number of nodes and cusps,
2) to know enough about the fundamental groups of their complements (only the case of no cusps was finally solved by Fulton ([Ful]) and Deligne ([De2]), who solved the "Zariski conjecture" ([Za1]) that in this case the fundamental group would be abelian),
3) to be able to determine the space of curves of degree δ with a fixed number of nodes and cusps, even locally around the point corresponding to a well-determined curve Δ.

For these matters, we defer the reader to the two excellent surveys [FUL], [LIB].

One should remark that indeed Zariski (cf. [Za2,3]) was able to show that sometimes there is a negative answer to problem 1), simply by taking suitable singular covers of the plane branched over Δ. Similarly, concerning 3), Wahl ([Wah]) used results of Kodaira on deformations of surfaces ([Kod3]) to show that the space of curves with nodes and cusps can be singular.

Zariski himself produced some interesting curves reversing the procedure, that is, constructing the curves Δ starting from a projection of the given projective surfaces to the plane.

A general recipe to construct surfaces from plane curves Δ is to consider cyclic covers branched on Δ (here, the degree d must divide δ), and then to resolve the singularities of the singular surfaces thus obtained. In some cases, the construction of Δ is rather delicate, and we can cite Campedelli ([Ca]) and, more recently, Oort–Peters ([O-P]) for the construction of some surfaces with $K^2 = 2$, and $\chi = 1$ via this procedure; the contention of Reid ([Reid4]) is that constructing surfaces from plane curves is a losing attitude in comparison with the attitude of constructing curves from projections of surfaces: but, in my opinion, in mathematics the flow is never only in one direction.

Moisezon introduced ([Moi1,2,3,5], [MT1,2,3]), the idea that connected components of moduli spaces should be distinguishable by introducing more discrete invariants than the numbers K^2, χ, and r.

So he undertook the study of the so-called braid monodromies of algebraic surfaces of general type.

In general, let the finite map $\pi : S \to \mathbb{P}^2$ of degree d be given as in Section 1 by taking a general linear projection of $S \subset \mathbb{P}^N$. Then, one can factor $\pi : S \to \mathbb{P}^2$ as $f : S \to \mathbb{P}^3$ composed with a linear projection $p : \mathbb{P}^3 - - - - \to \mathbb{P}^2$. One throws away the plane at infinity in $\mathbb{P}^3$ and looks at the projection $p : \mathbb{C}^3 \to \mathbb{C}^2$ as a mapping of the pair $(\mathbb{C}^3, S^a)$ where $S^a = S \cap \mathbb{C}^3$ is the affine part of S. Then the fibre over $\mathbb{C}^2 - \Delta$ is a finite set of d points in $\mathbb{C}$, and for any closed path in $\mathbb{C}^2 - \Delta$ we obtain a corresponding closed path in the space W_d of unordered d-tuples of distinct points in $\mathbb{C}$. One obtains in this way a homomorphism μ_β, called braid monodromy, $\mu_\beta : \pi_1(\mathbb{C}^2 - \Delta) \to \mathcal{B}_d = \pi_1(W_d)$, to the so called Artin braid group $\mathcal{B}_d$ of d-string braids. It is clear that, via the natural surjection of $\mathcal{B}_d$ onto $\mathcal{S}_d$, the braid monodromy μ_β determines the monodromy μ.

To avoid confusion with the classical notion, Moisezon calls μ_β the vertical braid monodromy, in order to distinguish it from the horizontal braid monodromy ν_β, which is obtained by a general linear projection of the pair $(\Delta, \mathbb{P}^2)$ to $\mathbb{P}^1$. The two braid monodromies are deeply related, since by the Burau–van Kampen theorem, $\pi_1(\mathbb{P}^2 - \Delta)$ is essentially a quotient of a free group in δ elements by the relations which come by identifying each generator with its image by any braid in the image of ν_β (since $\mathcal{B}_\delta$, cf. [Bir], acts as a group of automorphisms of a free group in δ elements).

It would take some time to describe the results obtained by Moisezon and Teicher: they essentially calculate explicitly, by a refined technique, the braid monodromies in many cases. As a consequence, they can calculate (cf. [MT1,2,3], [Moi1,2,3,5]) many fundamental groups $\pi_1(\mathbb{C}^2 - \Delta)$ and show that they are different for infinite series of examples.

A very interesting byproduct of these results was communicated to the author by B. Moisezon in June '92. Chisini conjectured ([Chi2]) that the braid monodromies of curves with nodes and cusps would be all the braid monodromies which can be obtained from the standard braid for a smooth curve Δ via two basic moves, called fusion and Hurwitz moves.

Clearly, all the geometric braid monodromies are obtained via these two moves, but Moisezon can prove that these moves generate infinitely many braid monodromies which would produce infinitely many non-isomorphic fundamental groups, which is a contradiction (the space of curves with a given number of nodes and cusps has only a finite number of connected components).

Acknowledgements. I would like to acknowledge the support of SCIENCE contract SCI-0398-C(A) which allowed me to participate to the European Congress of Mathematics and to visit the Université de Paris-Sud Orsay. I would also like to thank all the organizers of the Congress for their precious work. Last, but not least, my deep gratitude to Ingrid Bauer, who helped me write the lecture notes.

Books and Surveys on Surfaces

[BA] L. Badescu, *Suprafete algebrice*, Ed. Acad. Rep. Soc. Romania, 1981.

[BPV] W. Barth, C. Peters, A. van de Ven, *Compact complex surfaces,* Ergeb. der Math. **3**(4) (1984), Springer-Verlag.

[BHH] G. Barthel, F. Hirzebruch, T. Höfer, Geraden-konfigurationen und Algebraische Flächen, *Aspects of Mathematics*, Vieweg, 1987.

[BK] G. Barthel, L. Kaup, Sur la topologie des surfaces complexes compactes, *Sem. de Math. Sup.* **80** (1982), Presses de l'Université de Montréal, 61-297.

[BC] I. Bauer, F. Catanese, *Topics on algebraic surfaces: from Enriques' work to recent developments*, to appear in ETH Lecture Notes, Birkhäuser.

[BEA] A. Beauville, Surfaces algébriques complexes, *Astérisque* **54** (1978), Paris.

[BBD] A. Beauville, J. P. Bourguignon, M. Demazure, eds., "Géométrie des surfaces $K3$: modules et périodes," Séminaire Palaiseau, *Astérisque* **126** (1985), Paris.

[BH] E. Bombieri, D. Husemoller, *Classification and embedding of surfaces,* AMS Proc. Symp. Pure Math. **29** (1975), 329–420.

[CCC] F. Catanese, C. Ciliberto, M. Cornalba (eds.), "Problems in the theory of surfaces and their classification", *Symp. Math.* **XXXII**, (1991), INDAM and Academic Press.

[CAT1] F. Catanese, "Superficie complesse compatte," in: *Atti Convegno GNSAGA del CNR 1984*, (1986), Valetto, Torino, 7–58.

[CAT2] F. Catanese, Canonical rings and "special" surfaces of general type, *Proc. Symposia in Pure Math.* **46** (1987), 175–194.

[CAT3] F. Catanese, "Moduli of algebraic surfaces," in: *Theory of Moduli*, Proc. C.I.M.E. 1985, *Lecture Notes in Math.* **1337** (1988), Springer-Verlag, 1–83.

[CAT4] F. Catanese, "Recent results on irregular surfaces and irregular Kähler manifolds", in: *Geometry and complex variables*, Marcel Dekker L.N.S. **132** (1991), 59–88.

[CIL] C. Ciliberto, Superficie algebriche complesse: idee e metodi della classificazione, *Atti Convegno di Geom. Alg. Nervi 1984*, (1984), Tecnoprint Bologna, 39–157.

[CD] F. R. Cossec, I. V. Dolgachev, *Enriques surfaces I*, Prog. in Math. **76**, Birkhäuser, 1989.

[DK] S. Donaldson, P. Kronheimer, *The geometry of 4-manifolds*, Oxford University Press, Oxford, 1990.

[EN] F. Enriques, *Le Superficie Algebriche*, Zanichelli, Bologna, 1949.

[FMO] R. Friedman, J. Morgan, *Gauge theory and the classification of smooth four-manifolds*, to appear.

[FUL] W. Fulton, On the topology of algebraic varieties, in: *Proc. Symp. in pure Math.* **46**, 1987, 15–46.

[GE] G. van der Geer, *Hilbert Modular Surfaces,* Erg. der Math. 3. **16**, Springer-Verlag, 1988.

[GOD] L. Godeaux, "Les surfaces algébriques non rationelles de genres arithmétique et géométrique nuls", Actualités Scientifiques et Industrielles 123, Exposés de Geometrie, IV, Hermann Paris, 1934.

[H-K-K] J. Harer, A. Kas, R. Kirby, *Handlebody decompositions of complex surfaces*, Memoirs of the AMS **62** (350), 1986.

[LIB] A. Libgober, Fundamental groups of the complements to plane singular curves, in: *AMS Proc. of Symp. in Pure Math.* **46** part 2, 1987, 29–45.

[MA] R. Mandelbaum, Four-dimensional topology: an introduction, *Bull. Am. Math. Soc.* **2** (1980), 1–159.

[MIR] R. Miranda, *The basic theory of elliptic surfaces,* Publ. Scuola di Dottorato Pisa, 1989, ETS Pisa.

[MOI] B. Moisezon, Complex algebraic surfaces and connected sums of complex projective planes, *Lecture Notes in Math.* **603** (1977), Springer-Verlag.

[MU] D. Mumford, Lectures on curves on an algebraic surface, *Annals of Math. Stud.* **59** (1966), Princeton University Press.

[NA1] I. Nakamura, "VII° surfaces and a duality of cusp singularities", in: *Classification of algebraic and analytic manifolds*, Proc. Katata Symp. 1982, Prog. in Math **39**, Birkhäuser, 1983, 333–378.

[NA2] I. Nakamura, Towards classification of non-Kählerian complex surfaces, Sugaku Expositions **2** (1989), 209–229.

[OKO] C. Okonek, "Instanton Invariants and Algebraic Surfaces", in: Geometric Topology: Recent Developments, C.I.M.E. 1990, *Lecture Notes in Math.* **1504** (1991), Springer-Verlag.

[O-VDV] C. Okonek, A. van de Ven, Stable Bundles, Instantons and C^∞-Structures on Algebraic Surfaces, *Encyclopaedia Math. Sciences* **69** (1990), 197–249, Sev. Compl. Var. VI, Springer-Verlag.

[PER] U. Persson, An introduction to the geography of surfaces of general type, *Proc. Symp. in Pure Math.* **46** (1987), 195–218.

[SH] I. R. Shafarevich, *Algebraic surfaces*, Steklov Institute Publ., Moscow, 1965.

[TOM] G. Tomassini (ed.), *Algebraic surfaces*, C.I.M.E. 1977, Liguori, Napoli, 1981.

[X] G. Xiao, Surfaces fibrées en courbes de genres deux, *Lecture Notes in Math.* **1137** (1985), Springer-Verlag.

[ZA] O. Zariski, Algebraic surfaces, 2nd ed., *Erg. der Math.* **61** (1971), Springer-Verlag.

References

[A-K] N. A'Campo, D. Kotschick, "Contact structures, foliations, and the fundamental group", preprint 1992.

[A] A. Andreotti, Sopra le superficie algebriche che posseggono trasformazioni birazionali in se, *Rendiconti di Mat. e delle sue applicazioni*, Serie V, **IX** (3-4), 1950, 255–279.

[A-F] A. Andreotti, T. Frankel, The second Lefschetz theorem on hyperplane sections, in: *Global Analysis, Papers in honor of K. Kodaira*, Princeton Math., Series **29** (1969), 1–20.

[Ar] D. Arapura, Hodge theory with local coefficients and fundamental groups of varieties, *Bull. AMS* **20** (2), (1989), 169–172.

[A-B-R] D. Arapura, P. Bressler, M. Ramachandran, On the Fundamental Group of a Compact Kähler Manifold, *Duke Math. J.* **68** (3) (1992), 477–488.

[Arn] V. I. Arnold, The cohomology ring of the colored braid group, *Mat. Zametki* **5** (1969), 227–231.

[Art1] E. Artin, Theorie der Zöpfe, *Hamburger Abh.* **4** (1925), 47–72.

[Art2] E. Artin, Theory of braids, *Ann. of Math.* **48** (1947), 101–126.

[Ashi] T. Ashikaga, A remark on the geography of surfaces with birational canonical morphisms, *Math. Ann.* **290** (1991), 63–76.

[At-S] M. F. Atiyah, I. M. Singer, The index of elliptic operators III, *Ann. Math.* **87** (1968), 546–604.

[B-DF] G. Bagnera, F. De Franchis, Sopra le superficie algebriche che hanno le coordinate del punto generico esprimibili con funzioni meromorfe quadruplemente periodiche di 2 parametri, *Rend. Acc. Lincei* **16** (1907).

[Bar1] R. Barlow, Some new surfaces with $p_g = 0$, *Duke Math. Jour.* **51** (4) (1984), 889–904.

[Bar2] R. Barlow, A simply connected surface of general type with $p_g = 0$, *Inv. Math.* **79** (2), (1985), 293–302.

[Bau1] S. Bauer, Some nonreduced moduli of bundles and Donaldson invariants for Dolgachev s surfaces, *J. reine angew. Math.* **424** (1992), 149–180.

[Bau2] S. Bauer, Diffeomorphism types of elliptic surfaces with $p_g = 1$, Warwick preprint 34, 1992.

[Bea1] A. Beauville, L'application canonique pour les surfaces de type général, *Invent. Math.* **55** (1979), 121–140.

[Bea2] A. Beauville, Annullation du H1 et systèmes paracanoniques sur les surfaces, *J. reine angew. math.* **388** (1988), 149–157.

[Bea3] A. Beauville, L'inégalité $p_g \geq 2q - 4$ pour les surfaces de type général, *Bull. Soc. Math. France* **110** (1982), 344–346.

[Bea4] A. Beauville, Appendix to [Cat9].

[Bir] J. Birman, Braids, links, and mapping class groups, *Annals of Math. Studies* **82** (1975), Princeton University Press.

[Bog] F. Bogomolov, Holomorphic tensors and vector bundles on projective varieties, *Math. USSR Izv.* **13** (1979), 499–555.

[Bo] E. Bombieri, Canonical models of surfaces of general type, *Publ. Math. IHES* **42** (1973), 171–219.

[B-M3] E. Bombieri, D. Mumford, Enriques' classification of surfaces, *Invent. Math.* **35** (1976), 197–232.

[Bor1] A. Borel, Compact Clifford–Klein forms of symmetric spaces, *Topology* **2** (1963), 111–122.

[Bor2] A. Borel, *Linear Algebraic Groups*, Benjamin, 1969.

[Bor3] A. Borel, *Introduction aux groupes arithmétiques*, Hermann, Paris, 1969.

[Bu] P. Burniat, Sur les surfaces de genre $P_{12} > 0$, *Ann. Mat. Pura Appl.* **71** (4) (1966), 1–24.

[Cam] F. Campana, On twistor spaces of the class $\mathcal{C}$, *J. Diff. Geom.* **33** (1991), 541–549.

[Ca] L. Campedelli, Sopra alcuni piani doppi notevoli con curve di diramazione del decimo ordine, *Atti Accad. Nazionale Lincei* **15** (1932), 536–542.

[CT] J. A. Carlson, D. Toledo, Harmonic mappings of Kähler manifolds to locally symmetric spaces, *Publ. Math. IHES* **69** (1989), 173–201.

[Car] H. Cartan, *Quotients of complex analytic spaces, Contr. to Function theory,* Tata Inst. of Fund. Research, 1960, 1–15.

[Cas1] G. Castelnuovo, Osservazioni intorno alla geometria sopra una superficie, Rendiconto del R. Istituto Lombardo, s. II, **24** (1891).

[Cas2] G. Castelnuovo, Sulle superficie aventi il genere aritmetico negativo, *Rend. Circ. Mat. Palermo*, **20** (1905), 55–60.

[Cas3] G. Castelnuovo, Sul numero dei moduli di una superficie irregolare, I, II, *Rend. Acc. Lincei* **7** (1949), 3–7, 8–11.

[Cat1] F. Catanese, Babbage's conjecture, contact of surfaces, symmetric determinantal varieties and applications, *Invent. Math.* **63** (1981), 433–465.

[Cat2] F. Catanese, Moduli of surfaces of general type, *Lecture Notes in Math.* **997** (1983), Springer-Verlag, 90–112.

[Cat3] F. Catanese, On the moduli space of surfaces of general type, *J. Differential Geom.* **19** (1984), 483–515.

[Cat4] F. Catanese, Commutative algebra methods and equations of regular surfaces, in "Algebraic Geometry - Bucharest 1982", *Lecture Notes in Math.* **1056** (1984), Springer-Verlag, 68-111.

[Cat5] F. Catanese, "Equations of pluriregular varieties of general type," in: "Geometry today-Roma 1984", Prog. in Math. **60**, 1985, Birkhäuser, 47–67.

[Cat6] F. Catanese, On a problem of Chisini, *Duke Math. J.* **53** (1) (1986), 33–42.

[Cat7] F. Catanese, Connected components of moduli spaces, *J. Diff. Geom.* **24** (1986), 395–399.

[Cat8] F. Catanese, Automorphisms of rational double points and moduli spaces of surfaces of general type, *Comp. Math.* **61** (1987), 81–102.

[Cat9] F. Catanese, Moduli and classification of irregular Kähler manifolds (and algebraic varieties) with Albanese general type fibrations, *Invent. Math.* **104** (1991), 263–289.

[Cat10] F. Catanese, Chow varieties, Hilbert schemes and moduli spaces of surfaces of genral type, *J. Alg. Geom.* **1** (4) (1992), 561–595.

[Cat11] F. Catanese, Topologia delle varietà algebriche, to appear in Boll. U.M.I.

[C-C1] F. Catanese, C. Ciliberto, Surfaces with $p_g = q = 1$, in: "Problems on surfaces and their classification," *Proc. Cortona 1988, Symp. Math.*, INDAM, Academic Press (1991).

[C-C2] F. Catanese, C. Ciliberto, Symmetric products of elliptic curves and surfaces with $p_g = q = 1$, to appear in *J. Alg. Geom.*, 1992.

[Ca-De] F. Catanese, O. Debarre, Surfaces with $K^2 = 2, p_g = 1, q = 0$, *J. reine angew. Math.* **395** (1989), 1–55.

[C-S] F. Catanese, M. Schneider, Bounds for stable bundles and degrees of Weierstrass schemes, *Math. Ann.* **293** (1992), 579–594.

[C-T] F. Catanese, F. Tovena, Vector bundles, linear systems, and extensions of π_1, in Complex Algebraic Varieties, Bayreuth 1990, *Lecture Notes in Math.* **1507** (1992), Springer-Verlag, 51–70 .

[Cay1] A. Cayley, On a new analytical representation of curves in space, *Quarterly J. of Pure and Appl. Math.* **III** (1860), 225–236.

[Cay2] A. Cayley, On a new analytical representation of curves in space, *Quarterly J. of Pure and Appl. Math.* **V** (1862), 81–86.

[Ch-Gr] J. Cheeger, M. Gromov, L^2-cohomology and group cohomology, *Topology* **25** (2) (1986), 189–215.

[Chen1] Z. Chen, On the geography of surfaces - simply connected minimal surfaces with positive index, *Math. Ann.* **277** (1987), 141–164.

[Chen2] Z. Chen, On the existence of algebraic surfaces with preassigned Chern numbers, *Math. Z.* **206** (1991), 241–254.

[CY] S. Y. Cheng, S. T. Yau, Inequality between Chern numbers of singular Kähler surfaces, *Contemp. Math.* **49**.

[Chot] D. Cheniot, Une demonstration du theoreme de Zariski et de van Kampen, *Comp. Math.* **27** (1973), 141–158.

[Chi1] O. Chisini, Sulla identità birazionale delle funzioni algebriche di due variabili dotate di una medesima curva di diramazione, *Rend. Ist. Lombardo* **77** (1944), 339–356.

[Chi2] O. Chisini, Il teorema di esistenza delle trecce algebriche, *Rend. Acc. Lincei* ser. **8** XVII (1954), 143–149, 307–311; XVIII (1955), 8–13.

[Cil] C. Ciliberto, Canonical surfaces with $p_g = p_a = 4$ and $K^2 = 5, \ldots, 10$, *Duke Math. J.* **48** (1981), 121–157.

[Corl1] K. Corlette, Flat G-bundles with canonical metrics, *J. Diff. Geom.* **28** (1988), 361–382.

[Corl2] K. Corlette, Gauge theory and representations of Kähler groups, *Contemp. Math.* **74** (1988).

[Cor] A. Corti, Polynomial bounds for automorphisms of surfaces of general type, *Ann. ENS* **24** (1991), 113–137.

[dBMN] P. de Bartolomeis, L. Migliorini, A. Nanniccini, Espaces de twisteurs kähleriens, *C. R. Acad. Sci. Paris* Ser. I **307** (1988), 259–261.

[De1] M. P. Deligne, Extensiones centrales non residuellement finies de groupes arithmétiques, *C. R. Acad. Sci. Paris*, **287** (1978), 203–208.

[De2] M. P. Deligne, Le groupe fondamental du complement d'une courbe plane n'ayant que des points doubles ordinaires est abélien, Sem. Bourbaki, 1979/80, *Lecture Notes in Math.* **842** (1981), Springer-Verlag, 1–10.

[D-G-M-S] M. P. Deligne, P. A. Griffiths, J. W. Morgan, D. Sullivan, Rational homotopy type of Kähler manifolds, *Invent. Math.* **29** (1975), 245–274.

[De-Mo] M. P. Deligne, G. D. Mostow, Monodromy of hypergeometric functions and non-lattice integral monodromy, *Publ. Math. IHES* **63** (1986), 5–89.

[Dem] J. P. Demailly, A numerical criterion for very ample line bundles, preprint **153** (1990), Institut Fourier, Université Grenoble I, to appear in *J. Diff. Geom.*

[D-P-S1] J. P. Demailly, T. Peternell, M. Schneider, Compact Complex Manifolds with numerically effective Tangent Bundles, preprint, 1991.

[D-P-S2] J. P. Demailly, T. Peternell, M. Schneider, Kähler manifolds with semipositive Ricci curvature, Schriftenreihe des Forschungsschwerpunkt Komplexe Mannigfaltigkeiten **141**, Bayreuth (1992).

[Dod] J. Dodziuk, De Rham-Hodge theory for L^2 cohomology and infinite coverings, *Topology* **16** (1977), 157–165.

[Dol] A. Dold, *Lectures on algebraic topology,* Grundlehren **200**, Springer-Verlag, 1972.

[Dolg] I. Dolgachev, Algebraic surfaces with $p_g = q = 0$, C.I.M.E. 1977; Algebraic surfaces, Liguori, Napoli, (1981), 97–215.

[Dlo] G. Dloussky, Structure des surfaces de Kato, *Mémoires Soc. Math. France* **14** (112) (1984).

[Do1] S. Donaldson, La topologie différentielle des surfaces complexes, *C. R. Acad. Sci. Paris* Ser. I **301** (1985), 317–320.

[Do2] S. Donaldson, Polynomial invariants for smooth 4-manifolds, *Topology* **29** (1990), 257–315.

[Do3] S. Donaldson, Anti self-dual Yang–Mills connections over complex algebraic surfaces and stable vector bundles, *Proc. London Math. Soc.* **50** (3) (1985), 1–26.

[Do4] S. Donaldson, An application of gauge theory to four dimensional topology, *J. Diff. Geom.* **18** (1983), 279–315.

[E-S] J. Eells, J. H. Sampson, Harmonic mappings of Riemannian manifolds, *Amer. J. of Math.* **86** (1964),109 –160.

[Ek1] T. Ekedahl, Canonical models of surfaces of general type in positive characteristic, *Publ. Math. IHES* **67** (1988), 97–144.

[Ek2] T. Ekedahl, Open problems and questions, in Birational Geometry of Algebraic Varieties, Open Problems, The XXIIIrd International Symp., Division of mathematics, The Taniguchi Foundation, Katata, 22-27/8/88.

[En1] F. Enriques, Introduzione alla geometria sopra le superficie algebriche, *Soc. It. delle Scienze (detta dei XL)* **10** (1896), 1–81.

[En2] F. Enriques, Sulla costruzione delle funzioni algebriche di due variabili possedenti una data curva di diramazione, *Ann. Mat. Pura Appl.* Ser. **4** (1) (1923).

[Fis] G. Fischer, Complex analytic geometry, *Lecture Notes in Math.* **538** (1976), Springer-Verlag.

[Fr] M. H. Freedman, The topology of four dimensional manifolds, *J. Diff. Geom.* **17** (1982), 357–453.

[F-M-M] R. Friedman, B. Moisezon, J. Morgan, On the C^∞-invariance of the canonical class of certain algebraic surfaces, *Bull. AMS* **17**(2), (1987), 283–286.

[F-Mo] R. Friedman, J. Morgan, On the diffeomorphism type of certain algebraic surfaces I, II, *J. Diff. Geom.* **27** (1988), 297–370, 371–398.

[Fuj] T. Fujita, On polarized manifolds whose adjoint bundles are not semipositive, *Alg. Geom., Sendai Adv. Studies Pure Math.* **10** (1987), North Holland, 283–360.

[Ful] W. Fulton, On the fundamental group of the complement to a node curve, *Ann. of Math.* **111** (2), (1980), 407–409.

[Gie1] D. Gieseker, Global moduli for surfaces of general type, *Invent. Math.* **43** (1977), 233–282.

[Gie2] D. Gieseker, Geometric invariant theory and applications to moduli problems, in: *Invariant theory, Proceedings, Montecatini 1982,* Lecture Notes in Math. **996** (1983), Springer-Verlag, 45–73.

[G-MP] M. Goresky, R. MacPherson, *Stratified Morse theory,* Springer, 1988.

[G-M] W. M. Goldmann, J. J. Millson, The deformation theory of representations of fundamental groups of compact Kähler manifolds, *Bull. AMS* **18** (2), (1988), 153–158.

[Gom1] R. E. Gompf, Sums of elliptic surfaces, *J. Diff. Geom.* **34** (1), (1991), 93–114.

[Gom2] R. E. Gompf, Some new symplectic 4-manifolds, Preprint MPI/1992-47.

[G-Mr] R. E. Gompf, T. S. Mrowka, Irreducible Four manifolds need not be complex, *Annals of Math.*, to appear.

[Go] G. Götzmann, Eine Bedingung für die Flachheit und das Hilbertpolynom eines graduierten Ringes, *Math. Z.* **158** (1978), 61–70.

[GR] H. Grauert, R. Remmert, Komplexe Räume, *Math. Ann.* **136** (1958), 245–318.

[Gr1] M. Green, Koszul cohomology and the geometry of projective varieties, *J. Diff. Geom.* **19** (1984), 125–171.

[Gr2] M. Green, Koszul cohomology and geometry, in *ICTP College Lectures on Riemann Surfaces 1987*, Cornalba et al. (eds.), World Scientific Press, 1989.

[Gr3] M. Green, Restrictions of linear series to hyperplanes, and some results of Macaulay and Götzmann, in : *Algebraic curves and Projective Geometry,* Lecture Notes in Math. **1389** (1989), Springer-Verlag, 76–86.

[G-L1] M. Green, R. Lazarsfeld, Deformation theory, generic vanishing theorems and some conjectures of Enriques, Catanese and Beauville, *Invent. Math.* **90** (1987), 389–407.

[G-L2] M. Green, R. Lazarsfeld, Higher obstructions to deforming cohomology groups of line bundles, *JAMS* **4** (1991), 87–103.

[G-M] M. Green, I. Morrison, The equations defining Chow varieties, *Duke Math. Journal* **53** (3) (1986), 733–747.

[Gr-H] M. J. Greenberg, J. R. Harper, *Algebraic topology: a first course*, Addison-Wesley (reed. 1981).

[G-H] P. Griffiths, J. Harris, *Principles of algebraic geometry*, Wiley, 1978.

[Grom] M. Gromov, Sur le groupe fondamental d'une variété Kahlerienne, *C.R. Acad. Sci. Paris* (1989), 67–70.

[Gro] A. Grothendieck, Techniques de descente et théorèmes d'existence en géométrie algébrique IV. Les schémas de Hilbert, Séminaire Bourbaki, **13** (1960/61), n. 221, 1–28.

[H1] R. M. Hain, Mixed Hodge structures on homotopy groups, *Bull. AMS* **14** (1), (1986), 111–114.

[H2] R. M. Hain, The geometry of the mixed Hodge structure on the fundamental group, in : *Algebraic Geometry-Bowdoin 1985,* Proc. Symp. Pure Math. **46** part 2, (1987), 247–282.

[H3] R. M. Hain, The de Rham homotopy theory of complex algebraic varieties, I, K-Theory 1 (1987), 271–324.

[Ha] R. Hartshorne, *Algebraic geometry*, G.T.M. **52** Springer-Verlag, 1976.

[Hi] H. Hironaka, Resolution of singularities of an algebraic variety over a field of characteristic zero I, II, *Ann. Math.* **79** (1964), 109–326.

[Hir1] F. Hirzebruch, Automorphe Formen und der Satz von Riemann-Roch, Symp. Int. Top. Alg. 1956, Univ. Mexico (1958), 129–144.

[Hir2] F. Hirzebruch, Arrangements of lines and algebraic surfaces, in: *Arithmetic and Geometry*, vol. II, Progress in Math. **36**, Birkhäuser Boston, 1983, 113–140.

[H-N-K] F. Hirzebruch, W. D. Neumann, S. S. Koh, *Differentiable manifolds and quadratic forms*, Marcel Dekker, New York, 1971.

[Hit1] N. J. Hitchin, Kählerian twistor spaces, *Proc. Lond. Math. Soc.* **43** (3) (1981), 133–150.

[Hit2] N. J. Hitchin, Lie groups and Teichmüller space, Warwick Preprints **5**, 1990.

[Hol1] R. Holzapfel, A class of minimal surfaces in the unknown region of surface geography, *Math. Nachr.* **98** (1980), 221–232.

[Hol2] R. Holzapfel, Arithmetic surfaces with great K^2, in: *Proceedings of the Week of Algebraic Geometry Bucharest 1980,* Teubner, Leipzig, 1981, 80–91.

[Hopf] H. Hopf, Zur Topologie der komplexen Mannigfaltigkeiten, in: *Studies and essays presented to R. Courant,* Interscience, New York, 1948, 167–185.

[Ho1] E. Horikawa, Algebraic surfaces of general type with small c12, I, *Ann. of Math.* **104** (2), (1976), 357–387; II, *Invent. Math.* **37** (1976), 121–155; III, *Invent. Math.* **47** (1978), 209–248; IV, *Invent. Math.* **50** (1979), 103–128; V, *J. Fac. Sci. Univ. Tokyo*, Sect. A. Math. **283** (1981), 745–755.

[Ho2] E. Horikawa, On the periods of Enriques surfaces, I, *Math. Ann.* **234** (1978), 73–108; II, *Math. Ann.* **235** (1978), 217–246.

[Hor] C. S. Horstmann, Automorphism groups of complex surfaces of general type, Ph. D. thesis, Univ. of Michigan (1987).

[H-S] A. Howard, A. J. Sommese, On the orders of automorphism groups of certain projective manifolds, in *Manifolds and Lie groups*, Birkhäuser, 1981, 145–158.

[Hu-Sa] A. T. Huckleberry, M. Sauer, On the order of the automorphism group of a surface of general type, *Math. Z.* **205** (2) (1990), 321–329.

[Hum] J. Humphreys, *Linear Algebraic Groups,* GTM **21**, Springer-Verlag, 1975.

[Hur] A. Hurwitz, Über algebraische Gebilde mit eindeutigen Transformationen in sich, *Math. Ann.* **41** (1893), 403–442.

[Ji-Y] T. Jiang, S.-T. Yau, Intersection lattices and the topological structures of complements of arrangements in $\mathbb{CP}^2$, Preprint (1992).

[J-R] F. E. A. Johnson, E. Rees, On the fundamental group of complex algebraic manifolds, *Bull. London Math. Soc.* **19** (1987), 463–466.

[J-Z] J. Jost, K. Zuo, Rank-2 Representations of π_1 of Quasi Projective Manifolds, Preprint.

[Ke] J. H. Keum, Some new surfaces of general type with $p_g = 0$, preprint, 1988.

[Kl] S. Kleiman, Problem 15. Rigorous foundation of Schubert's enumerative calculus, in: *Mathematical developments arising from Hilbert problems*, Proc. of Symposium in Pure Math. **28** (2), 1976, 445–482.

[Ko] S. Kobayashi, Differential geometry of complex vector bundles, Publication of the Mathematical Society of Japan **15**, Iwanami Shoten Publishers and Princeton University Press, 1987.

[Kod1] K. Kodaira, On compact complex analytic surfaces, I, *Ann. of Math.* **71** (1960), 111–152; II, *Ann. of Math.* **77** (1963), 563–626; III, *Ann. of Math.* **78** (1963), 1–40.

[Kod2] K. Kodaira, On the structure of compact complex analytic surfaces I-IV, *Amer. J. Math.*, I: 86 (1964), 751–798; II: 88 (1966), 682–721; III: 90 (1968), 55–83; IV: 90 (1968), 1048–1066.

[Kod3] K. Kodaira, On characteristic systems of families of surfaces with ordinary singularities in a projective space, *Am. J. of Math.* **87** (1965), 227–256.

[Kod4] K. Kodaira, On homotopy $K3$ surfaces, *Essays on Topology and Related Topics, Mémoires dédiés à Georges de Rham*, Springer-Verlag, 1970, 58–69.

[K-M] K. Kodaira, J. Morrow, *Complex Manifolds*, Holt, Rinehart and Winston, New York, 1971.

[Kol1] J. Kollar, Projectivity of complete moduli, *J. Diff. Geom.* **32** (1), (1990), 235–268.

[Kol2] J. Kollar, Effective base point freeness, preprint, 1992.

[Kot1] D. Kotschick, Stable and unstable bundles on algebraic surfaces, in *Problems in the theory of surfaces and their classification*, Cortona, Italy, Oct. 1988, Symposia Math. 32, Academic Press, 1991.

[Kot2] D. Kotschick, Orientation-reversing homeomorphisms in surface geography, *Math. Ann.* **292** (1992), 375–381.

[Kot3] D. Kotschick, All fundamental groups are almost complex, *Bull. London Math. Soc.* **24** (1992).

[Kot4] D. Kotschick, The topology of algebraic surfaces with irregularity and geometric genus zero, in *Geometry of Low-Dimensional Manifolds: 1*, LMS Lecture Note Series **150** (1990), Cambridge, 55–62.

[Kot5] D. Kotschick, Moduli of vector bundles with odd c_1 on surfaces with $q = p_g = 0$, *Am. J. of Math.* **114** (1992), 297–313.

[Kr] P. B. Kronheimer, Instanton invariants and flat connections on the Kummer surface, *Duke Math. J.* **64** (2) (1991), 229–241.

[Kul] R. S. Kulkarni, Normal Subgroups of Fuchsian Groups, *Q. J. Math. Oxford* **36** (1985), 325–344.

[Ku] M. Kuranishi, On the locally complete families of complex analytic structures, *Ann. Math.* **75** (2) (1962), 536–577.

[La] W. Lang, Quasi-elliptic surfaces in Characteristic 3, *Ann. E.N.S.* **12** (4) (1979), 47–500.

[Li-Y-Z] J. Li, S. - T. Yau, F. Zheng, A simple proof of Bogomolov's theorem on class VII_0 surfaces with $b_2 = 0$, *Illinois J. of Math.* **34** (1990), 217–220.

[Lu-Y] S. Shin - Yi Lu, S. - T. Yau, Holomorphic curves in surfaces of general type, *Proc. Natl. Acad. Sci. USA* **87**(1990), 80–82.

[Mac] F. S. Macaulay, Some properties of enumeration in the theory of modular systems, *Proc. London Math. Soc.* **26** (1927), 531–555.

[Man] M. Manetti, On some components of Moduli spaces of surfaces of general type, Publ. 137 Scuola Normale Pisa (1992).

[Mat] H. Matsumura, On algebraic groups of birational transformations, *Rend. Acc. Lincei* **34** ser. 8 (1963), 151–155.

[Mi1] Y. Miyaoka, On numerically Campedelli surfaces, in Complex Analysis and Algebraic Geometry, Iwanami Shoten, Tokyo (1977), 112–118.

[Mi2] Y. Miyaoka, On the Chern numbers of surfaces of general type, *Inv. Math.* **42** (1977), 225–237.

[Mi3] Y. Miyaoka, Algebraic surfaces with positive indices, Progress in Math. 39, Birkhäuser, 1983, 281–301.

[Mi4] Y. Miyaoka, The maximal number of quotient singularities on surfaces with given numerical invariants, *Math. Ann.* **268** (1984), 159–171.

[Moi1] B. Moisezon, Stable branch curves and braid monodromies, Springer L.N.M. 862 (1981), 107–192.

[Moi2] B. Moisezon, Algebraic surfaces and the arithmetic of braids I, in *Arithmetic and Geometry vol. II*, Prog. in Math. **36**, Birkhäuser, 1983, 199–269.

[Moi3] B. Moisezon, Algebraic surfaces and the arithmetic of braids II, *Contemp. Math.* **44** (1985), 311–344.

[Moi4] B. Moisezon, Analogs of Lefschetz theorems for linear systems with isolated singularities, *J. Diff. Geom.* **31** (1) (1990), 47–72.

[Moi5] B. Moisezon, On cuspidal branch curves, *J. Alg. Geom.* **2** (1993), 309–384.

[MT1] B. Moisezon, M. Teicher, Existence of simply connected algebraic surfaces of general type with positive and zero indices, *Proc. Nat. Acad. Sci. USA* **83** (1986), 6665–6666.

[MT2] B. Moisezon, M. Teicher, Simply connected algebraic surfaces of positive index, *Invent. Math.* **89** (1987), 601–643.

[MT3] B. Moisezon, M. Teicher, Galois coverings in the theory of algebraic surfaces, in: *Algebraic Geometry -Bowdoin 1985*, A.M.S. Proc. of Sympos. in Pure Math. **46**, part 2, 1987, 47–65.

[Mor1] J. Morgan, The algebraic topology of smooth algebraic varieties, *I.H.E.S. Publ. Math.* **48** (1978), 137–204.

[Mor2] J. Morgan, Comparison of the Donaldson polynomial invariants with their algebro-geometric analogues, preprint, 1992.

[M-OG] J. Morgan, K. O'Grady, The smooth classification of fake $K3$'s and similar surfaces, preprint, 1992.

[Mos] G. D. Mostow, Existence of non arithmetic monodromy groups, *Proc. Nat. Acad. Sci. USA* **78** (1981), 5948–5950.

[MS] G. D. Mostow, Y.T.Siu, A compact Kähler surface of negative curvature not covered by the ball, *Ann. of Math.* **112** (1980), 321–360.

[Mu1] D. Mumford, Pathologies of modular surfaces, *Amer. J. Math.* **83** (1961), 339–342.

[Mu2] D. Mumford, Abelian varieties, Tata Institute of Fundamental Research, Bombay, Oxford University Press, 1974.

[Mu3] D. Mumford, Stability of projective varieties, Ens. Math **24** (1977).

[Mu4] D. Mumford, An algebraic surface with K ample, $K^2 = 9, p_g = q = 0$, *Amer. J. Math.* **101** (1979), 233 –244.

[M-F] D. Mumford, J. Fogarty, *Geometric Invariant Theory,* Erg. der Math. **34**, 1982, Springer-Verlag.

[Na] I. Nakamura, On surfaces of class VII0 with curves, *Invent. Math.* **78** (3) (1984), 393–443.

[New] P. E. Newstead, *On introduction to moduli problems and orbit spaces,* Tata Institute Bombay Lectures in Math., 1978.

[Noe1] M. Noether, Zur Theorie des eindeutigen Entsprechens algebraischer Gebilde, *Math. Ann.* **2** (1870), 293–316; **8** (1875), 495–533.

[Noe2] M. Noether, Anzahl der Moduln einer Klasse algebraischer Flächen, *Sb. Kgl. Preuss. Akad. Wiss. Math.-Nat. Kl.,* Berlin (1888), 123–127.

[Ok1] M. Oka, Some Plane Curves whose Complements have Non-Abelian Fundamental Groups, *Math. Ann.* **218** (1975), 55–65.

[Ok2] M. Oka, On the fundamental group of the complement of certain plane curves, *J. Math. Soc. Japan* **30** (4) (1978), 579–597.

[Ok-S] M. Oka, K. Sakamoto, Product theorem of the fundamental group of a reducible curve, *J. Math Soc. Japan* **30** (4) (1978), 599–602.

[O-VdV] C. Okonek, A. Van de Ven, Stable bundles and differentiable structures on certain elliptic surfaces, *Invent. Math.* **86** (1986), 357–370.

[O-P] F. Oort, C. Peters, A Campedelli surface with torsion group $\mathbb{Z}/2$, *Indag. Math.* **43** (1981), 399–407.

[Par1] R. Pardini, Abelian covers of algebraic varieties, *J. reine angew. Math.* **417** (1991), 191–213.

[Par2] R. Pardini, Canonical images of surfaces, *J. reine angew. Math.* **417** (1991), 215–219.

[Pa-To] R. Pardini, F. Tovena, On the fundamental group of an abelian cover, preprint Pisa, 1992.

[Per] U. Persson, On Chern invariants of surfaces of general type, *Comp. Math.* **43** (1981), 3–58.

[Pet] C. A. M. Peters, On certain examples of surfaces with $p_g = 0$ due to Burniat, *Nagoya Math. J.* **66** (1977), 109–119.

[P-T] V. Pidstrigach, A. Tyurin, Invariants of the smooth structures of an algebraic surfaces arising from Dirac operator, *Izv. AN SSSR Ser. Math.* **56** (2) (1992), 279–371 (English transl.: Warwick preprint **22**, 1992).

[Pi] G. P. Pirola, On a conjecture of Xiao, *J. reine angew. Math.* **431** (1992), 75–89.

[Po] M. Pontecorvo, Algebraic dimension of twistor spaces and scalar curvature of anti-self-dual metrics, *Math. Ann.* **291** (1991), 113-122.

[Ra] M. S. Raghunathan, Torsion in cocompact lattices in coverings of Spin $(2, n)$, *Math. Ann.* **266** (1984), 403–419.

[Reid1] M. Reid, π_1 for surfaces with small c_1^2, in: *Algebraic Geometry,* Lecture Notes in Math. **732** (1979), Springer-Verlag, 534–544.

[Reid2] M. Reid, Surfaces with $p_g = 0, K^2 = 1$, *J. Fac. Sc. Univ. Tokyo S. IA* **25** (1978), 75–92.

[Reid3] M. Reid, Infinitesimal view of extending a hyperplane section, in: *Proc. of the conference Hyperplane Sections, L'Aquila 1988,* Lecture Notes in Math. **1437**, Springer-Verlag, 214–286.

[Reid4] M. Reid, Campedelli versus Godeaux, in Problems in the theory of surfaces and their classification, *Symp. Math. Vol.* XXXII (1991), INDAM and Acad. Press, 309–365.

[Rei1] I. Reider, Vector bundles of rank two and linear systems on algebraic surfaces, *Ann. of Math.* **127** (1988), 309–316.

[Rei2] I. Reider, Cohomology and Geometry of Algebraic Surfaces, preprint, 1991.

[Rem] R. Remmert, Sur les espaces analytiques holomorphiquement séparables et holomorphiquement convexes, *C.R. Acad. Sci. Paris* **243** (1956), 118–121.

[Sa] S. Salamon, Quaternionic Kähler manifolds, *Inv. Math.* **67** (1982), 143–171.

[Sal1] M. Salvetti, On the number of non-equivalent differentiable structures on 4-manifolds, *Man. Math.* **63** (1989), 157–171.

[Sal2] M. Salvetti,A lower bound for the number of differentiable structures on 4-manifolds, Boll. U.M.I. (7) **5-A** (1991), 33–40.

[Sam] J. H. Sampson, Applications of harmonic maps to Kähler geometry, in Complex Differential Geometry and Nonlinear Differential Equations, ed. Y.-T. Siu, *Contemp. Math.* **49** (1986).

[ST] H. Seifert, W.Threlfall, *Lehrbuch der Topologie,* Teubner, Leipzig, 1934; reprinted Chelsea, New York 1980.

[Serr] F. Serrano, Fibred surfaces and moduli, *Duke Math. J.* **67** (2) (1992), 407–423.

[Ser1] J. P. Serre, Géométrie algébrique et géométrie analytique, *Ann. Inst. Fourier* **6** (1956), 1– 42.

[Ser2] J. P. Serre, Sur la topologie des variétés algébriques en caractéristique p, Symposium internacional de topologia algebraica Univ. Nac. Auton. de Mexico and UNESCO, Mexico City (1958), 24–53.

[Ser3] J. P. Serre, On the fundamental group of a unirational variety, *J. Lond. Math. Soc.* **34** (1959), 481–484.

[Ser4] J. P. Serre, Exemples de variétés projectives conjuguées non homeomorphes, *C. R. Acad. Sci. Paris* **258** (1964), 4194–4196.

[Ser5] J. P. Serre, *Cours d' arithmétique*, Presses Univ. de France, Paris, 1970.

[Ser6] J. P. Serre, Arbres, amalgames, SL_2, Astérisque **46**, Soc. Math. France (1977), transl. as *Trees*, Springer-Verlag, 1980.

[Sh] I. R. Shafarevich, *Basic Algebraic Geometry,* Grundlehren **213**, 1974, Springer-Verlag.

[Shav] I. H. Shavel, A class of algebraic surfaces of general type constructed from quaternionic algebras, *Pac. J. of Math.* **76** (1), (1978), 221–245.

[Si1] C. T. Simpson, Constructing variations of Hodge structure using Yang-Mills theory and applications to uniformization, *Journal AMS* **1** (4), (1988), 867–918.

[Si2] C. T. Simpson, Transcendental aspects of the Riemann–Hilbert correspondence, *Illinois J. of Math.* **34** (2), (1990), 368–391.

[Si3] C. T. Simpson, The Ubiquity of Variations of Hodge Structure, to appear in the Proc. of the AMS conf. in Sundance.

[Si4] C. T. Simpson, Higgs Bundles and Local Systems, *Publ. Math. IHES* **75** (1992), 5–95.

[Si5] C. T. Simpson, Non Abelian Hodge theory, in: *Proceedings I.C.M. Kyoto, Kyoto 1990*, Springer-Verlag, 1991.

[Siu1] Y. T. Siu, The complex-analycity of harmonic maps and the strong rigidity of compact Kähler manifolds, *Ann. Math.* **112** (1980), 73–111.

[Siu2] Y. T. Siu, Strong rigidity for Kähler manifolds and the construction of bounded holomorphic functions, in *Discrete groups and Analysis*, R. Howe ed., Birkhäuser, 1987,124–151.

[Som] A.J. Sommese, On the density of ratios of Chern numbers of algebraic surfaces, *Math. Ann.* **268** (1984), 207–221.

[Su] D. Sullivan, Infinitesimal Calculations in topology, *Publ. IHES* **47** (1978), 269–331.

[Th] W. P. Thurston, Three dimensional manifolds, Kleinian groups and hyperbolic geometry, *Bull. AMS* **6** (3), (1982), 357–381.

[Ty] G. N. Tyurina, Resolution of singularities of flat deformations of rational doublets, *Funktsional. Anal., Prilozhen.* **4** (1), (1970), 77–83, MR 42 #2031.

[Tyu1] A. N. Tyurin, Algebraic geometric aspects of smooth structure 1: The Donaldson polynomials, *Russian Math. Surveys* **44** (3), (1989), 113–178.

[Tyu2] A. N. Tyurin, The simple method of distinguishing the underlying differentiable structures of algebraic surfaces, *Mathematica Göttingensis* **25** (1992).

[To] D. Toledo, Projective varieties with non-residually finite fundamental group, preprint, 1990.

[Tr] Trento examples, in: *Classification of irregular varieties, Trento 1990,* Lecture Notes in Math. **1515**(1992), Springer-Verlag, 134–139.

[VdV] A. Van de Ven, On the Chern numbers of certain complex and almost complex manifolds, *Proc. Natl. Acad. Sci. USA* (1966), 1624–1627.

[VK] E. Van Kampen, On the fundamental group of an algebraic curve, *Am. J. Math.* **55** (1933).

[Vie] E. Viehweg, Weak positivity and the stability of certain Hilbert points, *Invent. Math.* **96** (1989), 639–667.

[Wah] J. Wahl, Deformations of plane curves with nodes and cusps, *Amer. J. Math.* **96** (1974), 529–577.

[Wa] C. T. C. Wall, Geometric structures on compact complex analytic surfaces, *Topology* **25** (1986), 119–153.

[Xi1] G. Xiao, L'irregularité des surfaces de type général dont le système canonique est composé d'un pinceau, *Comp. Math.* **56** (1985), 251–257.

[Xi2] G. Xiao, Algebraic surfaces with high canonical degree, *Math. Ann.* **274** (1986), 473–483.

[Xi3] G. Xiao, Fibered algebraic surfaces with low slope, *Math. Ann.* **27** (1987), 449–466.

[Xi4] G. Xiao, Hyperelliptic surfaces of general type with $K^2 < 4\chi$, *Manuscripta Math.* **57** (1987), 125–148.

[Xi5] G. Xiao, Irregularity of surfaces with a linear pencil, *Duke Math. J.* **55** (3) (1987), 597–602.

[Xi6] G. Xiao, Topological π_1 for hyperelliptically fibred surfaces, preprint, 1990.

[Xi7] G. Xiao, An example of hyperelliptic surfaces with positive index, *North-Eastern Math. J.*

[Xi8] G. Xiao, Bound of automorphisms of surfaces of general type I, Prépublication de l'Institut Fourier, Grenoble, **190** (1991), to appear in *Ann. of Math.*

[Xi9] G. Xiao, Bound of automorphisms of surfaces of general type II, Prépublication de l'Institut Fourier, Grenoble, **323**, 1992.

[Ya1] S. T. Yau, Calabi's conjecture and some new results in algebraic geometry, *Proc. Nat. Acad. Sci. USA* **74** (1977), 1798–1799.

[Ya2] S. T. Yau, On the Ricci curvature of a complex Kähler manifold and the complex Monge-Ampere equations, *Comm. Pure Appl. Math.* **31** (1978), 339–411.

[Za1] O. Zariski, On the problem of existence of algebraic functions of two variables possessing a given branch curve, *Am. J. Math.* **51** (1929), 305–328.

[Za2] O. Zariski, On the non existence of curves of order 8 with 16 cusps, *Am. J. Math.* **52** (1930), 150–170.

[Za3] O. Zariski, On the irregularity of cyclic multiple planes, *Ann. of Math.* **32** (2), (1931), 485–511.

[Z1] K. Zuo, The Moduli Space of Some Rank-2 Stable Vector Bundles over Algebraic $K3$-Surfaces, preprint Kaiserslautern.

[Z2] K. Zuo, Some Structure theorems of Semi-Simple Representations of $\pi_1(X, x)$ of Algebraic Manifolds, preprint Kaiserslautern.

Dipartimento di Matematica
Università di Pisa
Via Buonarroti 2
56127 Pisa, Italy

Received December 14, 1992

Evidence for a Cohomological Approach to Analytic Number Theory

Christopher Deninger

0. Introduction

The first two sections of this note are an expanded version of the lecture at the Congress. We first explain how a cohomological formalism might look, one that would serve the same purposes for zeta functions of number fields and étale or cristalline cohomology for zeta functions of curves over finite fields. After indicating some consequences of the hypothetical formalism that can actually be proved, we explain how very naturally the Riemann hypotheses would ensue. These matters are also discussed in [De2] but in the much more general framework of motives. We thought that it might be useful to make the simple basic ideas available to non experts for motives as well.

In section three, which was not delivered at the Congress, we prove a representation as a regularized series for Cramér's function [C]:

$$V(z) = \sum_{\operatorname{Im}\rho>0} e^{\rho z} \quad , \operatorname{Im} z > 0$$

where ρ runs over all the non–trivial zeros of the Riemann zeta function. We were motivated by the search for a "holomorphic Lefschetz trace formula" in analytic number theory.

Finally I would like to draw the attention of the reader to somewhat related ideas of Kurokawa [Ku1], [Ku2], Manin [M] and Smirnov [Sm].

1. Zeta functions of number fields and of curves over finite fields

We begin with Riemann's zeta function which for $\operatorname{Re}(s) > 1$ is defined by the Euler product

$$\zeta(s) = \prod_p (1 - p^{-s})^{-1}$$

where p runs over all prime numbers. It has a meromorphic continuation to all of $\mathbb{C}$ with $s = 1$ as its only pole. A famous symmetry is expressed by the functional equation which in terms of divergent series was already discovered by Euler. Defining

$$\Gamma_{\mathbb{R}}(s) = 2^{-\frac{1}{2}}\pi^{-\frac{s}{2}}\Gamma\left(\frac{s}{2}\right)$$

to be the Euler factor at infinity the completed ζ–function

$$\widehat{\zeta}(s) = \zeta(s)\Gamma_{\mathbb{R}}(s)$$

satisfies

$$\widehat{\zeta}(1-s) = \widehat{\zeta}(s)\,.$$

Clearly $\widehat{\zeta}$ has poles only at $s = 0, 1$ and of first order.

The zeros of $\widehat{\zeta}$ all lie in $0 < \mathrm{Re}\, s < 1$ and agree with the zeros of ζ in this strip: the so called non–trivial zeros. The Riemann conjecture (RC) predicts that all these zeros lie on the line $\mathrm{Re}\, s = \frac{1}{2}$. The following assertion explains the importance of this conjecture for the study of the distribution of prime numbers:

Set

$$\pi(x) = \sum_{p \le x} 1 \quad \text{and} \quad \mathrm{Li}(x) = \int_2^x \frac{\mathrm{dt}}{\log t} \quad \text{for } x > 0\,.$$

Then RC is equivalent to the estimate

$$\pi(x) = \mathrm{Li}(x) + O\left(x^{\frac{1}{2}+\varepsilon}\right) \quad \text{for all } \varepsilon > 0\,.$$

For a proof see [Lan] Chapter XXI Section 93.

If $k/\mathbb{Q}$ is a number field the Dedekind zeta function of k is defined by the Euler product

$$\zeta_k(s) = \prod_{\mathfrak{p}} (1 - N\mathfrak{p}^{-s})^{-1} \quad \text{for } \mathrm{Re}\, s > 1$$

where now $\mathfrak{p}$ runs over the prime ideals of the ring of integers $\mathcal{O}_k$ of k. Setting

$$\Gamma_{\mathbb{C}}(s) = (2\pi)^{-s}\Gamma(s)$$

we define the completed zeta function by:

$$\widehat{\zeta}_k(s) = \zeta_k(s)\Gamma_{\mathbb{R}}(s)^{r_1}\Gamma_{\mathbb{C}}(s)^{r_2}$$

where r_1, r_2 denote the numbers of real resp. complex places of k. Again $\widehat{\zeta}_k(s)$ has poles only at $s = 0, 1$ which are of first order and a functional equation

$$\widehat{\zeta}_k(1-s) = d^{s-\frac{1}{2}} \, \widehat{\zeta}_k(s) \, .$$

Here $d = d_{k/\mathbb{Q}}$ denotes the absolute value of the discriminant of $k/\mathbb{Q}$. We can rewrite this as

$$\Lambda_k(1-s) = \Lambda_k(s) \quad \text{for } \Lambda_k(s) = d^{s/2} \, \widehat{\zeta}_k(s) \, . \tag{1.0}$$

The Riemann hypotheses claims as before that $\widehat{\zeta}_k(s) = 0$ implies $\operatorname{Re} s = \frac{1}{2}$.

A well established reason why $\Gamma_{\mathbb{R}}(s), \Gamma_{\mathbb{C}}(s)$ are the right analogs of the Euler factors at the finite places $(1 - N\mathfrak{p}^{-s})^{-1}$ comes from integration theory on the locally compact groups $k_{\mathfrak{p}}^*$ see [T]. Below we will give another analogy in terms of zeta regularized determinants.

It is well known that in spite of much effort Riemann's conjecture is still unproved today. There is impressive numerical evidence in its favour but certainly the best reason to believe that it is true comes from the analogy of number fields with function fields of curves over finite fields where the analogue of *RC* has first been proved by A. Weil [W]. In this case geometric methods and in particular the use of cohomology theory allow a much deeper understanding of zeta functions than in the number field case. We will describe this now using cristalline cohomology [B] because the cristalline picture seems closest to what we hope for in the number field case.

So let Y be a smooth projective geometrically connected curve over $\mathbb{F}_q$ with function field K. Clearly Y corresponds to $\mathcal{Y}_k = \operatorname{spec} \mathcal{O}_k \cup \{\mathfrak{p} \mid \infty\}$ and K to k. The zeta function of K is defined by the Euler product

$$\widehat{\zeta}_K(s) = \prod_{y \in |Y|} (1 - Ny^{-s})^{-1} \; , \; Ny = \sharp \kappa(y) \; , \; \operatorname{Re} s > 1$$

where $|Y|$ is the set of closed points of Y and $\kappa(y)$ is the residue class field of y. The notation $\widehat{\zeta}_K$ is not standard; we use it to stress the analogy with the number field case.

The cristalline cohomology groups $H^i_{cr}(Y/W)$ of Y are modules of finite rank over the ring $W = W(\mathbb{F}_q)$ of Witt-vectors of $\mathbb{F}_q$. They carry a σ semilinear endomorphism φ where σ is the Frobenius automorphism of W induced by the one on $\mathbb{F}_q$. Note that $F = \varphi^r$ is W–linear if $q = p^r$.

Let Q be the quotient field of W and set

$$H^i_{cr}(Y/Q) = H^i_{cr}(Y/W) \otimes_W Q \, .$$

We have $\dim_Q H^i_{cr}(Y/Q) = 1$ for $i = 0, 2$ and $\dim_Q H^1_{cr}(Y/Q) = 2g$ where g denotes the genus of Y. On $H^0_{cr}(Y/Q) = Q$ we have $\varphi = \sigma, F = \mathrm{id}$; for H^2 there is a Frobenius equivariant trace isomorphism:

$$H^2_{cr}(Y/Q) \xrightarrow[\sim]{\mathrm{Tr}} Q(-1) \tag{1.1}$$

where $Q(-1) = Q$ as a Q–vectorspace but with φ resp. F acting by $p \cdot \sigma$ resp. $q\,\mathrm{id}$.

Poincaré duality asserts that the $\cup$–product pairing

$$H^i_{cr}(Y/Q) \times H^{2-i}_{cr}(Y/Q) \xrightarrow{\cup} H^2_{cr}(Y/Q) \xrightarrow[\sim]{\mathrm{Tr}} Q(-1) \tag{1.2}$$

is non–degenerate. The Lefschetz trace formula says that

$$\begin{aligned}\sum_{i=0}^{2}(-1)^i \mathrm{Tr}(F^{*^n} \mid H^i_{cr}(Y/Q)) &= \sum_{\substack{\overline{y} \in |\overline{Y}| \\ F^n(\overline{y}) = \overline{y}}} 1 \quad \text{where } \overline{Y} = Y \otimes_{\mathbb{F}_q} \overline{\mathbb{F}}_q \\ &= \sharp Y(\mathbb{F}_{q^n})\,.\end{aligned} \tag{1.3}$$

The truth of the following formula (1.4) can be seen by differentiating both sides logarithmically with respect to s and using a simple counting argument

$$\widehat{\zeta}_K(s) = \exp\left(\sum_{n=1}^{\infty} \frac{\sharp Y(\mathbb{F}_{q^n})}{n} q^{-ns}\right) \quad \text{for } \mathrm{Re}\, s \gg 0\,. \tag{1.4}$$

We may view Q (very uncanonically) as a subfield of $\mathbb{C}$. Doing this and using the formula

$$\exp\left(\sum_{n=1}^{\infty} \frac{1}{n} \mathrm{Tr}(F^n \mid V) T^n\right) = \det(1 - FT \mid V)^{-1}\,, \; |T| \ll 1$$

for any endomorphism F of a finite dimensional vector space V, it follows from (1.3) and (1.4) that

$$\begin{aligned}\widehat{\zeta}_K(s) &= \prod_{i=0}^{2} \det(1 - Fq^{-s} \mid H^i_{cr}(Y/Q))^{(-1)^{i+1}} \\ &= \frac{P_1(s)}{(1-q^{-s})(1-q^{1-s})}\end{aligned} \tag{1.5}$$

where $P_1(s) = \det(1 - Fq^{-s} \mid H^1_{cr}(Y/Q))$ is a polynomial in q^{-s} of degree $2g$ with coefficients in $\mathbb{Z}$ independent of the choice of embedding $Q \subset \mathbb{C}$. The representation (1.5) shows in particular that $\widehat{\zeta}_K(s)$ has a meromorphic continuation to $\mathbb{C}$. Since Poincaré duality is F–equivariant we immediately obtain the functional equation

$$\widehat{\zeta}_K(1-s) = ab^s \widehat{\zeta}_K(s) \tag{1.6}$$

for certain constants a and $b > 0$. In fact $a = q^{1-g}$ and $b = q^{2g-2}$.

Finally by the theory of weights it is known that the eigenvalues of F on $H^i_{cr}(Y/Q)$ have absolute value equal to $q^{i/2}$ regardless of the embedding $Q \subset \mathbb{C}$ see [D], [Ka–M]. Thus the zeros of $\widehat{\zeta}_K(s)$ are those of $P_1(s)$ and they have real part 1/2.

Returning to the number field case for a moment, it is clear that, due to the analytic nature of Dedekind ζ–functions, any cohomological interpretation will have to allow for infinite dimensional cohomology spaces. But then if, for example, one thinks about base change from characteristic zero to characteristic p, one is lead to think that even in positive characteristic there should exist a cohomological interpretation of ζ–functions where the spaces are infinite dimensional. In fact starting from cristalline or l–adic cohomology it is possible to construct such a theory in positive characteristic [De1], [De2]. Before we describe it for Y, we have to recall the notion of the zeta regularized determinant. Consider a $\mathbb{C}$–vector space H together with an endomorphism Θ which is the countable direct sum of finite dimensional Θ–invariant subspaces. We assume that for any $\alpha \in \mathbb{C}$ the algebraic multiplicity

$$m_\alpha = \dim \varinjlim_n \operatorname{Ker}(\Theta - \alpha\, \mathrm{id})^n$$

is finite. We also assume that the Dirichlet series $\sum_{\alpha \in \mathbb{C}^*} m_\alpha \alpha^{-s}$ where α^s is defined using $-\pi < \operatorname{Arg}(\alpha) \le \pi$ converges for $\operatorname{Re} s \gg 0$ and has a meromorphic continuation $\zeta_\Theta(s)$ to $\operatorname{Re} s > -\varepsilon, \varepsilon > 0$ which is holomorphic at $s = 0$. Under these conditions one defines

$$\begin{aligned} &{\det}_\infty(\Theta \mid H) = \exp(-\zeta'_\Theta(0)) \text{ if } \operatorname{Ker}\Theta = 0 \quad \text{and} \\ &{\det}_\infty(\Theta \mid H) = 0 \text{ if } \operatorname{Ker}\Theta \neq 0\,. \end{aligned}$$

It is clear that for finite dimensional H we have ${\det}_\infty(\Theta \mid H) = \det(\Theta \mid H)$ and that ${\det}_\infty$ is multiplicative in short exact sequences.

Now let $Y/\mathbb{F}_q$ and K be as before. Let

$$\mathbb{L}_q = \mathbb{C}\left[\exp\left(\frac{2\pi i}{\log q}\xi\right), \exp\left(-\frac{2\pi i}{\log q}\xi\right)\right] \subset \mathcal{O}(\mathbb{C}) \tag{1.7}$$

be the subring of $\mathcal{O}(\mathbb{C})$ of Laurent polynomials in $\exp\left(\frac{2\pi i}{\log q}\xi\right)$. It carries an operation of $T = (\mathbb{R}, +)$ via

$$\sigma : T \longrightarrow \mathrm{Aut}_{\mathbb{C}}(\mathbb{L}_q)\ ,\ (\sigma(t)f)(\xi) = f(\xi + t)\,.$$

The induced operation of the Lie algebra $\mathfrak{t} \cong \mathbb{R}$ is given by

$$d\sigma : \mathfrak{t} \longrightarrow \mathrm{End}_{\mathbb{C}}(\mathbb{L}_q)\ ,\ d\sigma(u) = u\Theta\ ,\ \Theta = \frac{d}{d\xi}\,.$$

For any $\mathbb{C}$–vector space H with an action σ_H of T we define the α–twist $H(\alpha)$ for $\alpha \in \mathbb{C}$ to be H itself but with T–action given by $\sigma_{H(\alpha)}(t) = e^{-t\alpha}\sigma_H(t)$. If the Lie derivative $d\sigma_H$ exists we have $d\sigma_{H(\alpha)} = d\sigma_H - \alpha \mathrm{id}$ and in particular $\Theta_{H(\alpha)} = \Theta_H - \alpha\,\mathrm{id}$. If H is an $\mathbb{L}_q$–module with a σ–linear action of T then $H(\alpha)$ is again an $\mathbb{L}_q$–module with σ–linear action of T.

In [De1], [De2] Section 3,4 we have defined cohomology groups $H^i(Y/\mathbb{L}_q)$ which are free $\mathbb{L}_q$–modules of finite rank equipped with a σ–linear action of T or equivalently with the action of a $\mathbb{C}$–linear endomorphism Θ (corresponding to $1 \in \mathfrak{t}$) such that

$$\Theta(l \cdot h) = \Theta(l)h + l\Theta(h) \quad \text{for } l \in \mathbb{L}_q, h \in H^i(Y/\mathbb{L}_q)\,.$$

We think of $H^i(Y/\mathbb{L}_q)$ with its $T = \mathbb{R}$–action as being analogous to $H^i_{cr}(Y/Q)$ with action by $\langle\varphi\rangle \cong \mathbb{Z}$. The main properties of the groups $H^i(Y/\mathbb{L}_q)$ are these: $H^0(Y/\mathbb{L}_q) = \mathbb{L}_q$, $\mathrm{rk}_{\mathbb{L}_q} H^1(Y/\mathbb{L}_q) = 2g$ and there is a trace isomorphism

$$H^2(Y/\mathbb{L}_q) \xrightarrow[\sim]{\mathrm{Tr}} \mathbb{L}_q(-1)\,.$$

The $\cup$–product pairing

$$H^i(Y/\mathbb{L}_q) \times H^{2-i}(Y/\mathbb{L}_q) \longrightarrow H^2(Y/\mathbb{L}_q) \xrightarrow[\sim]{\mathrm{Tr}} \mathbb{L}_q(-1) \tag{1.8}$$

is a perfect pairing of free $\mathbb{L}_q$–modules. If we view the cohomologies as $\mathbb{C}$–vector spaces only then this pairing identifies $H^i(Y/\mathbb{L}_q)$ with the "smooth dual" of $H^{2-i}(Y/\mathbb{L}_q)$ as a T–module. Here the smooth dual is defined to be the direct sum over the duals of the (finite dimensional) eigenspaces with respect to the T–action. The following assertions about weights hold for the T– and Θ–action on $H^i(Y/\mathbb{L}_q)$:

The eigenvalues of Θ on $H^w(Y/\mathbb{L}_q)$ have real part $\frac{w}{2}$. Equivalently the eigenvalues of $\sigma_{H^w}(t)$ have absolute value $e^{\frac{wt}{2}}$ for all $t \in T$. (1.9)

As for the relation with the zeta function we have

Proposition 1.10.

(i) $(1 - Ny^{-s})^{-1} = \det_\infty \left(\frac{1}{2\pi}(s\mathrm{id} - \Theta) \mid \mathbb{L}_{Ny}\right)^{-1}$ for $s \in \mathbb{C}$,

(ii) $\widehat{\zeta}_K(s) = \prod_{i=0}^{2} \det_\infty \left(\frac{1}{2\pi}(s\mathrm{id} - \Theta) \mid H^i(Y/\mathbb{L}_q)\right)^{(-1)^{i+1}}$ for $s \in \mathbb{C}$.

Applying our remarks about the Poincaré duality (1.8) to the global representation of $\widehat{\zeta}_K(s)$ in Proposition 1.10 (ii) one obtains the functional equation for $\widehat{\zeta}_K(s)$ in the form (1.6). The assertions on the weights of Θ on $H^i(Y/\mathbb{L}_q)$ imply via Proposition 1.10 (ii) that the zeros of $\widehat{\zeta}_K(s)$ have real part 1/2. Thus we see that in spite of their infinite dimensionality over $\mathbb{C}$ the cohomologies $H^i(Y/\mathbb{L}_q)$ can be used to interpret the functional equation and Riemann hypotheses for $\widehat{\zeta}_K(s)$ cohomologically.

Up to now the groups $H^i(Y/\mathbb{L}_q)$ are constructed in an ad hoc manner starting from l–adic or cristalline cohomology. However we hope for a direct geometric construction as cohomology associated to some site $\mathcal{S}$ with a Grothendieck topology. This would be all the more desirable since a global cohomological expression as Proposition 1.10 (ii) unlike the expression (1.5) might very well exist in the number field case too, as will become clear in the sequel.

By Proposition 1.10 (i) we can represent the finite Euler factors of a number field $k/\mathbb{Q}$ in terms of regularized determinants

$$(1 - N\mathfrak{p}^{-s})^{-1} = \det_\infty \left(\frac{1}{2\pi}(s\mathrm{id} - \Theta) \mid \mathbb{L}_\mathfrak{p}\right)^{-1} \quad \text{where } \mathbb{L}_\mathfrak{p} = \mathbb{L}_{N\mathfrak{p}}. \tag{1.11}$$

A similar formula holds for the infinite Euler factors. For $\mathfrak{p} \mid \infty$ set $e_\mathfrak{p} = [\mathbb{C} : k_\mathfrak{p}]$ and denote by

$$\mathbb{L}_\mathfrak{p} = \mathbb{C}[\exp(-e_\mathfrak{p}\xi)] \subset \mathcal{O}(\mathbb{C})$$

the subring of polynomials in $\exp(-e_\mathfrak{p}\xi)$. As above it carries operations σ and $d\sigma$ by T and $\mathfrak{t}$. It can be shown that

$$\Gamma_{k_\mathfrak{p}}(s) = \det_\infty \left(\frac{1}{2\pi}(s\mathrm{id} - \Theta) \mid \mathbb{L}_\mathfrak{p}\right)^{-1} \quad \text{for } s \in \mathbb{C}, \mathfrak{p} \mid \infty\,. \tag{1.12}$$

Hence the completed ζ–function of k has the representation

$$\widehat{\zeta}_k(s) = \prod_\mathfrak{p} \det_\infty \left(\frac{1}{2\pi}(s\mathrm{id} - \Theta) \mid \mathbb{L}_\mathfrak{p}\right)^{-1} \quad \text{for } \mathrm{Re}\, s > 1 \tag{1.13}$$

where the product runs over all places of k.

2. Remarks on an "arithmetic site"

In the site $\mathcal{S}$ we are looking for, objects should be ringed by a sheaf of $\mathbb{C}$–algebras $\mathcal{C}$ and carry an action by $T = (\mathbb{R}, +)$. Schemes should define objects of $\mathcal{S}$ but there should also be objects $\mathcal{Y}_k$ in $\mathcal{S}$ whose closed points correspond to **all** places $\mathfrak{p}$ of k. A basic assumption is that for the stalks of the structural sheaf $\mathcal{C} = \mathcal{C}_{\mathcal{Y}_k}$ on $\mathcal{Y}_k$ we should have $\mathcal{C}_{\mathfrak{p}} \cong \mathbb{L}_{\mathfrak{p}}$ as $\mathbb{C}$–algebras with T–action. Also we would expect for a smooth projective curve $Y/\mathbb{F}_q$ that

$$H^i(Y, \mathcal{C}) \cong H^i(Y/\mathbb{L}_q) \text{ as } \mathbb{C}\text{–vectorspaces with } T\text{–action.} \tag{2.1}$$

Clearly these isomorphisms should be compatible with $\cup$–products. The $\mathbb{L}_q$–module structure on $H^i(Y, \mathcal{C})$ would be identical to the $\mathbb{L}_q \cong H^0(Y, \mathcal{C})$–structure induced by $\cup$–product.

Formula (1.13) would imply that

$$\widehat{\zeta}_k(s) = \prod_{\mathfrak{p}} \det{}_\infty\left(\frac{1}{2\pi}(s\mathrm{id} - \Theta) \,|\, \mathcal{C}_{\mathfrak{p}}\right)^{-1} \quad \text{for } \mathrm{Re}\, s > 1 \tag{2.2}$$

and via a suitable Lefschetz trace formula one could hope to obtain a global representation

$$\widehat{\zeta}_k(s) = \prod_{i=0}^{2} \det{}_\infty\left(\frac{1}{2\pi}(s\mathrm{id} - \Theta) \,|\, H^i(\mathcal{Y}_k, \mathcal{C})\right)^{(-1)^{i+1}} \tag{2.3}$$

as in the function field case (assuming (2.1)). It is known from the theory of regularized products that under certain regularity conditions [J–L1] the functions

$$F_i(s) = \det{}_\infty\left(\tfrac{1}{2\pi}(s\,\mathrm{id} - \Theta) \,|\, H^i(\mathcal{Y}_k, \mathcal{C})\right) \quad \text{for } \mathrm{Re}\, s > 1$$

would extend to entire functions F_i. A theory of weights would predict that the eigenvalues of Θ on $H^i(\mathcal{Y}_k, \mathcal{C})$ i.e., the zeros of F_i have real part $\frac{i}{2}$. Since $\widehat{\zeta}_k(s)$ has poles only at $s = 0, 1$ which are of first order we would get

$$H^0(\mathcal{Y}_k, \mathcal{C}) \cong \mathbb{C} \text{ with trivial } T\text{–action i.e., } \Theta = 0 \tag{2.4}$$

and

$$H^2(\mathcal{Y}_k, \mathcal{C}) \overset{\mathrm{Tr}}{\cong} \mathbb{C}(-1) \text{ as } T\text{–modules i.e., } \Theta = \mathrm{id} \text{ on } H^2(\mathcal{Y}_k, \mathcal{C}). \tag{2.5}$$

For the ξ–function of k this would give

$$\xi_k(s) := \widehat{\zeta}_k(s)\frac{s}{2\pi}\frac{(s-1)}{2\pi} = \det_\infty\left(\frac{1}{2\pi}(s\mathrm{id} - \Theta) \,|\, H^1(\mathcal{Y}_k, \mathcal{C})\right) \tag{2.6}$$

in accordance with Riemann's conjecture.

The following obvious consequence of (2.6) is in fact a theorem: Let H be a $\mathbb{C}$–vector space together with an endomorphism Θ such that H is the countable direct sum of finite dimensional Θ–invariant subspaces. Assume that the eigenvalues of Θ with their algebraic multiplicities are exactly the zeros ρ of $\widehat{\zeta}_k(s)$ with multiplicity. Note that it is of course trivial to write down ad hoc candidates for such a pair (H, Θ)! Then we have

Theorem 2.7. *$\xi_k(s) = \det_\infty\left(\frac{1}{2\pi}(s\mathrm{id} - \Theta) \,|\, H\right)$ if s is not of the form $\rho - \lambda$ for some $\lambda \geq 0$.*

Proof. For $\mathrm{Re}\, s > 1$ the method of [De1] Section 4 extends immediately c.f. [I]. For general s see [Sch–S] and [I]. Much more general results of this kind are contained in [J–L1,2,3,4]. □

Of course the search for a natural candidate for the pair (H, Θ) has been going on since Hilbert suggested the problem. Once one knows what the site $\mathcal{S}$ is, cohomology theory would provide the natural candidate $(H^1(\mathcal{Y}_k, \mathcal{C}), \Theta)$ together with descriptions in terms of coverings, fundamental group, differential forms, extensions etc. Thus ultimately we are dealing with a foundational problem: asking for the category underlying $\mathcal{S}$ means asking for a new geometry more subtle than schemes. Looking at what we expect about the cohomologies $H^i(\mathcal{Y}_k, \mathcal{C})$ we see that in the geometry of cat $\mathcal{S}$ the object $\mathcal{Y}_k$ would be a "compact connected curve of infinite genus".

A Lefschetz trace formula in our context might look like

$$\sum_{i=0}^{2}(-1)^i \mathrm{Tr}(\Phi(\Theta) \,|\, H^i(\mathcal{Y}_k, \mathcal{C})) = \sum_{\mathfrak{p}} \mathrm{Tr}(\Phi(\Theta) \,|\, \mathcal{C}_{\mathfrak{p}}) \tag{2.8}$$

where $\Phi(\Theta)$ is obtained in "a functional calculus in the ring of correspondences of $\mathcal{Y}_k$" by inserting Θ into a suitable analytic function Φ. Since

$\mathcal{C}_\mathfrak{p} \cong \mathbb{L}_\mathfrak{p}$ with Θ–action we would have

$$\mathrm{Tr}(\Phi(\Theta)\,|\,\mathcal{C}_\mathfrak{p}) = \mathrm{Tr}_\mathfrak{p}(\Phi) \quad \text{where}$$

$$\mathrm{Tr}_\mathfrak{p}(\Phi) = \begin{cases} \sum_{\nu\in\mathbb{Z}} \Phi\left(\frac{2\pi i\nu}{\log N\mathfrak{p}}\right) & \text{if } \mathfrak{p} \nmid \infty \\ \sum\limits_{\nu=0}^{\infty} \Phi(-\nu e_\mathfrak{p}) & \text{if } \mathfrak{p} | \infty\,. \end{cases}$$

On the other hand (2.4), (2.5) and (2.6) would imply

$$\mathrm{Tr}(\Phi(\Theta)\,|\,H^i(\mathcal{Y}_k, \mathcal{C})) = \begin{cases} \Phi(0) & \text{if } i = 0 \\ \sum\limits_\rho \Phi(\rho) & \text{if } i = 1 \\ \Phi(1) & \text{if } i = 2\,. \end{cases}$$

In accordance with this the following result is proved in [De3]:

Theorem 2.9. *Let Φ be analytic in some open subset $U \subset \mathbb{C}$ containing* $\mathrm{Re}\, s \le a$ *for some $a > 1$. Assume that there exist constants $c_1 > 0, c_2 > 0, \alpha > 1$ such that*

$$|\Phi(\sigma + it)| \le c_1(|t| + c_2)^{-\alpha} \quad \textit{for } \sigma \le a, t \in \mathbb{R}\,.$$

Then all $\mathrm{Tr}_\mathfrak{p}(\Phi)$ *and* $\sum_\rho \Phi(\rho)$ *are absolutely convergent and*

$$\Phi(0) - \sum_\rho \Phi(\rho) + \Phi(1) = \sum_\mathfrak{p} \mathrm{Tr}_\mathfrak{p}(\Phi)$$

the series on the right being absolutely convergent as well.

It can be shown that the local terms $\mathrm{Tr}_\mathfrak{p}(\Phi)$ agree with those in Weil's explicit formulas. We have thus obtained a cohomological view on explicit formulas in analytic number theory.

In my opinion the following argument in favour of the Riemann hypotheses is a nice confirmation of our axioms about $\mathcal{S}$. It is inspired by an idea of Serre [Se2]. The $\cup$–product

$$\cup : H^1(\mathcal{Y}_k, \mathcal{C}) \times H^1(\mathcal{Y}_k, \mathcal{C}) \longrightarrow H^2(\mathcal{Y}_k, \mathcal{C}) \xrightarrow[\sim]{\mathrm{Tr}} \mathbb{C}(-1)$$

should be T–equivariant. Since Θ corresponds to $1 \in \mathfrak{t}$ it must therefore be a derivation with respect to $\cup$. Since $\Theta = \mathrm{id}$ on $H^2(\mathcal{Y}_k, \mathcal{C})$ we would get

$$f \cup f' = \Theta(f \cup f') = \Theta f \cup f' + f \cup \Theta f' \tag{2.10}$$

for all f, f' in $H^1(\mathcal{Y}_k, \mathcal{C})$. Now let us assume – as though $\mathcal{Y}_k$ were a compact Riemann surface – that there exists a $\mathbb{C}$–antilinear Hodge $*$–operator

$$* : H^1(\mathcal{Y}_k, \mathcal{C}) \xrightarrow{\sim} H^1(\mathcal{Y}_k, \mathcal{C}) \quad \text{with } *^2 = -\mathrm{id} \tag{2.11}$$

such that the hermitian bilinear form $\langle , \rangle$ on $H^1(\mathcal{Y}_k, \mathcal{C})$ defined by

$$\langle f_1, f_2 \rangle = \mathrm{Tr}(f_1 \cup (*f_2))$$

is positive definit. By functoriality $*$ should commute with the T– and hence the $\mathfrak{t}$–action. Using (2.10) we would get

$$\langle f_1, f_2 \rangle = \langle \Theta f_1, f_2 \rangle + \langle f_1, \Theta f_2 \rangle \tag{2.12}$$

for all f_1, f_2 in $H^1(\mathcal{Y}_k, \mathcal{C})$. It would follow immediately from this that all the eigenvalues of Θ on $H^1(\mathcal{Y}_k, \mathcal{C})$ i.e., the zeros of $\widehat{\zeta}_k(s)$ have real part 1/2.

Note that (2.12) is equivalent to

$$\Theta = \frac{1}{2} + iS \tag{2.13}$$

where S is symmetric with respect to $\langle , \rangle$. In particular Θ would be semi-simple on $H^1(\mathcal{Y}_k, \mathcal{C})$.

3. A representation as a regularized series for a function of Cramér

We begin by discussing the motivation for the following considerations in analytical number theory. If a star operator as in (2.11) comes from a star operator $*_{\mathbb{R}}$ on a real structure $H^1(\mathcal{Y}_k, \mathcal{C}_{\mathbb{R}})$ of $H^1(\mathcal{Y}_k, \mathcal{C})$

$$H^1(\mathcal{Y}_k, \mathcal{C}) = H^1(\mathcal{Y}_k, \mathcal{C}_{\mathbb{R}}) \otimes_{\mathbb{R}} \mathbb{C} \quad \text{and} \quad * = *_{\mathbb{R}} \otimes c \,, \; *_{\mathbb{R}}^2 = -\mathrm{id}$$

as in the case of Riemann surfaces then $H^1(\mathcal{Y}_k, \mathcal{C})$ inherits a natural Hodge decomposition:

$$H^1(\mathcal{Y}_k, \mathcal{C}) = H^{1,0} \oplus H^{0,1} \;,\; \overline{H^{1,0}} = H^{0,1} \,.$$

Here $H^{1,0}$ resp. $H^{0,1}$ are the $\pm i$–eigenspaces of $*_{\mathbb{R}} \otimes \mathrm{id}$ on $H^1(\mathcal{Y}_k, \mathcal{C})$ and $\overline{} = \mathrm{id} \otimes c$ is complex conjugation coming from the real structure. If Θ maps $H^1(\mathcal{Y}_k, \mathcal{C}_{\mathbb{R}})$ into itself then it commutes with $*_{\mathbb{R}} \otimes \mathrm{id}$ and hence for any eigenvalue ρ of Θ the sum $H_{\rho,\overline{\rho}}$ of the ρ– and the $\overline{\rho}$–eigenspaces of Θ on $H^1(\mathcal{Y}_k, \mathcal{C})$ carries a pure Hodge structure of weight 1. In particular Ker $\left(\Theta - \frac{1}{2}\mathrm{id}\right)$ must be even dimensional i.e., in view of (2.6) the order of vanishing of $\zeta_k(s)$ at $s = 1/2$ must be even. This is true in fact as follows by differentiating (1.0) at $s = 1/2$ suitably many times. Note that according to [Ar] there are indeed number fields k such that $\zeta_k(s)$ vanishes for $s = 1/2$. For a simple zero $\rho \neq 1/2$ the $(0,1)$–component of $H_{\rho,\overline{\rho}}$ will either be the ρ–eigenspace or the $\overline{\rho}$–eigenspace. A guess might be that for **all** ρ with $\operatorname{Im}\rho > 0$ the $(0,1)$–component of $H_{\rho,\overline{\rho}}$ corresponds to the ρ–eigenspace.[1] Now let us restrict our attention for simplicity to $k = \mathbb{Q}, \mathcal{Y} = \mathcal{Y}_{\mathbb{Q}}$. Then

$$H^{0,1} \subset H^1(\mathcal{Y}, \mathcal{C})$$

would be the direct sum of the eigenspaces of Θ over all eigenvalues ρ with $\operatorname{Im}\rho > 0$. Clearly $t \in T$ acts by $e^{t\Theta}$ on $H^1(\mathcal{Y}, \mathcal{C})$. If $H^{1,0}$ came from a holomorphic structure on $\mathcal{Y}$ then one could hope for a holomorphic Lefschetz trace formula. Recall [A–B] Theorem 2 that if E is a holomorphic vector bundle on a compact complex manifold X endowed with a holomorphic automorphism g with only isolated simple fixed points then one has:

$$\sum_{i=0}^{\dim X} (-1)^i \operatorname{Tr}(g^* \mid H^i(X, \mathcal{O}(E))) = \sum_{\substack{x \in X \\ gx = x}} \frac{\operatorname{Tr}(g \mid E_x)}{\det(1 - g \mid T_x X)} . \tag{3.1}$$

In our situation we might take $g = \sigma(t)$ and then since $H^0(\mathcal{Y}, \mathcal{O}_{\mathcal{S}}) = \mathbb{C}, H^1(\mathcal{Y}, \mathcal{O}_{\mathcal{S}}) = H^{0,1}$ we would get for the left hand side

$$1 - \sum_{\operatorname{Im}\rho > 0} e^{t\rho} . \tag{3.2}$$

Unfortunately this series does not converge. We will define it below using analytic continuation. Since $\mathcal{Y}$ is a curve its tangent spaces $T_p\mathcal{Y}$ should be 1–dimensional. The obvious guess for the action of Θ – since it should be non–trivial – is the following:

$$\Theta \,|_{T_p\mathcal{Y}} = \begin{cases} \dfrac{2\pi i}{\log p} \operatorname{id} & \text{for } p \not| \infty \\ -2 \cdot \operatorname{id} & \text{for } p = \infty . \end{cases} \tag{3.3}$$

This would imply that

$$\det(1 - \sigma(t) \,|\, T_p\mathcal{Y}) = \begin{cases} 1 - e^{\frac{2\pi i t}{\log p}} & \text{for } p \not| \infty \\ 1 - e^{-2t} & \text{for } p = \infty . \end{cases} \tag{3.4}$$

[1] If it were the $\overline{\rho}$–eigenspace for **all** ρ with $\operatorname{Im}\,\rho > 0$ the upcoming discussion would apply just as well.

In the classical case for $\mathcal{O}(E) = \mathcal{O}$ we have $E = \mathbb{C}$ the trivial bundle. In our case where the trivial bundle $\mathcal{C}$ has stalks $\mathbb{L}_p$ with a non–trivial operation by T it is not clear a priori what the analogue of $\operatorname{Tr}(g \mid E_x)$ should be. However we might still look for a formula of the form

$$1 - \sum_{\operatorname{Im}\rho>0} e^{t\rho} = \sum_{p<\infty} \frac{S_p(t)}{1 - e^{\frac{2\pi i t}{\log p}}} + \frac{S_\infty(t)}{1 - e^{-2t}} \tag{3.5}$$

where the $S_p(t)$ should extend to holomorphic functions. One could also imagine that the decomposition of $H^1(\mathcal{Y}, \mathcal{C})$ is a Hodge–Witt decomposition as for the crystalline cohomology of an ordinary variety [I–R]. Then instead of the holomorphic Lefschetz formula the correct analogue would be a Lefschetz trace formula for Serre's Witt vector cohomology [Se1]. This does not seem to exist in the literature but might give interesting hints as to how one should interpret cohomologically our formula (3.23) for $S_p(t)$ below.

Be this as it may, let us consider with Cramér [C] the function $V(z)$ which is defined for $\operatorname{Im} z > 0$ by the absolutely and locally uniformly convergent series

$$V(z) = \sum_{\operatorname{Im}\rho>0} e^{z\rho} .$$

According to [C] the function V has a meromorphic continuation to $\mathbb{C}_- = \mathbb{C} \setminus \{ix \mid x \le 0\}$ with poles only for $z = m \log p$ where $m \in \mathbb{Z}, m \neq 0$ which are of first order. Note that these are exactly the poles in $\mathbb{C}_-$ of the functions $\left(1 - e^{\frac{2\pi i z}{\log p}}\right)^{-1}$ in (3.5) for $p < \infty$. Moreover Cramér shows that $V(z)$ extends to a meromorphic function on the universal covering of $\mathbb{C}^*$. As a function of z the only additional poles taken on by branches of $V(z)$ are simple poles at $z = \pi i\nu, \nu \in \mathbb{Z}$ even or $\nu < 0, \nu \in \mathbb{Z}$ odd. Clearly these are among the poles of the function $(1 - e^{-2z})^{-1}$ in (3.5), $p = \infty$. After this qualitative discussion let us turn to quantitative results. The method used by Cramér does not seem to lead to a formula of the form (3.5) for $\operatorname{Im} t > 0$ even in a regularized sense. We use a different method.

Set $\zeta_p(s) = (1 - p^{-s})^{-1}$ for $p \not| \infty$ and $\zeta_\infty(s) = \Gamma_{\mathbb{R}}(s)$. The usual approach to explicit formulas in analytic number theory applied to the function $\Phi(s) = e^{\tau\left(s-\frac{1}{2}\right)^2}$ for

$$2e^{\frac{\tau}{4}} - \sum_{\rho} e^{\tau\left(\rho-\frac{1}{2}\right)^2} = \sum_{p\le\infty} \operatorname{Tr}_p(\tau) \tag{3.6}$$

where

$$\operatorname{Tr}_p(\tau) = \frac{i}{\pi} \int_{\frac{1}{2}-i\infty}^{\frac{1}{2}+i\infty} e^{\tau(s-\frac{1}{2})^2} \frac{\zeta_p'(s)}{\zeta_p(s)}\, ds \tag{3.7}$$

and the series are absolutely and locally uniformly convergent in τ; c.f. [Ba] or [De3] (2.9), (2.17.1).

We now introduce the integral transformations

$$(\mathcal{L}_\alpha g)(w) = \frac{w}{4\sqrt{\pi}} \int_0^\infty g(\tau) e^{-\left(\alpha\tau + \frac{w^2}{4\tau}\right)} \tau^{-1/2} \frac{d\tau}{\tau} \tag{3.8}$$

for complex α provided of course that the integrand is L^1. The formula [E] 7.12 (23) p. 82 from the theory of Bessel functions

$$K_\nu\left(\frac{w^2}{2\beta}\right) = \frac{1}{2}\beta^\nu \int_0^\infty e^{-\left(\frac{w^2}{4\beta^2}\tau + \frac{w^2}{4\tau}\right)} \tau^{-\nu} \frac{d\tau}{\tau} \quad \text{for } \operatorname{Re} w^2 > 0, \operatorname{Re}\left(\frac{w}{\beta}\right)^2 > 0 \tag{3.9}$$

specializes for $\nu = 1/2$ because of

$$K_{1/2}(w) = \sqrt{\frac{\pi}{2w}} e^{-w} \quad \text{where } \sqrt{} \text{ is defined via } -\pi < \operatorname{Arg} \leq \pi$$

to the formula:

$$\int_0^\infty e^{-\left(\frac{w^2}{4\beta^2}\tau + \frac{w^2}{4\tau}\right)} \tau^{-1/2} \frac{d\tau}{\tau} = \frac{2\sqrt{\pi}}{w} e^{-\frac{w^2}{2\beta}}$$

$$\text{valid for } \operatorname{Re} w^2 > 0, \operatorname{Re}\left(\frac{w}{\beta}\right)^2 > 0 \tag{3.10}$$

which is basic for the treatment of the heat equation via the Laplace transform. It implies

$$\mathcal{L}_\alpha(1)(w) = \frac{1}{2} e^{-w\sqrt{\alpha}} \quad \text{for } \operatorname{Re} w^2 > 0, \operatorname{Re}\alpha > 0 \tag{3.11}$$

and hence that

$$\mathcal{L}_\alpha(e^{\beta\tau})(w) = \frac{1}{2} e^{-w\sqrt{\alpha-\beta}} \quad \text{for } \operatorname{Re} w^2 > 0, \operatorname{Re}\alpha > \operatorname{Re}\beta\,. \tag{3.12}$$

Applying $\mathcal{L}_\alpha$ to the left hand side of (3.6) we obtain because of

$$\sum_\rho e^{\tau(\rho-\frac{1}{2})^2} = 2 \sum_{\operatorname{Im}\rho>0} e^{\tau(\rho-\frac{1}{2})^2}$$

the following formula valid for $\operatorname{Re} w > 0, \operatorname{Re} w^2 > 0, \operatorname{Re} \alpha > \frac{1}{4}$:

$$\mathcal{L}_\alpha \left(2e^{\frac{\tau}{4}} - \sum_\rho e^{\tau(\rho - \frac{1}{2})^2} \right)(w) = e^{-w\sqrt{\alpha - \frac{1}{4}}} - \sum_{\operatorname{Im} \rho > 0} e^{-w\sqrt{\alpha + \gamma^2}} \tag{3.13}$$

where we have set $\gamma = \gamma(\rho) = \frac{1}{i}\left(\rho - \frac{1}{2}\right)$. Hence the left hand side has an analytic continuation to $\alpha = 0$ along any path in $\operatorname{Im} \alpha > 0$ starting in $\operatorname{Re} \alpha > \frac{1}{4}$. For the value at $\alpha = 0$ of this continuation we get

$$e^{-\frac{iw}{2}} \left(1 - \sum_{\operatorname{Im} \rho > 0} e^{iw\rho} \right). \tag{3.13.1}$$

On the other hand we claim that if $\operatorname{Re} \alpha > \frac{1}{4}$ and $\operatorname{Re} w > 0, \operatorname{Re} w^2 > 0$ we have:

$$\mathcal{L}_\alpha \left(\sum_{p \le \infty} \operatorname{Tr}_p(\tau) \right) = \sum_{p \le \infty} \mathcal{L}_\alpha(\operatorname{Tr}_p(\tau)). \tag{3.14}$$

For this note that for $p \not| \infty$

$$\operatorname{Tr}_p(\tau) = \frac{\log p}{\pi} \int_{-\infty}^{\infty} e^{-\tau y^2} \frac{p^{-(\frac{1}{2} + iy)}}{1 - p^{-(\frac{1}{2} + iy)}} dy \tag{3.15}$$

$$= \frac{\log p}{\sqrt{\pi \tau}} \sum_{\nu = 1}^{\infty} p^{-\frac{\nu}{2}} \exp\left(-\frac{(\nu \log p)^2}{4\tau} \right) \tag{3.16}$$

is positive for all $\tau > 0$. Hence for real α, w we get (3.14) by Levi's theorem, both sides of the equation possibly being infinite.

In particular we have for all α and w

$$\mathcal{L}_{\operatorname{Re} \alpha} \left(\sum_{p < \infty} \operatorname{Tr}_p(\tau) \right) \left(\sqrt{\operatorname{Re} w^2} \right) = \sum_{p < \infty} \mathcal{L}_{\operatorname{Re} \alpha}(\operatorname{Tr}_p(\tau)) \left(\sqrt{\operatorname{Re} w^2} \right). \tag{3.17}$$

A direct estimate shows that $\mathcal{L}_\alpha(\operatorname{Tr}_\infty(\tau))(w)$ exists for $\operatorname{Re} w^2 > 0$ and all $\alpha \in \mathbb{C}$. Using this and formulas (3.6), (3.13), (3.17) it follows that for $\operatorname{Re} \alpha > \frac{1}{4}$ and $\operatorname{Re} w > 0, \operatorname{Re} w^2 > 0$

$$\sum_{p \le \infty} |\mathcal{L}_{\operatorname{Re} \alpha}(\operatorname{Tr}_p(\tau)) \left(\sqrt{\operatorname{Re} w^2} \right)| < \infty.$$

Hence (3.14) is a consequence of Lebesgue's theorem. In fact since for all α, w with $\mathrm{Re}\,\alpha > c$, $\sqrt{\mathrm{Re}\,(w)^2} > d$

$$\mathcal{L}_{\mathrm{Re}\,\alpha}\left(\sum_{p<\infty} \mathrm{Tr}_p(\tau)\right)\left(\sqrt{\mathrm{Re}\,w^2}\right) \le \mathcal{L}_c\left(\sum_{p<\infty} \mathrm{Tr}_p(\tau)\right)(d)$$

it follows that the series

$$\sum_{p\le\infty} \mathcal{L}_\alpha(\mathrm{Tr}_p(\tau))$$

in (3.14) is in fact locally uniformly convergent in (α, w) with $\mathrm{Re}\,\alpha > \frac{1}{4}, \mathrm{Re}\,w > 0, \mathrm{Re}\,w^2 > 0$.

We will now give two expressions for $\mathcal{L}_\alpha(\mathrm{Tr}_p(\tau))$. Starting from (3.15) and using Fubini and (3.12) gives:

$$\mathcal{L}_\alpha(\mathrm{Tr}_p(\tau))(w) = \frac{\log p}{2\pi}\int_{-\infty}^{\infty} e^{-w\sqrt{\alpha+y^2}}\frac{p^{-(\frac{1}{2}+iy)}}{1-p^{-(\frac{1}{2}+iy)}}dy \tag{3.18}$$

valid for $\mathrm{Re}\,\alpha \ge 0, \mathrm{Re}\,w^2 > 0$. Using instead (3.16) and (3.9) we get by a similar argument as above to ensure that we can interchange $\mathcal{L}_\alpha$ with the series:

$$\mathcal{L}_\alpha(\mathrm{Tr}_p(\tau))(w) = \frac{w\log p}{\pi}\sqrt{\alpha}\sum_{\nu=1}^{\infty} p^{-\frac{\nu}{2}}\frac{K_1\left(\sqrt{\alpha(w^2+(\nu\log p)^2)}\right)}{\sqrt{w^2+(\nu\log p)^2}} \tag{3.19}$$

for $\mathrm{Re}\,\alpha \ge 0, \mathrm{Re}\,w^2 > 0$. By the standard estimate

$$K_1(z) = \sqrt{\frac{\pi}{2z}}e^{-z}(1+O(|z|^{-1})) \quad \text{for } z \longrightarrow \infty$$

we get that for a certain constant c

$$p^{-\frac{\nu}{2}}\frac{K_1\left(\sqrt{\alpha(w^2+(\nu\log p)^2)}\right)}{\sqrt{w^2+(\nu\log p)^2}} \sim cp^{-\nu(\frac{1}{2}+\sqrt{\alpha})}\frac{1}{(\nu\log p)^{3/2}}$$

for $\nu, p \to \infty$. It follows again that the series $\sum_{p<\infty} \mathcal{L}_\alpha(\mathrm{Tr}_p(\tau))$ is absolutely convergent for $\mathrm{Re}\,\alpha > \frac{1}{4}$.

The representation (3.19) shows that the poles and residues of $\mathcal{L}_\alpha(\mathrm{Tr}_p(\tau))(w)$ as a function of w are independent of α. Let us collect what we have obtained so far:

Theorem 3.20. *For* $\operatorname{Re} w > 0, \operatorname{Re} w^2 > 0, \operatorname{Re} \alpha > \frac{1}{4}$ *we have the equation of absolutely and in* (α, w) *locally uniformly convergent series:*

$$e^{-w\sqrt{\alpha-\frac{1}{4}}} - \sum_{\operatorname{Im} \rho>0} e^{-w\sqrt{\alpha+\gamma^2}} = \sum_{p\leq\infty} \mathcal{L}_\alpha(\operatorname{Tr}_p(\tau))(w) \tag{3.21}$$

where for $p \leq \infty, \operatorname{Re} \alpha \geq 0$

$$\mathcal{L}_\alpha(\operatorname{Tr}_p(\tau))(w) = -\frac{1}{2\pi} \int_{-\infty}^{\infty} e^{-w\sqrt{\alpha+y^2}} \frac{\zeta_p'}{\zeta_p}\left(\frac{1}{2} + iy\right) dy\,.$$

Moreover we have for $p < \infty$ *also:*

$$\mathcal{L}_\alpha(\operatorname{Tr}_p(\tau))(w) = \frac{w_{\log} p}{\pi} \sqrt{\alpha} \sum_{\nu=1}^{\infty} p^{-\frac{\nu}{2}} \frac{K_1\left(\sqrt{\alpha(w^2 + (\nu_{\log} p)^2)}\right)}{\sqrt{w^2 + (\nu_{\log} p)^2}}\,.$$

Remark. With some effort it is also possible to obtain this result by applying explicit formulas [Ba] to $\Phi(s) = \exp\left(-w\sqrt{\alpha - \left(s - \frac{1}{2}\right)^2}\right)$. We thought that the use of $\mathcal{L}_\alpha$ gives an additional insight.

We will now define

$$''\sum_{p\leq\infty}{}'' \mathcal{L}_0(\operatorname{Tr}_p(\tau))(w)$$

which does not converge as the analytic continuation to $\alpha = 0$ in $\operatorname{Im} \alpha \geq 0$ of the holomorphic function in $\operatorname{Re} \alpha > \frac{1}{4}$

$$\sum_{p\leq\infty} \mathcal{L}_\alpha(\operatorname{Tr}_p(\tau))(w)\,.$$

Then we obtain using (3.13.1)

$$1 - \sum_{\operatorname{Im} \rho>0} e^{z\rho} = e^{\frac{z}{2}}\, ''\sum_{p\leq\infty}{}'' \mathcal{L}_0(\operatorname{Tr}_p(\tau))(-iz) \tag{3.22}$$

for $\operatorname{Im} z > 0, \operatorname{Re} z^2 < 0$. Finally as promised in (3.5) we will rewrite the contributions

$$\delta_p(z) = e^{\frac{z}{2}} \mathcal{L}_0(\operatorname{Tr}_p(\tau))(-iz)\,,\ p \leq \infty$$

for finite p in the form

$$\delta_p(z) = \frac{S_p(z)}{1 - e^{\frac{2\pi iz}{\log p}}}$$

where S_p is an entire function.

We have by (3.18) for $p \not| \infty$:

$$\begin{aligned}
\delta_p(z) &= e^{\frac{z}{2}} \frac{\log p}{\pi} \int_0^\infty e^{izy} \mathrm{Re} \frac{1}{p^{\frac{1}{2}+iy}-1} dy \\
&= e^{\frac{z}{2}} \frac{\log p}{\pi} \sum_{\nu=0}^{\infty} \int_{\frac{2\pi\nu}{\log p}}^{\frac{2\pi(\nu+1)}{\log p}} e^{izy} \mathrm{Re} \frac{1}{p^{\frac{1}{2}+iy}-1} dy \\
&= 2e^{\frac{z}{2}} \sum_{\nu=0}^{\infty} e^{\frac{2\pi i \nu z}{\log p}} \int_0^1 e^{\frac{2\pi i x z}{\log p}} \mathrm{Re} \frac{1}{\sqrt{p} e^{2\pi i x} - 1} dx \\
&= \frac{S_p(z)}{1 - e^{\frac{2\pi i z}{\log p}}}
\end{aligned}$$

with

$$\begin{aligned}
S_p(z) &= \frac{e^{\frac{z}{2}}}{2\pi} \int_0^{2\pi} e^{\frac{i\vartheta z}{\log p}} \mathrm{Re} \left(\frac{e^{i\vartheta} + \frac{1}{\sqrt{p}}}{e^{i\vartheta} - \frac{1}{\sqrt{p}}} \right) d\vartheta - \frac{e^{\frac{z}{2}}}{2\pi} \int_0^{2\pi} e^{\frac{i\vartheta z}{\log p}} d\vartheta \\
&= \frac{1}{2\pi} \int_0^{2\pi} U_z(\vartheta) \mathrm{Re} \left(\frac{e^{i\vartheta} + \frac{1}{\sqrt{p}}}{e^{i\vartheta} - \frac{1}{\sqrt{p}}} \right) d\vartheta - \frac{1}{2\pi} \int_0^{2\pi} U_z(\vartheta) d\vartheta \,.
\end{aligned}$$

Here we have set

$$U_z(\vartheta) = \left(\sqrt{p} e^{i\vartheta}\right)^{\frac{z}{\log p}} := e^{\frac{z}{2}} e^{\frac{iz\vartheta}{\log p}} \,.$$

Note that the first integral is the Poisson integral of U_z evaluated at $\sqrt{p}^{-1}$. We can rewrite this formula for $S_p(z)$ using a beautiful observation of Schwarz [Ah] Chapter 4, 6.4. Let $\zeta \mapsto \zeta^*$ be the involution of the unit circle which is such that $\zeta, \sqrt{p}^{-1}$ and ζ^* lie on a straight line. Via $\zeta = e^{i\vartheta}$ this gives an involution $\vartheta \mapsto \vartheta^*$ of $[0, 2\pi)$ and we have

$$S_p(z) = \frac{1}{2\pi} \int_0^{2\pi} U_z(\vartheta^*) d\vartheta - \frac{1}{2\pi} \int_0^{2\pi} U_z(\vartheta) d\vartheta \,. \tag{3.23}$$

An interpretation of this formula as something like a "virtual continuous trace" will be necessary to understand $\mathcal{Y} = ''\mathrm{spec}\,\mathbb{Z} \cup \{\infty\}''$ not only topologically as in Sections 1 and 2 but also from a function theoretic point of view.

This and the contributions at the infinite place will be treated elsewhere.

To close let us state the final result of our calculation.

Theorem 3.24. *In the sense explained above we have*

$$1 - \sum_{\operatorname{Im}\rho>0} e^{z\rho} = \text{``}\sum_{p<\infty}\text{''} \frac{S_p(z)}{1 - e^{\frac{2\pi i z}{\log p}}} + \delta_\infty(z)$$

where $S_p(z)$ for $p < \infty$ is the entire function given by (3.23).

Analogs of this formula can be expected to hold within the formalism of [J–L3,4]. Also note the application of generalized Cramér type functions to analytic number theory contained in [KI–III]. See [B-F-K] for an overview of further related work.

References

[Ah] L.V. Ahlfors, *Complex Analysis*, McGraw–Hill, 1966.

[Ar] J.V. Armitage, Zeta functions with a zero at $s = \frac{1}{2}$, *Invent. Math.* **15** (1972), 199–205.

[A–B] M.F. Atiyah and R. Bott, A Lefschetz fixed point formula for elliptic differential operators, *Bull. AMS* **72** (1966), 245–250.

[Ba] K. Barner, On A. Weil's explicit formula, *J. reine angew. Math.* **323** (1981), 139–152.

[B–F–K] K.M. Bartz, T. Fryska, and J. Kaczorowski, Complex Explicit Formulae in the Theory of Numbers, preprint.

[B] P. Berthelot, Cohomologie cristalline des schémas de charactéristique $p > 0$, *Lecture Notes in Math.* **407**, Springer (1974).

[C] H. Cramér, Studien über die nullstellen der Riemannschen zetafunktion, *Math. Z.* **4** (1919), 104–130.

[D] P. Deligne, La conjecture de Weil I, *Publ. Math. IHES* **43** (1974), 273–307.

[De1] C. Deninger, Local L-factors of motives and regularized determinants, *Invent. Math.* **107** (1992), 135–150.

[De2] C. Deninger, L-functions of Mixed Motives, in: *Motives, Proc. Sympos. Pure Math.* **55** (1), Providence, 1994.

[De3] C. Deninger, Lefschetz trace formulas and explicit formulas in analytic number theory, *J. reine angew. Math.* **441** (1993), 1–15.

[E] A. Erdelyi, *Higher Transcendental Functions vol. II*, Bateman Manuscript project, McGraw–Hill, 1953.

[I] G. Illies, Regularisierte Produkte und Heckesche L-Reihen, Diplomarbeit, Münster (1992).

[I–R] L. Illusie and M. Raynaud, Les suites spectrales associées au complexe de De Rham–Witt, *Publ. Math. IHES* **57** (1982).

[J–L1] J. Jørgenson and S. Lang, Some analytic properties of regularized products, part I: Complex analytic properties, in: *Basic Analysis of Regularized Products, Lecture Notes in Math.* **1564** (1993).

[J–L2] J. Jørgenson and S. Lang, Some analytic properties of regularized products, part II: Fourier theoretic properties, in: *Basic Analysis of Regularized Products, Lecture Notes in Math.* **1564** (1993).

[J–L3] J. Jørgenson and S. Lang, On Cramér's theorem for general Euler products with functional equation, *Math. Ann.* **297** (1993), 1–416.

[J–L4] J. Jørgenson and S. Lang, Explicit formulas and regularized products, in: *Basic Analysis of Regularized Products, Lecture Notes in Math.* **1564** (1993).

[KI–III] J. Kaczorowski, The k-functions in multiplicative number theory I, II, III, *Acta Arithmetica* **56** (1990), 195–211 and 213–224; **57** (1991), 199–210.

[Ka–M] N. Katz and W. Messing, Some consequences of the Riemann hypotheses for varieties over finite fields, *Invent. Math.* **23** (1974), 73–77.

[Ku1] N. Kurokawa, On some Euler products I, *Proc. Japan Acad. Sci. Ser A* **9** (1984), 335–338.

[Ku2] N. Kurokawa, Parabolic components of zeta functions, *Proc. Japan Acad. Sci. Ser. A* **64** (1988), 21–24.

[Lan] E. Landau, *Handbuch der Lehre von der Verteilung der Primzahlen,* Erster Band, Teubner, 1909.

[M] Y.I. Manin, Lectures on zeta functions, preprint, 1992.

[Se1] J–P. Serre, Sur la topologie des variétés algébriques en charactéristique p, *Symp. Int. Top. Alg.*, Mexico (1958), 24–53.

[Se2] J–P. Serre, Analogues kählériens de certaines conjectures de Weil, *Ann. Math.* **71** (1960), 392–394.

[Sm] A. Smirnov, Note about a Number-Theoretic Analogue of Hurwitz Inequalities, preprint, 1992.

[Sch–S] M. Schröter and Ch. Soulé, On a result of Deninger concerning Riemann's zeta function, in: *Motives, Proc. Symp. Pure Math.* **55**, Providence (1994).

[T] J. Tate, Fourier analysis in number fields and Hecke's zeta function, in: *Alg. Number Theory, Proc. Brighton*, Academic Press, 1968.

[W] A. Weil, On the Riemann hypotheses in function-fields, *Proc. Nat. Acad. Sci.* **27** (1941), 345–347.

Mathematisches Institut
Westf. Wilhelms-Universität
Einsteinstr 62
D-48149 Münster, Germany

Received September 2, 1992
Revised July 7, 1993

Cauchy–Riemann Operators, Self–Duality, and the Spectral Flow

*Stamatis Dostoglou and Dietmar A. Salamon**

1. Introduction

Atiyah, Patodi and Singer [3] observed that the Fredholm index of the operator

$$\mathcal{D}_A = \frac{d}{dt} + A(t)$$

with invertible limits $A^{\pm} = \lim_{t \to \pm\infty} A(t)$ is given by the spectral flow of the self-adjoint operator family $A(t)$ (the number of eigenvalues crossing 0 counted with signs). Such operators appear in infinite dimensional analogues of Morse theory as the linearisation of the gradient flow equation. The Fredholm index is the dimension of the space of gradient flow lines connecting two critical points. It can be thought of as the *relative Morse index* in cases where the *absolute Morse index* (the number of negative eigenvalues of the *Hessian*) is infinite.

The *Floer homology* groups of such a variational problem arise from a chain complex which is generated by the critical points and graded by the relative Morse index. The boundary operator is given by counting the number of connecting orbits (with appropriate signs) whenever the relative Morse index is 1. This approach to infinite dimensional Morse theory was discovered by Floer in his study of the gradient flow of the symplectic action [12]. In this theory the critical points are fixed points of a symplectomorphism and the connecting orbits are pseudoholomorphic curves in the sense of Gromov. Another version of Floer homology arises from Morse theory for the Chern–Simons functional and leads to invariants of 3-manifolds which play an important role in Donaldson's theory of 4-manifolds [10], [11], [7]. In this theory the critical points are flat SO(3)-connections over a 3-manifold M and the connecting orbits are self-dual instantons over the 4-manifold $M \times \mathbb{R}$ with finite Yang–Mills energy.

Both theories are related to Riemann surfaces as follows. On the one hand the moduli space of flat connections on a nontrivial SO(3)-bundle

* This research has been partially supported by the SERC.

$P \to \Sigma$ is a symplectic manifold and the mapping class group of orientation preserving diffeomorphisms of Σ acts by symplectomorphisms $\phi_f : \mathcal{M}(P) \to \mathcal{M}(P)$. On the other hand an automorphism $f : P \to P$ determines a mapping cylinder P_f which is a principal SO(3)-bundle over a 3-manifold. Moreover, the flat connections on P_f correspond naturally to the fixed points of ϕ_f. Hence in this case there are two Floer homologies $HF_*^{\mathrm{inst}}(P_f)$ and $HF_*^{\mathrm{inst}}(\phi_f)$, both arising from the same chain complex, and it was conjectured by Atiyah [1] and Floer that there is a natural isomorphism

$$HF_*^{\mathrm{inst}}(\phi_f) \simeq HF_*^{\mathrm{inst}}(P_f).$$

We shall prove this conjecture in a forthcoming paper [9]. The main result of the present paper asserts that the relative Morse indices agree. If $a^\pm$ are nondegenerate flat connections on P_f or equivalently nondegenerate fixed points of ϕ_f then

$$\mu^{\mathrm{symp}}(a^-, a^+) = \mu^{\mathrm{inst}}(a^-, a^+).$$

This implies that the grading of the chain complex is the same in both theories. The proof requires a comparison of the spectral flow of the linearized Cauchy–Riemann equations in the symplectic theory with the spectral flow of the linearized self-duality equations in the Chern–Simons theory. In Sections 2–4 we explain the necessary background about Floer homology and flat connections over Riemann surfaces. In Section 5 we discuss the Atiyah–Floer conjecture. In Sections 6 and 7 we state and prove our main theorem about the spectral flow.

2. Cauchy–Riemann operators

Let $(\mathcal{M}, \omega)$ be a $2n$-dimensional symplectic manifold and $\phi : \mathcal{M} \to \mathcal{M}$ be a symplectomorphism. This means that ω is a nondegenerate closed 2-form and $\phi^*\omega = \omega$. Let $\mathbb{R} \times \mathcal{M} \to \mathbb{R} : (s,p) \mapsto H_s(p)$ be a smooth time dependent Hamiltonian function such that $H_s = H_{s+1} \circ \phi$. Denote by $\psi_s : \mathcal{M} \to \mathcal{M}$ the corresponding Hamiltonian symplectomorphisms defined by

$$\frac{d}{ds}\psi_s = X_s \circ \psi_s, \qquad \psi_0 = \mathrm{id}, \qquad \iota(X_s)\omega = dH_s.$$

They satisfy

$$\psi_{s+1} \circ \phi_H = \phi \circ \psi_s$$

where $\phi_H := {\psi_1}^{-1} \circ \phi$. The fixed points of ϕ_H are in one-to-one correspondence with smooth curves $x : \mathbb{R} \to \mathcal{M}$ such that $x(s) = \psi_s(x_0)$ and $x(s+1) = \phi(x(s))$. For a generic perturbation H the fixed points of ϕ_H are all nondegenerate.

J-holomorphic curves

An almost complex structure $J : T\mathcal{M} \to T\mathcal{M}$ is called compatible with ω if $\langle v, w\rangle = \omega(v, Jw)$ is a Riemannian metric. Denote the space of such structures by $\mathcal{J}(\mathcal{M},\omega)$. Let $J_s \in \mathcal{J}(\mathcal{M},\omega)$ be a smooth 1-parameter family of almost complex structures such that $J_s = \phi^* J_{s+1}$. Consider the perturbed nonlinear Cauchy–Riemann equations

$$\frac{\partial u}{\partial t} + J_s(u)\left(\frac{\partial u}{\partial s} - X_s(u)\right) = 0 \tag{1}$$

with boundary condition

$$u(s+1, t) = \phi(u(s,t)) \ . \tag{2}$$

The solutions of (1) and (2) are the gradient flow lines of the symplectic action functional on the path space Ω_ϕ of all paths $\gamma : \mathbb{R} \to \mathcal{M}$ such that $\gamma(s+1) = \phi(\gamma(s))$. In the case $X_s = 0$ these are Gromov's pseudoholomorphic curves [14]. If the fixed points of ϕ_H are all nondegenerate then any solution of (1) and (2) with finite energy has limits

$$\lim_{t\to\pm\infty} u(s,t) = \psi_s(x^\pm), \qquad x^\pm = \phi_H(x^\pm) \ . \tag{3}$$

Moreover, $\partial_t u$ converges to zero and $\partial_s u$ converges to $X_s \circ \psi_s(x^\pm)$ as t tends to $\pm\infty$.

For any smooth function $u : \mathbb{R}^2 \to \mathcal{M}$ which satisfies (2) the Sobolev space

$$W^{k,2}_\phi(u^*T\mathcal{M})$$

is the completion of the space of smooth compactly supported vector fields $\xi(s,t) \in T_{u(s,t)}\mathcal{M}$ along u which satisfy $\xi(s+1,t) = d\phi(u(s,t))\xi(s,t)$ with respect to the $W^{k,2}$-norm over $[0,1]\times\mathbb{R}$. For $k = 0$ denote $L^2_\phi(u^*T\mathcal{M}) = W^{0,2}_\phi(u^*T\mathcal{M})$. Linearization of (1) gives rise to the operator

$$\mathcal{D}_u = W^{1,2}_\phi(u^*T\mathcal{M}) \to L^2_\phi(u^*T\mathcal{M})$$

defined by

$$\mathcal{D}_u\xi = \nabla_t\xi + J_s(u)(\nabla_s\xi - \nabla_\xi X_s(u)) + \nabla_\xi J_s(u)(\partial_s u - X_s(u))$$

where ∇ denotes the Levi–Civita connection associated to the metric $\langle v, w\rangle_s = \omega(v, J_s w)$. If the fixed points $x^\pm = \phi_H(x^\pm)$ are nondegenerate then $\mathcal{D}_u$ is a Fredholm operator and its index is given by the Maslov class of u.

The Maslov index for symplectic paths

Denote by $\mathrm{Sp}(2n)$ the group of symplectic matrices. These are matrices which preserve the standard symplectic structure $\omega_0 = \sum_j dx_j \wedge dy_j$ on $\mathbb{R}^{2n}$. In [5] Conley and Zehnder introduced a Maslov index for paths of symplectic matrices. Their index assigns an integer $\mu_{\mathrm{CZ}}(\Psi)$ to every path $\Psi : [0,1] \to \mathrm{Sp}(2n)$ such that $\Psi(0) = 1\!\!1$ and $\det(1\!\!1 - \Psi(1)) \neq 0$. Other expositions are given in [23] and [20]. Here we summarize the results which are needed in the sequel.

Denote by $\mathrm{Sp}^*(2n)$ the open and dense set of all symplectic matrices which do not have 1 as an eigenvalue. This set has two components distinguishes by the sign of $\det(1\!\!1 - \Psi)$. Its complement is called the *Maslov cycle*. It is an algebraic variety of codimension 1 and admits a natural coorientation. The intersection number of a loop $\Phi : S^1 \to \mathrm{Sp}(2n)$ with the Maslov cycle is always even and the Maslov index $\mu(\Phi)$ is half this intersection number. Alternatively, the Maslov index can be defined as the degree

$$\mu(\Phi) = \deg(\rho \circ \Phi)$$

where $\rho : \mathrm{Sp}(2n) \to S^1$ is a continuous extension of the determinant map $\det : \mathrm{U}(n) = \mathrm{Sp}(2n) \cap O(2n) \to S^1$. The map ρ is not a homomorphism but can be chosen to be multiplicative with respect to direct sums, invariant under similarity, and taking the value ± 1 for symplectic matrices with no eigenvalues on the unit circle. These properties determine ρ uniquely [23].

Now denote by $\mathcal{SP}^*(n)$ the space of paths $\Psi : [0,1] \to \mathrm{Sp}(2n)$ with $\Psi(0) = 1\!\!1$ and $\Psi(1) \in \mathrm{Sp}^*(2n)$. Any such path admits an extension $\Psi . [0,2] \to \mathrm{Sp}(2n)$, unique up to homotopy, such that $\Psi(s) \in \mathrm{Sp}^*(2n)$ for $s \geq 1$ and $\Psi(2)$ is one of the matrices $W^+ = -1\!\!1$ and $W^- = \mathrm{diag}(2, -1, \ldots, -1, 1/2, -1, \ldots, -1)$. Since $\rho(W^\pm) = \pm 1$ it follows that $\rho^2 \circ \Psi : [0,2] \to S^1$ is a loop and the *Conley–Zehnder index* of Ψ is defined as its degree

$$\mu_{\mathrm{CZ}}(\Psi) = \deg(\rho^2 \circ \Psi)\,.$$

The Conley–Zehnder index has the following properties. It is uniquely determined by the homotopy, loop, and sigature properties [23].

(Naturality) For any path $\Phi : [0,1] \to \mathrm{Sp}(2n)$

$$\mu_{\mathrm{CZ}}(\Phi\Psi\Phi^{-1}) = \mu_{\mathrm{CZ}}(\Psi) .$$

(Homotopy) The Conley–Zehnder index is constant on the components of $\mathcal{SP}^*(n)$.

(Zero) If $\Psi(s)$ has no eigenvalue on the unit circle for $s > 0$ then $\mu_{\mathrm{CZ}}(\Psi) = 0$.

(Product) If $n' + n'' = n$ identify $\mathrm{Sp}(2n') \oplus \mathrm{Sp}(2n'')$ with a subgroup of $\mathrm{Sp}(2n)$ in the obvious way. Then

$$\mu_{\mathrm{CZ}}(\Psi' \oplus \Psi'') = \mu_{\mathrm{CZ}}(\Psi') + \mu_{\mathrm{CZ}}(\Psi'') .$$

(Loop) If $\Phi : [0,1] \to \mathrm{Sp}(2n, \mathbb{R})$ is a loop with $\Phi(0) = \Phi(1) = 1\!\!1$ then

$$\mu_{\mathrm{CZ}}(\Phi\Psi) = \mu_{\mathrm{CZ}}(\Psi) + 2\mu(\Phi) .$$

(Signature) If $S = S^T \in \mathbb{R}^{2n\times 2n}$ is a symmetric matrix with $\|S\| < 2\pi$ and $\Psi(s) = \exp(J_0 S s)$ then

$$\mu(\Psi) = \tfrac{1}{2}\mathrm{sign}\ S .$$

(Determinant)

$$(-1)^{\mu_{\mathrm{CZ}}(\Psi)+n} = \mathrm{sign}\ \det\ (1\!\!1 - \Psi(1)) .$$

(Inverse)

$$\mu_{\mathrm{CZ}}(\Psi^{-1}) = \mu_{\mathrm{CZ}}(\Psi^T) = -\mu_{\mathrm{CZ}}(\Psi) .$$

The Maslov class for J-holomorphic curves

Given two nondegenerate fixed points $x^{\pm}$ of ϕ_H denote by

$$\mathcal{P}(x^-, x^+) = \mathcal{P}(x^-, x^+, \phi, H)$$

the space of all smooth functions $u : \mathbb{R}^2 \to \mathcal{M}$ which satisfy (2) and (3). Denote by $\mathcal{P}(\phi)$ the space of pairs (u, H) such that $u \in \mathcal{P}(x^-, x^+, \phi, H)$ for two nondegenerate fixed points $x^\pm \in \mathrm{Fix}(\phi_H)$. The Conley–Zehnder index determines a map

$$\mu : \mathcal{P}(x^-, x^+) \longrightarrow \mathbb{Z}$$

as follows. Given $u \in \mathcal{P}(x^-, x^+)$ choose a trivialization $\Phi(s,t) : \mathbb{R}^{2n} \to T_{u(s,t)}\mathcal{M}$ such that

$$\Phi(s,t)^*\omega = \omega_0, \qquad \Phi(s+1,t) = d\phi(u(s,t))\Phi(s,t)\ ,$$

and $\Phi(s,t)$ converges to $\Phi^\pm(s) : \mathbb{R}^{2n} \to T_{\psi_s(x^\pm)}\mathcal{M}$ as t tends to $\pm\infty$. Consider the symplectic paths

$$\Psi^\pm(s) = \Phi^\pm(s)^{-1} d\psi_s(x^\pm)\Phi^\pm(0)\ . \tag{4}$$

Since $x^\pm$ are nondegenerate these are in $\mathcal{SP}^*(n)$ and the *Maslov class* of (u, H) is defined by

$$\mu(u,H) = \mu_{\mathrm{CZ}}(\Psi^+) - \mu_{\mathrm{CZ}}(\Psi^-)\ .$$

By the naturality property of the Conley–Zehnder index the Maslov class is independent of the choice of the trivialization. If $u_{01} \in \mathcal{P}(x_0, x_1)$ and $u_{12} \in \mathcal{P}(x_1, x_2)$ such that $u_{01}(s,t) = \psi_s(x_1)$ for $t \ge 0$ and $u_{12}(s,t) = \psi_s(x_1)$ for $t \le 0$ define the *catenation* $u_{01}\#u_{12} \in \mathcal{P}(x_0, x_2)$ by

$$u_{01}\#u_{12}(s,t) = \begin{cases} u_{01}(s,t), & t \le 0, \\ u_{12}(s,t), & t \ge 0\ . \end{cases}$$

Proposition 2.1. *The Maslov class has the following properties.*

(Homotopy) The Maslov class is constant on the components of $\mathcal{P}(\phi)$.

(Zero) If $x^- = x^+ = x$ and $u(s,t) = \psi_s(x)$ then $\mu(u,H) = 0$.

(Catenation) $\mu(u_{01}\#u_{12}, H) = \mu(u_{01}, H) + \mu(u_{12}, H)$.

(Chern class) If $v : S^2 \to \mathcal{M}$ then

$$\mu(u\#v, H) = \mu(u,H) - 2\langle c_1, v\rangle\ . \tag{5}$$

(Morse index) Assume $\phi = \mathrm{id}$ and $H_s = H : \mathcal{M} \to \mathbb{R}$ is a Morse function with sufficiently small second derivatives. Then the fixed points of ϕ_H are the critical points of H and

$$\mu(u,H) = \mathrm{ind}_H(x^+) - \mathrm{ind}_H(x^-) \tag{6}$$

for every $u \in \mathcal{P}(x^-, x^+, \phi, H)$ with $u(s,t) \equiv \gamma(t)$.

(Fixed point index) *For* $u \in \mathcal{P}(x^-, x^+, \phi, H)$

$$(-1)^{\mu(u,H)} = \text{sign det } (1\!\!1 - d\phi_H(x^-))\text{det } (1\!\!1 - d\phi_H(x^+)) \,. \tag{7}$$

Proof. The homotopy and catenation properties are obvious. The Equations (6) and (7) follow from the signature and determinant properties of the Conley–Zehnder index. We prove (5). Let $u_1 = u_0 \# v$ and assume without loss of generality that $u_0(s,t) = u_1(s,t) = \psi_s(x^\pm)$ for $\pm t \geq 1$ and $u_0(0,t) = u_1(0,t)$ for all t. Decompose $S^2 = D_0 \cup D_1$ with $\partial D_0 = \partial D_1 = S^1$ and choose homeomorphisms $h_j : D_j \to [0,1] \times [-1,1]$ such that h_1 is orientation preserving and h_0 is orientation reversing. Let $v : S^2 \to \mathcal{M}$ be given by

$$v|_{D_j} = u_j \circ h_j, \qquad j = 0, 1.$$

Choose trivializations $\Phi_j(s,t)$ of $u_j^* T\mathcal{M}$ as above such that $\Phi_0(s,t) = \Phi_1(s,t)$ for $t \leq -1$ and $\Phi_0(0,t) = \Phi_1(0,t)$ for all t. Then the loop

$$\Phi(s) = \Phi_0(s,1)^{-1}\Phi_1(s,1) \in \text{Sp}(2n, \mathbb{R})$$

determines the Chern class of v via $\langle c_1, v\rangle = \mu(\Phi)$. Moreover $\Psi_0^+ = \Phi\Psi_1^+$ and $\Psi_0^- = \Psi_1^-$. Hence

$$\mu(u_1, H) - \mu(u_0, H) = \mu_{\text{CZ}}(\Psi_1^+) - \mu_{\text{CZ}}(\Psi_0^+) = -2\mu(\Phi) = -2\langle c_1, v\rangle \,.$$

The second equality follows from the loop property of the Conley–Zehnder index. □

Denote by $\widetilde{\Omega}_\phi$ the universal cover of Ω_ϕ. The cover group is $\pi_2(\mathcal{M})$. Let $\widetilde{\text{Fix}}(\phi_H) \subset \widetilde{\Omega}_\phi$ denote the elements which cover curves of the form $\gamma(s) = \psi_s(x)$ where $x \in \text{Fix}(\phi_H)$. Then there is a fibration of discrete sets

$$\pi_2(\mathcal{M}) \hookrightarrow \widetilde{\text{Fix}}(\phi_H) \to \text{Fix}(\phi_H) \,.$$

Every function $u \in \mathcal{P}(x^-, x^+, \phi, H)$ and every lift $\tilde{x}^- \in \widetilde{\text{Fix}}(\phi_H)$ of x^- determines a unique lift $\tilde{x}^+ = \tilde{x}^- \# u$ of x^+. By the homotopy and catenation properties of the Maslov class there exists a unique map $\mu^{\text{symp}} : \widetilde{\text{Fix}}(\phi_H) \times \widetilde{\text{Fix}}(\phi_H) \to \mathbb{Z}$ such that

$$\mu(u, H) = \mu^{\text{symp}}(\tilde{x}^-, \tilde{x}^+)$$

whenever $\tilde{x}^+ = \tilde{x}^- \# u$. Equation (5) now reads

$$\mu^{\mathrm{symp}}(\tilde{x}^-, v\#\tilde{x}^+) = \mu^{\mathrm{symp}}(\tilde{x}^-, \tilde{x}^+) - 2\langle c_1, v\rangle \tag{8}$$

for $v : S^2 \to \mathcal{M}$ and the catenation property can be written in the form

$$\mu^{\mathrm{symp}}(\tilde{x}_0, \tilde{x}_1) + \mu^{\mathrm{symp}}(\tilde{x}_1, \tilde{x}_2) = \mu^{\mathrm{symp}}(\tilde{x}_0, \tilde{x}_2)\ .$$

By (8) the map μ^{symp} descends to a map $\mathrm{Fix}(\phi_H) \times \mathrm{Fix}(\phi_H) \to \mathbb{Z}_{2N}$ (still denoted by μ^{symp}) such that

$$\mu(u, H) = \mu^{\mathrm{symp}}(x^-, x^+) (\mathrm{mod}\ \ 2N)$$

for every $u \in \mathcal{P}(x^-, x^+, H)$. Here the integer N is the *minimal Chern number* defined by $\langle c_1, \pi_2(\mathcal{M})\rangle = N\mathbb{Z}$.

The Fredholm index

Identify $S^1 = \mathbb{R}/\mathbb{Z}$ and consider the Cauchy–Riemann operator $\bar{\partial}_S : W^{1,2}(S^1 \times \mathbb{R}, \mathbb{R}^{2n}) \to L^2(S^1 \times \mathbb{R}, \mathbb{R}^{2n})$ defined by

$$\bar{\partial}_S \zeta = \frac{\partial \zeta}{\partial t} + J_0 \frac{\partial \zeta}{\partial s} - S\zeta\ .$$

Here

$$J_0 = \begin{pmatrix} 0 & -1\!\!1 \\ 1\!\!1 & 0 \end{pmatrix}$$

is the standard complex structure on $\mathbb{R}^{2n}$ and the matrix function $S(s,t) = S(s+1,t) \in \mathbb{R}^{2n\times 2n}$ is continuous with symmetric limits

$$S^{\pm}(s) = \lim_{t\to\pm\infty} S(s,t)\ .$$

These determine symplectic paths $\Psi^{\pm} : [0,1] \to \mathrm{Sp}(2n)$ via $\dot{\Psi}^{\pm} = J_0 S^{\pm} \Psi^{\pm}$. If these are in $\mathcal{SP}^*(n)$ then $\bar{\partial}_S$ is a Fredholm operator and in [23] it is proved that

$$\mathrm{index}\,\bar{\partial}_S = \mu_{\mathrm{CZ}}(\Psi^+) - \mu_{\mathrm{CZ}}(\Psi^-). \tag{9}$$

(See also [21].)

Theorem 2.2. *Assume that $x^{\pm}$ are nondegenerate fixed points of ϕ_H. Then the operator $\mathcal{D}_u$ is Fredholm for every $u \in \mathcal{P}(x^-, x^+, \phi, H)$ and its* *index is given by the Maslov class*

$$\operatorname{index} \mathcal{D}_u = \mu(u).$$

Proof. Choose a trivialization Φ of $u^*T\mathcal{M}$ as above such that in addition $\Phi(s,t)^* J_s = J_0$. Then

$$\mathcal{D}_u \circ \Phi = \Phi \circ \bar{\partial}_S$$

where $\Phi S = \nabla_t \Phi + J_s(\nabla_s \Phi - \nabla_\Phi X_s) + (\nabla_\Phi J_s)(\partial_s u - X_s)$ The limit functions $S^\pm(s) = \lim_{t\to\pm\infty} S(s,t)$ are symmetric and the paths $\Psi^\pm : [0,1] \to \mathrm{Sp}(2n)$ defined by (4) satsfy $\dot{\Psi}^\pm = J_0 S^\pm \Psi^\pm$. Hence it follows from (9) that

$$\operatorname{index} \mathcal{D}_u = \operatorname{index} \bar{\partial}_S = \mu_{\mathrm{CZ}}(\Psi^+) - \mu_{\mathrm{CZ}}(\Psi) = \mu(u)\,. \qquad \square$$

Floer homology

Assume that the symplectic manifold $(\mathcal{M},\omega)$ is simply connected and monotone. This means that $\langle[\omega],A\rangle = \lambda\langle c_1, A\rangle$ for every $A \in \pi_2(\mathcal{M})$ and some positive constant $\lambda > 0$. Denote by $\mathcal{M}(x^-,x^+) = \mathcal{M}(x^-,x^+,\phi,H,J)$ the space of all solutions $u : \mathbb{R}^2 \to \mathcal{M}$ of (1), (2) and (3). Call the triple (ϕ,H,J) *regular* if the fixed points of ϕ_H are all nondegenerate and the operator $\mathcal{D}_u$ is onto for all $x^\pm \in \mathrm{Fix}(\phi_H)$ and all $u \in \mathcal{M}(x^-,x^+,\phi,H,J)$. For such triples the spaces $\mathcal{M}(x^-,x^+)$ are finite dimensional manifolds of local dimension

$$\dim_u \mathcal{M}(x^-,x^+) = \mu(u)\,.$$

In [11] Floer proved that for a dense set of pairs (H,J) the triple (ϕ,H,J) is regular. The arguments in [11] and in [23] for a generic Hamiltonian are carried out for the case $\phi = \mathrm{id}$ but generalize easily to arbitrary ϕ. The real numbers act on the space $\mathcal{M}(x^-,x^+)$ and it follows that the components of $\mathcal{M}$ with $\mu \le 0$ must be empty unless $x^- = x^+$. Moreover, it follows from Gromov's compactness for J-holomorphic curves that the 1-dimensional component of the space $\mathcal{M}(x^-,x^+)$ consists of finitely many connecting orbits whenever $\mu^{\mathrm{symp}}(x^-,x^+) \equiv 1(\mathrm{mod}\ 2N)$. These can be used to construct a chain complex as follows. Define

$$C_k = C_k(\phi,H) = \bigoplus_{\substack{x=\phi_H(x)\\ \mu^{\mathrm{symp}}(x_0,x)=k(\mathrm{mod}\ 2N)}} \mathbb{Z}x\,.$$

Here $x_0 \in \mathrm{Fix}(\phi_H)$ is reference point such that $\det(1\!\!1 - d\phi_H(x_0)) > 0$. The boundary operator $\partial : C_{k+1} \to C_k$ is defined by taking the sum of the numbers $\nu(u)$ over all 1-dimensional components of $\mathcal{M}(x^-, x^+)$. These numbers are defined by first choosing a set of coherent orientations of the connecting orbit spaces $\mu(x^-, x^+)$ as in [13] and then comparing the flow orientation of u with the coherent orientation of $\mathcal{M}(x^-, x^+)$. In [11] Floer proved that $\partial^2 = 0$ (again for the case $\phi = \mathrm{id}$.) The *Floer homology* groups are the homology groups of this chain complex

$$HF_*^{\mathrm{symp}}(\mathcal{M}, \phi, H, J) = \ker \partial / \mathrm{im}\ \partial .$$

Floer also proved in [11] that the Floer homology groups are independent of the almost complex structures J_s and the perurbation H used to define them. They depend on ϕ only up to Hamiltonian isotopy. (For different choices of ϕ, H, and J there is a natural isomorphism of Floer homologies.) By (5) the Floer homology groups are graded modulo $2N$ where N is the minimal Chern numbber of $\mathcal{M}$. By (7) the Euler characteristic is the Lefschetz number of ϕ:

$$\chi(HF_*^{\mathrm{symp}}(\mathcal{M}, \phi)) = \sum_{x=\phi_H(x)} \mathrm{sign}\ \det(1\!\!1 - d\phi_H(x)) = L(\phi) .$$

Remark 2.3. The proof that the Floer homology groups are independent of J and H is as in the case $\phi = \mathrm{id}$ and we refer for details to [11] and [23]. That they depend on ϕ only up to Hamiltonian isotopy follows from the fact that $HF_*^{\mathrm{symp}}(\mathcal{M}, \phi, H, J_s)$ is naturally isomorphic to $HF_*^{\mathrm{symp}}(\mathcal{M}, \phi_H, 0, \psi_s^* J_s)$. To see this consider the function $v(s,t) = \psi_s^{-1}(u(s,t))$ where $u(s,t)$ is a solution of (1) and (2).

Remark 2.4. In [11] Floer proved that if $\phi = \mathrm{id}$ then there is a natural isomorphism

$$HF_*^{\mathrm{symp}}(\mathcal{M}, \mathrm{id}) \simeq H_*(\mathcal{M}, \mathbb{Z}) .$$

The proof involves homotoping the Hamiltonian to a time independent Morse function $H_s = H : \mathcal{M} \to \mathbb{R}$, proving that all the solutions of (1) are independent of s when H is sufficiently small and using the formula (6) which relates the Maslov index with the Morse index. It follows that the fixed points of ϕ_H are related to the $2N$-periodic Betti numbers of $\mathcal{M}$ by the Morse inequalities. In particular the number of fixed points can be estimated from below by the sum of the Betti numbers as was conjectured by Arnold.

Remark 2.5. Floer's original theory for the case $\phi = \mathrm{id}$ does not require the manifold $\mathcal{M}$ to be simply connected. In [15] his work has been extended to some classes of compact symplectic manifolds $\mathcal{M}$ which are not monotone. In this case the Floer homology groups are modules over a suitable Novikov ring. This can be extended further to the case where ϕ is not the identity. There are then Floer homology groups for every component of Ω_ϕ.

Remark 2.6. For every symplectomorphism ψ there is a natural isomorphism of Floer homologies

$$HF_*^{\mathrm{symp}}(\mathcal{M}, \phi) = HF_*^{\mathrm{symp}}(\mathcal{M}, \psi^{-1} \circ \phi \circ \psi) \, .$$

To see this consider the function $v(s,t) = \psi^{-1}(u(s,t))$ where $u(s,t)$ is a solution of (1) and (2).

Remark 2.7. Donaldson has suggested the construction of a homomorphism

$$HF_*^{\mathrm{symp}}(\mathcal{M}, \psi) \otimes HF_*^{\mathrm{symp}}(\mathcal{M}, \phi) \to HF_*^{\mathrm{symp}}(\mathcal{M}, \psi \circ \phi)$$

using Moduli spaces of J-holomorphic curves with three cylindrical ends (the *pair-of-pants construction*). If $\psi = \mathrm{id}$ then this determines an action of the homology of $\mathcal{M}$ on the Floer homology groups of ϕ. If $\phi = \psi = \mathrm{id}$ then this should agree with the deformed cup-product of Witten.

3. Floer homology for 3-manifolds

Let $Q \to M$ be a principal bundle over a compact oriented 3-manifold with structure group $G = \mathrm{SO}(3)$. Denote by $\mathcal{A}(Q)$ the space of connections and by $\mathcal{G}_0(Q)$ the identity component of the group of gauge transformations. A gauge transformation $g : Q \to G$ is called *even* if it lifts to a map $\tilde{g} : Q \to \mathrm{SU}(2)$. The subgroup of even gauge transformations is denoted by $\mathcal{G}^{\mathrm{ev}}(Q)$. The *degree* of a gauge transformation is the integer $\deg(g) \in \mathbb{Z}$ determined by the induced map on homology $H_3(M) = \mathbb{Z} \to H_3(G) = \mathbb{Z}$.

The Chern–Simons functional

The perturbed Chern–Simons functional $\mathcal{CS}_H : \mathcal{A}(Q)/\mathcal{G}_0(Q) \to \mathbb{R}$ is defined by

$$\mathcal{CS}_H(a_0+\alpha) = \frac{1}{2}\int_M \Big(\langle d_{a_0}\alpha \wedge \alpha\rangle + \frac{1}{3}\langle[\alpha\wedge\alpha]\wedge\alpha\rangle \Big) - H(a_0+\alpha)$$

for $\alpha \in \Omega^1(\mathfrak{g}_Q)$ and a fixed flat connection $a_0 \in \mathcal{A}_{\mathrm{flat}}(Q)$. Here $\langle\, ,\rangle$ denotes the invariant inner product on $\mathfrak{g}$ given by minus the Killing form (in the case $G = \mathrm{SO}(3)$ this is 4 times the trace). The perturbation $H : \mathcal{A}(Q) \to \mathbb{R}$ is a function of the SU(2)-valued holonomy of the connection along finitely many *thickened* loops in M. Thus H is invariant under the action of $\mathcal{G}^{\mathrm{ev}}(Q)$. The perturbed Chern–Simons functional satisfies the identity [3]

$$\mathcal{CS}_H(a) - \mathcal{CS}_H(g^*a) = 8\pi^2 \deg\,(g)\,. \tag{10}$$

The gradient of $\mathcal{CS}_H$ is given by grad $\mathcal{CS}_H(a) = *F_a - *Y(a)$ where F_a is the curvature and $Y : \mathcal{A}(Q) \to \Omega^2(\mathfrak{g}_Q)$ represents the differential of H. The critical points of $\mathcal{CS}_H$ are called *H-flat* connections and the space of such connections is denoted by $\mathcal{A}_{\mathrm{flat}}(Q,H)$. An H-flat connection $a \in \mathcal{A}_{\mathrm{flat}}(Q,H)$ is both a *regular* point for the action of $\mathcal{G}_0(Q)$ and a *nondegenerate* critical point of $\mathcal{CS}_H$ iff the *extended Hessian*

$$D_a = \begin{pmatrix} *d_a - *dY(a) & d_a \\ d_a^* & 0 \end{pmatrix}$$

of $\mathcal{CS}_H$ is a nonsingular operator on $\Omega^1(\mathfrak{g}_Q) \oplus \Omega^0(\mathfrak{g}_Q)$.

Lemma 3.1. *If there exists an oriented embedded Riemann surface $\Sigma \subset M$ such that $w_2(Q|_\Sigma) \neq 0$ then every flat connection on Q is regular. Moreover, there exists a gauge transformation of degree* 1.

The second statement is proved in [12] and [8]. The first implies that the perturbation H can be chosen such that every H-flat connection is regular and nondegenerate. Throughout we shall assume that the bundle Q satisfies the requirements of this lemma. In particular, this excludes the case of homology-3-spheres which is treated in Floer's original work [10]. The present case is treated in [12].

Self-dual instantons

The gradient flow of $\mathcal{CS}_H$ takes the form

$$\dot{a} + *F_a - *Y(a) = 0\ . \tag{11}$$

The smooth path $a : \mathbb{R} \to \mathcal{A}(Q)$ can be regarded as a connection on the bundle $Q \times \mathbb{R}$ over the 4-manifold $M \times \mathbb{R}$ and in the case $Y = 0$ Equation (11) states that this connection is self-dual. If a satisfies (11) and has finite Yang–Mills energy then $a(t)$ converges to H-flat connections on Q as t tends to $\pm\infty$ provided that the H-flat connections on Q are all nondegenerate [16]. Fix $a^\pm \in \mathcal{A}_{\text{flat}}(Q, H)$ and consider the solutions of (11) with limits

$$\lim_{t\to\pm\infty} a(t) = g_\pm^* a^\pm \in \mathcal{A}_{\text{flat}}(Q, H) \tag{12}$$

for some $g_\pm \in \mathcal{G}_0(Q)$. Denote by $\mathcal{A}_{\text{SD}}(a^-, a^+, H)$ the space of smooth solutions of (11) and (12). The group $\mathcal{G}_0(Q)$ acts on this space and the quotient is denoted by

$$\mathcal{M}(a^-, a^+, H) = \frac{\mathcal{A}_{\text{SD}}(a^-, a^+, H)}{\mathcal{G}_0(Q)}\ .$$

Linearization of the self-duality equation (11) gives rise to the operator

$$\mathcal{D}_a = \frac{\partial}{\partial t} + D_{a(t)}\ .$$

It was proved by Atiyah, Patodi, and Singer [3] that if $a^\pm \in \mathcal{A}_{\text{flat}}(Q, H)$ are regular and nondegenerate then $\mathcal{D}_a$ is a Fredholm operator and

$$\operatorname{index} \mathcal{D}_a = \mu^{\text{inst}}(a^-, a^+) = \mu(a^+, H) - \mu(a^-, H)$$

where $\mu(a_0, H) = \frac{1}{2}\eta(D_{a_0}) - \mathcal{CS}_H(a_0)/2\pi^2$ and

$$\mu^{\text{inst}}(a_0, g^* a_0) = 4\deg\,(g) \tag{13}$$

for $a_0 \in \mathcal{A}_{\text{flat}}(Q, H)$ and $g \in \mathcal{G}(Q)$. For $a \in \mathcal{A}(Q)$ the η-invariant $\eta(D_a)$ is the real number $\eta(D_a) = \eta_0(D_a)$ where $\eta_s(D_a) = \sum_\lambda |\lambda|^{-s}\text{sign}\ \lambda$. The sum runs over all nonzero eigenvalues $\lambda \in \sigma(D_a)$. The function $s \mapsto \eta_s(D_a)$ is meromorphic and 0 is not a pole. With this definition the number $\mu(a, H)$ is not necessarily an integer.

Floer homology

Now for a generic perturbation H the operator $\mathcal{D}_a$ is onto for every solution $a \in \mathcal{A}_{\mathrm{SD}}(a^-, a^+, H)$ and all $a^\pm \in \mathcal{A}_{\mathrm{flat}}(Q, H)$. For such perturbations the moduli space $\mathcal{M}(a^-, a^+, H)$ is a finite dimensional manifold of dimension $\mu^{\mathrm{inst}}(a^-, a^+)$. As in Section 2 the moduli spaces determine a boundary operator on the chain complex

$$C_k = C_k(Q, H) = \bigoplus_{\substack{[a] \in \mathcal{A}_{\mathrm{flat}}(Q)/\mathcal{G}_0(Q) \\ \mu^{\mathrm{inst}}(a_0, a) = k}} \mathbb{Z}[a].$$

Choose coherent orientations of the moduli spaces $\mathcal{M}(a^-, a^+, H)$ as in [10] and [13]. Whenever $a \in \mathcal{M}(a^-, a^+, H)$ with $\mu^{\mathrm{inst}}(a^-, a^+) = 1$ define $\nu(a) = \pm 1$ according to whether the natural flow orientation of $a(t)$ (given by time shift) agrees with this coherent orientation or not. The (a^+, a^-)-entry of the boundary operator

$$\partial : C_{k+1} \to C_k$$

is defined by taking the sum of the numbers $\nu(a)$ over all instantons $[a] \in \mathcal{M}(a^-, a^+, H)/\mathbb{R}$. In [10] Floer proved that $\partial^2 = 0$. The *Floer homology* groups of the pair (M, Q) are the homology groups of this chain complex

$$HF_*^{\mathrm{inst}}(M, Q) = \ker \partial / \mathrm{im}\ \partial\,.$$

They are independent of the metric on M and the perurbation H used to define them [10], [12]. (Different choices of metric and perturbation give rise to natural isomorphisms.) If the perturbation can be chosen invariant under a gauge transformation of degree 1 then it follows from (13) that the Floer homology groups are graded modulo 4; otherwise the grading is modulo 8. Casson's invariant of the pair (M, Q) appears as the Euler characteristic of Floer homology with respect to the mod 4 grading

$$\lambda(M, Q) = \chi(HF_*^{\mathrm{inst}}(M, Q)) = \tfrac{1}{2} \sum_{[a]} (-1)^{\mu^{\mathrm{inst}}(a_0, a)}\,.$$

The sum runs over all even gauge equivalence classes $[a] \in \mathcal{A}_{\mathrm{flat}}(Q, H)/\mathcal{G}^{\mathrm{ev}}(Q)$. By Lemma 3.1 there exists a gauge transformation of degree 1. Such a gauge transformation is not even and hence each flat connection appears twice as an even gauge equivalence class. This shows that the Casson invariant is an integer. It is independent of the choice of the perturbation.

Remark 3.2. If H can be chosen invariant under all gauge transformations (not just the even ones) then the group Γ of components of the space of degree-0 gauge transformations acts on $HF_k^{\mathrm{inst}}(M;Q)$ for every k. This requires an equivariant perturbation theory which takes account of the action of a finite group.

4. Flat connections over Riemann surfaces

Let $\pi : P \to \Sigma$ be a principal bundle over a compact oriented Riemann surface of genus $k \geq 2$ with structure group $G = \mathrm{SO}(3)$. A gauge transformation $g \in \mathcal{G}(P)$ is homotopic to $1\!\!1$ iff it is even. The moduli space

$$\mathcal{M}(P) = \mathcal{A}_{\mathrm{flat}}(P)/\mathcal{G}_0(P)$$

of flat connections modulo even gauge equivalence is a compact symplectic manifold of dimension $6k-6$ with symplectic structure

$$\omega_A(a,b) = \int_\Sigma \langle a \wedge b \rangle$$

for $a, b \in H_A^1 = T_{[A]}\mathcal{M}(P)$. Every conformal structure on the Riemann surface Σ determines a Kähler structure on $\mathcal{M}(P)$. The Hodge-$*$-operators on the spaces $H_A^1 = \ker\, d_A \cap \ker\, d_A^*$ of harmonic forms determine an integrable complex structure on $\mathcal{M}(P)$ which is compatible with ω. (See [2].)

Via the holonomy the space $\mathcal{M}(P)$ can be identified with the odd representations of the fundamental group of P in $\mathrm{SU}(2)$

$$\mathcal{M}(P) = \frac{\mathrm{Hom}^{\mathrm{odd}}(\pi_1(P), \mathrm{SU}(2))}{\mathrm{SU}(2)}.$$

A homomorphism $\rho : \pi_1(P) \to \mathrm{SU}(2)$ is called *odd* if $\rho(\gamma) = -1\!\!1$ for a nontrivial loop in the fibre. Every odd homomorphism arises as the holonomy of a flat connection on P and two flat connections are gauge equivalent by a gauge transformation in $\mathcal{G}_0(P)$ iff their holonomy representations are conjugate.

Symplectomorphisms

Every orientation preserving diffeomorphism $h : \Sigma \to \Sigma$ lifts (in a nonunique way) to an automorphism $f : P \to P$. Every such automorphism $f : P \to P$ determines a symplectomorphism

$$\phi_f : \mathcal{M}(P) \to \mathcal{M}(P)$$

defined by $[A] \mapsto [f^*A]$. In terms of representations of the fundamental group this symplectomorphism is given by $\rho \mapsto \rho \circ f_*$. Hence the symplectomorphism ϕ_f depends only on the homotopy class of f. In other words the homomorphism $f \mapsto \phi_f$ determines an action of the extended mapping class group

$$\mathrm{Aut}^+(P)/\mathrm{Aut}_0(P) \to \mathrm{Symp}(\mathcal{M}(P)) .$$

Here $\mathrm{Aut}^+(P)$ denotes the group of those automorphisms of P which cover orientation preserving diffeomorphisms of Σ and $\mathrm{Aut}_0(P)$ denotes the component of the identity. It is an open question whether the induced homomorphism $\pi_0(\mathrm{Aut}^+(P)) \to \pi_0(\mathrm{Symp}(\mathcal{M}(P)))$ is onto or injective. The fixed points of ϕ_f will in general not be all nondegenerate. The presence of degenerate fixed points requires a Hamiltonian perturbation.

Remark 4.1. Let $\mathcal{G}_f(P)$ denote the subgroup of gauge transformations $g \in \mathcal{G}(P)$ such that $g \circ f \sim g$. Then the finite group $\Gamma_f = \mathcal{G}_f(P)/\mathcal{G}_0(P)$ acts on $\mathcal{M}(P)$ by symplectomorphism $[A] \mapsto [g^*A]$ which commute with ϕ_f.

Mapping cylinders

An automorphism $f : P \to P$ also determines a principal bundle $P_f \to \Sigma_h$ where $h : \Sigma \to \Sigma$ is the diffeomorphism induced by f via $\pi \circ f = h \circ \pi$ and P_f and Σ_h denote the mapping cylinders. We assume throughout that h is orientation preserving. A connection $a \in \mathcal{A}(P_f)$ is a 1-form $a = A + \Phi\, ds$ where $A(s) \in \mathcal{A}(P)$, $\Phi(s) \in \Omega^0(\mathfrak{g}_P)$ and

$$A(s+1) = f^*A(s), \qquad \Phi(s+1) = \Phi(s) \circ f .$$

The group $\mathcal{G}(P_f)$ of gauge transformations of P_f consists of smooth maps $g : \mathbb{R} \to \mathcal{G}(P)$ such that $g(s+1) = g(s) \circ f$. It acts on $\mathcal{A}(P_f)$ by

$$g^*a = g^*A + \left(g^{-1}\dot{g} + g^{-1}\Phi g\right)\, ds .$$

Here the notation g^* is used ambiguously: g^*a denotes the action of $g \in \mathcal{G}(P_f)$ on $a \in \mathcal{A}(P_f)$ whereas g^*A denotes the pointwise action of $g(s) \in \mathcal{G}(P)$ on $A(s) \in \mathcal{A}(P)$.

The Chern–Simons functional on P_f takes the form

$$\mathcal{CS}(a) = \int_0^1 \int_\Sigma \left(\tfrac{1}{2}\langle \dot{A} \wedge (A - A_0)\rangle + \langle F_A \wedge \Phi\rangle\right)\, ds$$

for $a = A + \Phi\, ds$ where $A_0 = f^*A_0$ is a fixed flat connection on P. A connection $A + \Phi\, ds$ is a critical point of $\mathcal{CS}$, that is a flat connection on P_f iff

$$F_A = 0, \qquad \dot{A} - d_A\Phi = 0\,.$$

The flat connections on P_f correspond naturally to the fixed points of the symplectomorphism ϕ_f. Moreover, a flat connection $a = A + \Phi\,ds$ is nondegenerate as a critical point of the Chern–Simons functional if and only if $A(0)$ represents a nondegenerate fixed point of ϕ_f.

Remark 4.2. It follows from results in [2] and [6] that the space $\mathcal{A}_{\text{flat}}(P)$ is simply connected and hence the space $\mathcal{A}_\Sigma(P_f)$ of all $A+\Phi\,ds \in \mathcal{A}(P_f)$ such that $F_A = 0$ and $d_A *_s (dA/ds - d_A\Phi) = 0$ is connected. Here $*_s$ denotes the Hodge-$*$-operator corresponding to a family of conformal structures on Σ such that $*_{s+1} \circ f^* = f^* \circ *_s$. The section $\Phi(s) \in \Omega^0(\mathfrak{g}_P)$ is uniquely determined by the condition $d_{A(s)} *_s d_{A(s)}\Phi(s) = d_{A(s)} *_s \dot{A}(s)$ and hence the elements of $\mathcal{A}_\Sigma(P_f)$ can be thought of as paths in $\mathcal{A}_{\text{flat}}(P)$. Hence there is a natural bijection

$$\Omega_{\phi_f} \simeq \mathcal{A}_\Sigma(P_f)/\mathcal{G}_\Sigma(P_f)$$

where $\mathcal{G}_\Sigma(P_f)$ denotes the subgroup of all $g \in \mathcal{G}(P_f)$ such that $g(s) \in \mathcal{G}_0(P)$ for all s. The universal cover of Ω_{ϕ_f} is the quotient $\mathcal{A}_\Sigma(P_f)/\mathcal{G}_0(P_f)$. The restriction of the Chern–Simons functional to the space $\mathcal{A}_\Sigma(P_f)$ agrees with the symplectic action. It is invariant under the action of the finite group $\Gamma_f = \mathcal{G}_f(P)/\mathcal{G}_0(P) = \mathcal{G}(P_f)/\mathcal{G}_\Sigma(P_f)$ of components of degree-0 gauge transformations of P_f.

Perturbations

If there are degenerate flat connections on P_f respectively degenerate fixed points of the symplectomorphism ϕ_f then we must perturb the Chern–Simons functional to obtain nondegenerate critical points. As in [7] and [24] such perturbations arise from the holonomy and they can be interpreted in terms of Hamiltonian dynamics on the infinite dimensional symplectic manifold $\mathcal{A}(P)$.

Choose $2k$ embeddings $\gamma_j : \mathbb{R}/\mathbb{Z} \times \mathbb{R} \to P$ of the annulus such that the projections $\pi \circ \gamma_j$ are orientation preserving, generate the fundamental group of Σ, and satisfy $\gamma_j(0,\lambda) = p_\lambda$ for every j. Denote by $\rho_\lambda : \mathcal{A}(P) \to \mathrm{SU}(2)^{2k}$ the holonomy along the loops $\theta \mapsto \gamma_j(\theta,\lambda)$ for $\lambda \in \mathbb{R}$. Now choose a smooth family of functions $h_s : \mathrm{SU}(2)^{2k} \to \mathbb{R}$ which are invariant under conjugacy and vanish for s near 0 and 1. Let $\beta : \mathbb{R} \to \mathbb{R}$ be a smooth cutoff function supported in $[-1,1]$ with mean value 1 and define $H_s : \mathcal{A}(P) \to \mathbb{R}$ by

$$H_s(A) = \int_{-1}^{1} \beta(\lambda) h_s(\rho_\lambda(A))\,d\lambda$$

for $A \in \mathcal{A}(P)$ and $0 \leq s \leq 1$. Any smooth Hamiltonian on the moduli space $\mathcal{M}(P)$ can be represented in this form.

The functions are invariant under the action of $\mathcal{G}_0(P)$. They can be extended to $s \in \mathbb{R}$ such that

$$H_s(g^*A) = H_s(A) = H_{s+1}(f^*A) \tag{14}$$

for $A \in \mathcal{A}(P)$ and $g \in \mathcal{G}_0(P)$. The differential of H_s can be represented by a smooth map $X_s : \mathcal{A}(P) \to \Omega^1(\mathfrak{g}_P)$ such that

$$dH_s(A)\alpha = \int_\Sigma \langle X_s(A) \wedge \alpha \rangle \,.$$

In other words $X_s : \mathcal{A}(P) \to \Omega^1(\mathfrak{g}_P)$ is the Hamiltonian vector field on $\mathcal{A}(P)$ corresponding to the Hamiltonian function H_s. These vector fields satisfy $X_{s+1}(f^*A) = f^*X_s(A)$ and, since H_s is invariant under $\mathcal{G}_0(P)$,

$$X_s(g^*A) = g^{-1}X_s(A)g, \qquad d_AX_s(A) = 0 \tag{15}$$

for $g \in \mathcal{G}_0(P)$ and $A \in \mathcal{A}(P)$. The vector fields X_s that arise from the holonomy will be smooth with respect to the $W^{k,p}$-norm for all k and p and hence give rise to a Hamiltonian flow $\psi_s : \mathcal{A}(P) \to \mathcal{A}(P)$ defined by

$$\frac{d}{ds}\psi_s = X_s \circ \psi_s, \qquad \psi_0 = \mathrm{id}\,.$$

The diffeomorphisms ψ_s preserve the symplectic structure and the curvature and are equivariant under the action of $\mathcal{G}_0(P)$. Moreover,

$$\psi_{s+1} \circ \phi_{f,H} = \phi_f \circ \psi_s, \qquad \phi_{f,H}(A) = \psi_1{}^{-1}(f^*A)\,,$$

as in Section 2. For a generic Hamiltonian H the fixed points of $\phi_{f,H}$ on the moduli space $\mathcal{M}(P)$ are nondegenerate.

Remark 4.3. We do not assume here that H_s is invariant under the action of Γ_f. This would require a perturbation theorem which takes account of the action of a finite group.

The perturbed Chern–Simons functional $\mathcal{CS}_H : \mathcal{A}(P_f) \to \mathbb{R}$ is defined by

$$\mathcal{CS}_H(a) = \mathcal{CS}(a) - \int_0^1 H_s(A(s))\,ds\,.$$

for $a = A + \Phi\, ds \in \mathcal{A}(P_f)$. Its critical point are the solutions of

$$F_A = 0, \qquad \dot{A} - d_A\Phi - X_s(A) = 0\,.$$

A connection $A + \Phi\, ds \in \mathcal{A}(P_f)$ which satisfies these equations is called *H-flat*. The space of H-flat connections is denoted by $\mathcal{A}_{\text{flat}}(P_f, H)$.

Proposition 4.4. *There is a natural bijection*

$$\mathcal{A}_{\text{flat}}(P_f, H)/\mathcal{G}_\Sigma(P_f) \simeq \text{Fix}(\phi_{f,H})$$

induced by $A + \Phi\, ds \mapsto A(0)$. *A connection* $A + \Phi\, ds \in \mathcal{A}_{\text{flat}}(P_f, H)$ *is nondegenerate as a critical point of the perturbed Chern–Simons functional* $\mathcal{CS}_H$ *iff* $A(0)$ *represents a nondegenerate fixed point of* $\phi_{f,H}$.

Proof. Assume $A + \Phi ds \in \mathcal{A}_{\text{flat}}(P_f, H)$ and denote $A_0 = A(0)$. Then $A(s) \in \mathcal{A}_{\text{flat}}(P)$ for every s and $\dot{A} = d_A\Phi + X_s(A)$. Let $g(s) \in \mathcal{G}(P)$ be the unique solution of the ordinary differential equation $\dot{g} + \Phi g = 0$ with $g(0) = 1\!\!1$. Then $\frac{d}{ds} g^*A = X_s(g^*A)$ and hence $\psi_1(A_0) = g(1)^*A(1) = g(1)^*f^*A_0$. Hence A_0 represents a fixed point of $\phi_{f,H}$. This shows that there is a map $\mathcal{A}_{\text{flat}}(P_f, H)/\mathcal{G}_\Sigma(P_f) \to \text{Fix}(\phi_{f,H})$ induced by $A + \Phi\, ds \mapsto A(0)$. We must prove that it is bijective.

To prove surjectivity, suppose that $A_0 \in \mathcal{A}_{\text{flat}}(P)$ represents a fixed point of $\phi_{f,H}$ and let $g_1 \in \mathcal{G}_0(P)$ such that $g_1^* f^* A_0 = \psi_1(A_0)$. Choose a smooth map $g : \mathbb{R} \to \mathcal{G}_0(P)$ such that $g(0) = 1$ and $g(s+1) = (g(s) \circ f)g_1$. Let $A(s) \in \mathcal{A}_{\text{flat}}(P)$ and $\Phi(s) \in \Omega^0(\mathfrak{g}_P)$ be defined by $g(s)^*A(s) = A_0$ and $\Phi(s) = -\dot{g}(s)g(s)^{-1}$. Then $A + \Phi\, ds \in \mathcal{A}_{\text{flat}}(P_f, H)$ and $A(0) = A_0$.

To prove injectivity, let $a = A + \Phi\, ds$ and $a' = A' + \Phi'\, ds$ be H-flat connections and suppose that $A'(0) = g_0^*A(0)$ for some $g_0 \in \mathcal{G}_0(P)$. Define $g(s) \in \mathcal{G}_0(P)$ to be the unique solution of the ordinary differential equation $\dot{g} = g\Phi' - \Phi g$ with $g(0) = g_0$. Then $\frac{d}{ds} g^*A = d_{g^*A}\Phi' + X_s(g^*A)$, and $g(0)^*A(0) = A'(0)$. This implies $g(s)^*A(s) = A'(s)$ for all s. Since $A(s{+}1) = f^*A(s)$ and $A'(s{+}1) = f^*A'(s)$ it follows that $g(s{+}1)^*A(s{+}1) = (g(s) \circ f)^*A(s+1)$ and hence $g(s+1) = g(s) \circ f$. This shows that g is a gauge transformation of P_f and $a' = g^*a$.

Now let $a = A + \Phi\, ds \in \mathcal{A}_{\text{flat}}(P_f, H)$ and define $A_0 = A(0) \in \mathcal{A}_{\text{flat}}(P)$. Assume without loss of generality that $\Phi \equiv 0$ so that $A(s) = \psi_s(A_0)$ and $f^*A_0 = \psi_1(A_0)$. We prove that the linear map

$$d\psi_1(A_0) - f^* : H^1_{A_0}(\Sigma) \to H^1_{f^*A_0}(\Sigma)$$

is injective if and only if every infinitesimal connection $\alpha + \phi\, ds \in \Omega^1(\mathfrak{g}_{P_f})$

which satisfies

$$d_A\alpha = 0, \qquad \dot\alpha - d_A\phi - dX_s(A)\alpha = 0 \tag{16}$$

is of the form

$$\alpha = d_A\xi, \qquad \phi = \dot\xi \tag{17}$$

for some $\xi \in \Omega^0(\mathfrak{g}_{P_f})$. The former means that A_0 represents a nondegenerate fixed point of $\phi_{f,H}$ and the latter means that a is a nondegenerate critical point of $\mathcal{CS}_H$.

Assume first that $d\psi_1(A_0) - f^*$ is injective and $\alpha + \phi\, ds$ satisfies (16). Denote $\alpha_0 = \alpha(0)$. Then

$$\alpha(s) = d\psi_s(A_0)\alpha_0 + d_{A(s)}\int_0^s \phi(\theta)\, d\theta\,.$$

(Differentiate and use (15).) Hence $f^*\alpha_0 - d\psi_1(A_0)\alpha_0 \in \text{im } d_{f^*A_0}$ and since A_0 is a nondegenerate fixed point of $\phi_{f,H}$ there exists a $\xi_0 \in \Omega^0(\mathfrak{g}_P)$ such that $\alpha_0 = d_{A_0}\xi_0$. Define $\xi(s) \in \Omega^0(\mathfrak{g}_P)$ by $\xi(0) = \xi_0$ and $\dot\xi(s) = \phi(s)$. Then

$$\frac{d}{ds}(\alpha - d_A\xi) = \dot\alpha - d_A\dot\xi - [\dot A \wedge \xi] = dX_s(A)(\alpha - d_A\xi)$$

and hence $\alpha = d_A\xi$. Here we have used the formula $dX_s(A)d_A\xi = [X_s(A)_1\xi] = [\dot A_1\xi]$.

Now suppose that $f^* - d\psi_1(A_0) : H^1_{A_0} \to H^1_{f^*A_0}$ is not injective. Then there exist $\alpha_0 \in \Omega^1(\mathfrak{g}_P)$ and $\xi_0 \in \Omega^0(\mathfrak{g}_P)$ such that

$$f^*\alpha_0 - d\psi_1(A_0)\alpha_0 = d_{f^*A_0}\xi_0, \qquad d_{A_0}\alpha_0 = 0, \qquad \alpha_0 \notin \text{im } d_{A_0}\,.$$

Choose any function $\phi(s) \in \Omega^0(\mathfrak{g}_P)$ satisfying

$$\xi_0 = \int_0^1 \phi(s)\, ds, \qquad \phi(s+1) = \phi(s) \circ f\,,$$

and let $\alpha(s) \in \Omega^1(\mathfrak{g}_P)$ be the unique solution of $\dot\alpha = d_A\phi + dX_s(A)\alpha$ with $\alpha(0) = \alpha_0$. Then α and ϕ satisfy (16) but are not of the form (17) since $\alpha_0 \notin \text{im } d_{A_0}$. □

5. The Atiyah–Floer conjecture

For every orientation preserving automorphism of the bundle $P \to \Sigma$ there are two Floer homology groups, one for the symplectomorphism ϕ_f as in Section 2 and one for the mapping cylinder P_f as in Section 3. In a forthcoming paper [9] we prove that there is a natural isomorphism

$$HF_*^{\mathrm{symp}}(\mathcal{M}(P), \phi_f) \simeq HF_*^{\mathrm{inst}}(\Sigma_h, P_f) .$$

A similar statement in the context of Heegard splittings and Lagrangian intersections was conjectured by Atiyah [1] and Floer. The present version was suggested to us by Floer.

The proof relies on a comparison of self-dual instantons on the 4-manifold $\Sigma_h \times \mathbb{R}$ with J-holomorphic curves in the moduli space $\mathcal{M}(P)$. Fix two nondegenerate H-flat connections $a^\pm = A^\pm + \Phi^\pm\, ds \in \mathcal{A}_{\mathrm{flat}}(P_f, H)$ and choose smooth functions $A : \mathbb{R}^2 \to \mathcal{A}_{\mathrm{flat}}(P)$ and $\Phi, \Psi : \mathbb{R}^2 \to \Omega^0(\mathfrak{g}_P)$ which satisfy

$$A(s+1,t) = f^*A(s,t), \quad \Phi(s+1,t) = \Phi(s,t)\circ f, \quad \Psi(s+1,t) = \Phi(s,t)\circ f \tag{18}$$

and

$$\lim_{t\to\pm\infty} A(s,t) = A^\pm(s), \quad \lim_{t\to\pm\infty} \Phi(s,t) = \Phi^\pm(s), \quad \lim_{t\to\pm\infty} \Psi(s,t) = 0 . \tag{19}$$

Now choose a smooth family of conformal structures on Σ depending on a real parameter s such that $*_{s+1} \circ f^* = f^* \circ *_s$. This corresponds to the condition $J_s = \phi^* J_{s+1}$ of Section 2. The perturbed Cauchy–Riemann equations take the form

$$\frac{\partial A}{\partial t} - d_A\Psi + *_s\left(\frac{\partial A}{\partial s} - X_s(A) - d_A\Phi\right) = 0 . \tag{20}$$

For solutions of (20) the functions Φ and Ψ are uniquely determined by A. Think of $\Xi = A + \Phi\, ds + \Psi\, dt$ as a connection on $P_f \times \mathbb{R}$. Then the perturbed self-duality equations on $\mathbb{R} \times P_f$ take the form

$$\begin{aligned} &\frac{\partial A}{\partial t} - d_A\Psi + *_s\left(\frac{\partial A}{\partial s} - X_s(A) - d_A\Phi\right) = 0, \\ &\frac{\partial \Phi}{\partial t} - \frac{\partial \Psi}{\partial s} - [\Phi, \Psi] + \frac{1}{\varepsilon^2} *_s F_A = 0. \end{aligned} \tag{21}$$

The factor $1/\varepsilon^2$ arises from conformally rescaling the metric on Σ by the factor ε^2. Solutions of (21) with $0 \le s \le 1$ are equivalent to solutions with

$\varepsilon = 1$ on the long cylinder $0 \le s \le 1/\varepsilon$. In the context of Heegard splittings this corresponds to Atiyah's suggestion to *stretch the neck.*

Note that the first equation in (21) agrees with (20) while the second equation replaces the condition on $A(s,t)$ to be flat. Thus Equation (20) can be viewed as a singular limit of (21) analogous to singular perturbations of fast-slow systems in ordinary differential equations. In [9] we shall prove that the solutions of (21) shall in fact converge to those of (20) as ε tends to zero and thus for ε sufficiently small there is a one-to-one correspondence of self-dual instantons with J-holomorphic curves. The main result of the present paper asserts that the two Fredholm operators arising from linearizing (20) and (21) have the same index. This implies that the chain complexes of the two Floer homology groups have the same grading.

6. An index theorem

Fix a pair of H-flat connections $a^\pm = A^\pm(s) + \Phi^\pm(s)\,ds \in \mathcal{A}_{\mathrm{flat}}(P_f, H)$. For every such pair there are two integers. The Maslov index $\mu^{\mathrm{symp}}(a^-, a^+)$ of Section 2 and the index $\mu^{\mathrm{inst}}(a^-, a^+)$ of Section 3. Our main theorem asserts that both indices agree.

Theorem 6.1. *For every pair $a^\pm \in \mathcal{A}_{\mathrm{flat}}(P_f, H)$ of nondegenerate H-flat connections $\mu^{\mathrm{symp}}(a^-, a^+) = \mu^{\mathrm{inst}}(a^-, a^+)$.*

Choose $\Xi = A + \Phi\,ds + \Psi\,dt$ such that $A(s,t)$ is flat for all s and t and (18) and (19) are satisfied. Such a connection always exists since the space $\mathcal{A}_{\mathrm{flat}}(P)$ is simply connected [2], [6]. Linearizing (20) gives rise to the perturbed Cauchy–Riemann operator $\mathcal{D}_0$ as in Section 2. The bundle u^*TM of Section 2 corresponds here to the bundle $H_A \to S^1 \times \mathbb{R}$ whose fiber over (s,t) is the space $H^1_{A(s,t)}$ of harmonic 1-forms on $\mathfrak{g}_P$ with respect to the connection $A(s,t)$ and the s-metric on Σ. The operator $\mathcal{D}_0 : W^{1,2}_f(H_A) \to L^2_f(H_A)$ is given by

$$\mathcal{D}_0(\alpha_0) = \pi_A\left(\nabla_t \alpha_0 + *_s \nabla_s \alpha_0 - *_s dX_s(A)\alpha_0\right)$$

where $\nabla_s = \partial_s + \Phi$, $\nabla_t = \partial_t + \Psi$ and $\pi_{A(s,t)}(\alpha)$ denotes the harmonic part of α. The subscript f refers to the periodic boundary condition $\alpha(s+1,t) = f^*\alpha(s,t)$. The Fredholm index of $\mathcal{D}_0$ is

$$\mu^{\mathrm{symp}}(a^-, a^+) = \operatorname{index} \mathcal{D}_0\,.$$

Linearizing (21) gives rise to the Fredholm operator $\mathcal{D}_\varepsilon : W^{1,2}_f \to L^2_f$

defined by

$$\mathcal{D}_\varepsilon = \nabla_t + \begin{pmatrix} *_s\nabla_s & 0 & 0 \\ 0 & 0 & -\nabla_s \\ 0 & *_s\nabla_s *_s & 0 \end{pmatrix} - \begin{pmatrix} *_s dX_s(A) & *_s d_A & d_A \\ -\varepsilon^{-2} *_s d_A & 0 & 0 \\ -\varepsilon^{-2} *_s d_A *_s & 0 & 0 \end{pmatrix}$$

as in Section 3. Here $W_f^{k,2} = W_f^{k,2}(\mathbb{R}^2 \times T^*\Sigma \otimes \mathfrak{g}_P \oplus \mathfrak{g}_P \oplus \mathfrak{g}_P)$. This is a kind of infinite dimensional analogue of the Cauchy–Riemann operator. The Fredholm index of $\mathcal{D}_\varepsilon$ is independent of $\varepsilon > 0$. It is the relative Morse index of instanton homology

$$\mu^{\text{inst}}(a^-, a^+) = \operatorname{index} \mathcal{D}_\varepsilon \, .$$

The main result of this paper asserts that the two Fredholm indices agree. Here are two corollaries concerning Casson's invariant of the manifold Σ_h and the first Chern class of $\mathcal{M}(P)$. In the context of Heegard splittings and Lagrangian intersections the analogue of the first was proved by Taubes [24].

Corollary 6.2. *Casson's invariant of (Σ_h, P_f) is the Lefschetz number of ϕ_f*

$$\lambda(\Sigma_h, P_f) = L(\phi_f) \, .$$

In particular, when $f = \mathrm{id}$,

$$\lambda(\Sigma \times S^1, P \times S^1) = \chi(\mathcal{M}(P)) \, .$$

Proof. The Euler charcteristic of Floer homology agrees with the Euler charcteristic of the chain complex. By Theorem 6.1 both chain complexes are isomorphic. Hence they have the same Euler characteristic. □

Atiyah and Bott [2] observed that the first Chern class of the tangent bundle of $\mathcal{M}(P)$ determines an isomorphism of $\pi_2(\mathcal{M}(P))$ with the even integers. We give an alternative proof of this result as a corollary of Theorem 6.1. Since the space of flat connections $\mathcal{A}_{\text{flat}}(P)$ (*not* modulo gauge equivalence) is simply connected and $\pi_2(\mathcal{A}_{\text{flat}}(P)) = \{0\}$ (see [2] and [6]) the homotopy exact sequence of the fibration $\mathcal{G}_0 \hookrightarrow \mathcal{A}_{\text{flat}}(P) \to \mathcal{M}(P)$ shows that

$$\pi_2(\mathcal{M}(P)) = \pi_1(\mathcal{G}_0(P)/\{-1\!\!1, +1\!\!1\}) = \mathbb{Z}.$$

The last isomorphism is given by the degree for gauge transformations of the bundle $Q = P \times S^1$ over the 3-manifold $M = \Sigma \times S^1$. (See Lemma 3.1.) Here is a more explicit description of the first isomorphism. Let $A_0 \in \mathcal{A}_{\text{flat}}(P)$ be a flat connection and let $g(s) \in \mathcal{G}_0(P)$ be a loop of gauge transformations such that $g(0) = 1\!\!1 = \pm g(1)$. Since $\mathcal{A}_{\text{flat}}(P)$ is simply connected there exists a map $A : D \to \mathcal{A}_{\text{flat}}(P)$ on the unit disc such that

$$A(e^{2\pi is}) = g(s)^* A_0.$$

This map represents a sphere in the moduli space $\mathcal{M}(P)$ since the boundary of D is mapped to a point.

Corollary 6.3.

$$\langle c_1, A\rangle = 2\text{deg }(g) = \frac{1}{4\pi^2}\langle [\omega], A\rangle \;.$$

Proof. Choose polar co-ordinates $\theta : [0,1]^2 \to D$ by $\theta(s,t) = te^{2\pi is}$ and denote $B = A \circ \theta$. Since θ is orientation reversing

$$\begin{aligned}\int_D \int_\Sigma \langle \partial_x A \wedge \partial_y A\rangle \, dxdy &= -\int_0^1 \int_0^1 \int_\Sigma \langle \partial_s B \wedge \partial_t B\rangle \, dsdt \\ &= -\frac{1}{2}\int_0^1 \int_\Sigma \left\langle \frac{d}{ds} g(s)^* A_0 \wedge g(s)^* A_0 - A_0 \right\rangle ds \\ &= 8\pi^2 \text{deg }(g) \;.\end{aligned}$$

The last identity follows from Equation (10) with $Q = P \times S^1$.

Now let $f = \text{id}$ and choose a Hamiltonian perturbation H such that the induced symplectomorphism ψ_1 has a nondegenerate fixed point $A_0 \in \mathcal{A}_{\text{flat}}(P)$ such that $\psi_s(A_0) = A_0$ for all $s \in \mathbb{R}$. Assume that $A : D \to \mathcal{A}_{\text{flat}}(P)$ satisfies $A(z) = A_0$ for $|z| < \varepsilon$ and $A(te^{2\pi is}) = g(s)^* A_0$ for $t \geq 1 - \varepsilon$. Extend $B = A \circ \theta$ to a smooth map $B : \mathbb{R}/\mathbb{Z} \times \mathbb{R} \to \mathcal{A}_{\text{flat}}(P)$ such that $B(s,t) = A_0$ for $t \leq 0$ and $B(s,t) = g(s)^* A_0$ for $t \geq 1$. Now choose $\Phi : \mathbb{R}^2 \to \Omega^0(\mathfrak{g}_P)$ such that $d_B *_s (\partial_s B - d_B \Phi) = 0$. Then the connection $B + \Phi\, ds$ satisfies (18) and (19) with $a^- = a_0$ and $a^+ = g^* a_0$. Hence

$$2\langle c_1, A\rangle = -2\langle c_1, B\rangle = \mu^{\text{symp}}(a_0, g^* a_0) = \mu^{\text{inst}}(a_0, g^* a_0) = 4\text{deg }(g) \;.$$

The first identity follows from the fact that $\theta : [0,1]^2 \to D$ is orientation reversing, the second from (8), the third from Theorem 6.1 and the last from (13). □

7. Proof of the main theorem

Spectral flow

Let H be a separable Hilbert space and $A(t)$ be a family of unbounded self adjoint operators on H with a dense domain dom $A(t) = W$ which is independent of t. Then W is a Hilbert space in its own right. Assume throughout that the inclusion $W \subset H$ is a compact operator and that the resolvent set of $A(t)$ is nonempty for every t. Then $A(t)$ has a compact resolvent operator and hence its spectrum is discrete and consists of real eigenvalues of finite multiplicity. The operators $A(t)$ can also be considered as a bounded operator from W to H. Assume that the map $t \mapsto A(t) \in \mathcal{L}(W, H)$ is continuously differentiable with respect to the weak operator topology with invertible limits

$$A^{\pm} = \lim_{t \to \pm\infty} A(t) .$$

Denote $\mathcal{W} = L^2(\mathbb{R}, W) \cap W^{1,2}(\mathbb{R}, H)$ and $\mathcal{H} = L^2(\mathbb{R}, H)$ and consider the operator $\mathcal{D}_A : \mathcal{W} \to \mathcal{H}$ defined by

$$\mathcal{D}_A \xi = \frac{d\xi}{dt} + A\xi .$$

This is a Fredholm operator and its index is given by the spectral flow $\mu(A)$ of the operator family $A(t)$ [3]. To make this precise recall the following theorem of Kato. (For a proof see Theorem II.5.4 and Theorem II.6.8 in [17].)

Theorem 7.1. [Kato selection theorem] *Let $t_0 \in \mathbb{R}$ and $c_0 > 0$ such that $\pm c_0 \notin \sigma(A(t_0))$. Then there exists a constant $\varepsilon > 0$ and continuously differentiable functions $\lambda_j : (t_0 - \varepsilon, t_0 + \varepsilon) \to (-c_0, c_0)$, $j = 1, \ldots, N$ such that $\lambda_j(t) \in \sigma(A(t))$ and*

$$\dot{\lambda}_j(t) \in \sigma(P_j(t)\dot{A}(t)P_j(t))$$

where $P_j(t) : H \to H$ denotes the orthogonal projection onto ker $(\lambda_j(t)1\!\!1 - A(t))$*. Moreover, if $\lambda \in \sigma(A(t)) \cap (-c_0, c_0)$ with corresponding spectral projection $P : H \to$* ker $(\lambda 1\!\!1 - A(t))$ *and $\theta \in \sigma(P\dot{A}(t)P)$ is an eigenvalue of multiplicity m then there are precisely m indices $j_1, \ldots, j_m$ such that $\lambda_{j_\nu}(t) = \lambda$ and $\dot{\lambda}_{j_\nu}(t) = \theta$ for $\nu = 1, \ldots, m$.*

By Theorem 7.1 cover the set $\{(t, \lambda) \mid \lambda \in \sigma(A(t))\}$ by countably many graphs of continuously differentiable curves $t \mapsto \lambda_j(t)$. By Sard's theorem the complement of the set of common regular values has measure zero. A number $\delta \in \mathbb{R}$ is such a common regular value if and only if there exist only finitely many times $t \in \mathbb{R}$ with $\delta \in \sigma(A(t))$ and for each such t the operator $P_\delta(t)\dot{A}(t)P_\delta(t)$ is nonsingular on the kernel of $\delta 1\!\!1 - A(t)$. Here $P_\delta(t)$ denotes the orthogonal projection of H onto the kernel of $\delta 1\!\!1 - A(t)$. For any sufficiently small regular value δ define

$$\mu(A) = \sum_t \text{sign}\,(P_\delta(t)\dot{A}(t)P_\delta(t)) \tag{22}$$

where the summation runs over all $t \in \mathbb{R}$ with $\delta \in \sigma(A(t))$ and sign denotes the signature (the number of positive minus the number of negative eigenvalues). This number is obviously finite and, by Kato's selection theorem, it is independent of δ for δ sufficiently small. It is called the *spectral flow* of the operator family $A(t)$. If $A(t)$ has only simple eigenvalues for every t then the spectral flow is given by

$$\mu(A) = \#\{j \mid \lambda_j(-T) < 0 < \lambda_j(T)\} - \#\{j \mid \lambda_j(-T) > 0 > \lambda_j(T)\}$$

for T sufficiently large. Intuitively speaking $\mu(A)$ counts the number of times an eigenvalue of $A(t)$ crosses 0. The following theorem was first stated by Atiyah, Patodi and Singer [3]. In the present form it is proved in [21].

Theorem 7.2. *The operator $\mathcal{D}_A : \mathcal{W} \to \mathcal{H}$ is Fredholm and* $\text{index}\,\mathcal{D}_A = \mu(A)$.

Selfadjoint operators

The Sobolev space $W_f^{k,2}(\mathbb{R} \times T^*\Sigma \otimes \mathfrak{g}_P)$ is the completion of the space of smooth maps $\alpha : \mathbb{R} \to \Omega^1(\mathfrak{g}_P)$ which satisfy $\alpha(s+1) = f^*\alpha(s)$ with respect to the $W^{k,2}$-norm over Σ_h. The space $W_f^{k,2}(\mathbb{R} \times \mathfrak{g}_P)$ is defined similarly. For any smooth map $A : \mathbb{R}^2 \to \mathcal{A}_{\text{flat}}(P)$ which satisfies (18) the closed linear subspace $W_f^{k,2}(H_A(t)) \subset W_f^{1,2}(\mathbb{R} \times T^*\Sigma \otimes \mathfrak{g}_P)$ consists of those α_0 such that $\alpha_0(s) \in H^1_{A(s,t)}$ for every s.

Assume that $A : \mathbb{R}^2 \to \mathcal{A}_{\text{flat}}(P)$ and $\Phi : \mathbb{R}^2 \to \Omega^0(\mathfrak{g}_P)$ satisfy (18) and (19). Then both operators $\mathcal{D}_0$ and $\mathcal{D}_\varepsilon$ are well defined. Their Fredholm indices are given by the spectral flow of suitable families of self adjoint operators. These are obtained by removing the derivatives with respect to t from the operators $\mathcal{D}_0$ and $\mathcal{D}_\varepsilon$. Hence consider the operator $D_0(t) : W_f^{1,2}(H_A(t)) \to L_f^2(H_A(t))$ defined by

$$D_0(t)\alpha_0 = *_s\pi_A\left(\nabla_s\alpha_0 - dX_s(A)\alpha_0\right)$$

where $\pi_{A(s,t)}(\alpha)$ denotes the harmonic part of the 1-form α with respect to the connection $A(s,t)$ and the s-metric on Σ. Abbreviate

$$\xi = (\alpha, \phi, \psi) \in W_f^{k,2} = W_f^{k,2}(\mathbb{R} \times T^*\Sigma \otimes \mathfrak{g}_P \oplus \mathfrak{g}_P \oplus \mathfrak{g}_P)\,.$$

Consider the operator $D_\varepsilon(t) : W_f^{1,2} \to L_f^2$ defined by

$$D_\varepsilon(t) = \begin{pmatrix} *_s\nabla_s & 0 & 0 \\ 0 & 0 & -\nabla_s \\ 0 & *_s\nabla_s *_s & 0 \end{pmatrix} - \begin{pmatrix} *_s dX_s(A) & *_s d_A & d_A \\ -\varepsilon^{-2} *_s d_A & 0 & 0 \\ -\varepsilon^{-2} *_s d_A *_s & 0 & 0 \end{pmatrix}.$$

This operator is self-adjoint with respect to the ε-inner product on L_f^2. We must prove that the spectral flows of the operator families $D_0(t)$ and $D_\varepsilon(t)$ agree. The key point is that the first term in $D_\varepsilon(t)$ is the dominating one whenever $\varepsilon > 0$ is sufficiently small.

Elliptic estimates

It is convenient to use the ε-dependent Hilbert space norms

$$\|(\alpha, \phi, \psi)\|_{0,\varepsilon}^2 = \|\alpha\|^2 + \varepsilon^2\|\phi\|^2 + \varepsilon^2\|\psi\|^2$$

on L_f^2 and

$$\begin{aligned}\|(\alpha, \phi, \psi)\|_{1,\varepsilon}^2 = {}& \|\alpha\|^2 + \|d_A\alpha\|^2 + \|d_A *_s \alpha\|^2 + \varepsilon^2\|\nabla_s\alpha\|^2 \\ & + \varepsilon^2\|d_A\phi\|^2 + \varepsilon^4\|\nabla_s\phi\|^2 + \varepsilon^2\|d_A\psi\|^2 + \varepsilon^4\|\nabla_s\psi\|^2\end{aligned}$$

on $W_f^{1,2}$. The norms on the right are L^2-norms on Σ_h. The next lemma is a refinement of the elliptic estimate for the operator $D_\varepsilon(t)$.

Lemma 7.3. *For every $c_0 > 0$ there exist constants $\varepsilon_0 > 0$ and $c > 0$ such that*

$$\|\xi - \pi_A(\xi)\|_{1,\varepsilon} \le c\varepsilon\left(\|D_\varepsilon(t)\xi\|_{0,\varepsilon} + \|\pi_A(\xi)\|_{L^2}\right)$$

for $\xi = (\alpha, \phi, \psi) \in W_f^{1,2}$ where $\pi_A(\xi) := (\pi_A(\alpha), 0, 0)$.

Proof. Throughout we shall repeatedly use the formula

$$\nabla_s d_A\eta - d_A\nabla_s\eta = [B \wedge \eta], \qquad B = \partial_s A - d_A\Phi\,.$$

Denote $\tilde{\xi} = (\tilde{\alpha}, \tilde{\phi}, \tilde{\psi}) = D_\varepsilon(t)\xi$ so that

$$\tilde{\alpha} = *_s \nabla_s \alpha - *_s dX_s(A)\alpha - *_s d_A\phi - d_A\psi\,.$$

Apply d_A to $\tilde{\alpha}$ to obtain

$$\begin{aligned} d_A *_s d_A\phi &= d_A *_s (\nabla_s\alpha - dX_s(A)\alpha) - d_A\tilde{\alpha} \\ &= \nabla_s d_A *_s \alpha - d_A\tilde{\alpha} - [B \wedge *_s\alpha] - d_A(\dot{*}_s\alpha + *_s dX_s(A)\alpha) \\ &= \varepsilon^2\nabla_s *_s (\tilde{\psi} - *_s\nabla_s *_s \phi) - d_A\tilde{\alpha} \\ &\qquad - [B \wedge *_s\alpha] - d_A(\dot{*}_s\alpha + *_s dX_s(A)\alpha)\,. \end{aligned}$$

Here we have used the identity

$$\tilde{\psi} = \varepsilon^{-2} *_s d_A *_s \alpha + *_s \nabla_s *_s \phi\,.$$

Now take the exterior product with ϕ and integrate over Σ_h to obtain

$$\begin{aligned} &\|d_A\phi\|^2 + \varepsilon^2\|\nabla_s\phi\|^2 \\ &\quad = \langle d_A\phi, *_s\tilde{\alpha}\rangle + \langle d_A\phi, *_s\dot{*}_s\alpha - dX_s(A)\alpha\rangle + \langle \phi, *_s[B \wedge *_s\alpha]\rangle \\ &\quad + \varepsilon^2\langle \nabla_s\phi, \tilde{\psi}\rangle - \varepsilon^2\langle \nabla_s\phi, *_s\dot{*}_s\phi\rangle\,. \end{aligned} \tag{23}$$

Similarly, apply $d_A *_s$ to $\tilde{\alpha}$ to obtain

$$\begin{aligned} d_A *_s d_A\psi &= -d_A\nabla_s\alpha + d_A dX_s(A)\alpha - d_A *_s \tilde{\alpha} \\ &= -\nabla_s d_A\alpha - d_A *_s \tilde{\alpha} + [B - X_s(A) \wedge \alpha] \\ &= -\varepsilon^2\nabla_s *_s (\tilde{\phi} + \nabla_s\psi) - d_A *_s \tilde{\alpha} + [B \wedge \alpha]\,. \end{aligned}$$

Here we have used (15) and the identity

$$\tilde{\phi} = \varepsilon^{-2} *_s d_A\alpha - \nabla_s\psi.$$

Now take the exterior product with ψ and integrate over Σ_h to obtain

$$\|d_A\psi\|^2 + \varepsilon^2\|\nabla_s\psi\|^2 = -\langle d_A\psi, \tilde{\alpha}\rangle - \langle \psi, *_s[B - X_s(A) \wedge \alpha]\rangle - \varepsilon^2\langle \nabla_s\psi, \tilde{\phi}\rangle. \tag{24}$$

Since every flat connection on the bundle P is regular there is an estimate

$$\|\eta\|_{L^2(\Sigma)} \leq c_1\|d_A\eta\|_{L^2(\Sigma)}$$

for $\eta \in \Omega^0(\mathfrak{g}_P)$. Hence it follows from (23) and (24) with a repeated use of the inequality $xy \leq \delta x^2/2 + y^2/2\delta$ that

$$\varepsilon^2\|d_A\phi\|^2 + \varepsilon^4\|\nabla_s\phi\|^2 + \varepsilon^2\|d_A\psi\|^2 + \varepsilon^4\|\nabla_s\psi\|^2 \leq c_2\varepsilon^2\left(\left\|\tilde{\xi}\right\|_{0,\varepsilon}^2 + \|\alpha\|^2\right)\,.$$

Here all norms are L^2-norms on Σ_h. By definition of $\tilde{\alpha}$, $\tilde{\phi}$, and $\tilde{\psi}$

$$\|d_A\alpha\|^2 + \|d_A *_s \alpha\|^2 + \varepsilon^2\|\nabla_s\alpha\|^2 \le c_3\varepsilon^2 \left(\left\|\tilde{\xi}\right\|_{0,\varepsilon}^2 + \|\alpha\|^2 \right).$$

This implies the required estimate. □

Lemma 7.4. *For every $c_0 > 0$ there exist constants $\varepsilon_0 > 0$ and $c > 0$ such that the following holds for every $t \in \mathbb{R}$ and every $|\lambda| \le c_0$. If*

$$\|\alpha_0\|_{L^2} \le c_0 \|D_0(t)\alpha_0 - \lambda\alpha_0\|_{L^2}$$

for every $\alpha_0 \in W_f^{1,2}(H_A(t))$ then

$$\|\xi\|_\varepsilon \le c\|D_\varepsilon(t)\xi - \lambda\xi\|_\varepsilon$$

for $0 < \varepsilon < \varepsilon_0$ and $\xi = (\alpha, \phi, \psi) \in W_f^{1,2}$.

Proof. Let $c_1, c_2, \ldots$ denote positive constants which depend only on A and Φ but not on ε. Using the Hodge decomposition on the surface Σ write

$$\alpha = \pi_A(\alpha) + d_A\zeta + *_s d_A\eta$$

with $\zeta, \eta \in \Omega^0(\mathfrak{g}_P)$. A simple calculation shows that

$$\pi_A(D_\varepsilon(t)\xi) = D_0(t)\pi_A(\xi) + \pi_A(\theta) \tag{25}$$

where

$$\theta = *_s[B - X_s(A) \wedge \zeta] - [B \wedge \eta] + *_s\dot{*}_s d_A\eta - *_s dX_s(A) *_s d_A\eta$$

and $B = \partial_s A - d_A\Phi$. Since $d_A *_s d_A\zeta = d_A *_s \alpha$ and $d_A *_s d_A\eta = d_A\alpha$ there is an estimate

$$\|\theta\|_{L^2} \le c_1 (\|d_A\alpha\|_{L^2} + \|d_A *_s \alpha\|_{L^2}) \le c_2 \|\xi - \pi_A(\xi)\|_{0,\varepsilon}.$$

Now it follows from (25) that

$$\begin{aligned}
\|\pi_A(\xi)\|_{L^2} &\le c_0 \|(\lambda 1\!\!1 - D_0(t))\pi_A(\xi)\|_{L^2} \\
&= c_0 \|\pi_A(\lambda\xi - D_\varepsilon(t)\xi) + \pi_A(\theta)\|_{L^2} \\
&\le c_0 \|D_\varepsilon(t)\xi - \lambda\xi\|_{0,\varepsilon} + c_0c_2 \|\xi - \pi_A(\xi)\|_{0,\varepsilon}.
\end{aligned}$$

Hence the statement follows from Lemma 7.3. □

Denote by

$$R_0 = \{(t, \lambda) \in \mathbb{R} \times \mathbb{C} : \lambda \notin \sigma(D_0(t))\}$$

the resolvent set of the operator family $D_0(t)$. Similarly, let R_ε denote the resolvent set of the operator family $D_\varepsilon(t)$. Lemma 7.4 states that for every compact subset $K \subset R_0$ there exists a constant $\varepsilon_0 > 0$ such that $K \subset R_\varepsilon$ for $0 < \varepsilon < \varepsilon_0$. In fact we shall prove that the harmonic part of the operator $(\lambda 1\!\!1 - D_\varepsilon(t))^{-1}$ converges to $(\lambda 1\!\!1 - D_0(t))^{-1}$ uniformly on every compact subset of R_0.

Lemma 7.5. *For every compact subset $K \subset R_0$ there exist constants $\varepsilon_0 > 0$ such that $K \subset R_\varepsilon$ for $0 < \varepsilon < \varepsilon_0$ and*

$$\left\|\pi_A((\lambda 1\!\!1 - D_\varepsilon(t))^{-1}\eta) - (\lambda 1\!\!1 - D_0(t))^{-1}\pi_A(\eta)\right\|_{L^2} \le c\varepsilon \|\eta\|_{0,\varepsilon}$$

for $(t, \lambda) \in K$ and $\eta \in L^2_f$.

Proof. The statement of the lemma is equivalent to the estimate

$$\|\pi_A(\xi) - \alpha_0\|_{L^2} \le c\varepsilon \|\lambda\xi - D_\varepsilon(t)\xi\|_{0,\varepsilon}$$

for all $\xi \in W^{1,2}_f$ where $\alpha_0 = (\lambda 1\!\!1 - D_0(t))^{-1}\pi_A(\lambda\xi - D_\varepsilon(t)\xi) \in W^{1,2}_f(H_A(t))$. By (25)

$$(\lambda 1\!\!1 - D_0(t))(\pi_A(\xi) - \alpha_0) = \pi_A(\theta)$$

where $\theta \in W^{1,2}_f(\mathbb{R} \times T^*\Sigma \otimes \mathfrak{g}_P)$ and

$$\|\theta\|_{L^2} \le c_1 \|\xi - \pi_A(\xi)\|_{0,\varepsilon}.$$

Choose a constant $c_0 > 0$ such that the assumptions of Lemma 7.4 are satisfied for every $(t, \lambda) \in K$. Then

$$\begin{aligned}
\|\pi_A(\xi) - \alpha_0\|_{L^2} &\le c_0 \|\pi_A(\theta)\|_{L^2} \\
&\le c_0 c_1 \|\xi - \pi_A(\xi)\|_{0,\varepsilon} \\
&\le c_2\varepsilon \left(\|\lambda\xi - D_\varepsilon(t)\xi\|_{0,\varepsilon} + \|\pi_A(\xi) - \alpha_0\|_{L^2} + \|\alpha_0\|_{L^2}\right) \\
&\le c_2\varepsilon \|\pi_A(\xi) - \alpha_0\|_{L^2} + (1 + c_0)c_2\varepsilon \|\lambda\xi - D_\varepsilon(t)\xi\|_{0,\varepsilon}.
\end{aligned}$$

The third inequality follows from Lemma 7.3. This proves the lemma. □

Lemma 7.6. *For every $c_0 > 0$ there exists a constant $\kappa_0 > 0$ such that the following holds for $t \in \mathbb{R}$ and $0 < \varepsilon^2 + \delta^2 < \kappa_0$. If $\lambda_0 \in \sigma(D_0(t))$ is an eigenvalue of multiplicity m_0 and*

$$\alpha_0 \perp \ker\,(\lambda_0 1\!\!1 - D_0(t)) \qquad \Longrightarrow \qquad \|\alpha_0\|_{L^2} \le c_0 \|\lambda_0\alpha_0 - D_0(t)\alpha_0\|_{L^2}$$

for every $\alpha_0 \in W_f^{1,2}(H_A(t))$ then the total multiplicity of all eigenvalues $\lambda \in \sigma(D_\varepsilon(t))$ with $|\lambda - \lambda_0| \le \delta$ does not exceed m_0.

Proof. Suppose by contradiction that the statement were false. Then there would exist, for $\varepsilon > 0$ and $\delta > 0$ arbitrarily small, finitely many distinct eigenvalues $\lambda_j \in \sigma(D_\varepsilon(t))$ with eigenvectors $\xi_j \in W_f^{1,2}$ such that

$$\pi_A(\xi) \perp \ker\,(\lambda_0 - D_0(t)), \qquad \xi = \sum_{j=1}^N \xi_j \ne 0, \qquad |\lambda_j - \lambda_0| \le \delta\,.$$

Assume without loss of generality that $N \le m_0 + 1 \le 6k - 5$. (Each eigenvalue of $D_0(t)$ has multiplicity at most $6k - 6$ where k is the genus of Σ.) Recall from (25) that

$$\lambda_j \pi_A(\xi_j) = \pi_A(D_\varepsilon(t)\xi_j) = D_0(t)\pi_A(\xi_j) + \pi_A(\theta_j)$$

where $\theta_j \in W_f^{1,2}(\mathbb{R} \times T^*\Sigma \otimes \mathfrak{g}_P)$ and

$$\|\theta_j\|_{L^2} \le c_1 \|\xi_j - \pi_A(\xi_j)\|_{0,\varepsilon}\,.$$

Hence

$$(\lambda_0 - D_0(t))\,\pi_A(\xi) = \sum_{j=1}^N (\lambda_0 - \lambda_j)\pi_A(\xi_j) + \sum_{j=1}^N \pi_A(\theta_j)\,.$$

By assumption this implies

$$\begin{aligned}\|\pi_A(\xi)\|_{L^2} &\le c_0 \sum_{j=1}^N |\lambda_j - \lambda_0|\,\|\xi_j\|_{0,\varepsilon} + c_0 \sum_{j=1}^N \|\theta_j\|_{L^2} \\ &\le c_0\delta \sum_{j=1}^N \|\xi_j\|_{0,\varepsilon} + c_0 c_1 \sum_{j=1}^N \|\xi_j - \pi_A(\xi_j)\|_{0,\varepsilon}\,.\end{aligned}$$

Since $D_\varepsilon(t)\xi_j = \lambda_j\xi_j$ it follows from Lemma 7.3 that

$$\|\xi_j - \pi_A(\xi_j)\|_{0,\varepsilon} \le c_2\varepsilon\,\|\pi_A(\xi_j)\|_{L_2}$$

for every j and hence

$$\|\xi\|_{0,\varepsilon}^2 \leq c_3\left(\delta^2+\varepsilon^2\right)\sum_{j=1}^N \|\xi_j\|_{0,\varepsilon}^2 = c_3\left(\delta^2+\varepsilon^2\right)\|\xi\|_{0,\varepsilon}^2 .$$

We have used the fact that $D_\varepsilon(t)$ is self-adjoint. With $c_3\left(\delta^2+\varepsilon^2\right)<1$ it follows that $\xi=0$, a contradiction. This proves the lemma. □

Proof of Theorem 6.1. In a suitable trivialization of the unitary vector bundle H_A over $S^1\times\mathbb{R}$ the operator $D_0(t)$ takes the form

$$(D_0(t)\zeta)(s) = J_0\dot\zeta(s) - S(s,t)\zeta(s) .$$

Here J_0 denotes the standard symplectic matrix given by $J_0(x,y)=(-y,x)$ and $S(s,t)=S(s+1,t)$ is a symmetric matrix valued function on $S^1\times\mathbb{R}$. In particular, $D_0(t)$ is a smooth family of self adjoint operators on $H=L^2(S^1,\mathbb{R}^{2n})$ and satisfies all the requirements of Theorem 7.2 with $W=W^{1,2}(S^1,\mathbb{R}^{2n})$. Choose $\delta>0$ as in (22), let $t_1,\ldots,t_\ell$ be the finitely many real numbers with $\delta\in\sigma(D_0(t_\nu))$, and let

$$P_\nu : L^2(S^1,\mathbb{R}^{2n}) \to \ker\,(\delta 1\!\!1 - D_0(t_\nu))$$

denote the corresponding spectral projections. Then the Fredholm index of the operator $\mathcal{D}_0$ is given by the spectral flow of the operator family $D_0(t)$, i.e.,

$$\operatorname{index}\mathcal{D}_0 = \sum_\nu m_\nu$$

where

$$m_\nu = \operatorname{sign}\,(P_\nu\dot D_0(t_\nu)P_\nu) .$$

The integer m_ν is the local spectral flow of the operator family $D_0(t)$ in the interval $(t_\nu-\tau,t_\nu+\tau)$ across the line $\lambda=\delta$. More precisely, choose $\kappa>0$ such that $\lambda-\delta$ is the only eigenvalue of $D_0(t_\nu)$ in the interval $[\delta-\kappa,\delta+\kappa]$. Now choose $\tau>0$ such that $\delta\pm\kappa\notin\sigma(D_0(t))$ for $t_\nu-\tau\leq t\leq t_\nu+\tau$. Then

$$\begin{aligned} m_\nu = {}&\#\left\{\lambda\in\sigma(D_0(t_\nu-\tau))\,|\,\delta-\kappa<\lambda<\delta\right\}\\ &-\#\left\{\lambda\in\sigma(D_0(t_\nu+\tau))\,|\,\delta-\kappa<\lambda<\delta\right\} .\end{aligned}$$

Here the λ_j are the eigenvalue families of Theorem 7.1.

By Lemma 7.4 there exists a constant $\varepsilon_0 > 0$ such that $\delta \notin \sigma(D_\varepsilon(t))$ for $t \notin (t_\nu - \tau, t_\nu + \tau)$ and $\delta \pm \kappa \notin \sigma(D_\varepsilon(t))$ for $t \in (t_\nu - \tau, t_\nu + \tau)$ whenever $0 < \varepsilon < \varepsilon_0$. We prove that

$$\begin{aligned} m_\nu = \#\left\{\lambda \in \sigma(D_\varepsilon(t_\nu - \tau)) : \delta - \kappa < \lambda < \delta\right\} \\ - \#\left\{\lambda \in \sigma(D_\varepsilon(t_\nu + \tau)) : \delta - \kappa < \lambda < \delta\right\} . \end{aligned} \tag{26}$$

To see this choose a curve Γ encircling the eigenvalues of $D_0(t_\nu - \tau)$ in the interval $(\delta - \kappa, \delta)$ and note that the corresponding spectral projection on $L^2_f(H_A(t_\nu - \tau))$ is given by

$$P_0 = \frac{1}{2\pi i} \int_\Gamma (z 1\!\!1 - D_0(t_\nu - \tau))^{-1} dz .$$

Similarly, the operator

$$P_\varepsilon = \frac{1}{2\pi i} \int_\Gamma (z 1\!\!1 - D_\varepsilon(t_\nu - \tau))^{-1} dz .$$

on $L^2_f(\mathbb{R} \times T^*\Sigma \otimes \mathfrak{g}_P \oplus \mathfrak{g}_P \oplus \mathfrak{g}_P)$ is the spectral projection of $D_\varepsilon(t_\nu - \tau)$ corresponding to the eigenvalues in the interval $(\delta - \kappa, \delta)$. By Lemma 7.5

$$P_0 \pi_A = \lim_{\varepsilon \to 0} \pi_A P_\varepsilon$$

where the limit is to be understood in the uniform operator topology. Hence

$$\operatorname{rank} P_\varepsilon \geq \operatorname{rank} P_0$$

for ε sufficiently small. To see this choose an orthonormal basis $\alpha_1, \ldots, \alpha_m$ of range P_0 and let $\xi_j \in L^2_f(\mathbb{R} \times T^*\Sigma \otimes \mathfrak{g}_P \oplus \mathfrak{g}_P \oplus \mathfrak{g}_P)$ such that $\pi_A(\xi_j) = \alpha_j$. Then $\pi_A(P_\varepsilon \xi_j)$ converges to α_j and hence rank $P_\varepsilon \geq m$. Now it follows from Lemma 7.6 that

$$\operatorname{rank} P_\varepsilon = \operatorname{rank} P_0$$

for $\varepsilon > 0$ sufficiently small. The same argument applies at $t = t_\nu + \tau$ and this proves (26). Hence

$$\operatorname{index} \mathcal{D}_\varepsilon = \sum_\nu m_\nu = \operatorname{index} \mathcal{D}_0 .$$

This proves Theorem 6.1. □

References

[1] M.F. Atiyah, New invariants of three and four dimensional manifolds, in: *The Mathematical Heritage of Hermann Weyl*, Proc. Sympos. Pure Math. **48** ,1988, 295–299.

[2] M.F. Atiyah and R. Bott, The Yang–Mills equations over Riemann surfaces, *Phil. Trans. R. Soc. Lond. A* **308** (1982), 523–615.

[3] M.F. Atiyah, V.K. Patodi, and I.M. Singer, Spectral asymmetry and Riemannian geometry III, *Math. Proc. Camb. Phil. Soc.* **79** (1976), 71–99.

[4] S.E. Cappell, R. Lee, and E.Y. Miller, Self-adjoint elliptic operators and manifold decomposition I: General techniques and applications to Casson's invariant, preprint, 1990.

[5] C.C. Conley and E. Zehnder, Morse-type index theory for flows and periodic solutions of Hamiltonian equations, *Commun. Pure Appl. Math.* **37** (1984), 207–253.

[6] G.D. Daskalopoulos and K.K. Uhlenbeck, An Application of Transversality to the Topology of the Moduli Space of Stable Bundles, preprint, 1990.

[7] S. Donaldson, M. Furuta, and D. Kotschick, *Floer Homology Groups in Yang–Mills Theory*, in preparation.

[8] S. Dostoglou and D.A. Salamon, *Instanton Homology and Symplectic Fixed Points*, in: *Symplectic Geometry,* D. Salamon (ed.), LMS Lecture Note Series **192** (1993), Cambridge University Press, pp. 57–93.

[9] S. Dostoglou and D.A. Salamon, Self-Dual instantons and holomorphic curves, *Annals of Mathematics*, to appear.

[10] A. Floer, An instanton invariant for 3-manifolds, *Commun. Math. Phys.* **118** (1988), 215–240.

[11] A. Floer, Symplectic fixed points and holomorphic spheres, *Commun. Math. Phys.* **120** (1989), 575–611.

[12] A. Floer, Instanton Homology and Dehn Surgery, preprint, 1991.

[13] A. Floer and H. Hofer, Coherent orientations for periodic orbit problems in symplectic geometry, *Mathematische Zeitschrift*, to appear.

[14] M. Gromov, Pseudoholomorphic curves in symplectic manifolds, *Invent. Math.* **82** (1985), 307–347.

[15] H. Hofer and D.A. Salamon, Floer Homology and Novikov Rings, to appear in: *Gauge Theory, Symplectic Geometry and Topology; Essays in Memory of Andreas Floer,* H. Hofer, C. Taubes, and E. Zehnder (eds.)

[16] J. Jones, J. Rawnsley, and D. Salamon, Instanton Homology, preprint 1991.

[17] T. Kato, *Perturbation Theory for Linear Operators*, Springer–Verlag, 1976.

[18] D. McDuff, Elliptic methods in symplectic geometry, *Bull. AMS* **23** (1990), 311–358.

[19] P.E. Newstead, Topological properties of some spaces of stable bundles, *Topology* **6** (1967), 241–262.

[20] J.W. Robbin and D. Salamon, The Maslov index for paths, *Topology* **32** (1993), 827–844.

[21] J.W. Robbin and D. Salamon, The spectral flow and the Maslov index, *Bull. LMS*, to appear.

[22] D. Salamon, Morse theory, the Conley index and Floer homology, *Bull. LMS* **22** (1990), 113–140.

[23] D. Salamon and E. Zehnder, Morse theory for periodic orbits of Hamiltonian systems and the Maslov index, *Comm. Pure Appl. Math.* **45** (1992), 1303–1360.

[24] C.H. Taubes, Casson's invariant and Gauge theory, *J. Diff. Geom.* **31** (1990), 547–599.

[25] C. Viterbo, Intersections de sous-variétés Lagrangiennes, fonctionelles d'action et indice des systèmes Hamiltoniens, *Bull. Soc. Math. France* **115** (1987), 361–390.

Mathematics Institute
University of Warwick
Coventry CV4 7AL, Great Britain

Received October 5, 1992

Index of Authors, Volumes I and II

Progress in Mathematics

Edited by:

Progress in Mathematics is a series of books intended for professional mathematicians and scientists, encompassing all areas of pure mathematics. This distinguished series, which began in 1979, includes authored monographs, and edited collections of papers on important research developments as well as expositions of particular subject areas.

We encourage preparation of manuscripts in such form of TeX for delivery in camera-ready copy which leads to rapid publication, or in electronic form for interfacing with laser printers or typesetters.

Proposals should be sent directly to the editors or to: Birkhäuser Boston, 675 Massachusetts Avenue, Cambridge, MA 02139, U.S.A.

109 EYSSETTE/GALLIGO. Computational Algebraic Geometry
110 LUSZTIG. Introduction to Quantum Groups
111 SCHWARZ. Morse Homology
112 DONG/LEPOWSKY. Generalized Vertex-Algebras and Relative Vertex Operators
113 MOEGLIN/WALDSPURGER. Décomposition Spectrale et Series d'Eisenstein
114 BERENSTEIN/GAY/VIDRAS/YGER. Residue Currents and Bezout Identities
115 BABELON/CARTIER/KOSMANN-SCHWARZBACH (eds.) Integrable Systems. The Verdier Memorial Conference
116 DAVID (ed.) Séminaire de Théorie des Nombres, Paris, 1991-1992
117 AUDIN/LAFONTAINE (eds.) Holomorphic Curves in Symplectic Geometry
118 VAISMAN. Lectures on the Geometry of Poisson Manifolds
119 JOSEPH/MIGNOT/MURAT/PRUM/RENTSCHLER (eds.) First European Congress of Mathematics (Paris, July 6-10, 1992). Volume I: Invited Lectures (Part 1)
120 JOSEPH/MIGNOT/MURAT/PRUM/RENTSCHLER (eds.) First European Congress of Mathematics (Paris, July 6-10, 1992). Volume II: Invited Lectures (Part 2)
121 JOSEPH/MIGNOT/MURAT/PRUM/RENTSCHLER (eds.) First European Congress of Mathematics (Paris, July 6-10, 1992). Volume III: Round Tables
122 GUILLEMIN. Moment Maps and Combinatorial Invariants of Hamiltonian T^n-spaces
123 BRYLINSKI/BRYLINSKI/GUILLEMIN/KAC (eds.) Lie Theory and Geometry: In Honor of Bertram Kostant
124 AEBISCHER/BORER/KÄLIN/LEUENBERGER/REIMANN. Symplectic Geometry. An Introduction based on the Seminar in Bern, 1992
125 LUBOTZKY. Discrete Groups, Expanding Graphs and Invariant Measures
126 RIESEL. Prime Numbers and Computer Methods for Factorization
127 HÖRMANDER. Notions of Convexity